华章程序员书库

Storage Implementation in vSphere 5.0

vSphere 5.0 存储设计与实现

（美） Mostafa Khalil 著

姚军 等译

机械工业出版社
China Machine Press

图书在版编目（CIP）数据

vSphere 5.0 存储设计与实现 /（美）哈里尔（Khalil，M.）著；姚军等译．—北京：机械工业出版社，2013.9
（华章程序员书库）
书名原文：Storage Implementation in vSphere 5.0

ISBN 978-7-111-43866-3

I. v…　II. ①哈…　②姚…　III. 虚拟处理机　IV. TP338

中国版本图书馆 CIP 数据核字（2013）第 207226 号

本书是 VMware vSphere 虚拟化存储领域最为详尽和权威的一部作品，它由全球资深虚拟化技术专家、VMware 高级主管工程师撰写。书中不仅深入探讨了存储技术的原理和 VMware vSphere 存储的各项技术细节，还详细讲解了 VMware vSphere 存储系统的设计与实现。

本书共 16 章。第 1 章介绍常见存储类型及 vSphere ESXi 5 所用的存储；第 2 章讨论 FC 协议和 FC SAN，以及如何设计无单故障点的光纤通道连接性；第 3 章介绍 FCoE 协议的细节和架构及其在 vSphere 5 中的实现；第 4 章讨论 iSCSI 协议、连接性和 vSphere 5 上的实施细节；第 5 章介绍 PSA 组件；第 6 章介绍 ALUA 标准在 vSphere 5 中的实现；第 7 章介绍 ALUA 和多路径及故障切换的相互作用；第 8 章介绍 vSphere 5 在撰写本书期间认证的 MPIO 插件的一些细节；第 9 章介绍在 vSphere 环境中使用异构存储配置的原因和方法；第 10 章讲述 VMDirectPath I/O 的概念、工作原理和一些实用的设计实施方案；第 11 章从 vSphere 5 的角度介绍 SVD；第 12 章阐述 VMFS5 文件系统的历史、架构和恢复技巧；第 13 章介绍虚拟磁盘和 RDM；第 14 章讨论分布锁；第 15 章讲述存储快照、复制和镜像；第 16 章给出 VAAI 的有关细节。

机械工业出版社（北京市西城区百万庄大街 22 号　　邮政编码　100037）
责任编辑：谢晓芳
三河市杨庄长鸣印刷装订厂印刷
2013 年 10 月第 1 版第 1 次印刷
186mm×240mm・26.25 印张
标准书号：ISBN 978-7-111-43866-3
定　　价：99.00 元

凡购本书，如有缺页、倒页、脱页，由本社发行部调换
客服热线：（010）88378991　88361066　　　投稿热线：（010）88379604
购书热线：（010）68326294　88379649　68995259　　　读者信箱：hzjsj@hzbook.com

译 者 序

在世界各个大型数据中心，虚拟化正在日益成为主流，它不仅能够用来为企业优化硬件配备，帮助企业节约成本，而且会给管理带来许多便利。

在虚拟化环境中，存储是整个结构的核心，它不仅为海量的数据提供空间，而且是所有虚拟及相关配置、信息的栖身之所，存储的设计对于整个虚拟环境的性能、管理、可用性等都是至关重要的，而存储技术的不断发展，催生了各种存储协议、存储设备和新的存储技术，存储的实现和管理也日益变得复杂。

正因为如此，每个虚拟化环境的管理人员都盼望着有一本全面、详尽的指南，讲述各种技术、协议以及虚拟化操作系统中管理与实施方面的知识，本书正是这样一本著作。

Mostafa Khalil 是 VMware 公司的资深工程师，拥有 10 多年虚拟环境实施、故障检修经验，在本书中，他以大量的插图、详尽的规程，介绍了 VMware 行业领先的最新虚拟化产品 vSphere 5.0 中的存储架构实施和管理。书中不仅涵盖了各种流行存储协议、产品的详细介绍，而且对 vSphere 5.0 中的新特性，如 VAAI、PSA 等做了重点介绍。利用书中的知识，我们可以设计出具有高可用性、高性能的存储架构，并可以轻松地利用 CLI、UI 管理整个存储环境。毫不夸张地说，对于 VMware 存储环境，本书是时下最新、最全面的规划管理宝典。

在本书的翻译过程中，我们从书中领略了虚拟化环境的许多最佳实践，对 VMware 虚拟环境有了更深的理解，我们也盼望着广大读者能够从本书中受益。

本书的翻译工作主要由姚军完成，徐锋、陈绍继、郑端、吴兰陟、施游、林起浪、陈志勇、刘建林、白龙、林耀成、陈霞、方翊、宁懿等人也为本书的翻译工作做出了贡献。在此也要感谢机械工业出版社的编辑们对翻译工作提出了许多中肯的意见，同时期待着广大读者朋友能够批评指正。

译者

前　言

本书第1版涵盖我多年的VMware产品支持经验以及从VMware团队吸取的知识，也是我第一次尝试把所有最佳实践汇集到一起。我和读者分享了深入的细节，能够帮助你在出现问题的时候找出症结所在。我原来计划在一本书中介绍所有的知识，但是在我开始写作之后，篇幅不断增长，部分原因是书中包括大量的插图和屏幕截图，我希望用这种形式让你更加清晰地理解内容。结果是，我不得不将本书分成两卷，才不会因为减少篇幅而牺牲质量。我希望你能觉得这些内容和我自己的本意一样实用，并且留意本书第二卷。

本书从存储历史的简单介绍开始，然后提供各种存储连接选择和VMware支持的协议的细节：光纤通道（FC）、以太网上的光纤通道（FCoE）和互联网小型计算机系统接口（iSCSI）。从这里我们过渡到vSphere存储的基础——PSA。由此，我以多路径和故障切换（包括第三方提供的方案）以及ALUA作为基础。接下来，讨论存储虚拟设备（SVD）和VMDirectPath I/O架构、实施和配置。还介绍了虚拟机文件系统（VMFS）版本3和5错综复杂的细节，以及这种高级的群集文件系统对虚拟机文件并行访问的仲裁方法以及原始设备映射。然后讨论分布式锁的处理方法以及物理快照和虚拟机快照。最后，讨论了陈列集成vStorage API（vStorage API for Array Integration，VAAI）架构和相关存储阵列的交互方法。

考虑到这一卷是更高级内容的开始部分，我计划将内容更新为vSphere 5.1，该版本的名称为VMware云架构套件（Cloud Infrastructure Suite，CIS），并添加针对设计主题和性能优化的更多信息。

衷心希望听到你对书中主题的意见和建议。你可以在我的博客上留言：http://vSphereStorage.com。

致谢

我要感谢妻子Gloria的支持，还要感谢VMware全球支持服务高级副总裁Scot Bajtos和VMware全球支持服务（美洲）副总裁Eric Wansong的鼓励。

我要衷心感谢那些在百忙之中抽出时间审校本书稿件的人对本书的反馈：

Craig Risinger，VMware咨询架构师

Mike Panas，VMware 技术组高级成员

AboubacarDiar，HP Storage

Vaughn Stewart，NetApp

Jonathan van Meter

特别感谢 VMware 高级技术营销架构师 Cormac Hogan 允许我使用他的插图。

还要感谢 Pearson 的技术审校者（我只知道他们名字的首字母）以及编辑 John Murray 和 Ellie Bru，感谢他们帮助我完成本书。

最后的感谢留给一路上教育和培养我的所有人，名字太多，无法一一列出。感谢你们所有人！

目　　录

第1章　存储类型

1.1　存储的历史

历史上，存储的概念可以上溯到古埃及人建造地窖避免谷物发霉，把谷物储藏起来以备饥荒时使用。著名的例子是约瑟的故事：他监督谷物的配给和储存，并记录总数。经过很多代人和国家的发展，现在我们存储数据。古埃及的历史讲得太多了，让我们回到正题：说一说电脑存储的历史！

从计算机的角度看，最小的数据单位是“位”（bit），数值是 0 或者 1。你可能已经知道，位来源于最早的小型计算机架构，这种架构的形式是处于两个位置之一的拨动开关：关（0）或者开（1），这意味着，它使用的是所谓的二进制数据。8 位组成一个字符，称为一个数据字节（byte）。

图 1.1 展示了早期的模型计算机，利用拨动开关来对二进制位 0 或 1 编程。

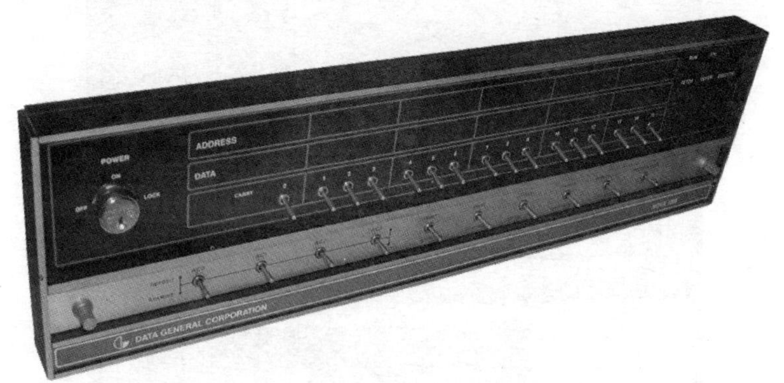

图 1.1　Data General Nova 1200 小型计算机显示了一个 16 位设计（16 个拨动开关）

照片来源：Arnold Reinhold，在 GNU 免费许可证下使用

（细节：Data General 公司是 EMC 的 CLARiiON® 存储阵列家族的创造者。）

所以，计算机处理的任何数据都是 0 和 1 的序列。1.1.4 节会讨论数据和地址空间计量单位。

数据存储在易失性和永久性媒体上。

易失性数据存储也称作随机存取存储器（Random Access Memory，RAM），从 RAM 读取数据比从其他形式的存储中读取快得多，因为它们没有移动部件。这类存储被计算机用来加载程序和数据供运行时使用。在 RAM 中作了修改的数据在计算机系统关闭之前的某个时间间隔内被写入永久性存储器。

永久性数据存储媒体根据存储或者读取的数据类型和连接的控制器而有所不同。最早的数据存储形式是大型主机系统使用的磁带。数据被写入磁道中，这多少有些像 20 世纪 70 年代因为美国大部分汽车上的立体声磁带播放机而流行起来的旧式 8 轨音频磁带格式。这些磁道沿着磁带长度方向平行延伸，由与磁道数量相同的磁头读出。20 世纪 50 年代的大型主机使用宽度为 0.5 英寸的 10.5 英寸磁带卷。这种磁带已经演化为现代个人电脑用于数据备份的 1/4 英寸盒式磁带。

之后产生的可移动永久性数据存储形式是从 8 英寸一直到 2 英寸的软盘。5.25 英寸曾经是最流行的尺寸，而后是 3.5 英寸。

（细节：IBM PC 最初型号使用的 DOS 1.0（磁盘操作系统）装载在小型磁带以及 5.25 英寸软盘上。）

IBM PC（型号 5150）带有两个 5.25 英寸的软盘驱动器（见图 1.2）。后续的型号（5160 或者 XT）带有一个 10MB MFM 硬盘。这种硬盘的规格是 5.25 英寸全高（也就是说，占据完整的一个插槽），代替第二个磁盘驱动器。我仍然收藏着这两种系统，而且认为在加州山景城（Moutain View）的计算机历史博物馆中还展示着一台或者多台这样的系统。

图 1.2 IBM PC（5150 型）带有两个 5.25 英寸软盘驱动器
资料来源：维基百科（关闭的文档）

1.1.1 硬盘的诞生

随着应用程序的增大，对永久性存储的内部结构的需求越来越大，这些存储称为硬盘或者硬盘驱动器。“硬”这个词的使用是因为这些磁盘与软盘和磁带相比较不灵活。它们最先出现在IBM PC/XT（5160型）上。它有10 MB的大容量，直径为5.25英寸，平均查找时间为150毫秒。在20世纪80年代下半叶，查找时间降低到1/10，大约为15毫秒。

图1.2中的IBM PC/XT配置了一个MFM（Modified Frequency Modulation，改进频率调制）ST-506接口。20世纪80年代末到20世纪90年代初，长度限制编码（Run Length Limited，RLL）ST-412接口也得到使用。后者要求安装特殊的软件，提供BIOS扩展，以扩充逻辑块寻址（Logical Block Addressing，LBA）。

还有一些其他形式的永久性存储和硬盘驱动器，如增强的小型磁盘接口（Enhanced Small Disk Interface，ESDI），该接口在20世纪80年代末的AT&T Unix以及XENIX操作系统早期版本中相当常见。

1.1.2 SCSI的出现

PC中对更大、更快和更多磁盘的需求催生了小型计算机系统接口（Small Computer System Interface，SCSI）。已经证明这种接口是目前为止最成功和最可靠的接口。它成为连接各类I/O设备的行业标准，包括：扫描仪、打印机、磁带驱动器和存储设备，以及磁盘阵列机箱（Disk Array Enclosure，DAE）中的大量磁盘。近来最常用的SCSI设备是磁盘和磁带驱动器或者磁带库。SCSI协议和标准在2.1节、第3章和第4章中介绍。

SCSI磁盘及其缓冲区已经变得更大更快。这一接口也从并行发展为串行连接SCSI（Serial Attached SCSI，SAS）。下面是简化的SAS概念：在控制器和电源终端之间不使用磁盘菊花链，而是将磁盘连接到控制器上的专用通道，或者插入连接到计算机外部SAS控制器通道的外部SAS磁盘机箱中。

1.1.3 PATA和SATA——SCSI的远亲

推出IBM PC/AT计算机之后，下一代的磁盘常称作IDE磁盘。这些磁盘使用的电子集成驱动器（Integrated Drive Electronics，IDE）接口实际上是AT嵌入式接口/AT附加分组接口（AT Attachment/AT Attachment Packet），后来它改名为并行ATA——PATA，以便和新一代的串行ATA——SATA区分。

PATA局限于每个控制器接口（主接口和从接口）两个驱动器，而SATA受到控制器提供的通道数量限制。

下面是SAS和SATA的一些不同。

- SCSI驱动器比SATA驱动器快得多，也昂贵得多，这是因为其设计和该技术实现的性能。

- SCSI 使用标记命令队列实现，允许保留许多命令。这种设计明显提高了驱动器 / 控制器的性能，它们可以重新排列命令的顺序，尽可能达到最优的执行方式。
- SCSI 驱动器还使用一个处理器执行命令和处理接口，同时使用一个单独的处理器通过伺服系统处理磁头定位。
- SCSI 磁盘可以用于包含 ECC（Error Checking and Correcting，错误检查和校正）缓存的存储阵列。这对于数据完整性来说很重要，尤其是在 vSphere 环境中。
- SATA 1.0 使用任务命令队列（Task Command Queuing，TCQ）。这种队列技术旨在帮助弥补 SCSI 和 PATA/SATA 驱动器之间的差距；然而，它的开销相当高而且不够有效。TCQ 也称作中断队列。
- SATA 2.0 引入了原生命令队列（Native Command Queuing，NCQ），这和 SCSI 使用的请求等待队列很相似。这种技术从根本上减少了 TCQ 使用的中断数量，这归功于它继承了第一方直接内存访问（Direct Memory Access，DMA）引擎以及智能命令排序，在最优的时候发起中断。
- 在较新的 SATA 磁盘中缓存也已经增大，但是大部分不能提供 ECC 功能。

表 1.1 列出了各种存储总线及其性能特性。

表 1.1　存储接口特性

接　口	原始带宽（Mbit/s）	最大传输速度（MB/s）	每通道设备
SATA 3.0	6 000	600	1
SATA 2.0	3 000	300	
SATA 1.0	1 500	150	每线 1 个
PATA 133	1 064	133.5	2
SAS 600	6 000	600	1（通过扩展器可以超过 65 000）
SAS 300	3 000	300	
SAS 150	1 500	150	
SCSI Ultra-640	5 120	640	15（加上 HBA）
SCSI Ultra-320	2 560	320	
光纤通道（通过光纤）	10 520	2 000	126 256^3=16 777 216（交换光纤）
光纤通道（通过铜缆）	4 000	400	
InfiniBand	10 000	1 000	1（点对点）
Quad Rate			许多（交换光纤）

资料来源：http://en.wikipedia.org/wiki/Sata#Comparison_with_other_buses

根据各种磁盘接口的不同性能特征、容量和成本，存储可以分为多个层次（见表 1.2），满足不同的服务水平协议（Service Level Agreement，SLA）。

表 1.2 存储层次示例

层 次	存储类型	优 势	劣 势
0	固态硬盘（SSD）	最高的原始带宽和传输速度。在顺序和随机读写上均有最高的速度。无移动部件	非常昂贵，容量较小，寿命以写入操作数量计算
1	SCSI/SAS- 光纤	较高的原始带宽和传输速度	昂贵，容量较小
2	SCSI/SAS- 铜缆	平均水平的传输速度，比第 1 层便宜	有些昂贵，容量比第 3 层小
3	SATA 2 或者 3	最便宜，容量较大	传输率较低

存储层次（storage tier）的概念在 vSphere 5.0 推出的存储 DRS 功能中起到重要的作用。

1.1.4 存储容量计量单位

存储容量（二进制）以位的数量级作为计量，最小的单位是 2^0（1 位），一个字节是 2^3。下一个单位是 2^{10}（KB），然后是 2^{20}（MB），以 2 的 10 次方递增。实际存储容量按照国际电工协会（IEC）的规范，从 KB 开始以 1 000 倍递增。前者常用于表示 RAM 容量，而后者用于磁盘。

表 1.3 列出了存储容量的单位。

表 1.3 存储容量单位

单 位	缩 写	二进制数	值	磁盘容量
位（Bit）	Bit	2^0	1 位	1 位
字节（Byte）	Byte	2^3	8 位	8 位
千字节（Kilobyte）	KB	2^{10}	1 024 字节	1 000 字节
兆字节（Megabyte）	MB	2^{20}	1 024 KB	1 000 KB
千兆字节（Gigabyte）	GB	2^{30}	1 024 MB	1 000 MB
万亿字节（Terabyte）	TB	2^{40}	1 024 GB	1 000 GB
千万亿字节（Petabyte）	PB	2^{50}	1 024 TB	1 000 TB
百亿亿字节（Exabyte）	EB	2^{60}	1 024 PB	1 000 PB

注意 带宽的计量单位基于每秒位数，增量为 1 024 倍，缩写使用小写的字母“b”，代替表示字节的大写字母“B”。例如，每秒 10 兆位写作 10 Mb/s 或者 10 Mbps。常常疏忽地互换使用 B 和 b。必须注意，不要采用错误的命名惯例，否则可能使你协商的速度提高或者降低 8 倍！

1.1.5 与 vSphere 5 相关的永久性存储类型

ESXi 5 可以安装在本地磁盘、存储区域网络（SAN）中的 LUN 或者 iSCSI 存储中的 LUN 上（见第 2 ～ 4 章）。

（细节：ESX/ESXi 4.1 之前的版本不支持从 iSCSI 启动。）

1. 支持的本地存储媒体

vSphere 5 支持如下类型的本地存储媒体：

- SCSI 磁盘（并行）
- 串行 SCSI 磁盘（SAS）
- 串行 ATA 磁盘（SATA）
- SD 闪存盘和 USB key（这适用于 ESXi 3.5 嵌入 / 可安装配置）
- 固态硬盘（SSD）

2. 共享存储设备

vSphere 5.0 的某些功能需要共享存储才能生效——例如，高可用性（HA）、分布式资源调度器（Distributed Resource Scheduler，DRS）、vMotion、存储 vMotion 及存储 DRS 等。

这些共享存储，不管是网络连接存储（Network Attached Storage，NAS）还是块设备，都必须在 VMware 的硬件兼容性列表（HCL）中。在该列表中列出意味着这些设备已经过测试和认证，符合最低性能标准，具备多路径和故障切换能力，也可能受到某些 VMware API（如 vSPhere Storage API for Array Integration（VAAI）和 vSphere Storage API for Storage Awareness（VASA））的支持。

符合 VMware HCL 要求的典型块存储设备由如下部分组成。

- 一个或者多个存储处理器（Storage Processer，SP）——也称作存储控制器。
- 每个 SP 有两个或者更多不同连接方式和速度的端口（例如，光纤通道、iSCSI）。进一步的细节参见第 2 ～ 4 章。
- 有些 EMC 存储阵列提供多个 SP（称作控制器（Director）），每个控制器中有多个端口（例如，EMC DMX 阵列提供多个 FA 控制器，每个有 4 个端口）。
- SP 的后端连接到 1 个或者多个 DAE，这些 DAE 存放表 1.2 中列出的不同类型磁盘。
- 有些存储阵列通过光纤通道回路交换机将 SP 连接到 DAE。

3. 存储设备选择技巧

当你设计一个 vSphere 5 环境时，对存储组件的选择是成功设计和实施的关键。下列原则和技巧能够帮助你做出正确的选择：

- 列出要进行虚拟化的应用程序。
- 确定这些应用程序的磁盘 I/O 条件。

- 确定带宽需求。
- 计算应用数据的磁盘容量需求。
- 确定这些应用程序的 SLA。

注意，设计 I/O 峰值往往比容量更重要。性能不足的存储架构是虚拟化环境性能问题最常见的根源。

1.2 小结

本章介绍了存储、常见存储类型以及 vSphere ESXi 5 所用的存储。接下来的几章提供进一步的细节。

第 2 章　光纤通道存储连接性

在外交领域，协议（protocol）的定义是，“一组指导活动执行方法的规则。”相比之下，协议在技术领域的定义与此相去不远；协议在技术上也用于指导某些活动的执行方法！

本章提供对光纤通道（Fibre Channel，FC）存储协议和连接性的概述，而后续的两章介绍以太网上的光纤通道（Fibre Channel over Ethernet，FCoE）和互联网小型计算机系统接口（iSCSI）协议。

2.1　SCSI 标准和协议

SCSI（Small Computer System Interface，小型计算机系统接口）是一组在电脑和 SCSI 外设之间物理连接和传输数据的标准。这些标准定义了命令和协议。

2.1.1　SCSI-2 和 SCSI-3 标准

SCSI-2 和 SCSI-3 标准由 T10 技术委员会管理（见 http://www.t10.org/drafts.htm）。

SCSI-2 指的是第二代 SCSI 标准，SCSI-3 则指第三代 SCSI 标准。但是，后续的标准去掉了数字“-3”。在修订 SCSI-3 架构模型（SCSI Architecture Model，SAM）时，它变成 SCSI 架构模型 -2（SAM-2）。换句话说，不存在 SCSI-4 标准，而代之以 SAM 的修订号，后续的各代称为 SAM-2、SAM-4 等。

图 2.1 展示了 SCSI 标准架构和相关的协议。

ESXi 5 主要使用 SCSI-2 标准，在某些操作和配置中也使用 SCSI-3。我在本书中会标出 vSphere 5 功能使用的 SCSI 标准。

2.1.2　光纤通道协议

光纤通道协议（Fibre Channel Protocol，FCP）由 T11 技术委员会（最新草案列表参见 http://www.t11.org/stat.nsf/fcproj?OpenView&Count=70）管理。

FCP 用于不同线速的光纤通道网络（目前的速度范围是 1 ～ 8 Gb/s，但是正在酝酿更高的速率，如 16 ～ 20 Gb/s）。光纤通道连接的基本单元是帧（frame）。图 2.2 展示了 FC 帧的结构。这和以太网帧或者 IP 封包有些相似。

重要的是，理解 FC 帧结构能够帮助你解读本书后面讨论的各种 vSphere 日志中列出的存储相关信息。

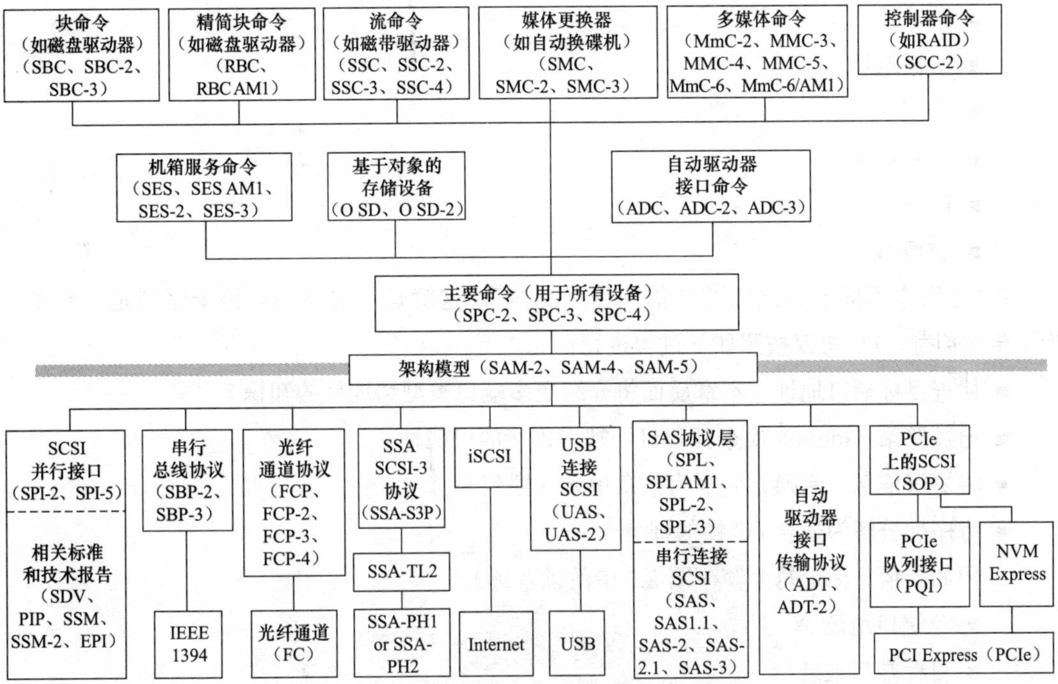

块命令（如磁盘驱动器）（SBC、SBC-2、SBC-3）
精简块命令（如磁盘驱动器）（RBC、RBC AM1）
流命令（如磁带驱动器）（SSC、SSC-2、SSC-3、SSC-4）
媒体更换器（如自动换碟机）（SMC、SMC-2、SMC-3）
多媒体命令（MmC-2、MMC-3、MMC-4、MMC-5、MmC-6、MmC-6/AM1）
控制器命令（如RAID）（SCC-2）
机箱服务命令（SES、SES AM1、SES-2、SES-3）
基于对象的存储设备（O SD、O SD-2）
自动驱动器接口命令（ADC、ADC-2、ADC-3）
主要命令（用于所有设备）（SPC-2、SPC-3、SPC-4）
架构模型（SAM-2、SAM-4、SAM-5）
SCSI 并行接口（SPI-2、SPI-5）
相关标准和技术报告（SDV、PIP、SSM、SSM-2、EPI）
串行总线协议（SBP-2、SBP-3）
IEEE 1394
光纤通道协议（FCP、FCP-2、FCP-3、FCP-4）
光纤通道（FC）
SSA SCSI-3 协议（SSA-S3P）
SSA-TL2
SSA-PH1 or SSA-PH2
iSCSI
Internet
USB 连接 SCSI（UAS、UAS-2）
USB
SAS协议层（SPL、SPL AM1、SPL-2、SPL-3）
串行连接 SCSI（SAS、SAS1.1、SAS-2、SAS-2.1、SAS-3）
自动驱动器接口传输协议（ADT、ADT-2）
PCIe 上的SCSI（SOP）
PCIe 队列接口（PQI）
NVM Express
PCI Express（PCIe）

图 2.1　SCSI 标准架构

4字节 帧开始标志
24字节 帧的首标
2 112字节　数据字段
64字节 可选首标
2 048字节 载荷
4字节 CRC 错误校验
4字节 帧结束标志
CTL
源地址
目标地址
类型
序列计数
序列ID
交换ID

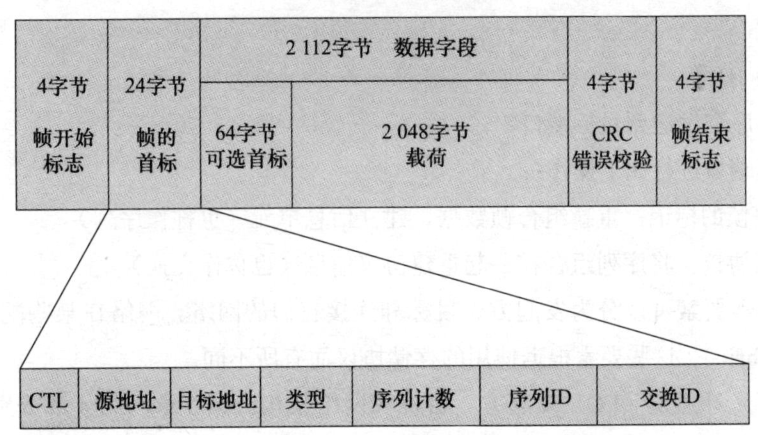

图 2.2　光纤通道帧结构

每个帧包括 2 KB 传输数据，并由一些保证帧完整性的字段，以及帮助目标和发起方（来源）在连接的两端重新装配数据的信息封装。这些字段如下：

- 帧开始标志（4 字节）
- 帧结束标志（4 字节）
- 帧首标（24 字节）
  - CTL（控制字段）

- 源地址
- 目标地址
- 类型
- 序列计数
- 序列 ID
- 交换 ID

FC 网络中不同实体之间的通信称作“交换”，这就是一些序列。每个序列是一些帧。为了传输信息，FC 协议按照如下过程进行：

- 检查目标端口地址（本章后面将介绍更多端口类型和地址的知识）
- 通过登录（login）检查源和目标端口连接的可能性
- 将协议信息（交换）分解为信息单元（序列）
- 将序列分解为适合 FC 帧的部分
- 用如下信息标记每个帧（图 2.2 中的帧首标）
  - 源端口地址
  - 目标端口地址
  - 序列号
  - 协议
  - 交换 ID 等
- 将帧的序列发送到目标端口
- 在目标端口进行如下操作：
  - 根据帧的标记，重新组合帧数据，建立信息单元（也称作序列）
  - 根据协议，将序列组合在一起重建协议信息（也称作交换）

存储的基本要素可以分为发起方、目标和连接它们的网络。网络在某些配置中也称作网络架构（Fabric）。这些要素根据使用的存储协议而有所不同。

本章介绍光纤通道（FC）发起方、目标和网络架构。第 3 章和第 4 章分别介绍 FCoE 和 iSCSI。

1. FC 发起方

发起方是存储网络上发起和目标 SCSI 对话的端点。发起方的例子有 SCSI HBA（主机总线适配器）、FC-HBA、iSCSI 硬件发起方和每个 vSphere 主机中配置或者安装的 iSCSI 软件发起方。第 4 章将介绍 SCSI 发起方。

FC 发起方是端口速度为 1、2、4 和 8 Gb/s 的 FC HBA，可能是单端口的，也可能是双端口的。更高的速度已经在计划之中，但是在本书编写的时候尚未发布。

有些 FC HBA 以刀片服务器中的背板卡的形式出现。HP 的光纤通道灵活连接技术就是一个变种。

2. FC 端口标识符

FC 端口有唯一的标识符，称作全球端口号（World Wide Port Number，WWPN）。它是一个在网络架构中保证唯一的 ID，基于美国电子电气工程师组织（IEEE）注册机构分配的组织唯一标识符（Organizationally Unique Identifier，OUI）。（参见 http://standards.ieee.org/develop/regauth/out/public.html。）每个 FC HBA 制造商注册自己的 OUI，并根据 OUI 生成 WWPN。

WWPN 示例：

```
21:00:00:1b:32:17:34:c9
```

其中突出显示的数字是 OUI。

在 IEEE URL 上搜索 OUI（不带冒号），可以辨别 OUI 注册的所有者——例如，你可以搜索 001b32。

3. FC 节点标识符

FC 节点有唯一的标识符，称作全球节点名称（World Wide Node Name，WWNN）。这些 ID 由 HBA 制造商按照上一节介绍的方法，利用唯一的 OUI 生成。

发起方 WWNN 示例：

```
20:00:00:1b:32:17:34:c9
```

上述示例取自前一节中 WWPN 示例的同一个 HBA。注意，OUI 是相同的。在这个例子中，HBA 的型号是 QLogic QLE 2462。

目标 WWNN 示例：

```
50:06:01:60:c1:e0:65:22
```

这个例子取自 CLARiiON SP 端口。注意，目标 OUI 位在 WWNN 中的不同位置。

（1）查找 vSphere 5 主机中 HBA 的 WWPN 和 WWNN

在存储区域网络（Storage Area Network，SAN）的故障检修过程中或者映射现有 vSphere 5.0 主机的 SAN 时，需要识别已经安装的 HBA 的 WWPN 和 WWNN。本节将介绍如何通过用户界面（UI）和命令行接口（CLI）完成这一工作。

（2）使用 UI 的过程

要查找 HBA 的 WWPN 和 WWNN，可以采用如下步骤。

1）以管理员权限的用户直接登录 vSphere 5.0 主机或者使用 VMware vSphere 5.0 Client 登录管理主机的 vCenter 服务器。

2）在 Inventory（库存）→ Hosts and Clusters（主机和群集）视图中，在库存树中查找 vSphere 5.0 主机并选中。

3）选择 Configuration（配置）选项卡。

4）在 Hardware（硬件）列表中，选择 Storage Adapter（存储适配器）选项。

5）选择 Type（类型）栏目显示 Fibre Channel（光纤通道）的 HBA。

6）一次选择一个 HBA，在 Details（详情）窗格中找到 WWN 字段。在那里你会看到 WWNN 和 WWPN，两者以空格分隔。

图 2.3 显示了一个示例。

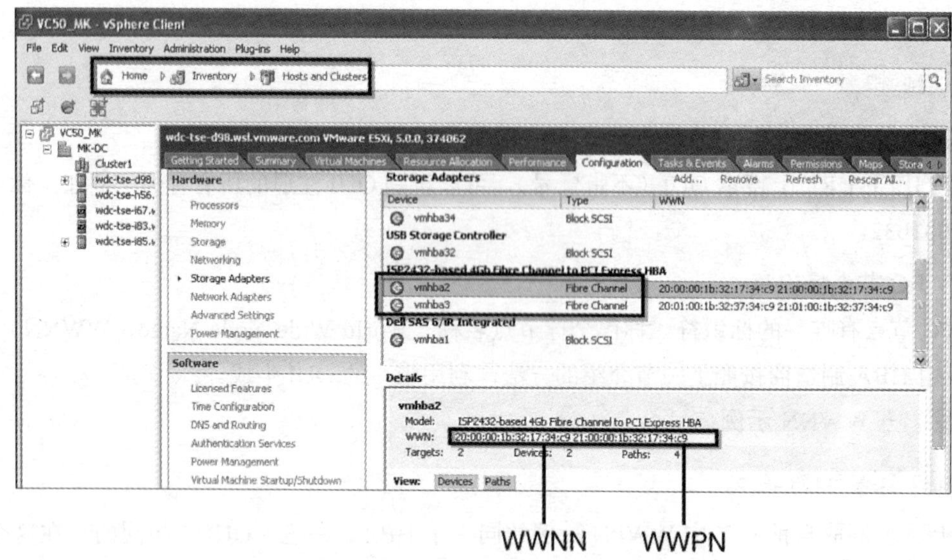

图 2.3 使用 UI 定位 HBA 的 WWNN 和 WWPN

（3）使用 CLI 的过程

存储适配器属性也可以通过 CLI 确定。CLI 可以通过多种机制使用。

- SSH——对主机的 SSH 访问默认情况下禁用。为了启用它，可以按照下面介绍的步骤进行。如果你不希望这么做，则可以选择下面两种方法：vMA 或者 vSphere CLI（vCLI）。
- vMA——vSphere Management Assistant 5.0 是一个预装的 SuSE Linux Enterprise Server 11 虚拟用具，它具有远程管理一个或者多个 ESXi 5.0（包括 vCLI）所需的全部功能。更多信息参见 http://www.vmware.com/go/vma。
- vCLI——vCLI 可用于 Windows 和 Linux。你可以在管理工作站上安装它。它在 Linux 和 Windows 上使用相同的语法。记住，在 Linux 上可以使用的其他与 OS 相关的命令和工具在 Windows 上可能无法使用。这里仅介绍 Linux 版，你可以在

Windows 上替换相关的非 ESXCLI 命令，应用相同的过程。例如，在 Linux 上可能偶尔使用 sed 和 awk，这些命令在 Windows 中默认情况下不可用。可以从 http://gnuwin32.sourceforge.net/pacakages/sed.htm 下载 Windows 版的 sed，从 http://gnuwin32.sourceforge. net/pacakages/gawk.htm 下载 awk。

（4）**启用 SSH 主机访问**

ESXi 5.0 主机访问在默认情况下不启用。按照如下过程启用它。

1）作为具有管理员权限的用户直接登录 vSphere 5.0 主机或者使用 VMware vSphere 5.0 Client 登录管理主机的 vCenter 服务器。

2）在 Inventory（库存）→ Hosts and Clusters（主机和群集）视图中，在库存树中查找 vSphere 5.0 主机并选中。

3）选择 Configuration（配置）选项卡。

4）在 Software（软件）列表中，选择 Security Profile（安全配置文件）选项，如图 2.4 所示。

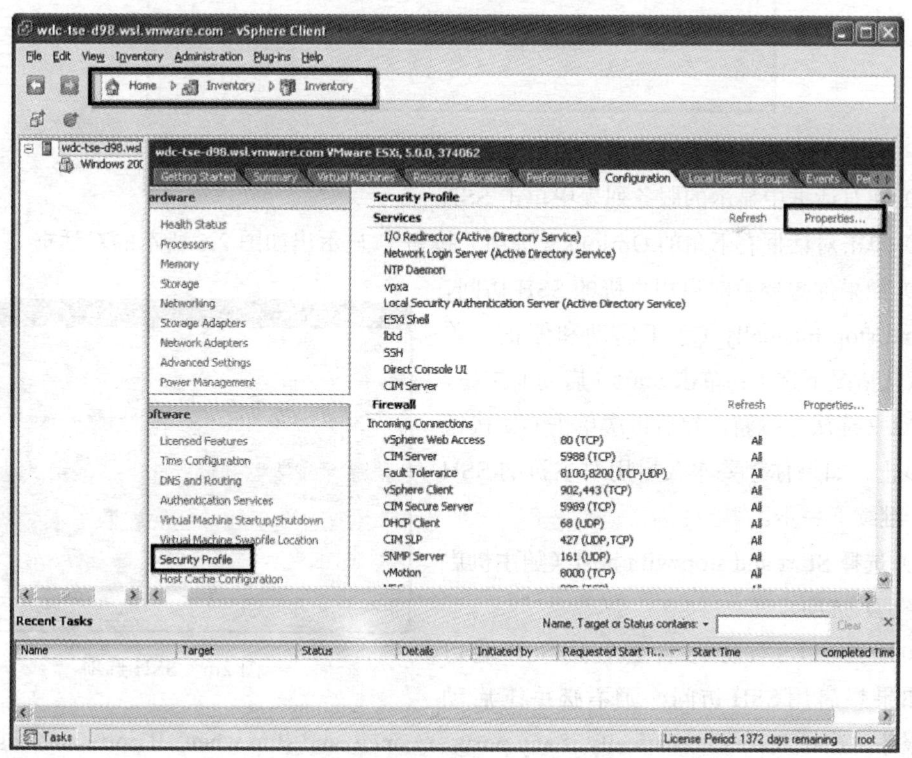

图 2.4　修改安全配置文件

5）单击右侧窗格 Services（服务）区域中的 Properties（属性）。显示出如图 2.5 所示的对话框。

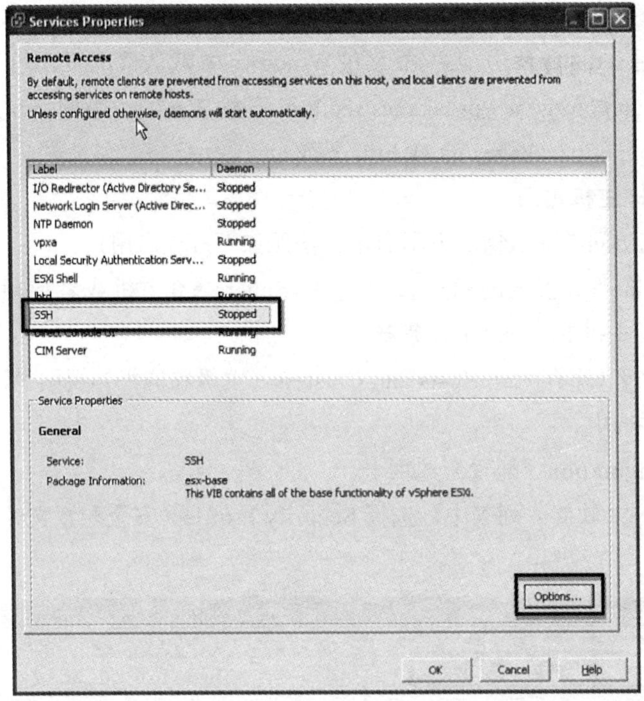

图 2.5　修改服务属性

6）在对话框中显示的服务列表中单击 SSH。

7）单击对话框右下角的 Options（选项）按钮，显示出如图 2.6 所示的对话框。

8）如果你想要暂时启用主机的 SSH 访问，Start and stop manually（手工启动和停止）单选钮默认情况下选中；单击 Start（启动）按钮，单击 OK（确认）按钮，然后再次单击 OK 按钮可以停止。如果你想要永久启用对主机的 SSH 访问，继续下一步。

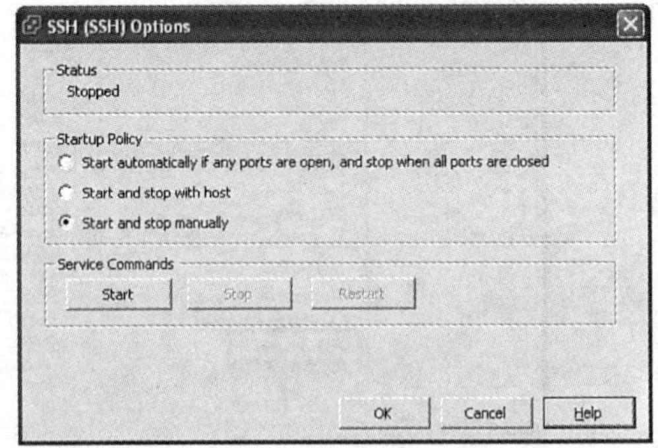

图 2.6　SSH 选项

9）选择 Start and stop with host（随主机启动和停止）选项。

10）当在 ESXi 防火墙上启用 SSH 端口时，如果想启用 SSH 访问，而不必手工启动 SSH 服务，选择 Start automatically if any ports are open，and stop when all ports are closed（如果任何端口打开则自动启动，端口关闭时停止）选项。

（5）使用 SSH 的过程

可以按照如下过程，用 SSH 查找 HBA 的 WWPN 和 WWNN。

1）利用 SSH 客户端连接到 vSphere 5.0 主机。

2）如果 SSH 根访问被禁用，则用分配给你的用户账户登录；然后，用 su 将你的权限提升为根账户。注意，你的 shell 提示符由 $ 变成 #。（注意，sudo 命令在 ESXi 5 中不再存在。）

3）如果你使用的是 QLogin FC-HBA，运行如下命令：

```
grep adapter- /proc/scsi/qla2xxx/*
```

这条命令返回如图 2.7 所示的输出。

```
wdc-tse-d98.wsl.vmware.com - PuTTY
~ # grep adapter- /proc/scsi/qla2xxx/*
/proc/scsi/qla2xxx/7:scsi-qla0-adapter-node=2000001b321734c9:080600:0;
/proc/scsi/qla2xxx/7:scsi-qla0-adapter-port=2100001b321734c9:080600:0;
/proc/scsi/qla2xxx/8:scsi-qla1-adapter-node=2001001b323734c9:391700:0;
/proc/scsi/qla2xxx/8:scsi-qla1-adapter-port=2101001b323734c9:391700:0;
~ #
```

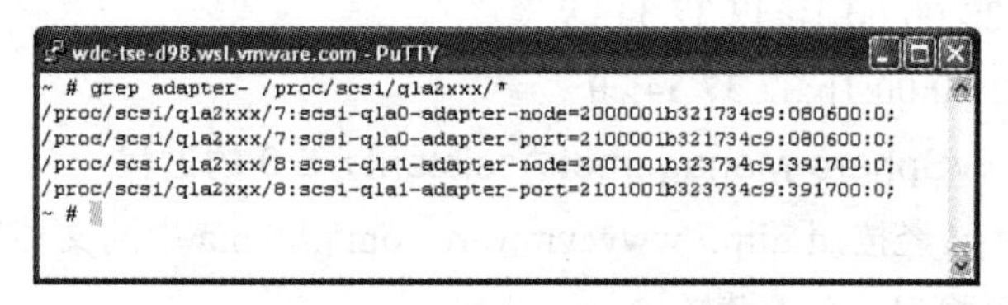

图 2.7　通过 CLI 查找 WWPN/WWNN

第 1 行的 `node=` 和冒号之间显示第一个 HBA 的 WWNN。在这个例子中，WWNN 是 2000001b321734c9。冒号后的数值是端口 ID，本章稍后讨论它。

第 2 行的 `port=` 和冒号之间显示的是第一个 HBA 的 WWPN。在这个例子中，WWPN 是 2100001b321734c9。

第 3 行和第 4 行分别显示第二个 HBA/ 端口的 WWNN 和 WWPN。

如果你使用的是 Emulex HBA，用与 HBA 的驱动程序相关的节点替换 `qla2xxx`——例如，lpfc820，但是搜索字符串 `port`（而不是 `adapter-`）的命令略有不同：

```
# fgrep Port lpfc820/5
Portname: 10:00:00:00:c9:6a:ff:ac   Nodename: 20:00:00:00:c9:6a:ff:ac
```

在这个例子中，WWPN 和 WWNN 在同一行列出（Portname 和 Nodename）。也可以运行如下命令（输出见图 2.8）：

```
esxcfg-mpath -b |grep WWNN |sed 's/.*fc //;s/Target.*$//'
```

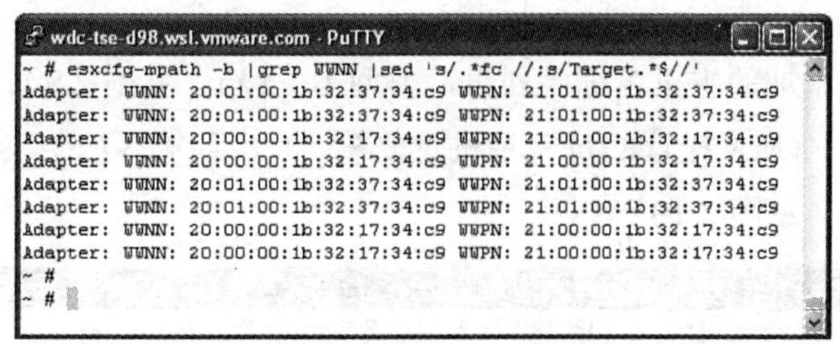

```
wdc-tse-d98.wsl.vmware.com - PuTTY
~ # esxcfg-mpath -b |grep WWNN |sed 's/.*fc //;s/Target.*$//'
Adapter: WWNN: 20:01:00:1b:32:37:34:c9 WWPN: 21:01:00:1b:32:37:34:c9
Adapter: WWNN: 20:01:00:1b:32:37:34:c9 WWPN: 21:01:00:1b:32:37:34:c9
Adapter: WWNN: 20:00:00:1b:32:17:34:c9 WWPN: 21:00:00:1b:32:17:34:c9
Adapter: WWNN: 20:00:00:1b:32:17:34:c9 WWPN: 21:00:00:1b:32:17:34:c9
Adapter: WWNN: 20:01:00:1b:32:37:34:c9 WWPN: 21:01:00:1b:32:37:34:c9
Adapter: WWNN: 20:01:00:1b:32:37:34:c9 WWPN: 21:01:00:1b:32:37:34:c9
Adapter: WWNN: 20:00:00:1b:32:17:34:c9 WWPN: 21:00:00:1b:32:17:34:c9
Adapter: WWNN: 20:00:00:1b:32:17:34:c9 WWPN: 21:00:00:1b:32:17:34:c9
~ #
~ #
```

图 2.8　确定 HBA 的 WWPN 和 WWNN 的另一条命令

这条命令截取输出中字符串 `fc` 第一次出现的部分，并删除以 `Target` 开始的后缀文本。下面讨论目标 ID 的确定。这些输出说明 HBA（适配器）中与通往连接的存储设备的所有路径相关的 WWNN 和 WWPN（关于路径和多路径的更多相关内容参见第 7 章）。

在这个例子中，有如下名称的两个 HBA：

第 1 个 HBA：

WWNN:20:01:00:1b:32:37:34:c9

WWPN:21:01:00:1b:32:37:34:c9

第 2 个 HBA：

WWNN:20:00:00:1b:32:37:34:c9

WWPN:21:0:00:1b:32:37:34:c9

（6）使用 vMA（vSphere Managemet Assistant）5.0 的过程

这一过程假定你已经按照 http://www.vmware.com/go/vma 中的文档安装和配置了 vMA 5.0，你也可以在那里找到一个下载链接。

1）以 vi-admin 或者可以使用 sudo 的用户（也就是，用 visudo 编辑器添加到 sudoers 文件的账户）登录 vMA。

2）在安装 vMA 后第一次使用时，必须通过这个设施添加每个计划管理的 ESXi 主机（见图 2.9）。

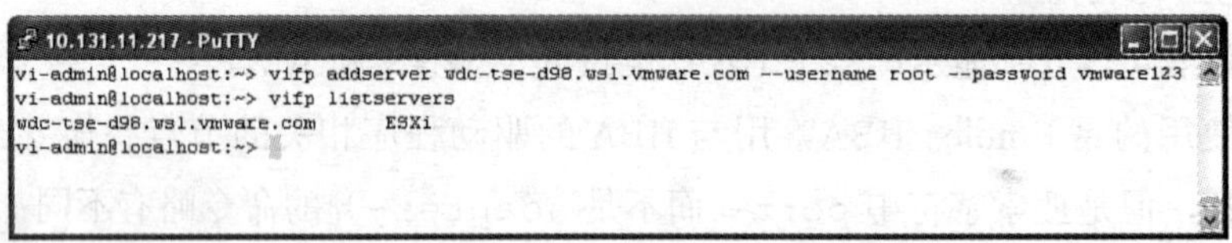

图 2.9 添加一个受管理的主机

3）添加托管主机的命令为：

```
vifp addserver <ESXi 主机名 > --username root --password < 根用户密码 >
```

4）验证主机已经成功添加：

```
vifp listservers
```

你应该看到刚刚添加的主机名称已列出，类型为 ESXi（见图 2.9）。

5）为你打算通过 vMA 托管的每台主机重复第 2）步和第 3）步。将 ESXi 服务器设置为当前托管目标主机（见图 2.10）。

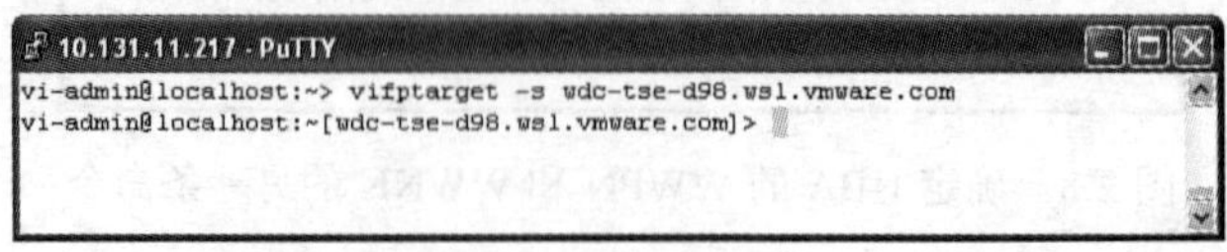

图 2.10 设置目标托管主机

完成这一任务的命令是：

```
vifptarget -s <ESXi 主机名 >
```

注意，提示符出现变化，包含托管目标 ESXi 主机名称。

从此以后，所有后续的命令应用到该主机，没有必要在每条命令中加上主机名称。当想要管理不同主机时，可以在以后使用其他主机名重复这条命令。

可以使用 CLI 查找 HBA 的 WWPN 和 WWNN，如图 2.11 所示。

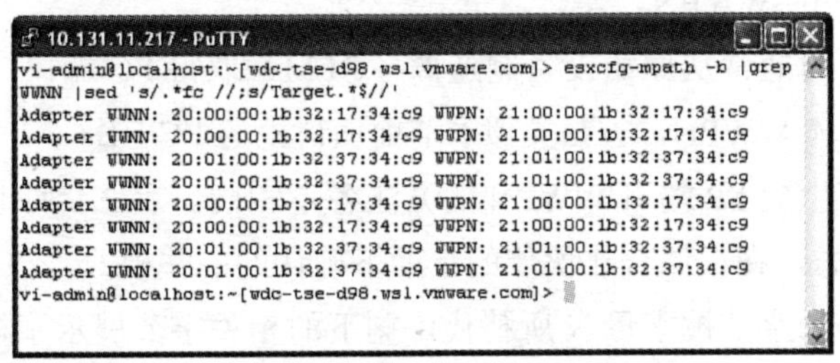

图 2.11　用 CLI 查找 HBA 的 WWPN 和 WWNN

6）运行如下命令查找 HBA 的 WWPN 和 WWNN：

```
esxcfg-mpath -b |grep WWNN |sed 's/.*fc //;s/Target.*$//'
```

注意　不能使用这一过程列出 HBA 的处理节点，因为这些节点不能远程访问。

（7）使用 Linux vCLI 的过程

使用 vCLI 与使用 vMA 类似，但是没有提供 vifp 和 vifptarget 命令的快速通过（Fast-Pass，FP）机制，这意味着，你必须在每条命令中提供主机的凭据，包括 `--server`、`--username` 和 `--password` 以及前一节中使用的其余命令选项。

例如，可以使用如下命令：

```
esxcfg-mpath -b --server <主机名> --username root --password <密码>|grep WWNN |sed
's/.*fc //;s/Target.*$//'
```

提示　可以使用 `--credstore` 选项（VI_CREDSTORE 变量）避免在每条 ESXi 主机命令中提供凭据的细节。

凭据存储文件的名称默认为 <home>/.vmware/credstore/vicredentials.xml（对于 Linux）和 <APPDATA>/VMware/credstore/vicredentials.xml（对于 Windows）。

更多细节参见 vMA 5.0 用户指南。

---

4. FC 目标

目标是等待发起方命令，提供必要的输入 / 输出（I/O）数据传输的 SCSI 端点。这是定义 LUN（逻辑单元）并提供给发起方的场所。

存储阵列的控制器（也称处理器）端口是 SCSI 目标的例子。这些端口可以是 FC、iSCSI、FCoE 或者串行连接存储（Serial Attached Storage，SAS）端口。本章讨论 FC 目标，第 3 章和第 4 章分别介绍 FCoE 和 iSCSI 目标。

FC 目标是在一个或者多个存储阵列控制器 / 处理器（SP）上的 FC 端口。这些端口具有本节前面讨论的全局唯一标识符。在大部分配置中，一个存储阵列使用一个 WWNN，而每个 SP 端口都有唯一的 WWPN。

大部分存储供应商通常从原始设备制造商（OEM）取得 FC 端口，后者采用自己注册的 OUI 分配 WWNN 和 WWPN，方法类似本节前面讨论的 FC HBA。

存储阵列供应商生成 SP 端口 WWPN 的方法各不相同。表 2.1 列出了我多年来通过阅读数百个 vSphere 日志，在存储合作伙伴的帮助下确认的一些模式。该表列出了 SP 端口的 WWPN，其中不重要的字节被字母 X 所替代，剩下的相关字节展示了模式（IBM DS 4000 系列是个例外，在它们的 WWPN 中用 0 代替不重要的字节）。

表 2.1　识别每个 SP 相关的 SP 端口

阵列产品系列	SP 端口 ID	WWPN
EMC CLARiiON CX	SPA0	xx:xx:xx:60:xx:xx:xx:xx
	SPA1	xx:xx:xx:61:xx:xx:xx:xx
	SPA2	xx:xx:xx:62:xx:xx:xx:xx
	SPA3	xx:xx:xx:63:xx:xx:xx:xx
	SPA4	xx:xx:xx:64:xx:xx:xx:xx
	SPA5	xx:xx:xx:65:xx:xx:xx:xx
	SPA6	xx:xx:xx:66:xx:xx:xx:xx
	SPA7	xx:xx:xx:67:xx:xx:xx:xx
	SPB0	xx:xx:xx:68:xx:xx:xx:xx
	SPB1	xx:xx:xx:69:xx:xx:xx:xx
	SPB2	xx:xx:xx:6A:xx:xx:xx:xx
	SPB3	xx:xx:xx:6B:xx:xx:xx:xx
	SPB4	xx:xx:xx:6C:xx:xx:xx:xx
	SPB5	xx:xx:xx:6D:xx:xx:xx:xx
	SPB6	xx:xx:xx:6E:xx:xx:xx:xx
	SPB7	xx:xx:xx:6F:xx:xx:xx:xx
HDS Lightning（95XXv）	SP0A	xx:xx:xx:xx:xx:xx:xx:90
	SP0B	xx:xx:xx:xx:xx:xx:xx:91
	SP0C	xx:xx:xx:xx:xx:xx:xx:92
	SP0D	xx:xx:xx:xx:xx:xx:xx:93
	SP1A	xx:xx:xx:xx:xx:xx:xx:94
	SP1B	xx:xx:xx:xx:xx:xx:xx:95
	SP1C	xx:xx:xx:xx:xx:xx:xx:96
	SP1D	xx:xx:xx:xx:xx:xx:xx:97

（续）

阵列产品系列	SP 端口 ID	WWPN
HP EVA	SPA1	xx:xx:xx:xx:xx:xx:xx:x9
	SPA2	xx:xx:xx:xx:xx:xx:xx:x8
	SPB1	xx:xx:xx:xx:xx:xx:xx:xD
	SPB2	xx:xx:xx:xx:xx:xx:xx:xC
IBM FAStT/DS4000 系列	见注解	20:0X:00:00:00:00:xx
	见注解	20:0Z:00:00:00:00:zz

比较 X 和 Z，其中较低的值代表主 SP，较高的值代表从 SP。比较 xx 和 zz，其中越高的值代表越高的端口号。

2.1.3　解码 EMC Symmetrix WWPN

解码 EMC Symmetrix/DMX WWPN 有些难度。图 2.12 有助于说明这一过程。

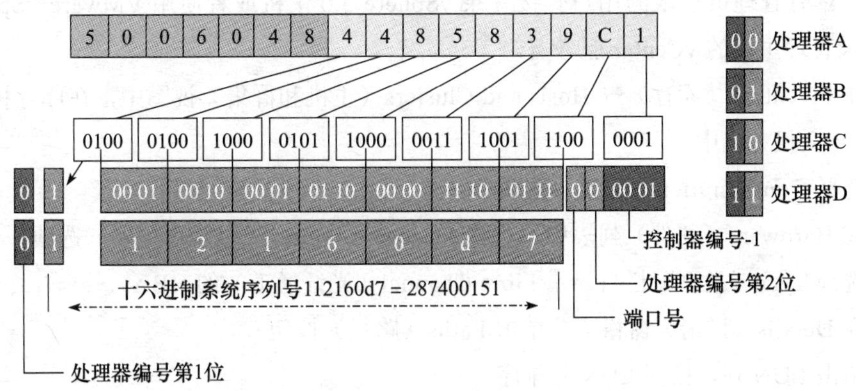

图 2.12　解码 EMC Symmetrix WWPN

Symmetrix/DMX FA 控制器端口的 WWPN 从 5006048 开始（因为 EMC 的 OUI 是 006048）。图 2.12 中的每个字在相邻的方框中从十六进制转换为二进制。例如，OUI 后的第一个字值为“0x4”，转换为二进制的“0100”。

第 1 位与标记为“处理器编号第 2 位”的一位数用于确定 FA 控制器上的处理器。

注意　FA 控制器板有两面，每面各有两个处理器，共计 4 个处理器（在图 2.12 中标记为处理器 A、B、C 和 D）。

FA 端口数量根据阵列可为 4 个或者 8 个。

如果处理器编号的第 1 位（或者前半部分）没有置位（值为 0），则处理器 ID 为 A 或 B，如果该位置位（值为 1），则 ID 为 C 或者 D。第 2 位区分处理器对中的位置。

图 2.12 展示的处理器确定方法在表 2.2 中也已列出。

表 2.2 计算 FA 控制器处理器编号

第 1 位（ID 的前半部分）	第 2 位（ID 的后半部分）	处理器编号
0	0	处理器 A
0	1	处理器 B
1	0	处理器 C
1	1	处理器 D

2.1.4 查找 vSphere 5 主机所见的目标 WWNN 和 WWPN

目标的 WWPN 和 WWNN 可以用前面介绍的类似方法查找。

1. 使用 UI 的过程

可以按照如下步骤，用 UI 查找目标 WWNN 和 WWPN。

1）以具有管理员权限的用户直接登录 vSphere 5.0 主机或者使用 VMware vSphere 5.0 Client 登录管理主机的 vCenter 服务器。

2）在 Inventory（库存）→ Hosts and Clusters（主机和群集）视图中，在库存树中查找 vSphere 5.0 主机并选中。

3）选择 Configuration（配置）选项卡。

4）在 Hardware（硬件）列表中，选择 Storage Adapters（存储适配器）选项。

5）选择 Type（类型）栏目显示 Fibre Channel（光纤通道）的 HBA。

6）在 Details（详情）窗格下，单击 Paths（路径）按钮。

7）单击 LUN 列，按照 LUN 号排序。

8）UI 看上去应该类似图 2.13：

a）Target 列显示 WWNN 和 WWPN，以空格分隔。

b）每一行列出从选中的 HBA 到某个 LUN 的一个目标 ID。

9）对每个 HBA 重复第 5）～ 8）步。

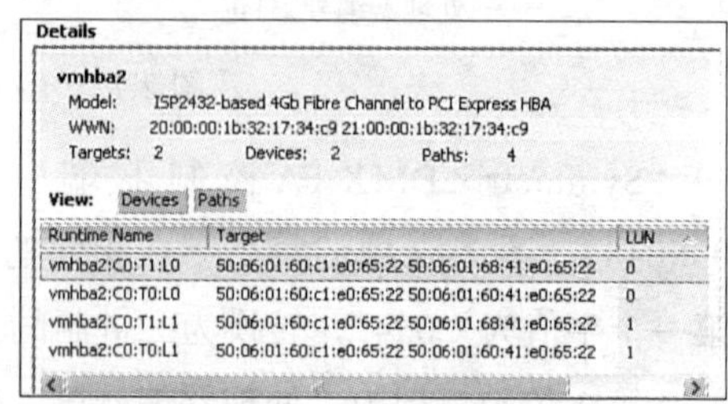

图 2.13 查找目标的 WWPN 和 WWNN

2. 使用 UI 的另一种过程

为了列出 vSphere 5.0 主机中所有 HBA 访问的所有目标，可以使用下面的步骤，列出到指定 LUN 的所有路径，然后确定目标 ID。

1）以具有管理员权限的用户直接登录 vSphere 5.0 主机或者使用 VMware vSphere 5.0 Client 登录管理主机的 vCenter 服务器。

2）在 Inventory（库存）→ Hosts and Clusters（主机和群集）视图中，在库存树中查找

vSphere 5.0 主机并选中。

3）选择 Configuration（配置）选项卡。

4）在 Hardware（硬件）列表中，选择 Storage（存储）选项。

5）在 View（查看）字段下，单击 Devices（设备）按钮。

6）在 Devices（设备）窗格下，选择一个 SAN LUN（见图 2.14）。在这个例子中，它的名称以“DGC Fibre Channel Disk”开始。

View: Datastores Devices

Devices Refresh Rescan All...

Name	Runtime Name	Operational State	LUN	Type
DGC Fibre Channel Disk (naa.6006...	vmhba2:C0:T0:L1	Mounted	1	disk
Local Dell Disk (naa.600508e00000...	vmhba1:C1:T0:L0	Mounted	0	disk
DGC iSCSI Disk (naa.60060160473...	vmhba35:C0:T0:L0	Mounted	0	disk
Local USB CD-ROM (mpx.vmhba32...	vmhba32:C0:T0:L0	Mounted	0	cdrom
DGC Fibre Channel Disk (naa.6006...	vmhba2:C0:T0:L0	Mounted	0	disk
Local TEAC CD-ROM (mpx.vmhba0...	vmhba0:C0:T0:L0	Mounted	0	cdrom

图 2.14 列出数据存储

7）选择 Device Details（设备详情）窗格中的 Manage Paths（管理路径）。

8）图 2.15 显示了 LUN 详情。在这个例子中，以降序排列 Runtime Name（运行时名称）字段。

- Paths 部分以 Runtime Name:vmhba*x*:C0:T*y*:L*z* 的格式显示到该 LUN 的所有可用路径，其中 *x* 是 HBA 号，*y* 是目标号，*z* 是 LUN 号。更多解释见本章稍后的部分。
- 目标：两个 WWNN，后面跟上目标的 WWPN，以空格分隔。

9）也可以一次选择一个路径。路径细节在下面窗格中的 Fibre Channel（光纤通道）字段中显示。

- 适配器：HBA 的 WWNN，然后是 WWPN，以空格分隔。
- 目标：SP WWNN，然后是 WWPN。

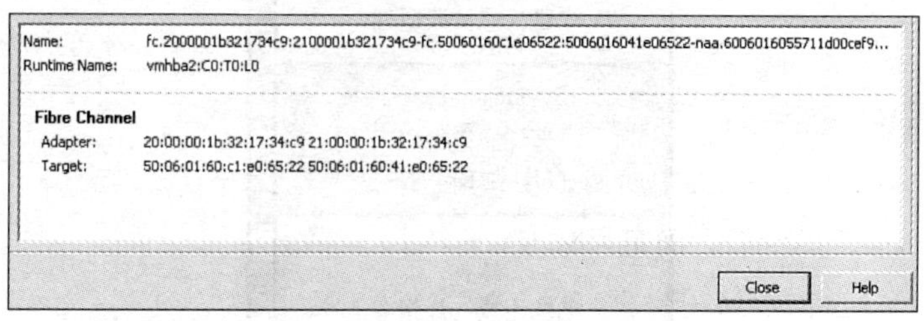

图 2.15 列出到 SAN LUN 的路径

在这个例子中，目标的 ID 如表 2.3 所示。

表 2.3 目标 ID 列表

HBA 号	目标号	目标 WWNN	目标 WWPN
2	0	50:06:01:60:c1:e0:65:22	50:06:01:60:c1:e0:65:22
2	1	50:06:01:60:c1:e0:65:22	50:06:01:68:41:e0:65:22
3	0	50:06:01:60:c1:e0:65:22	50:06:01:61:41:e0:65:22
3	1	50:06:01:60:c1:e0:65:22	50:06:01:69:41:e0:65:22

注意，在这个例子中，WWNN 对于所有目标都一样，而 WWPN 是唯一的。

使用表 2.1，我们可以确定哪个 WWPN 属于阵列中的哪一个 SP 端口，如表 2.4 所示。

表 2.4 将目标映射到 SP 端口

HBA 号	目标号	SP 号	端口号	HBA 号	目标号	SP 号	端口号
2	0	A	0	3	0	A	1
2	1	B	0	3	1	B	1

2.1.5 SAN 拓扑

SAN 拓扑这个术语指的是存储区域网络中对象的连接方式。

1. FC

FC 是利用 FC 协议连接存储设备的基础架构和媒体。

（1）FC 层次

光纤通道由 5 层组成，如图 2.16 所示。

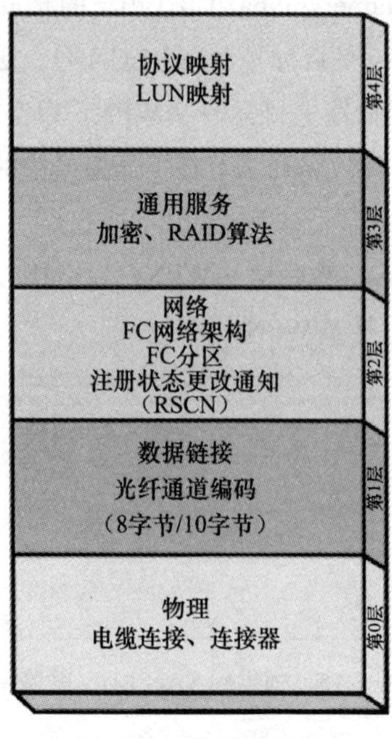

图 2.16 光纤通道层

（2）FC 端口

FC 端口根据其在 FC 网络中的功能而有所不同。它们可能是表 2.5 中列出的某种类型。

表 2.5　FC 端口类型

FC 端口类型	扩 展 名	描　　述
N 端口	节点端口（Node Port）	用点对点拓扑结构相互连接，也可以通过 FC 交换端口将节点连接到网络架构的节点端口
NL 端口	节点回路端口（Node Loop Port）	通过仲裁回路（FC-AL）拓扑连接的节点端口
F 端口	网络架构端口（Fabric Port）	在点对点拓扑中连接到节点 N- 端口的交换端口
FL 端口	网络架构回路端口（Fabric Loop Port）	在仲裁回路（FC-AL）拓扑中连接到节点 NL- 端口的交换端口
E 端口	扩展端口（Expansion Port）	连接 FC 交换机，组成 ISL（Inter-Switch Link，交换机间链路）的交换端口
TE 端口	聚合 E 端口（Trunking E-Port）	只用在 Cisco 交换机上；连接 vSAN 之间的 FC 交换机和路由

FC 网络可以用 FC 交换机连接端口，也可以不使用交换机。端口相互连接的方式由拓扑定义。

（3）FC 拓扑

FC 拓扑描述不同端口相互连接的方式。有三种主要的 FC 拓扑：点对点（FC-P2P）、仲裁回路（FC-AL）和交换网络架构（FC-SW）。

FC-P2P（点对点）

在 FC 点对点拓扑中，两个设备直接相互连接，如图 2.17 所示。

FC-P2P 拓扑将 ESXi 主机的 FC HBA 直接连接到存储阵列的 SP 端口，VMware 支持的某些存储阵列具备这种拓扑。检查 HCL 的阵列测试配置选项 FC Direct Attached（FC 直接连接）。当配置 FC-HBA BIOS 时，不管使用拓扑还是交换网络架构，都必须选择这个设置。

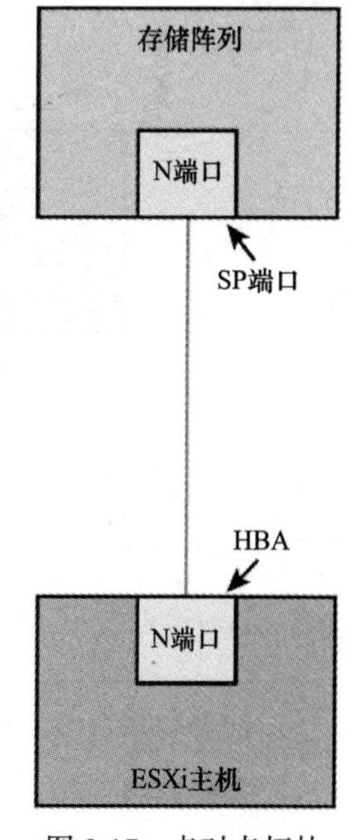

图 2.17　点对点拓扑

FC-AL（仲裁回路）

仲裁回路拓扑类似于令牌环网络，在这种结构中，所有设备连接到一个回路（或者环），如图 2.18 所示。

在这种结构中，添加或者移除任何设备都会破坏环路，所有设备都受到影响。VMWare 不支持这种拓扑。

HP EVA 阵列的某些型号使用 FC 回路交换机将 SP 连接到磁盘阵列机箱（Disk Array Enclosure，DAE），如图 2.19 所示。

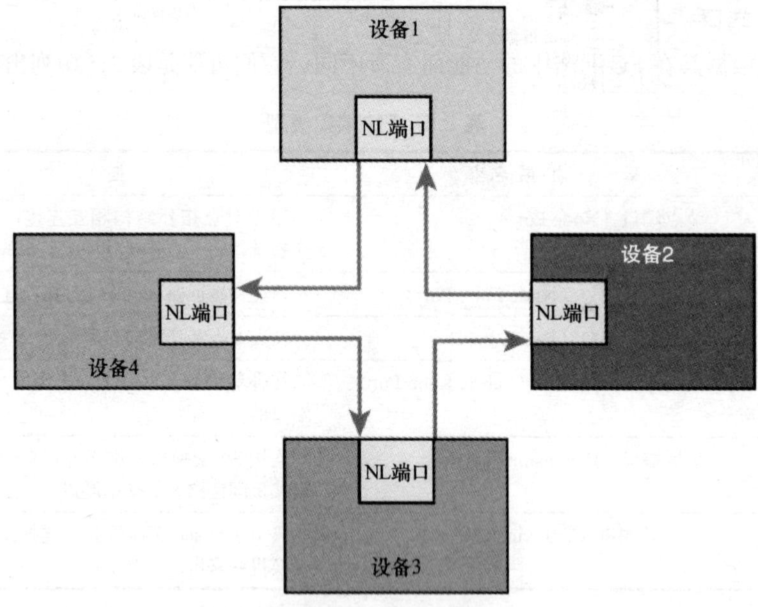

图 2.18　FC-AL 拓扑

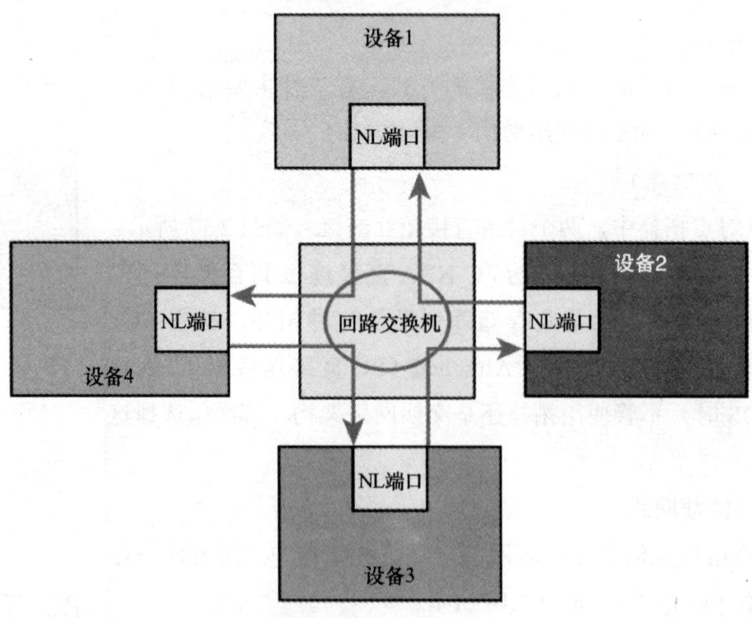

图 2.19　FC 回路交换机

这种解决方案有助于避免添加或者移除设备时对回路的破坏。

交换网络架构

交换网络架构配置用于节点（N 端口或者 NL 端口）连接到 FC 交换机时（见图 2.20）。

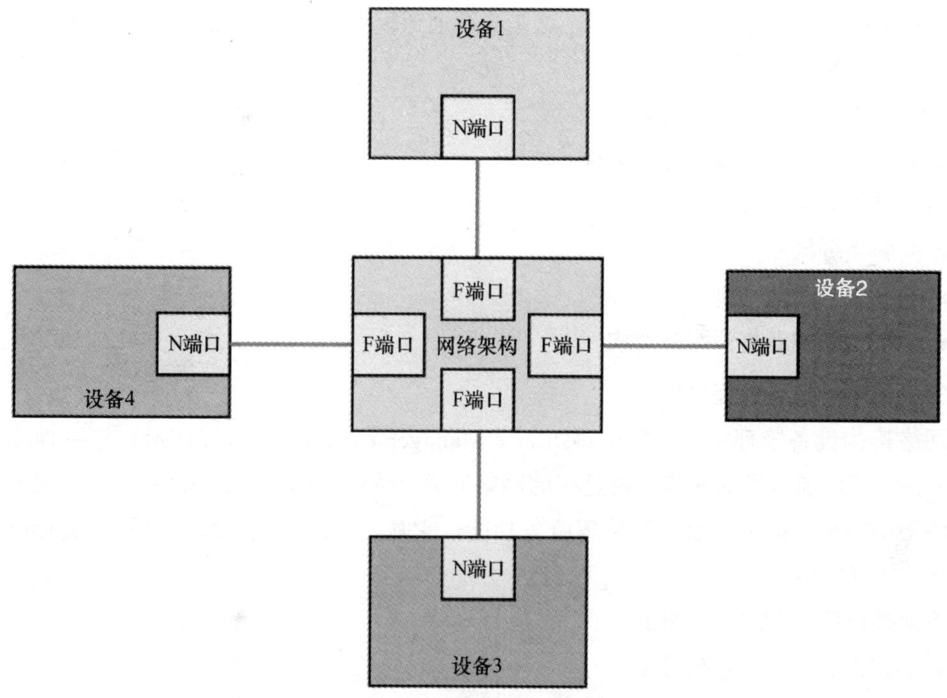

图 2.20　FC 交换网路架构配置

在这种配置中，交换机通过交换机间链路（Inter-Switch-Link，ISL）相互连接，形成一个网络架构。交换连接的设计决策在 2.1.8 节中介绍。

2.1.6　网络架构交换机

FC 网络架构由一个或者多个相互连接的 FC 交换机构成，它们共享交换机网络架构操作系统提供的一组服务。这些服务包括名称服务、RSCN、FDMI 和 FLOGI 等。

1. 名称服务

维护当前连接到网络架构或者过去某些时候连接到它并且已经成功注册端口信息的所有主机和存储设备的属性列表。

名称服务维护的属性例子包括 WWPN、WWNN 和端口别名等。

2. 注册状态更改通知

注册状态更改通知（Registered State Change Notification，RSCN）是一种光纤通道服务，它向主机通知网络架构中的变化。

把状态更改通知发送到所有注册节点（在同一分区中），如果是重大的网络架构更改，还将发送到可达的网络架构交换机。这种通知刷新了节点对网络架构的知识，使它们能对这些变化作出反应。

RSCN 在网络架构交换机上实现，这是光纤通道模型第 2 层（网络层）的一部分。

触发 RSCN 的事件有：

- 节点加入或者离开网络架构
- 交换机加入或者离开网络架构
- 交换机名称更改
- 实施新分区
- 交换机 IP 地址更改
- 磁盘加入或者离开网络架构

3. 网络架构设备管理接口

网络架构设备管理接口（Fabric-Device Management Interface，FDMI）是一种光纤通道服务，它可以通过带内通信（通过存储网络）管理光纤通道 HBA 等设备。这种服务补充了网络架构交换机的名称服务和管理服务功能，它从连接的节点提取信息并将其存储在一个持久性数据库中。

下面是提取信息的一些例子：

- 制造商、型号和序列号
- 节点名称和节点符号名称
- 硬件、驱动程序和固件版本
- 主操作系统（OS）名称和版本号

4. 网络架构登录

网络架构登录（Fabric Login，FLOGI）服务接受和执行来自连接到网络架构的节点的登录请求。

2.1.7 FC 分区

FC 网络架构可能遇到大量的事件，扰乱不涉及这些事件的实体。此外，在设计 FC SAN（存储区域网络）时必须考虑某种安全性级别。FC SAN 安全性的要素是分区（Zoning）和 LUN 掩蔽（LUN Masking）。

分区使你可以将 FC 网络架构分成较小的子集，以提供更好的安全性并且更容易管理。此外，发生在一个分区的网络架构事件仅影响该分区，其他的分区不会听到这些噪声。

1. 分区类型

分区有两种类型：软分区和硬分区。分区组合了如下属性：

- **名称**——为分区取的名字
- **端口**——作为分区成员的发起方、目标或者交换机端口

网络架构交换机将多个分区定义集合为一个或者多个“分区集”。然而，同一时刻只有

一个分区集处于活动状态。图 2.21 展示了两个具有不同成员的分区的逻辑表示方式。在这个例子中，节点 1 和节点 2 只能访问存储阵列中的 SPA，而节点 3 和节点 4 只能访问统一存储陈列中的 SPB。根据组成分区定义的实体，分区可以分类为软分区或者硬分区。

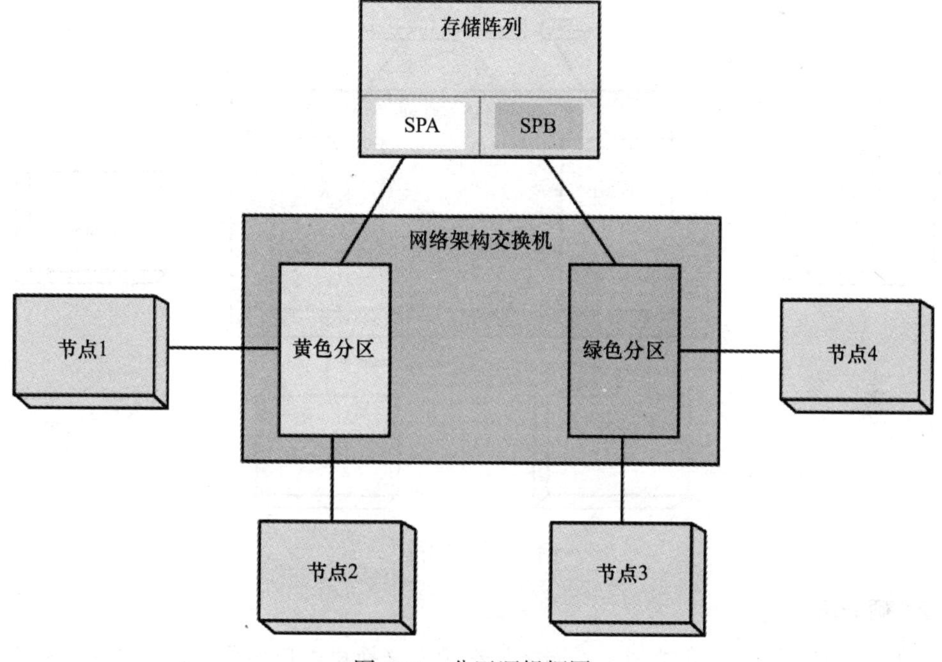

图 2.21　分区逻辑框图

（1）**软分区**

网络架构名称服务允许每个设备查询所有其他设备的地址。软分区限制网络架构名称分区，使其只显示允许的设备子集。实际上，当软分区的一个成员节点查看网络架构内容时，它只能访问属于该软分区的设备。

软分区中列出的地址如下：

- 发起方的 WWPN。
- 目标的 WWPN。
- 发起方的别名或者目标的 WWPN。
- 别名的使用为复杂的 WWPN 提供了一个描述性的名称，使得 SAN 管理员更容易选择正确的分区号，从而简化了不同 WWPN 的确定。

如果一个交换机端口故障，将受到影响的节点重新连接到交换机上或者网络架构的另一个端口，可以使该节点重新连接到剩下的分区成员。但是，如果节点的 HBA 失效，则替换它需要修改分区，用新 HBA 的 WWPN 代替失效的 HBA。图 2.22 显示了软分区的逻辑表示方式。从图 2.22 中你可以看到，该分区的成员由分配给发起方端口的别名和目标端口定义。

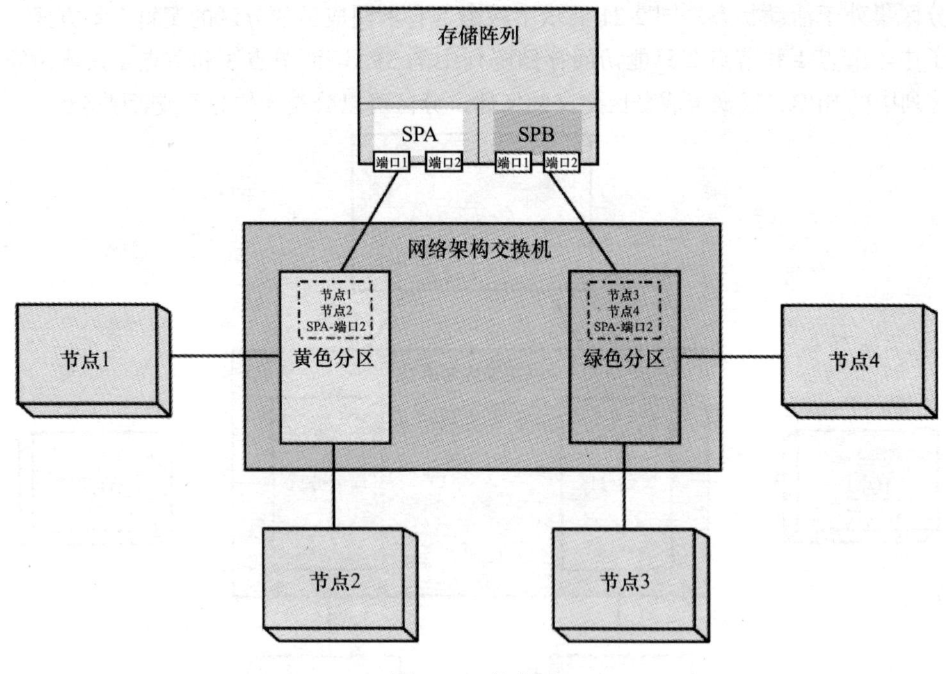

图 2.22　软分区

（2）硬分区

硬分区和软分区的概念类似，不同之处在于，交换机端口用作分区的成员，代替节点的 WWPN。这意味着，连接到给定分区交换机端口的任何节点都可以访问连接到该分区任何端口的设备。将该节点从交换机端口上断开，将不同的节点连接到这个端口，就可以使后一个节点访问该分区的所有端口，不需要做任何分区修改。

图 2.23 显示了硬分区的逻辑表示方式。可以在图 2.23 中看到，分区的成员由发起方和目标端口连接到的交换机物理端口定义。

2. 多发起方分区与单发起方分区

根据包含在分区配置中的实体，可以分为如下几类。

- **单发起方——单目标分区**：这种类型只包含两个节点，一个发起方和一个目标。这是最受局限的类型，它要求更多的管理工作。这类分区的优势是将 RSCN 局限于单个目标和单个发起方，以及两者之间的网络架构。由于事件来源于分区成员，因而这样的分区对其他发起方的干扰较少。大部分 VMware 存储合作伙伴推荐这种分区。
- **单发起方——多目标分区**：这种分区与上一类分区类似，但是分区中有更多的目标。某些 VMware 存储合作伙伴推荐这种分区。

■ **多发起方分区**：这类分区包含多个发起方和多个目标。VMware 不建议使用这种分区，因为它将分区中的所有节点暴露给 RSCN，分区中的任何节点都可能产生其他的事件。尽管这在管理上最不费力，但是最容易引起混乱的配置，在生产环境中必须避免。

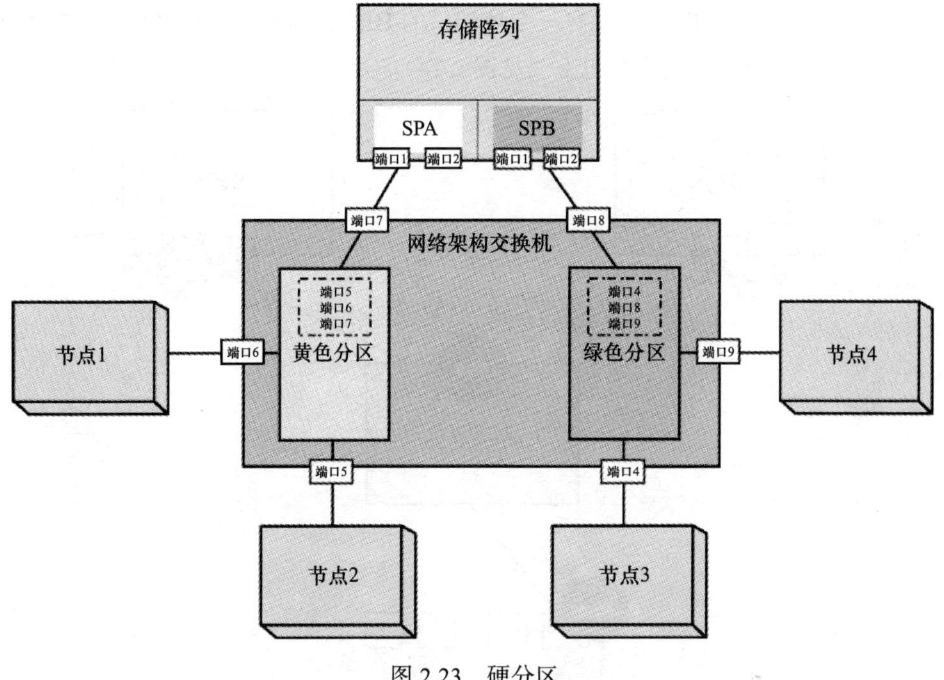

图 2.23　硬分区

注意　VMware 建议单发起方分区，但是除非存储供应商不支持，否则单发起方—多目标分区也是可以接受的。

2.1.8　设计无单故障点的存储

存储是 vSphere 5.0 环境中的关键组成部分。如果它不可用，上面存储的所有虚拟机就会失效，这对于你的业务来说代价极高。为了避免计划外的停机，你必须设计没有单故障点的存储。

业务持续性 / 灾难恢复（BC/DR）的更多特征将在本书后面介绍。

1. SAN 设计原则

基本的光纤通道 SAN 设计要素包括：

■ FC 主机总线适配器

■ FC 电缆

■ 网络架构交换机

■ 存储阵列和存储处理器

接下来将介绍一些设计选择的例子，逐步指出故障点，直到构建出最好的环境。

（1）设计方案 1

在这个方案中，每个 ESX 主机有一个单端口的 HBA，这两个端口和两个 SP 上的某一个端口都连接到单个网络架构交换机上（见图 2.24）。

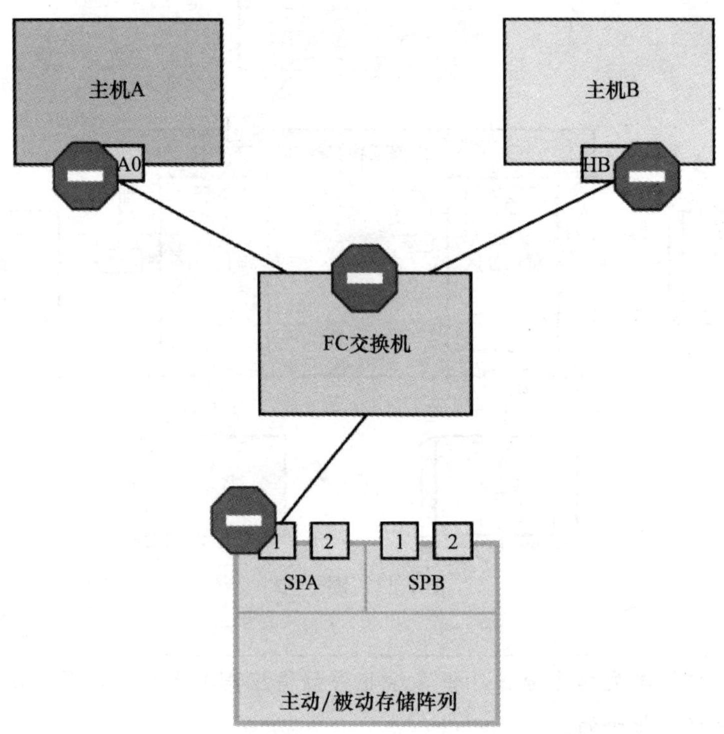

图 2.24　设计 1——全部都是单故障点

这是可能存在的最糟糕设计了。设计中的每个元素都是单故障点。换句话说，可以把它称作全故障点！

这些故障点包括：

- 如果 FC 交换机失效，两个主机都无法访问存储阵列。
- 如果其中一个主机的 HBA 或者电缆失效，该主机就无法访问存储阵列。
- 如果连接 SPA 端口 1 到 FC 交换机的电缆失效，两个主机都无法访问存储阵列。
- 如果 FC 端口上任何一个连接端口失效，连接到该端口的节点就无法访问 FC 交换机。
- 如果 SPA 失效，则两个主机都无法访问存储阵列。

（2）设计方案 2

和方案 1 一样（见图 2.24），加上 SPA 端口 2 和 FC 交换机之间的一个链路（见图 2.25）。

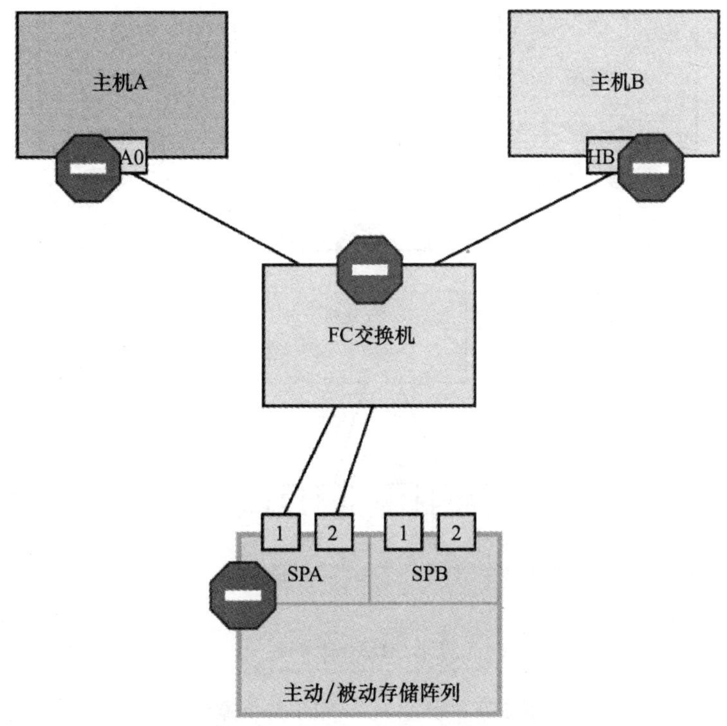

图 2.25　设计 2——多故障点

从 SPA 到网络架构交换机有一个冗余连接。然而，SPA 本身仍然是单故障点。其他所有部件仍然是和设计 1 相同的故障点。

（3）设计方案 3

在这个方案中，存储阵列不再是一个故障点，因为从每个 SP 都有一个到网络架构交换及的链路。剩下的元素仍然是故障点。

每个主机现在都有一条到每个 SP 的路径，共有两条路径（见图 2.26）。

（4）设计方案 4

在这个方案中，每个主机都有一个双端口的 HBA，但是其他方面都不变。尽管在 HBA 端口级别上有冗余，但 HBA 自身仍然可能失效。两个 HBA 端口都失效可能导致主机与 SAN 无法连接。网络架构交换机仍然是一个故障点（见图 2.27）。

（5）设计方案 5

现在，每个主机都有两个单独的单端口 HBA（见图 2.28）。这使 HBA 和存储阵列的 SP 不再成为故障点，网络架构交换机成了唯一的故障点。

每个主机仍然有 4 条到存储阵列的路径，因为 HBA 可以访问 SPA1 和 SPB1。

（6）设计方案 6

现在，我们添加第二个 FC 交换机，组成完全冗余的网络架构（见图 2.29）。每个主机仍然有 4 条到存储阵列的路径。然而，这些路径没有任何单故障点。

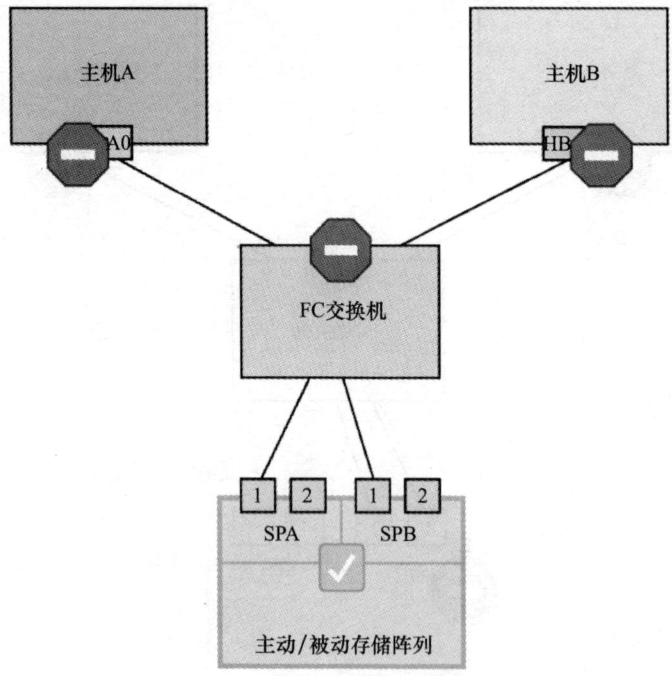

图 2.26　设计 3——较少的故障点

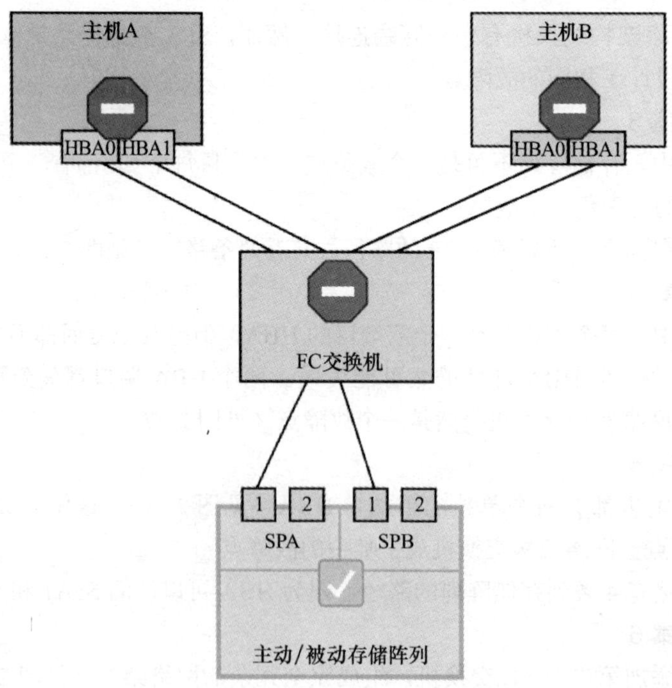

图 2.27　设计 4——仍然有几个故障点

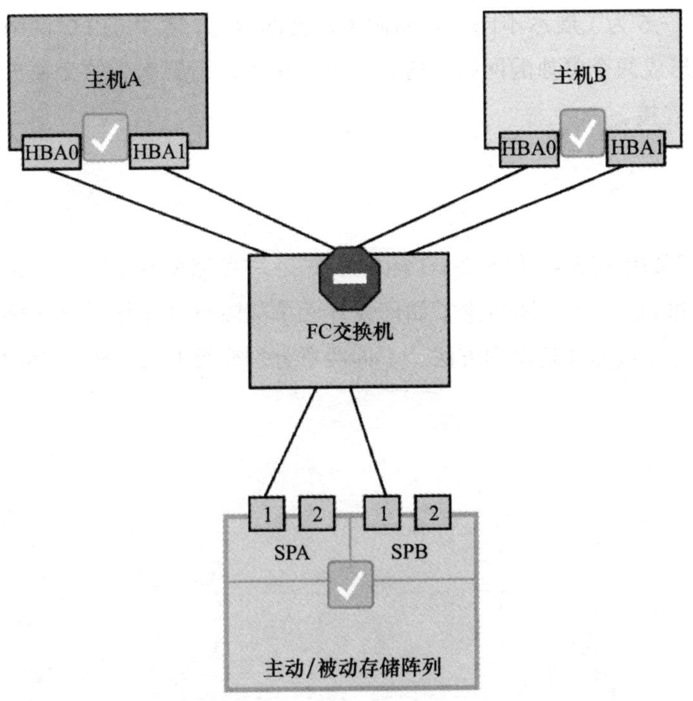

图 2.28 设计 5——剩下一个故障点

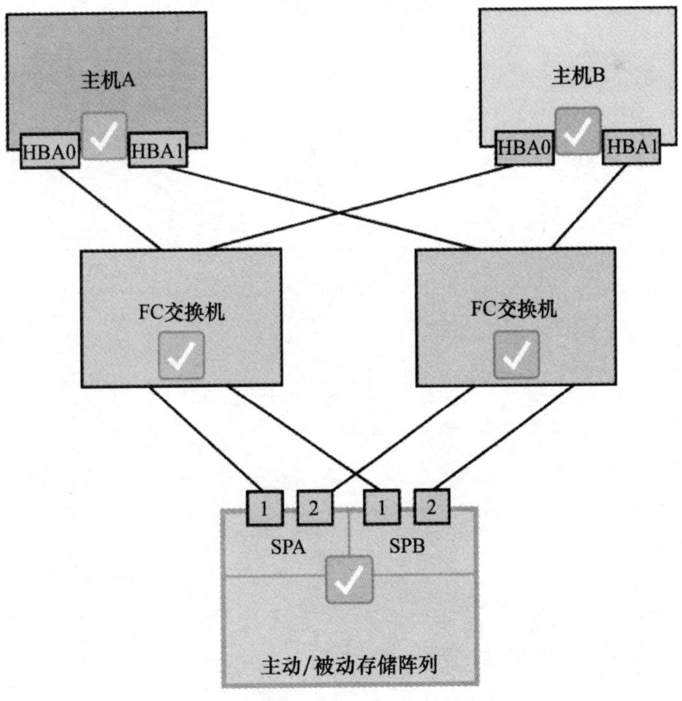

图 2.29 设计 6——全冗余网络架构

设计方案 1 ～ 6 为了展示不同组合而做了过度的简化。实际的 FC 网络架构设计连接多个 FC 交换机，形成两个单独的网络架构。而且，每个网络架构中的交换机将作为边界交换机和核心交换机连接。

2.2 小结

vSphere 5.0 采用 SCSI-2 和 SCSI-3 标准，支持块存储协议 FC、iSCSI 和 FCoE。本章讨论了 FC 协议和 FC SAN，还讨论了如何设计无单故障点的光纤通道连接。此外，还详细说明了 FC 发起方和目标及其识别方法。下面两章分别介绍 FCoE 和 iSCSI 协议。

第3章　FCoE 存储连接性

3.1　FCoE

以太网上的光纤通道（Fiber Channel Over Ethernet）或称 FCoE（发音为“Ef-see-Oh-Ee”）是在以太网络上封装 FC 帧。这一规范由 T11 委员会管理，该委员会是 INCITS（InterNational Committee for Information Technology Standards，信息技术标准国际委员会）的一部分。FCoE 规范在 T11 FC-BB-5（Fibre Channel BackBone-5）标准中定义：http://www.t11.org/ftp/t11/pub/fc/bb-5/09-056v5.pdf（本书出版时可能已经有了新的版本）。

FCoE 直接通过以太网映射 FC，但是独立于以太网转发方案。这一规范用以太网替换了 FC 协议栈的第 0 层和第 1 层（参见第 2 章），也即物理层和数据链路层。简而言之，FCoE 利用以太网（10 GigE 或者更快）作为 FC 的支柱。尽管以太网本身容易出错和丢帧，但是 FCoE 通过以太网提供了无丢失传输。

FCoE 封装（见图 3.1）有些像我们童年时玩的嵌套玩具。其中，FC 帧封装在 FCoE 帧中，后者封装在以太网帧中。

嵌套式的 FC 帧架构和第 2 章介绍的一样。

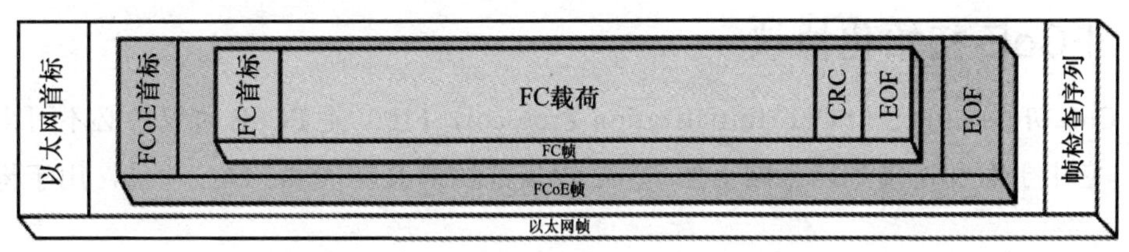

图 3.1　FCoE 封装

图 3.2 展示了以太网帧中的 FCoE 帧架构。

从目标和源 MAC 地址字段开始，然后是 IEE 802.1Q 标记（稍后会介绍 VLAN 需求的相关知识）。接着是一个以太网类型字段，值为 FCoE（十六进制值 0x8906），后面跟着的是版本字段。在一些保留空间之后是帧起始（SOF）字段，然后是封装的 FC 帧和帧结束（EOF）字段。FCoE 帧的最后是以太网 FCS（帧检查序列）。

因为封装的 FC 帧载荷可能有 2.2 KB，所以以太网帧必须大于 1 500 个字节。因此，

FCoE 封装使用以太网小型超长帧（2 240 字节）。

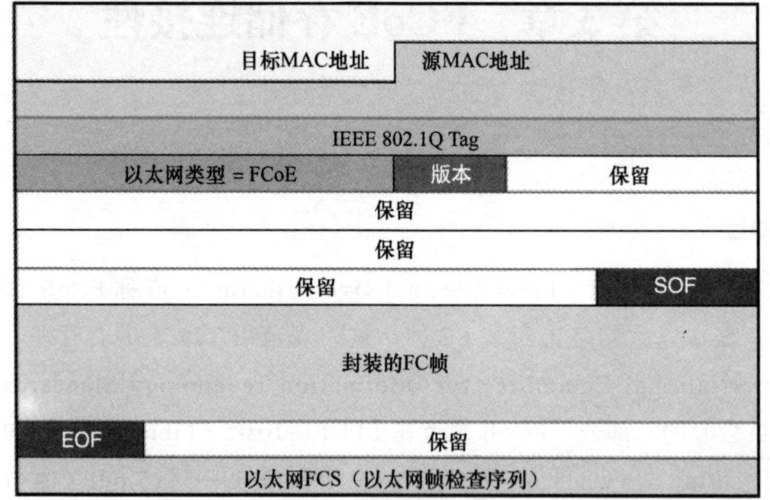

图 3.2　FCoE 帧架构

注意　FCoE 直接在以太网（不像 iSCSI 那样工作于 TCP 或者 IP 之上）上作为第 3 层协议运行，不能路由。据此，发起方和目标（原生 FCoE 目标）必须在同一个网络上。

如果原生 FC 目标可以通过 FCoE 交换机访问，后者必须和 FCoE 发起方在同一个网络中。

3.2　FCoE 初始化协议

FCoE 初始化协议（FCoE Initialization Protocol，FIP）是 FCoE 协议中必不可少的一部分。它用于发现连接到以太网上的 FCoE 设备并协商其功能和 MAC 地址，用于将来的事务。

FIP 首标具有自己的以太网类型（0x8914）以及一个封装的 FIP 操作（例如，发现、公告）。这与前面列出的 FCoE 以太网类型不同。与 FCoE 帧相比，FIP 帧描述一组新的协议，这组协议不存在于原生的光纤通道中，但是 FCoE 帧封装的是原生的 FC 载荷。

FCoE 有两种类型的端点。

- **FCoE 端节点（E 节点）**——FCoE 适配器是主机端的 FCoE 端点。3.3 节将进一步讨论这种端点。
- **FCoE 转发器（FCF）**——如图 3.3 所示，FCoE 转发器是双栈交换机（理解 FC 和以太网）。这些交换机用 E_ 端口（扩展端口）连接到 FC 交换机，作为 ISL（交换机间链路）。此外，它们还可以连接到以太网交换机和路由器。

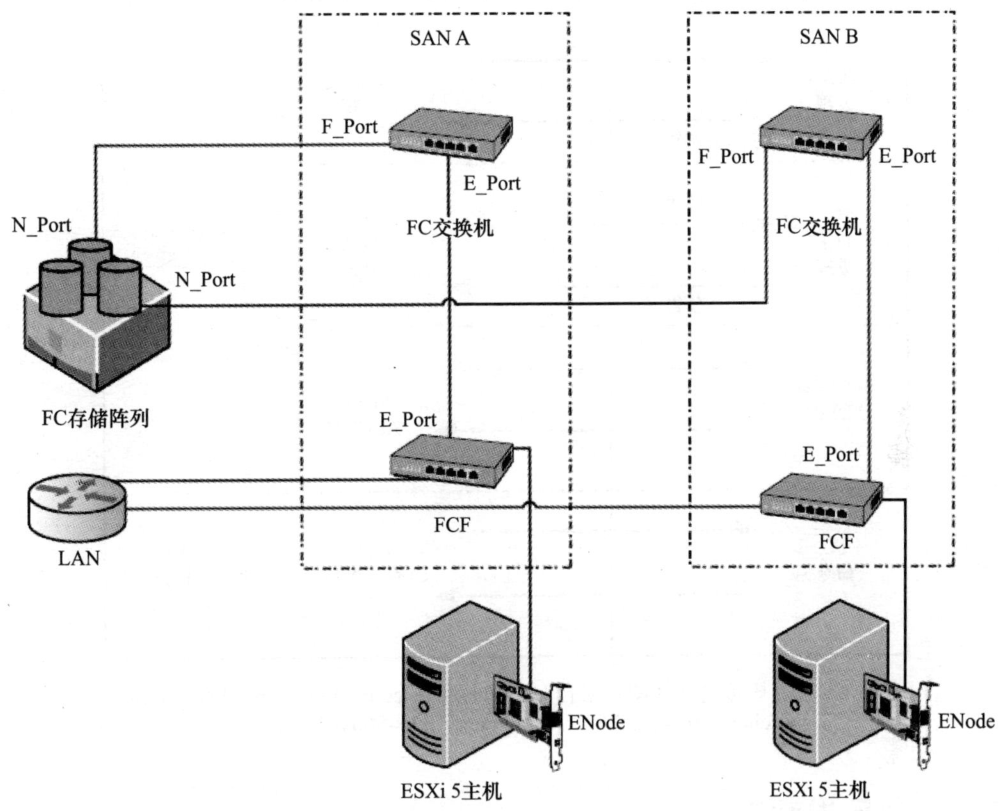

图 3.3　FCoE 端点连接

FIP 是一个控制协议，设计用于确立和维护 FCoE 设备之间的虚拟链路：E 端口（FCoE 发起方）和 FCF（双栈交换机）。

建立这些虚拟链路的过程参见如下步骤，如图 3.4 所示。

1）FIP 发现 FCoE VLAN 和远程虚拟 FC 接口。

2）FIP 执行虚拟链接初始化功能（类似于原生 FC 中的相同功能）。

a）FLOGI：网络架构登录

b）FDISC：网络架构发现

c）ELP：交换链接参数

建立虚拟链路之后，FC 载荷可以在该链路上交换。FIP 留在后台执行虚拟链接维护功能。它持续验证以太网上两个 FC 虚拟接口之间的可达性。它还为响应管理操作时删除虚拟链接提供基础。

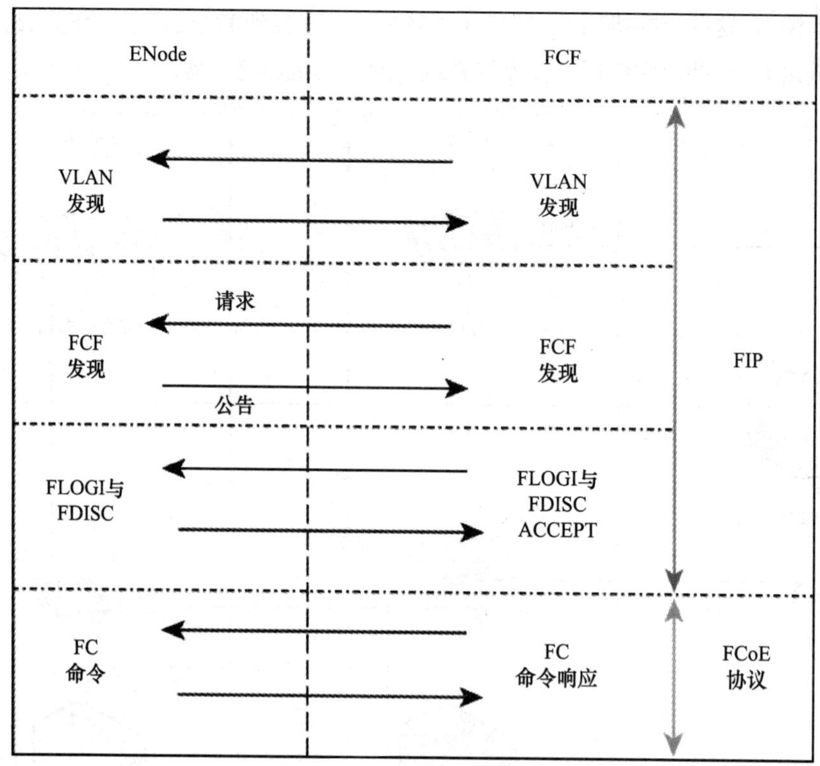

图 3.4 建立虚拟链路（图片来自 http://www.cisco.com/en/us/prod/collateral/switches/ps9441/ps9670/white_paper_c11-560403.html）

3.3 FCoE 发起方

为了使用 FCoE，你的 vSphere 主机应该有一个 FCoE 发起方。这些发起方分为两种类型：硬件和软件 FCoE 发起方。

3.3.1 硬件 FCoE 适配器

CNA（Converged Network Adapter，聚合网络适配器）是常用的一种 I/O 卡。这类适配器组合了以以太网为骨干线路的不同类型 I/O 卡，例如，网络接口卡（NIC）和 iSCSI 发起方或者 FC HBA（使用 FCoE）。Emulex OneConnect OCe10102（已经被 HP 改名为 NC551i）就是 CAN 的一个例子。

图 3.5 说明了 FCoE 和 CAN 融入 vSphere 5.0 配置的方式。

这个框图显示，CAN 加载了 FC 驱动程序和 NIC 驱动程序，CAN 通过 10 GigE 连接到一台 FCoE 交换机。FCoE 交换机解封 FC 帧并通过 FC 链接将其发送给存储网络架构。交换机还接受由 NIC 驱动器发送的常规以太网帧并不作修改地将其发送给以太网。

3.3.2　软件 FCoE 适配器

如果你的 ESXi 5 主机配备了启用软件 FCoE 的 NIC，该 NIC 经过认证可以用于 vSphere 5，你就能使用软件 FCoE 适配器。这种 NIC 的例子之一是 Intel 82599 10 GB 网卡。VMware HCL 上有多种网络适配器基于 Intel 82599 芯片组，例如 Cisco M61-KR、Dell X520 和 IBM X520。

提示　为了在 VMware HCL 中搜索支持的 10GbE NIC 以使用软件 FCoE 适配器，使用 "Search Compatibility Guide"（搜索兼容性指南）代替搜索条件。你使用的文本是 "Software FCoE Enabled"（启用软件 FCoE），而后可以从设备列表的脚注中得到匹配。

ESXi 5 中的软件 FCoE 适配器基于 Intel 的 Open FCoE 软件。图 3.6 展示了与 TCP/IP 并列运行于 NIC 驱动程序之上的 SW FCoE 适配器。

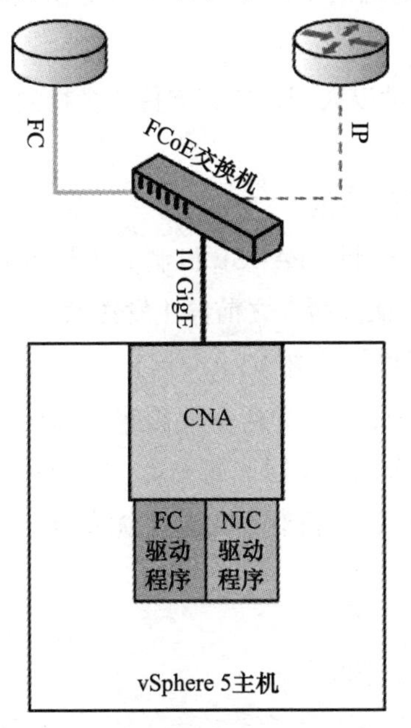

图 3.5　FCoE 和聚合网络适配器（CAN）

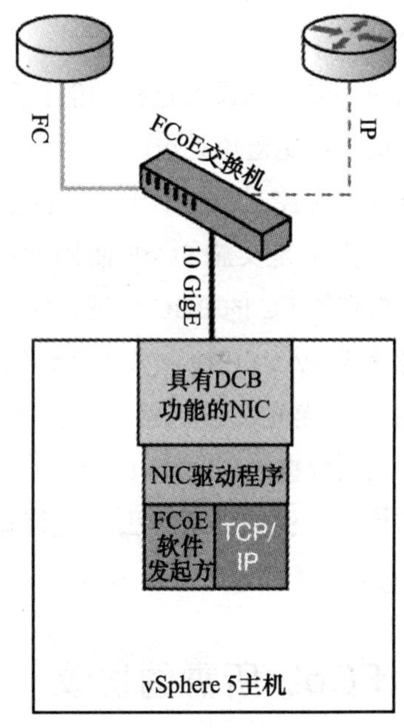

图 3.6　软件 FCoE 和具有 DCB 功能的 NIC

NIC 的传输和接收队列由共享 NIC 的不同协议栈分摊。

3.4　克服以太网的局限性

为了让光纤通道能够在以太网上可靠地工作，必须克服后者的几个局限性。

- **丢包 / 丢帧**——确保不丢包是使用 FCoE 最关键的一点。如果流量是 TCP/IP，则可以通过重传来保证。然而，FCoE 不是在 TCP/IP 上运行，它必须确保自己是无丢失的！

- **拥塞**——你可能注意到，在图 3.5 中，FCoE 接口和以太网接口共享一个 10 GbE 链接。在某些刀片服务器中，每个刀片可能只有一个 CNA。这意味着 FCoE、VM、vMotion、管理和 FT 流量共享同一个 10 GigE 链路，这可能导致拥塞（I/O 瓶颈）。
- **带宽**——与其他各种流量共享一个 10 GigE 链路，可能有必要将链路分配给各种类型的流量。但是，如果没有 HP Virtual Connect Flex-10 和其他供应商的类似技术，这种分配一般是不可行的。

FCoE 中的流控制

光纤通道具备使用缓冲区信用阈值（Buffer-to-Buffer Credit，BBC）的流控制，BBC 表示指定端口可以存储的帧数。每当端口传输一个帧，端口的 BBC 减一。相反，每当接收到一个 R-RDY，端口的 BBC 加一。如果 BBC 为 0，则端口不能传输，直到接收到至少一个 R-RDY。

然而，以太网没有这种功能。所以，FCoE 需要改进以太网，使其支持流量控制。实现了这一点，就能避免丢包。

这样的流控制也有助于处理拥塞，避免由拥塞造成的丢包。

解决方案是实施 FCoE 使用的一种流控制 PAUSE 机制。PAUSE 机制的工作方式类似于前面提到的 FC 的 BBC 机制，它告诉发送方在接收方清除缓存之前停止发送帧。

考虑到 PAUSE 机制没有 FC 的 BBC 提供的那种智能，在 VLAN 标记（参见图 3.2）中使用 QoS 优先级位来确保最重要的数据先传送到目标，不受拥塞的影响。利用这种机制，以太网根据 VLAN 标记中的 QoS 优先级位分为 8 个虚拟信道。每个虚拟信道可以遵照不同的策略，例如，最少丢失、带宽分配和拥塞控制。这一机制称为基于优先级的流控制（Priority based Flow Control，PFC）。

3.5 FCoE 所需的协议

FCoE 依靠一组扩展协议改进以太网，用于连接数据中心。这组协议称作数据中心桥接（Data Center Bridging，DCB）。

DCB 是标准的术语，Cisco 称作数据中心以太网（Data Center Ethernet，DCE），IBM 称作聚合增强以太网（Converged Enhanced Ethernet，CEE）。

vSphere 5 支持 FCoE 的 DCB 协议集，后面将详细说明。

3.5.1 基于优先级的流控制

基于优先级的流控制（PFC）是当前的以太网暂停机制的扩展，有时候称作根据优先级的 PAUSE（Per-Priority PAUSE）。为了模拟无丢失性，它使用了按优先级的暂停帧。这样，它可以暂停特定优先级的流量，而允许其他所有流量通过（例如，暂停 FCoE 流量，允许其他网络流量通过）。

正如前面所述，PFC 在物理链路上创建 8 条单独的虚拟链路，它能够根据应用到这些虚拟链路上的流控制机制，单独暂停和重启任何链路，多种流量类型可以分享同一条 10 GigE 链路，具备各自的流控制机制。据此，因为大部分时候不使用 vMotion，它使用的虚拟链路直到 vMotion 流量再次启动时才可用，所以用 PFC 区分不同级别（例如，FCoE、vMotion 和 VM 流量）的流量很有好处。在需要的时候，其他虚拟链路上的某些流量可以在拥塞出现或者某个虚拟链路的 QoS 优先级高于其余流量的时候暂停。QoS 优先级标记的更多详情参见 3.6 节。

3.5.2　增强传输选择

增强传输选择（Enhanced Transmission Selection，ETS）提供了将带宽分配给特定优先级的流量的一种方法。这种协议支持带宽的动态改变。这样，PFC 创建 8 条具备不同流量分类 / 优先级的信道，ETS 根据指定的优先级分配带宽。

ETS 方法提供流量差别化，以便多种流量类型能够在不互相影响的情况下共享聚合的以太网链路。

3.5.3　数据中心桥接交换

数据中心桥接交换（Data Center Bridging eXchange，DCBX）在 FCoE 链路建立之前与对等端交换 PFC 和 ETS 信息。这是一种管理协议，使用链路层发现协议（Link Layer Discovery Protocol，LLDP）中的类型长度值（Type Length Values，TLV）协商参数值。

DCBX 有如下功能。

- **DCB 功能发现**：具备 DCB 功能的设备能够发现和确定 DCB 对等端的功能，识别不具备 DCB 功能的传统设备。
- **识别错误配置的 DCB 功能**：发现 DCB 对等端之间功能的错误配置。有些 DCB 功能可以使链路两端采用不同的配置。其他功能则必须在两端匹配才能生效。这种功能可以检测这些对称功能的配置错误。
- **对端配置**：DCBX 将配置信息传递给 DCB 对等端。具有 DCB 功能的交换机能够将 PFC 信息传递给聚合网络适配器（CNA），以确保 FCoE 流量正确地标记，在合适的流量类别上启用 PAUSE。

DCBX 依赖 LLDP 传递配置信息。LLDP 是 Cisco 发现协议（Cisco Discovery Protocol，CDP）的行业标准版本。

注意 任何支持 DCBX 的链路都必须在链路两端为传输 / 接收（Tx/Rx）启用 LLDP。如果某个端口上 Rx 或者 Tx 的 LLDP 禁用，则接收到的 LLDP 帧中的 DCBX TLV 被忽略。

这就是 NIC 必须绑定到 vSwitch 的原因。帧通过 CDP vmkernel 模块转发给 DCBX 的数据中心桥接守护进程（DCBD），CDP vmkernel 模块完成 CDP 和 LLDP 的工作。本章后面将讨论 DCBD。

3.5.4 10 GigE——一个很大的管道

10 GigE（Gigabit Ethernet）以太网提供的带宽能够容纳多种流量类型和级别（见图 3.7）。

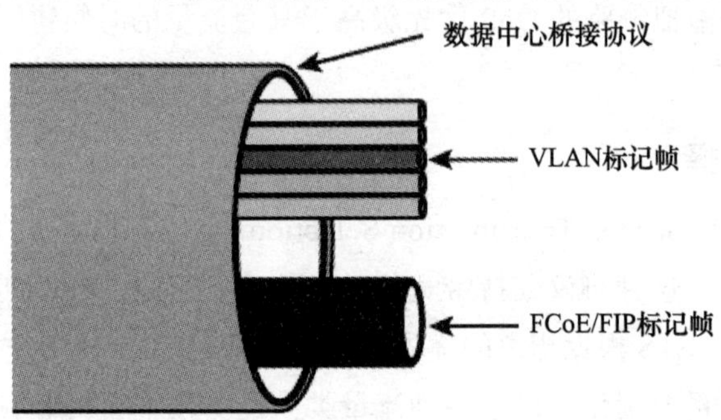

图 3.7 10 GigE 管道（图片来自 http://nickapedia.com/2011/01/22/the-vce-model-yes-it-is-different/#more-1446）

例如，语音电话（Voice over IP，VoIP）、视频、消息和存储可以通过常用的以太网基础架构。在本书编著的时候，更快的以太网——出众的 100 GigE 正在开发中，这种网络能够更好地融合各种类型的流量。

3.6 802.1p 标记

802.1p 优先级由 IEEE 802.1q/p（802.1p）定义的 VLAN 标记携带。

802.1q 标记中的一个字段携带 8 个优先级值中的一个（长度为 3 位），网络上的第二层设备会识别这个数值。这个优先级标记确定穿越启用 802.1p 的网络时数据包得到的服务级别。

图 3.8 展示了用 802.1p 标记的以太网帧结构。

标记中的字段有：

- **TPID**——标记协议标识符。2 个字节，当帧的以太类型为 0x8100 时携带 IEEE 802.1Q/802.1P 标记。
- **TC I**——标记控制信息。2 个字节，包括用户优先级（3 位）、规范格式指示（Canonical Format Indicator，CFI，1 位）以及 VLAN ID（VID，12 位）。

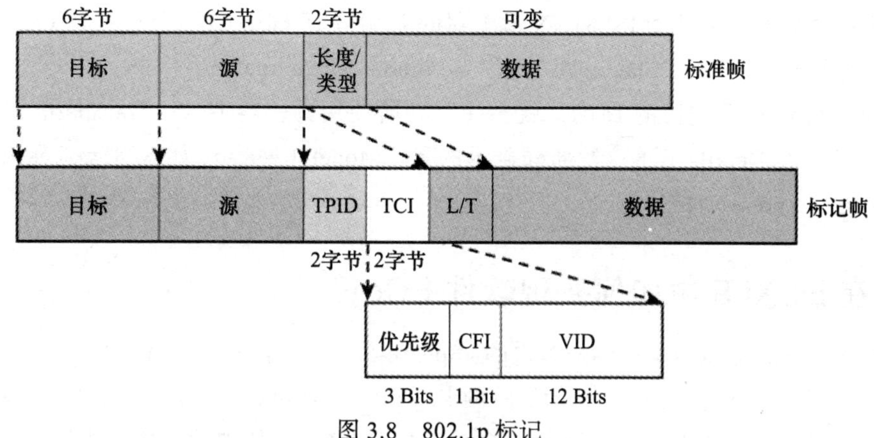

图 3.8　802.1p 标记

优先级字段定义了服务级别，如表 3.1 所示。

表 3.1　QoS 优先级级别

优 先 级	流量特征	优 先 级	流量特征
0（最低）	后台	4	视频，<100 毫秒延迟
1	尽力服务	5	语音，<10 毫秒延迟
2	努力服务	6	网络间控制
3	关键应用	7（最高）	网络控制

3.7　硬件 FCoE 适配器

硬件（HW）FCoE 适配器是能够完全承担 FCoE 处理和网络连接性的 CNA。尽管物理上我们将 CNA 看作一个接口卡，但是对于 ESXi 环境，它们在 UI 中显示为 2 个单独的适配器：一个网络适配器和一个 FC 适配器。你可以在物理 CNA 名称中用 FCoE 找到它们。图 3.9 展示了硬件 FCoE 适配器在用户界面中列出的一个例子。

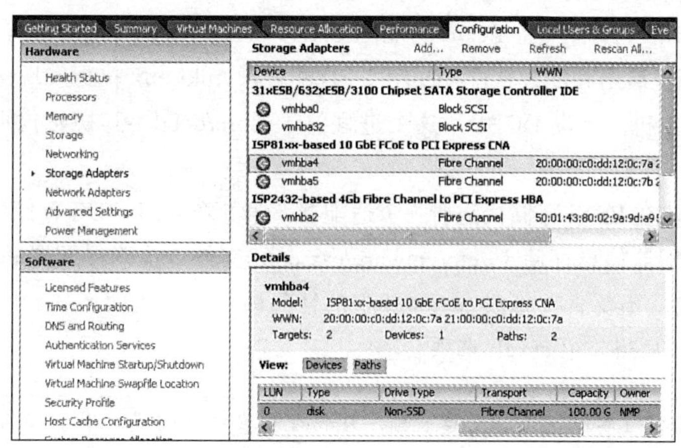

图 3.9　UI 中列出的硬件 FCoE 适配器（CNA）

图 3.9 展示了一个基于 ISP81XX 适配器的双端口 10 GbE CNA。它的 FCoE 端口显示的类型为光纤通道（Fibre Channel），名称为 vmhba4 和 vmhba5。

如果你仔细查看连接的 LUN，就会注意到所使用的传输方式（Transport）也是光纤通道。然而，在 Details（详情）部分显示的是，Model（型号）为 ISP81xx-based 10 GbE FCoE to PCI Express CNA。

3.8 在 ESXi 5 中如何实现软件 FCoE

软件 FCoE 适配器是 VMware 提供的 vSphere 5 组件，它能够执行一些 FCoE 处理，你可以将它用于一些支持部分 FCoE 卸载的网卡（NIC）。vSphere 管理员需要手工启用这个适配器，然后才能配置和使用它。软件 FCoE 基于开放 FCoE 协议栈，这个协议栈由 Intel 创建，在 GPL 许可下使用。它作为一个 vmkernel 模块加载，可以用如下命令列出：

```
vmkload_mod -l |grep 'Name\|fc'
Name                         Used Size (kb)
libfc                        2    112
libfcoe                      1    28
fcoe                         3    32
```

注意，这里有三个模块：libfc、libfcoe 和 fcoe。后者是 FCoE 协议栈核心模块，前两个是 VMware 公用程序库，提供 FCoE 驱动程序和第三方驱动程序使用的 API。

FCoE 在 ESXi 5 上通过如下机制工作。

- 支持部分 FCoE 卸载的 NIC 创建一个 netdev 伪接口供 vmklinux 使用。前者是一个 Linux 网络设备接口，后者是 ESXi 机制，其使从 Linux 移植而来的驱动程序能够运行于 ESXi。
- FCoE 传输模块通过 vmklinux 注册。
- 使每个 NIC（或者具备 FCoE 功能的 CAN）通过 vSphere Client 可见于用户，用户可以从那里启用和配置软件 FCoE。一旦配置，vmklinux 执行发现任务。
- 在 ESXi 主机上启动 DCBD，这个进程位于 /sbin/dcbd，其初始化脚本位于 /etc/init.d/dcbd。
- FCoE 模块在 ESXi 存储栈注册一个适配器。第 5 章介绍 ESXi 存储栈。
- FCoE 适配器信息存储于 /etc/vmware/esx.conf 文件。这确保配置和信息在重启之后仍然存在。不要直接修改 esx.conf 中的任何内容。应该使用 esxcli 命令行选项修改 FCoE。稍后将介绍 esxcli 选项。

注意 FIP、超长帧（实际上是小的超长帧，在物理交换机上配置，用于容纳长度为 2112 个字节的 FC 帧载荷）、FCoE 和 DCBX 模块默认情况下在 ESXi 5 软件 FCoE 发起方中启用。

3.9　配置 FCoE 网络连接

和软件 FCoE 适配器一同使用的 NIC 端口应该连接到如下配置的交换机端口。

- 生成树协议（Spanning Tree Protocol，STP）：**禁用**。

  如果没有完成这个配置，交换机上的 FIP（参见 3.2 节）响应可能遇到超长的延迟，从而造成所有路径失效（All Path Down，APD）状态（APD 的更多相关信息参见第 7 章）。

- LLDP：**启用**。
- PFC：**自动**。
- VLAN ID：指定专用于 FCoE 流量的 VLAN。不要将 FCoE 流量与其他存储或者数据流量混合，因为你需要利用 PFC。

注意　VMware 建议如下的交换及固件最低版本：

Cisco Nexus 5000:4.1（3）N2 版

Brocade FCoE 交换机：6.3.1 版

与不要求特殊 ESXi 网络配置的 HW FCoE 适配器相反，配置软件 FCoE 适配器的 NIC 一定要绑定到 vmkernel 标准虚拟交换机。按照如下步骤进行配置。

1）用 vSphere 5.0 客户端以具有根权限的用户连接到 ESXi 5 主机，或者用管理员权限连接到管理该主机的 vCenter 服务器。

2）如果登录的是 vCenter，导航到 Inventory（库存）——Hosts and Clusters（主机和群集）视图，然后在库存树中寻找 vSphere 5.0 主机并选中。否则，跳到下一步。

3）选择 Configuration（配置）选项卡。

4）在 Networking（网络）区域中，选择 Add Networking（添加网络）链接（见图 3.10）。

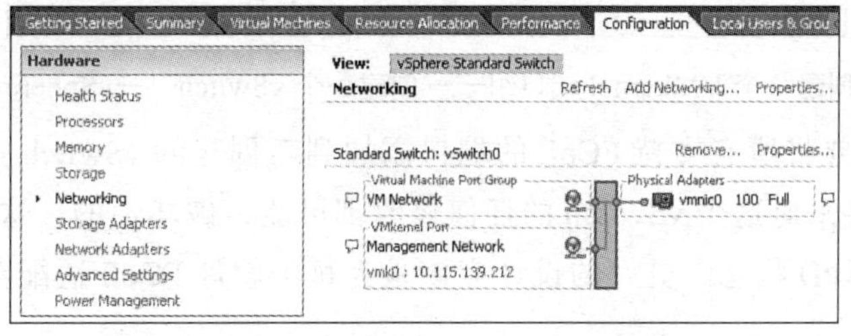

图 3.10　网络配置选项卡——vSphere 5.0 Client

5）选择 VMkernel 连接类型然后单击 Next 按钮（见图 3.11）。

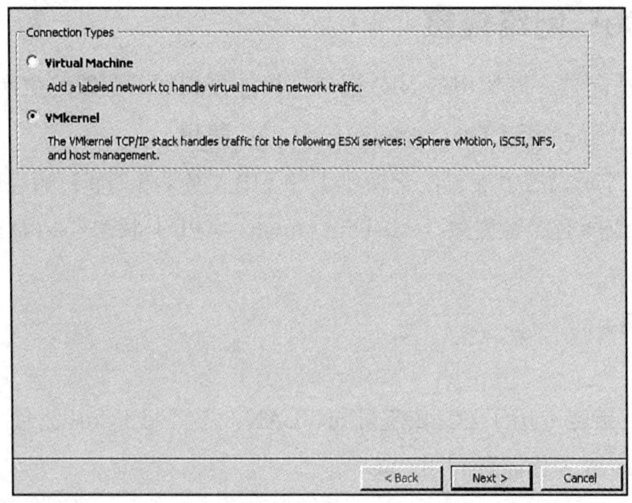

图 3.11 创建一个 VMkernel 端口组——连接类型——vSphere 5.0 Client

6）选择 Create a vSphere standard switch（创建一个 vSphere 标准交换机），选择支持 FCoE 的 vmnic，然后单击 Next 按钮（见图 3.12）。

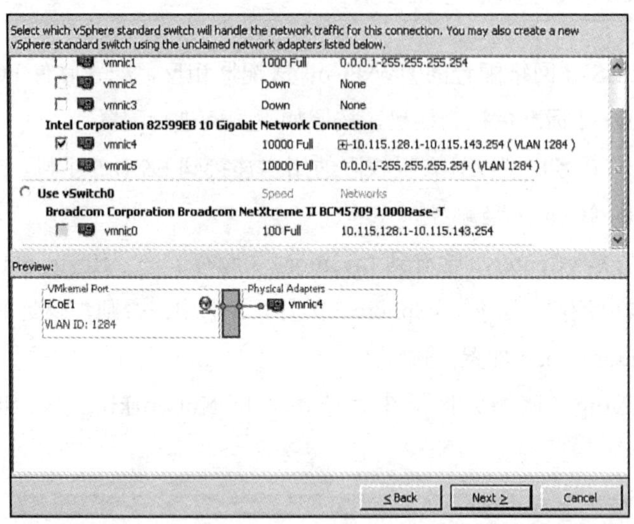

图 3.12 创建一个 VMkernel 端口组——创建一个 vSwitch——vSphere 5.0 Client

7）你可能想要将所有支持 FCoE 的端口添加到新创建的 vSwitch 上。然而，不建议这么做，因为你将来对这个 vSwitch 的任何修改都可能是破坏性的，这会影响所有 FCoE 流量，可能造成 APD 状态。更好的设计应该是为每个软件 FCoE 适配器创建一个单独的 vSwitch。

注意 可以在一个 vSphere 5 主机上配置多达 4 个软件 FCoE 适配器。

8）输入端口组名称（例如，FCoE 1、FCoE 2 等）。

9）在物理交换机上输入为 FCoE 流量配置的 VLAN ID。不选择任何复选框，然后单击 Next 按钮（见图 3.13）。

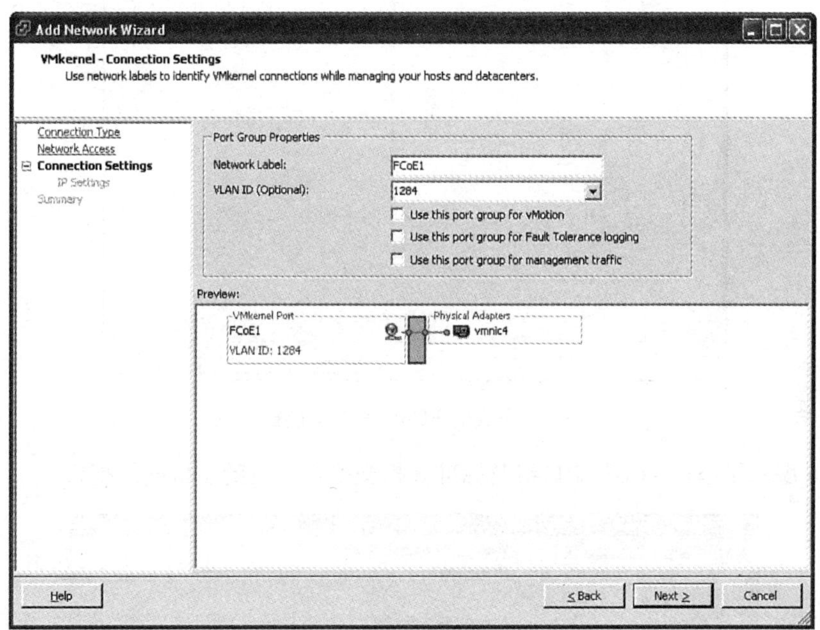

图 3.13　配置端口组属性

10）输入图 3.14 中所示的 IP 配置，然后单击 Next 按钮。

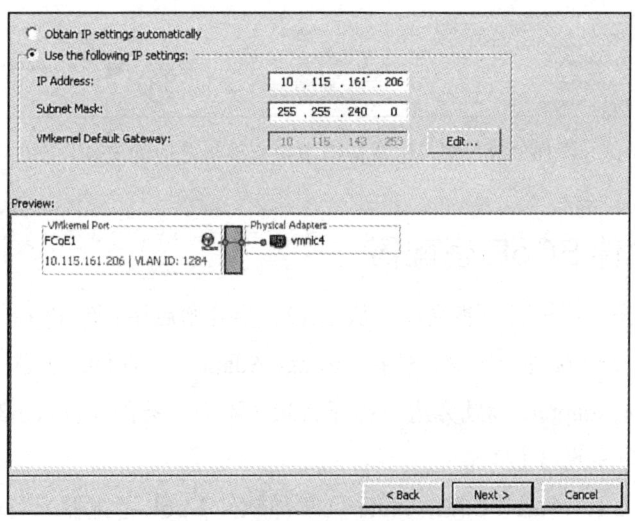

图 3.14　配置端口组 IP 地址

11）单击 Finish 按钮（见图 3.15）。

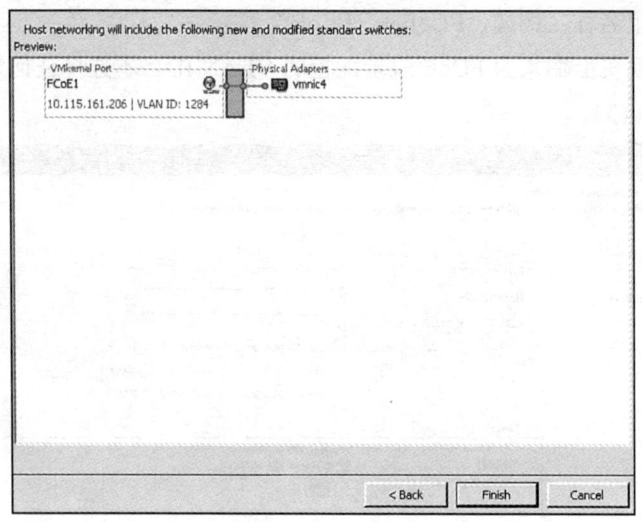

图 3.15　完成的 FCoE 虚拟交换机配置

图 3.16 展示了添加 FCoE 端口组及标准虚拟交换机之后的主机网络配置。

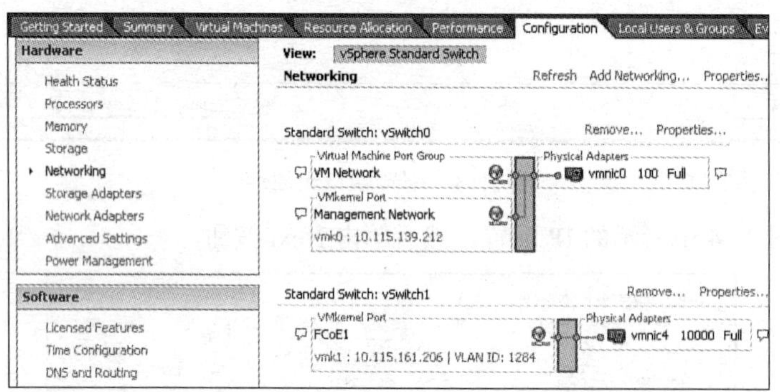

图 3.16　添加 FCoE 端口组及标准虚拟交换机之后的 ESXi 主机网络

3.10　启用软件 FCoE 适配器

在完成前述的第 1）～ 11）步之后，从第 12）步开始启用软件 FCoE 适配器。

12）在 Hardware（硬件）区域，选择 Storage Adapters（存储适配器）链接。

13）在 Storage Adapters 标题旁边，选择 Add（添加）链接或者右击列出的最后一个适配器下面的空白处（见图 3.17）。

14）选择 Add a software FCoE Adapter（添加软件 FCoE 适配器）菜单选项或者单选按钮，然后单击 OK 按钮（见图 3.18）。

15）在结果对话框（见图 3.19）中，选择第 7）步中绑定到 vSwitch 的 vmnic。

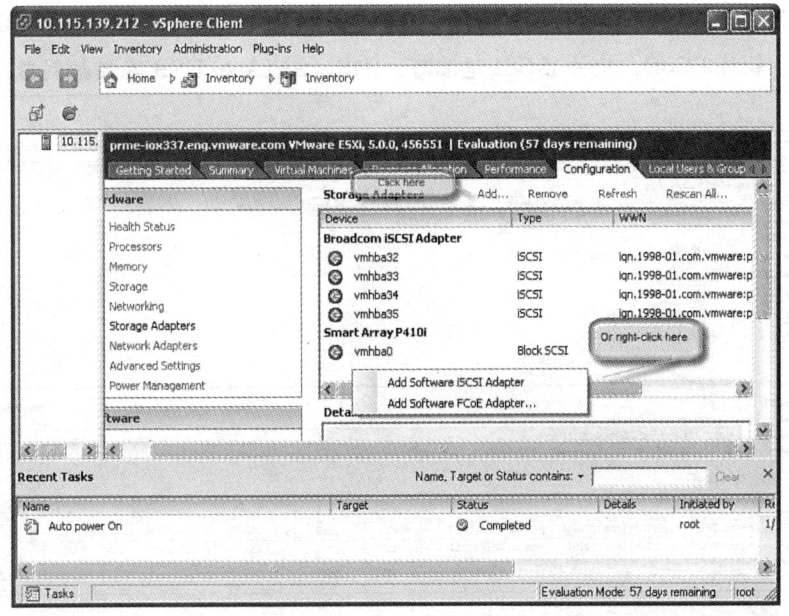

图 3.17　添加一个软件 FCoE 发起方——第 1）步——vSphere 5.0 客户端

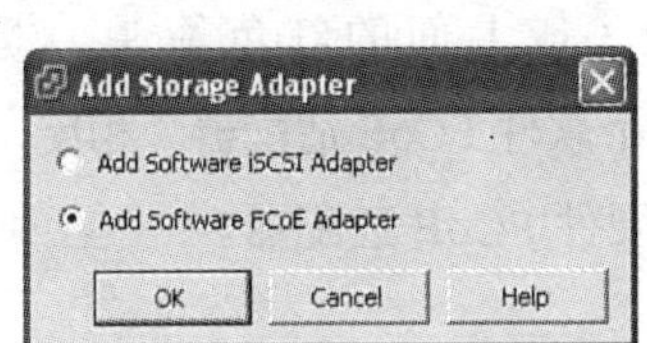

图 3.18　添加一个软件 FCoE 适配器——第 2）步——vSphere 5.0 客户端

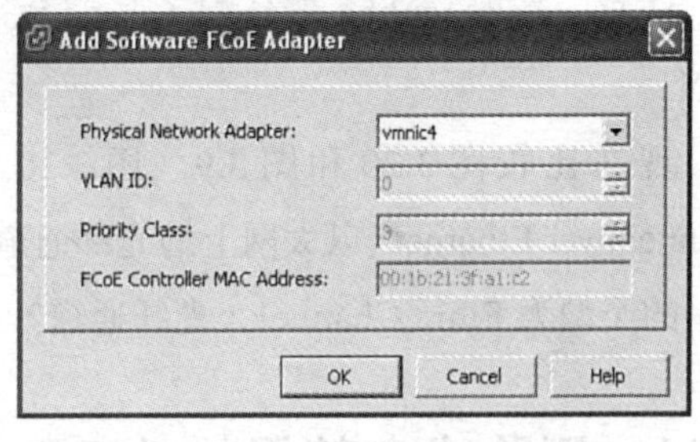

图 3.19　添加一个软件 FCoE 适配器——第 4）步——vSphere 5.0 客户端

注意　这个对话框中的 VLAN ID 是不可选的，而是通过 FIP VLAN 发现过程自动发现。

注意，优先级（Priority Class）被设置为 3，该参数无法选择。根据表 3.1，这意味着优先级被设置为关键应用。

16）单击 OK 按钮。

软件 FCoE 适配器应该出现在 UI 中，显示为一个 vmhba，在这个例子中是 vmhba33。图 3.20 中用箭头指出了识别到的 FCoE 适配器。

提示　分配给这个 vmhba 的数字是硬件或者软件 FCoE 适配器的一个线索。低于 32 的数字分配给硬件（与 SCSI 相关）适配器，例如 SCSI HBA、RAID 控制器、FC HBA、硬件 FCoE 和硬件 iSCSI HBA；32 和更高的数字分配给软件适配器和非 SCSI 适配器，例如，软件 FCoE、软件 iSCSI 适配器、IDE、SATA 和 USB 存储控制器。

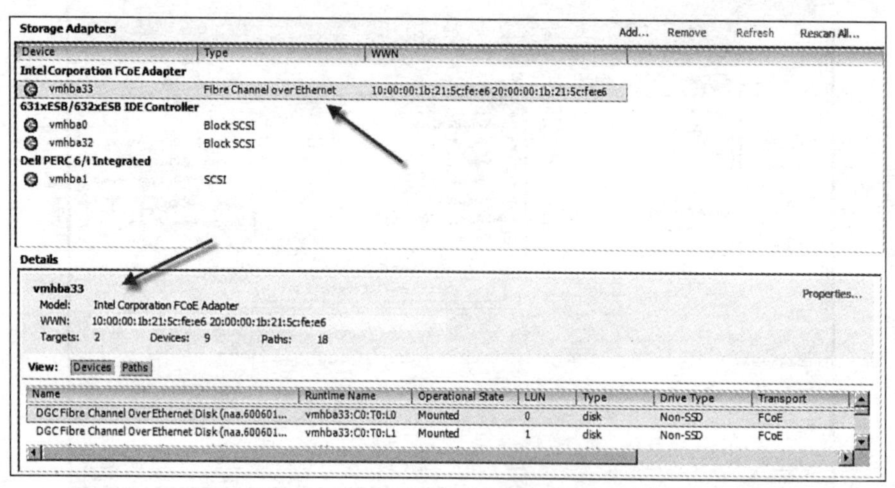

图 3.20 添加的软件 FCoE 适配器

注意，新的 vmhba 被分配了一个 FC WWN。而且，不需要重新扫描就能发现目标和 LUN。

现在比较图 3.20 和图 3.9。图 3.20 中的 HBA 类型（最上面的红色箭头）是 Fibre Channel over Ethernet（以太网上的光纤通道），因为它是一个软件 FCoE 适配器。相反，图 3.9 显示的类型为 Fibre Channel（光纤通道），因为它是一个硬件 FCoE 适配器。

3.11 删除或者禁用软件 FCoE 适配器

可以通过 UI 或者 CLI 删除一个软件 FCoE 适配器。

3.11.1 用 UI 删除软件 FCoE 适配器

按照如下规程，通过 UI 删除软件 FCoE 适配器。

1）登录 vCenter Server，在选择想要修改的 ESXi 5 主机之后，选择 Configuration 选项卡，然后选择 Storage Adapters（存储适配器）选项。UI 如图 3.20 所示。

2）单击代表你想删除的软件 FCoE 适配器的 vmhba。

3）选择 Remove（删除）菜单选项，或者右击列表中的 vmhba，然后单击 Remove 按钮（见图 3.21）。

4）在提示时确认删除（见图 3.22）。

5）适配器在 ESXi 主机配置中禁用，在主机重启时删除。

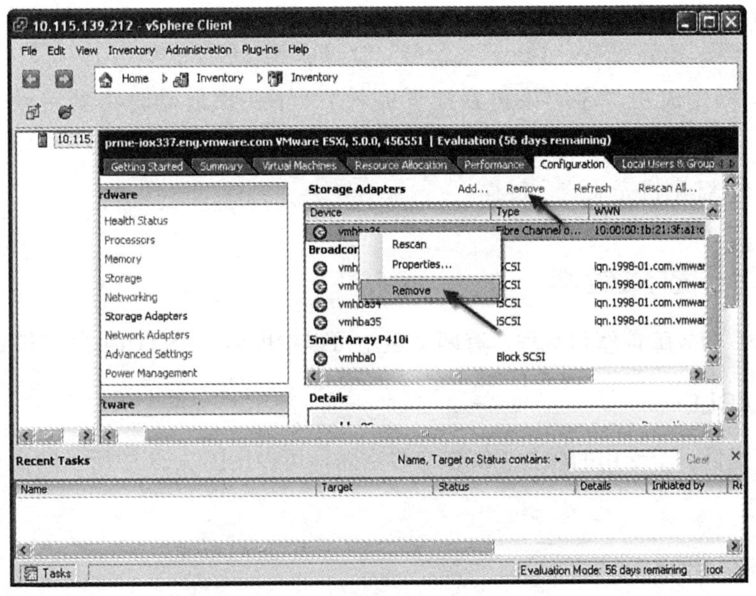

图 3.21　删除软件 FCoE 适配器

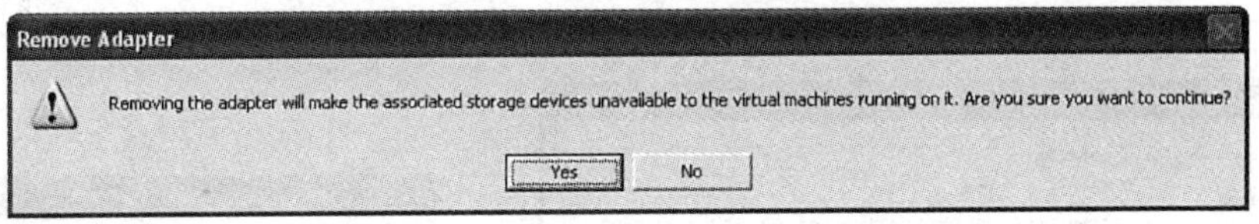

图 3.22　确认删除软件 FCoE 适配器

3.11.2　用 CLI 删除软件 FCoE 适配器

按照如下规程，通过 CLI 删除软件 FCoE 适配器。

1）访问 vMA、vCLI 或者 SSH，或者直接访问 ESXi 主机的 CLI。详细信息见 2.1.4 节。

2）运行如下命令找出 FCoE 适配器使用的 vmnic：

```
esxcli fcoe adapter list
vmhba36
   Source MAC: 00:1b:21:3f:a1:c2
   FCF MAC: 00:0d:ec:6d:a7:40
   VNPort MAC: 0e:fc:00:1b:00:0a
   Physical NIC: vmnic4
   User Priority: 3
   VLAN id: 123
```

名为 `Physical NIC` 的字段列出了下一步要使用的 vmnic。在这个例子中，它是 `vmnic4`。

3）为了删除软件 FCoE 适配器，运行如下命令禁用 vmnic：

```
esxcli fcoe nic disable --nic-name=vmnic4
Discovery on device 'vmnic4' will be disabled on the next reboot
```

如果这个操作成功，你应该得到如下提示 ：“下一次启动时将禁用设备 vmnic4 的发现”。

4）重启 ESXi 主机完成这一过程。

3.12 FCoE 故障检修

为了 FCoE 的故障检修和管理，有两个设施可以帮助你：ESXCLI 命令和 DCBD 日志。

3.12.1 ESXCLI

ESXCLI 提供一个专用的软件 FCoE 命名空间，可以用图 3.23 中所示的命令列出：

```
esxcli fcoe
```

下一个级别是适配器或者 nic。

运行如下命令返回图 3.24 中所示的输出。

```
esxcli fcoe adapter
```

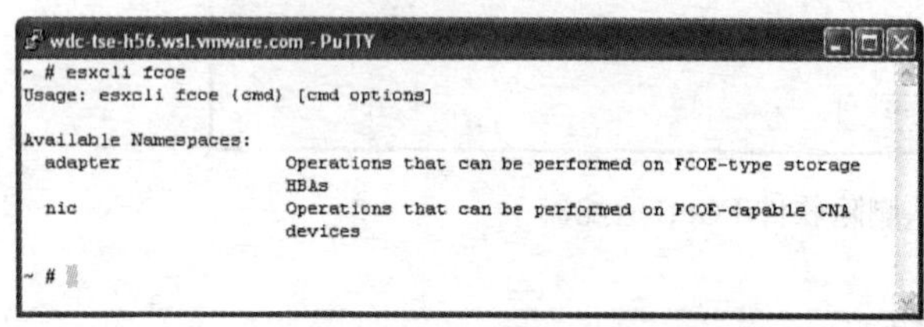

图 3.23 ESXCLI FCoE 命名空间

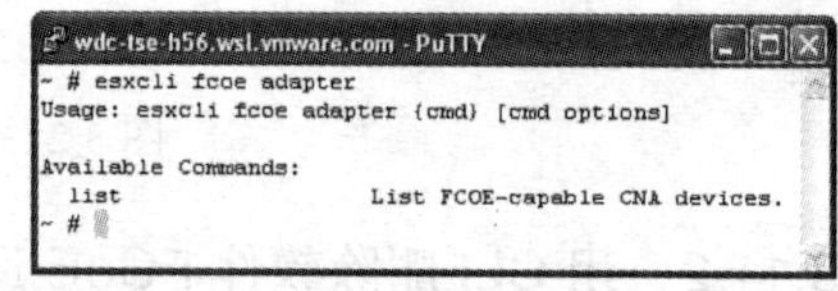

图 3.24 ESXCLI FCoE 适配器命名空间

如果运行 list 命令，可以列出软件 FCoE 适配器及其配置：

```
~ # esxcli fcoe adapter list
vmhba33
   Source MAC: 00:1b:21:5c:fe:e6
   FCF MAC: 00:0d:ec:6d:a7:40
   VNPort MAC: 0e:fc:00:1b:00:0a
   Physical NIC: vmnic2
   User Priority: 3
   VLAN id: 123
```

注意 这个输出显示 FCF MAC，这是物理交换机端口 MAC（FCF 是 FCoE 转发器的缩写）。更多信息参见 3.2 节。

另一方面，nic 命名空间直接在物理 NIC（vmnic）上工作，提供禁用、发现和列表选项。

禁用选项用于在下一次启动时代表具备 FCoE 功能的特定 vmnic 禁用 FCoE 存储重新发现。命令选项示例如下：

```
esxcli fcoe nic disable --nic-name=vmnic2
```

发现选项用于为具备 FCoE 功能的 vmnic 初始化 FCoE 适配器发现。命令行语法接近于禁用选项（这里使用 -n 选项，它是 --nic-name 选项的简写）：

```
esxcli fcoe nic discover -n vmnic2
```

下面列出不同配置下这个命令的输出示例。

在这个例子中，vmnic2 成功地启用发现：

```
~ # esxcli fcoe nic discover -n vmnic2
Discovery enabled on device 'vmnic2'
```

在下面的例子中，把 vmnic0 绑定到标准 vSwitch 上的一个 vmkernel 端口组，但是 NIC 不具备 DCB（数据中心桥接）功能，这意味着，它不具备 FCoE 功能：

```
~ # esxcli fcoe nic discover -n vmnic0
PNIC "vmnic0" is not DCB-capable
```

在这个例子中，vmnic 没有绑定到标准 vSwitch 上的 vmkernel 端口，在如下绑定之前，无法启用 vmnic 的发现：

```
~ # esxcli fcoe nic discover -n vmnic5
Error: Failed to obtain the port for vmnic5. This adapter must be bound to
a switch uplink port for activation.
```

图 3.25 展示了使用 vSphere Client 为未绑定到 vSwitch 上行端口的 vmnic 添加软件 FCoE 适配器时显示的类似消息。

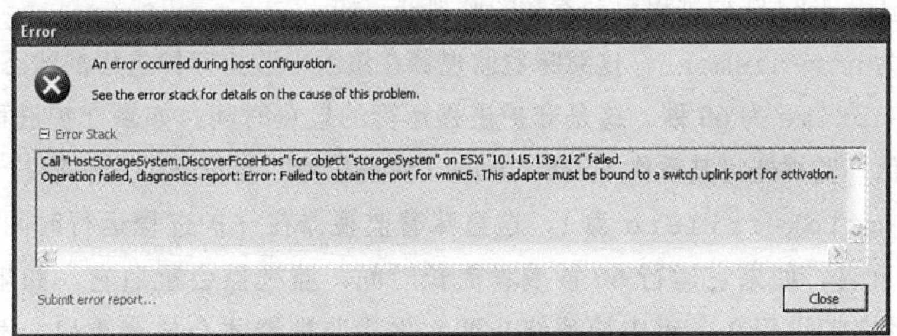

图 3.25　错误地将软件 FCoE 适配器添加到未绑定的 vmnic

最后，list 选项用于列出所有具备 FCoE 功能的 vmnic：

```
~ # esxcli fcoe nic list
vmnic2
```

```
   User Priority: 3
   Source MAC: 00:1b:21:5c:fe:e6
   Active: true
   Priority Settable: false
   Source MAC Settable: false
   VLAN Range Settable: false
vmnic3
   User Priority: 3
   Source MAC: 00:1b:21:5c:fe:e7
   Active: false
   Priority Settable: false
   Source MAC Settable: false
   VLAN Range Settable: false
```

在这个例子中，vmnic2 已经配置为 FCoE，而 vmnic3 没有配置，但是它具备 FCoE 功能。

3.12.2 FCoE 相关日志

DCBD 生成的 FCoE 发现和通信相关事件记录在 /var/log/syslog.log 中，事件前缀为 dcbd。

以下清单显示 /var/log/syslog.log 中的一些日志条目示例：

```
2011-10-08T06:00:25Z root: init Running dcbd start
2011-10-08T06:00:25Z watchdog-dcbd: [2936] Begin '/usr/sbin/dcbd
++group=net-daemons', min-uptime = 60, max-quick-failures = 1, max-total-failures = 5,
bg_pid_file = ''
2011-10-08T06:00:25Z watchdog-dcbd: Executing '/usr/sbin/dcbd ++group=net-daemons'
2011-10-08T06:00:25Z dcbd: [info]     Not adding inactive FCOE adapter:"vmnic2"
2011-10-08T06:00:26Z dcbd: [info]     Not adding inactive FCOE adapter:"vmnic3"
2011-10-08T06:00:26Z dcbd: [info]     Main loop running.
```

第一行显示启动 dcbd 守护进程的事件。

第二行显示 dcbd 守护进程启动参数的监视器。如：

- 分组为 `net-daemons`，这意味着监视器在该组中监控守护进程的状态。
- `min-uptime` 为 60 秒。这是守护进程运行的最短时间。如果守护进程运行时间少于该值，监视器将其看作 quick-failure（快速故障，参见下一个参数）。
- `max-quick-failure` 为 1，这意味着监视器在守护进程运行时间少于 60 秒时放弃重启。如果它运行 60 秒或者更长时间，监视器会重启它。如果该值设置为 2，则守护进程在一组中快速终止两次之后监视器才会放弃重启。考虑如下事件顺序：

  守护进程可能运行 40 秒，重启，然后运行 70 秒（不是快速故障），重启，运行 30 秒，重启，运行 55 秒，然后崩溃。

  在这种事件顺序下，守护进程不启动，因为连续出现了两次故障。

- max-total-failures 为 5，这是守护进程在监视器放弃重新加载之前无法继续运行（不管运行时长）的总次数。例如，自从 ESXi 主机启动以来，dcbd 出现故障 5 次之后，监视器就不再重新启动它。
- bg_pid_file 设置为 null，这意味着不创建后台进程 ID 文件。

注意　监视器是一个管理 VMware 服务的脚本，位于 /sbin/watchdog.sh。

它启动指定的进程，并在进程退出时重新启动。

它在记录指定次数的连续快速故障或者记录指定的故障总数（不管运行时长）之后放弃重启进程。

第三行是加载监视器的执行。

第四行和第五行表示 vmnic2 和 vmnic3 没有被激活为 FCoE 适配器。

最后一行显示现在运行的守护进程。

清单 3.1 中的日志片段显示了与添加 vmnic2 为 FCoE 适配器的相关事件。

清单 3.1　/var/log/syslog.log 中列出的添加 vmnic2 为 FCoE 适配器的相关事件

```
2011-03-08T06:06:33Z dcbd: [info]     add_adapter (vmnic2)
2011-03-08T06:06:33Z dcbd: [info]       dcbx subtype = 2
2011-03-08T06:06:33Z dcbd: [info]     get_dcb_capabilities for "vmnic2"
2011-03-08T06:06:33Z dcbd: [info]     get_dcb_numtcs for "vmnic2"
2011-03-08T06:06:33Z dcbd: [info]     Reconciled device numTCs (PG 4, PFC 4)
2011-03-08T06:06:33Z dcbd: [info]     Set Syncd to 0 [3682]
2011-03-08T06:06:33Z dcbd: [info]     Feature state machine (flags 1)
2011-03-08T06:06:33Z dcbd: [info]       Local change: PG
2011-03-08T06:06:33Z dcbd: [info]     Set Syncd to 0 [3682]
2011-03-08T06:06:33Z dcbd: [info]     Feature state machine (flags 2)
2011-03-08T06:06:33Z dcbd: [info]       Local change:  PFC
2011-03-08T06:06:33Z dcbd: [info]       CopyConfigToOper vmnic2
2011-03-08T06:06:33Z dcbd: [info]     set_pfc_cfg for "vmnic2", operMode: 0
2011-03-08T06:06:33Z dcbd: [info]     set_pfc_state for "vmnic2", pfc_state: FALSE
2011-03-08T06:06:33Z dcbd: [info]     Set Syncd to 0 [3682]
2011-03-08T06:06:33Z dcbd: [info]     Feature state machine (flags 4)
2011-03-08T06:06:33Z dcbd: [info]       Local change:   APP
2011-03-08T06:06:33Z dcbd: [info]     DCB Ctrl in LISTEN
2011-03-08T06:06:33Z dcbd: [info]       Local change detected: PG PFC APP
2011-03-08T06:06:33Z dcbd: [info]       Local SeqNo == Local AckNo
2011-03-08T06:06:33Z dcbd: [info]       *** Sending packet -- SeqNo = 1 AckNo = 0
2011-03-08T06:06:33Z dcbd: [info]     Set portset name for "vmnic2" :"vSwitch1"
2011-03-08T06:06:33Z dcbd: [info]     Added adapter "vmnic2" via IPC
2011-03-08T06:06:35Z dcbd: [info]     *** Received a DCB_CONTROL_TLV: --SeqNo=1, AckNo=1
ID(37) MSG_INFO_PG_OPER: vmnic2
```

添加 vmnic2 适配器之后，它被标识为 dcbx 子类型 2。这意味着，它是支持 FCoE 的聚合增强以太网（CEE）端口。换句话说，vmnic2 代表的 I/O 卡具有 FCoE 功能。

FCoE 设备和路径请求事件记录到位于 /var/log 目录的 ESXi syslog.log 文件中。清单 3.2 展示了一个 syslog.log 文件示例。

清单 3.2 显示设备和路径请求事件的 /var/log/syslog.log 片段

```
dcbd: [info] Connect event for vmnic2, portset name: "vSwitch1"

storageDeviceInfo.plugStoreTopology.adapter["key-vim.host.PlugStoreTopology.Adapter-
vmhba33"].path["key-vim.host.PlugStoreTopology.Path-fcoe.1000001b215cfee6:2000001b215
cfee6-fcoe.500601609020fd54:500601611020fd54-naa.60060160d1911400a3878ec1656edf11"]

storageDeviceInfo.plugStoreTopology.path["key-vim.host.PlugStoreTopology.Path-fcoe.10
00001b215cfee6:2000001b215cfee6-fcoe.500601609020fd54:500601611020fd54-naa.60060160d1
911400a3878ec1656edf11"],

storageDeviceInfo.plugStoreTopology.target["key-vim.host.PlugStoreTopology.Target-fco
e.500601609020fd54:500601611020fd54"],

storageDeviceInfo.plugStoreTopology.device["key-vim.host.PlugStoreTopology.Device-
020008000060060160d1911400a3878ec1656edf11524149442030"],


storageDeviceInfo.plugStoreTopology.plugin["key-vim.host.PlugStoreTopology.Plugin-
NMP"].device["key-vim.host.PlugStoreTopology.Device-020008000060060160d1911400a3878ec
1656edf11524149442030"],

storageDeviceInfo.plugStoreTopology.plugin["key-vim.host.PlugStoreTopology.Plugin-
NMP"].claimedPath["key-vim.host.PlugStoreTopology.Path-fcoe.1000001b215cfee6:2000001b
215cfee6-fcoe.500601609020fd54:500601611020fd54-"],
```

在清单 3.2 所示的日志片段中，删除了时间戳并在日志条目之间添加一个空行，便于阅读。

第一行显示 vmnic2（绑定到 vSwitch1）上的 FCoE 端口的连接（Connect）事件。

第二行显示如下连接拓扑：

- FCoE 适配器名（和在 UI 中看到的一样）为 vmhba33。
- 适配器的 WWNN:WWPN 组合为 1000001b215cfee6:2000001b215cfee6。
- 存储处理器端口的 WWNN:WWPN 组合为 500601609020fd54:500601611020fd54。
- 根据第 2 章中的表 2.1，SP WWPN 翻译为一个 CLARiiON CX 存储阵列的 SPA- 端口 1。
- 从这条路径上可见 LUN 的 NAA ID 为 60060160d1911400a3878ec1656edf11。

第三行标识路径细节，组合上述第 2 ～ 4 条列出的信息。

第四行标识目标，是上述第 2 条中列出的 WWNN:WWPN 组合。

第五行展示设备 ID。这与在 /vmfs/devices/disks 中看到的 vml 设备 ID 类似，但是没有 vml 前缀。

注意 vml 是指向对应设备 ID（例如 NAA ID）的 vmkernel 列表链接。这是为了引入设备 ID 用法之前的早期版本的向后兼容性。第 13 章将提供更多相关的细节。

以下命令行列出了 vml ID 和它们所链接的设备 ID：

```
ls -al /vmfs/devices/disks/

733909245952 Jan 22 06:05 naa.600508b1001037383941424344450400

36 Jan 22 06:05 vml.0200000000600508b10010373839414243444504004c
4f47494341 -> naa.600508b1001037383941424344450400
```

这里从输出中删除权限和所有者，并且在输出之间添加空行以便阅读。

第六行说明，原生多路径插件（NMP）已经请求了前一行标识的设备。第 5 章讨论 NMP。

最后一行说明 NMP 已经请求了以 FCoE 适配器的 WWNN:WWPN 组合开始，前往前面解释的 SPA-Port1 的路径。

注意 对 `plugStoreTopology` 的引用指的是可热插拔存储架构（Pluggable Storage Architecture，PSA），第 5 章讨论 PSA。

第 7 章讨论路径和多路径的定义。

清单 3.3 中所示的日志片段是前一个例子的继续。

清单 3.3 /var/log/syslog.log（续）

```
storageDeviceInfo.hostBusAdapter["key-vim.host.FibreChannelOverEthernetHba-vmhba33"].
status,

storageDeviceInfo.hostBusAdapter["key-vim.host.FibreChannelOverEthernetHba-vmhba33"].
linkInfo.vnportMac,

storageDeviceInfo.hostBusAdapter["key-vim.host.FibreChannelOverEthernetHba-vmhba33"].
linkInfo.fcfMac,

storageDeviceInfo.hostBusAdapter["key-vim.host.FibreChannelOverEthernetHba-vmhba33"].
linkInfo.vlanId]

storageDeviceInfo.scsiTopology.adapter["key-vim.host.ScsiTopology.Interface-
vmhba33"].target["key-vim.host.ScsiTopology.Target-vmhba33:0:0"].lun["key-vim.host.
ScsiTopology.Lun-020001000060060160d19114008de22dbb5e5edf11524149442035"],
```

第一行继续请求（vmhba33）HBA 状态。

在第二、三和四行上，请求下列实体的链路信息。

- `linkInfo.vnportMac`——VN_Port 是 FC 的 N_ 端口在 FCoE 中的等价物，是 FCoE 适配器的端口类型。
- `linkInfo.fcfMac`——FCF 是 FCoE 转发器，这是交换机端口的 MAC。
- `linkInfo.vlanId` 是 VLAN ID。

这三个实体组成了 FCoE 链路。

最后一行显示了路径的规范名称（见第 7 章），例外的是 LUN 由前面提到的 vml 名称标识。这个名称组合如下——适配器：通道：目标：LUN。除了通过双通道 HBA（例如，具有内部和外部通道的 RAID 适配器）直接连接的存储中 0 为内部通道，1 为外部通道之外（例如，vmhba2:0:0 和 vmhba2:1:0），其他的通道号均为 0。然而，因为这不适用于 FCoE 适配器，所以这里的通道号总是为 0，规范名称为 vmhba33:0:0:<LUN>。

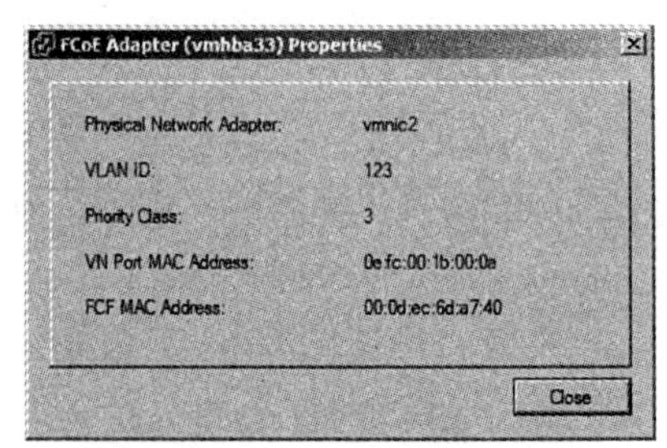

图 3.26 FCoE 适配器属性

这些连接属性也在 UI 的 FCoE 适配器属性中显示。图 3.26 显示了这些属性，以及物理 NIC 的 vmnic 名称和表 3.1 中提到的优先级类别。

3.13 关键提示

考虑如下情况。

vSphere 管理员在一台 ESXi 5 主机上配置 FCoE。链接的 vmnic 连接到一个 10 GigE 网络上，并由此连接一台 FCoE 交换机，从而通过 4 个 Gig FC 网络架构链接到存储阵列。因为 FCoE 流量所能利用的带宽不能超过 FC SAN 所提供的带宽，所以管理员试图通过配置网络 I/O 控制，为 FCoE 分配 40% 的带宽，从而保证 4 Gbps 带宽。因此，FCoE 实际上在已经通过协议本身指定优先级之后又被指定了网络流上的优先级。然而，管理员注意到 FCoE 并没有得到这一专用带宽。

正如电视上著名的一位侦探所说的，“我已经破案了！真相是这样的：”

对于专用带宽，FCoE 使用 802.1p 用户优先级（增强传输选择——ETS）。

vSphere 5 的网络 I/O 控制也使用 802.1p 用户优先级管理服务质量（QoS）。

带宽分割发生在 NIC/CNA 之间的“优先级组”（PG）级别上，每个 PG 由多个优先级组成，大部分管理员通常在不同的 PG 中配置 FCoE。

交换机看到多个数据流：FCoE 和 L2 网络（这两者正好都是同一个 FCoE 流量）。如果流量的总和超过了分配给 FCoE 流量的带宽（40%），交换机将通过发送 FCoE 优先级上的一个 PFC 来控制速度。这有效地阻止了 FCoE 流量。

这个故事告诉我们，不要过分热心地用网络 I/O 控制来保证 FCoE 带宽，因为已经通过 FCoE 协议为其指定了相应的优先级。这样做会导致负面的效果——阻止 FCoE 流量。

3.14　小结

本章介绍了 FCoE 协议的细节及其架构和在 vSphere 5 中的实现，还提供了在 vSphere 5 上配置软件 FCoE 适配器的细节。同时分享了一些日志示例，帮助你熟悉它们的解读方法。最后，讨论了使用网络 I/O 控制和 FCoE 的潜在问题。

第 4 章　iSCSI 存储连接性

4.1　iSCSI 协议

IETF（互联网工程任务组）负责 iSCSI 协议（参见 http://tools.ietf.orghtmlrfc3720 上的 RFC3720）。

iSCSI（Internet Small Computer System Interface，互联网小型计算机系统接口）是一个基于 IP（互联网协议）的存储标准，通过 IP 网络将 iSCSI 发起方连接到 iSCSI 目标。简而言之，SCSI 封包被封装到 IP 封包中，通过标准的 IP 网络发送，发起方和目标重新组装封包并翻译由这些封包携带的命令。

这个标准和需要特殊电缆和交换机的 FC（光纤通道）不同，它利用了现有的 IP 基础架构。

iSCSI 连接性概述

iSCSI 连接性的主要元素是发起方、目标、门户、会话和连接。我们将先从 iSCSI 会话开始对连接性做一个高度的概括，然后在本章后面的小节中介绍其余元素。

1. iSCSI 会话

每个 iSCSI 发起方通过 TCP（Transmission Control Protocol，传输控制协议）与每个 iSCSI 目标服务器建立一个会话。在会话中，发起方和门户在目标服务器上可能有一个或者多个连接（见图 4.1）。

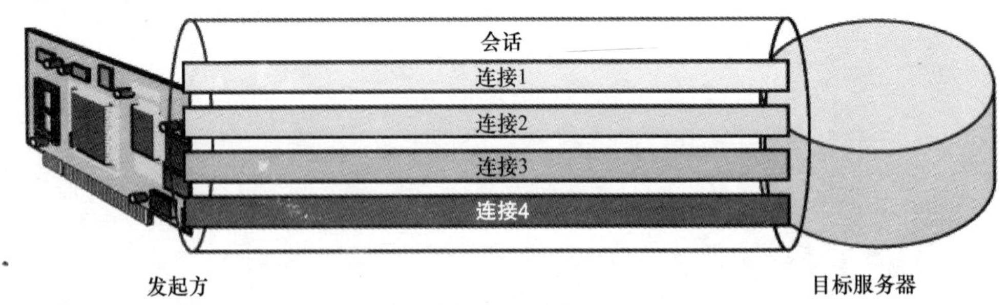

图 4.1　iSCSI 会话

门户（Portal）是一个 IP 地址和 TCP 端口的组合（下一小节介绍门户的更多细节）。默认的 TCP 端口为 3260。

图 4.2 展示了 ESXi 5.0 主机的一个示例，该主机具有两个连接到 iSCSI 存储阵列的 iSCSI 发起方（vmhba2 和 vmhba3）。

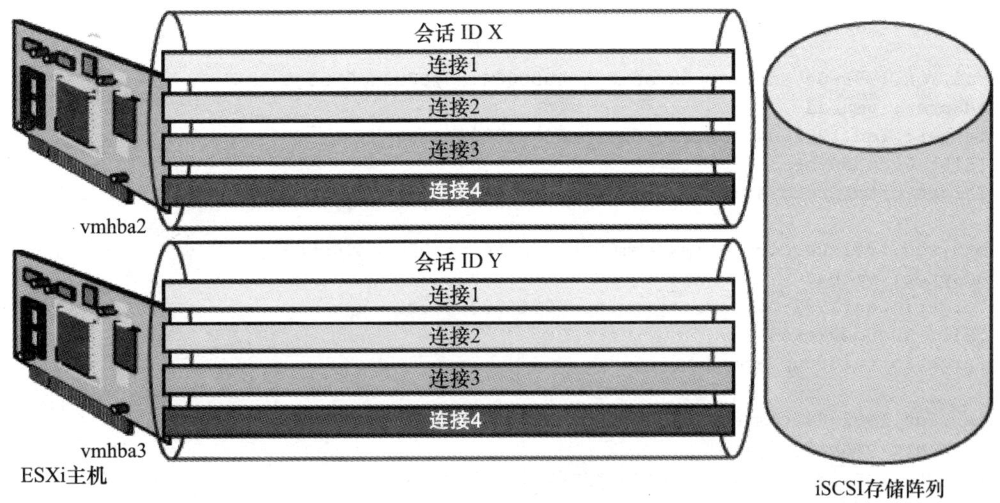

图 4.2　来自多个发起方的 iSCSI 会话

vmhba2 与存储阵列建立了会话 X，在该会话中有 4 个连接。

同样，vmhba3 与同一个 iSCSI 存储阵列建立了会话 Y，在该会话中也有 4 个连接。

为了更好地理解，看看清单 4.1 中从本例使用的 ESXi 主机收集的输出。这里去掉了输出中的某些行，只留下与本小节相关的内容。

清单 4.1　列出 iSCSI 会话

```
~ # esxcli iscsi session list

vmhba2,iqn.1992-04.com.emc:cx.apm00064000064.a0,00c0dd09b6c3
   Adapter: vmhba2
   Target: iqn.1992-04.com.emc:cx.apm00064000064.a0
   ISID: 00c0dd09b6c3
   TargetPortalGroupTag: 1

vmhba2,iqn.1992-04.com.emc:cx.apm00064000064.a1,00c0dd09b6c3
   Adapter: vmhba2
   Target: iqn.1992-04.com.emc:cx.apm00064000064.a1
   ISID: 00c0dd09b6c3
   TargetPortalGroupTag: 2

vmhba2,iqn.1992-04.com.emc:cx.apm00064000064.b0,00c0dd09b6c3
   Adapter: vmhba2
   Target: iqn.1992-04.com.emc:cx.apm00064000064.b0
   ISID: 00c0dd09b6c3
   TargetPortalGroupTag: 3

vmhba2,iqn.1992-04.com.emc:cx.apm00064000064.b1,00c0dd09b6c3
   Adapter: vmhba2
   Target: iqn.1992-04.com.emc:cx.apm00064000064.b1
   ISID: 00c0dd09b6c3
```

```
   TargetPortalGroupTag: 4

vmhba3,iqn.1992-04.com.emc:cx.apm00064000064.a0,00c0dd09b6c5
   Adapter: vmhba3
   Target: iqn.1992-04.com.emc:cx.apm00064000064.a0
   ISID: 00c0dd09b6c5
   TargetPortalGroupTag: 1

vmhba3,iqn.1992-04.com.emc:cx.apm00064000064.a1,00c0dd09b6c5
   Adapter: vmhba3
   Target: iqn.1992-04.com.emc:cx.apm00064000064.a1
   ISID: 00c0dd09b6c5
   TargetPortalGroupTag: 2

vmhba3,iqn.1992-04.com.emc:cx.apm00064000064.b0,00c0dd09b6c5
   Adapter: vmhba3
   Target: iqn.1992-04.com.emc:cx.apm00064000064.b0
   ISID: 00c0dd09b6c5
   TargetPortalGroupTag: 3

vmhba3,iqn.1992-04.com.emc:cx.apm00064000064.b1,00c0dd09b6c5
   Adapter: vmhba3
   Target: iqn.1992-04.com.emc:cx.apm00064000064.b1
   ISID: 00c0dd09b6c5
   TargetPortalGroupTag: 4
```

在清单 4.1 中，删除了某些输出内容，强调与本小节相关的部分。注意 ISID 值，这是 iSCSI 会话 ID。每个 HBA 与 4 个目标的一个会话 ID 相关。

这个例子中发起方、目标、会话和连接之间的关系如表 4.1 所示。

表 4.1 关联发起方、目标、会话和连接

目标 IQN	会话 ID	目标门户组标记	备 注
Vmhba2			
iqn.1992-04.com.emc:cx.apm00064000064.a0	00c0dd09b6c3	1	SPA Port 0
iqn.1992-04.com.emc:cx.apm00064000064.a1	00c0dd09b6c3	2	SPA Port 1
iqn.1992-04.com.emc:cx.apm00064000064.b0	00c0dd09b6c3	3	SPB Port 0
iqn.1992-04.com.emc:cx.apm00064000064.b1	00c0dd09b6c3	4	SPB Port 1
iqn.1992-04.com.emc:cx.apm00064000064.a0	00c0dd09b6c5	1	SPA Port 0
iqn.1992-04.com.emc:cx.apm00064000064.a1	00c0dd09b6c5	2	SPA Port 1
iqn.1992-04.com.emc:cx.apm00064000064.b0	00c0dd09b6c5	3	SPB Port 0
iqn.1992-04.com.emc:cx.apm00064000064.b1	00c0dd09b6c5	4	SPB Port 1

表 4.1 显示，vmhba2 和 vmhba3 连接到相同的目标。后者在每个存储处理器（SP）上有两个端口。注意，SP- 端口组合是目标 IQN 的一部分（后面会有进一步的说明）。

还可以用如下命令列出指定 HBA 的活动目标会话信息：

```
vmkiscsi-tool -C <hba- 名称 >
```

或者使用 esxcli：

```
esxcli storage iscsi session list --adapter=<hba-名称>
```

下面是该命令的简写形式：

```
esxcli storage iscsi session list -A <hba-名称>
```

例如：

```
vmkiscsi-tool -C vmhba2
```

或者

```
esxcli storage iscsi session list -A vmhba2
```

可以用如下命令列出一个目标的相同信息：

```
vmkiscsi-tool -C -t <目标 iqn> <hba-名称>
```

或者

```
esxcli storage iscsi session list --name <iSCSI 目标名称>
```

上述命令的简写版如下：

```
esxcli storage iscsi session list --n <iSCSI 目标名称>
```

例如：

```
vmkiscsi-tool -C -t iqn.1992-04.com.emc:cx.apm00064000064.a0 vmhba2
```

或者：

```
esxcli storage iscsi session list --name iqn.1992-04.com.emc:cx.apm00064000064.a0
```

清单 4.2 是使用 vmkiscsi-tool 的第一条命令输出的示例。

清单 4.2　用 vmkiscsi-tool 列出的有特定目标的 iSCSI 会话

```
vmkiscsi-tool -C -t iqn.1992-04.com.emc:cx.apm00064000064.a0 vmhba3
------ Target [iqn.1992-04.com.emc:cx.apm00064000064.a0] info ------
NAME                              : iqn.1992-04.com.emc:cx.apm00064000064.a0
ALIAS                             : 0064.a0
DISCOVERY METHOD FLAGS            : 8
SEND TARGETS DISCOVERY SETTABLE   : 0
SEND TARGETS DISCOVERY ENABLED    : 1
Portal 0                          : 10.23.1.30:3260

-------------------------------------------
   Session info [isid:00:c0:dd:09:b6:c5]:
    - authMethod:               NONE
    - dataPduInOrder:           YES
    - dataSequenceInOrder:      YES
    - defaultTime2Retain:       0
    - errorRecoveryLevel:       0
```

```
- firstBurstLength:         128
- immediateData:            NO
- initialR2T:               YES
- isid:                     00:c0:dd:09:b6:c5
- maxBurstLength:           512
- maxConnections:           1
- maxOutstandingR2T:        1
- targetPortalGroupTag:     1
Connection info [id:0]:
  - connectionId:                    0
  - dataDigest:                      NONE
  - headerDigest:                    NONE
  - ifMarker:                        NO
  - ifMarkInt:                       0
  - maxRecvDataSegmentLength:        128
  - maxTransmitDataSegmentLength:    128
  - ofMarker:                        NO
  - ofMarkInt:                       0
  - Initial Remote Address:          10.23.1.30
  - Current Remote Address:          10.23.1.30
  - Current Local Address:           10.23.1.215
  - Session Created at:              Not Available
  - Connection Created at:           Not Available
  - Connection Started at:           Not Available
  - State:                           LOGGED_IN
```

在清单 4.2 中，列出了 iSCSI 会话 ID（ISID），字节之间用冒号分隔。清单 4.3 是使用 esxcli 的第二条命令的输出示例。

清单 4.3　用 esxcli 列出有特定目标的 iSCSI 会话

```
esxcli iscsi session list -n iqn.1992-04.com.emc:cx.apm00064000064.a0

vmhba3,iqn.1992-04.com.emc:cx.apm00064000064.a0,00c0dd09b6c5
   Adapter: vmhba3
   Target: iqn.1992-04.com.emc:cx.apm00064000064.a0
   ISID: 00c0dd09b6c5
   TargetPortalGroupTag: 1
   AuthenticationMethod: none
   DataPduInOrder: true
   DataSequenceInOrder: true
   DefaultTime2Retain: 0
   DefaultTime2Wait: 2
   ErrorRecoveryLevel: 0
   FirstBurstLength: Irrelevant
   ImmediateData: false
   InitialR2T: true
   MaxBurstLength: 512
   MaxConnections: 1
   MaxOutstandingR2T: 1
   TSIH: 0
```

注意，esxcli 的输出不包含连接信息。可以用如下 esxcli 命令获得同一 iSCSI 会话中的连接列表。

```
esxcli iscsi session connection list --isid=<会话 id>
```

上述命令的简化版本是：

```
esxcli iscsi session connection list -s <会话 id>
```

例如：

```
esxcli iscsi session connection list -s 00c0dd09b6c5
```

输出如清单 4.4 所示。

清单 4.4　列出 iSCSI 会话连接信息

```
vmhba3,iqn.1992-04.com.emc:cx.apm00064000064.a0,00c0dd09b6c5,0
   Adapter: vmhba3
   Target: iqn.1992-04.com.emc:cx.apm00064000064.a0
   ISID: 00c0dd09b6c5
   CID: 0
   DataDigest: NONE
   HeaderDigest: NONE
   IFMarker: false
   IFMarkerInterval: 0
   MaxRecvDataSegmentLength: 128
   MaxTransmitDataSegmentLength: 128
   OFMarker: false
   OFMarkerInterval: 0
   ConnectionAddress: 10.23.1.30
   RemoteAddress: 10.23.1.30
   LocalAddress: 10.23.1.215
   SessionCreateTime: Not Available
   ConnectionCreateTime: Not Available
   ConnectionStartTime: Not Available
   State: logged_in

vmhba3,iqn.1992-04.com.emc:cx.apm00064000064.b0,00c0dd09b6c5,0
   Adapter: vmhba3
   Target: iqn.1992-04.com.emc:cx.apm00064000064.b0
   ISID: 00c0dd09b6c5
   CID: 0
   DataDigest: NONE
   HeaderDigest: NONE
   IFMarker: false
   IFMarkerInterval: 0
   MaxRecvDataSegmentLength: 128
   MaxTransmitDataSegmentLength: 16
   OFMarker: false
   OFMarkerInterval: 0
```

```
ConnectionAddress: 10.23.2.30
RemoteAddress: 10.23.2.30
LocalAddress: 10.23.1.215
SessionCreateTime: Not Available
ConnectionCreateTime: Not Available
ConnectionStartTime: Not Available
State: free
```

对清单 4.4 中的输出进行处理，以显示两个连接。注意，在清单中两个连接处于相同的 HBA vmhba3 和同一个远程地址 10.23.1.30 之间。这是同一会话中多个连接的一个例子。还要注意，第一个连接的状态显示为 `logged_in`，而第二个显示为 `free`。这意味着第一个连接是活动连接，第二个不是。

2. iSCSI 门户

门户（Portal）是网络实体的一个组成部分，其具有 TCP/IP 网络地址，且可以被该网络实体中的 iSCSI 节点用于 iSCSI 会话。

发起方中的门户由其 IP 地址标识。

目标中的门户由其 IP 地址和监听的 TCP 端口标识。默认的端口为 3260。图 4.3 展示了监听端口 3260 的一个 iSCSI 服务器上的网络门户。在主机端，两个 iSCSI 发起方也有与发起方 IP 地址关联的网络门户。

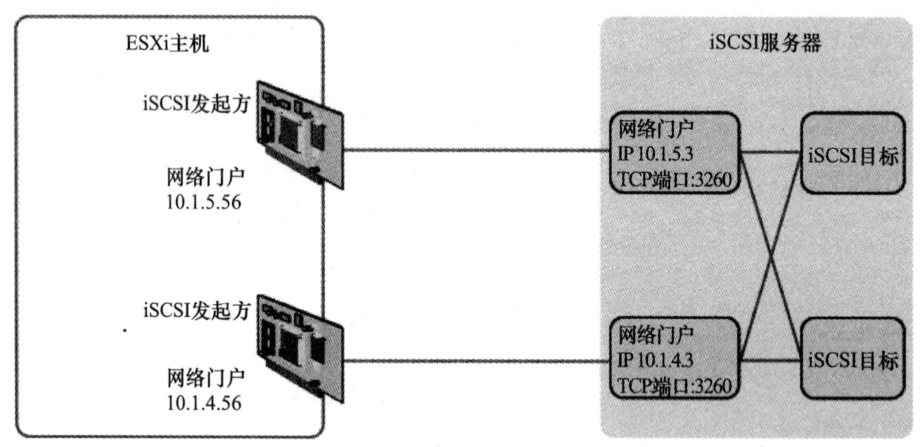

图 4.3 iSCSI 门户

利用 SSH、vMA 或者 ESXCLI（本章稍后介绍这些工具的使用），可以用 esxcli 命令列出 iSCSI 目标门户。清单 4.5 和清单 4.6 中的命令分别返回硬件发起方和软件发起方的目标门户。

清单 4.5 列出 iSCSI 目标门户——硬件发起方

```
~ # esxcli iscsi adapter target portal list
Adapter Target                                        IP           Port   Tpgt
```

```
------- ---------------------------------------- ---------- ---- ----
vmhba2  iqn.1992-04.com.emc:cx.apm00064000064.a0  10.23.1.30  3260  1
vmhba2  iqn.1992-04.com.emc:cx.apm00064000064.a1  10.23.1.31  3260  2
vmhba2  iqn.1992-04.com.emc:cx.apm00064000064.b0  10.23.2.30  3260  3
vmhba2  iqn.1992-04.com.emc:cx.apm00064000064.b1  10.23.2.31  3260  4

vmhba3  iqn.1992-04.com.emc:cx.apm00064000064.a0  10.23.1.30  3260  1
vmhba3  iqn.1992-04.com.emc:cx.apm00064000064.a1  10.23.1.31  3260  2
vmhba3  iqn.1992-04.com.emc:cx.apm00064000064.b0  10.23.2.30  3260  3
vmhba3  iqn.1992-04.com.emc:cx.apm00064000064.b1  10.23.2.31  3260  4
```

注意 为了更容易阅读，这里在 HBA 之间添加一个空行。

清单 4.6 列出 iSCSI 目标门户——软件发起方

```
~ # esxcli iscsi adapter target portal list

Adapter Target                                   IP           Port Tpgt
------- ---------------------------------------- ------------ ---- ----
vmhba34 iqn.1992-04.com.emc:cx.apm00071501971.a0 10.131.7.179 3260 1
vmhba34 iqn.1992-04.com.emc:cx.apm00071501971.b0 10.131.7.180 3260 2
```

硬件和软件发起方输出的主要不同是 vmhba 枚举。本章后面会提供这一事实的更多细节。

可以使用替代的 vmkiscsi-tool 命令，该命令在未来的版本中可能会被废弃，也不能通过 vMA 或者 vCLI 远程使用。这一命令参见清单 4.7 和清单 4.8。

清单 4.7 列出 iSCSI 目标门户的替代方法——硬件发起方

```
~ # vmkiscsi-tool -T -l vmhba3 |awk '/iqn/||/Portal/{print}'

------ Target [iqn.1992-04.com.emc:cx.apm00064000064.a0] info ------
NAME          : iqn.1992-04.com.emc:cx.apm00064000064.a0
Portal 0      : 10.23.1.30:3260
------ Target [iqn.1992-04.com.emc:cx.apm00064000064.a1] info ------
NAME          : iqn.1992-04.com.emc:cx.apm00064000064.a1
Portal 0      : 10.23.1.31:3260
```

清单 4.8 列出 iSCSI 目标门户的替代方法——软件发起方

```
~ # vmkiscsi-tool -T -l vmhba34 |awk '/iqn/||/Portal/{print}'

------ Target [iqn.1992-04.com.emc:cx.apm00071501971.a0] info ------
NAME          : iqn.1992-04.com.emc:cx.apm00071501971.a0
Portal 0      : 10.131.7.179:3260
------ Target [iqn.1992-04.com.emc:cx.apm00071501971.b0] info ------
NAME          : iqn.1992-04.com.emc:cx.apm00071501971.b0
Portal 0      : 10.131.7.180:3260
```

硬件和软件发起方的输出之间主要的不同是所使用的 vmhba 号码，下面将介绍这些发起方之间具体的差别。

3. iSCSI 发起方

iSCSI 发起方用于通过以太网将主机连接到 iSCSI 存储阵列。vSphere 5 支持两类 iSCSI 发起方。

- 硬件发起方，分为以下两种：
  - 非独立——依靠 ESXi 提供网络栈、发起方配置和管理的物理适配器。这种适配器从使用 TOE 或者 TCP 减负引擎的主机上接管 iSCSI 处理，要求配置 vmkernel 端口组并链接到适配器。
  - 独立——从主机接管 iSCSI 和用于网络处理的物理适配器。它们通过固件提供自己的管理能力。然而，你仍然可以通过 vSphere 客户端配置它们。
- 软件发起方——这是 iSCSI 发起方的软件实现。ESXi 将这种软件作为 vmkernel 的一个组件。它要求配置 vmkernel 端口组，并链接到 ESXi 主机的物理网络接口卡。

（1）iSCSI 名称和地址

根据 RFC 3721（http://tools.ietf.orghtmlrfc3721）：

“iSCSI 中可寻址、可发现的主要实体是 iSCSI 节点。iSCSI 节点可能是一个发起方、目标或者两者都是。构造一个 iSCSI 名称的原则在 RFC3720 中规定。”

iSCSI 节点、发起方和目标需要特殊的标识名。这些名字可以采用如下某一种格式：

- IQN（iSCSI Qualified Name，iSCSI 限定名）
- EUI（Extended Unique Identifier，扩展唯一标识符）
- NAA（T11 Network Address Authority，网络地址授权）
- 别名

（2）IQN

IQN 是一种 iSCSI 命名方案，用于为组织的命名机构提供灵活性，进一步将名称创建的工作细分给下属的命名机构。

这是 HBA 和阵列供应商常用的标识符。IQN 格式在 RFC 372 中定义。图 4.4 展示了硬件发起方 IQN 的一个例子。

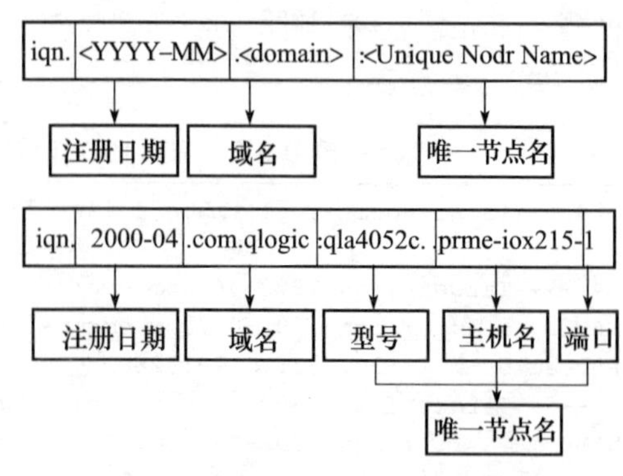

图 4.4 硬件发起方——IQN 剖析

IQN 可以分解为如下条目：

1. 字符串“iqn”。

2.<YYYY-MM>：指定组织注册用于命名机构字符串的域名或者子域名的年 / 月。

3.<domain>：组织命名机构字符串，由一个有效的反向 DNS 域或者子域名组成。

4.<Node Identifier>：由第 3 条中指定的组织命名机构（例子中是 qlogic.com）分配的每个节点唯一标识符，也可以在配置中手工分配。

在图 4.4 中，节点名称基于 HBA 的型号（qla4052c），加上 HBA 配置期间指定的其他字符串。在例子中，这个字符串是 ESXi 的相对 DNS 主机名（不带域名的 FQDN）。名称最后的 -1 是双端口 HBA 的端口标识符。但这个 HBA 的第二部分名称为：

```
iqn.2000-04.com.qlogic:qla4052c.prme-iox215-2
```

软件发起方使用相似的方法，如图 4.5 所示，不同之处在于命名机构为 com.vmware。唯一的节点名称是主机名和一个唯一字符串的组合。

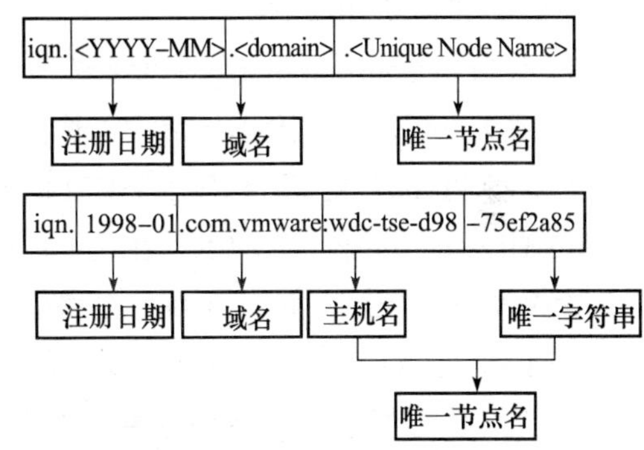

图 4.5　软件发起方——iqn 剖析

（3）iSCSI EUI

iSCSI EUI 命名格式允许命名机构使用 IEEE EUI-64 标识符构造 iSCSI 名称。构造 EUI-64 标识符的细节由 IEEE 注册机构规定（参见 http://standards.ieee.org/develop/regauth/tut/eui64.pdf）。第 5 章会进一步讨论它。

HBA 供应商不常使用 EUI，但是，你可能看到有些 LUN 用这种 ID 格式（不管是否基于 iSCSI），但是这个 ID 通常长于下面的例子：

```
eui.02004567A425678D
```

（4）NAA ID

第 5 章将在有关 LUN 标识的内容中讨论 NAA ID。

（5）别名

iSCSI 别名用于简化发起方或者目标的标识。别名不用做验证凭据的一部分，不使用别名的阵列会忽略它。

下面是来自存储阵列配置的一个别名表示例：

```
+--Connected-To-These-Targets---------------------
|
|  Alias          Target Name
|
|  ESXi1 HBA1     iqn.1995-04.com.example:sn.5551212.target.450
|  ESXi1 HBA2     iqn.1995-04.com.example:sn.5551212.target.489
|  Exchange 2     iqn.1995-04.com.example:sn.8675309
|
+-------------------------------------------------
```

(6）定位 vSphere 5 主机中的 iSCSI 发起方

在 iSCSI 连接性的维修或者现有 vSphere 5.0 主机 iSCSI 连接性的描绘中，需要识别已安装发起方的 IQN。下面将说明如何通过用户界面和命令行接口（CLI）完成这一工作。

使用 UI 的过程

可以按照如下过程，使用 UI 定位 iSCSI 发起方的 IQN：

1）直接登录到 vSphere 5.0 主机或者用 VMware vSphere 5.0 Client，以具有管理员权限的用户登录到管理该主机的 vCenter 服务器。

2）在 Inventory（库存）——Hosts and Clusters（主机和群集）视图中，找到库存树中的 vSphere 5.0 主机并选中。

3）导航到 Configuration（配置）选项卡。

4）在 Hardware（硬件）区域中，选择 Storage Adapters（存储适配器）选项。

5）找到 Type（类型）栏显示 iSCSI 的 HBA。

6）UI 中的下一栏为 WWN，在这里你可以找到每个 iSCSI 类型适配器的 IQN。你也可以一次选择一个 HBA，并在 Details 窗格中搜索 iSCSI 名称字段，在那里也能看到 IQN。

图 4.6 展示了一个硬件（HW）发起方的例子。

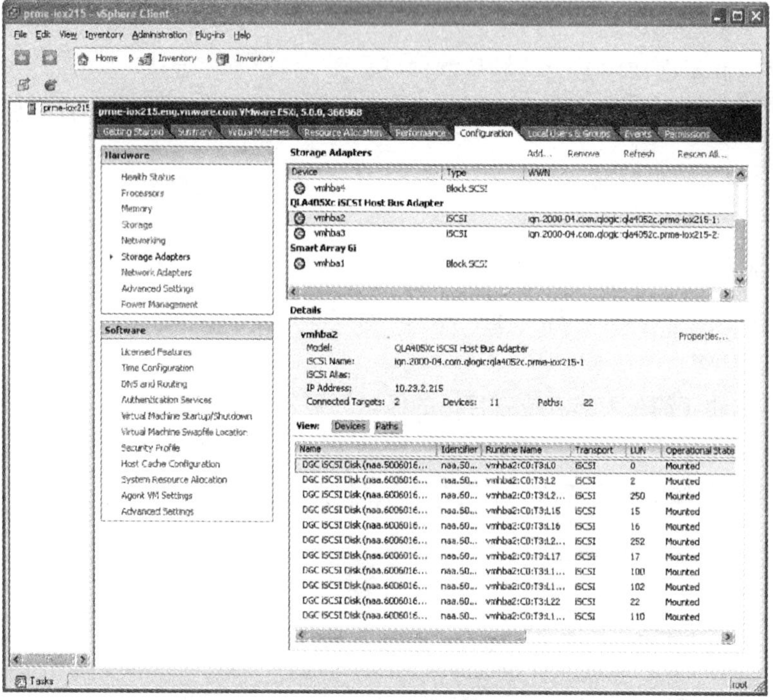

图 4.6 硬件发起方示例——vSphere 5.0 Client UI

如图所示，在 Storage Adapters（存储适配器）窗格，HBA 被集中到 QLA405Xc iSCSI

Host Bus Adapter 标题下，该标题指出了 HBA 的型号。你也可以在字段模式中的详情窗格中看到这个型号。

这里 WWN 栏的值为：

```
iqn.2000-04.com.qlogic:qla4052c.prme-iox215-1
iqn.2000-04.com.qlogic:qla4052c.prme-iox215-2
```

以上 IQN 是用于“iSCSI 名称和地址”小节的例子。图 4.7 展示了一个软件（SW）发起方的例子。

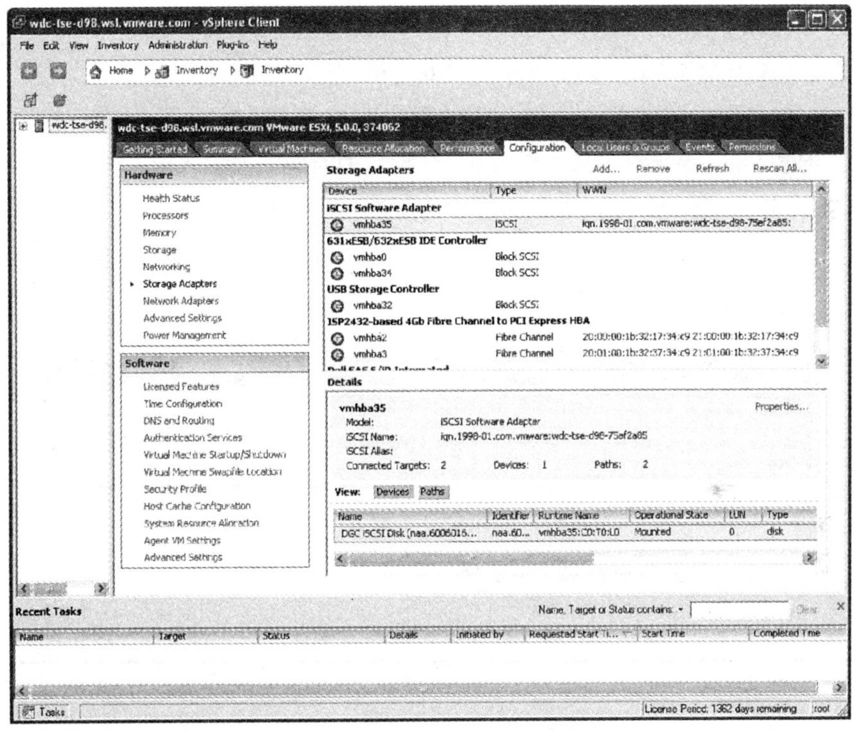

图 4.7　软件发起方示例——vSphere 5.0 Client UI

如图所示，在 Storage Adapters（存储适配器）窗格，HBA 被集中到 iSCSI Software Adapter 标题下，该标题指出了 HBA 的型号。你也可以在字段模式中的详情窗格中看到这个型号。

这里 WWN 栏的值为：

```
iqn.1998-01.com.vmware:wdc-tse-d98-75ef2a85
```

利用前面讨论的知识，你可以按照如下方法找出这个 IQN：

1）命名机构注册到 vmware.com。

2）发起方名称为 wdc-tse-d98。

3）端口 ID/ 唯一字符串为 75ef2a85。

注意 每台 ESXi 主机只能有一个软件发起方，它可以连接到不止一个 vmnic（上联链路）（端口绑定的更多内容参见本章后面的小节）。

相反，ESXi 主机可以有不止一个硬件发起方，每个发起方专用于一个物理端口。更多这方面的内容参见下面的章节。

使用 SSH 的过程

你可以按照如下过程，用 CLI 列出 iSCSI 发起方：

1）用一个 SSH 客户端连接到 vSphere 5.0 主机。

2）如果 SSH 根访问被禁止，用分配的用户账户登录，然后用 su 将特权提升为根用户。注意，你的 Shell 提示符会从 $ 变为 #。在提示的时候需要输入根密码。

3）可以使用如下命令列出 ESXi 主机中的所有 iSCSI 发起方：

```
esxcli iscsi adapter list
```

软件发起方的输出如图 4.8 所示。

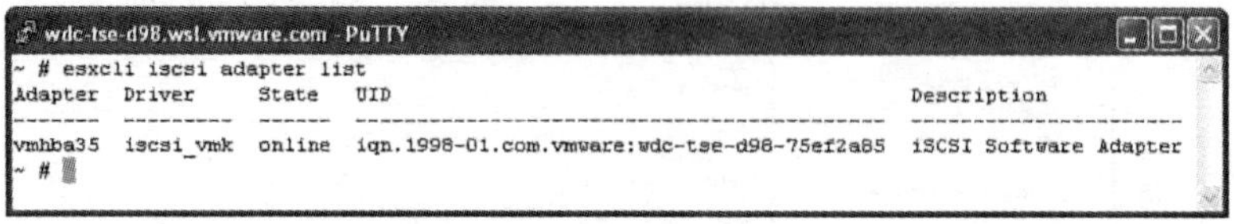

```
wdc-tse-d98.wsl.vmware.com - PuTTY
~ # esxcli iscsi adapter list
Adapter  Driver     State   UID                                           Description
-------  ---------  ------  --------------------------------------------  ----------------------
vmhba35  iscsi_vmk  online  iqn.1998-01.com.vmware:wdc-tse-d98-75ef2a85   iSCSI Software Adapter
~ #
```

图 4.8 列出软件发起方——SSH

在这个例子中，发起方属性如表 4.2 所示。

表 4.2 iSCSI 发起方属性

属　性	值
适配器（名称）	vmhba35
驱动程序	iscsi_vmk
状态	Online
UID	iqn.1998-01.com.vmware:wdc-tse-d98-75ef2a85
描述	iSCSI Software Adapter

硬件发起方的输出如图 4.9 所示。

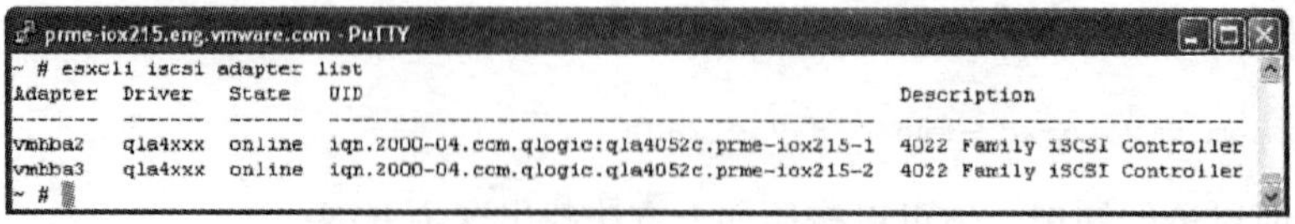

```
prme-iox215.eng.vmware.com - PuTTY
~ # esxcli iscsi adapter list
Adapter  Driver   State   UID                                              Description
-------  -------  ------  -----------------------------------------------  ---------------------------
vmhba2   qla4xxx  online  iqn.2000-04.com.qlogic:qla4052c.prme-iox215-1    4022 Family iSCSI Controller
vmhba3   qla4xxx  online  iqn.2000-04.com.qlogic.qla4052c.prme-iox215-2    4022 Family iSCSI Controller
~ #
```

图 4.9 列出硬件发起方——SSH

在这个例子中，发起方（vmhba2）有表 4.3 列出的属性。

表 4.3　iSCSI 硬件发起方属性

属　性	值
适配器（名称）	Vmhba2
驱动程序	Qla4xxx
状态	Online
UID	iqn.2000-04.com.qlogic:qla4052c.prme-iox215-1
描述	4022 Family iSCSI Controller

在上述两个例子中，发起方类型清晰地在输出的描述列中说明。

用 CLI 列出 iSCSI 发起方的另一种方法

可以按照如下过程，作为 CLI 列出 iSCSI 发起方的替代方法：

1）执行上述第 1）步和第 2）步。

2）如果你使用的是 QLogic 硬件发起方，运行如下命令：

```
grep -i "iscsi name" /proc/scsi/qla4xxx/*
```

如果你使用的是不同的品牌 / 型号，可以用 HBA 的相关处理器节点替代 qla4xxx。输出如图 4.10 所示。

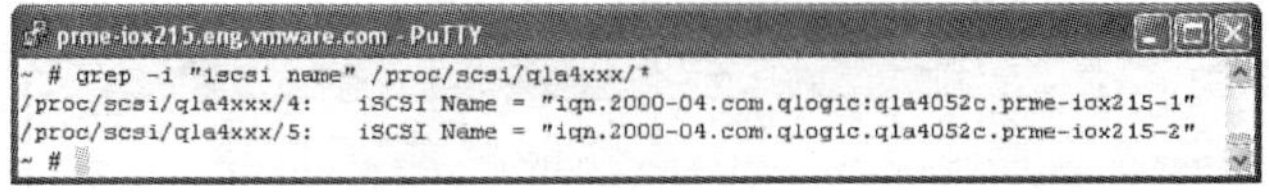

图 4.10　列出硬件发起方的替代方法——SSH

在这个例子中，ESXi 主机有两个 QLogic 硬件 iSCSI 发起方。可以观察到两个适配器共享相同的名称，但是有两个不同的端口 ID——1 和 2，这可能表示是一个双端口的 HBA。

可以用如下命令检查 PCI 硬件信息，验证适配器的数量：

```
lspci | grep -i qla4
```

输出如图 4.11 所示。

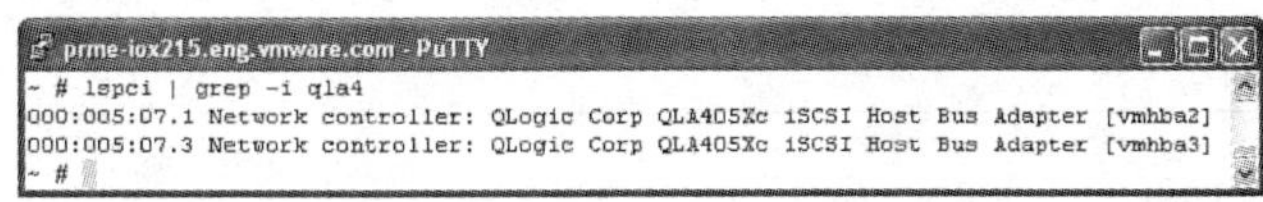

图 4.11　查找 iSCSI 硬件发起方的 PCI 位置——SSH

第 1 列显示适配器在 PCI 总线上的位置，格式为：

```
ddd:BBB:DD:F
```

其中，

ddd：PCI 域号（通常为 000）

BBB：PCI 总线号

DD：PCI 设备号

F：PCI 功能号

在这个例子中，适配器在如下的 PCI 位置：

```
Bus 5: Device 7: Function 0
Bus 5: Device 7: Function 1
```

这意味着，它是一个具有两种功能（也就是端口）的适配器。

这是由于该适配器没有 PCI-PCI 桥；否则，每个适配器应该有不同的设备号和单一的 PCI 功能。

注意，输出中还列出了指定的 vmhba 号：vmhba2 和 vmhba3。你可以将其与 UI 中看到的匹配。

3）如果你有一个软件发起方，运行如下命令：

```
esxcfg-mpath --list-paths |grep -i iqn |sed 's/Target.*$//'
```

也可以运行这个命令的简写版本：

```
esxcfg-mpath -b |grep -i iqn |sed 's/Target.*$//'
```

简写版的输出如图 4.12 所示。

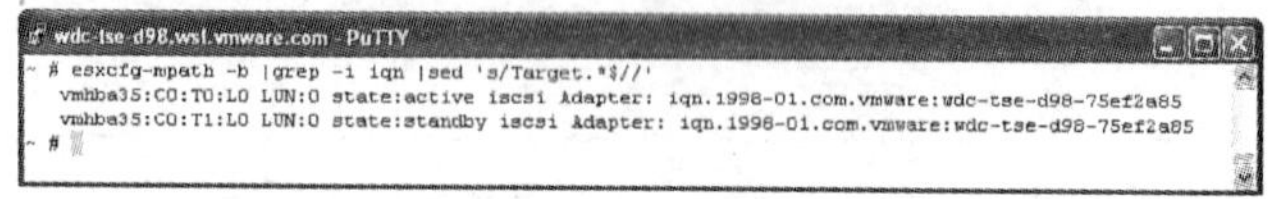

图 4.12　列出 iSCSI 软件发起方的替代方法

在这个例子中，软件发起方是 vmhba35，WWN 如下所示：

```
iqn.1998-01.com.vmware:wdc-tse-d98-75ef2a85
```

注意　对硬件发起方可以使用同一个过程。

你可以从 IQN 中看出不同；如果命名机构为 com.vmware，就是软件发起方，否则是硬件发起方。

使用 vMA 5.0 的过程

如果你已经使用了第 2 章中 FC 发起方的“使用 vMA5.0 的过程”，可以跳到第 5）步。

下面的过程假定你已经按照 VMA 指南（http://www.vmware.com/go/vma）安装和配置了 vMA 5.0，你也可以在上述网址下载该用具：

1）以 vi-admin 或者可以使用 sudo 的用户（也就是用 visudo 编辑器添加到 sudo 用户文件）登录到 vMA。

2）通过这个用具添加你计划管理的每个 ESXi 主机。

```
vifp addserver <ESXi 主机名> --username root --password <根用户密码>
```

3）验证主机已经成功添加。

```
vifp listservers
```

注意　如果你忽略 -password 参数，会提示你输入，如图 4.13 所示。

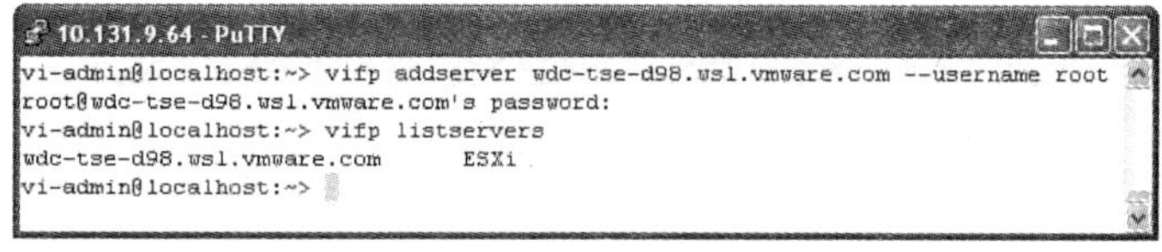

图 4.13　添加托管主机

4）通过 vMA，对每台想要管理的主机重复第 2）步和第 3）步。

5）将 ESXi 服务器设置为后续命令的目标：

```
vifptarget --set <ESXi 主机名>
```

还可以使用这一命令的简写版本：

```
vifptarget -s <ESXi 主机名>
```

简写版本的输出如图 4.14 所示。

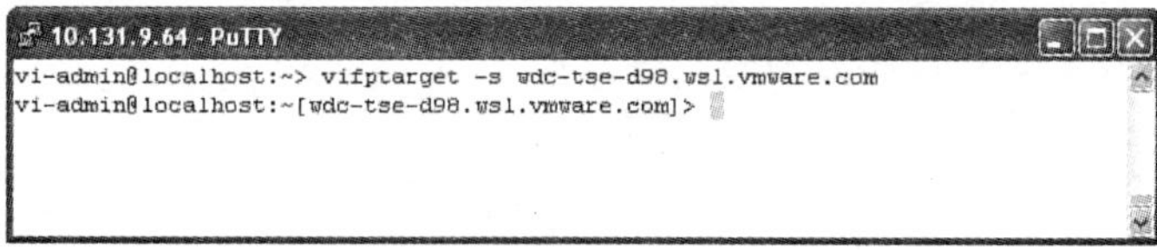

图 4.14　设置目标托管主机

注意，提示符变为包含 ESXi 主机名。

6）运行如下命令列出 iSCSI 发起方：

```
esxcli iscsi adapter list
```

输出如图 4.15 所示。

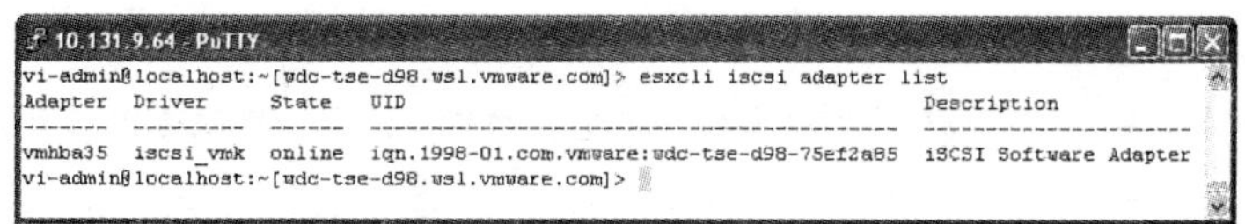

图 4.15　列出 iSCSI 软件发起方——vMA 5.0

在这个例子中，发起方的属性如表 4.4 所示。

表 4.4　iSCSI 发起方属性

属　性	值
适配器（名称）	vmhba35
驱动程序	iscsi_vmk
状态	Online
UID	iqn.1998-01.com.vmware:wdc-tse-d98-75ef2a85
描述	iSCSI Software Adapter

硬件发起方的输出如图 4.16 所示。

```
10.131.9.64 - PuTTY
vi-admin@localhost:~[prme-iox215.eng.vmware.com]> esxcli iscsi adapter list
Adapter  Driver   State   UID                                          Description
-------  -------  ------  -------------------------------------------  ----------------------------
vmhba2   qla4xxx  online  iqn.2000-04.com.qlogic:qla4052c.prme-iox215-1  4022 Family iSCSI Controller
vmhba3   qla4xxx  online  iqn.2000-04.com.qlogic.qla4052c.prme-iox215-2  4022 Family iSCSI Controller
vi-admin@localhost:~[prme-iox215.eng.vmware.com]>
```

图 4.16　列出 iSCSI 硬件发起方——vMA 5.0

在这个例子中，发起方（vmhba2）的属性如表 4.5 所示。

表 4.5　iSCSI 硬件发起方属性

属　性	值
适配器（名称）	Vmhba2
驱动程序	Qla4xxx
状态	Online
UID	iqn.2000-04.com.qlogic:qla4052c.prme-iox215-1
描述	4022 Family iSCSI Controller

在上述两个例子中，发起方类型在输出的描述列中清晰地表明。

用 vMA 5.0 列出 iSCSI 发起方的另一种方法

你可以用如下命令列出 ESXi 主机中的所有 iSCSI 发起方：

```
esxcfg-mpath --list-paths |grep -i iqn |sed 's/Target.*$//'
```

你也可以运行这个命令的简写版本：

```
esxcfg-mpath -b |grep -i iqn |sed 's/Target.*$//'
```

上述命令列出的输出行（见图 4.17）包含 iqn，然后截断从“Target”开始的余下部分。

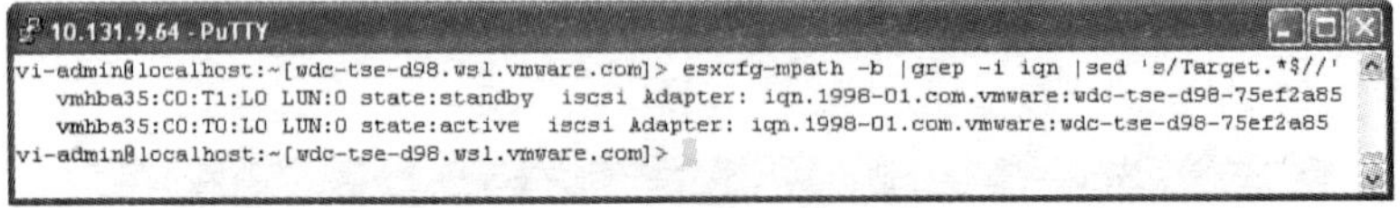

图 4.17　列出 iSCSI 软件发起方的替代方法——vMA 5.0

在这个例子中，iSCSI 发起方是一个软件发起方，因为命名机构为 com.vmware。它被列出两次是因为与两个不同的目标相关。更多关于目标的细节参见本章前面的关于 iSCSI 会话的内容。

注意，主机名是冒号后列出的节点名的一部分。

使用 Linux vCLI 的过程

vCLI 的使用类似于 vMA，但是没有提供 vifp 和 vifptarget 命令的快速通过（FP）机制。这意味着，除了“使用 vMA 5.0 的过程”中使用的选项之外，你还必须在每条命令中提供主机的凭据，包括 --server、--username 和 --password。例如，命令为：

```
esxcli --server <主机名> --username root --password <密码> iscsiadapter list
```

和

```
esxcfg-mpath --list-paths --server <主机名> --username root --password<密码> |grep iqn |sed 's/Target.*$//'
```

简写版本为：

```
esxcfg-mpath -b --server <主机名> --username root --password <密码>|grep iqn |sed 's/Target.*$//'
```

提示　你可以使用 -credstore 选项（变量 VI_CREDSTORE）避免在每条命令中提供凭据细节。

凭据存储文件的名称默认为 <HOME>/.vmware/credstore/vicredentials.xml（Linux）和 <APPDATA>/VMware/credstore/vicredentials.xml（Windows）。

更多细节参见 vMA 5.0 用户指南。

注意　Windows 版本的 vCLI 的语法与 Linux 版本相同。记住，Linux 上附加的操作系统命令 / 工具在 Windows 中可能不存在。这里只介绍 Linux 版本，可以在 Windows 上应用相同的过程，用 Windows 上的相关命令替换非 ESXCLI 命令。例如，在 Linux 上我不经常使用 sed 和 awk，这些命令在 Windows 上默认不可用。可以从 http://gnuwin32.sourceforge.net/packages/sed.htm 上下载 Windows 版本的 sed，从 http://gnuwin32.sourceforge.net/packages/gawk.htm 上下载 awk。

---

4. 配置 iSCSI 发起方

硬件发起方的 iSCSI 配置与软件发起方的配置不同。在深入介绍细节之前，一定要复习本章开始的 iSCSI 连接性的介绍。

（1）配置独立的硬件发起方

可以通过硬件发起方的固件配置它们，通过 vSphere 客户端修改它们。

通过 HBA 的 BIOS 配置硬件 iSCSI 发起方

以 QLA405x 双端口 HBA 为例，下面是使用 HBA BIOS 配置的步骤。

1）启动主机，在出现提示时，按下访问 HBA BIOS 的组合键，在这个例子中，QLogic HBA 的热键是 Ctrl+Q（参见图 4.18）。

```
1615-Power Supply Failure, Power Supply Unplugged, or
     Power Supply Fan Failure in Bay 1

Integrated Lights-Out Advanced 1.94 Mar 19 2009 10.115.242.229

Slot 0  HP Smart Array 6i Controller          (64MB, v2.68)   0 Logical Drives
1785-Slot 0 Drive Array Not Configured
     No Drives Detected


QLogic Corporation
QLA405x  iSCSI ROM BIOS Version 1.09
Copyright (C) QLogic Corporation 1993-2006. All rights reserved.
www.qlogic.com

Press <CTRL-Q> for Fast!UTIL

<CTRL-Q> Detected, Initialization in progress, Please wait...


BIOS for Adapter 0 is disabled

BIOS for Adapter 1 is disabled
ROM BIOS NOT INSTALLED
```

图 4.18　访问 QLogic HBA 的 BIOS

2）如果你安装了超过一个 HBA，选择你想要配置的 HBA，然后按下 Enter 键。

3）显示 QLogic Fast!UTIL 菜单。选择 Configuration Settings（配置设置）选项，然后按下 Enter 键（见图 4.19）。

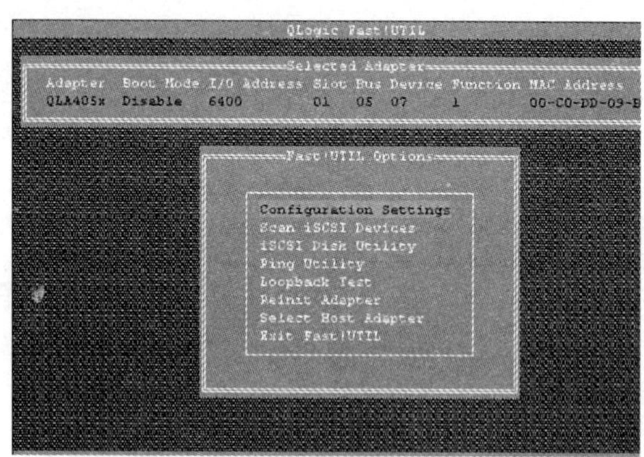

图 4.19　QLogic Fast!UTIL 选项菜单

4）选择 Host Adapter Settings（主适配器设置），然后按下 Enter 键（见图 4.20）。

5）选择每个字段，然后按下 Enter 键，输入 HBA IP 设置。填写对应的地址 / 子网掩码。输入每个字段值后，按下 Enter 键返回到主适配器设置菜单（见图 4.21）。

6）按 Esc 键两次。

7）出现提示时，选择 Save Changes（保存修改），然后按 Enter 键（见图 4.22）。

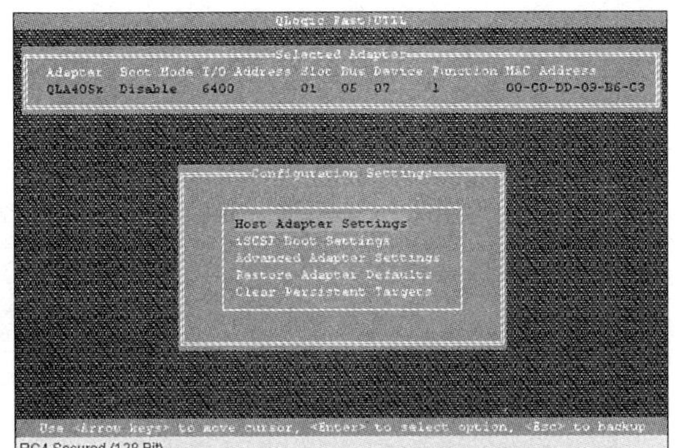

图 4.20　访问主适配器设置菜单

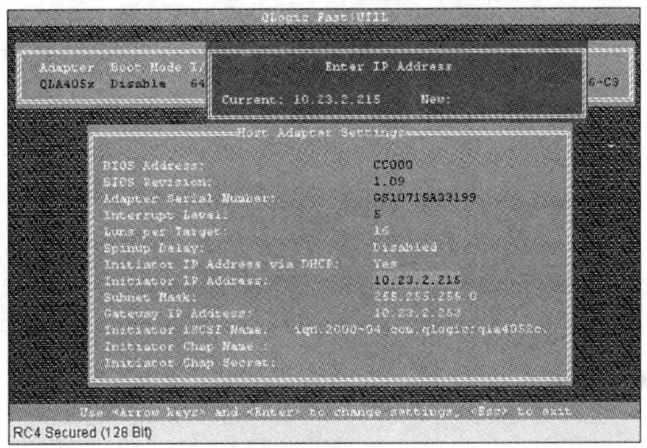

图 4.21　主适配器设置菜单

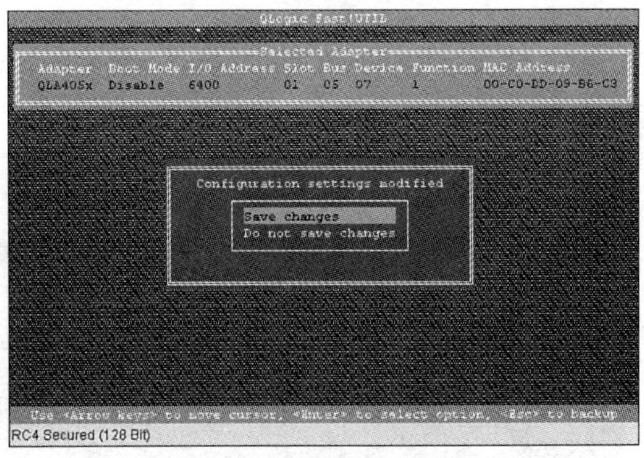

图 4.22　保存适配器配置更改

8）要配置 HBA 上的另一个端口或者另一个 QLogic iSCSI HBA，在 Fast!UTIL 菜单上，向下滚动到 Select Host Adapter（选择主适配器），然后按下 Enter 键（见图 4.23）。

9）从显示的列表中选择适配器并按下 Enter 键（见图 4.24）。

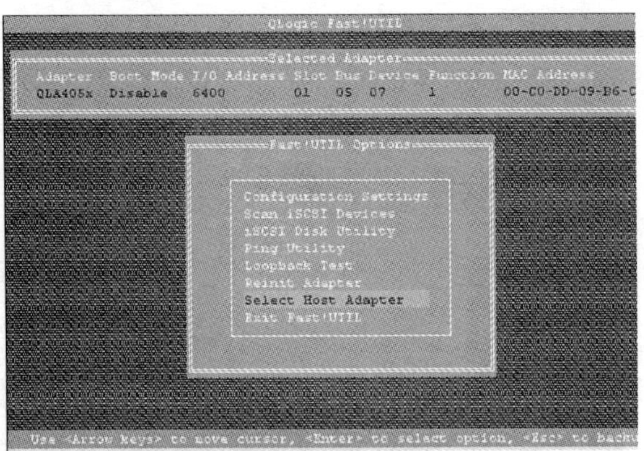

图 4.23　访问主适配器选择菜单

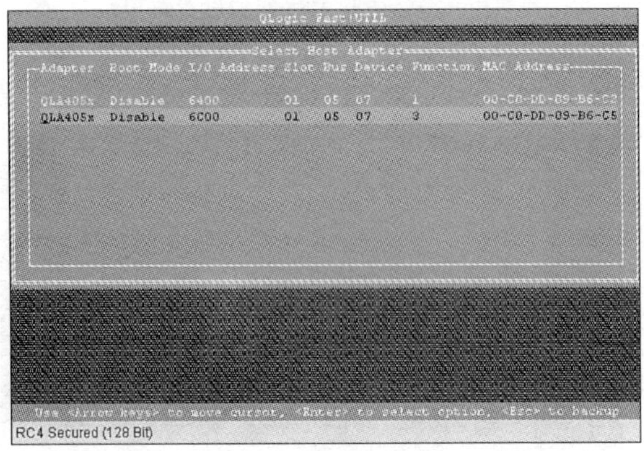

图 4.24　选择主适配器

10）重复第 2）～ 7）步。

11）配置完所有 HBA 端口之后，在 Fast!UTIL 选项菜单中按 Esc 键两次。

12）出现提示时，选择 Reboot System（重启系统）（参见图 4.25）。

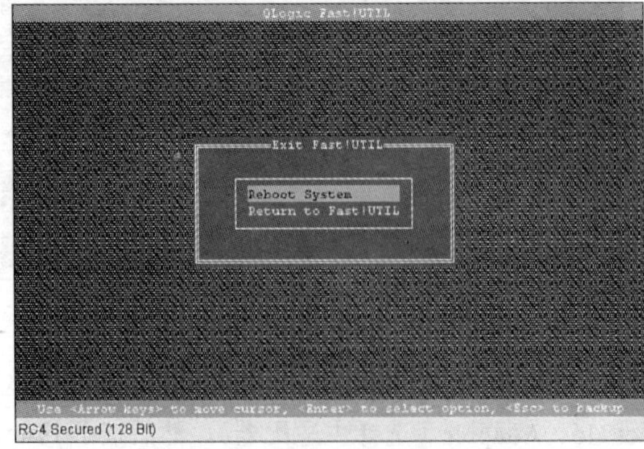

图 4.25　退出 Fast!UTIL 并重启系统

通过 vSphere 5 Client 修改独立的硬件 iSCSI 发起方配置

对这类发起方不需要虚拟的网络配置。下面的步骤介绍使用 vSphere 客户端配置独立硬件发起方或者修改配置。

1）将 HBA 安装到匹配适配器 PCI 标准和时钟速度的可用 PCI 插槽中。

2）将 HBA 连接到 iSCSI 网络，如果设计要求，配置 VLAN（本章稍后有更多关于设计决策的内容）。

3）启动 ESXi 主机并使用 vSphere 5.0 客户端以具有根权限的用户连接它，或者以具有管理员特权的用户连接管理该主机的 vCenter 服务器。

4）如果登录到 vCenter，导航到 Inventory-Hosts and Clusters（库存—主机和群集）视图，然后在库存树上找到 vSphere5.0 主机。否则，跳到下一步。

5）导航到 Configuration（配置）选项卡。

6）在 Hardware（硬件）部分下，选择 Storage Adapters（存储适配器）。

7）用型号名称或者 HBA 家族名称寻找你要配置的 HBA 并选中。在这个例子中，是 HBA 名称为 vmhba2 的 QLA405xc 家族（见图 4.26）。

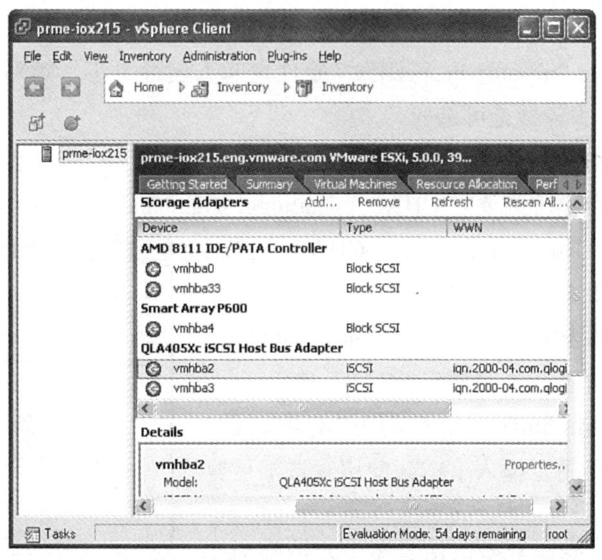

图 4.26 选择 iSCSI 硬件发起方——vSphere 5.0 Client

8）在 Details（详情）窗格中，单击 Properties（属性）查看图 4.27 中所示的对话框。

9）单击 Configure（配置）按钮。（图 4.27 实际上是从一个已经配置的 HBA 上采集到的。）

10）在结果对话框中（如图 4.28 所示），iSCSI Name 字段填写的是供应商的命名机构和设备名称。如果设计要求，你可以修改后面这一部分。

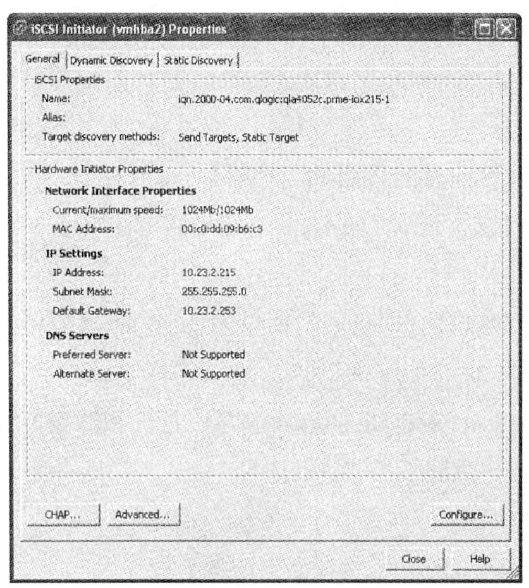

图 4.27 查看 iSCSI 硬件发起方配置属性——vSphere 5.0 Client

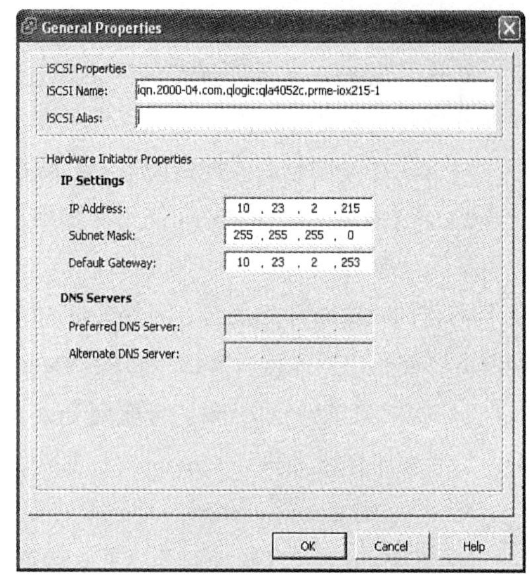

图 4.28 配置或者修改 iSCSI 硬件发起方的 iSCSI 属性和 IP 设置

11）如果你想要为 HBA 指定一个别名，在此输入。

12）在 Hardware Initiator Properties（硬件发起方属性）下，填写你想要为此 HBA 指定的 IP 设置。DNS 服务器是可选的。

13）单击 OK 按钮。回到图 4.27 所示的对话框。

14）如果你的存储阵列要求 CHAP（Challenge-Handshake Authenticaition Protocol，质询 - 握手验证协议）验证方法，单击 CHAP 按钮配置。你应该会看到图 4.29 所示对话框。

15）选择下拉列表中的 Use CHAP unless prohibited by target（除非目标禁止，否则使用 CHAP）选项。

16）复选 Use Initiator name（使用发起方名称）框，除非你想在这里手工输入 IQN。使用复选框更容易避免打字错误。

17）在 Secret（密码）字段中，输入存储阵列分配给该发起方的密码。

18）单击 OK 按钮。

硬件发起方提供 iSCSI 目标的静态发现和动态发现。软件发起方在 ESX 4.0 时就已经支持静态和动态发现。但是，某些 iSCSI 存储阵列将每个 LUN 当作独立的目标，使用静态发现可能并不现实。

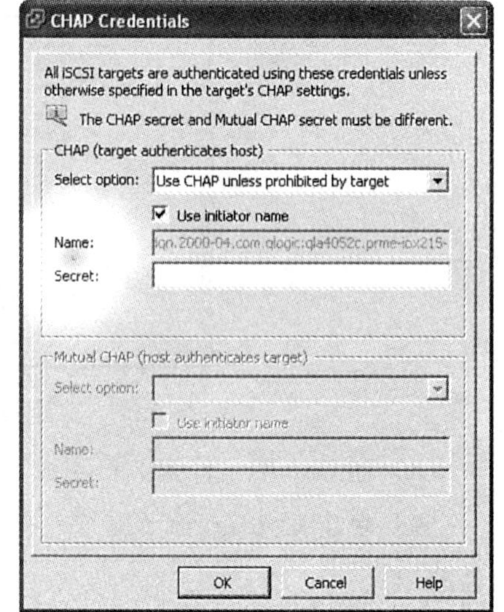

图 4.29 配置 CHAP 凭据——vSphere 5.0 Client

图 4.30 展示了这个主机上发现的目标列表。

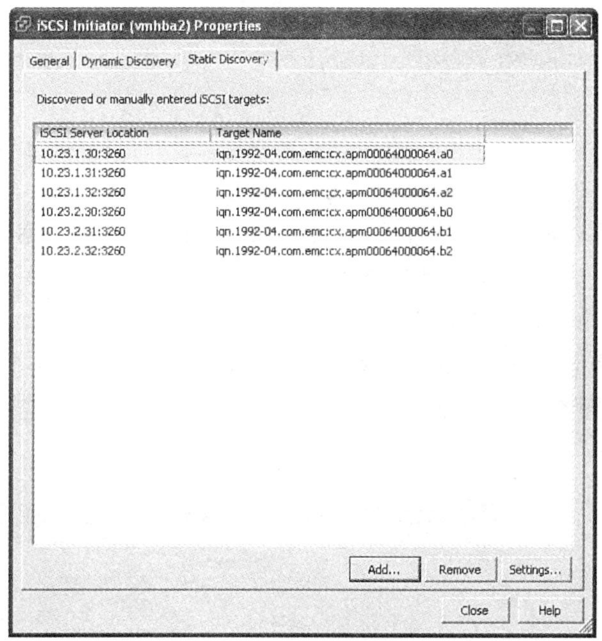

图 4.30　添加 iSCSI 硬件发起方的静态发现地址——第 1）步——vSphere 5.0 Client

19）为了添加静态发现目标，单击 Add（添加）按钮。你应该会看到图 4.31 中所示的对话框。

20）在 Add Static Target Server（添加静态目标服务器）对话框中，输入

a）iSCSI 服务器 IP 地址

b）iSCSI 端口（默认为 3260）

c）iSCSI 目标名称——这是存储阵列上一个 iSCSI 端口的 IQN。你可以从阵列管理工具中得到

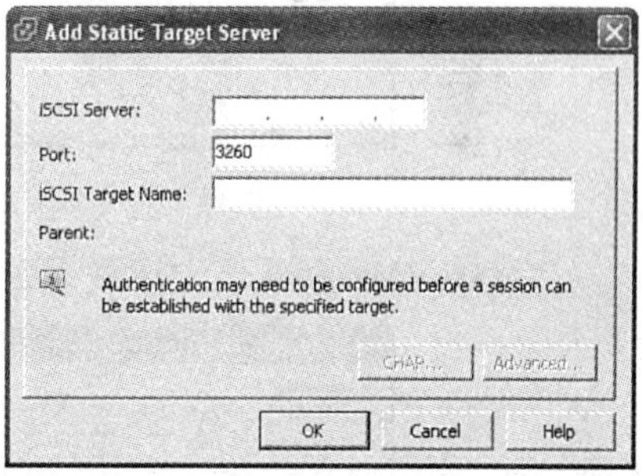

图 4.31　添加 iSCSI 硬件发起方的静态发现地址——第 2）步——vSphere 5.0 Client

（2）配置非独立硬件发起方

配置非独立硬件发起方与配置独立硬件发起方的步骤一样。唯一的区别是你只能通过 vSphere UI 配置，而独立硬件发起方还可以通过 HBA 固件配置。你还必须创建一个 vmkernel 端口组，将其指定给非独立硬件发起方 HBA。

5. 配置软件 iSCSI 发起方

配置软件发起方与配置独立硬件发起方的步骤一样。唯一的不同是你只能通过 vSphere UI 配置，而且不能配置 iSCSI 目标的静态发现。你还必须创建一个 vmkernel 端口组，指定给软件发起方。

使用如下步骤创建和配置软件发起方。

1）安装一个或者多个以太网 NIC（1Gb/s，最好是 10Gb/s）到匹配适配器 PCI 标准和时钟速度的 PCI 插槽。

2）将 NIC 连接到 iSCSI 网络，如果设计要求，配置 VLAN（本章稍后有更多关于设计决策的内容）。

3）启动 ESXi 主机，并使用 vSphere 5.0 客户端以具有根权限的用户连接它，或者以具有管理员特权的用户连接管理该主机的 vCenter 服务器。

4）如果登录到 vCenter，导航到 Inventory-Host and Clusters（库存—主机和群集）视图，然后在库存树上找到 vSphere 5.0 主机。否则，跳到下一步。

5）导航到 Configuration（配置）选项卡。

6）在 Netwroking（网络）部分，选择 Add Networking（添加网络）链接（见图 4.32）。

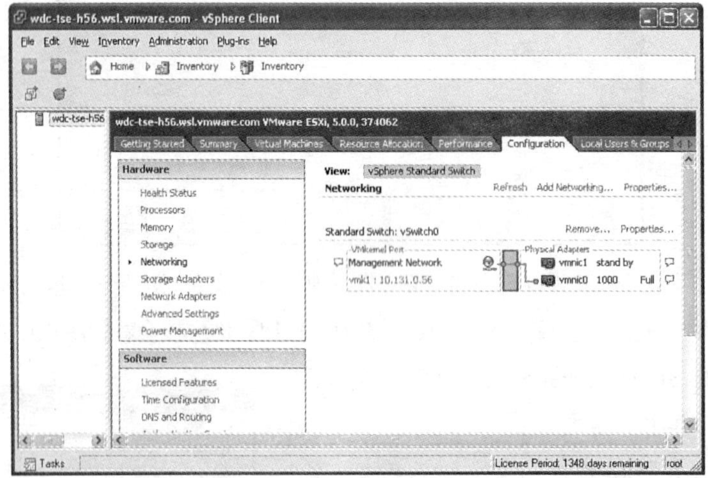

图 4.32 网络配置选项卡——vSphere 5.0 Client

7）选择 VMkernel 作为连接类型，然后单击 Next 按钮（见图 4.33）。

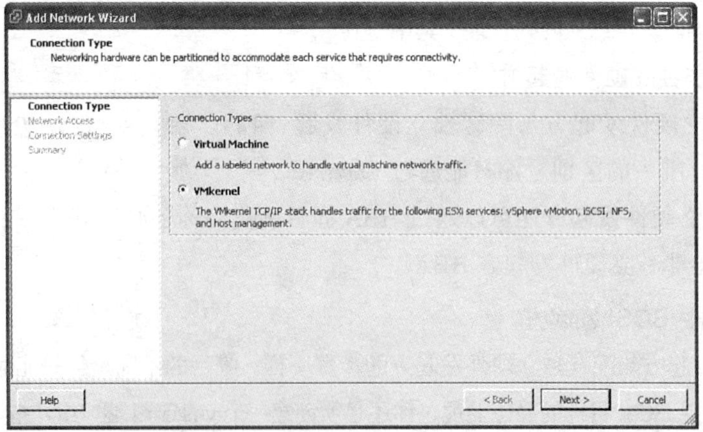

图 4.33 创建一个 vmkernel 端口组——连接类型——vSphere 5.0 Client

8）如果你想要将这个端口组添加到现有的 vSwitch/vDS，选择 Use vSwitch0（如果你使用标准 vSwitch）或者 Use dvSwitch0（如果你使用网络分布式交换机 vDS）单选按钮。否则，选择 Creat a vSphere Standard switch（创建一个 vSphere 标准交换机）单选按钮，如图 4.34 所示。本章后面将详细介绍网络设计选择。

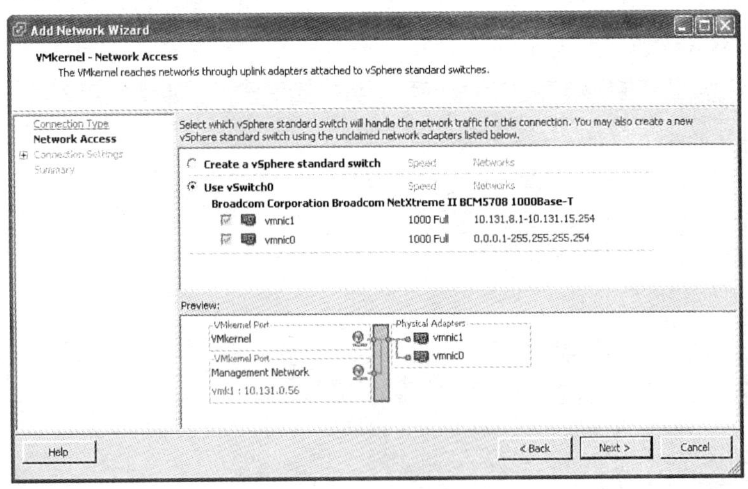

图 4.34　创建一个 vmkernel 端口组——选择 vSwitch——vSphere 5.0 Client

9）选择你要链接这个端口组的 vmnic。在这个例子中，主机上只有两个可用于存储的 NIC。其中一个 NIC 用于 iSCSI，并将其与管理网络共享，作为备用 NIC。

10）单击 Next（下一步）按钮。

11）输入为端口组网络标签选择的名称。在这个例子中，输入“iSCSI Network”。

12）如果设计要求，选择 VLAN ID。一定要与 iSCSI 存储阵列连接的 VLAN 匹配。

13）反选所有复选框，如图 4.35 所示，单击 Next（下一步）按钮。

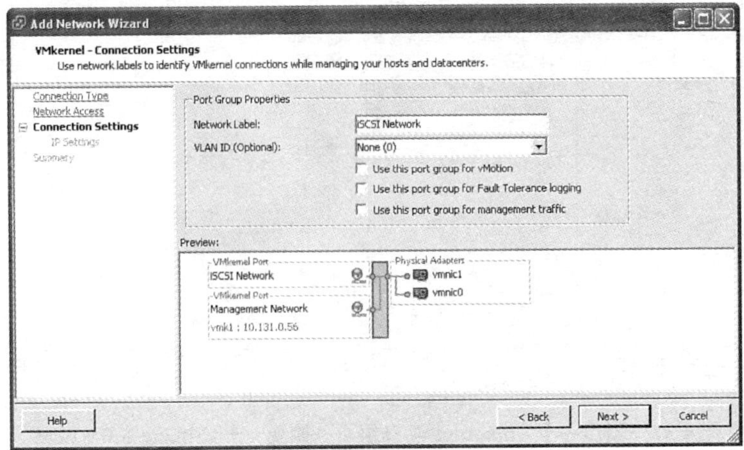

图 4.35　创建一个 vmkernel 端口组——输入端口组属性——vSphere 5.0 Client

14）选择 Use the following IP settings（使用如下 IP 设置）单选按钮，然后输入你为这个端口组分配的 IP 设置。

15）如果 iSCSI 网络的默认网关与 VMkernel 端口组不同，单击 Edit（编辑）按钮，输入 iSCSI 默认网关（见图 4.36）。

16）单击 Next 按钮。

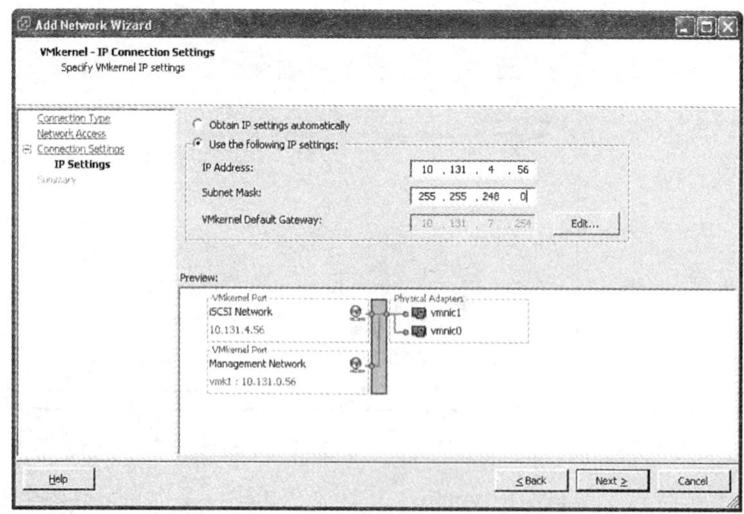

图 4.36　创建一个 vmkernel 端口组——IP 设置——vSphere 5.0 Client

17）在预览屏幕中查看信息，如果你不作修改，单击 Finish（结束）按钮（见图 4.37）。

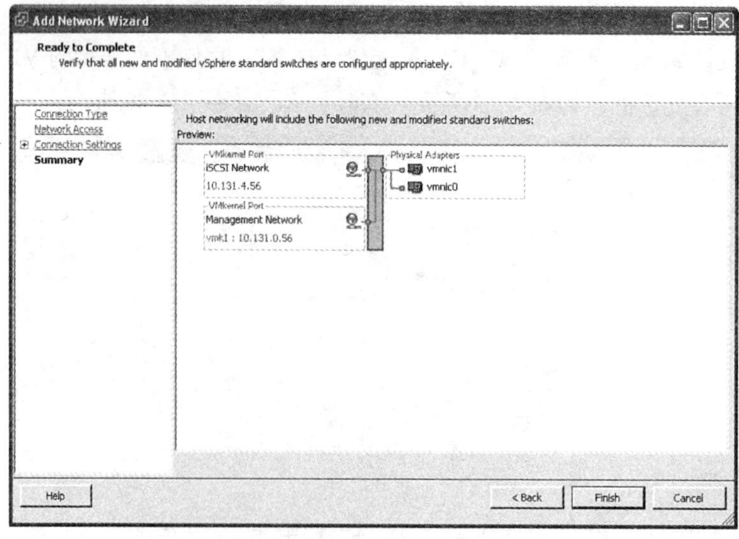

图 4.37　创建一个 vmkernel 端口组——摘要——vSphere 5.0 Client

18）图 4.38 展示了前面的修改之后的网络配置。

注意，管理网络和 iSCSI 网络都使用 vmnic0 作为活动上联链路（vmnic1 作为备用）。你需要修改 NIC 聚合配置，这样 iSCSI 端口组使用 vmnic1 作为活动上联链路，不使用 vmnic0。在本章后面讨论 NIC 聚合设计选择。

19）选择 Standard Switch（标准交换机）：vSwitch0 部分下的 Properties（属性）链接。

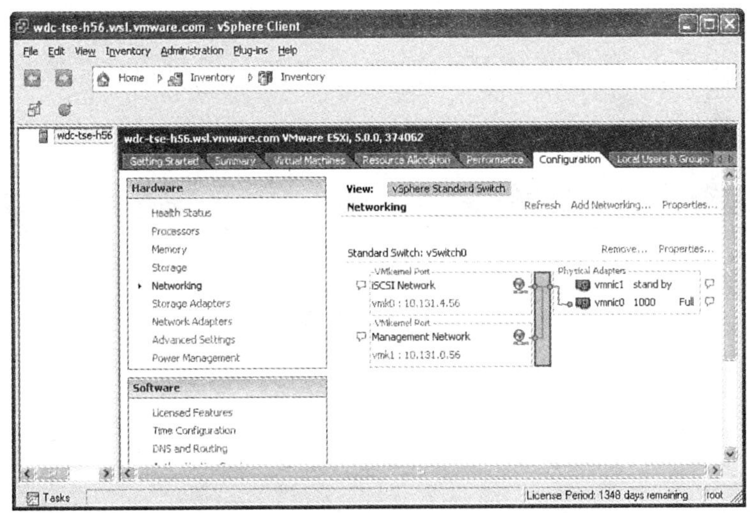

图 4.38　添加端口组之后的网络配置选项卡——vSphere 5.0 Client

20）选择 iSCSI Network 端口组，然后单击 Edit（编辑）按钮（见图 4.39）。

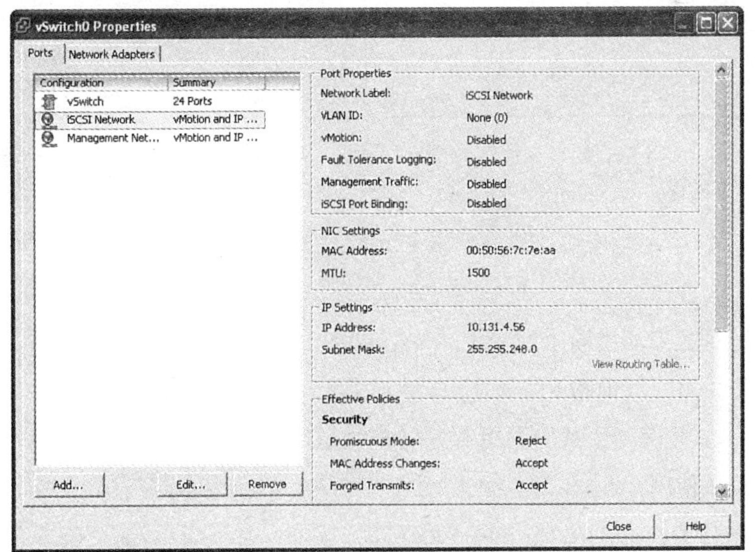

图 4.39　编辑 iSCSI 端口组——vSphere 5.0 Client

软件发起方不支持 vSphere 5 上的主 / 主或者主 / 备 NIC 聚合。这样，如果你的当前配置如图 4.40 所示，继续下一步。否则，如果你没有配置 NIC 聚合，那么你的网络属性类似于图 4.41，你可以跳到第 27）步。

21）选择 NIC Teaming（NIC 聚合）选项卡，然后选中 Override switch failover order（覆盖故障切换顺序）复选框。

22）选择 vmnic1 并单击 Move UP（上移）按钮两次，将其放到 Active Adapters（主用适配器）的第一位。

23）选择 vmnic0，然后单击 Move Down（下移）按钮两次，将它放在 Unused Adapters（未用适配器）部分。

24）故障切换顺序类似于图 4.41 所示。

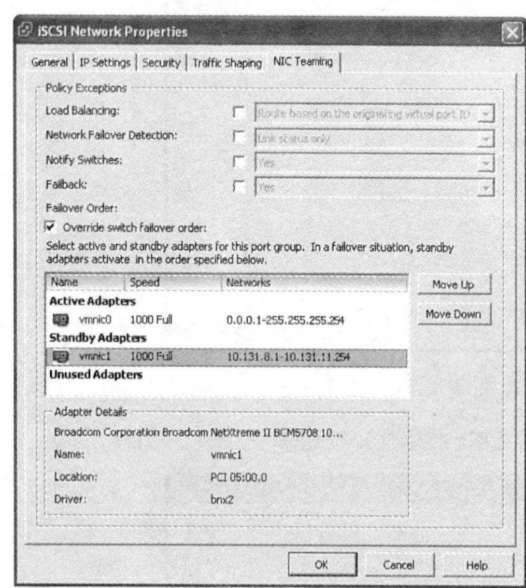

图 4.40 编辑 iSCSI 端口组——修改故障切换顺序——vSphere 5.0 Client

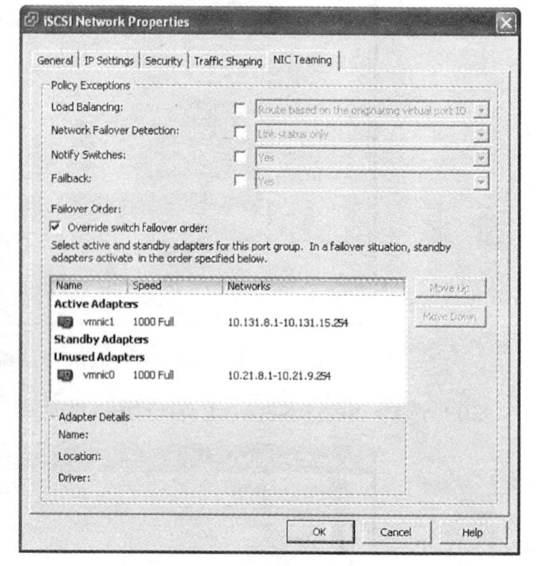

图 4.41 编辑 iSCSI 端口组——修改后的故障切换顺序——vSphere 5.0 Client

25）单击 OK（确定）按钮，然后单击 Close（关闭）按钮。

26）为了验证故障切换顺序的变化，单击 iSCSI Network 端口组左侧的气泡按钮。你应该看到类似图 4.42 所示的一个方框。注意，主用适配器现在是 vmnic1，vmnic0 未使用。

27）添加软件发起方。在 Hardware（硬件）部分，选择 Storage Adapters（存储适配器）链接，如图 4.43 所示。

28）在 Storage Adapters（存储适配器）标题旁

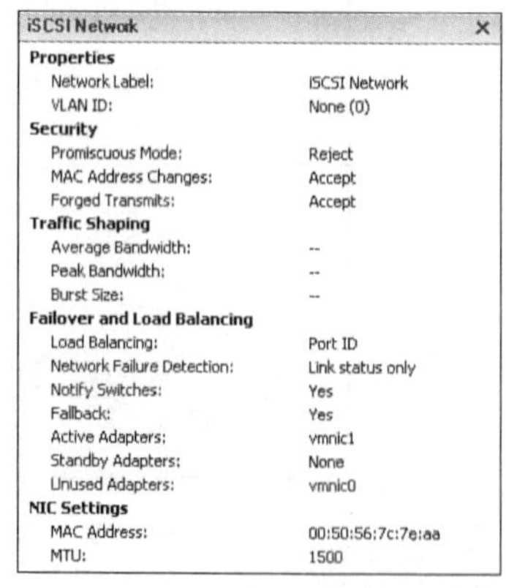

图 4.42 显示 iSCSI Network 端口组故障切换顺序——vSphere 5.0 Client

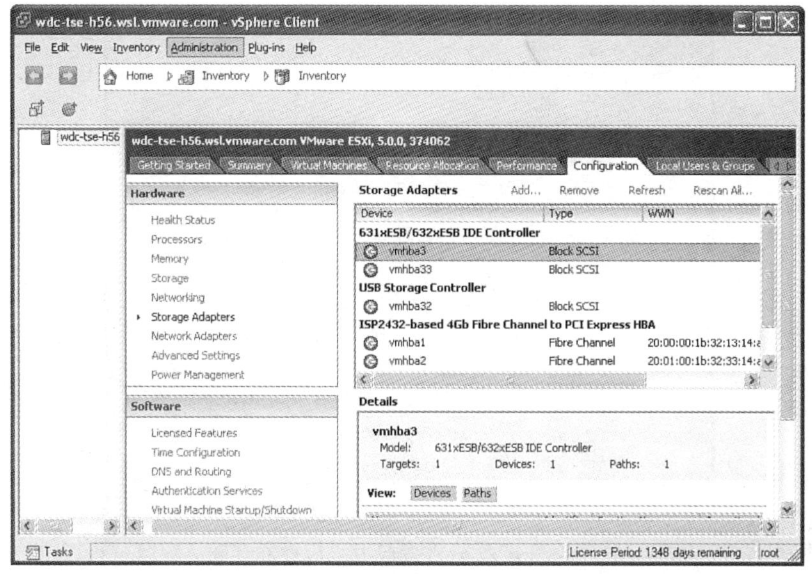

图 4.43　添加 iSCSI 软件发起方——第 1）步——vSphere 5.0 Client

边，选择 Add（添加）链接。显示图 4.44 所示的添加存储适配器对话框。

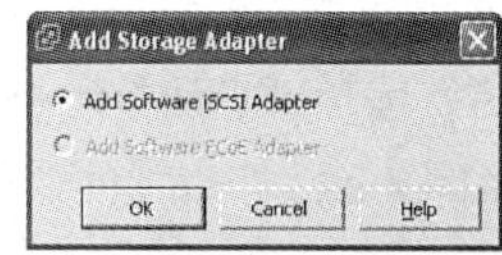

图 4.44　添加 iSCSI 软件发起方——第 2）步——vSphere 5.0 Client

29）选择 Add Software iSCSI Adapter（添加软件 iSCSI 发起方）单选按钮，并单击 OK 按钮。

30）单击 OK 按钮认可显示的信息（见图 4.45）。

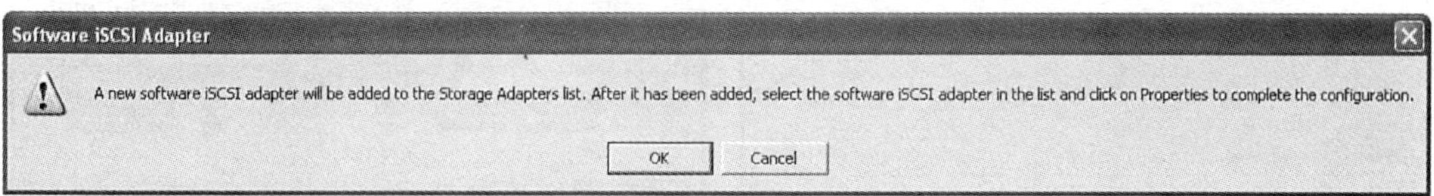

图 4.45　添加 iSCSI 软件发起方——第 3）步——vSphere 5.0 Client

31）现在，你应该看到在 Storage Adapters（存储适配器）部分列出了软件发起方，如图 4.46 所示。

注意　软件发起方名称中指定的号码（例如 vmhba34 或者 vmhba35）根据下一个可用 vmhba 号码得出。在这个例子中，因为 IDE 适配器分配了 vmhba33，下一个号码为 vmhba34。使用这么高的号码的原因是低于 32 的数字保留用于物理 SCSI、FC 和独立 FCoE/iSCSI HBA。

32）在 Details（细节）部分，选择 Properties（属性）（见图 4.46）。

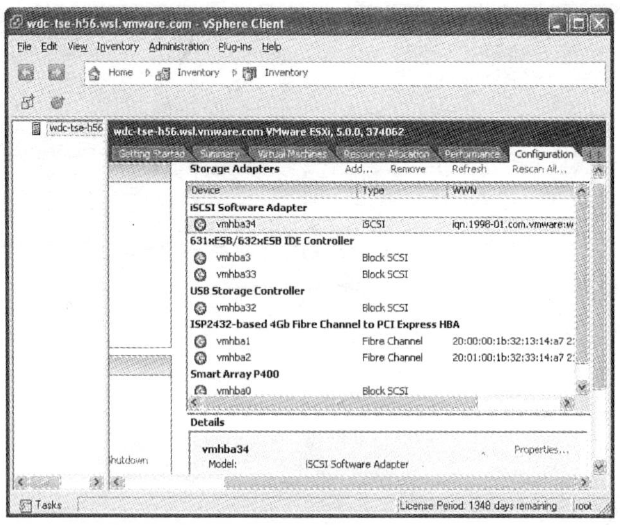

图 4.46　添加 iSCSI 软件发起方之后查看存储适配器

33）选择 Network Configuration（网络配置）选项卡；然后单击 Add（添加）按钮（见图 4.47）。

34）选择 iSCSI Network 端口组（vmk0 VMKernel Adapter），然后单击 OK（确认）按钮（见图 4.48）。

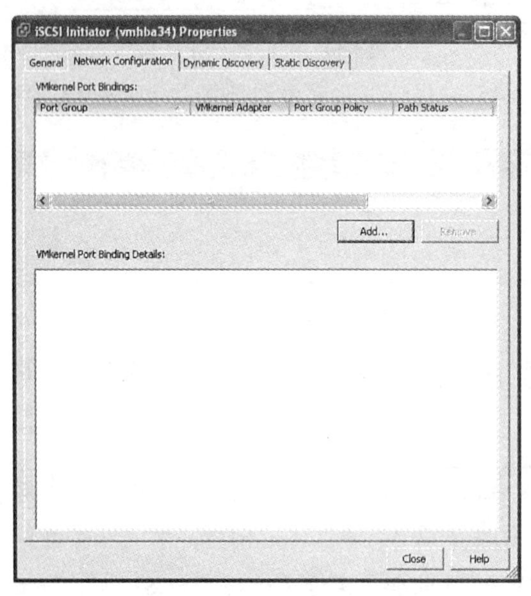

图 4.47　iSCSI 发起方属性——显示网络配置选项卡——vSphere 5.0 Client

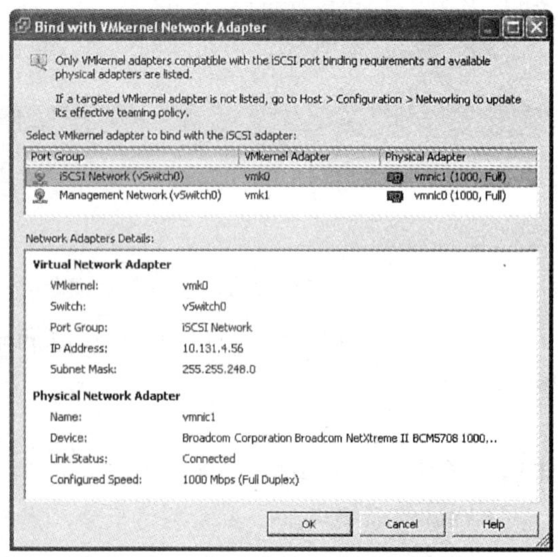

图 4.48　选择与 iSCSI 软件发起方绑定的 VMkernel 端口组——vSphere 5.0 Client

35）重复第 33）和第 34）步，绑定管理网络和 iSCSI 适配器。如果你有足够的 NIC 供

iSCSI 存储专用，选择对应的端口组。这能够提供加强可用性的备用 NIC（管理网络端口组使用的活动 NIC，在这个例子中为 vmnic0）。

注意　如果你没有改变 NIC 聚合故障切换顺序，使 iSCSI Network 端口组具有一个主用 NIC 而没有备用 NIC，会接收到类似图 4.49 中所示的信息：

"选中的物理网络适配器没有用兼容的聚合和故障切换策略关联到 VMkernel。VMKernel 网络适配器必须有一个活动上联链路，没有适合于绑定到这个 iSCSI HBA 的备用链路。"

所有绑定的端口必须链接到同一个网络作为目标，因为软件 iSCSI 发起方流量在这个版本中是不能路由的。但是在未来的版本中可能会有变化。

36）成功的添加应该类似图 4.50 所示。

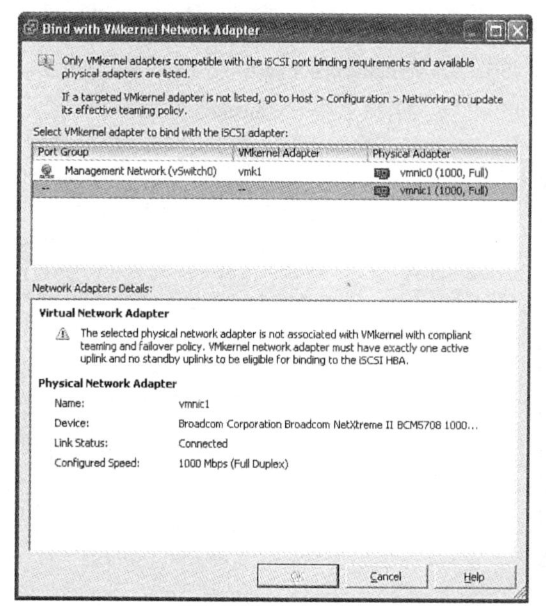

图 4.49　没有正确设置故障切换顺序时看到的显示——vSphere 5.0 Client

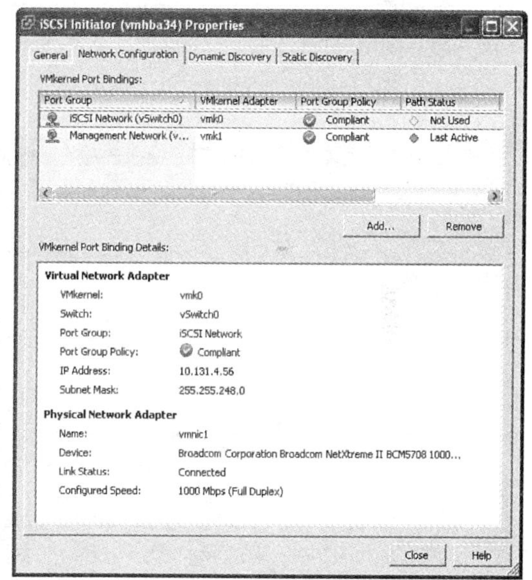

图 4.50　端口组绑定之后的 iSCSI 软件发起方——vSphere 5.0 Client

37）单击 Dynamic Discovery（动态发现）选项卡；然后单击 Add（添加）按钮。图 4.51 显示出空白的动态发现列表，这是因为你第一次配置 iSCSI 发起方。

38）输入 iSCSI 服务器的 IP 地址，然后单击 OK（确认）按钮（见图 4.52）。

39）重复输入每个 iSCSI 服务器的 IP 地址。

40）目标看上去应该类似图 4.53 所示。单击 Close（关闭）按钮。

41）看到图 4.54 所示的对话框时，单击 OK（确认）按钮重新扫描。

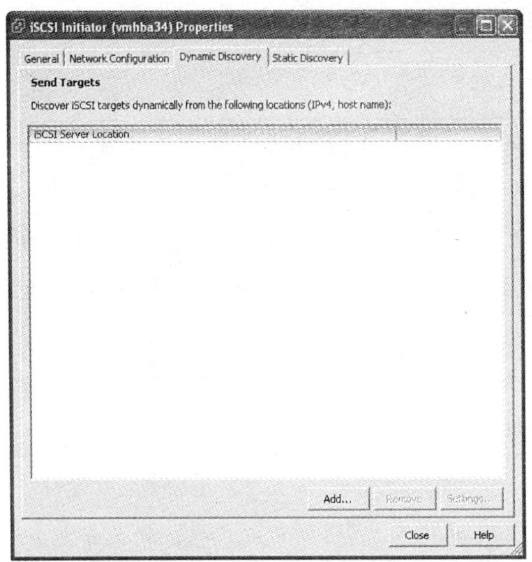

图 4.51 iSCSI 软件发起方——添加动态发现——第 1）步——vSphere 5.0 Client

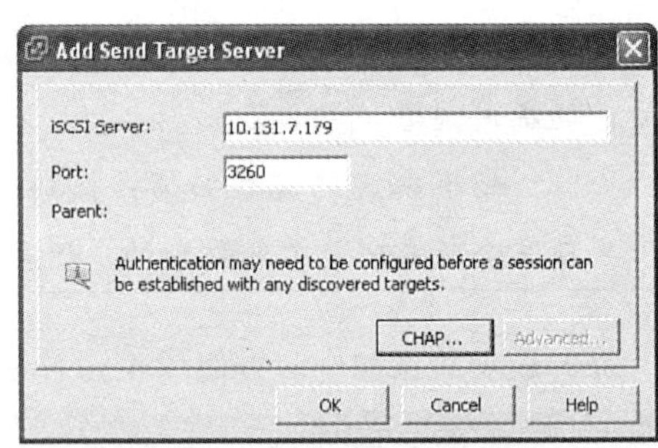

图 4.52 iSCSI 软件发起方——添加动态发现——第 2）步——vSphere 5.0 Client

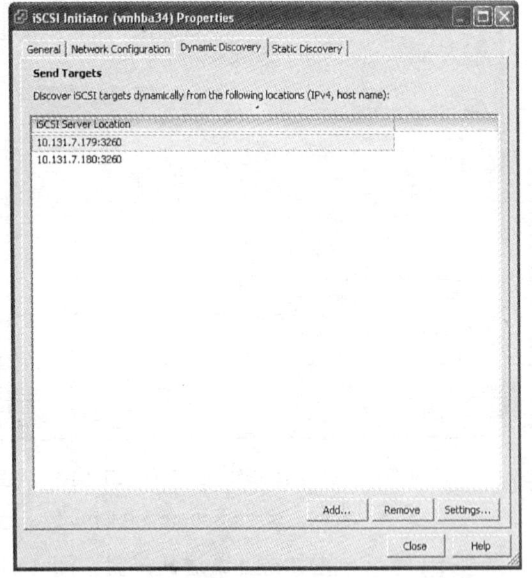

图 4.53 iSCSI 软件发起方——添加动态发现地址——vSphere 5.0 Client

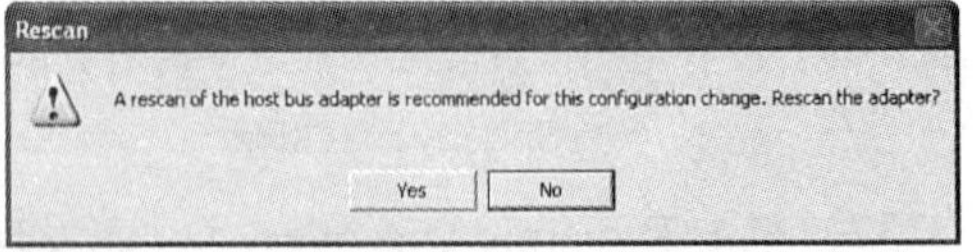

图 4.54 iSCSI 软件发起方——确认重新扫描——vSphere 5.0 Client

42）要验证发现的目标，检查 iSCSI 软件适配器的 Details（细节）部分。图 4.55 展示了一个例子，其中有两个链接的目标，一个设备和两条路径。

43）单击 Paths（路径）按钮显示路径列表。你应该看到 4.56 所示的结果。

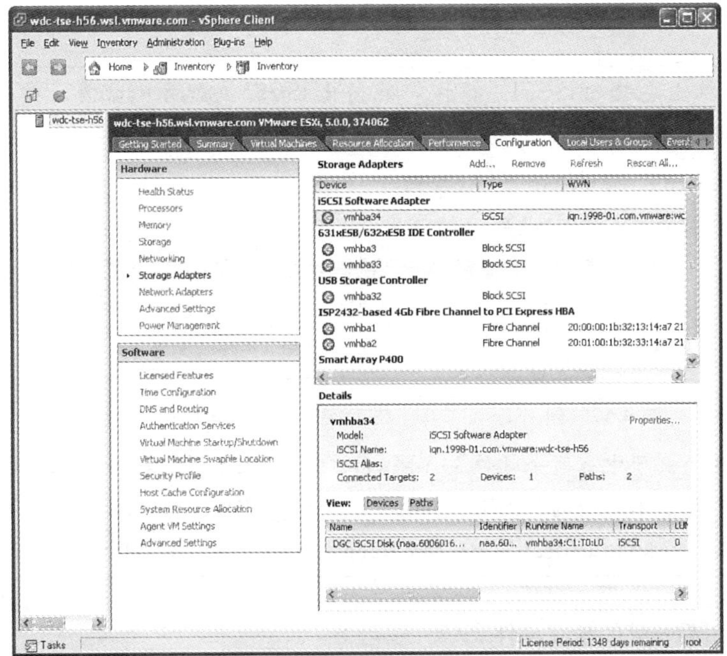

图 4.55　iSCSI 软件发起方——完成时的配置细节

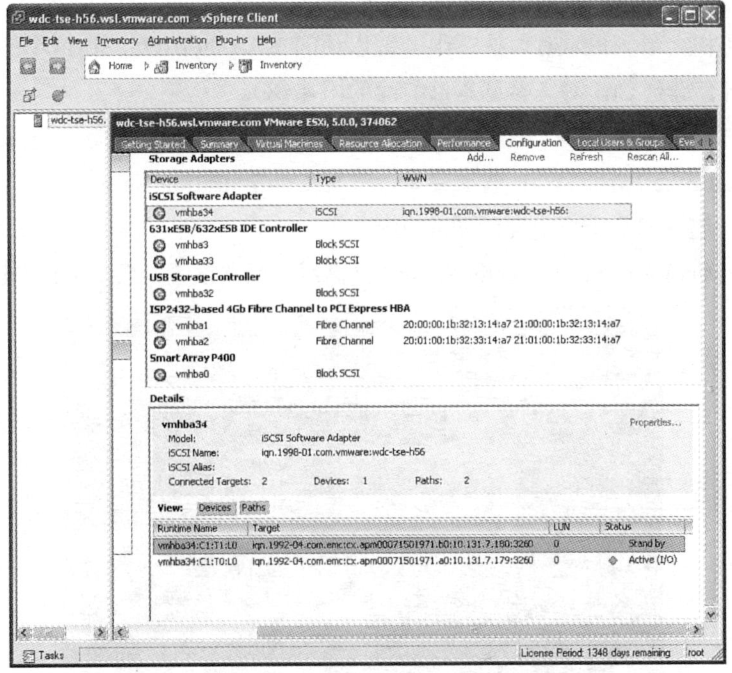

图 4.56　iSCSI 软件发起方——显示路径——vSphere 5.0 Client

在这个例子中，到设备有两条可用路径：其中一条是主用路径，另一条是备用路径。

第 7 章将进一步讨论。

提示 ESXi 主机上安装的 iSCSI“插件”能简化 iSCSI 发起方的配置。要找到这些插件，可以运行如下命令：

```
esxcli iscsi plugin list
```

你应该看到如图 4.57 所示的输出。

```
wdc-tse-d98.wsl.vmware.com - PuTTY
~ # esxcli iscsi plugin list
File Name         Vendor          Supported Ima Version   Implementation Version   Build Time
--------------    ------------    ---------------------   ----------------------   ----------
libisoft3.so      vmware                              2   4.0.2.0                  na
libQIMA4xxx.so    QLogic Corp.                        2   2.01.07                  na
~ #
```

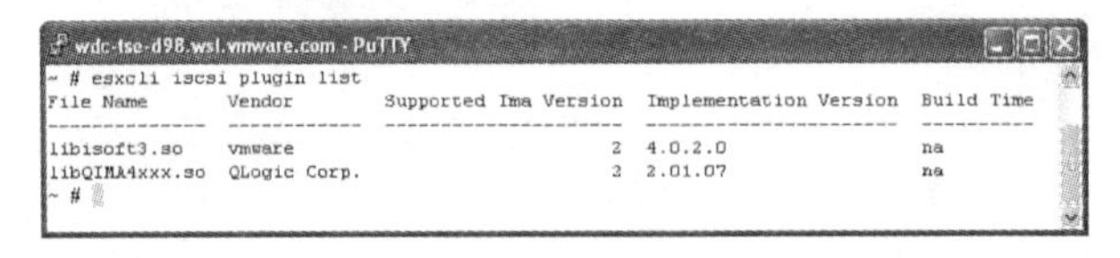

图 4.57 列出 ESXi 5.0 主机上安装的 iSCSI 插件——SSH

在这个例子中有两个插件：VMware 和 QLogic。有关 IMA iSCSI 管理 API 的更多信息参见本章后面的“iSCSI 架构”小节。也可以阅读 SNIA 白皮书：http://www.snia.org/sites/default/files/iSCSI_Management_API_SNIA_White_Paper.pdf。

---

6. 配置使用超长帧的独立硬件 iSCSI 发起方

为了在独立的硬件 iSCSI 发起方上配置超长帧，你可以直接使用 HBA 的 BIOS。下面是这一配置过程：

1）启动主机，看到提示时，按下组合键以访问 HBA 的 BIOS。在这个例子中，QLogic HBA 使用的组合键是 Ctrl+Q（参见本章前面的图 4.18）。

2）如果你安装了超过一个 HBA，选择你想要配置的 HBA，并按下 Enter 键。

3）显示 QLogic Fast！UTIL 选项菜单。选择 Configuration Settings（配置设置）选项，然后按下 Enter 键（参见本章前面的图 4.19）。

4）向下滚动到 Advanced Adapter Settings（高级适配器设置）按下 Enter 键（见图 4.58）。

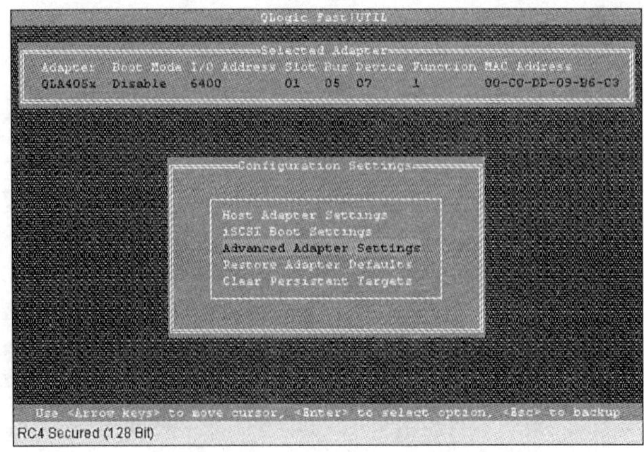

图 4.58 选择高级适配器设置

5）选择 MTU 字段并按下 Enter 键，如图 4.59 所示，然后选择数值 9000。按下 Enter 键。

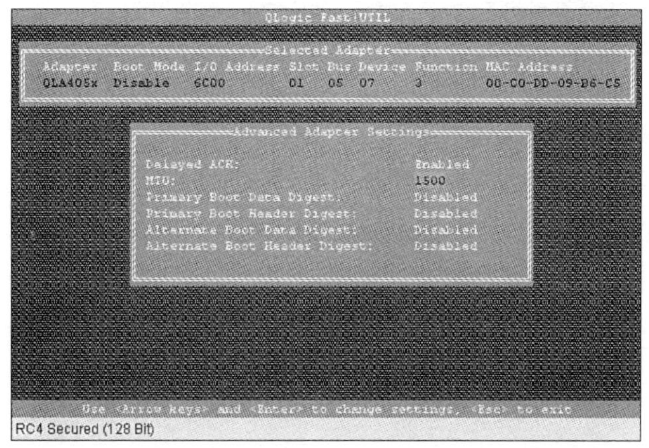

图 4.59　修改 MTU 大小

6）按下 Esc 键返回上一菜单。出现提示时，选择 Save changes（保存修改），如图 4.60 所示，然后按 Enter 键。

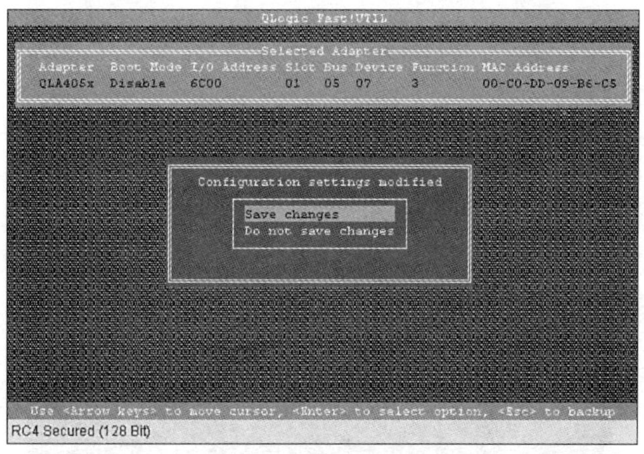

图 4.60　保存 MTU 修改

7）在 Fast!UTIL 选项菜单中，向下滚动到 Select Host Adapter（选择主适配器），然后按下 Enter 键，配置 HBA 的第二部分或者另一个 QLogic iSCSI HBA。

8）从显示的列表中选择适配器，然后按 Enter 键（见图 4.62）。

9）重复第 1）步到第 3）步。

10）在 Fast!UTIL 选项菜单中，再次按下 Esc 键。

11）选择 Reboot System（重启系统）（见图 4.63）。

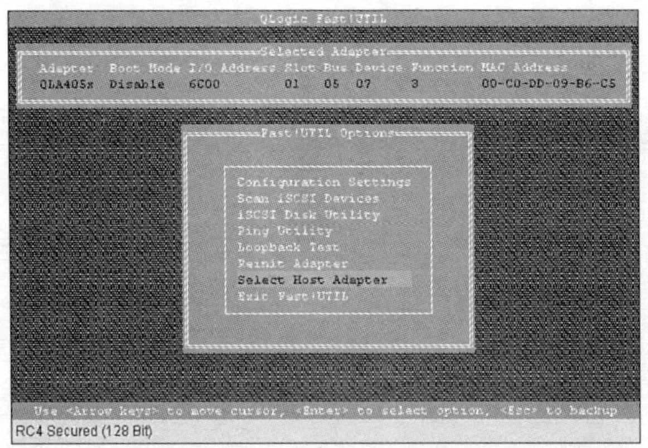

图 4.61 准备选择主适配器

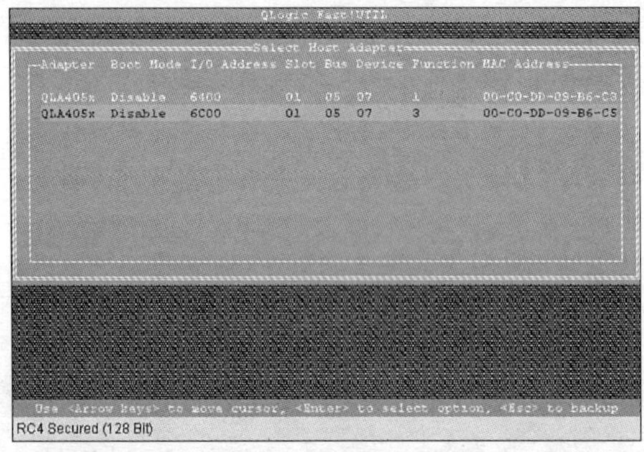

图 4.62 选择主适配器

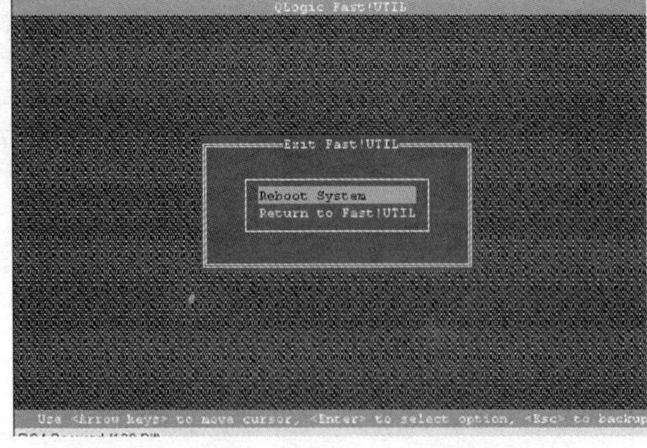

图 4.63 退出 Fast!UTIL 菜单并重启系统

7. 配置使用超长帧的软件发起方

为了弥补 iSCSI 软件发起方减负能力的不足，启用超长帧能够明显改进 I/O 吞吐率。

这里将介绍启用超长帧的过程，假设你的设计符合要求：

1）使用 vSphere 5.0 客户端以具有根权限的用户连接到 ESXi 主机，或者以具有管理员特权的用户连接到管理该主机的 vCenter 服务器。

2）如果登录到 vCenter，导航到 Inventory-Hosts and Clusters（库存—主机和群集）视图，然后在库存树上找到 vSphere 5.0 主机。否则，跳到下一步。

3）导航到 Configuration（配置）选项卡。然后选择 Hardware（硬件）部分下的 Networking（网络）。

4）选择 Standard Switch:vSwitch 0 部分下的 Properties（属性）链接（见图 4.64）。你的 vSwitch 数字根据设计可能有所不同。

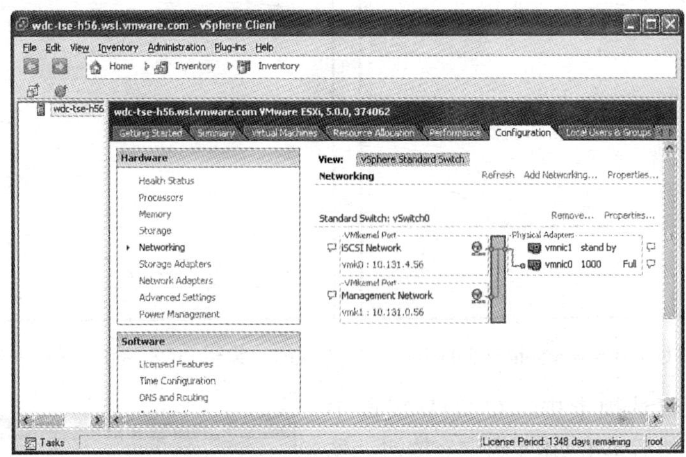

图 4.64　导航到网络配置——vSphere 5.0 Client

5）选择 vSwitch；然后单击 Edit（编辑）按钮，如图 4.65 所示。

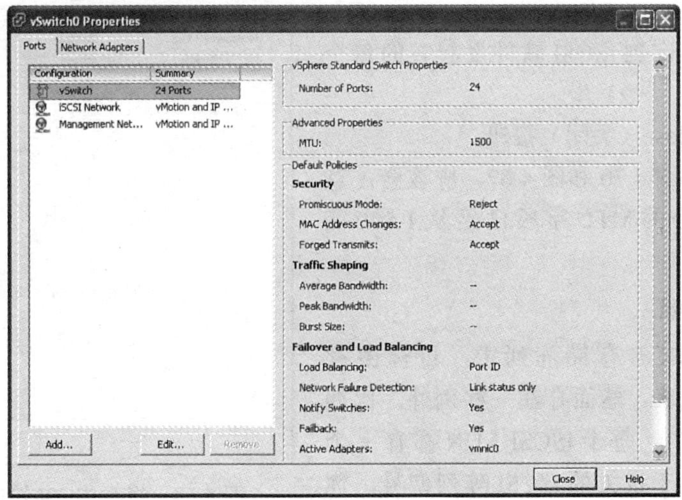

图 4.65　编辑 vSwitch 属性

6）在 General（常规）选项卡中，在 MTU 字段中输入数值 9000，然后单击 OK（确定）按钮（见图 4.66）。

7）选择绑定到 iSCSI 软件发起方的端口组（在这个例子中是 iSCSI Network），然后单击 Edit（编辑）按钮（见图 4.67）。

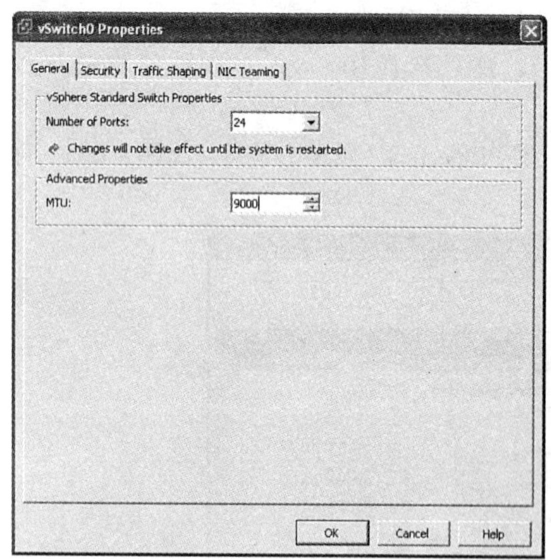

图 4.66 修改 MTU 大小——vSphere 5.0 Client

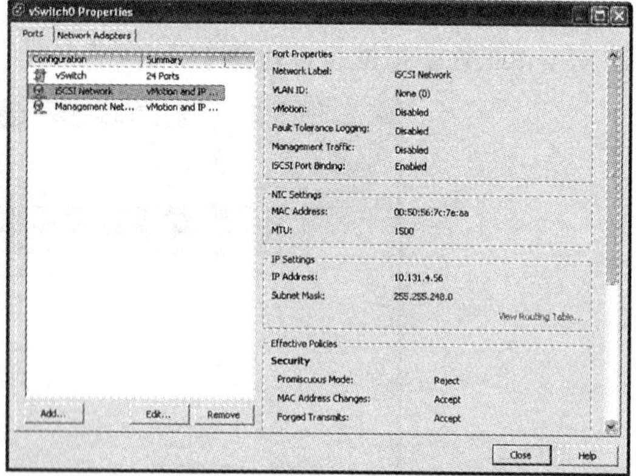

图 4.67 编辑 iSCSI 端口组——vSphere 5.0 Client

8）在 General 选项卡中，在 MTU 字段中输入数值 9000，然后单击 OK（确定）按钮（见图 4.68）。

9）在出现的警告框上单击 Yes 按钮（见图 4.69）。

10）对你绑定到 iSCSI 软件发起方的每个端口组重复第 7）～ 9）步。

11）单击 Close（关闭）按钮。

如果你比较图 4.70 和图 4.67，应该会注意到 NIC 设置部分的 MTU 字段已经从 1 500 变成 9 000。

8. iSCSI 目标

在大部分 iSCSI 存储阵列中，目标由存储处理器端口代表。然而存在一些例外，比如 Dell Equallogic 中，每个 iSCSI LUN 都有一个唯一的目标。对于过去的 iSCSI 阵列型号，你可以使用如下的过程从 vSphere 5.0 主机中找出

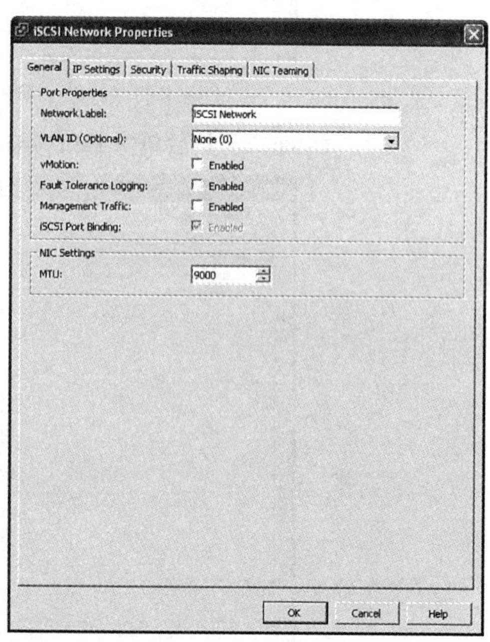

图 4.68 修改 iSCSI 端口组属性——vSphere 5.0 Client

iSCSI。你可以运行一条命令检查硬件和软件发起方的 iSCSI 目标：

Changing an iSCSI Initiator Port Group

This VMkernel port group contains a NIC which is bound to an iSCSI initiator. Changing its settings might disrupt the connection to the iSCSI datastore.

Click 'Yes' to apply the settings.

Yes No

图 4.69 可能出现的连接中断警告

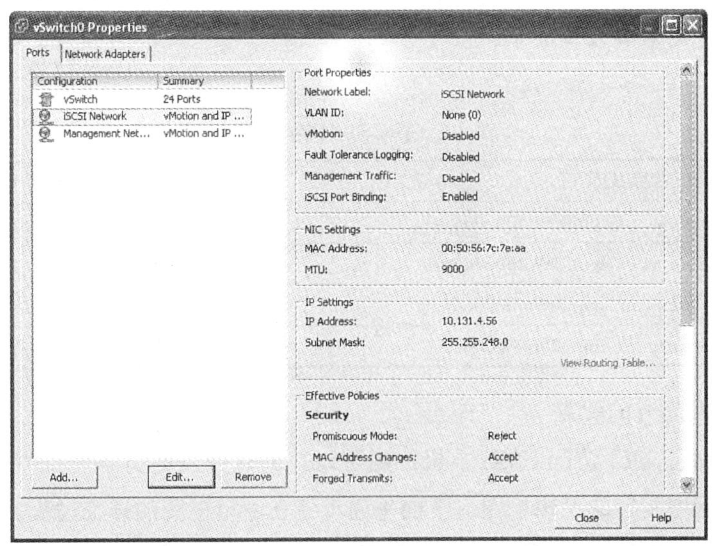

图 4.70 端口组修改后的 vSwitch 属性

```
esxcli iscsi adapter target list
```

软件发起方的输出如图 4.71 所示，硬件发起方的输出类似于图 4.72。

wdc-tse-d98.wsl.vmware.com - PuTTY

```
~ # esxcli iscsi adapter target list
Adapter  Target                                    Max Connections  Alias  Discovery Method  Last Error
-------  ----------------------------------------  ---------------  -----  ----------------  ----------
vmhba35  iqn.1992-04.com.emc:cx.apm00071501971.a0                0         SENDTARGETS       No Error
vmhba35  iqn.1992-04.com.emc:cx.apm00071501971.b0                0         SENDTARGETS       No Error
~ #
```

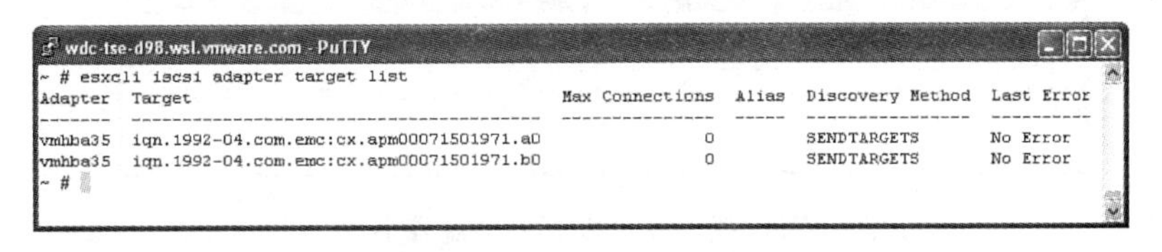

图 4.71 软件发起方——列出 iSCSI 目标——SSH

prme-iox215.eng.vmware.com - PuTTY

```
~ # esxcli iscsi adapter target list
Adapter  Target                                    Max Connections  Alias    Discovery Method  Last Error
-------  ----------------------------------------  ---------------  -------  ----------------  ----------
vmhba2   iqn.1992-04.com.emc:cx.apm00064000064.a0                0           SENDTARGETS       na
vmhba2   iqn.1992-04.com.emc:cx.apm00064000064.a1                0           SENDTARGETS       na
vmhba2   iqn.1992-04.com.emc:cx.apm00064000064.a2                0           SENDTARGETS       na
vmhba2   iqn.1992-04.com.emc:cx.apm00064000064.b0                0  0064.b0  SENDTARGETS       na
vmhba2   iqn.1992-04.com.emc:cx.apm00064000064.b1                0  0064.b1  SENDTARGETS       na
vmhba2   iqn.1992-04.com.emc:cx.apm00064000064.b2                0           SENDTARGETS       na
vmhba3   iqn.1992-04.com.emc:cx.apm00064000064.a0                0  0064.a0  SENDTARGETS       na
vmhba3   iqn.1992-04.com.emc:cx.apm00064000064.a1                0  0064.a1  SENDTARGETS       na
vmhba3   iqn.1992-04.com.emc:cx.apm00064000064.a2                0           SENDTARGETS       na
vmhba3   iqn.1992-04.com.emc:cx.apm00064000064.b0                0           SENDTARGETS       na
vmhba3   iqn.1992-04.com.emc:cx.apm00064000064.b1                0           SENDTARGETS       na
vmhba3   iqn.1992-04.com.emc:cx.apm00064000064.b2                0           SENDTARGETS       na
~ #
```

图 4.72 硬件发起方——列出 iSCSI 目标——SSH

注意 在上述两个例子中，用这条命令没有显示发起方的IQN。然而，你可以从适配器名称中发现软件发起方，它的名称默认使用较高的适配器号（例如，vmhba35），而硬件发起方分配的是本地SCSI和其他HBA之后的第一个可用适配器号（例如，vmhba2或者vmhba3）。

还要注意，图4.57展示了使用iSCSI别名（在前面讨论过）的一个例子。在这个例子中，别名如表4.6所示。

表4.6 iSCSI别名示例

目标IQN	别　名	备　注
iqn.1992-04.com.emc:cx.apm00064000064.b0	0064.b0	SPB 端口 0
iqn.1992-04.com.emc:cx.apm00064000064.b1	0064.b1	SPB 端口 1
iqn.1992-04.com.emc:cx.apm00064000064.a0	0064.a0	SPA 端口 0
iqn.1992-04.com.emc:cx.apm00064000064.a1	0064.a1	SPA 端口 1

9. 剖析软件发起方的配置

如果你有权通过CLI访问ESXi主机，则可以找到软件发起方各种配置并获得足够的信息以创建虚拟网络配置的逻辑框图。下面是逐步建立逻辑框图的详细过程。

1）确定分配各软件发起方的虚拟适配器名称（例如，vmhbaX）。

图4.73中所示的输出显示，iSCSI适配器是vmhba34，发起方类型是iSCSI软件适配器。

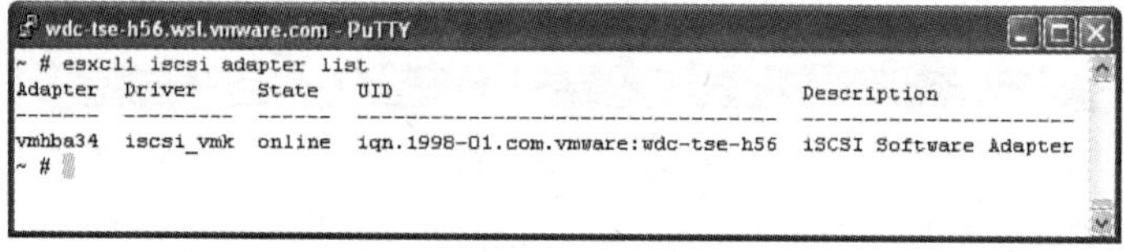

图4.73 找出软件发起方适配器名称

2）确定连接到第1）步找出的虚拟适配器的vmknic（也称作vmkernel端口）。

图4.74中所示的命令输出显示，vmhba34连接到两个vmkernel端口（vmknic）。后两者各被分配了一个VMware MAC地址（组织唯一标识符（OUI）是00：50：56）。

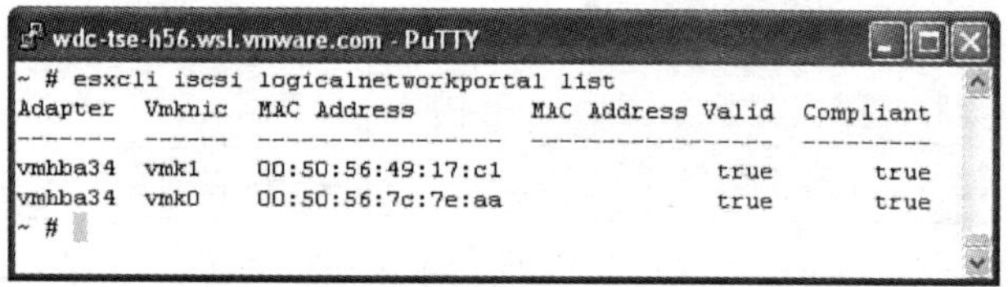

图4.74 确定软件发起方的vmkernel端口

我们可以将前两步得到的细节（除了 MAC 地址以外）画成图 4.75 所示的框图。

3）确定 vmkernel 端口连接的端口组名称：

```
# esxcfg-vmknic --list
```

你也可以使用命令的简写版本：

```
# esxcfg-vmknic -l
```

简写版本的输出如图 4.76 所示，其中列出了 vmkernel 端口名称和相关的端口组以及端口的 IP 配置。

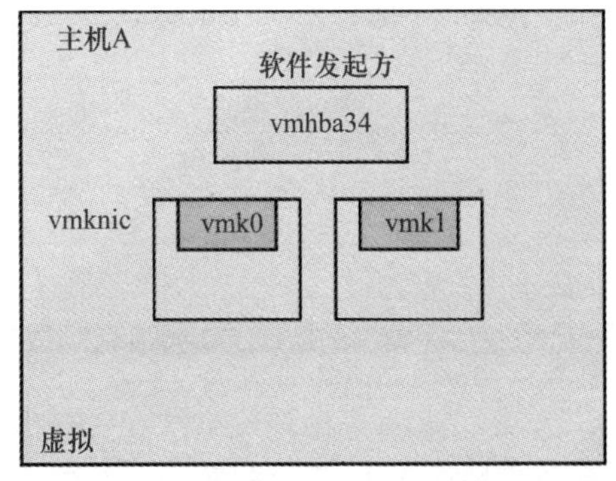

图 4.75　软件发起方虚拟网络组建步骤 1

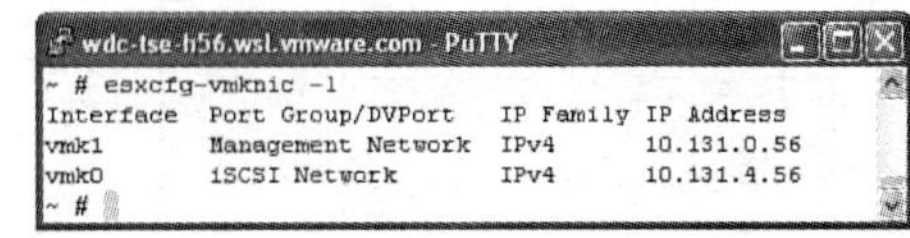

图 4.76　列出与 vmkernel 端口相关的端口组

现在的逻辑框图如图 4.77 所示。

图 4.77 说明了适配器名称、vmkernel 端口和 vSwitch 端口组之间的关系。

4）用如下命令（输出如图 4.78 所示）找出虚拟交换机的名称：

```
# esxcli network vswitch standard portgroup list
```

从图 4.78 中的输出可以看出，两个端口组都连接到 vSwitch0。

我们将其添加到逻辑网络框图，形成图 4.79 所示的样子。

5）找出上联链路：

```
# esxcfg-vswitch  --list
```

你也可以使用命令的简写版本：

```
# esxcfg-vswitch  -l
```

这个命令列出虚拟交换机属性，如图 4.80 所示。

图 4.80 显示 vSwitch0 有两条上联链路：vmnic0 和 vmnic1。它还显示，iSCSI Network 端口组连接到 vmnic1，管理网络连接到 vmnic0。

根据第 1）～ 5）步，图 4.81 展示了最后的逻辑网络框图。

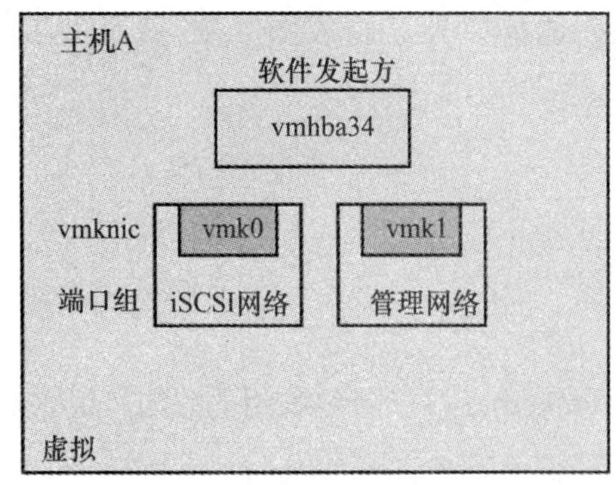

图 4.77　软件发起方虚拟网络组建步骤 2

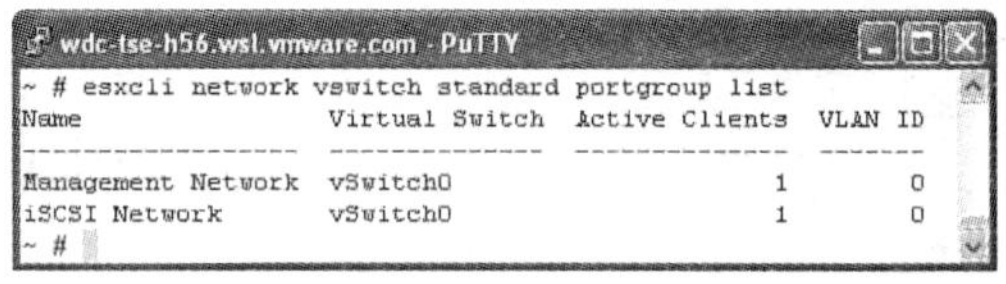

图 4.78　确定 vSwitch 名称

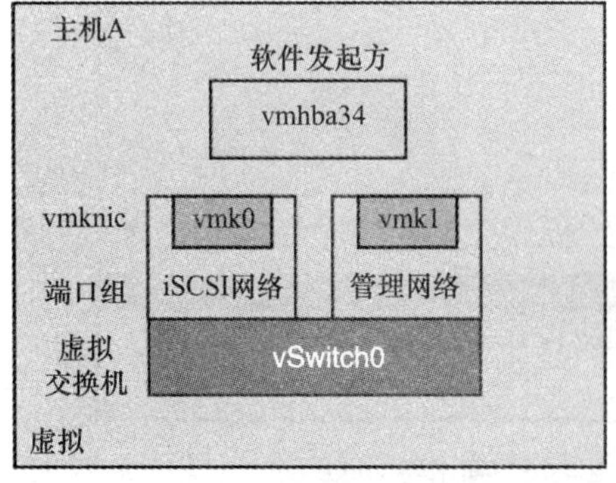

图 4.79　软件发起方虚拟网络组建步骤 3

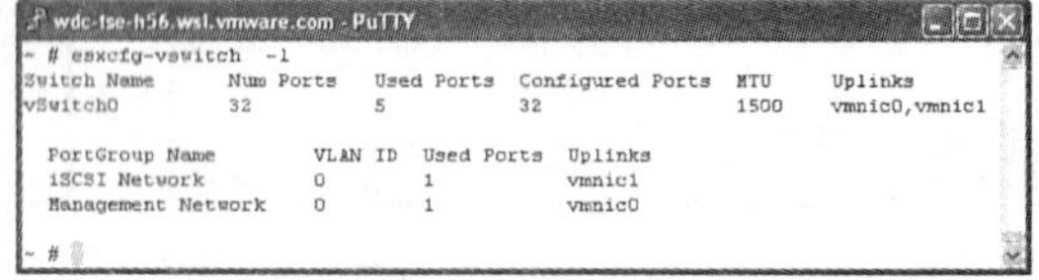

图 4.80　列出 vSwitch 上联链路

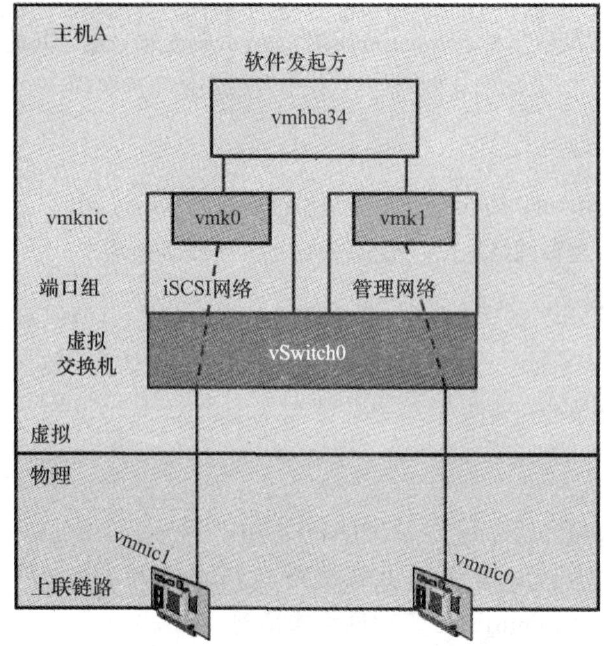

图 4.81　软件发起方最终逻辑网络框图

为了用一条命令列出所有参数——不包括 vmnic，你可以运行：

```
# esxcli iscsi networkportal list
```

输出如清单 4.9 所示。相关的参数突出显示。

清单 4.9 用于确定 iSCSI 逻辑网络的 iSCSI 门户参数

```
vmhba34
   Adapter: vmhba34
   Vmknic: vmk0
   MAC Address: 00:1f:29:e0:4d:50
   MAC Address Valid: true
   IPv4: 10.131.4.56
   IPv4 Subnet Mask: 255.255.248.0
   IPv6:
   MTU: 1500
   Vlan Supported: true
   Vlan ID: 0
   Reserved Ports: 63488~65536
   TOE: false
   TSO: true
   TCP Checksum: false
   Link Up: true
   Current Speed: 1000
   Rx Packets: 25341947
   Tx Packets: 134
   NIC Driver: bnx2
   NIC Driver Version: 2.0.15g.v50.11-4vmw
   NIC Firmware Version: bc 1.9.6
   Compliant Status: compliant
   NonCompliant Message:
   NonCompliant Remedy:
   Vswitch: vSwitch0
   PortGroup: iSCSI Network
   VswitchUuid:
   PortGroupKey:
   PortKey:
   Duplex:
   Path Status: unused

vmhba34
   Adapter: vmhba34
   Vmknic: vmk1
   MAC Address: 00:1f:29:e0:4d:52
   MAC Address Valid: true
   IPv4: 10.131.0.56
   IPv4 Subnet Mask: 255.255.248.0
   IPv6:
```

```
MTU: 1500
Vlan Supported: true
Vlan ID: 0
Reserved Ports: 63488~65536
TOE: false
TSO: true
TCP Checksum: false
Link Up: true
Current Speed: 1000
Rx Packets: 8451953
Tx Packets: 1399744
NIC Driver: bnx2
NIC Driver Version: 2.0.15g.v50.11-4vmw
NIC Firmware Version: bc 1.9.6
Compliant Status: compliant
NonCompliant Message:
NonCompliant Remedy:
Vswitch: vSwitch0
PortGroup: Management Network
VswitchUuid:
PortGroupKey:
PortKey:
Duplex:
Path Status: last path
```

注意 产生清单 4.9 输出的命令只适用于软件发起方。对硬件发起方运行它只会返回空白的输出。在同一个清单中你也可以检查 MTU 大小，验证超长帧（前一小节中讨论过）是否启用。在这个例子中 MTU 为 1 500，说明没有使用超长帧。

10. 剖析硬件发起方的配置

与软件发起方的配置相比，独立和非独立硬件发起方的配置都相当简单。

下列命令识别主机上配置的硬件发起方：

```
# esxcli iscsi adapter list
```

图 4.82 展示了输出。

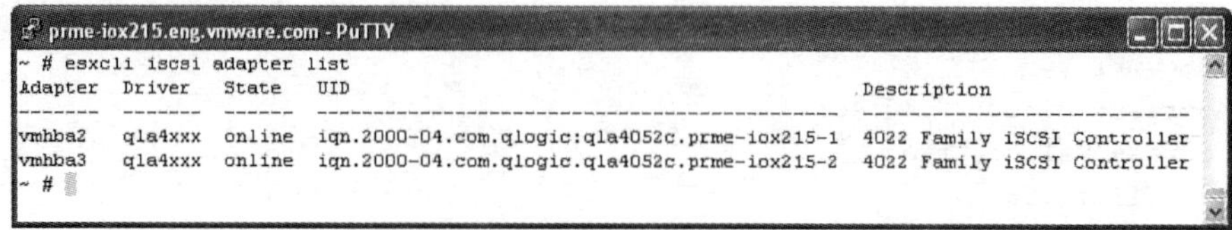

图 4.82　列出配置的硬件发起方

图 4.82 显示，这个主机配置了两个 QLogic 4022 家族硬件发起方。它们分别分配了适配器名 vmhba2 和 vmhba3。

列出的硬件发起方网络门户包括物理网络门户，而软件发起方只有逻辑网络门户。

下列命令列出硬件发起方的物理网络门户。

```
# esxcli iscsi physicalnetworkportal list
```

输出如图 4.83 所示。

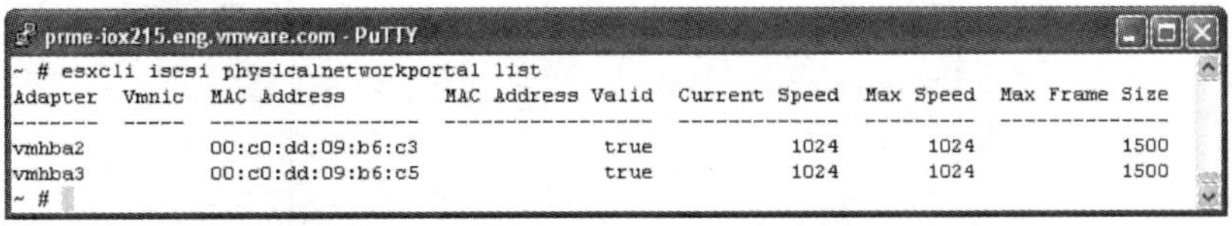

```
prme-iox215.eng.vmware.com - PuTTY
~ # esxcli iscsi physicalnetworkportal list
Adapter  Vmnic  MAC Address        MAC Address Valid  Current Speed  Max Speed  Max Frame Size
-------  -----  -----------------  -----------------  -------------  ---------  --------------
vmhba2          00:c0:dd:09:b6:c3               true           1024       1024            1500
vmhba3          00:c0:dd:09:b6:c5               true           1024       1024            1500
~ #
```

图 4.83　列出硬件发起方的物理网络门户

你可以从图 4.83 中得出结论，名为 vmhba2 和 vmhba3 的硬件发起方具有 QLogic 指定的 MAC 地址（OUI 00:c0:dd）。它还说明没有配置超长帧，因为 MTU 大小为 1 500。

11. iSCSI 适配器参数

有时，可能需要识别当前 iSCSI 适配器参数，以便维修或者管理 vSPhere 5 存储。

可以通过 UI 或者 CLI 完成这一工作。

（1）使用 UI 列出和修改 iSCSI 适配器参数

iSCSI 适配器参数可以通过 iSCSI 发起方属性的高级选项找到。使用如下步骤访问这些属性：

1）用 VMware vSphere 5.0 Client 作为根权限用户连接到 ESXi 主机，或者以具有管理员权限的用户登录到管理该主机的 vCenter 服务器。

2）如果登录到 vCenter，导航到 Inventory-Hosts and Clusters（库存——主机与群集）视图，在库存树中找到 vSPhere 5.0 主机并选中。否则，进入下一步。

3）导航到 Configuration（配置）选项卡。

4）在 Hardware（硬件）部分下，选择 Storage Adapters（存储适配器）。

5）找到型号名称或者 HBA 家族名称与你要配置的独立硬件 iSCSI HBA 或者 iSCSI 软件适配器匹配的 HBA 并选中。

6）单击 Details（详情）窗格右上角的 Properties（属性）链接。你会看到如图 4.84 所示的对话框。

7）单击 Advanced（高级）按钮。你会看到如图 4.85 所示的对话框。

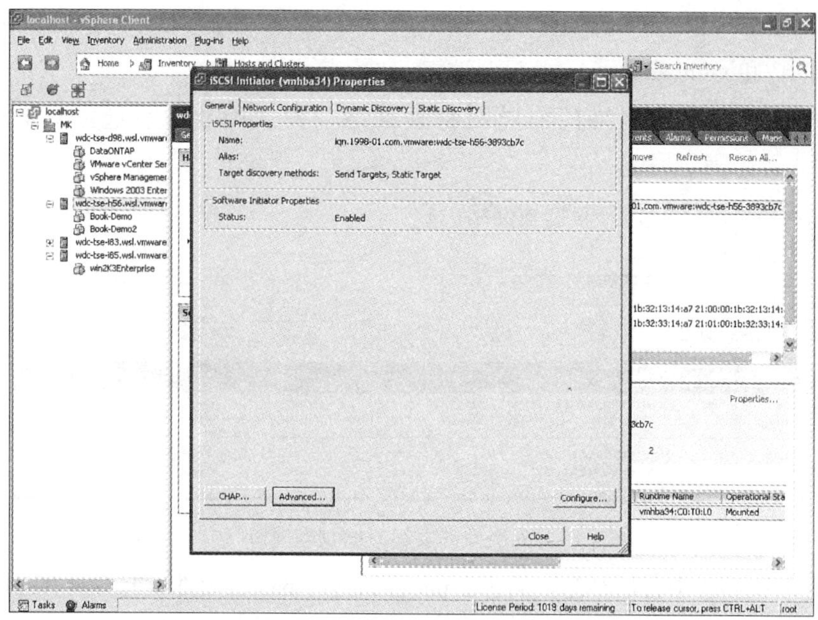

图 4.84 iSCSI 发起方属性

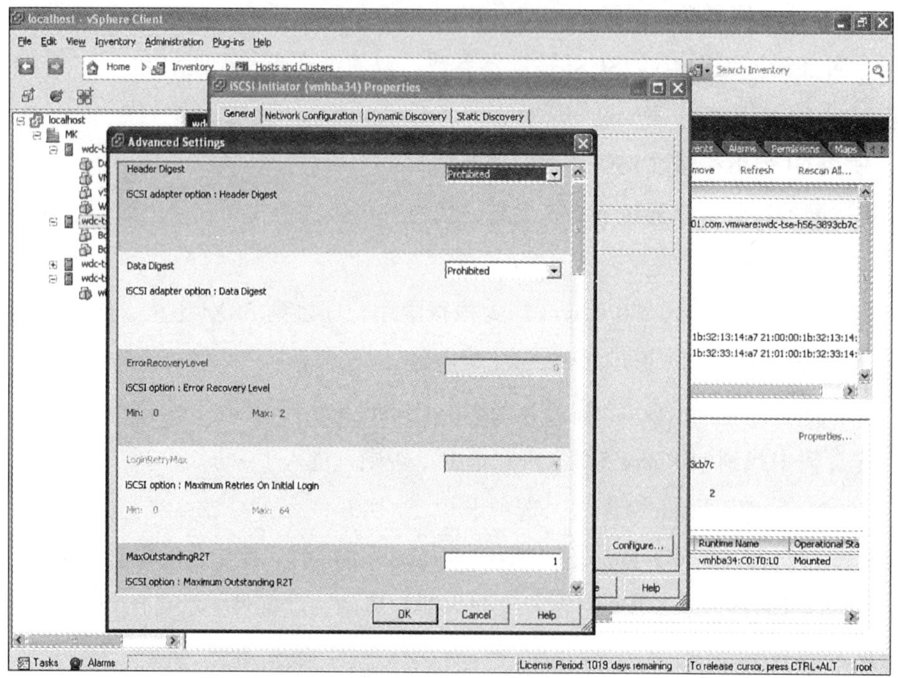

图 4.85 iSCSI 适配器参数列表

8）向下滚动，找到你想要修改的参数。如果参数的值为灰色，它就是不能设置的。每个参数下会列出参数描述和最小及最大值。

9）进行修改，然后单击 OK（确认）按钮和 Close（关闭）按钮。

（2）使用 CLI 列出和修改 iSCSI 适配器参数

在 vSphere5 之前的版本中，通过 vmkiscsi-tool 可以列出 iSCSI 适配器参数。这个工具在 vSphere 5 中仍然存在。然而，因为 vmkiscsi-tool 不能通过 vMA 或者 vCLI 远程使用，故 vSphere 5 通过 esxcli 命名空间提供相同的功能，这个命名空间可以本地使用，也可以远程使用：

```
esxcli iscsi adapter param get --adapter=<iSCSi 适配器名称 >
```

例如：

```
esxcli iscsi adapter param get --adapter=vmhba34
```

也可以使用这个命令的简写版本，用 -A 代替 --Adapter=：

```
esxcli iscsi adapter param get -A vmhba35
```

图 4.86 展示了命令简写版本的输出。

这个命令适用于软件和独立硬件发起方，但是后者的输出值可能不同（见图 4.87）。主要的差别是这些值不可设置，而软件发起方的一些参数可以设置。

```
wdc-tse-d98.wsl.vmware.com - PuTTY
~ # esxcli iscsi adapter param get -A vmhba35
Name                  Current     Default     Min  Max       Settable  Inherit
--------------------  ----------  ----------  ---  --------  --------  -------
ErrorRecoveryLevel    0           0           0    2            false    false
InitialLoginRetryMax  4           4           0    64           false    false
InitialR2T            false       false       na   na           false    false
FirstBurstLength      262144      262144      512  16777215      true    false
MaxBurstLength        262144      262144      512  16777215      true    false
MaxRecvDataSegment    131072      131072      512  16777215      true    false
MaxOutstandingR2T     1           1           1    8             true    false
MaxCmds               128         128         2    2048         false    false
ImmediateData         true        true        na   na           false    false
DefaultTime2Retain    0           0           0    60           false    false
DefaultTime2Wait      2           2           0    60           false    false
LoginTimeout          5           5           0    60           false    false
LogoutTimeout         15          15          0    60           false    false
NoopOutInterval       15          15          1    60            true    false
NoopOutTimeout        10          10          10   30            true    false
RecoveryTimeout       10          10          1    120           true    false
DelayedAck            true        true        na   na            true    false
HeaderDigest          prohibited  prohibited  na   na            true    false
DataDigest            prohibited  prohibited  na   na            true    false
~ #
```

图 4.86　列出 iSCSI 适配器参数（软件发起方）

```
prme-iox215.eng.vmware.com - PuTTY
~ # esxcli iscsi adapter param get -A vmhba3
Name                  Current     Default     Min  Max    Settable  Inherit
--------------------  ----------  ----------  ---  -----  --------  -------
ErrorRecoveryLevel    na          na          na   na        false    false
InitialLoginRetryMax  na          na          na   na        false    false
InitialR2T            false       false       na   na        false    false
FirstBurstLength      256         0           1    65535     false    false
MaxBurstLength        512         0           1    65535     false    false
MaxRecvDataSegment    128         0           1    65535     false    false
MaxOutstandingR2T     1           0           1    65535     false    false
MaxCmds               64          0           0    65535     false    false
ImmediateData         false       false       na   na        false    false
DefaultTime2Retain    20          0           0    65535     false    false
DefaultTime2Wait      2           0           0    0         false    false
LoginTimeout          na          na          na   na        false    false
LogoutTimeout         na          na          na   na        false    false
NoopOutInterval       14          0           0    65535     false    false
NoopOutTimeout        14          0           0    65535     false    false
RecoveryTimeout       na          na          na   na        false    false
DelayedAck            true        false       na   na        false    false
HeaderDigest          prohibited  prohibited  na   na        false    false
DataDigest            prohibited  prohibited  na   na        false    false
~ #
```

图 4.87　列出 iSCSI 适配器参数（独立硬件发起方）

Settable 栏值为 true 的选项可以用 set 选项修改。

例如：

要设置 NoopOutTimeout 值为 15，使用如下命令：

```
esxcli iscsi adapter param set --adapter vmhba34 --key NoopOutTimeout--value 15
```

你也可以使用简写版本：

```
esxcli iscsi adapter param set -A vmhba34 -k NoopOutTimeout -v 15
```

如果成功，这些命令不提供任何反馈，否则返回错误。你可以运行 get 命令验证结果，并与图 4.87 中的结果比较。Current（当前）列中的值应该反映修改后的值。

要恢复默认值——在 Default（默认）列中显示的值，运行如下命令：

```
esxcli iscsi adapter param set -adapter vmhba34 --default --key NoopOutTimeout
```

也可以使用简写版本：

```
esxcli iscsi adapter param set -A vmhba34 -D -k NoopOutTimeout
```

（3）你是否应该修改 iSCSI 适配器参数

iSCSI 适配器参数的默认值是最佳的设置值，你不应该修改它们。但是有一个例外：LoginTimeout 应该可以设置，但是目前不是这样！不过，未来的版本中可能会有变化。

12. vSphere 5 iSCSI 架构

iSCSI 架构如图 4.88 所示，包括 vmkernel 模块、用户级守护进程和软件组件。

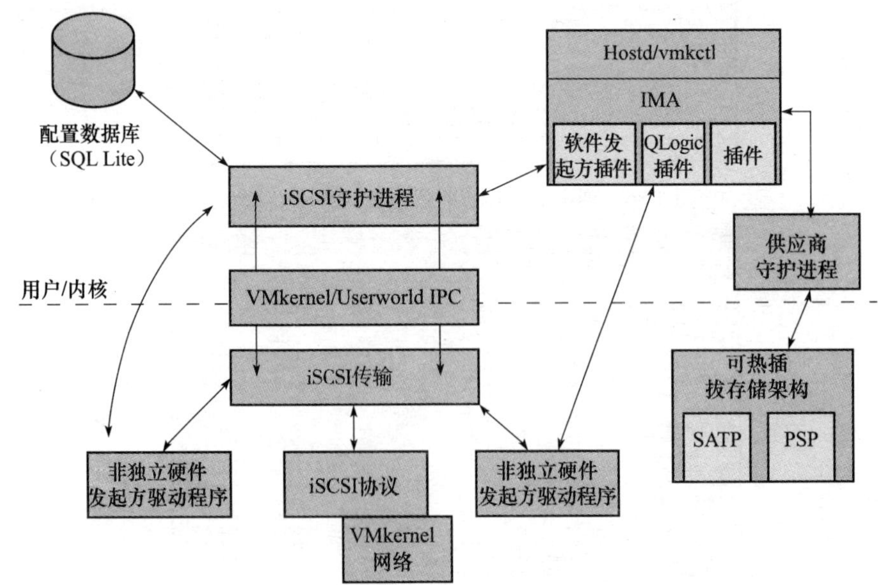

图 4.88 vSphere 5 iSCSI 架构

vSphere 5 iSCSI 架构由如下组件组成，后续会讨论这些组件：

- iSCSI 数据库
- iSCSI 守护进程
- IMA（iSCSI Management API，iSCSI 管理 API）
- iSCSI 传输模块
- iSCSI 协议模块
- 非独立 iSCSI 发起方模块
- 独立 iSCSI 发起方模块

（1）iSCSI 数据库

iSCSI 配置和 iSCSI 运行时环境存储在一个 SQL Lite 数据库中。对数据库的修改在 ESXi 主机启动之间保留。每当主机重启或者 iSCSI 守护进程（vmkiscsid）重启，配置恢复。可以使用如下命令转储数据库：

```
vmkiscsid --dump-db=< 文件名 >
```

从数据库转储中，可以轻松地找到各种 iSCSI 配置属性的细节。例如，转储包括如下部分：

- ISID:iSCSI 会话 ID 信息
- InitiatorNodes:iSCSI 发起方信息
- Targets:iSCSI 目标信息
- discovery:iSCSI 发现信息
- ifaces:iSCSI 网络配置，包括 vmnic 和 vmknic 名称

（2）iSCSI 守护进程

ESXi iSCSI 守护进程是 vmkiscsid，该进程作为用户进程，运行在任何启用 iSCSI 的 vSphere 主机上。这意味着，它不是 vmkernel 模块，和其他应用 / 守护进程一样在 vmkernel 之上运行。vmkiscsid 在主机自举时启动。如果它发现一个有效的配置，或者 NIC 的 BIOS 中启用 iBFT（iSCSI Boot Firmware Table，iSCSI 自举固件表），就继续运行。它还在每次从命令行或者通过 hostd 运行 iSCSI 管理命令时运行。如果它没有找到任何有效的 iSCSI 配置，则停止。

iSCSI 守护进程完成如下工作：

- 动态和静态 iSCSI 目标发现
- 验证 iSCSI 目标
- 维护 iSCSI 使用的 vmknic、端口有关信息（参见数据库转储）
- 建立与 iSCSI 目标的连接
- 如果会话断开，重新连接到 iSCSI

- 根据会话的建立或者拆除更新 iSCSI 配置数据库
- 根据管理输入更新 iSCSI 配置数据库
- 监听来自 IMA 插件的连接（IMA 的更多相关信息参见下一小节）
- 在连接事件发生和会话建立时与 iSCSI 核心组件通信

（3）IMA（iSCSI 管理 API）

IMA 用于在主机上管理和配置 iSCSI。它由 SNIA 进行标准化（参见白皮书：http://www.snia.org/sites/default/files/iSCSI_Management_API_SNIA_White_Paper.pdf）。

IMA 提供接口，以完成如下任务：

- 配置 iSCSI 适配器，包括网络和 iSCSI 参数
- 输入和检查 iSCSI 发现信息
- 输入和检查验证类型和凭据
- 查看目标、LU、会话和链接信息
- 分配和释放 IMA 消费的列表

IMA 公用程序库

IMA 公用程序库通常是 IMA 插件的一个中间接口。它还负责序列化其他编程功能中的 IMA 插件命令。

ESX IMA 插件

ESX IMA 插件供 IMA 公用程序库调用，用于配置和管理 ESX 软件 iSCSI 发起方和所有非独立硬件 iSCSI 发起方。

如果调用 ESX IMA 插件时 vmkiscsid 没有运行，则插件会启动它。这确保系统上的 iSCSI 配置在调用 IMA 时都能返回。

供应商 IMA 插件

第三方独立硬件 iSCSI 发起方供应商被要求提供 IMA 插件，以管理它们的适配器和驱动程序。这些插件向 IMA 公用程序库提供标准的 IMA 接口，使用供应商专用方法与相关的驱动程序和硬件通信。例如，QLogic 插件与 qla4xxx 驱动程序通信，完成管理功能。

存储供应商守护进程

存储供应商可能提供发出 IMA 程序库调用的会话管理守护进程。这些守护进程以 CIM（Common Information Model，公用信息模型）提供者的形式交付，运行在非托管“守护进程”模式下，用于管理通过 PSA（Pluggable Storage Architecture，可热插拔存储架构）交付的存储供应商多路径软件。更多有关 PSA 的信息参见第 5 章。CIM 提供者使用供应商专用通信方法协调其 PSA 组件并与之交互。CIM 是一个工业标准的管理 API，VMware 的合作伙伴用它来监控和管理系统的健康状态，并与 ESXi 上的管理软件组件通信。

（4）iSCSI 传输模块

iSCSI 传输模块 iscsi_trans 是 VMware 提供的模块，便于 iSCSI 守护进程（vmkiscsid）和任何 iSCSI 媒介模块（如 ESX 软件 iSCSI 发起方或者硬件 iSCSI 发起方驱动程序）之间的通信。

iscsi_trans 提供一组 vmkernel API，用于如下功能：

- 收集和设置 ESX iSCSI 模块以及以后可能使用这些接口的其他 vmkernel 模块中的配置参数。
- 将网络配置信息传递给非独立硬件 iSCSI 发起方，因为它们依赖 vmkernel 组网。

（5）iSCSI 协议模块

iSCSI 协议（或者媒介）模块 iscsi_vmk 是 VMware 提供的模块，它为 ESX 软件 iSCSI 发起方实现 iSCSI 协议。这个模块打包了 iSCSI PDU 中的 SCSI 命令，并通过一个套接字接口将它们传递给 vmkernel 网络栈。iscsi_vmk 接受 iscsi_trans 的管理调用、SCSI 中间层的 SCSI 命令和数据以及通过其套接字连接的网络过渡信息。

（6）非独立 iSCSI 发起方模块

非独立 iSCSI 发起方模块是第三方供应商交付的 vmklinux 驱动程序。（vmklinux 是一种 ESXi 机制，它使从 Linux 移植而来的驱动程序能运行于 ESXi。）这些模块利用 vmklinux 驱动程序接口和多个 vmkernel API 接口获得网络配置。非独立 iSCSI HBA 驱动程序从 vmknic 中获得网络配置，包括 IP 地址信息、MTU 和 VLAN。（前面介绍配置非独立硬件发起方的小节中对此作了详细介绍）。配置管理由 ESX IMA 插件处理。

ESX IMA 插件将配置信息发送给 iSCSI 守护进程，该进程使用这些配置信息发现和验证目标，然后建立和拆除会话。

（7）独立 iSCSI HBA 模块

独立 iSCSI HBA 模块是第三方供应商交付的 vmklinux 驱动程序。它们利用 vmklinux 驱动程序接口获得存储和 iSCSI 路径信息。它们还依靠与供应商提供的 IMA 插件通信，进行配置和管理。IMA 插件用于提供发现和验证信息和会话管理。

提示　你可以从 ESXi shell 中运行如下命令，列出前一个小节提出的 vmkernel 模块：

```
~# vmkload_mod --list |grep iscsi
iscsi_trans            8    52
iscsi_linux            1    16
iscsi_vmk              4    204

~ # ps |grep iscsi
2670      iscsi_trans_vmklink
2693      iscsivmk-log
5891 5891 vmkiscsid            /usr/sbin/vmkiscsid
5892 5891 vmkiscsid            /usr/sbin/vmkiscsid
```

也可以运行命令的简写版本——用 -l 代替 --list。这些命令适用于软件和硬件 ISCSI 发起方，输出略有不同。

第一条命令列出加载的 vmkernel 模块，显示 iscsi_trans 和 iscsi_vmk。中间的模块 iscsi_linux 是帮助第三方供应商以最小的更改移植 Linux iSCSI 驱动程序的模块。

第二条命令显示运行进程，包括两个 vmkiscsid 进程和 iscsi_trans_vmklink（参见软件 iSCSI 发起方的第 6）步）。iscsivmk-log 进程是 iSCSI 栈用于在 vmkernel 日志中记录事件的进程）。

---

13. iSCSI 架构的通信流程

为了正确地观察架构的各个部分，我们来分享为了目标发现，vSphere iSCSI 架构中使用的通信逻辑流程。

（1）软件 iSCSI 发起方

1）在一个（或者一组）端口上打开套接字，连接到一个 iSCSI 目标。

2）iSCSI 目标通过发送目标载荷返回目标列表。

3）在 iSCSI 配置数据库中填写返回的目标列表。

4）vmkiscsid（iSCSI 守护进程）登录到 iSCSI 目标。

5）vmkiscsid 与目标交换验证参数，如果已经配置，执行质询—握手验证。

6）用户端的 vmkiscsid 与内核端的 iscsi_trans（iSCSI 传输）通过用户层 VMKernel IPC 套接字（IPC 是 Inter-Process Communication（进程间通信）的缩写）通信。这个链接也被称为 vmklink。

7）与目标的会话建立之后，向软件 iSCSI 发起方模块传递一个开放的套接字描述符。后者构建 iSCSI 协议数据单元（Protocol Data Unit，PDU），将 SCSI 命令和数据传输给 iSCSI 目标。

8）vmkiscsid 用如下信息更新 iSCSI 配置数据库：

- 目标信息
- ESXi 端口信息
- 会话参数

（2）非独立硬件 iSCSI 发起方

非独立硬件 iSCSI 发起方由 vmkscsid 驱动。所以，类似的流程如下：

1）vmkscsid 通过 iSCSI 传输模块（iscsi_trans）向非独立硬件 iSCSI 发起方发送连接建立命令。

2）建立与目标的连接之后，vmkscsid 构造 PDU 以发现、验证和建立与 iSCSI 目标的会话（正如上一小节的第 2）～ 6）步）。

3）非独立硬件 iSCSI 发起方建立 iSCSI PDU 以将 SCSI 命令和数据传输给 iSCSI 目标（硬件减负）。

4）如果连接丢失，非独立硬件 iSCSI 发起方通过 iSCSI 传输模块通知 vmkscsid。vmkscsid 进行会话重建。

5）vmkscsid 更新 iSCSI 配置数据库，类似"软件 iSCSI 发起方"小节中的第 8）步。

（3）独立硬件 iSCSI 发起方

独立硬件 iSCSI 发起方直接与 iSCSI 传输通信，并处理自身的连接和会话建立，并构建自己的 iSCSI PDU，以将 SCSI 命令和数据传输给 iSCSI 目标。

4.2　小结

本章给出了 iSCSI 协议、连接性和 vSphere 5 上的实施细节。还介绍了 iSCSI 发起方（硬件和软件）和 iSCSI 目标，以及识别它们的方法。本章带你利用 ESXi 5 命令，逐步建立了 iSCSI 网络逻辑框图。最后，提供了 iSCSI 架构和组件之间通信的流程细节。

第 5 章　vSphere PSA

vSphere 5.0 继续利用 ESX 3.5 推出的可热插拔存储架构（Pluggable Storage Archtecture，PSA）。迁移到这一架构模块化了存储栈，使其更加易于维护，并为存储合作伙伴打开了大门，他们可以开发自己的专属组件，插入这个架构中。

可用性至关重要，所以存储的冗余路径是必不可少的。vSphere 中的存储组件关键功能之一就是提供多路径（如果有多条路径，指定 I/O 应该使用哪一条）和故障切换（当路径不通时，I/O 切换到另一条路径）。

VMware 默认提供一个通用的多路径插件（MPP），称作原生多路径（Native Multipathing，NMP）。

5.1　原生多路径

为了理解 PSA 各部分如何互相配合，图 5.1、图 5.2、图 5.4 和图 5.6 演示了逐步建立 PSA 的方法。

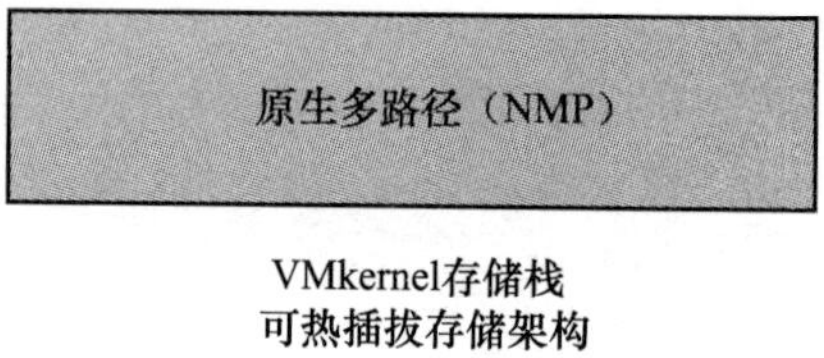

NMP 是 vSphere 5 vmkernel 的一个组件，处理多路径和故障切换。它输出两个 API：存储阵列类型插件（Storage Array Type Plugin，SATP）和路径选择插件（Path Selection Plugin，PSP），这些 API 都以插件的形式实现。

原生多路径（NMP）

VMkernel存储栈
可热插拔存储架构

图 5.1　原生 MPP

NMP 执行如下功能（有些在 SATP 和 PSP 的帮助下完成）：

- 向 PSA 框架注册逻辑设备。
- 接受向 PSA 框架注册的逻辑设备的输入 / 输出（I/O）请求。
- 用 PSA 框架完成 I/O 并公告 SCSI 命令块完成，这包括如下操作：
  - 选择发送 I/O 请求的物理路径。
  - 处理 I/O 请求遇到的故障情况。
- 处理任务管理操作——例如中止 / 复位。

PSA 在如下操作中与 NMP 通信：

- 打开 / 关闭逻辑设备。
- 开始逻辑设备的 I/O。
- 中止逻辑设备的 I/O。

■ 获得通向逻辑设备的物理路径名。

■ 获得逻辑设备的 SCSI 查询信息。

5.2　SATP

图 5.2 描述了 SATP 和 NMP 之间的关系。

SATP 是专门用于某些存储阵列或者存储阵列家族的 PSA 插件。有些是通用于某些阵列级别的，例如，主动 / 被动、主动 / 主动或者具有 ALUA 功能的阵列。

VMkernel存储栈
可热插拔存储架构

图 5.2　SATP

SATP 处理如下操作：

■ 监控通向存储阵列的物理路径的硬件状态。

■ 确定何时物理路径的硬件组件发生故障。

■ 在路径发生故障时将物理路径切换到阵列。

NMP 在如下操作时与 SATP 通信：

■ 设置一个新的逻辑设备——要求物理路径。

■ 更新物理路径的硬件状态（例如，活动、备用、死亡）。

■ 激活主动 / 被动阵列中备用物理路径（当主用路径状态为死亡或者不可用时）。

■ 通知插件将在指定路径上发起 I/O。

■ 分析指定路径上 I/O 故障的起因（根据阵列返回的错误）。

表 5.1 中列出了一些 SATP 的例子。

表 5.1　SATP 示例

SATP	描　述
VMW_SATP_CX	支持不使用 ALUA 协议的 EMC CX
VMW_SATP_ALUA_CX	支持使用 ALUA 协议的 EMC CX
VMW_SATP_SYMM	支持 EMC Symmetrix 阵列家族
VMW_SATP_INV	支持 EMC Invista 阵列家族
VMW_SATP_EVA	支持 HP EVA 阵列
VMW_SATP_MSA	支持 HP MSA 阵列
VMW_SATP_EQL	支持 Dell Equalogic 阵列
VMW_SATP_SVC	支持 IBM SVC 阵列
VMW_SATP_LSI	支持 LSI 阵列和其他 OEM 阵列（例如 DS4000 家族）
VMW_SATP_ALUA	支持不确定的支持 ALUA 协议的阵列
VMW_SATP_DEFAULT_AA	支持不确定的主动 / 主动阵列
VMW_SATP_DEFAULT_AP	支持不确定的主动 / 被动阵列
VMW_SATP_LOCAL	支持直接连接设备

如何列出 ESXi 5 主机上的 SATP

要获得给定 ESXi 5 主机上的 SATP 列表，可以在主机上或者远程通过 SSH 会话、vMA 会话或者 ESXCLI 运行如下命令

```
# esxcli storage nmp satp list
```

图 5.3 展示了一个输出的例子

```
wdc-tse-d98.wsl.vmware.com - PuTTY
~ # esxcli storage nmp satp list
Name                 Default PSP    Description
-------------------  -------------  -------------------------------------------
VMW_SATP_CX          VMW_PSP_MRU    Supports EMC CX that do not use the ALUA protocol
VMW_SATP_MSA         VMW_PSP_MRU    Placeholder (plugin not loaded)
VMW_SATP_ALUA        VMW_PSP_MRU    Placeholder (plugin not loaded)
VMW_SATP_DEFAULT_AP  VMW_PSP_MRU    Placeholder (plugin not loaded)
VMW_SATP_SVC         VMW_PSP_FIXED  Placeholder (plugin not loaded)
VMW_SATP_EQL         VMW_PSP_FIXED  Placeholder (plugin not loaded)
VMW_SATP_INV         VMW_PSP_FIXED  Placeholder (plugin not loaded)
VMW_SATP_EVA         VMW_PSP_FIXED  Placeholder (plugin not loaded)
VMW_SATP_ALUA_CX     VMW_PSP_FIXED  Placeholder (plugin not loaded)
VMW_SATP_SYMM        VMW_PSP_FIXED  Placeholder (plugin not loaded)
VMW_SATP_LSI         VMW_PSP_MRU    Placeholder (plugin not loaded)
VMW_SATP_DEFAULT_AA  VMW_PSP_FIXED  Supports non-specific active/active arrays
VMW_SATP_LOCAL       VMW_PSP_FIXED  Supports direct attached devices
~ #
```

图 5.3　列出 SATP

注意，每个 SATP 与特定 PSP 关联。这一输出说明了新安装的 ESXi 5 主机的默认配置。要修改这些关联，可以参见本章后面的 5.13 小节。

如果你安装了第三方 SATP，它们和表 5.1 中所示的 SATP 一同列出。

注意　ESXi 5 只加载与根据对应声明规则检测的存储阵列相匹配的 SATP。关于声明规则的更多内容参见本章后面的声明规则的讨论。否则，你会看到它们的列表类似于图 5.3 的输出（插件未加载）。

5.3　PSP

图 5.4 描绘了 SATP、PSP 和 NMP 之间的关系。

PSP 是处理路径选择策略的 PSA 插件，是 vSphere 4.x 之前版本使用的传统 MP（传统多路径）故障切换策略的替代品。

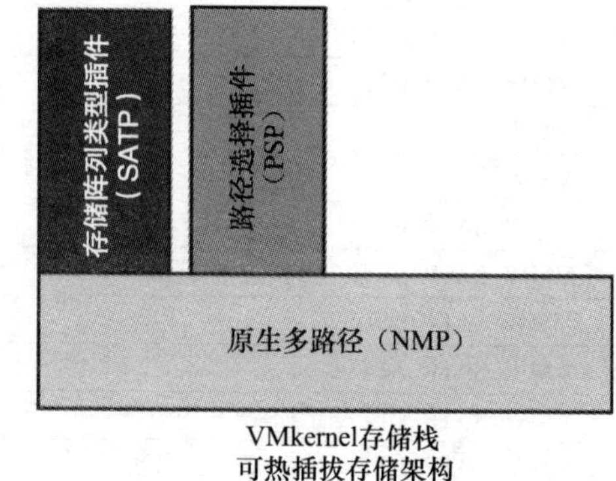

图 5.4　PSP

PSP 处理如下操作：

- 确定从哪条物理路径向给定的存储设备发送 I/O 请求。每个 PSP 都可以访问一组通向给定存储设备的路径，并且知道路径的状态——例如，活动、备用、死亡以及非

对称逻辑单元访问（ALUA）、非对称访问状态（AAS），如主动优化、主动非优化等。对状态的了解来自于 SATP 向 NMP 发出的报告。有关 ALUA 的更多细节参见第 6 章。

- 如果通向存储设备的当前物理路径失效，确定接下来启用哪一条路径。

注意 PSP 不需要知道实际的存储阵列类型（这个功能由 SATP 提供）。然而，开发 PSP 的存储供应商可能选择这么做（参见第 8 章）。

NMP 在如下操作时与 PSP 通信：

- 设置一个新的逻辑存储设备并且声明通向该设备的物理路径。
- 获得当前用于路径选择的活动物理路径集合。
- 选择向给定设备发出 I/O 设备所用的物理路径。
- 在出现路径故障的情况下选择物理路径激活。

如何列出 ESXi 5 主机上的 PSP

要获得给定 ESXi 5 主机上的 PSP 列表，可以在主机上或者远程通过 SSH 会话、vMA 会话或者 ESXCLI 运行如下命令：

```
# esxcli storage nmp psp list
```

图 5.5 展示了一个输出的例子。

上述输出说明了新安装的 ESXi 5 主机的默认配置。如果你安装了第三方 PSP，它们也会被列出。

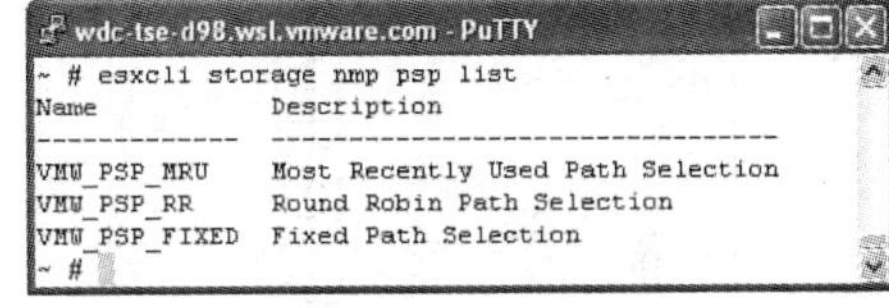

图 5.5 列出 PSP

5.4 第三方插件

图 5.6 描绘了第三方插件、NMP 和 PSA 之间的关系。

因为 PSA 是模块化架构，VMware 向其存储合作伙伴提供 API，开发自己的插件。这些插件可以是 SATP、PSP 或者 MPP。

第三方 SATP 和 PSP 可以和 VMware 提供的 SATP 和 PSP 一起运行。

第三方 SATP 和 PSP 提供商可以在他们的存储阵列专用的插件上实现自己的专属功能。有些合作伙伴只实现多路径和故障切换算法，而其他合作伙伴还实现负载均衡和 I/O 优化。

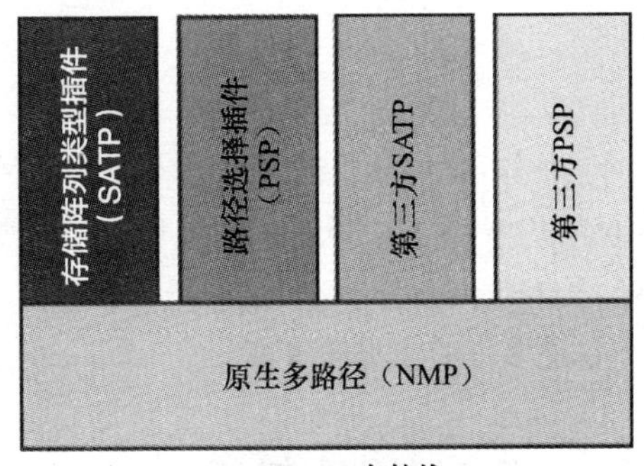

图 5.6 第三方插件

下面是 vSphere 4.x 中这类插件的一些例子，在 vSphere 5 中也计划提供它们：

- **DELL_PSP_EQL_ROUTED**——Dell EquaLogic PSP，提供如下改进：
  - 自动连接管理
  - 多条活动路径上的自动负载均衡
  - 增加带宽
  - 减少网络延时
- **HTI_SATP_HDLM**——日立将它们的 HDLM MPIO（多路径 I/O）管理软件移植为一个 SATP。这个插件目前经过 vSphere 4.1 认证，可以用于大部分日立和 HDS 的 USP 家族阵列。日立计划为 vSphere 5 提供支持相同阵列产品集的版本。在 VMware HCL 上可以找到 vSphere 5 在这个插件上认证的阵列列表。

更多细节参见第 8 章。

5.5 多路径插件（MPP）

图 5.7 描绘了 MPP、NMP 和 PSA 之间的关系。

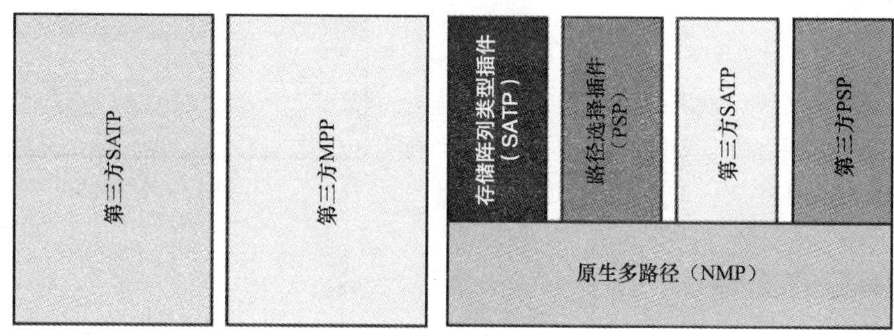

图 5.7 MPP，包括第三方插件

不作为 SATP 或者 PSP 实现的 MPP 可以实现为 MPP。MPP 与 NMP 一起运行。EMC PowerPath/VE 是 MPP 的一个例子。它通过 vSphere 4.x 的认证，并计划支持 vSphere 5。

更多细节参见第 8 章。

5.6 PSA 组件剖析

图 5.8 中的框图展示了 PSA 框架的组件。

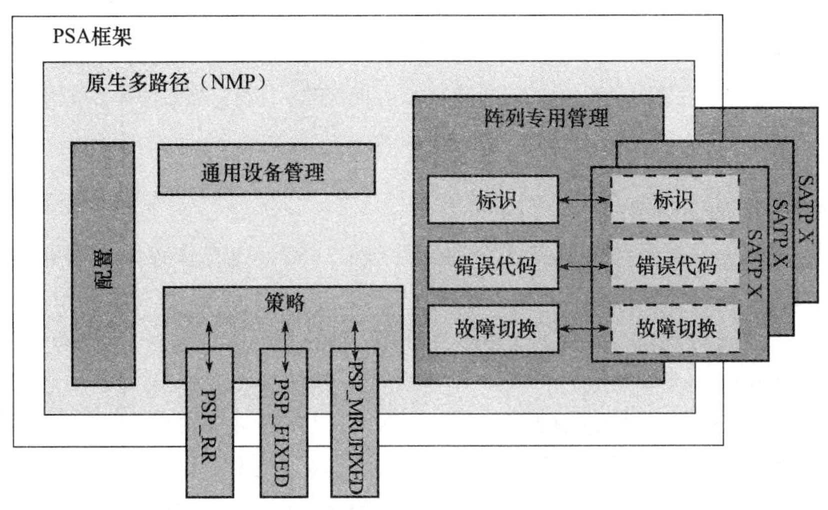

图 5.8 PSA 框架的 NMP 组件

我们已经介绍了 PSA 框架的各个组件，现在把它们组合起来。图 5.8 展示了 PSA 框架的 NMP 组件。NMP 为配置、通用设备管理、阵列专用管理和路径选择策略提供机制。

NMP 相关组件的配置可以通过 ESXCLI 或者 vSphere Client 提供的用户界面（UI）完成。这个主题的更多信息参见本章稍后的 5.13 节。

多路径和故障切换策略由 NMP 在 PSP 的帮助下设置。为给定阵列配置 PSP 的细节参见本章后面的 5.13 节。

阵列专用功能由 NMP 通过如下功能处理：

- **标识**——这个功能通过将响应数据转换为各种查询命令（从阵列 / 存储设备接收的标准查询和重要产品数据（Vital Product Data，VPD））来实现。这提供了设备标识的细节，包括：
  - 供应商
  - 型号
  - LUN 号码
  - 设备 ID——例如，NAA ID、序列号
  - 支持模式页面——例如页面 80 或者 83

7.3 节还会介绍更多查询串的细节和例子。

- **错误代码**——NMP 在对应的 SATP 帮助下解释从存储阵列接收的错误代码，并对这些错误作出反应。例如，SATP 可以将路径标识为死亡。
- **故障切换**——在 NMP 解释错误代码之后，它对错误作出反应。继续上述的例子，在路径被标识为死亡之后，NMP 命令相关的 SATP 激活备用路径然后指示相关的 PSP 将 I/O 发往激活的某条路径。在这个例子中，没有剩余的活动路径，这会导致激活备用路径（这是主动 / 被动阵列的情况）。

5.7 通过 PSA 和 NMP 的 I/O 流

为了理解发送到存储设备的 I/O 是如何通过 ESXi 存储栈的，你首先需要理解本章相关的一些术语。

5.7.1 基于 I/O 处理方式的阵列分类

阵列可以分为如下类型：

- **主动 / 主动**——这类阵列具有多个存储处理器（SP，也称作存储控制器），其能够在所有 SP（和 SP 端口）上以类似的性能指标并发处理 I/O。这类阵列没有逻辑单元号（LUN）归属的概念，因为 I/O 可以在任何 LUN 上，从对这些 LUN 有访问权的发起方通过任何 SP 端口完成。
- **主动 / 被动**——这类阵列有两个 SP。LUN 以 LUN 所有权的方式分布到两个 SP 上，其中一个 SP 拥有一些 LUN，另一个 SP 拥有其余的 LUN。阵列通过“拥有”指定 LUN 的 SP 上的端口接受 I/O。发送到非所有者 SP（也称为被动 SP）的 I/O 被拒绝，并得到一个 SCSI 检查条件（check condition）以及一个翻译为 ILLEGAL REQUEST（非法请求）的错误代码。你可以将这个代码看作单行道上相反方向的“不可进入”标志。关于错误代码的更多细节，参见第 7 章的 7.3 节内容。

注意 某些阵列（如 HP MSA）的旧版固件是这种阵列的变种，一个 SP 为主用，另一个 SP 为备用。不同之处在于，所有 LUN 都归属主用 SP，备用 SP 只在主用 SP 失效的时候才使用。备用 SP 仍然用上述的来自被动 SP 的类似错误代码响应请求。

- **非对称主动 / 主动或者 AAA（亦称伪主动 / 主动）**——这类阵列上的 LUN 归某个 SP 所有，这类似于主动 / 被动阵列的 LUN 所有权概念。然而，阵列允许通过两个 SP 上的端口在给定的 LUN 上发起并行 I/O，但是因为 I/O 通过非所有者 SP 代理传送到所有者 SP，所以两者的 I/O 性能不同。在这种情况下，SP 以较低的性能指标接受 I/O，而不返回检查条件。你可以将其看作主动 / 主动和主动 / 被动的混合类型。这可能因为糟糕的设计或者 LUN 所有者 SP 硬件故障而导致所有通向所有者 SP 的路径死亡，从而导致糟糕的 I/O 性能。
- **非对称逻辑单元访问（ALUA）**——这类阵列是非对称主动 / 主动阵列的改进版本，也有些是主动 / 被动阵列的更新版本。这种技术允许发起方将所有者 SP 上的端口指定为一组，而将非所有者 SP 上的端口指定为不同的组。这称作目标端口组支持（Target Port Group Support，TPGS）。所有者 SP 上的端口组被标识为主动优化端口组，另一组被标识为主动无优化端口组。只要 ALUA 优化端口组可用，NMP 就将 I/O 通过该组的一个端口发送到给定的 LUN。如果该组的所有端口被标识为死亡，则 I/O 被发送给 ALUA 非优化端口组。当大量 I/O 发送到 ALUA 非优化端口组时，阵列可以将 LUN 所有权转移给非所有者 SP，然后将 SP 上的端口过渡到 ALUA 优化状态。ALUA 的更多细节参见第 6 章。

5.7.2　路径和路径状态

从存储的角度看，I/O 传递到给定 LUN 的路线被称作**路径**（Path）。路径包括从发起方端口到 LUN 为止的多个点。

路径可能处于表 5.2 中列出的某一种状态。

表 5.2　路径状态

路径状态	描　述
活动（Active）	通过主用 SP 的路径。I/O 可以发送到任何这种状态的路径
备用（Standby）	通过被动或者备用 SP 的路径。I/O 不会发送到这种路径
禁用（Disabled）	通常是被 vSphere 管理员禁用的路径
死亡（Dead）	失去与存储网络连接的路径。这可能是因为 HBA（主总线适配器）、光纤网络架构或者以太网交换机、SP 端口失去连接，也可能是因为 HBA 或者 SP 硬件故障
未知（Unknown）	相关 SATP 无法确定的状态

5.7.3　首选路径设置

首选路径是 NMP 专为 VMW_PSP_FIXED PSP 声明的设备准备的设置。给定设备的所有 I/O 都通过配置的首选路径发送。当首选路径不可用时，I/O 通过某个存续的路径发送。在首选路径可用时，I/O 切换回该路径。默认情况下，将 PSP 发现和声明的第一条路径作为首选路径。首选路径设置的修改参见本章的 5.13 节。

图 5.9 是从主机 A（虚线）和主机 B（点和破折号组成的虚线）到 LUN1 路径的一个示例。这条路径通过 HBA0 到 SPA 上的目标 1。

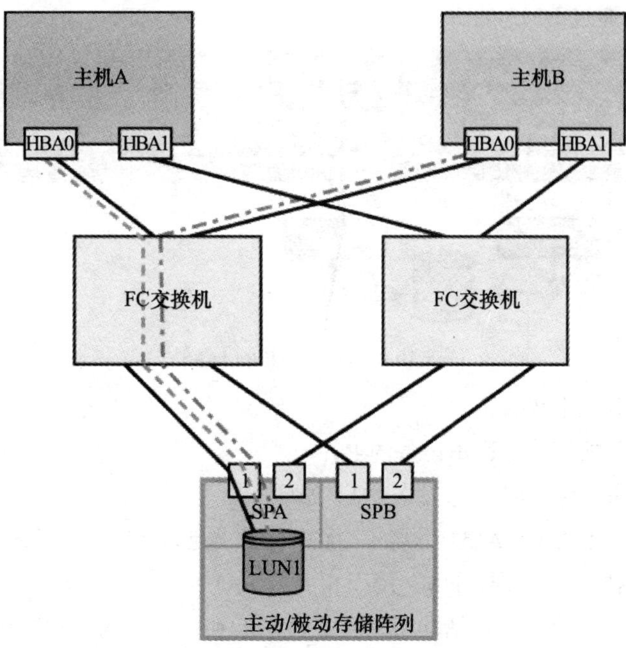

图 5.9　从两个主机到 LUN1 的路径

这样的路径由下面的运行时命名约定代表（运行时名称以前称为规范名称），格式为 HBAx:Cn:Ty:Lz——例如，vmhba0：c0：T0：L1 代表：

vmhba0，通道 0，目标 0，LUN1

上述名称代表通向 LUN0 的一条路径，分解如下：

- **HBA0**——主机上的第一个 HBA。vmhba 号码可能根据主机上安装的存储适配器数量而有所不同。例如，如果主机安装了名为 vmhba0 和 vmhba1 的两个 RAID 控制器，则第一个 FC HBA 名称就是 vmhba2。
- **Channel 0**——对于连接到目标 0（第一个目标）的光纤通道（FC）和互联网小型计算机系统接口（iSCSI）来说，通道号码一般为 0。如果 HBA 是具备两个通道的 SCSI 适配器（例如内部连接和用于直接连接设备的外部连接），通道号为 0 和 1。
- **Target 0**——目标的定义在第 3 章和第 4 章中已经介绍过。目标号依据 PSA 发现 SP 端口的顺序。在这个例子中，SPA- 端口 1 在 SPA- 端口 2 以及 SPB 上的其他端口之前被发现，该端口被命名为 Target 0，作为运行时名称的一部分。

注意 顾名思义，运行时名称在两次主机重启之间不延续。这是因为硬件或者连接的变化可能造成组成该名称的组件变化。例如，主机可能添加或者拔除 HBA，这会改变 HBA 的号码。

5.7.4 通过 NMP 的 I/O 流

图 5.10 展示了通过 NMP 的 I/O 流。

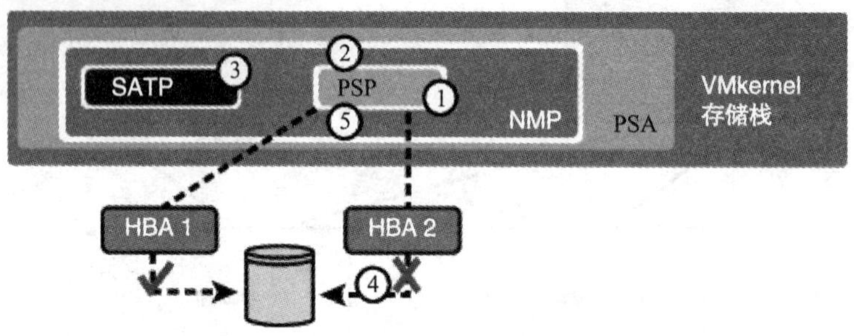

图 5.10 通过 NMP 的 I/O 流

图中的数字代表如下步骤：

1）NMP 调用分配给指定逻辑设备的 PSP。

2）PSP 选择合适的物理路径来发送 I/O。如果 PSP 是 VMW_PSP_RR，它将 I/O 负载平衡到状态为活动的路径上，对于 ALUA 设备，通过 AAS 为活动 / 优化的目标端口组发送 I/O。

3）如果阵列返回 I/O 错误，NMP 调用相关的 SATP。

4）SATP 解释错误代码，激活非活动路径，然后切换到新的活动路径。

5）PSP 选择新的活动路径发送 I/O。

5.8 列出多路径细节

本节将讨论两种能够显示通向给定 LUN 的路径列表的方法：

- 用 UI 列出通向某个 LUN 的路径。
- 用 CLI 列出通向某个 LUN 的路径。

5.8.1 用 UI 列出通向某个 LUN 的路径

可以遵循如下过程，列出 vSphere 5.0 主机中所有通向给定 LUN 的路径，这个过程与第 2 章、第 3 章、第 4 章讨论的列出所有目标的过程类似：

1）直接登录到 vSphere 5.0 主机或者用 VMware vSphere 5.0 Client，以具有管理员权限的用户登录到管理该主机的 vCenter 服务器。

2）在 Inventory-Hosts and Clusters（库存——主机和群集）视图中，找到库存树中的 vSphere 5.0 主机并选中。

3）导航到 Configuration（配置）选项卡。

4）在 Hardware（硬件）部分下，选择 Storage（存储）选项。

5）在 View（视图）字段中，单击 Devices（设备）按钮。

6）在 Devices（设备）窗格中，选择一个 SAN LUN（见图 5.11）。在这个例子中，设备名称以 DGC Fibre Channel Disk 开始。

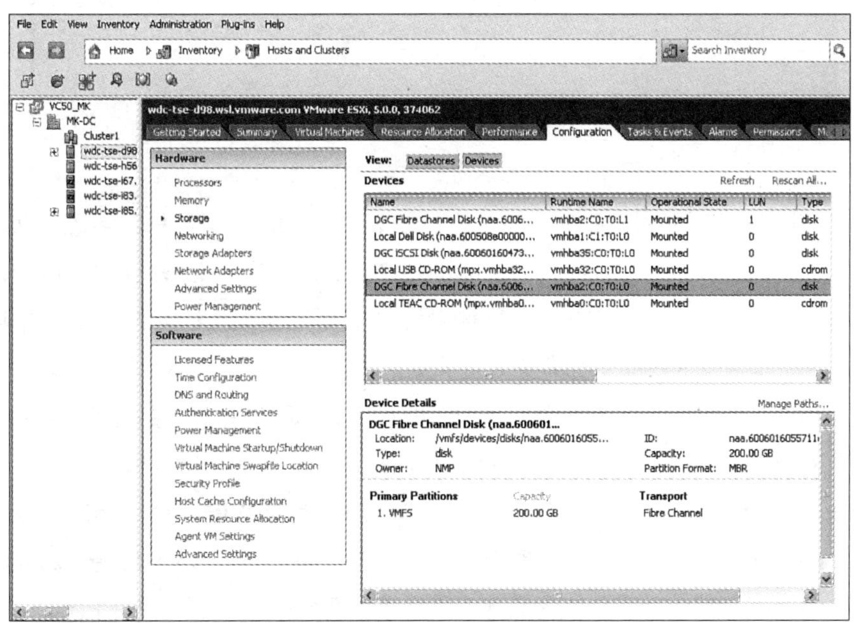

图 5.11 列出存储设备

7）选择 Device Details（设备详情）窗格中的 Manage Path（管理路径）。

8）图 5.12 中显示了连接到 FC 的 LUN 详情。在这个例子中，以升序排列运行时名称栏。Paths（路径）部分以如下格式显示所有可用路径：

- **Runtime Name（运行时名称）**——vmhbaX:C0:Ty:Lz，其中 X 是 HBA 号码，y 是目标号码，z 是 LUN 号码。更多的信息在本章前面的 5.7.3 节中有介绍。
- **Target（目标）**——WWNN，后面跟上目标的 WWPN（以空格分隔）。
- **（LUN）**——通过列出的路径可以到达的 LUN 号码
- **Status（状态）**——这是列出的各条路径的状态。

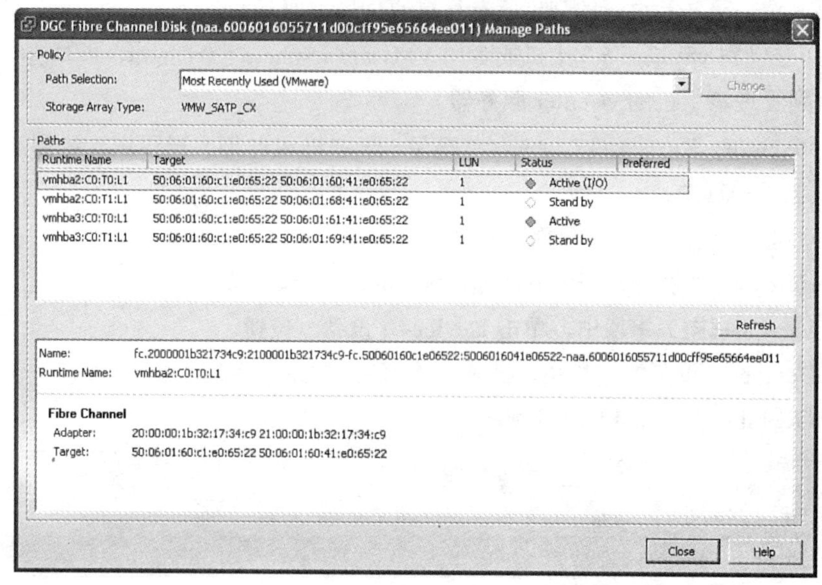

图 5.12 列出通向 FC 连接 LUN 的路径

9）与右下列出的运行时名称不同，下方窗格中的 Name（名称）字段是永久性的。它由 3 部分组成：HBA 名称、目标名称和 LUN 的设备 ID，以破折号（FC 设备）或者逗号（iSCSI 设备）分隔。HBA 和目标名称根据用于访问 LUN 的协议而有所不同。

图 5.12 展示了基于 FC 的路径名称，组成如下：

- **Initiator Name（发起方名称）**——由字母 FC 加上一个句号，然后是 HBA 的 WWNN 和 WWPN。后两者之间由冒号分隔（在第 3 章中讨论过）。
- **Target Name（目标名称）**——由目标的 WWNN 和 WWPN 组成，用冒号分隔。
- **LUN's Device ID（LUN 的设备 ID）**——在这个例子中，NAA ID 是 naa.6006016055711d00cff95e65664ee011，这是基于网络地址授权命名约定，代表 LUN 的逻辑设备的唯一标识符。

图 5.13 展示了基于 iSCSI 的路径名称，由如下部分组成：

- **Initiator Name（发起方名称）**——这是第 4 章讨论过的 iSCSI iqn 名称。
- **Target Name（目标名称）**——由目标的 iqn 名称和目标号码组成，两者由冒号分隔。在这个例子中，目标的 iqn 名称相同而目标号码不同——如 t,1 和 t,2。第二个目标信息在这里没有显示，但是你可以在路径中一次选择一条路径来显示它们，下方的窗格显示详情。
- **LUN’s DeviceID（LUN 的设备 ID）**——在这个例子中，NAA ID 是 naa.6006016047301a00eaed23f5884ee011，这是基于网络地址授权命名约定，代表 LUN 的逻辑设备的唯一标识符。

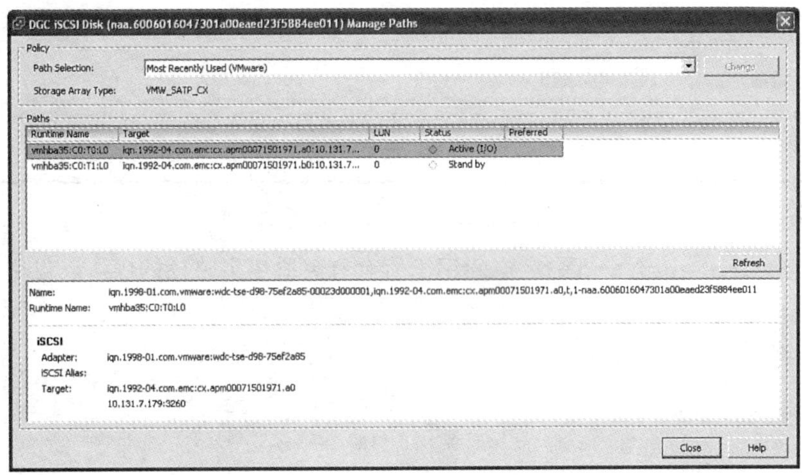

图 5.13　列出通向 iSCSI 连接 LUN 的路径

图 5.14 显示了基于以太网上的光纤通道（FCoE）的路径名，这与基于 FC 的路径名相同。唯一的不同是名称中用 fcoe 代替了 fc。

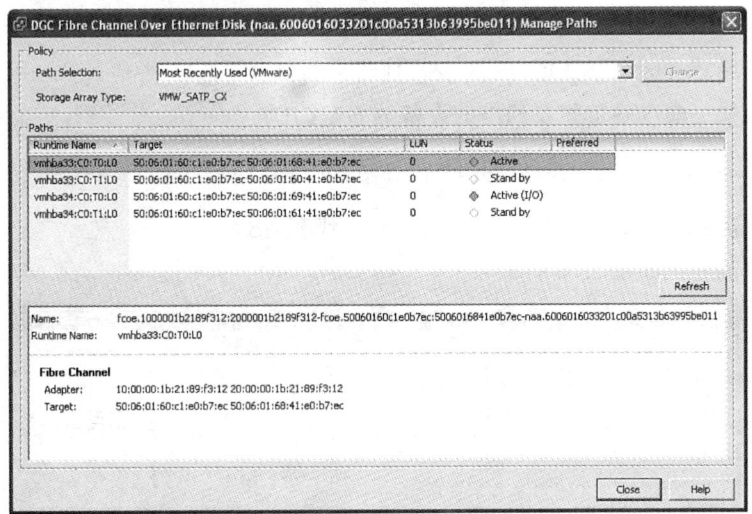

图 5.14　列出 FCoE 连接 LUN 的路径

5.8.2 用 CLI 列出通向某个 LUN 的路径

ESXCLI 提供前一节介绍的类似细节。关于访问 ESXCLI 的各种机制，参见 2.1.4 节。

在 vSphere 5.0 中，ESXCLI 的命名空间相当直观！只要启动 esxcli，后面跟上想要管理的 vSphere 区域——例如，esxcli network、esxcli software、esxcli storage——就可以分别管理网络、ESXi 软件和存储。更多可用的选项只要运行 `esxcli-help` 就可以看到。现在，我们转向可用的命令：

图 5.15 显示了 `esxcli storage nmp` 命名空间。

```
wdc-tse-d98.wsl.vmware.com - PuTTY
~ # esxcli storage nmp
Usage: esxcli storage nmp {cmd} [cmd options]

Available Namespaces:
  psp                 Operations pertaining to the Path Selection Policy Plugins for the VMware Native Multipath Plugin.
  satp                Operations pertaining to the Storage Array Type Plugins for the VMware Native Multipath Plugin.
  device              Operations pertaining to the devices currently claimed by the VMware Native Multipath Plugin.
  path                Operations pertaining to the paths currently claimed by the VMware Native Multipath Plugin.

~ #
```

图 5. 15　esxcli storage nmp 命名空间

`esxcli storage nmp` 命名空间用于所有有关原生多路径的操作，包括 psp、satp、设备和路径。

5.13 节将详细介绍所有这些命名空间。与本节相关的操作如下：

- `esxcli storage nmp path list`
- `esxcli storage nmp path list -d` <设备 ID，例如 NAA ID>

第一条命令提供通向所有设备的路径列表，不管它们连接的是哪台主机，使用的是哪种协议。

第二条命令用 –d 选项列出通向设备 ID（如 NAA ID）指定的设备的路径。

这个例子中的命令是：

```
esxcli storage nmp path list -d naa.6006016055711d00cff95e65664ee011
```

也可以使用冗长的命令选项 `-device` 代替 `-d`。

可以运行如下命令确定想要列出的设备的 NAA ID：

```
esxcfg-mpath -b |grep -B1 "fc Adapter"| grep -v -e "--" |sed 's/Adapter.*//'
```

也可以使用冗长的命令选项 `-list-paths` 代替 `-b`。

这条命令的输出如图 5.16 所示

```
wdc-tse-d98.wsl.vmware.com - PuTTY
~ # esxcfg-mpath -b |grep -B1 "fc Adapter"| grep -v -e "--" |sed 's/Adapter.*//'
naa.6006016055711d00cff95e65664ee011 : DGC Fibre Channel Disk (naa.6006016055711d00cff95e65664ee011)
   vmhba3:C0:T0:L1 LUN:1 state:active fc
   vmhba3:C0:T1:L1 LUN:1 state:standby fc
   vmhba2:C0:T0:L1 LUN:1 state:active fc
   vmhba2:C0:T1:L1 LUN:1 state:standby fc
naa.6006016055711d00cef95e65664ee011 : DGC Fibre Channel Disk (naa.6006016055711d00cef95e65664ee011)
   vmhba3:C0:T0:L0 LUN:0 state:active fc
   vmhba3:C0:T1:L0 LUN:0 state:standby fc
   vmhba2:C0:T0:L0 LUN:0 state:active fc
   vmhba2:C0:T1:L0 LUN:0 state:standby fc
~ #
```

图 5.16　通过 CLI 列出通向 FC 连接 LUN 的路径

这个输出显示所有 FC 连接设备。每个设备的设备显示名（Device Display Name）紧接在通向该设备的所有路径的运行时名之后（例如，vmhba3:C0:T0:L1）显示。这个输出和你在 ESX 服务器 3.5 及更早版本中看到的传统多路径输出有些类似。

设备显示名实际上在设备 NAA ID 和一个冒号之后显示。

从运行时名你可以确认 LUN 号和访问它们所通过的 HBA。HBA 号码是运行时名的第一部分，LUN 号码是运行时名的最后一部分。

所有遵循 SCSI-3 标准的块设备都分配一个 NAA 设备 ID，这在上述输出中的设备显示名的开始和结束位置列出。

在这个例子中，连接到 FC 的 LUN1 的 NAA ID 是 `naa.6006016055711d000cff95e65664ee011`，LUN0 的 NAA ID 是 `naa.6006016055711d000cef95e65664ee011`。我使用 LUN1 的设备 ID，得到图 5.17 所示的输出。

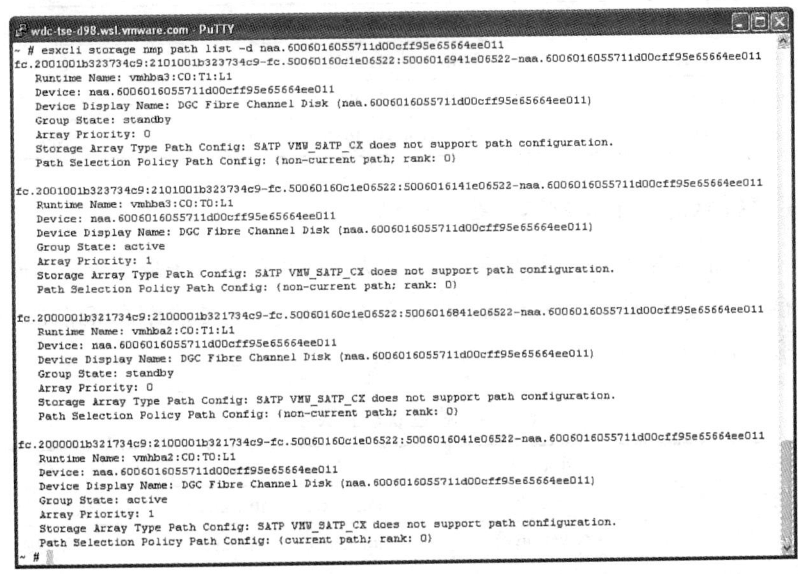

图 5.17 列出通向一个 FC 连接设备的路径名

可以将图 5.17 中所示命令的冗长版本 --device 替代为 -d。

从图 5.16 和图 5.17 的输出可以看出，LUN1 有 4 条路径。

使用运行时名，通向 LUN1 的路径列表是

- `vmhba3:C0:T1:L1`
- `vmhba3:C0:T0:L1`
- `vmhba2:C0:T1:L1`
- `vmhba2:C0:T0:L1`

以上列表根据物理路径名称转换为图 5.18 中所示的列表。这一输出用如下命令收集：

```
esxcli storage nmp path list -d naa.6006016055711d00cff95e65664ee011 |grep fc
```

或者使用如下的长选项：

```
esxcli storage nmp path list --device naa.6006016055711d00cff95e65664ee011 |grep fc
```

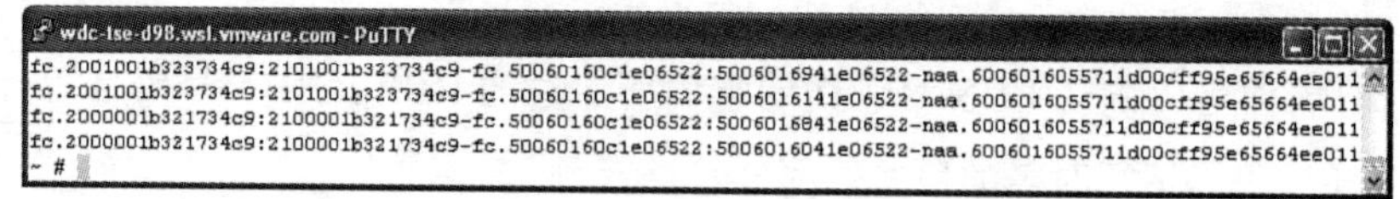

图 5.18 列出 FC 连接 LUN 的物理路径名

这个输出类似前面用对应 UI 过程确认的所有路径。

使用第 2 章中的表 2.1，可以将 4 条路径中列出的目标翻译为表 5.3。

表 5.3 确认 LUN 路径的 SP 端口

运行时名	目标 WWPN	Sp 端口关联
vmhba3:C0:T1:L1	5006016941e06522	SPB1
vmhba3:C0:T0:L1	5006016141e06522	SPA1
vmhba2:C0:T1:L1	5006016841e06522	SPB0
vmhba2:C0:T0:L1	5006016041e06522	SPA0

5.8.3 确定路径状态和 I/O 发送路径——FC

仍然使用 FC 的示例（参见图 5.17），与确认路径状态和 I/O 路径相关的两个字段是：Group State（组状态）和 Path Selection Policy Path Config（路径选择策略路径配置）。表 5.4 显示了这些字段的值和意义。

表 5.4 路径状态相关字段

运行时名	组 状 态	PSP 路径配置	意 义
vmhba3:C0:T1:L1	Standby	non-current path;rank:0	被动 SP——无 I/O
vmhba3:C0:T0:L1	Active	non-current path;rank:0	主动 SP——无 I/O
vmhba2:C0:T1:L1	Standby	non-current path;rank:0	被动 SP——无 I/O
vmhba2:C0:T0:L1	Active	current path;rank:0	主动 SP——I/O

结合两张表格，我们可以推断：

- LUN 目前属于 SPA（因此状态为活动）。
- 到 LUN 的 I/O 通过通向 SPA 端口 0 的路径。

注意 这一信息由 PSP 路径配置提供，因为正如 PSP 相关小节里所说，它的功能是“确定发送到给定存储设备的 I/O 请求使用的路径”。

这里列出的排名（rank）配置都为 0。第 7 章将讨论排名 I/O。

5.8.4　列出通向 iSCSI 连接设备路径的例子

要列出具体的 iSCSI 连接 LUN，尝试不同的设备 ID 查找方法：

```
esxcfg-mpath -m |grep iqn
```

还可以使用长命令选项：

```
esxcfg-mpath --list-map |grep iqn
```

这条命令的输出如图 5.19 所示。

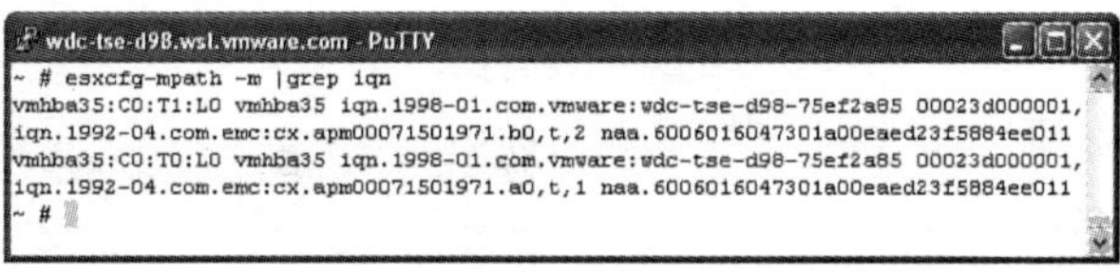

```
~ # esxcfg-mpath -m |grep iqn
vmhba35:C0:T1:L0 vmhba35 iqn.1998-01.com.vmware:wdc-tse-d98-75ef2a85 00023d000001,
iqn.1992-04.com.emc:cx.apm00071501971.b0,t,2 naa.6006016047301a00eaed23f5884ee011
vmhba35:C0:T0:L0 vmhba35 iqn.1998-01.com.vmware:wdc-tse-d98-75ef2a85 00023d000001,
iqn.1992-04.com.emc:cx.apm00071501971.a0,t,1 naa.6006016047301a00eaed23f5884ee011
~ #
```

图 5.19　通过 CLI 列出通向 iSCSI 连接 LUN 的路径

在输出中出现了换行。为了容易分辨，每一行实际上以 vmhba35 开始。从这个输出中，我们得到了表 5.5 中列出的信息。

表 5.5　运行时名与 NAA ID 的匹配

运行时名	NAA ID
Vmhba35:C0:T1:L0	naa.6006016047301a00eaed23f5884ee011
Vmhba35:C0:T0:L0	naa.6006016047301a00eaed23f5884ee011

这意味着，两条路径都通向 LUN0，NAA ID 为 naa.6006016047301a00eaed23f5884ee011。

现在，获取这个 LUN 的路径名。命令与用于 FC 设备的一样：

```
esxcli storage nmp path list -d naa.6006016047301a00eaed23f5884ee011
```

也可以使用这条命令的长版本：

```
esxcli storage nmp path list --device naa.6006016047301a00eaed23f5884ee011
```

输出如图 5.20 所示。

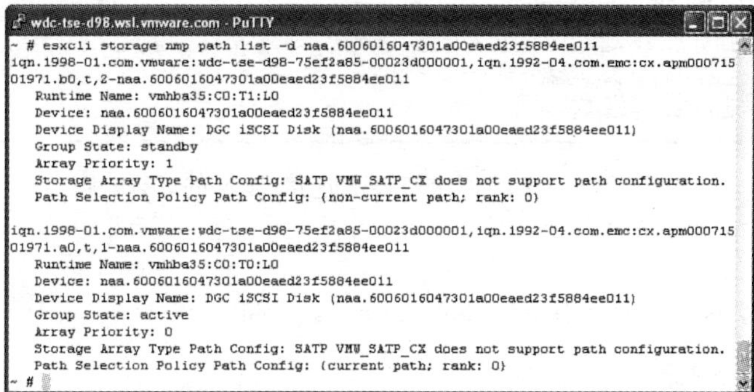

```
~ # esxcli storage nmp path list -d naa.6006016047301a00eaed23f5884ee011
iqn.1998-01.com.vmware:wdc-tse-d98-75ef2a85-00023d000001,iqn.1992-04.com.emc:cx.apm000715
01971.b0,t,2-naa.6006016047301a00eaed23f5884ee011
   Runtime Name: vmhba35:C0:T1:L0
   Device: naa.6006016047301a00eaed23f5884ee011
   Device Display Name: DGC iSCSI Disk (naa.6006016047301a00eaed23f5884ee011)
   Group State: standby
   Array Priority: 1
   Storage Array Type Path Config: SATP VMW_SATP_CX does not support path configuration.
   Path Selection Policy Path Config: {non-current path; rank: 0}

iqn.1998-01.com.vmware:wdc-tse-d98-75ef2a85-00023d000001,iqn.1992-04.com.emc:cx.apm000715
01971.a0,t,1-naa.6006016047301a00eaed23f5884ee011
   Runtime Name: vmhba35:C0:T0:L0
   Device: naa.6006016047301a00eaed23f5884ee011
   Device Display Name: DGC iSCSI Disk (naa.6006016047301a00eaed23f5884ee011)
   Group State: active
   Array Priority: 0
   Storage Array Type Path Config: SATP VMW_SATP_CX does not support path configuration.
   Path Selection Policy Path Config: {current path; rank: 0}
~ #
```

图 5.20　通过 CLI 列出通向 iSCSI 连接 LUN 的路径

注意，为了容易分辨，路径名称换行显示。

和 FC 连接设备类似，输出除了实际路径名以外都相同。这里，路径名以 iqn 而非 fc 开始。

组状态和路径选择策略路径配置字段也显示相似的内容。据此，建立了表 5.6。

表 5.6 将运行时名与目标 ID 及 SP 端口匹配

运行时名	目标 IQN	SP 端口关联
Vmhba35:C0:T1:L0	iqn.1992-04.com.emc:cx.apm00071501971.b0	SPB0
Vmhba35:C0:T0:L0	iqn.1992-04.com.emc:cx.apm00071501971.a0	SPA0

可以在命令后面附加 |grep iqn，在图 5.20 的输出中仅列出路径名。

这条命令的输出如图 5.21 所示，为了容易分辨进行了换行。每个路径名称以 iqn 开始：

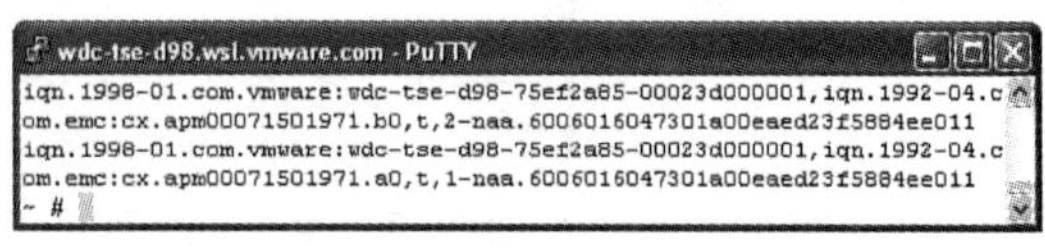

图 5.21 列出通向 iSCSI 连接 LUN 的路径名

```
esxcli storage nmp path list --device naa.6006016047301a00eaed23f5884ee011 |grep iqn
```

5.8.5 确定路径状态和 I/O 发送路径——iSCSI

确认 iSCSI 协议的路径状态和 I/O 路径的过程与前面所述的 FC 协议相同。

5.8.6 通向 FCoE 连接设备路径的例子

列出通向 FCoE 连接设备路径的过程与 FC 的过程相同，唯一不同的是使用的字符串是 fcoe Adapter 而不是 fc Adapter。

图 5.22 展示了 FCoE 配置的一个输出示例。

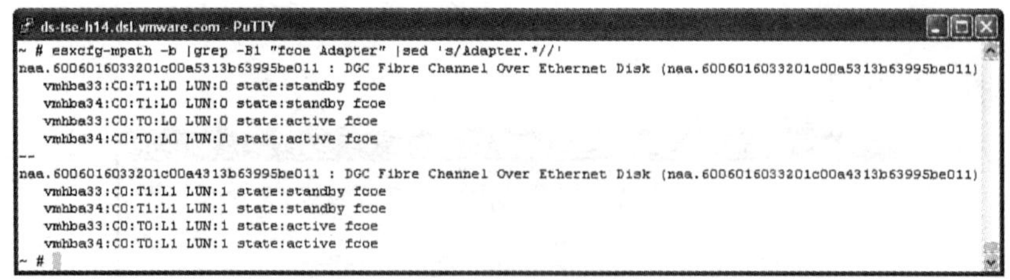

图 5.22 通过 CLI 列出的 FCoE 连接 LUN 的运行时路径

使用的命令如下：

```
esxcfg-mpath -b |grep -B1 "fcoe Adapter" |sed 's/Adapter.*//'
```

也可以使用冗长的命令：

```
esxcfg-mpath --list-paths |grep -B1 "fcoe Adapter" |sed 's/Adapter.*//'
```

使用 LUN1 的 NAA ID，路径名的列表如图 5.23 所示

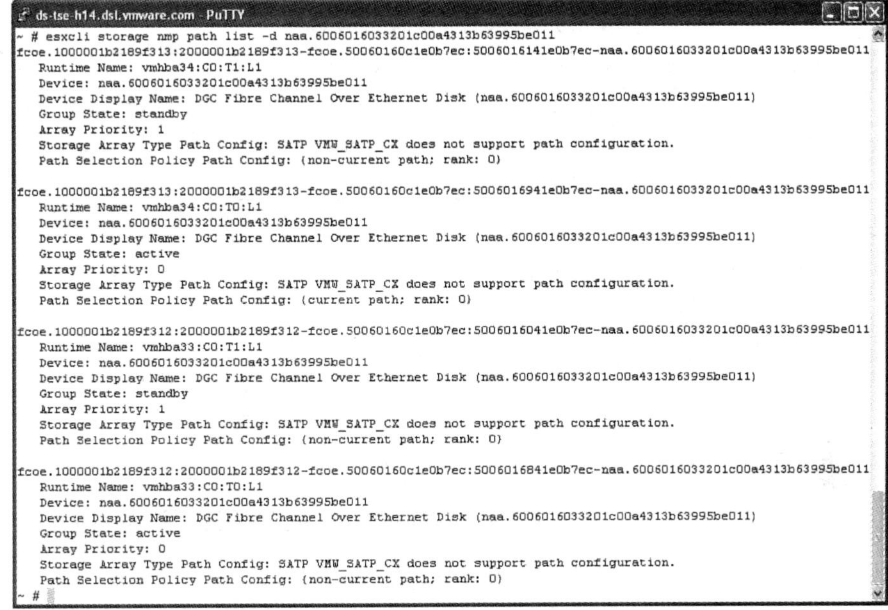

```
ds-tse-h14.dsl.vmware.com - PuTTY
~ # esxcli storage nmp path list -d naa.6006016033201c00a4313b63995be011
fcoe.1000001b2189f313:2000001b2189f313-fcoe.50060160c1e0b7ec:5006016141e0b7ec-naa.6006016033201c00a4313b63995be011
   Runtime Name: vmhba34:C0:T1:L1
   Device: naa.6006016033201c00a4313b63995be011
   Device Display Name: DGC Fibre Channel Over Ethernet Disk (naa.6006016033201c00a4313b63995be011)
   Group State: standby
   Array Priority: 1
   Storage Array Type Path Config: SATP VMW_SATP_CX does not support path configuration.
   Path Selection Policy Path Config: {non-current path; rank: 0}

fcoe.1000001b2189f313:2000001b2189f313-fcoe.50060160c1e0b7ec:5006016941e0b7ec-naa.6006016033201c00a4313b63995be011
   Runtime Name: vmhba34:C0:T0:L1
   Device: naa.6006016033201c00a4313b63995be011
   Device Display Name: DGC Fibre Channel Over Ethernet Disk (naa.6006016033201c00a4313b63995be011)
   Group State: active
   Array Priority: 0
   Storage Array Type Path Config: SATP VMW_SATP_CX does not support path configuration.
   Path Selection Policy Path Config: {current path; rank: 0}

fcoe.1000001b2189f312:2000001b2189f312-fcoe.50060160c1e0b7ec:5006016041e0b7ec-naa.6006016033201c00a4313b63995be011
   Runtime Name: vmhba33:C0:T1:L1
   Device: naa.6006016033201c00a4313b63995be011
   Device Display Name: DGC Fibre Channel Over Ethernet Disk (naa.6006016033201c00a4313b63995be011)
   Group State: standby
   Array Priority: 1
   Storage Array Type Path Config: SATP VMW_SATP_CX does not support path configuration.
   Path Selection Policy Path Config: {non-current path; rank: 0}

fcoe.1000001b2189f312:2000001b2189f312-fcoe.50060160c1e0b7ec:5006016841e0b7ec-naa.6006016033201c00a4313b63995be011
   Runtime Name: vmhba33:C0:T0:L1
   Device: naa.6006016033201c00a4313b63995be011
   Device Display Name: DGC Fibre Channel Over Ethernet Disk (naa.6006016033201c00a4313b63995be011)
   Group State: active
   Array Priority: 0
   Storage Array Type Path Config: SATP VMW_SATP_CX does not support path configuration.
   Path Selection Policy Path Config: {non-current path; rank: 0}
~ #
```

图 5.23 FCoE 连接 LUN 的路径名列表

也可以使用 --device 代替 -d，使用图 5.23 中所示命令的冗长版本。

上述输出转换的物理路径名如图 5.24 所示。

```
ds-tse-h14.dsl.vmware.com - PuTTY
fcoe.1000001b2189f313:2000001b2189f313-fcoe.50060160c1e0b7ec:5006016141e0b7ec-naa.6006016033201c00a4313b63995be011
fcoe.1000001b2189f313:2000001b2189f313-fcoe.50060160c1e0b7ec:5006016941e0b7ec-naa.6006016033201c00a4313b63995be011
fcoe.1000001b2189f312:2000001b2189f312-fcoe.50060160c1e0b7ec:5006016041e0b7ec-naa.6006016033201c00a4313b63995be011
fcoe.1000001b2189f312:2000001b2189f312-fcoe.50060160c1e0b7ec:5006016841e0b7ec-naa.6006016033201c00a4313b63995be011
~ #
```

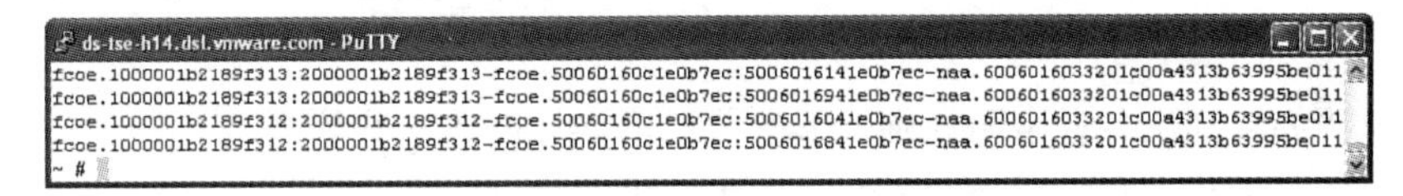

图 5.24 FCoE LUN 的路径名列表

用于收集图 5.24 所示输出的命令是：

```
esxcli storage nmp path list -d 6006016033201c00a4313b63995be011 |grep fcoe
```

用第 2 章中的表 2.1，可以将列出的目标转换为表 5.7 中列出的 4 条路径。

表 5.7 FCoE 目标转换

运行时名	目标 WWPN	SP 端口关联
vmhba34:C0:T1:L1	5006016141e0b7ec	SPA1
vmhba34:C0:T0:L1	5006016941e0b7ec	SPB1
Vmhba33:C0:T1:L1	5006016041e0b7ec	SPA0
Vmhba33:C0:T0:L1	5006016841e0b7ec	SPB0

5.8.7 确定路径状态和 I/O 发送路径——FCoE

仍然遵循 FC 例子中的过程（参见图 5.17），与确定路径状态和 I/O 路径相关的有两个

字段：组状态和路径选择策略路径配置。表 5.8 展示了这些字段的值和意义。

表 5.8 转换路径状态——FCoE

运行时名	组 状 态	PSP 路径配置	意　义
vmhba34:C0:T1:L1	Standby	non-current path;rank:0	被动 SP——无 I/O
vmhba34:C0:T0:L1	Active	current path;rank:0	主动 SP——I/O
Vmhba33:C0:T1:L1	Standby	non-current path;rank:0	被动 SP——无 I/O
Vmhba33:C0:T0:L1	Active	non-current path;rank:0	主动 SP——无 I/O

合并最后两个表格，我们可以推断出：

- LUN 目前属于 SPB（因此状态为 Active）。
- LUN 的 I/O 通过通向 SPB 端口 1 的路径发送。

5.9 声明规则

每个存储设备在任意时刻都由一个 PSA 插件管理。换句话说，设备不能被多于一个 PSA 插件管理。

例如，一台主机除了 NMP 之外还安装了一个第三方 MPP，NMP 无法管理第三方 MPP 管理的设备，除非更改配置将这些设备分配给 NMP。将特定设备与特定 PSA 插件关联的过程称作声明（Claiming），由声明规则（Claim Rules）定义。这些规则定义了设备及 NMP 或者 MPP 之间的相关性。NMP 在声明设备和特定的 SATP 及 PSP 之间有额外的关联。

本节说明如何列出各种声明规则。下一节讨论如何修改这些规则。

声明规则根据如下某个因素或者几个因素的组合定义：

- **供应商字符串**——在标准查询命令的响应中，阵列返回标准的查询响应，其中包含供应商字符串。这可以用于根据精确匹配定义声明规则。部分匹配或者有多余空格的字符串无效。
- **型号字符串**——与供应商字符串类似，型号字符串作为标准查询响应的一部分返回。声明规则可以使用型号字符串的精确匹配定义，多余的空格不受支持，这一点也与供应商字符串类似。
- **传输**——根据传输类型定义声明规则，传输机制声明所有使用该传输类型的设备。有效的传输类型是 block、fc、iscsi、iscsivendor、ide、sas、sata、usb、parallel 和 unknown。
- **驱动程序**——指定一个驱动程序名称作为声明规则定义的一个条件，可以声明通过这个驱动程序访问设备。例子之一是掩蔽通向连接到使用 mptscsi 驱动程序的 HBA 设备的所有路径。

5.10 MP 声明规则

第一组声明规则定义哪些 MPP 声明哪些设备。图 5.25 展示了默认的 MP 声明规则。

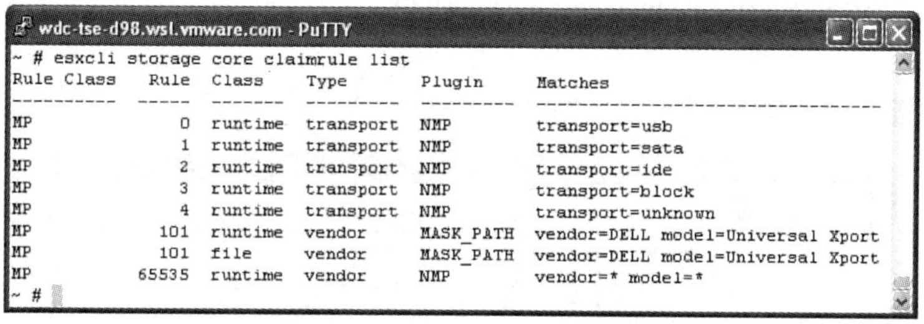

```
~ # esxcli storage core claimrule list
Rule Class   Rule  Class    Type       Plugin     Matches
----------   ----  -------  ---------  ---------  ---------------------------------
MP              0  runtime  transport  NMP        transport=usb
MP              1  runtime  transport  NMP        transport=sata
MP              2  runtime  transport  NMP        transport=ide
MP              3  runtime  transport  NMP        transport=block
MP              4  runtime  transport  NMP        transport=unknown
MP            101  runtime  vendor     MASK_PATH  vendor=DELL model=Universal Xport
MP            101  file     vendor     MASK_PATH  vendor=DELL model=Universal Xport
MP          65535  runtime  vendor     NMP        vendor=* model=*
~ #
```

图 5.25 列出 MP 声明规则

列出这些规则的命令是：

```
esxcli storage core claimrule list
```

这里的命名空间是 Core Storage（核心存储），这是因为 MPP 定义在 PSA 级别上进行。输出显示这个规则的分类是 MP，表示这些规则定义了设备与特定多路径插件的关联。

这里显示了两个插件：NMP 和 MASK_PATH。前面已经讨论了 NMP。MASK_PATH 插件用于掩蔽通向具体设备的路径，是已经弃用的传统多路径 LUN 掩蔽（Legacy Multipathing LUN Masking）vmkernel 参数的替代品。5.13 节提供一些例子。

表 5.9 列出输出中各个栏目的名称及解释。

表 5.9 声明规则字段说明

栏目名称	解 释
Rule Class（规则分类）	声明规则集定义的插件级别。可以是 MP、Filter 或者 VAAI
Rule（规则）	规则号码。定义了规则加载的顺序。与防火墙规则类似，使用第一条匹配规则，代替号码更大的规则
Class（类别）	取值为 runtime 或者 file。file 值表示规则定义存储在配置文件中（本节后面将有更多的介绍），Runtime 值表示规则从配置文件中读出，加载到内存中。换句话说，这条规则是活动的。如果规则仅作为 file 列出而不是 runtime，说明这条规则刚刚创建还未加载。更多规则加载的内容参见下一节的介绍
Type（类型）	类型可以是 vendor、model、transport 或者 driver。解释参见 5.9 节
Plugin（插件）	规则定义的插件名称
Matches（匹配）	这是规则定义中最重要的字段。这一列显示规则的“类型”和值。指定类型为 vendor 时，必须使用附加的参数 model。model 字符串必须精确匹配或者包含“*”通配符。可以使用 ^ 表示“从……开始”，然后跟上一个 *——例如，“^OPEN-*”

任何声明规则集中的最高编号为 65535。它被分配给声明来自“任何”供应商，“任何”型号字符串设备的全包含规则，被放在规则集最后，这样编号较小的规则可以声明到特定的设备。如果连接的设备没有定义明确的规则，它们就由 NMP 声明。

图 5.26 是第三方 MP 插件声明规则的一个例子。

```
wdc-tse-d98.wsl.vmware.com - PuTTY
~ # esxcli storage core claimrule list
Rule Class   Rule  Class    Type       Plugin     Matches
----------  -----  -------  ---------  ---------  ---------------------------------------
MP              0  runtime  transport  NMP        transport=usb
MP              1  runtime  transport  NMP        transport=sata
MP              2  runtime  transport  NMP        transport=ide
MP              3  runtime  transport  NMP        transport=block
MP              4  runtime  transport  NMP        transport=unknown
MP            101  runtime  vendor     MASK_PATH  vendor=DELL model=Universal Xport
MP            101  file     vendor     MASK_PATH  vendor=DELL model=Universal Xport
MP            230  runtime  vendor     NMP        vendor=HITACHI model=*
MP            230  file     vendor     NMP        vendor=HITACHI model=*
MP            240  runtime  location   NMP        adapter=vmhba2 channel=* target=* lun=1
MP            240  file     location   NMP        adapter=vmhba2 channel=* target=* lun=1
MP            250  runtime  vendor     PowerPath  vendor=DGC model=*
MP            250  file     vendor     PowerPath  vendor=DGC model=*
MP            260  runtime  vendor     PowerPath  vendor=EMC model=SYMMETRIX
MP            260  file     vendor     PowerPath  vendor=EMC model=SYMMETRIX
MP            270  runtime  vendor     PowerPath  vendor=EMC model=Invista
MP            270  file     vendor     PowerPath  vendor=EMC model=Invista
MP            280  file     vendor     PowerPath  vendor=HITACHI model=*
MP            290  runtime  vendor     PowerPath  vendor=HP model=*
MP            290  file     vendor     PowerPath  vendor=HP model=*
MP            300  runtime  vendor     PowerPath  vendor=COMPAQ model=HSV111 (C)COMPAQ
MP            300  file     vendor     PowerPath  vendor=COMPAQ model=HSV111 (C)COMPAQ
MP            310  runtime  vendor     PowerPath  vendor=EMC model=Celerra
MP            310  file     vendor     PowerPath  vendor=EMC model=Celerra
MP            320  runtime  vendor     PowerPath  vendor=IBM model=2107900
MP            320  file     vendor     PowerPath  vendor=IBM model=2107900
MP          65535  runtime  vendor     NMP        vendor=* model=*
~ #
```

图 5.26　列出 EMC PowerPath/VE 声明规则

这里可以看到编号为250-320的规则是PowerPath/VE加入的，这些规则允许 PowerPath 插件声明表 5.10 中列出的所有设备。

表 5.10　PowerPath 声明的设备

阵　列	供应商	型　号
EMC CLARiion 家族	DGC	所有（使用通配符 *）
EMC Symmetrix 家族	EMC	SYMMETRIX
EMC Invista	EMC	Invista
日立	HITACHI	所有
HP	HP	所有
HP EVA HSV111 家族（Compaq 品牌）	HP	HSV111 (C) COMPAQ
EMC Celerra	EMC	Celerra
IBM DS8000 家族	IBM	2107900

注意　在型号字符串上使用部分匹配的声明规则有一个已知的局限性，因此使用 model=OPEN 规则的旧版本 PowerPath/VE 不能声明型号字符串为 OPEN-V、OPEN-10 等的设备。从图 5.26 中可以看到，5.7 版本不再使用部分匹配，而是用 * 代替。

5.11 插件注册

vSphere 5 有一个新概念——插件注册。这个概念实际上在 4.x 中就已经存在，但是没有向最终用户披露。安装一个 PSA 插件时，如果它有任何依赖模块，要向 PSA 框架注册，如图 5.27 所示的输出。

```
wdc-tse-d98.wsl.vmware.com - PuTTY
~ # esxcli storage core plugin registration list
Module Name          Plugin Name          Plugin Class  Dependencies                    Full Path
-------------------  -------------------  ------------  ------------------------------  ---------
mask_path_plugin     MASK_PATH            MP
nmp                  NMP                  MP
vmw_satp_symm        VMW_SATP_SYMM        SATP
vmw_satp_svc         VMW_SATP_SVC         SATP
vmw_satp_msa         VMW_SATP_MSA         SATP
vmw_satp_lsi         VMW_SATP_LSI         SATP
vmw_satp_inv         VMW_SATP_INV         SATP          vmw_satp_lib_cx
vmw_satp_eva         VMW_SATP_EVA         SATP
vmw_satp_eql         VMW_SATP_EQL         SATP
vmw_satp_cx          VMW_SATP_CX          SATP          vmw_satp_lib_cx
vmw_satp_alua_cx     VMW_SATP_ALUA_CX     SATP          vmw_satp_alua,vmw_satp_lib_cx
vmw_satp_lib_cx      None                 SATP
vmw_satp_alua        VMW_SATP_ALUA        SATP
vmw_satp_default_ap  VMW_SATP_DEFAULT_AP  SATP
vmw_satp_default_aa  VMW_SATP_DEFAULT_AA  SATP
vmw_satp_local       VMW_SATP_LOCAL       SATP
vmw_psp_lib          None                 PSP
vmw_psp_mru          VMW_PSP_MRU          PSP           vmw_psp_lib
vmw_psp_rr           VMW_PSP_RR           PSP           vmw_psp_lib
vmw_psp_fixed        VMW_PSP_FIXED        PSP           vmw_psp_lib
vmw_vaaip_emc        None                 VAAI
vmw_vaaip_mask       VMW_VAAIP_MASK       VAAI
vmw_vaaip_symm       VMW_VAAIP_SYMM       VAAI          vmw_vaaip_emc
vmw_vaaip_netapp     VMW_VAAIP_NETAPP     VAAI
vmw_vaaip_lhn        VMW_VAAIP_LHN        VAAI
vmw_vaaip_hds        VMW_VAAIP_HDS        VAAI
vmw_vaaip_eql        VMW_VAAIP_EQL        VAAI
vmw_vaaip_cx         VMW_VAAIP_CX         VAAI          vmw_vaaip_emc,vmw_satp_lib_cx
vaai_filter          VAAI_FILTER          Filter
~ #
```

图 5.27 列出 PSA 插件注册

输出显示如下内容：

- **Module Name（模块名称）**——插件核心模块名称，这是实际插入 vmkernel 的插件软件二进制代码和必要的程序库（如果有的话）。
- **Plugin Name（插件名称）**——这是插件的标识名，是创建或者修改声明规则时使用的名称。
- **Plugin class（插件类别）**——这是插件所属类别的名称。例如，上节介绍了 MP 类别插件。下一节讨论 SATP 和 PSP 插件，后面的章节介绍 VAAI 和 VAAI_Filter 类别。
- **Dependencies（依赖）**——这是注册插件操作所需的程序库和其他插件。
- **Full Path（完整路径）**——这是专用于注册插件的文件、程序库或者二进制代码的完整路径。在默认注册中大部分为空白。

5.12 SATP 声明规则

理解了 NMP 插入 PSA 的方式，现在可以研究 SATP 插入 NMP 的方式了。

每个 SATP 与一个默认的 PSP 关联。默认 PSP 可以用 SATP 声明规则覆盖。在解释如何列出这些规则之前，首先研究一些默认的设置。

用于列出每个 SATP 默认 PSP 分配的命令是：

```
esxcli storage nmp satp list
```

这条命令的输出如图 5.28 所示。

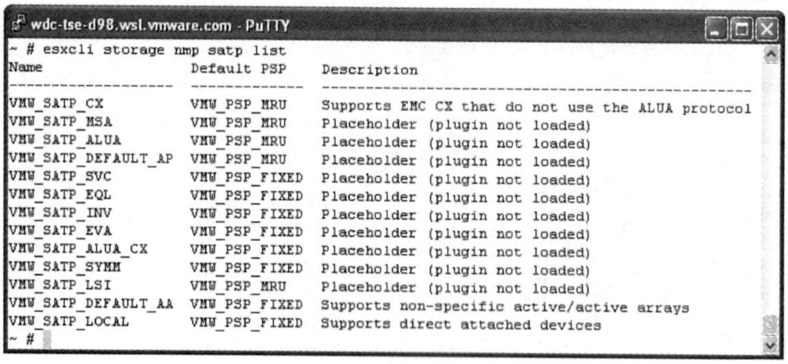

```
wdc-tse-d98.wsl.vmware.com - PuTTY
~ # esxcli storage nmp satp list
Name                 Default PSP    Description
-------------------  -------------  ------------------------------------------------
VMW_SATP_CX          VMW_PSP_MRU    Supports EMC CX that do not use the ALUA protocol
VMW_SATP_MSA         VMW_PSP_MRU    Placeholder (plugin not loaded)
VMW_SATP_ALUA        VMW_PSP_MRU    Placeholder (plugin not loaded)
VMW_SATP_DEFAULT_AP  VMW_PSP_MRU    Placeholder (plugin not loaded)
VMW_SATP_SVC         VMW_PSP_FIXED  Placeholder (plugin not loaded)
VMW_SATP_EQL         VMW_PSP_FIXED  Placeholder (plugin not loaded)
VMW_SATP_INV         VMW_PSP_FIXED  Placeholder (plugin not loaded)
VMW_SATP_EVA         VMW_PSP_FIXED  Placeholder (plugin not loaded)
VMW_SATP_ALUA_CX     VMW_PSP_FIXED  Placeholder (plugin not loaded)
VMW_SATP_SYMM        VMW_PSP_FIXED  Placeholder (plugin not loaded)
VMW_SATP_LSI         VMW_PSP_MRU    Placeholder (plugin not loaded)
VMW_SATP_DEFAULT_AA  VMW_PSP_FIXED  Supports non-specific active/active arrays
VMW_SATP_LOCAL       VMW_PSP_FIXED  Supports direct attached devices
~ #
```

图 5.28　列出 SATP 和默认的 PSP

命名空间是 Storage、NMP，最后是 SATP。

注意　VMW_SATP_ALUA_CX 插件与 VMW_PSP_FIXED 关联。从 vSphere 5.0 开始，VMW_PSP_FIXED_AP 的功能被移入 VMW_PSP_FIXED 中。这简化了 ALUA 阵列的首选路径选项的使用，同时仍然以同主动 / 被动阵列类似的风格处理故障切换事件的触发。更多内容参见第 6 章。

知道哪个 PSP 是哪个 SATP 的默认策略只是故事的一部分。NMP 必须知道它将把哪个 SATP 用于哪个存储设备。这通过 SATP 声明规则完成，该规则根据供应商、型号、驱动程序和 / 或传输类型，将给定的 SATP 与某个存储设备关联。

要列出 SATP 规则，运行如下命令：

```
esxcli storage nmp satp rule list
```

命令的输出太长太广，无法在一个屏幕截图中显示。这里将该输出分为一组图片，在图片中列出一部分输出，然后将完整的文本输出在后续的表格中列出。图 5.29、图 5.30、图 5.31 和图 5.32 展示了输出的 4 个部分。

提示　要格式化上述命令，更好地编排文本使其易于辨认，可以将输出通过管道发送到 less-S。这会将长的行截断，将对应列之下的文本对齐。

这样，命令变为：

```
esxcli storage nmp satp list | less -S
```

```
wdc-tse-d98.wsl.vmware.com - PuTTY
Name                Device Vendor  Model            Driver Transport Options                    Rule Group Claim Options
------------------- ------ ------- ---------------- ------ --------- -------------------------- ---------- -------------
VMW_SATP_CX                DGC                                                                  system     tpgs_off
VMW_SATP_MSA                       MSA1000 VOLUME                                               system
VMW_SATP_ALUA              NETAPP                                                               system     tpgs_on
VMW_SATP_ALUA              IBM     2810XIV                                                      system     tpgs_on
VMW_SATP_ALUA                                                                                   system     tpgs_on
VMW_SATP_ALUA              IBM     2107900                           reset_on_attempted_reserve system
VMW_SATP_DEFAULT_AP        DEC     HSG80                                                        system
VMW_SATP_DEFAULT_AP                HSVX700                                                      system     tpgs_off
VMW_SATP_DEFAULT_AP                HSV100                                                       system
VMW_SATP_DEFAULT_AP                HSV110                                                       system
VMW_SATP_SVC               IBM     2145                                                         system
VMW_SATP_EQL               EQLOGIC                                                              system
VMW_SATP_INV               EMC     Invista                                                      system
VMW_SATP_INV               EMC     LUNZ                                                         system
VMW_SATP_EVA                       HSV200                                                       system     tpgs_off
VMW_SATP_EVA                       HSV210                                                       system     tpgs_off
VMW_SATP_EVA                       HSVX740                                                      system     tpgs_off
VMW_SATP_EVA                       HSV101                                                       system     tpgs_off
VMW_SATP_EVA                       HSV111                                                       system     tpgs_off
VMW_SATP_EVA                       HSV300                                                       system     tpgs_off
VMW_SATP_EVA                       HSV400                                                       system     tpgs_off
VMW_SATP_EVA                       HSV450                                                       system     tpgs_off
VMW_SATP_ALUA_CX           DGC                                                                  system     tpgs_on
VMW_SATP_SYMM              EMC     SYMMETRIX                                                    system
VMW_SATP_LSI               IBM     ^1742*                                                       system
VMW_SATP_LSI               IBM     ^3542*                                                       system
VMW_SATP_LSI               IBM     ^3552*                                                       system
VMW_SATP_LSI               IBM     ^1722*                                                       system
VMW_SATP_LSI               IBM     ^1815*                                                       system
VMW_SATP_LSI               IBM     ^1724*                                                       system
VMW_SATP_LSI               IBM     ^1726-*                                                      system
VMW_SATP_LSI               IBM     ^1814*                                                       system
VMW_SATP_LSI               IBM     ^1818*                                                       system
VMW_SATP_LSI                       Universal Xport                                              system
:
```

图 5.29 列出 SATP 声明规则——左上部分

```
wdc-tse-d98.wsl.vmware.com - PuTTY
                       Default PSP PSP Options Description
---------------------- ----------- ----------- -----------------------------------------------------------------
                                               All non-ALUA Clariion Arrays
                                               MSA 1000/1500 [Legacy product, Not supported in this release]
                       VMW_PSP_RR              NetApp arrays with ALUA support
                       VMW_PSP_RR              IBM 2810XIV arrays with ALUA support
                                               Any array with ALUA support


                                               active/passive HP StorageWorks SVSP
                                               active/passive EVA 3000 GL [Legacy product, Not supported in this release]
                                               active/passive EVA 5000 GL [Legacy product, Not supported in this release]

                                               All EqualLogic Arrays

                                               Invista LUNZ
                                               active/active EVA 4000/6000 XL
                                               active/active EVA 8000/8100 XL
                                               active/active HP StorageWorks SVSP
                                               active/active EVA 3000 GL [Legacy product, Not supported in this release]
                                               active/active EVA 5000 GL [Legacy product, Not supported in this release]
                                               active/active EVA 4400
                                               active/active EVA 6400
                                               active/active EVA 8400
                                               CLARiiON array in ALUA mode
                                               EMC Symmetrix
                                               FAStT 700/900
                                               FAStT 200
                                               FAStT 500
                                               FAStT 600/DS4300
                                               FAStT DS4800
                                               FAStT 100
                                               DS3X00
                                               DS4000
                                               DS5100/DS5300
                                               FAStT
:
```

图 5.30 列出 SATP 声明规则——右上部分

```
wdc-tse-d98.wsl.vmware.com - PuTTY
VMW_SATP_LSI           LSI      BladeCtlr BC88                              system
VMW_SATP_LSI           LSI      BladeCtlr B210                              system
VMW_SATP_LSI           LSI      BladeCtlr B220                              system
VMW_SATP_LSI           LSI      BladeCtlr B240                              system
VMW_SATP_LSI           LSI      BladeCtlr B280                              system
VMW_SATP_LSI           LSI      INF-01-00                                   system
VMW_SATP_LSI           LSI      FLEXLINE 380                                system
VMW_SATP_LSI           SUN      CSM100_R_FC                                 system
VMW_SATP_LSI           SUN      FLEXLINE 380                                system
VMW_SATP_LSI           SUN      CSM200_R                                    system
VMW_SATP_LSI           SUN      LCSM100_F                                   system
VMW_SATP_LSI           SUN      LCSM100_I                                   system
VMW_SATP_LSI           SUN      LCSM100_S                                   system
VMW_SATP_LSI           SUN      STK6580_6780                                system
VMW_SATP_LSI           ENGENIO  INF-01-00                                   system
VMW_SATP_LSI           IBM      ^1746*                                      system
VMW_SATP_LSI           DELL     MD32xx                                      system
VMW_SATP_LSI           DELL     MD32xxi                                     system
VMW_SATP_LSI           SGI      IS500                                       system
VMW_SATP_LSI           SGI      IS600                                       system
VMW_SATP_LSI           SUN      SUN_6180                                    system
VMW_SATP_LSI           DELL     MD36xxi                                     system
VMW_SATP_DEFAULT_AA    HITACHI                                              system     inq_data[128]=
VMW_SATP_DEFAULT_AA    IBM      2810XIV                                     system     tpgs_off
VMW_SATP_DEFAULT_AA                                   fc                    system
VMW_SATP_DEFAULT_AA                                   iscsi                 system
VMW_SATP_DEFAULT_AA    IBM      SAS SES-2 DEVICE                            system
VMW_SATP_DEFAULT_AA    IBM      1820N00                                     system     tpgs_off
VMW_SATP_DEFAULT_AA    HITACHI                                              system
VMW_SATP_LOCAL                                        usb                   system
VMW_SATP_LOCAL                                        ide                   system
VMW_SATP_LOCAL                                        block                 system
VMW_SATP_LOCAL                                        parallel              system
VMW_SATP_LOCAL                                        sas                   system
VMW_SATP_LOCAL                                        sata                  system
VMW_SATP_LOCAL                                        unknown               system
(END)
```

图 5.31　列出 SATP 声明规则——左下部分

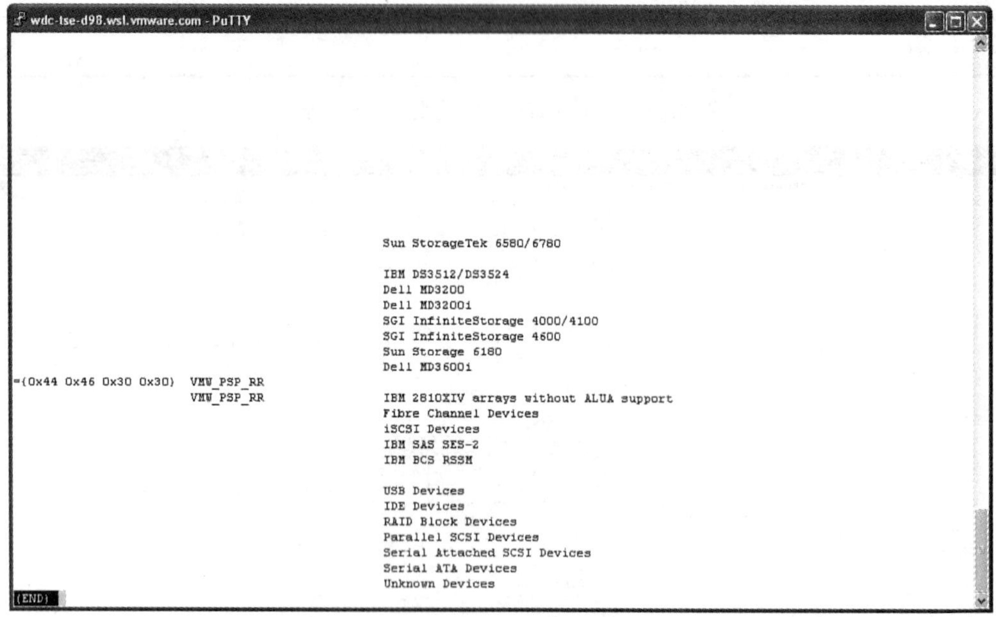

```
wdc-tse-d98.wsl.vmware.com - PuTTY








                                          Sun StorageTek 6580/6780

                                          IBM DS3512/DS3524
                                          Dell MD3200
                                          Dell MD3200i
                                          SGI InfiniteStorage 4000/4100
                                          SGI InfiniteStorage 4600
                                          Sun Storage 6180
                                          Dell MD3600i
=(0x44 0x46 0x30 0x30)  VMW_PSP_RR
                        VMW_PSP_RR        IBM 2810XIV arrays without ALUA support
                                          Fibre Channel Devices
                                          iSCSI Devices
                                          IBM SAS SES-2
                                          IBM BCS RSSM

                                          USB Devices
                                          IDE Devices
                                          RAID Block Devices
                                          Parallel SCSI Devices
                                          Serial Attached SCSI Devices
                                          Serial ATA Devices
                                          Unknown Devices
(END)
```

图 5.32　列出 SATP 声明规则——右下部分

为了让读者有更清晰的理解，我们以输出中的两行为例解释其含义。

图 5.33 显示了无 ALUA 功能和有 ALUA 功能的 CLARiiON 阵列的相关规则。删除了三个空白列（Driver、Transport 和 Options）来安排各行的内容。

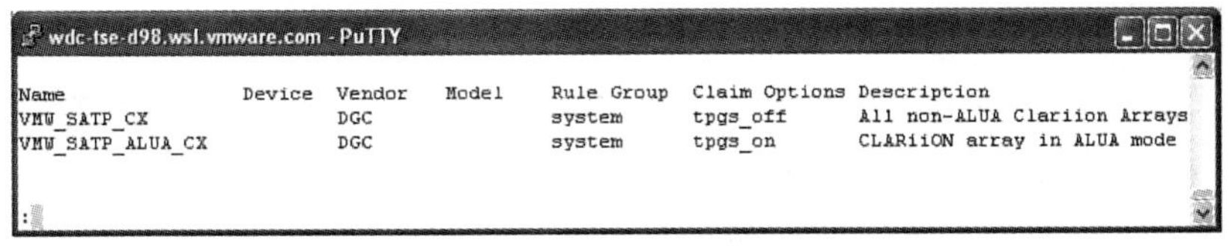

Name	Device	Vendor	Model	Rule Group	Claim Options	Description
VMW_SATP_CX		DGC		system	tpgs_off	All non-ALUA Clariion Arrays
VMW_SATP_ALUA_CX		DGC		system	tpgs_on	CLARiiON array in ALUA mode

图 5.33　CLARiiON 无 ALUA 和有 ALUA 规则

这两行显示用于 EMC CLARiiON CX 家族的声明规则。使用这个规则，NMP 在供应商字符串为 DGC 时确定阵列是 CLARiiON CX。如果 NMP 在这里停止，它将使用 VMW_SATP_CX 作为这个阵列的 SATP。然而，这个家族的阵列可以支持不只一种配置。这就是 Claim Options（声明选项）列值的用处！如果选项为 tpgs_off，NMP 使用 VMW_SATP_CX 插件；而如果选项为 tpgs_on，NMP 使用 VMW_SATP_ALUA_CX。第 6 章将说明这些选项的含义。

图 5.34 展示了利用额外选项的另一个示例。为了适合显示，删除了 Device（设备）列。

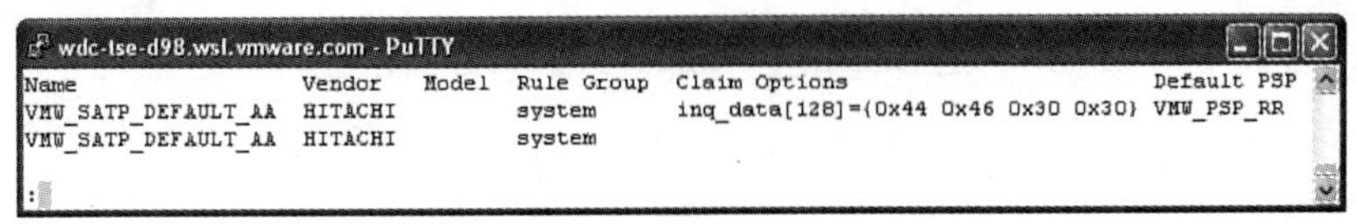

Name	Vendor	Model	Rule Group	Claim Options	Default PSP
VMW_SATP_DEFAULT_AA	HITACHI		system	inq_data[128]={0x44 0x46 0x30 0x30}	VMW_PSP_RR
VMW_SATP_DEFAULT_AA	HITACHI		system		

图 5.34　使用声明选项的声明规则

在这个例子中，NMP 将 VMW_SATP_DEFAULT_AA SATP 用于所有型号字符串为 HITACHI 的阵列。然而，根据声明规则中列出的值选择默认 PSP：

- 如果该列为空白，使用默认 PSP（根据图 5.28 中显示的列表，是 VMW_PSP_FIXED）。在该列表中，可以看到 VMW_SATP_DEFAULT_AA 被指派了名为 VMW_PSP_FIXED 的默认 PSP。
- 如果该列显示 inq_data［128］={0x44 0x46 0x30 0x30}，这是通过查询串从阵列报告的数据，NMP 覆盖默认 PSP 配置，使用 VMW_PSP_RR 代替。

5.13　用 UI 修改 PSA 插件配置

可以用 CLI 及 UI（在有限的程度上）修改 PSA 插件配置。因为 UI 提供的修改选项要少得多，我们先加以介绍，然后将其撇开！

用 UI 可以修改哪些 PSA 配置

你可以为给定的设备修改 PSP。然而，这在 LUN 级别而不是在阵列的级别上进行。

你知道为什么要这么做吗？

想象如下情景：

在你的环境中，虚拟机上有 Microsoft 群集服务（MSCS）群集节点。群集的共享存储是物理模式原始设备映射（Physical Mode Raw Device Mappings，RDM），这也被称作直通 RDM（Passthrough RDM）。你的存储供应商建议使用循环路径选择策略（Round-RobinPath Selection，VMW_PSP_RR）。但是，VMware 不支持在共享 RDM 上的 MSCS 群集中使用这个策略。

最佳的方法是在大部分 LUN 上遵循存储供应商的建议，但是按照这里列出的过程将 RDM LUN 的 PSP 修改为默认 PSP。

通过 UI 修改 PSP 的过程

1）使用 vSphere 客户端浏览 MSCS 节点 VM 并且在库存窗格中右键单击该 VM。选择 Edit Settings（编辑设置），见图 5.35。

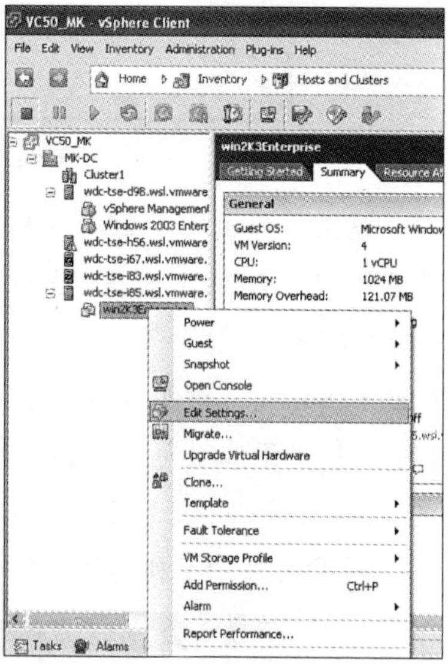

图 5.35 通过 UI 编辑 VM 设置

出现如图 5.36 所示的对话框。

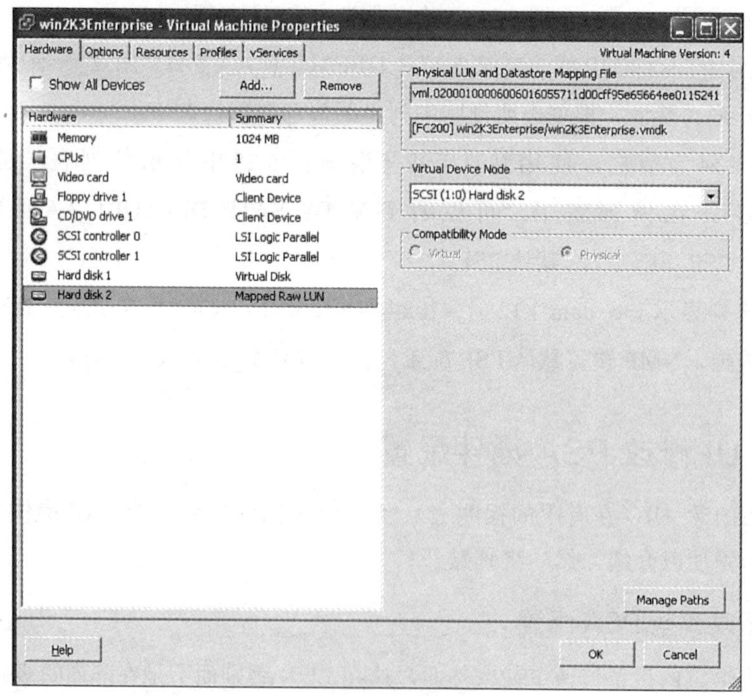

图 5.36 虚拟机属性对话框

2）在 Hardware（硬件）选项卡中查找列出的 RDM。你可以通过摘要栏中显示的

Mapped Raw LUN 找到这些设备。在右上角你可以找到逻辑设备名称（Logical Device Name），这个名称以 vml 作为前缀，在标签为 Physical LUN and Datastore Mapping File（物理 LUN 和数据存储映射文件）的字段中。

3）双击字段中的文本。右键单击选中的文本并单击 copy（复制）命令（见图 5.37）。

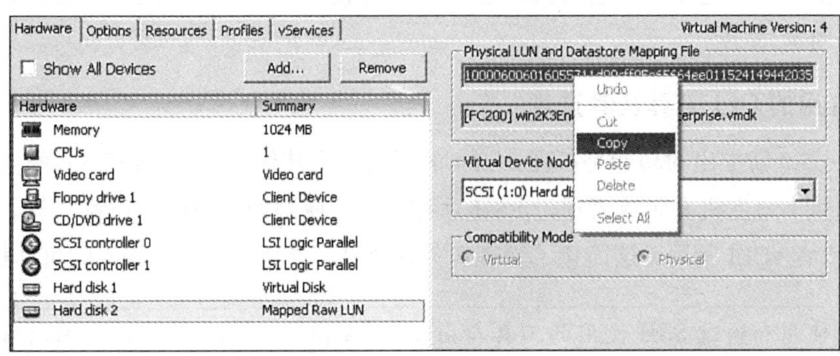

图 5.37 通过 UI 复制 RDM 的 VML ID（逻辑设备名）

4）将复制的文本用于下一节中的第 4 步和第 5 步，完成相同的工作。不过，在这里，单击图 5.37 中所示对话框中的 Manage Paths（管理路径）按钮。

显示如图 5.38 所示的 Manage Paths（管理路径）对话框。

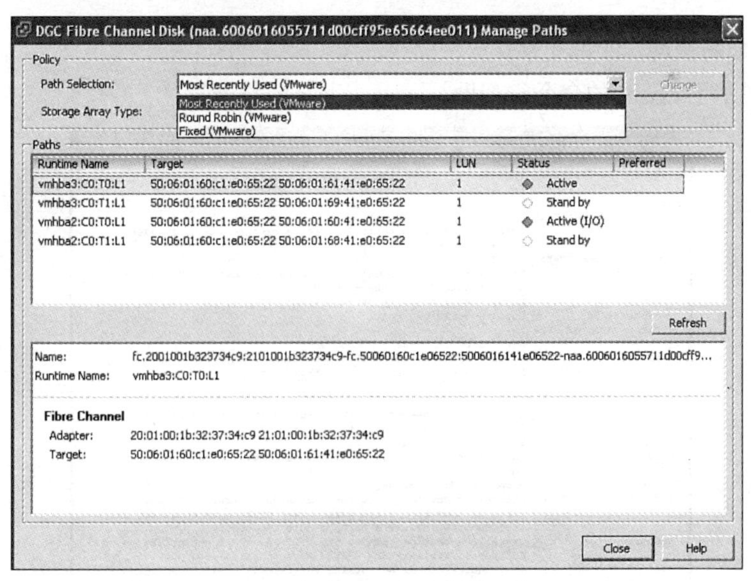

图 5.38 通过 UI 修改 PSP 选择

5）单击 Path Selection（路径选择）字段旁边的下拉菜单，将其从 Round Robin（VMware）修改为阵列的默认 PSP。单击 Change（修改）按钮，检查 VMware HCL 找出默认的 PSP。如果这里列出的 PSP 是 RoundRobin，按照上面列出的例子找出所要选择的 PSP。

6）单击 Close 按钮。

5.14 用 CLI 修改 PSA 插件

CLI 提供一系列配置、自定义和修改 PSA 插件设置的选项。下面会陆续介绍各种可配置选项及其用例。

5.14.1 可用的 CLI 工具及其选项

vSphere 5.0 新推出的功能是扩展 esxcli 的用途，将其作为管理 ESXi 5.0 的主要 CLI 工具。不管你从本地主机登录或者通过 SSH 远程登录，使用的二进制代码都一样。这些代码也为 vMA 或者 vCLI 所用。这简化了管理任务并改进了使用 esxcli 的脚本的可移植性。

提示 本地使用和通过 SSH 使用的工具与用于 vMA 和远程 CLI 的工具之间的唯一不同是后两者需要在命令行提供服务器名和用户凭据。vMA FastPass（fp）工具的使用和在 vCLI 上将用户凭据添加到 CREDSTORE 环境变量的方法参考第 3 章中的介绍。

假定服务器名和用户凭据在环境中设置，不管在哪里使用，本书中所有例子里的命令行语法都相同。

ESXCLI 命名空间

图 5.39 展示了 esxcli 的命令行帮助。

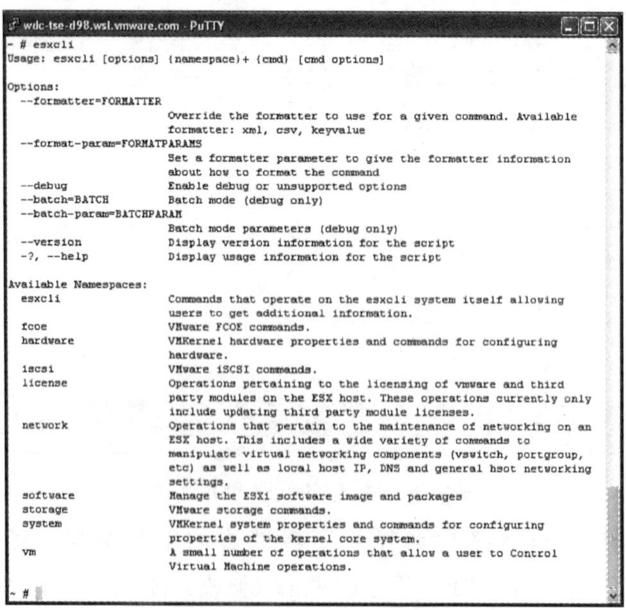

图 5.39 列出 esxcli 命名空间

本章相关的命名空间是 storage。这是大部分例子中使用的。图 5.40 显示 storage 命名空间的命令行帮助：

```
esxcli storage
```

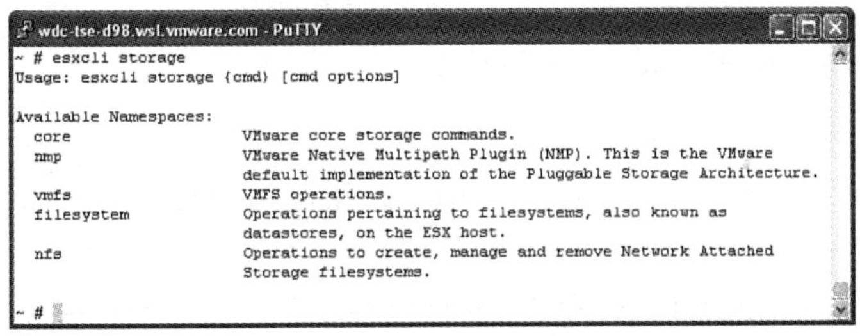

```
~ # esxcli storage
Usage: esxcli storage {cmd} [cmd options]

Available Namespaces:
  core                VMware core storage commands.
  nmp                 VMware Native Multipath Plugin (NMP). This is the VMware
                      default implementation of the Pluggable Storage Architecture.
  vmfs                VMFS operations.
  filesystem          Operations pertaining to filesystems, also known as
                      datastores, on the ESX host.
  nfs                 Operations to create, manage and remove Network Attached
                      Storage filesystems.
~ #
```

图 5.40　列出 esxcli storage 命名空间

表 5.11　storage 命名空间中的可用命名空间

命名空间	用　法
Core	用于 PSA 级别的任何事物，例如其他 MPP、PSA 声明规则等
nmp	用于 NMP 及其“子女”，比如 SATP 和 PSP
vmfs	用于人工处理快照 LUN 上的 VMFS 卷、管理区域（extent）和升级 VMFS
filesystem	用于列表、安装和卸载支持的数据存储
nfs	用于安装、卸载和列出 NFS 数据存储

5.14.2　添加 PSA 声明规则

PSA 声明规则可以用于 MP、过滤器和 VAAI 级别。第 6 章会介绍后两者。

下面是 MP 级别声明规则的例子。

1. 添加规则将特定 LUN 修改为不同 MPP 声明

一般来说，大部分阵列能够使用默认 PSA 声明规则正常工作。在某些配置中，可能需要指定不同的 PSA MPP。

例如下面的情形：

你在 ESXi 5.0 主机上安装了 PowerPath/VE，但是之后意识到在该主机上还要运行一些 MSCS 群集节点，这些节点使用了直通 RDM（物理兼容性模式 RDM）。因为 VMware 不支持使用 MSCS 的第三方 MPP，你必须将这些 LUN 排除在 PowerPath/VE 的管理之外。

你必须找出每个 RDM LUN 的设备 ID（NAA ID），然后找出通向每个 LUN 的路径，用这些路径创建声明规则。

下面是完整的过程。

1）关闭 MSCS 群集节点的电源并寻找其主目录。如果无法关闭该 VM，跳到第 6 步。假定该群集节点位于 node1 目录的 Clusters_Datastore 上，命令及其输出如清单 5.1 所示。

清单 5.1　寻找 RDM 文件名

```
#cd /vmfs/volumes/Clusters_datastore/node1

#fgrep scsi1 *.vmx |grep fileName

scsi1:0.fileName = "/vmfs/volumes/4d8008a2-9940968c-04df-001e4f1fbf2a/
node1/quorum.vmdk"

scsi1:1.fileName = "/vmfs/volumes/4d8008a2-9940968c-04df-001e4f1fbf2a/
node1/data.vmdk"
```

最后两行是命令的输出。它们显示了节点共享存储的 RDM 文件名，存储连接到虚拟 SCSI 适配器 scsi1。

2）使用 RDM 文件名，包括通向数据存储的路径，你可以找出每个 RDM 映射的逻辑设备名，如清单 5.2 所示。

清单 5.2　用 RDM 文件名找出 RDM 的逻辑设备名

```
#vmkfstools --queryrdm /vmfs/volumes/4d8008a2-9940968c-04df-001e4f1fbf2a/node1/
quorum.vmdk

Disk /vmfs/volumes/4d8008a2-9940968c-04df-001e4f1fbf2a/node1/quorum.vmdk is
a Passthrough Raw Device Mapping
Maps to: vml.02000100006006016055711d00cff95e65664ee011524149442035
```

你也可以使用简写版本——用 -q 代替 -queryrdm。

这个例子用于 quorum.vmdk。对剩下的 RDM 重复相同的过程。设备名以 vml 作为前缀，高亮显示。

3）用 vml ID 找出 NAA ID，如清单 5.3 所示。

清单 5.3　用设备 vml ID 找出 NAA ID

```
#esxcfg-scsidevs --list --device vml.02000100006006016055711d00cff95e65664
ee011524149442035 |grep Display

Display Name: DGC Fibre Channel Disk (naa.6006016055711d00cff95e65664ee011)
```

也可以使用简写版本：

```
#esxcfg-scsidevs -l -d vml.02000100006006016055711d00cff95e65664
ee011524149442035 |grep Display
```

4）现在，使用 NAA ID（在清单 5.3 中突出显示）找出通向 RDM LUN 的路径。

图 5.41 显示了以下命令的输出：

```
esxcfg-mpath -m |grep naa.6006016055711d00cff95e65664ee011 | sed 's/fc.*//'
```

```
wdc-tse-d98.wsl.vmware.com - PuTTY
~ # esxcfg-mpath -m |grep naa.6006016055711d00cff95e65664ee011 | sed 's/fc.*//'
vmhba3:C0:T1:L1 vmhba3
vmhba3:C0:T0:L1 vmhba3
vmhba2:C0:T1:L1 vmhba2
vmhba2:C0:T0:L1 vmhba2
~ #
```

图 5.41　列出通向 RDM LUN 的运行时路径名

也可以使用命令的长版本：

```
esxcfg-mpath --list-map |grep naa.6006016055711d00cff95e65664ee011 |sed 's/fc.*//'
```

上述命令截断了以“fc”开始到每行结束处的输出。如果使用的协议不是 FC，对于 iSCSI 用 iqn 代替，对于 FCoE 用 fcoe 代替它。

输出显示，指定 NAA ID 的 LUN 是 LUN 1，清单 5.4 中列出了 4 条路径。

清单 5.4　RDM LUN 的路径

```
vmhba3:C0:T1:L1
vmhba3:C0:T0:L1
vmhba2:C0:T1:L1
vmhba2:C0:T1:L1
```

如果你无法关闭 VM 运行第 1）～ 5）步，可以使用 UI 代替。

5）使用 vSphere 客户端浏览到 MSCS 节点 VM。右键单击 Inventory（库存）窗格中的 VM，然后选择 Edit Settings（编辑设置）（见图 5.42）。

6）在显示的对话框（见图 5.43）中，找到 Hardware（硬件）选项卡中列出的 RDM。可以通过摘要栏上显示的 Mapped Raw LUN 来找到它们。在右上角你可以找到逻辑设备名，它在标签为 Physical LUN and Database Mapping File 的字段中，前缀为 vml。

7）双击字段中的文本，右击选中的文本并单击 Copy（复制）命令，如图 5.44 所示。

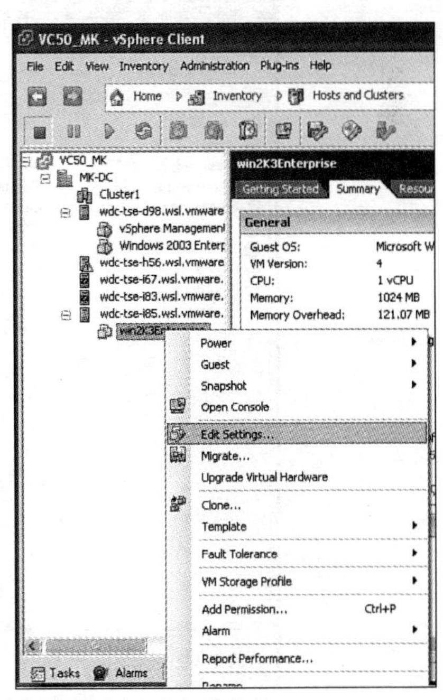

图 5.42　通过 UI 编辑 VM 的设置

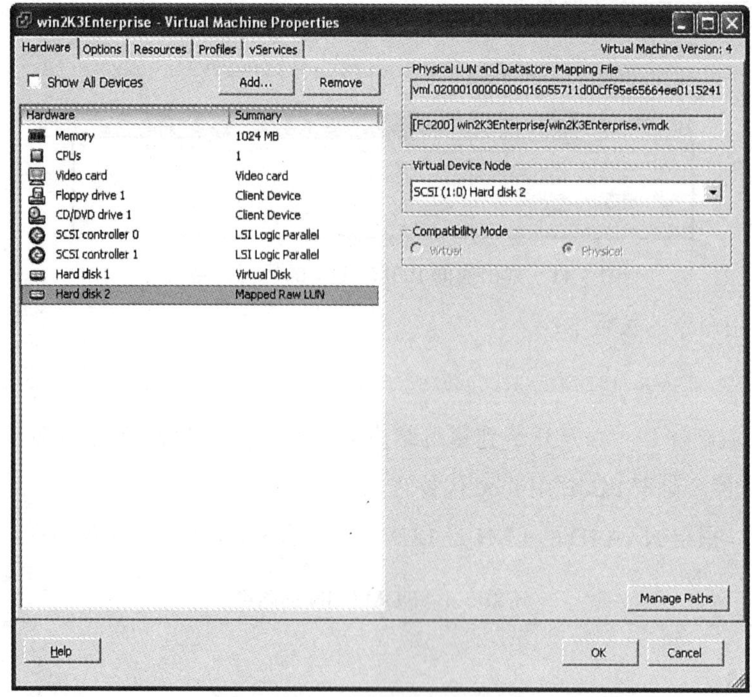

图 5.43 虚拟机属性对话框

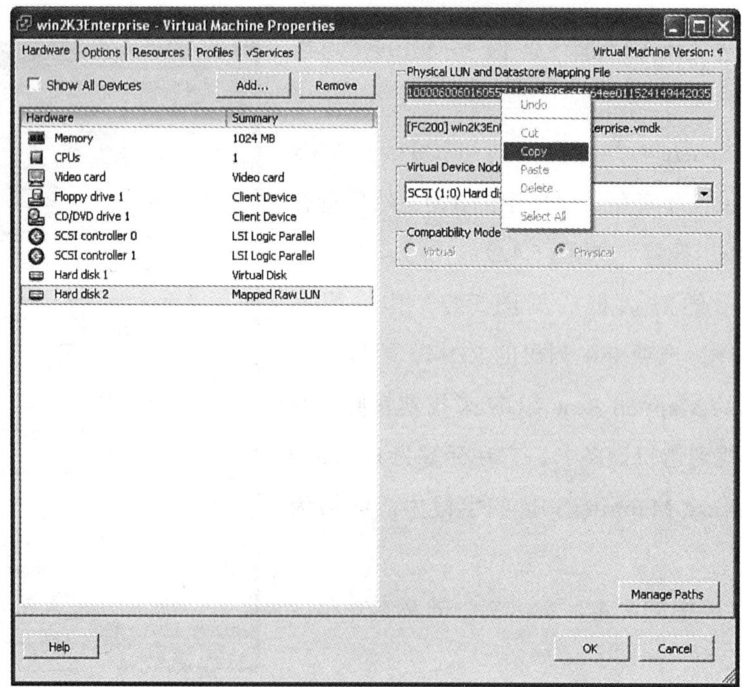

图 5.44 通过 UI 复制 RDM 的 VML ID（逻辑设备名）

8）可以将复制的文本用在第 4 步和第 5 步中。另外，可以在图 5.44 所示对话框中使用 Manage Paths（管理路径）按钮获得 LUN 路径列表。

9）在管理路径对话框（见图 5.45）中，单击 Runtime Name（运行时名）列进行排序。写下这里显示的路径列表。

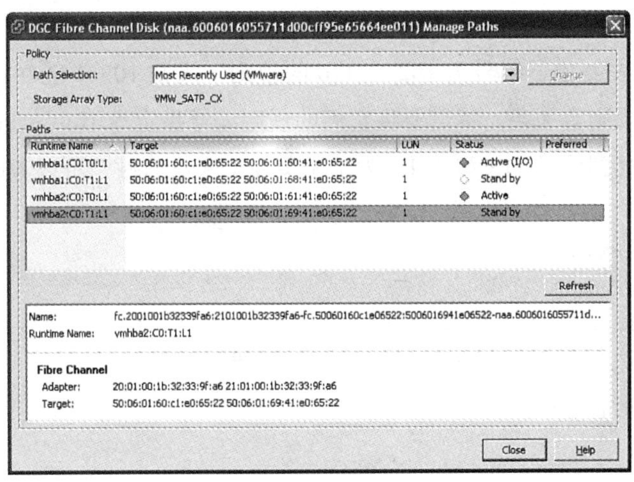

图 5.45　通过 UI 列出运行时路径名

10）图 5.45 中列出的路径如下：

```
vmhba1:C0:T0:L1
vmhba1:C0:T1:L1
vmhba2:C0:T0:L1
vmhba2:C0:T1:L1
```

注意　UI 中的路径列表不同于从命令行中得到的列表。原因可能很容易解释：我用两台不同的主机获取路径列表。如果你的服务器配置相同，路径列表也应该相同。

然而，这并不要紧，因为不管用于访问的是哪条路径，LUN 的 NAA ID 都相同。这使得 NAA ID 是任何 LUN 的最独特元素，也就是 ESXi 用它作为 LUN 的唯一标识的原因。第 7 章将介绍更多这一主题的内容。

11）创建声明规则。

这里用第 5 步获得的路径列表，从获取列表的主机上创建规则。

2. 创建规则的基本原则

- 规则编号必须低于 PowerPath/VE 安装创建的任何规则。默认情况下，它们的编号被指定为 250-320（PowerPath 声明规则列表参见图 5.26）。
- 规则编号必须高于 101，因为这个号码用于 Dell Mask Path 规则。这样就避免声明的设备被该规则掩蔽。

- 如果你过去在这台主机上创建了其他声明规则，则使用与你创建的规则不同的规则编号，确保现在创建的新规则不会与之前创建的规则冲突。
- 如果你必须将新规则放在现有规则之前，但是没有可用的规则编号，你可能必须将较低编号的规则后移，用原来的编号加上新规则的数量。

例如，你在过去创建了编号为 102 ～ 110 的规则，规则 109 不能在你要创建的新规则之前列出。如果新规则有 4 条，你需要将它们的规则编号指定为 109 ～ 112。为此，你必须将规则 109 和 110 移到编号 113 和 114。为了避免在未来这么做，可以考虑在不同段规则之间留下空隙。

移动规则的例子如下：

```
esxcli storage core claimrule move --rule 109 --new-rule 113
esxcli storage core claimrule move --rule 110 --new-rule 114
```

也可以使用简写版本：

```
esxcli storage core claimrule move -r 109 -n 113
esxcli storage core claimrule move -r 110 -n 114
```

现在，我们继续添加新的声明规则：

1）图 5.46 中所示的 4 条命令创建 102 ～ 105 号规则。规则的条件为：

- 声明规则类型是 location（-t location）。
- 位置用通向同一 LUN 的每条路径指定，格式如下：
  - `-A` 或者 `--dpater vmhba`（X），其中 x 是与路径相关的 vmhba 编号。
  - `-C` 或者 `--channel`（Y），其中 Y 是与路径相关的通道号。
  - `-T` 或者 `--target`（Z），其中 Z 是与路径相关的目标号。
  - `-L` 或者 `--lun`（n），其中 n 是 LUN 号。
- 插件名为 NMP，这意味着这条规则用于 NMP 声明创建的规则中列出的路径。

注意 使用 `--type device` 选项然后使用 `--device<NAA ID>`，以 LUN 的 NAA ID 创建单一规则可能更简单。但是，MP 级插件不支持使用设备作为规则类型。

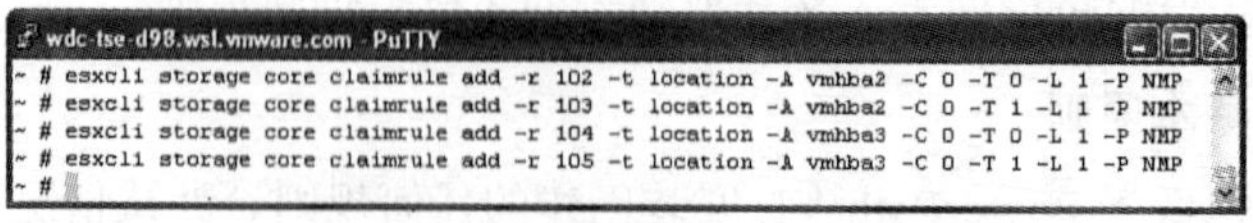

```
wdc-tse-d98.wsl.vmware.com - PuTTY
~ # esxcli storage core claimrule add -r 102 -t location -A vmhba2 -C 0 -T 0 -L 1 -P NMP
~ # esxcli storage core claimrule add -r 103 -t location -A vmhba2 -C 0 -T 1 -L 1 -P NMP
~ # esxcli storage core claimrule add -r 104 -t location -A vmhba3 -C 0 -T 0 -L 1 -P NMP
~ # esxcli storage core claimrule add -r 105 -t location -A vmhba3 -C 0 -T 1 -L 1 -P NMP
~ #
```

图 5.46 添加新的 MP 声明规则

2）为你想要重新配置的所有 LUN 重复步骤 1。

3）校验规则成功添加。运行图 5.47 中所示的命令列出声明规则的当前列表：

```
esxcli storage core claimrule list.
```

```
wdc-tse-d98.wsl.vmware.com - PuTTY
~ # esxcli storage core claimrule list
Rule Class   Rule  Class    Type       Plugin     Matches
----------  -----  -------  ---------  ---------  ---------------------------------------
MP              0  runtime  transport  NMP        transport=usb
MP              1  runtime  transport  NMP        transport=sata
MP              2  runtime  transport  NMP        transport=ide
MP              3  runtime  transport  NMP        transport=block
MP              4  runtime  transport  NMP        transport=unknown
MP            101  runtime  vendor     MASK_PATH  vendor=DELL model=Universal Xport
MP            101  file     vendor     MASK_PATH  vendor=DELL model=Universal Xport
MP            102  file     location   NMP        adapter=vmhba2 channel=0 target=0 lun=1
MP            103  file     location   NMP        adapter=vmhba2 channel=0 target=1 lun=1
MP            104  file     location   NMP        adapter=vmhba3 channel=0 target=0 lun=1
MP            105  file     location   NMP        adapter=vmhba3 channel=0 target=1 lun=1
MP          65535  runtime  vendor     NMP        vendor=* model=*
~ #
```

图 5.47　列出添加的声明规则

注意，现在列出了 4 条新规则，但是 Class 列显示它们为 File（文件）。这意味着配置文件成功更新但是规则还没加载到内存中。

注意　为了容易分辨，图 5.47 中去掉了 PowerPath 规则。还要注意，使用位置类型利用了设备当前运行时名，它们在未来可能变化。如果你的配置变化——例如，添加新的 HBA 或者拔除现有的 HBA——运行时名也会变化。这会造成这些声明规则声明错误的设备。但是，在静态环境中，这不是问题。

提示　为了减少使用的命令数和创建的规则数，可以省略 `-T` 或者 `--target` 选项，这会假定一个通配符。你还可以使用 `-u` 或者 `--autoassign` 选项自动分配规则编号。然而，后者分配从 5001 开始的规则编号，这可能高于你计划声明的 LUN 宿主设备现有声明规则的编号。

图 5.48 展示了为目标使用一个通配符的命令行示例。注意，这会造成创建两条规则，而不是 4 条，匹配的“目标”是 *。

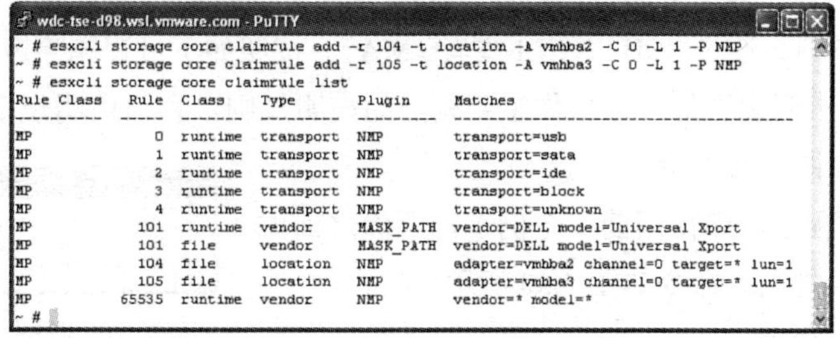

```
wdc-tse-d98.wsl.vmware.com - PuTTY
~ # esxcli storage core claimrule add -r 104 -t location -A vmhba2 -C 0 -L 1 -P NMP
~ # esxcli storage core claimrule add -r 105 -t location -A vmhba3 -C 0 -L 1 -P NMP
~ # esxcli storage core claimrule list
Rule Class   Rule  Class    Type       Plugin     Matches
----------  -----  -------  ---------  ---------  ---------------------------------------
MP              0  runtime  transport  NMP        transport=usb
MP              1  runtime  transport  NMP        transport=sata
MP              2  runtime  transport  NMP        transport=ide
MP              3  runtime  transport  NMP        transport=block
MP              4  runtime  transport  NMP        transport=unknown
MP            101  runtime  vendor     MASK_PATH  vendor=DELL model=Universal Xport
MP            101  file     vendor     MASK_PATH  vendor=DELL model=Universal Xport
MP            104  file     location   NMP        adapter=vmhba2 channel=0 target=* lun=1
MP            105  file     location   NMP        adapter=vmhba3 channel=0 target=* lun=1
MP          65535  runtime  vendor     NMP        vendor=* model=*
~ #
```

图 5.48　添加使用通配符的 MP 声明规则

4）在加载新规则之前，必须首先取消规则集中指定 LUN 路径的声明。用 NAA ID 作为设备 ID：

```
esxcli storage core claiming unclaim --type device --device naa.6006016055711d00cff95e65664ee011
```

也可以使用简写版本：

```
esxcli storage core claiming unclaim -t device -d naa.6006016055711d00cff95e65664ee011
```

5）加载新的声明规则，以便 NMP 声明通向该 LUN 的路径：

```
esxcli storage core claimrule load
```

6）使用如下命令列出声明规则，验证它们成功加载：

```
esxcli storage core claimrule list
```

现在你可以看到每条新规则被列出两次——一次为“文件”级，一次为“运行时”级，如图 5.49 所示。

```
wdc-tse-d98.wsl.vmware.com - PuTTY
~ # esxcli storage core claimrule list
Rule Class   Rule  Class    Type       Plugin     Matches
----------  -----  -------  ---------  ---------  ---------------------------------------
MP              0  runtime  transport  NMP        transport=usb
MP              1  runtime  transport  NMP        transport=sata
MP              2  runtime  transport  NMP        transport=ide
MP              3  runtime  transport  NMP        transport=block
MP              4  runtime  transport  NMP        transport=unknown
MP            101  runtime  vendor     MASK_PATH  vendor=DELL model=Universal Xport
MP            101  file     vendor     MASK_PATH  vendor=DELL model=Universal Xport
MP            102  runtime  location   NMP        adapter=vmhba2 channel=0 target=0 lun=1
MP            102  file     location   NMP        adapter=vmhba2 channel=0 target=0 lun=1
MP            103  runtime  location   NMP        adapter=vmhba2 channel=0 target=1 lun=1
MP            103  file     location   NMP        adapter=vmhba2 channel=0 target=1 lun=1
MP            104  runtime  location   NMP        adapter=vmhba3 channel=0 target=0 lun=1
MP            104  file     location   NMP        adapter=vmhba3 channel=0 target=0 lun=1
MP            105  runtime  location   NMP        adapter=vmhba3 channel=0 target=1 lun=1
MP            105  file     location   NMP        adapter=vmhba3 channel=0 target=1 lun=1
MP          65535  runtime  vendor     NMP        vendor=* model=*
```

图 5.49 列出 MP 声明规则

5.14.3 如何删除声明规则

删除声明规则应该小心从事。确保你删除的是真正想要删除的规则。在删除之前，一定要从主机命令行或者 SSH 运行 `vm-support` 收集“`vm-support`”转储。也可以在 vSphere 客户端中选择 Collect Diagnostics Data（收集诊断数据）菜单选项。

通过 CLI（本地、通过 SSH、vCLI 或者 vMA），按照如下过程删除声明规则：

1）列出当前声明规则集，找出你想要删除的声明规则。列出声明规则的命令与第 6 步中的命令类似，如图 5.49 所示。

2）在这个过程中，将使用前一个例子，删除之前添加的 102 ～ 105 号规则。命令如图 5.50 所示。

```
wdc-tse-d98.wsl.vmware.com - PuTTY
~ # esxcli storage core claimrule remove -r 102
~ # esxcli storage core claimrule remove -r 103
~ # esxcli storage core claimrule remove -r 104
~ # esxcli storage core claimrule remove -r 105
~ #
```

图 5.50 通过 CLI 删除声明规则

也可以使用长命令：

```
esxcli storage core claimrule remove --rule <规则编号>
```

3）运行 claimrule 列表命令现在产生如图 5.51 所示的输出。可以看到，尽管刚刚删除了规则，它们仍然在列表中显示。原因是还没有加载修改过的声明规则。这就是被删除规则的 Class 列显示为“runtime”的原因。

```
wdc-tse-d98.wsl.vmware.com - PuTTY
~ # esxcli storage core claimrule list
Rule Class   Rule  Class    Type       Plugin     Matches
----------  -----  -------  ---------  ---------  ---------------------------------------
MP              0  runtime  transport  NMP        transport=usb
MP              1  runtime  transport  NMP        transport=sata
MP              2  runtime  transport  NMP        transport=ide
MP              3  runtime  transport  NMP        transport=block
MP              4  runtime  transport  NMP        transport=unknown
MP            101  runtime  vendor     MASK_PATH  vendor=DELL model=Universal Xport
MP            101  file     vendor     MASK_PATH  vendor=DELL model=Universal Xport
MP            102  runtime  location   NMP        adapter=vmhba2 channel=0 target=0 lun=1
MP            103  runtime  location   NMP        adapter=vmhba2 channel=0 target=1 lun=1
MP            104  runtime  location   NMP        adapter=vmhba3 channel=0 target=0 lun=1
MP            105  runtime  location   NMP        adapter=vmhba3 channel=0 target=1 lun=1
MP          65535  runtime  vendor     NMP        vendor=* model=*
~ #
```

图 5.51 列出 MP 声明规则

4）因为我们从前一个过程中知道被删除规则的 LUN 设备 ID（NAA ID），运行使用 `-t device` 或者 `--type` 选项的 `unclaim` 命令，然后指定带有 NAA ID 的 `-d` 或者 `-device` 选项。接着，用 `load` 选项加载声明规则。注意，删除的规则不再列出，见图 5.52。

```
wdc-tse-d98.wsl.vmware.com - PuTTY
~ # esxcli storage core claiming unclaim -t device -d naa.6006016055711d00cff95e65664ee011
~ # esxcli storage core claimrule load
~ # esxcli storage core claimrule list
Rule Class   Rule  Class    Type       Plugin     Matches
----------  -----  -------  ---------  ---------  ---------------------------------
MP              0  runtime  transport  NMP        transport=usb
MP              1  runtime  transport  NMP        transport=sata
MP              2  runtime  transport  NMP        transport=ide
MP              3  runtime  transport  NMP        transport=block
MP              4  runtime  transport  NMP        transport=unknown
MP            101  runtime  vendor     MASK_PATH  vendor=DELL model=Universal Xport
MP            101  file     vendor     MASK_PATH  vendor=DELL model=Universal Xport
MP          65535  runtime  vendor     NMP        vendor=* model=*
~ #
```

图 5.52 用 NAA ID 删除设备声明然后加载声明规则

也可以使用命令的长选项：

```
esxcli storage core claiming unclaim --type device --device <设备 ID>
```

你可能必须在加载声明命令之后重复声明命令，用“claim”代替“unclaim”，重新声明该设备。

```
esxcli storage core claiming claim -t device -d <设备 ID>
```

5.14.4 如何掩蔽通向某个 LUN 的路径

LUN 掩蔽和添加声明规则声明通向某个 LUN 的路径的过程类似。主要的不同是插件的名称是 MASK_PATH 而不是 NMP。最终的结果是被掩蔽的 LUN 不再可见于该主机。

1）假定你想要掩蔽前一个例子中使用的 LUN1，NAA ID 仍然相同。首先运行一条命令列出 ESXi 主机可见的 LUN，作为显示前状态的例子（参见图 5.53）。

```
wdc-tse-d98.wsl.vmware.com - PuTTY
~ # esxcli storage nmp device list -d naa.6006016055711d00cff95e65664ee011
naa.6006016055711d00cff95e65664ee011
   Device Display Name: DGC Fibre Channel Disk (naa.6006016055711d00cff95e65664ee011)
   Storage Array Type: VMW_SATP_CX
   Storage Array Type Device Config: {navireg ipfilter  }
   Path Selection Policy: VMW_PSP_MRU
   Path Selection Policy Device Config: Current Path=vmhba2:C0:T0:L1
   Path Selection Policy Device Custom Config:
   Working Paths: vmhba2:C0:T0:L1
~ #
```

图 5.53　通过 CLI，用 NAA ID 列出 LUN 属性

也可以用长命令选项 --device 代替 -d。

2）添加 MASK_LUN 声明规则，如图 5.54 所示。

```
wdc-tse-d98.wsl.vmware.com - PuTTY
~ # esxcli storage core claimrule add -r 110 -t location -A vmhba2 -C 0 -L 1 -P MASK_PATH
~ # esxcli storage core claimrule add -r 111 -t location -A vmhba3 -C 0 -L 1 -P MASK_PATH
~ # esxcli storage core claimrule list
Rule Class   Rule  Class    Type       Plugin     Matches
----------  -----  -------  ---------  ---------  ---------------------------------------
MP              0  runtime  transport  NMP        transport=usb
MP              1  runtime  transport  NMP        transport=sata
MP              2  runtime  transport  NMP        transport=ide
MP              3  runtime  transport  NMP        transport=block
MP              4  runtime  transport  NMP        transport=unknown
MP            101  runtime  vendor     MASK_PATH  vendor=DELL model=Universal Xport
MP            101  file     vendor     MASK_PATH  vendor=DELL model=Universal Xport
MP            110  file     location   MASK_PATH  adapter=vmhba2 channel=0 target=* lun=1
MP            111  file     location   MASK_PATH  adapter=vmhba3 channel=0 target=* lun=1
MP          65535  runtime  vendor     NMP        vendor=* model=*
~ #
```

图 5.54　添加掩蔽路径声明规则

正如我们在图 5.54 中所见，添加了 110 和 111 号规则，由 MASK_PATH 插件声明所有通过 vmhba2 和 vmhba3 通向 LUN1 的所有目标。这条声明规则还没有加载，因此列表项为文件级而非运行时级。

3）加载声明规则并列表（如图 5.55 所示）。

```
wdc-tse-d98.wsl.vmware.com - PuTTY
~ # esxcli storage core claimrule load
~ # esxcli storage core claimrule list
Rule Class   Rule  Class    Type       Plugin     Matches
----------  -----  -------  ---------  ---------  ---------------------------------------
MP              0  runtime  transport  NMP        transport=usb
MP              1  runtime  transport  NMP        transport=sata
MP              2  runtime  transport  NMP        transport=ide
MP              3  runtime  transport  NMP        transport=block
MP              4  runtime  transport  NMP        transport=unknown
MP            101  runtime  vendor     MASK_PATH  vendor=DELL model=Universal Xport
MP            101  file     vendor     MASK_PATH  vendor=DELL model=Universal Xport
MP            110  runtime  location   MASK_PATH  adapter=vmhba2 channel=0 target=* lun=1
MP            110  file     location   MASK_PATH  adapter=vmhba2 channel=0 target=* lun=1
MP            111  runtime  location   MASK_PATH  adapter=vmhba3 channel=0 target=* lun=1
MP            111  file     location   MASK_PATH  adapter=vmhba3 channel=0 target=* lun=1
MP          65535  runtime  vendor     NMP        vendor=* model=*
~ #
```

图 5.55　添加掩蔽路径规则之后加载并列出声明规则

现在可以看到这条声明规则列出为文件和运行时级别。

4）使用重新声明选项，利用 LUN 的 NAA ID 删除声明后再次声明。检查它是否仍然可见（见图 5.56）。

也可以使用长命令选项 --device 代替 -d。

```
wdc-tse-d98.wsl.vmware.com - PuTTY
~ # esxcli storage core claiming reclaim -d naa.6006016055711d00cff95e65664ee011
~ # esxcli storage nmp device list -d naa.6006016055711d00cff95e65664ee011
Unknown device naa.6006016055711d00cff95e65664ee011
~ #
```

图 5.56　加载掩蔽路径规则之后重新声明路径

注意，在重新声明 LUN 之后，现在它成了未知（Unknown）设备。

5.14.5 如何解除 LUN 的掩蔽

要解除 LUN 掩蔽，颠倒前面的步骤，然后按照如下步骤重新声明 LUN。

1）删除 MASK_PATH 声明规则（编号 110 和 111），如图 5.57 所示。

```
wdc-tse-d98.wsl.vmware.com - PuTTY
~ # esxcli storage core claimrule remove -r 110
~ # esxcli storage core claimrule remove -r 111
~ # esxcli storage core claimrule load
~ # esxcli storage core claimrule list
Rule Class   Rule  Class    Type       Plugin     Matches
----------  -----  -------  ---------  ---------  ---------------------------------
MP              0  runtime  transport  NMP        transport=usb
MP              1  runtime  transport  NMP        transport=sata
MP              2  runtime  transport  NMP        transport=ide
MP              3  runtime  transport  NMP        transport=block
MP              4  runtime  transport  NMP        transport=unknown
MP            101  runtime  vendor     MASK_PATH  vendor=DELL model=Universal Xport
MP            101  file     vendor     MASK_PATH  vendor=DELL model=Universal Xport
MP          65535  runtime  vendor     NMP        vendor=* model=*
~ #
```

图 5.57 删除 MASK_PATH 声明规则

也可以使用长命令选项：

```
esxcli storage core claimrule remove --rule <规则编号>
```

2）以用于添加 MASK_PATH 的相同风格解除 LUN 路径声明——也就是，使用 `-t` 位置并省略 `-T` 选项，使目标成为通配符。

3）用两个 HBA 名称重新扫描。

4）运行列表命令验证 LUN 可见。

图 5.58 显示了第 2）～ 4）步的输出

```
wdc-tse-d98.wsl.vmware.com - PuTTY
~ # esxcli storage core claiming unclaim -t location -A vmhba2 -C 0 -L 1 -P MASK_PATH
~ # esxcli storage core claiming unclaim -t location -A vmhba3 -C 0 -L 1 -P MASK_PATH
~ # esxcfg-rescan vmhba2
~ # esxcfg-rescan vmhba3
~ # esxcli storage core device list -d naa.6006016055711d00cff95e65664ee011
naa.6006016055711d00cff95e65664ee011
   Display Name: DGC Fibre Channel Disk (naa.6006016055711d00cff95e65664ee011)
   Has Settable Display Name: true
   Size: 10240
   Device Type: Direct-Access
   Multipath Plugin: NMP
   Devfs Path: /vmfs/devices/disks/naa.6006016055711d00cff95e65664ee011
   Vendor: DGC
   Model: RAID 5
   Revision: 0326
   SCSI Level: 4
   Is Pseudo: false
   Status: on
   Is RDM Capable: true
   Is Local: false
   Is Removable: false
   Is SSD: false
   Is Offline: false
   Is Perennially Reserved: false
   Thin Provisioning Status: unknown
   Attached Filters:
   VAAI Status: unknown
   Other UIDs: vml.02000100006006016055711d00cff95e65664ee011524149442035
~ #
```

图 5.58 解除掩蔽路径声明

也可以使用长命令选项：

```
esxcli storage core claiming unclaim --type location --adapter vmhba2--channel 0 --lun
1 --plugin MASK_PATH
```

5.14.6 通过 CLI 修改 PSP 分配

CLI 可以按设备修改 PSP 分配。也可以用它修改特定存储阵列或者阵列家族的默认 PSP。这里介绍前一个用例是因为它与前述通过 UI 所做的类似。然后，将介绍后一个用例。

1. 修改设备的 PSP 分配

要修改给定设备的 PSP 分配，可以按照如下过程进行：

1）在本地或者通过 SSH，以根用户登录 ESXi 主机，或者用 vMA 5.0 以 vi-admin 登录。

2）找出你想要重新配置的每个 LUN 的设备 ID：

```
esxcfg-mpath -b |grep -B1 "fc Adapter"| grep -v -e "--" |sed 's/Adapter.*//'
```

也可以使用这条命令的长版本：

```
esxcfg-mpath --list-paths grep -B1 "fc Adapter"| grep -v -e "--" | sed's/Adapter.*//'
```

清单 5.5 显示了这条命令的输出。

清单 5.5 列出设备 ID 及其路径

```
naa.60060e80052751000000275100000011a : HITACHI Fibre Channel Disk (naa.6006
0e80052751000000275100000011a)
     vmhba2:C0:T0:L1 LUN:1 state:active fc
     vmhba2:C0:T1:L1 LUN:1 state:active fc
     vmhba3:C0:T0:L1 LUN:1 state:active fc
     vmhba3:C0:T1:L1 LUN:1 state:active fc
```

从这里，可以找出设备 ID（在本例中是 NAA ID）。注意，这一输出是通过通用存储平台 5（Universal Storage Platform V，USP V）、USP VM 或者虚拟存储平台（Virtual Storage Platform，VSP）收集的。

这一输出意味着，LUN1 的设备 ID 为 naa.60060e8005275100000027510000011a。

3）使用找出的设备 ID，运行如下命令：

```
esxcli storage nmp device set -d <设备-id> --psp=<psp名称>
```

也可以使用这条命令的长版本：

```
esxcli storage nmp device set --device <设备-id> --psp=<psp名称>
```

例如：

```
esxcli storage nmp device set -d naa.60060e80052751000000275100000011a--psp=VMW_PSP_FIXED
```

这条命令将 ID 为 naa.60060e80052751000000275100000011a 的设备设置为由 VMW_PSP_FIXED PSP 声明。

2. 修改存储阵列的默认 PSP

修改特定存储阵列的默认 PSP 没有简单的方法，除非该阵列由专用的 SATP 声明。换句话说，如果它由同时声明其他品牌存储阵列的 SATP 声明，修改默认 PSP 会影响该 SATP 声明的所有存储阵列。然而，可以添加一条 SATP 声明规则，根据存储阵列供应商和型号字符串使用特定的 PSP：

1）确定阵列的供应商和型号字符串。可以运行如下命令确定字符串：

```
esxcli storage core device list -d <设备 ID> |grep 'Vendor\|Model'
```

清单 5.6 展示了 HP P6400 存储阵列上一个设备的例子。

清单 5.6　列出设备的供应商和型号字符串

```
esxcli storage core device list -d naa.600508b4000f02cb0001000001660000
|grep 'Model\|Vendor'
   Vendor: HP
   Model: HSV340
```

在这个例子中，供应商字符串是 HP，型号字符串是 HSV340。

2）使用前一条命令找到的值：

```
esxcli storage nmp satp rule add --satp  <当前使用的 SATP> --vendor<供应商字符串> --model <型号字符串> --psp <PSP 名称> --description<描述>
```

提示　手工记录对 ESXi 主机配置的修改总是一个好的做法。这就是这里使用 --description 选项添加规则描述的原因。这样，其他管理员在忘记阅读我用公司的更改控制软件添加的更改控制记录时就能知道我所做的更改。

在这个例子中，命令如下：

```
esxcli storage nmp satp rule add --satp VMW_SATP_EVA --vendor HP--model HSV340 --psp
VMW_PSP_FIXED --description "Manually added to use FIXED"
```

命令悄悄地运行，如果失败会返回错误。

下面是一个错误的例子：

```
"Error adding SATP user rule: Duplicate user rule found for SATP VMW_SATP_EVA
matching  vendor HP model HSV340 claim Options PSP VMW_PSP_FIXED and PSP Options"
```

这个错误意味着，已经存在一条使用这些选项的规则。通过先添加该规则，然后重新运行同一条命令来模拟这种情况。可以运行如下命令查看现有的所有 HP 存储阵列 SATP 声明规则：

```
esxcli storage nmp satp rule list |less -S |grep 'Name\|---\|HP'|less-S
```

图 5.59 展示了这条命令的输出（为了容易分辨，这里去掉了一些空白列，包括 Device 列）。

```
wdc-tse-d98.wsl.vmware.com - PuTTY
Name                 Vendor  Model      Rule Group  Claim Options Default PSP
-------------------- ------- ---------- ----------  ------------- -------------
HTI_SATP_HDLM        HP      ^OPEN-*    user
VMW_SATP_DEFAULT_AP          HSVX700    system      tpgs_off
VMW_SATP_EVA         HP      HSV340     user                      VMW_PSP_FIXED
VMW_SATP_EVA                 HSVX740    system      tpgs_off
:
```

图 5.59 列出 HP 设备的 SATP 规则

可以轻松地找出 Rule Group 列值为 user 的非系统规则。这些规则由第三方 MPIO 安装程序添加，或者由 ESXi 5 管理员手工添加。这个例子中的规则将添加的 VMW_PSP_FIXED 作为匹配供应商为 HP，型号为 HSV340 时 VMW_SATP_EVA 的默认 PSP。

这里并不是要通过这个例子说明固件版本为 HSV340 的 HP EVA 阵列应该有这个特定 PSP 声明，而只是将其用于演示的目的。你必须向阵列供应商验证具体的存储阵列支持和认证哪个 PSP。

事实上，这个 HP EVA 型号恰好是个 ALUA 阵列，必须使用 VMW_SATP_ALUA（参见第 6 章）。我是怎么知道的？下面我来解释一下。

- 看看图 5.29 ~图 5.32 的输出，你应该能注意到没有 Claim Options 值为 tpgs_on 的 HP EVA 阵列。这意味着，它们没有被特定的 SATP 明确声明。
- 为了从输出中过滤混乱的结果，运行如下命令，列出 Claim Options 值为 tpgs_on 的所有声明规则。

```
esxcli storage nmp satp rule list |grep 'Name\|---\|tpgs_on' |less -S
```

清单 5.7 显示了命令的输出。

清单 5.7 列出 SATP 声明规则列表

```
Name                 Device Vendor  Model     Rule Group Claim Options
-------------------- ------ ------- --------- ---------- -------------
VMW_SATP_ALUA               NETAPP            system     tpgs_on
VMW_SATP_ALUA               IBM     2810XIV   system     tpgs_on
VMW_SATP_ALUA                                 system     tpgs_on
VMW_SATP_ALUA_CX            DGC               system     tpgs_on
```

为了易于辨认，去掉了一些空白列。

在这里你可以看到一条声明规则的供应商为空白，而 Claim Options 为 tpgs_on。这条规则声明 Claim Options 为 tpgs_on、任何供应商字符串的任何设备。

根据这条规则，VMW_SATP_ALUA 根据 Claim Options 值为 tpgs_on 这一匹配，声明具有 ALUA 功能的阵列，包括 HP 阵列。

这是什么意思？

这意味着，我为 HSV340 添加的声明规则是错误的，因为这条规则强制它被不能处理 ALUA 的 SATP 所声明。我必须删除自己添加的这条规则，然后创建不违反默认 SATP 分配的另一条规则：

1）使用用于添加的同一条命令，用删除代替添加选项，删除 SATP 声明规则：

```
esxcli storage nmp satp rule remove --satp VMW_SATP_EVA --vendor HP--model HSV340 --psp
VMW_PSP_FIXED
```

2）添加一条新的声明规则，使 VMW_SATP_ALUA 在 HP EVA HSV340 报告 Claim Options 值为 tpgs_on 时声明它：

```
esxcli storage  nmp satp  rule add  --satp  VMW_SATP_ALUA --vendor HP  --model  HSV340
--psp  VMW_PSP_FIXED  --claim-option  tpgs_on --description "Re-added manually for HP
HSV340"
```

3）验证规则正确创建。运行上个过程第 2 步中的同一条命令：

```
esxcli storage nmp satp rule list |grep 'Name\|---\|tpgs_on' |less -S
```

图 5.60 显示了输出。

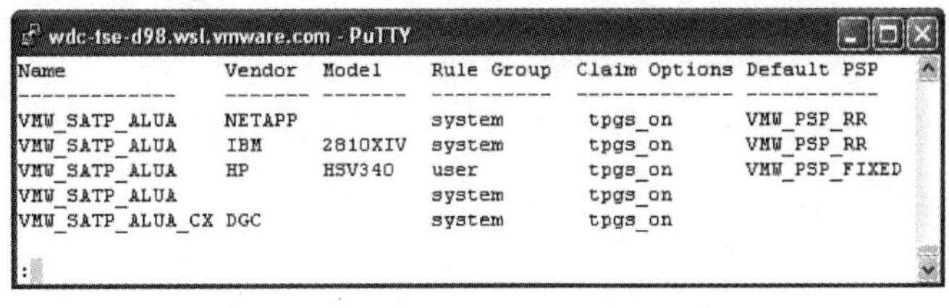

图 5.60 添加规则之后的 SATP 规则列表

注意，这条声明规则被添加到前面介绍过的全包含规则。这意味着 HP EVA HSV340 将在 Claim Options 值为 tpgs_on 时被 VMW_SATP_ALUA 声明。

注意 如果你以前手工将某个 LUN 设置到具体的 PSP，则上述命令将不会影响该设置。要重置这样的 LUN，使用当前的默认 PSP，使用如下命令：

```
esxcli storage nmp device set --device <设备 ID> --default
```

例如：

```
esxcli storage nmp device set --device naa.6006016055711d00cef95e65664ee011
--default
```

注意 现在的所有 EVA 默认都启用 tpgs_on 选项，而且用户不能改变这个选项。所以添加 EVA 声明规则只在试图对所有 EVA LUN 默认使用不同的 PSP，或者为 EVA 指定不同于使用 SATP_ALUA 的其他 ALUA 阵列的默认 PSP 时有用。

5.15 小结

本章介绍了 PSA（VMware 可插拔存储架构）组件。说明了如何列出 PSA 插件以及它们和 vSphere ESXi 5 的交互方式。还介绍了如何列出、修改和自定义 PSA 声明规则以及如何解决一些常见的问题。

本章还介绍了具有 ALUA 功能的设备与 SATP 声明规则交互，以使用特定 PSP 的方法。

第 6 章　ALUA

存储阵列根据类型和设计提供不同的配置和功能。根据阵列处理主机发生 I/O 的方式，它们分为如下几类：

- **主动 / 主动**——I/O（输入 / 输出）可以通过任何存储处理器（SP）和端口发送到逻辑单元号（LUN）。大部分这类阵列有大容量缓存，I/O 在缓存中的 LUN 代理上完成，然后写入的数据与 I/O 异步写入物理磁盘。
- **主动 / 被动**——I/O 只能发送给“拥有”LUN 的存储处理器（也被称为主动 SP）上的端口。如果 I/O 试图在“非拥有者”处理器（被动处理器）上的端口进行，会向发起方返回一个错误，大意是“没有入口”或者“不，你不能这么做”。第 7 章中提供真正的错误代码。
- **伪主动 / 主动**（也称作“非对称主动 – 主动”）——I/O 可以发送到任何存储处理器上的端口。但是，发送到“拥有者”处理器的 I/O 比发送到“非拥有者”处理器的更快。原因是 I/O 从每个处理器到达设备的路径不同。通过“非拥有者”SP 的 I/O 将从后端通道发送，而通过“拥有者”SP 的则从直接路径发送。

后两类阵列目前开始实施被称为 ALUA 的 SCSI-3 规范，ALUA 是非对称逻辑单元存取（Asymmetric Logic Unit Access）的缩写。简单地说，它允许通过两个 SP 访问阵列设备，但是清晰地为发起方标识出哪些目标在所有者 SP 上，哪些在非所有者 SP 上。ALUA 支持在 vSphere 4.0 中首次推出。

6.1　ALUA 定义

ALUA 在 T10 SCSI=3 规范 SPC-3 5.8 节中描述（参见 http://www.t10.org/cgi-bin/ac/pl?=t=f&f=spc3r23.pdf）。上述标准中的官方描述是：

“非对称逻辑单元存取发生在一个端口的访问特性不同于另一个端口时。”

简单地说，ALUA 是一种存储设备类型，它能够在两个不同的存储处理器上为给定的 LUN 提供 I/O 服务，但是采用的是不平均的方式。

正如前面简单提到的，使用 ALUA，给定 LUN 的 I/O 可以发送到存储阵列中任何 SP 上的可用端口。与主动 / 被动阵列相比，这更接近于非对称主动 / 主动阵列的表现。I/O 可以前往 LUN，但是所有者 SP 的性能好于非所有者 SP。为了使发起方能够识别提供最佳 I/O 性能的目标，每个 SP 上的端口集中在一起（目标端口组）。每个目标端口组有一个明确的“状态”（非对称存取状态，Asymmetric Access State，AAS）。后者表示某个 SP 上的端口进行了“优化”，而其他 SP 上的端口可能没有优化（例如，活动优化和活动无优化状态）。

6.1.1 ALUA 目标端口组

根据 SPC-3，目标端口组（Target Port Group，TPG）的描述为：

“目标端口组是一组任何时候都具备相同目标端口非对称存取状态的端口。目标端口组非对称存取状态被定义为目标端口组中的目标端口公共的目标端口非对称存取状态。目标端口的分组由供应商确定。”

这就是说，假定给定存储阵列有两个 SP——SPA 和 SPB，SPA 上的端口形成一组，SPB 上的端口组成另一个组。假定这个存储阵列向 vSphere 主机中的发起方提供两个 LUN——LUN1 和 LUN2，LUN1 属于 SPA，而 LUN2 属于 SPB。对于访问 LUN1 的主机，最好是通过 SPA 访问，而 LUN2 最好是通过 SPB 访问。相对于 LUN1，SPA 上的端口处于活动优化 TPG（也被缩写为 AO），SPB 上的端口处于活动无优化（Active-Non-Optimization，ANO）TPG。

对于 LUN2 则相反，SPA 上的端口组处于 ANO 而 SPB 上的 TPG 处于 AO 状态。

图 6.1 展示了非对称主动 / 主动阵列的一个例子。ID=1 的 TPG（由 SPA 左侧的矩形代表）是活动优化（AO）端口组（由到 LUN1 的实线连接表示）。同一个 TPG 对于 LUN2 是活动无优化（ANO）（由连接 TPG1 和 LUN2 的虚线表示）。

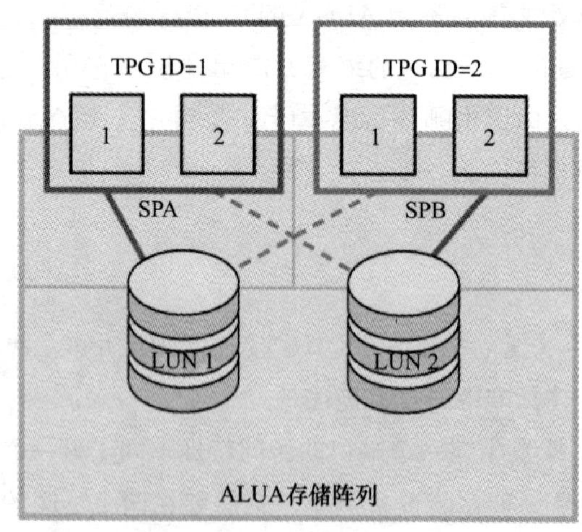

图 6.1 TPG 图解

对于 ID=2 的 TPG 正相反。也就是说，对于 LUN2 是 AO，对于 LUN1 是 ANO。

在某些具有 ALUA 功能的主动 / 被动阵列上，你可以看到非所有者 SP 上的端口组状态是备用（Standby）而非 ANO。

6.1.2 非对称存取状态

ALUA TPG 中的端口在任何时候对于给定的 LUN 都有相同的 AAS。TPG 的 AAS 作为对 Report TPG 命令的响应向发起方报告。TPG 描述符在相应的第 1 个字节中出现。

可能的状态有：

1）活动 / 优化（AO）

所有者 SP 上的端口，为 LUN 提供最佳 I/O。

2）活动 / 无优化（ANO）

非所有者 SP 上的端口，为 LUN 提供的 I/O 不如 AO AAS。

3）过渡

TPG AAS 处于从一种状态到另一种状态的切换过程中。例如，如果 AO TPG 的 SP 被重启或者离线，或者 SAN（存储区域网络）管理员手工改变 LUN 所有权（在 EMC CLARiiON 上，这被称作 trespass），备用 SP 上 TPG 的 AAS 被修改为 AO。在这个过程进行中，TPG AAS 为过渡。

TPG 处于过渡状态时，从发起方接受的请求将返回 BUSY（忙）或者 CHECK CONDITION（检查条件），意义键值为 NOT READY（未准备好），ASC（附加意义代码）为 LOGICAL UNIT NOT ACCESSIBLE（逻辑单元不可访问）或者 ASYMMETRIC ACCESS STATE TRANSITION（非对称存取状态过渡）。

4）备用

这个状态类似于非 ALUA 配置中的被动 SP 和某些 ALUA 阵列。它会返回一个检查条件和意义键值 NOT READY。

当 TPG 处于这种状态时，它支持处于 AO 状态时接受的命令的一个子集，这些命令有：

```
INQUIRY
LOG SELECT
LOG SENSE
MODE SELECT
MODE SENSE
REPORT LUNS (for LUN 0)
RECEIVE DIAGNOSTIC RESULTS
SEND DIAGNOSTIC
REPORT TARGET PORT GROUPS
SET TARGET PORT GROUPS
REQUEST SENSE
PERSISTENT RESERVE IN
PERSISTENT RESERVE OUT
Echo buffer modes of READ BUFFER
Echo buffer modes of WRITE BUFFER
```

5）不可用

这个 AAS 通常在 TPG 存取因为硬件错误或者其他 SCSI 设备限制而受限的 LUN 时出现。这种状态的 TPG 在错误消失之前无法过渡到 AO 或者 ANO。

有些经过 vSphere 5.0 认证的 ALUA 存储阵列可能不支持后三种状态。

ESXi 5.0 将 I/O 发送到 AAS 为 AO 的 TPG，但是如果这些 TPG 不可用，I/O 会发送到 AAS 为 ANO 的 TPG。如果存储阵列在处于 ANO AAS 的 TPG 上接收到大量 I/O，阵列会将 TPG 状态过渡到 AO AAS。由谁进行状态更改取决于存储阵列的 ALUA 管理模式（参见下一节）。

6.1.3 ALUA 管理模式

多路径和故障切换的动态特性需要管理和控制 ALUA TPG AAS 的灵活性。这通过一组存储阵列之间的命令和响应来完成。这些命令如下：

- **INQUIRY**——根据 SPC-3 规范 6.4.2 小节，在这个命令的响应中，阵列返回 VPD（重要产品数据）或者 EVPD（扩展重要产品数据）的某些页面。这条命令响应中返回的查询数据包括 TPG 字段。如果该字段的返回值不为 0，则该设备（LUN）支持 ALUA。TPG 字段值和 AAS 管理模式之间的关系参见表 6.3。
- **REPORT TARGET PORT GROUPS（REPORT TPGs）**——这条命令请求存储阵列向发起方发送目标端口组信息。
- **SET TARGET PORT GROUPS（SET TPGs）**——这条命令请求存储阵列设置指定 TPG 的所有端口的 AAS。例如，TPG AAS 可以用 SET TPGS 命令从 ANO 迁移到 AO。

ALUA AAS 的控制或者管理可以采用 4 种模式。表 6.1 显示了这些模式。

表 6.1 ALUA AAS 管理模式

模式	管理方	REPORT TPG	SET TPG
不支持	无	无效	无效
隐含	阵列	是	否
显式	主机	是	是
两者	阵列 / 主机	是	是

- **不支持**——对 REPORT TPGs 和 SET TPGs 命令的响应是无效。这意味着存储阵列不支持 ALUA 或者发起方记录（CLARiiON）没有配置为支持 ALUA 的模式。
- **隐含**——阵列响应 REPORT TPGs 命令，但不响应 SET TPGs 命令。在这种情况下，TPG 的 AAS 只能由存储阵列设置。
- **显式**——阵列既能响应 REPORT TPGs 又能响应 SET TPGs。在这种情况下，TPG 的

AAS 只能由发起方设置。

- **两者**——和显式一样，但是阵列和发起方都能设置 TPGs AAS。

ALUA 常见实现

每个供应商提供的 ALUA AAS 和管理模式组合各不相同。表 6.2 展示了常见组合。

表 6.2 ALUA 常见实现

模式	AO	ANO	备用	阵列供应商示例
隐含	是	是	否	NetApp
显式和隐含	是	是	否	HP EVA EMC CLARiiON
显式	是	否	是	IBM DS 4000

6.1.4 ALUA Followover

为了更好地解释 ALUA Followover 的作用，我们首先说明没有它时发生的情况。使用主动 / 被动阵列的设计必须考虑避免“路径失效”（Path thrashing）的配置。路径失效指的是由于拙劣的设计或者物理故障，有些主机只能访问一个 SP，而其他主机可以访问其他 SP，且为阵列选择了错误的路径选择插件（PSP）的情况。我曾经在两种场景下看到这种状况的发生，如图 6.2 和图 6.3 所示。

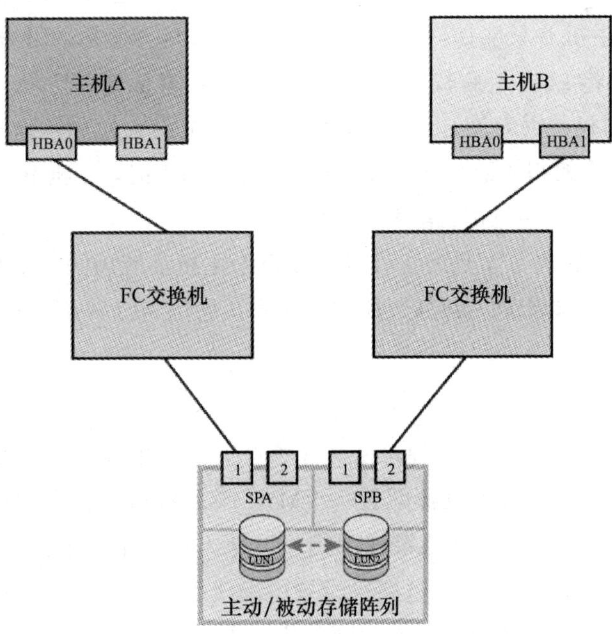

图 6.2 场景 1：由于错误的连接设计选择引起的路径失效

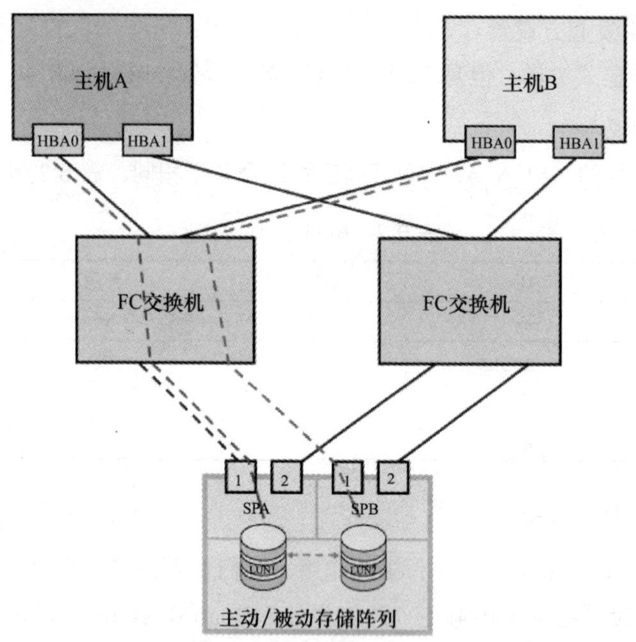

图 6.3 场景 2：由于错误的 PSP 设计选择引起的路径失效

场景 1

图 6.2 展示了一个用于非 ALUA 主动 / 被动阵列的光纤通道 SAN 设计。在这里主机 A 只能访问 SPA，而主机 B 只能访问 SPB。LUN1 属于 SPA。但是，因为主机 B 无法访问这个 SP，它请求阵列将 LUN 所有权转移给 SPB。当阵列遵从这个请求时，结果就是主机 A 失去对 LUN 的访问权，因为该 LUN 不再属于 SPA。主机 A 试图从这种状态中恢复过来，请求阵列将 LUN 所有权归还给 SPA。当阵列遵从这个请求时，主机 B 又开始这一周期。这种拉锯战不断持续，两台主机都无法发出任何 I/O。

这个问题的唯一解决方案是改正设计，让每个主机都能访问两个 SP，并利用 VMW_PSP_MRU 可热插拔存储架构（PSA）插件。注意，启用 ALUA 而不改正设计无法避免这个问题。

场景 2

图 6.3 展示了场景 1 的一个变种。在这种场景下，光纤通道网络架构根据 VMware 的最佳实践设计。然而，两台主机都配置为 VMW_PSP_FIXED 而非 VMW_PSP_MRU。这本身不会造成路径失效。但是，更糟糕的是，设计人员决定自定义每台主机，使其有指向 LUN1 的不同首选路径。这些首选路径设置由虚线表示（一条路径来自主机 A，另一条来自主机 B）。这种配置的预期表现是只要规定的 LUN1 首选路径可用，主机就会一直通过该路径发送 I/O。因此，主机 A 试图通过 SPA 将 I/O 发送到 LUN1，而 B 通过 SPB 发

送 I/O。可是，LUN1 属于 SPA，试图通过 SPB 发送 I/O 造成一个检查条件，错误键值为 ILLEGAL_REQUEST（非法请求，更多内容参见第 7 章）。主机 B 一直通过首选路径发送 I/O。所以，它向阵列发送 START_UNIT 或者 TRESPASS 命令。结果是，阵列将 LUN1 的所有权传递给 SPB。现在主机 A 受到干扰，并用 START_UNIT 或者 TRESPASS 命令告诉阵列将所有权归还给 SPA。阵列遵从这些要求，“拉锯战”又开始了！

这两个例子就是 VMware 创建 VMW_PSP_MRU 用于主动 / 被动阵列的原因。在 ESX 4.0 之前的旧版本中，这个 PSP 用于每个 LUN 的策略设置。在 4.0、4.1 和最新的 5.0 版本中，MRU 是一个 PSA 插件。将在第 7 章中介绍 PSP 设计选择。MRU 所做的是主机将 I/O 发送到最近使用的路径。如果 LUN 移到另一个 SP，那么 I/O 从新路径发送到 SP，而不是坚持发送到以前的所有者 SP。注意，MRU 忽略首选路径设置。

为所有者 SP 上的 TPG 提供 AO AAS，而为非所有者 SP 上的 TPG 提供 ANO AAS 的 ALUA 阵列允许发往高优先级 LUN 的 I/O 通过 AO TPG，而低优先级的通过 ANO TPG。这意味着，如果指向 LUN 的 I/O 通过后者传递，就不会返回 ILLEGAL_REQUEST 检查条件，在这些阵列上使用 VMW_PSP_FIXED 能够减轻路径失效问题。但是，与 AO TPG 相比，I/O 性能要低得多。如果较多主机将 AO TPG 作为首选路径，那么 LUN 所有权保留在原始的所有者 SP 上。因此，ANO TPG 不会因为犯规的主机而迁移到 AO。

然而，为了适应这种情况，VMware 推出了用于 ALUA 设备的新功能，这个功能在 ALUA 规范中没有定义，称为 ALUA_FOLLOWOVER。

ALUA Followover 的意思就是，当主机检测到不是自身引起的 TPG AAS 改变时，即使它只能访问 ANO TPG，也不会还原这一变化。实际上，这防止主机争夺 TPG AAS，相反，主机遵循阵列的 TPG AAS。图 6.4 和图 6.5 说明了 ALUA_FOLLOWOVER 与 TPG AAS 的交互。

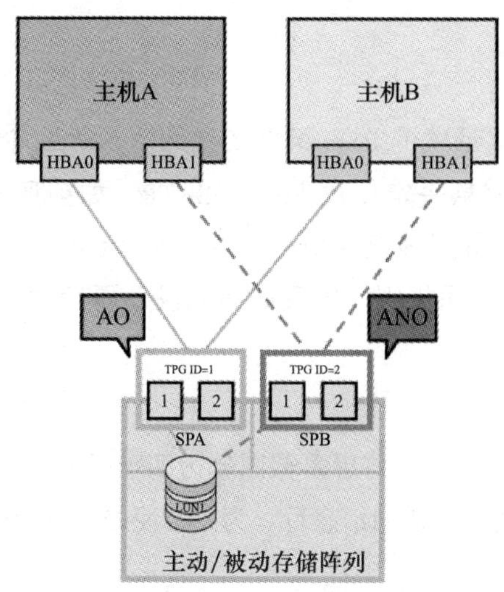

图 6.4 故障前的 ALUA followover

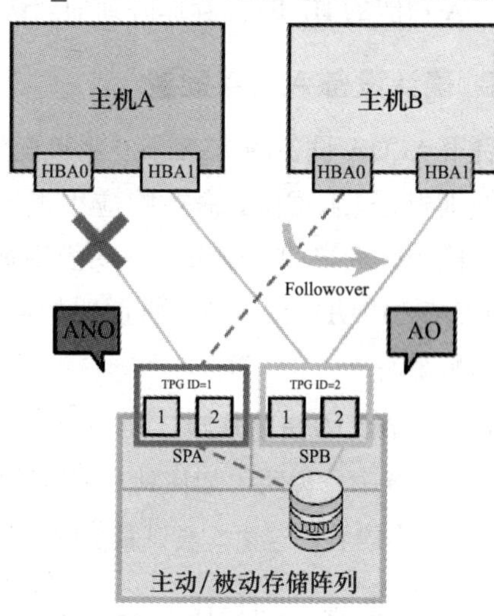

图 6.5 故障之后的 ALUA followover

图 6.4 展示了一个逻辑存储框图，图中为了简化删除了交换机架构。这里 TPG ID 1 在 SPA 上是 AO，两台主机都将 I/O 发送到该 TPG。TPG ID 2 是 ANO，I/O 不发送到它。这些 TPG 都配置为显式 ALUA 模式。

图 6.5 展示了指向 AO TPG 的路径失效之后发生的情况。

图 6.5 显示，主机 A 失去指向 AO TPG 的路径（根据图 6.4）。结果是，该主机利用阵列上的 ALUA 显式模式，向阵列发送一个 SET_TPGS 命令，将 TPG ID 2 变为 AO，TPG ID 1 变为 ANO。主机 B 发现这一变化不是由自己完成的。因为启用了 ALUA Followover 选项，主机 B 接受这一更改，不试图作反向的设置。后续，I/O 发送到 TPG ID 2，因为它现在是 AO TPG。注意，阵列将 LUN 所有权转移给 SPB，因为这是 AO TPG 所在的位置。

注意 ALUA Followover 是在存储阵列上配置的设备设置。不同供应商和型号的默认设置不同。

有些存储阵列采用 PREF（首选）位，使阵列能够指定哪一个 SP 为给定 LUN 的首选所有者。这样，存储管理员可以在两个 SP 上分布 LUN（例如，偶数的 LUN 在一个 SP 上，奇数在另一个 SP 上）。当需要关闭其中一个 SP 时，属于该 SP（例如 SPA）的 LUN 被转移到存活的非首选 SP（SPB）。结果是，SPB 上端口组的 AAS 变为 AO。ALUA Followover 尊重这个变化，并将打算发送到转移 LUN 的下一个 I/O 发送到 SPB 上的端口组。当 SPA 重新上线时，原来属于它的 LUN 会重新属于它。这会还原前面进行的更改，SPA 上端口组对于转移 LUN 的 AAS 被设置为 AO。相反，SPB 不再拥有该 LUN，其上的端口组 AAS 变为 ANO。同样。ALUA Followover 尊重这个变化，将 I/O 切换回 SPA 上的端口组。这是具有 ALUA 功能的 HP EVA 存储阵列的默认表现。

6.1.5 确认设备 ALUA 配置

启用 ALUA 设备的 ESXi 5.0 主机配置是 SATP 形式的 PSA 组件（参见第 5 章）。PSA 声明规则根据 INQUIRY 命令响应中返回的阵列信息决定使用哪一个 SATP。如前所述，TPG 字段是查询串的一部分。声明规则被配置为，如果该字段值不为 0，则设备由定义的 ALUA SATP 声明。在本节，将说明如何列出这些声明规则，以及如何从设备属性中找到 ALUA 配置。

1. 确定 ALUA 声明规则

在第 5 章中，说明了如何列出所有 SATP 规则。不得不将屏幕截图分为四个部分，以便显示所有输出内容。这里，尝试裁剪输出，只列出需要知道的信息行。为此，使用如下命令：

```
esxcli storage nmp satp rule list |grep -i 'model\|satp_alua\|---' |less -S
```

这条命令所做的就是列出所有 SATP 规则，然后对字符串 model、satp、alua 和 --- 进行 grep 操作。这样，得到了列标题和分隔线，这是输出的前两行。剩下的输出只显示其中包含 satp_alua 的行。注意，这里使用了 -i 参数，grep 将忽略大小写。

输出如图 6.6 所示。

```
wdc-tse-d98.wsl.vmware.com - PuTTY
Name                Device Vendor  Model            Driver Transport Options                    Rule Group Claim Options
------------------- ------ ------- ---------------- ------ --------- -------------------------- ---------- -------------
VMW_SATP_ALUA              NETAPP                                                               system     tpgs_on
VMW_SATP_ALUA              IBM     2810XIV                                                      system     tpgs_on
VMW_SATP_ALUA                                                                                   system     tpgs_on
VMW_SATP_ALUA              IBM     2107900                           reset_on_attempted_reserve system
VMW_SATP_ALUA_CX           DGC                                                                  system     tpgs_on
(END)
```

图 6.6 ALUA 声明规则

下面是输出的文本，为了容易辨认删除了空白列：

```
Name              Vendor  Model    Options                     Rule Group  Claim Options
----------------  ------- -------  --------------------------  ----------  -----------
VMW_SATP_ALUA     NETAPP                                       system      tpgs_on
VMW_SATP_ALUA     IBM     2810XIV                              system      tpgs_on
VMW_SATP_ALUA                                                  system      tpgs_on
VMW_SATP_ALUA     IBM     2107900  reset_on_attempted_reserve  system
VMW_SATP_ALUA_CX  DGC                                          system      tpgs_on
```

在这个输出中要注意，根据 Model 字符串为 DGC、Claim Options 为 tpgs_on 这两条匹配规则，EMC CLARiiON CX 家族由 VMW_SATP_ALUA_CX 插件声明。

另一方面，NETAPP 和 IBM XIV 根据供应商字符串和 Claim Options 列中的 tpgs_on 由 VMW_SATP_ALUA 声明。

尽管声明选项不是 tpgs_on，IBM DS8000 型号 2107-900（输出中没有破折号）仅根据型号字符串即由 VMW_SATP_ALUA 声明。

剩下的规则允许 VMW_SATP_ALUA 声明任何供应商或者型号字符串取值、声明选项为 tpgs_on 的设备。这意味着，不在上面的规则集中列出的任何阵列都由 VMW_SATP_ALUA 声明。可以将这条规则看作全包含 ALUA 声明规则，声明没有在声明规则中显式列出供应商或者型号的所有 ALUA 阵列。

2. 确定设备的 ALUA 配置

ALUA 配置与 LUN 及 TPG 相关。可以运行如下命令列出这些配置：

```
esxcli storage nmp device list
```

这条命令的输出在后面展示各种存储阵列示例的图中列出。

（1）EMC CLARiiON CX 阵列示例

图 6.7 展示了 EMC CLARiiON CX 阵列 ALUA 配置的一个例子。

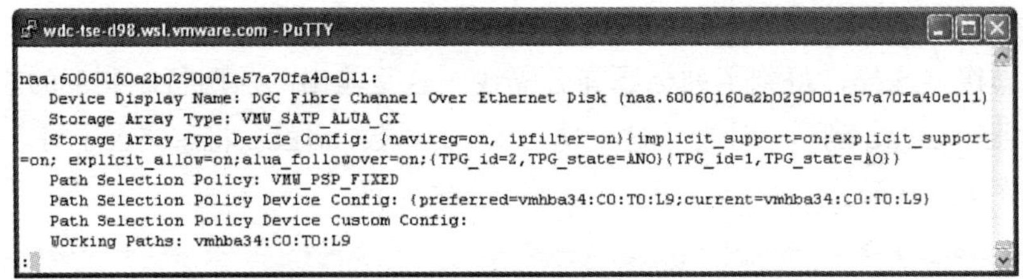

图 6.7 CLARiiON CX FCoE 设备 ALUA 配置

以上输出显示了如下配置：

1）存储阵列类型

VMW_SATP_ALUA_CX——与 VMW_SATP_ALUA 相同，有处理某些 CLARiiON CX ALUA 阵列专用命令的附加代码。

2）存储阵列类设备配置——这一行为了容易辨认而做了换行处理。

第一组花括号 {} 包含了发起方注册专用配置。这专门用在 EMC CLARiiON 家族阵列。在这组括号中列出了两个选项——navireg 和 ipfilter：

- navireg=on——这表示主机上启用 NaviAgent Registration 选项。它向 CX 阵列注册发起方（如果还没有注册的话）。注意，需要检查阵列上的发起方记录，确保 Failover Mode（故障切换模式）设置为 4，这个设置启用发起方的 ALUA。更多细节参见第 7 章。
- ipfilter=on——这个选项过滤主机 IP 地址，使其不可见于存储阵列，更多内容参见第 7 章。

ALUA AAS 管理模式选项包含在第 2 组花括号中，其中有一组嵌套的花括号用于 TPG AAS 配置。

ALUA AAS 管理模式：

- Implicit_support=on——这代表阵列支持 AAS 管理的隐含模式（参见前面的表 6.1）。
- Explicit_support=on——这代表阵列支持 AAS 管理的显式模式（参见前面的表 6.1）。
- Explicit_allow=on——这代表主机配置为允许 SATP 在必要时（比如控制器失效）运用显式 ALUA 功能。
- ALUA_followover=on——主机上启用 alua_followover 选项（参见前面的 6.1.4 节）。

在嵌套的花括号中的下一组选项用于 TPG ID 和 AAS：

- TPG_id——这个字段显示目标端口组 ID。如果 LUN 可以通过不只一个目标端口组

（一般为 2 个组）访问，两个 ID 都会列出。这个例子中显示了 TPG_id 1 和 2。每个 TPG 都在各自的花括号中列出。

- TPG_state——这个字段显示 TPG 的 AAS。注意，TPG_id 1 处于 AO AAS，TPG_id 2 处于 ANO AAS。根据这个配置，I/O 发送到 TPG_id 1。

将在第 7 章介绍路径相关选项。

（2）EMC VNX 的示例

图 6.8 中的示例显示了一个类似的输出，但是来自 EMC VNX 阵列。

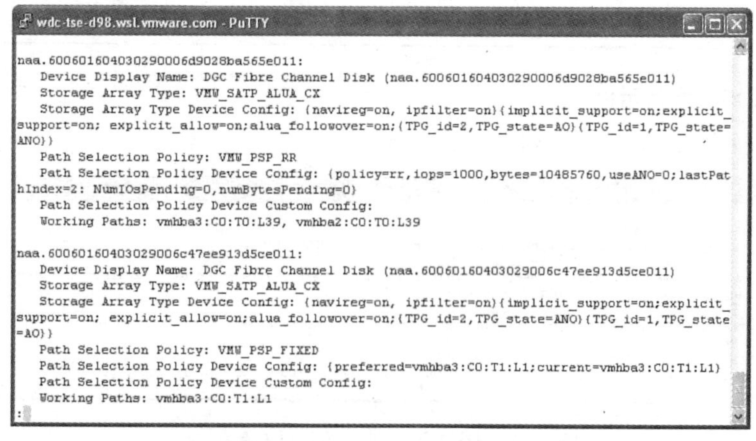

```
wdc-tse-d98.wsl.vmware.com - PuTTY

naa.600601604030290006d9028ba565e011:
   Device Display Name: DGC Fibre Channel Disk (naa.600601604030290006d9028ba565e011)
   Storage Array Type: VMW_SATP_ALUA_CX
   Storage Array Type Device Config: {navireg=on, ipfilter=on}{implicit_support=on;explicit_support=on; explicit_allow=on;alua_followover=on;{TPG_id=2,TPG_state=AO}{TPG_id=1,TPG_state=ANO}}
   Path Selection Policy: VMW_PSP_RR
   Path Selection Policy Device Config: {policy=rr,iops=1000,bytes=10485760,useANO=0;lastPathIndex=2: NumIOsPending=0,numBytesPending=0}
   Path Selection Policy Device Custom Config:
   Working Paths: vmhba3:C0:T0:L39, vmhba2:C0:T0:L39

naa.60060160403029006c47ee913d5ce011:
   Device Display Name: DGC Fibre Channel Disk (naa.60060160403029006c47ee913d5ce011)
   Storage Array Type: VMW_SATP_ALUA_CX
   Storage Array Type Device Config: {navireg=on, ipfilter=on}{implicit_support=on;explicit_support=on; explicit_allow=on;alua_followover=on;{TPG_id=2,TPG_state=ANO}{TPG_id=1,TPG_state=AO}}
   Path Selection Policy: VMW_PSP_FIXED
   Path Selection Policy Device Config: {preferred=vmhba3:C0:T1:L1;current=vmhba3:C0:T1:L1}
   Path Selection Policy Device Custom Config:
   Working Paths: vmhba3:C0:T1:L1
:
```

图 6.8　EMC VNX FC 设备的 ALUA 配置

在这个例子中，图中显示同一个阵列上的两个设备。两个设备显示的信息都和 CX 阵列报告的一样，只有如下差别：

- 这些设备是 FC LUN，而 CX 例子中是 FCoE 设备。
- 例子中的第一个设备显示 TPG_id 2 处于 AO AAS，而第二个设备 TPG_id1 也处于相同状态。这意味着设备均匀地分布到阵列的 SP 上。例如，SPA 上的 TPG1 服务于 LUN1 的 I/O，而 SPB 上的 TPG2 服务于 LUN39 的 I/O。还应该注意 LUN 39 的 Working Path（工作路径）字段中，路径名的目标部分是 T0，而 LUN1 为 T1。第 7 章将介绍如何确定目标属于哪一个 SP。
- 第一个设备由 VMW_PSP_RR（循环）声明，而第二个设备由 VMW_PSP_FIXED 声明。第 7 章将对此给出解释。

（3）IBM DS8000 阵列示例

图 6.9 展示了来自基于 IBM DS8000 阵列的设备的类似输出。

这个输出在许多方面上都相似，不同点如下：

- 设备由 VMW_SATP_ALUA 而不是 VMW_SATP_ALUA_CX 声明。
- explicit_support=off 意味着阵列不支持 AAS 管理的显式模式。
- 只有一个 TPG_id——0，处于 AO AAS。

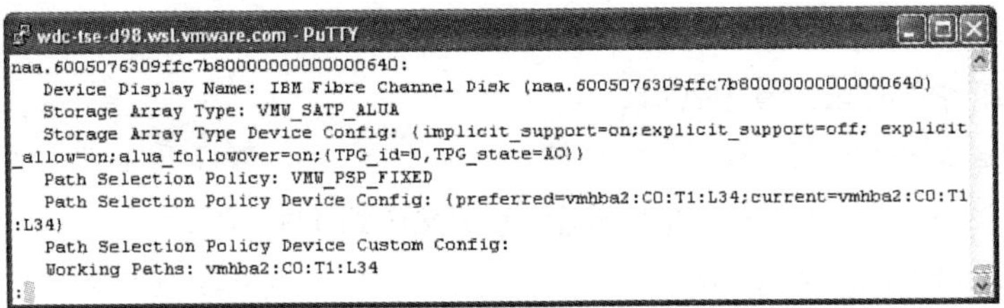

```
wdc-tse-d98.wsl.vmware.com - PuTTY
naa.6005076309ffc7b80000000000000640:
   Device Display Name: IBM Fibre Channel Disk (naa.6005076309ffc7b80000000000000640)
   Storage Array Type: VMW_SATP_ALUA
   Storage Array Type Device Config: {implicit_support=on;explicit_support=off; explicit
_allow=on;alua_followover=on;{TPG_id=0,TPG_state=AO}}
   Path Selection Policy: VMW_PSP_FIXED
   Path Selection Policy Device Config: {preferred=vmhba2:C0:T1:L34;current=vmhba2:C0:T1
:L34}
   Path Selection Policy Device Custom Config:
   Working Paths: vmhba2:C0:T1:L34
:
```

图 6.9　IBM DS8000 设备 ALUA 配置

注意　即使 explicit_allow 设置为 on 也无效，因为这种阵列不支持显式模式。

（4）IBM XIV 阵列示例

图 6.10 展示了 IBM XIV 阵列设备的输出。

```
wdc-tse-d98.wsl.vmware.com - PuTTY

eui.0017380000d41eff:
   Device Display Name: IBM Fibre Channel Disk (eui.0017380000d41eff)
   Storage Array Type: VMW_SATP_ALUA
   Storage Array Type Device Config: {implicit_support=on;explicit_support=off; explicit_allow=on;
alua_followover=on;{TPG_id=0,TPG_state=AO}}
   Path Selection Policy: VMW_PSP_RR
   Path Selection Policy Device Config: {policy=rr,iops=1000,bytes=10485760,useANO=0;lastPathIndex
=2: NumIOsPending=0,numBytesPending=0}
   Path Selection Policy Device Custom Config:
   Working Paths: vmhba2:C0:T1:L21, vmhba3:C0:T0:L21, vmhba3:C0:T1:L21, vmhba2:C0:T0:L21
:
```

图 6.10　IBM XIV 设备的 ALUA 配置

输出类似于 IBM DS8000 阵列（参见图 6.9），不同之处如下：

- 设备 ID 使用 `eui` 格式而不是 `naa`。这通常是阵列支持的 ANSI 版本低于 3 的结果。（详见第 1 章）
- 在用 PSP 为 `VMW_PSP_RR`（Round Robin）而不是 `FIXED`。第 7 章中会讨论 PSP 选择和配置。

（5）NetApp 阵列示例

图 6.11 展示了 NetApp 阵列的一个示例。

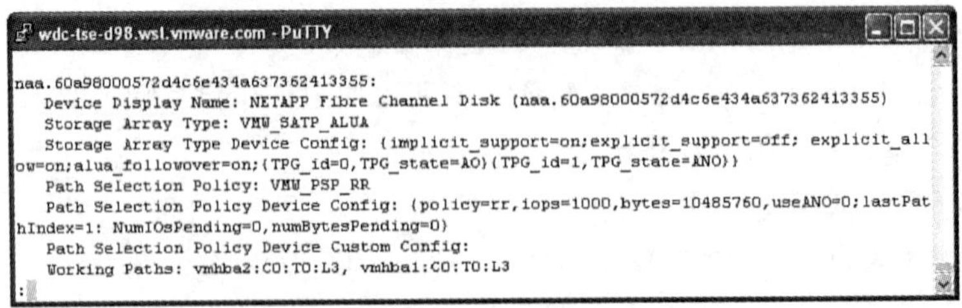

```
wdc-tse-d98.wsl.vmware.com - PuTTY

naa.60a98000572d4c6e434a637362413355:
   Device Display Name: NETAPP Fibre Channel Disk (naa.60a98000572d4c6e434a637362413355)
   Storage Array Type: VMW_SATP_ALUA
   Storage Array Type Device Config: {implicit_support=on;explicit_support=off; explicit_all
ow=on;alua_followover=on;{TPG_id=0,TPG_state=AO}{TPG_id=1,TPG_state=ANO}}
   Path Selection Policy: VMW_PSP_RR
   Path Selection Policy Device Config: {policy=rr,iops=1000,bytes=10485760,useANO=0;lastPat
hIndex=1: NumIOsPending=0,numBytesPending=0}
   Path Selection Policy Device Custom Config:
   Working Paths: vmhba2:C0:T0:L3, vmhba1:C0:T0:L3
:
```

图 6.11　NetApp FC 设备的 ALUA 配置

这个例子与图 6.7 中的双 TPG EMC CX 示例类似，不同之处如下：

- 设备由 `VMW_SATP_ALUA` 声明，而不是 `VMW_SATP_ALUA_CX`。

- `explicit_support=off` 意味着该阵列不支持 AAS 管理的显式模式。
- 设备由 `VMW_PSP_RR` 而非 `VMW_PSP_FIXED` 声明。

（6）HP MSA 阵列示例

图 6.12 展示了 HP MSA 阵列的一个例子。

```
wdc-tse-d98.wsl.vmware.com - PuTTY
naa.600c0ff000dae2e74261b04d07000000:
   Device Display Name: HP Serial Attached SCSI Disk (naa.600c0ff000dae2e74261b04d07000000)
   Storage Array Type: VMW_SATP_ALUA
   Storage Array Type Device Config: {implicit_support=on;explicit_support=off; explicit_allow=on;
alua_followover=on;{TPG_id=0,TPG_state=AO}{TPG_id=1,TPG_state=ANO}}
   Path Selection Policy: VMW_PSP_MRU
   Path Selection Policy Device Config: Current Path=vmhba3:C0:T1:L11
   Path Selection Policy Device Custom Config:
   Working Paths: vmhba3:C0:T1:L11
:
```

图 6.12　HP MSA FC 设备的 ALUA 配置

这个例子与 NetApp 阵列输出（见图 6.11）类似，不同的是 PSP 为 `VMW_PSP_MRU`。

6.1.6　ALUA 故障检修

在本节中，试图提供一些故障检修的基础知识，希望有助于你学习如何“修补”（也叫作 TIY——自己动手排除故障）！

首先，我们来熟悉常规的日志条目。当设备被 vmkernel 发现时（记录到 /var/log/vmkernel.log 文件），如前所述，查询字符串中包含 tpgs 字段。该字段的值帮助 vmkernel 确定 AAS 管理模式（也就是显式、隐含或者两者）。

下面是前一小节使用的存储阵列示例。图 6.13 显示连接到 EMC VNX 存储阵列的 vSphere 5 主机中的 vmkernel.log 条目。

```
wdc-tse-d98.wsl.vmware.com - PuTTY
)ScsiScan: 1106: Path 'vmhba2:C0:T0:L0': Vendor: 'DGC     '  Model: 'RAID 1          '  Rev: '0531'
)ScsiScan: 1109: Path 'vmhba2:C0:T0:L0': Type: 0x0, ANSI rev: 4, TPGS: 3 (implicit and explicit)
)ScsiScan: 1590: Add path: vmhba2:C0:T0:L0
)ScsiScan: 1106: Path 'vmhba2:C0:T0:L1': Vendor: 'DGC     '  Model: 'RAID 5          '  Rev: '0531'
)ScsiScan: 1109: Path 'vmhba2:C0:T0:L1': Type: 0x0, ANSI rev: 4, TPGS: 3 (implicit and explicit)
ScsiScan: 1106: Path 'vmhba2:C0:T0:L2': Vendor: 'DGC     '  Model: 'RAID 5          '  Rev: '0531'
ScsiScan: 1109: Path 'vmhba2:C0:T0:L2': Type: 0x0, ANSI rev: 4, TPGS: 3 (implicit and explicit)
ScsiScan: 1106: Path 'vmhba2:C0:T0:L3': Vendor: 'DGC     '  Model: 'RAID 5          '  Rev: '0531'
ScsiScan: 1109: Path 'vmhba2:C0:T0:L3': Type: 0x0, ANSI rev: 4, TPGS: 3 (implicit and explicit)
)ScsiScan: 1106: Path 'vmhba2:C0:T0:L4': Vendor: 'DGC     '  Model: 'RAID 5          '  Rev: '0531'
)ScsiScan: 1109: Path 'vmhba2:C0:T0:L4': Type: 0x0, ANSI rev: 4, TPGS: 3 (implicit and explicit)
ScsiScan: 1106: Path 'vmhba2:C0:T0:L5': Vendor: 'DGC     '  Model: 'RAID 5          '  Rev: '0531'
ScsiScan: 1109: Path 'vmhba2:C0:T0:L5': Type: 0x0, ANSI rev: 4, TPGS: 3 (implicit and explicit)
:
```

图 6.13　EMC CLARiiON ALUA 设备的 vmkernel.log 条目

在这个例子中，截断了每行的第一部分，这一部分显示的是数据、时间戳和主机名。注意，`ScsiScan` 行显示的 TPGS 字段值为 3。这意味着阵列支持隐含和显式 ALUA 模式。这些模式以英语打印在每行的末尾。

图 6.14 展示了连接到 NetApp 存储阵列的一台 vSphere 5 主机的日志条目。

```
wdc-tse-h56.wsl.vmware.com - PuTTY
ScsiScan: 1106: Path 'vmhba1:C0:T0:L0': Vendor: 'NETAPP  '  Model: 'LUN             '  Rev: '7350'
ScsiScan: 1109: Path 'vmhba1:C0:T0:L0': Type: 0x0, ANSI rev: 4, TPGS: 1 (implicit only)
ScsiScan: 1590: Add path: vmhba1:C0:T0:L0
ScsiScan: 1106: Path 'vmhba1:C0:T0:L1': Vendor: 'NETAPP  '  Model: 'LUN             '  Rev: '7350'
ScsiScan: 1109: Path 'vmhba1:C0:T0:L1': Type: 0x0, ANSI rev: 4, TPGS: 1 (implicit only)
ScsiScan: 1106: Path 'vmhba1:C0:T0:L2': Vendor: 'NETAPP  '  Model: 'LUN             '  Rev: '7350'
ScsiScan: 1109: Path 'vmhba1:C0:T0:L2': Type: 0x0, ANSI rev: 4, TPGS: 1 (implicit only)
ScsiScan: 1106: Path 'vmhba1:C0:T0:L4': Vendor: 'NETAPP  '  Model: 'LUN             '  Rev: '7350'
ScsiScan: 1109: Path 'vmhba1:C0:T0:L4': Type: 0x0, ANSI rev: 4, TPGS: 1 (implicit only)
ScsiScan: 1106: Path 'vmhba1:C0:T0:L3': Vendor: 'NETAPP  '  Model: 'LUN             '  Rev: '7350'
ScsiScan: 1109: Path 'vmhba1:C0:T0:L3': Type: 0x0, ANSI rev: 4, TPGS: 1 (implicit only)
ScsiScan: 1106: Path 'vmhba1:C0:T0:L5': Vendor: 'NETAPP  '  Model: 'LUN             '  Rev: '7350'
ScsiScan: 1109: Path 'vmhba1:C0:T0:L5': Type: 0x0, ANSI rev: 4, TPGS: 1 (implicit only)
:
```

图 6.14 NetApp ALUA 设备的 vmkernel.log 条目

注意，ScsiScan 行显示的 TPGS 字段值为 1。这意味着该阵列仅支持隐含 ALUA 模式。这也以英语打印在每行的末尾。

图 6.15 显示了连接到 IBM DS8000 存储阵列的一台 vSphere 5 主机的日志条目。

```
wdc-tse-d98.wsl.vmware.com - PuTTY
ScsiScan: 1106: Path 'vmhba1:C0:T0:L0': Vendor: 'IBM     '  Model: '2107900         '  Rev: '.335'
ScsiScan: 1109: Path 'vmhba1:C0:T0:L0': Type: 0x0, ANSI rev: 5, TPGS: 1 (implicit only)
ScsiScan: 1590: Add path: vmhba1:C0:T0:L0
)ScsiScan: 1106: Path 'vmhba1:C0:T0:L1': Vendor: 'IBM     '  Model: '2107900         '  Rev: '.335'
)ScsiScan: 1109: Path 'vmhba1:C0:T0:L1': Type: 0x0, ANSI rev: 5, TPGS: 1 (implicit only)
ScsiScan: 1106: Path 'vmhba1:C0:T0:L2': Vendor: 'IBM     '  Model: '2107900         '  Rev: '.335'
ScsiScan: 1109: Path 'vmhba1:C0:T0:L2': Type: 0x0, ANSI rev: 5, TPGS: 1 (implicit only)
ScsiScan: 1106: Path 'vmhba1:C0:T0:L5': Vendor: 'IBM     '  Model: '2107900         '  Rev: '.335'
)ScsiScan: 1106: Path 'vmhba1:C0:T0:L3': Vendor: 'IBM     '  Model: '2107900         '  Rev: '.335'
ScsiScan: 1106: Path 'vmhba1:C0:T0:L4': Vendor: 'IBM     '  Model: '2107900         '  Rev: '.335'
ScsiScan: 1109: Path 'vmhba1:C0:T0:L5': Type: 0x0, ANSI rev: 5, TPGS: 1 (implicit only)
)ScsiScan: 1109: Path 'vmhba1:C0:T0:L3': Type: 0x0, ANSI rev: 5, TPGS: 1 (implicit only)
ScsiScan: 1109: Path 'vmhba1:C0:T0:L4': Type: 0x0, ANSI rev: 5, TPGS: 1 (implicit only)
)ScsiScan: 1590: Add path: vmhba1:C0:T0:L1
)ScsiScan: 1106: Path 'vmhba1:C0:T0:L6': Vendor: 'IBM     '  Model: '2107900         '  Rev: '.335'
)ScsiScan: 1109: Path 'vmhba1:C0:T0:L6': Type: 0x0, ANSI rev: 5, TPGS: 1 (implicit only)
:
```

图 6.15 IBM DS8000 ALUA 设备的 vmkernel.log 条目

这个日志显示的阵列为 Model:'2107900。注意，ScsiScan 行显示的 TPGS 字段值为 1。这意味着该阵列仅支持隐含 ALUA 模式。这也以英语打印在每行的末尾。

图 6.16 显示了连接到 IBM XIV 存储阵列的一台 vSphere 5 主机的日志条目。

```
wdc-tse-d98.wsl.vmware.com - PuTTY
ScsiScan: 1106: Path 'vmhba2:C0:T0:L0': Vendor: 'IBM     '  Model: '2810XIV-LUN-0   '  Rev: '10.2'
ScsiScan: 1109: Path 'vmhba2:C0:T0:L0': Type: 0xc, ANSI rev: 5, TPGS: 1 (implicit only)
ScsiScan: 1590: Add path: vmhba2:C0:T0:L0
ScsiScan: 1106: Path 'vmhba2:C0:T0:L1': Vendor: 'IBM     '  Model: '2810XIV         '  Rev: '10.2'
ScsiScan: 1109: Path 'vmhba2:C0:T0:L1': Type: 0x0, ANSI rev: 5, TPGS: 1 (implicit only)
ScsiScan: 1106: Path 'vmhba2:C0:T0:L2': Vendor: 'IBM     '  Model: '2810XIV         '  Rev: '10.2'
ScsiScan: 1109: Path 'vmhba2:C0:T0:L2': Type: 0x0, ANSI rev: 5, TPGS: 1 (implicit only)
ScsiScan: 1106: Path 'vmhba2:C0:T0:L3': Vendor: 'IBM     '  Model: '2810XIV         '  Rev: '10.2'
ScsiScan: 1109: Path 'vmhba2:C0:T0:L3': Type: 0x0, ANSI rev: 5, TPGS: 1 (implicit only)
)ScsiScan: 1106: Path 'vmhba2:C0:T0:L4': Vendor: 'IBM     '  Model: '2810XIV         '  Rev: '10.2'
)ScsiScan: 1106: Path 'vmhba2:C0:T0:L5': Vendor: 'IBM     '  Model: '2810XIV         '  Rev: '10.2'
)ScsiScan: 1109: Path 'vmhba2:C0:T0:L4': Type: 0x0, ANSI rev: 5, TPGS: 1 (implicit only)
)ScsiScan: 1109: Path 'vmhba2:C0:T0:L5': Type: 0x0, ANSI rev: 5, TPGS: 1 (implicit only)
:
```

图 6.16 IBM XIV ALUA 设备的 vmkernel.log 条目

这个日志显示的阵列为 Model:'2810XIV')。注意，ScsiScan 行显示的 TPGS 字段值为 1。这意味着该阵列仅支持隐含 ALUA 模式。这也以英语打印在每行的末尾。

这时，无权访问仅支持显式 ALUA 的阵列。但是来自这种阵列的日志显示的 TPGS 值为 2。表 6.3 总结了 TPGS 字段的不同值及其含义。

表 6.3　TPGS 字段值含义

TPGS 值	ALUA 模式
0	不支持
1	仅支持隐含模式
2	仅支持显式模式
3	隐含和显式都支持

确认 ALUA 设备路径状态

故障检修的下一步是确定 ALUA 设备的路径状态。第 7 章会详细介绍多路径。现在，只说明如何确定路径状态。图 6.17 展示了如下命令的输出：

```
esxcli storage nmp path list
```

图 6.17 展示了指向 LUN 20 的 4 条路径的列表，这个 LUN 在配置了 ALUA 的一个 EMC VNX 阵列上。

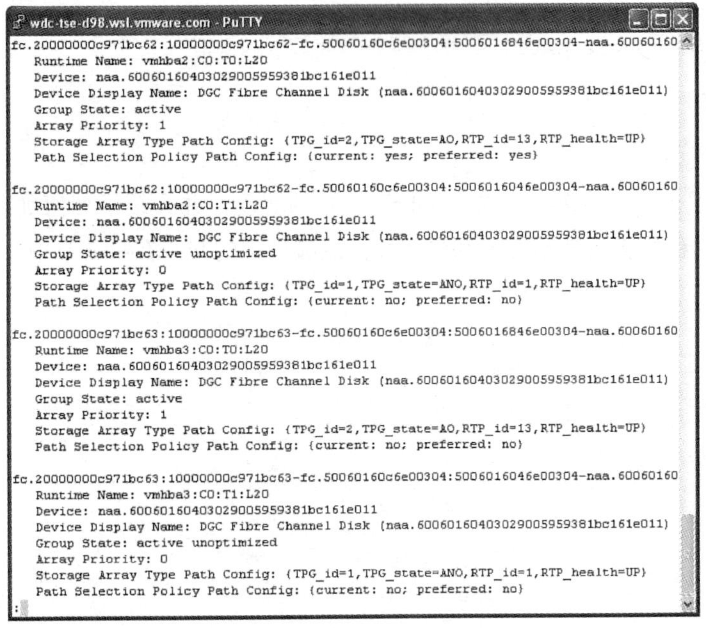

图 6.17　指向 EMC VNX ALUA 设备的路径列表

与故障检修相关的字段是：

- `Group State`（组状态）——显示目标端口组的 AAS；Active 代表 AO，Active unoptimized 代表 ANO。
- `Storage Array Type Path Config`（存储阵列类型路径配置）——这个字段包括 `TPG_id`、`TPG_State`、`RTP_id` 和 `RTP_health`。

- TGP_id——类似于设备列表的输出。这是目标端口组的 ID。
- TPG_State——类似于设备列表的输出。这与前一个字段 Group State 等价（例如，AO 或者 ANO）。
- RPT_id——这是相对目标端口 ID。查询响应从该端口发送到发起方。响应字符串的重要产品数据（VPD）中包含了相对目标端口 ID。所以，由于在这个例子中每个 HBA 有两条路径，每个 HBA 会收到两个查询字符串。第一条来自 RTP ID 13，第二条来自 RTP ID 1。

注意 因为两个 HBA 看到相同的 RTP ID，这意味着两个 HBA 连接到同一个网络架构。这可能是在第 3 章中的例子里提到的单故障点（参见图 3.24）。

- RTP_Health：这是 RTP 的健康状态。取值可能是 UP 或者 DOWN。在上述输出中是 UP。如果取值为 DOWN，Group State 字段将为 Dead 而不是 Active 或者 Active Unoptimized。

第 7 章会进一步详细介绍。

6.2 小结

本章介绍了 ALUA 标准——在 vSphere 5 中的实现，并介绍了如何确定各种 ALUA 配置以及它们对主机的影响。ALUA 和多路径及故障切换的交互在第 7 章中介绍。

第 7 章　多路径和故障切换

多路径和故障切换是企业存储可用性的最关键要素之一。vSphere 5（早在 ESX 1.5 时）包含原生多路径（Native MultiPathing，NMP）。尽管它不支持存储供应商专属多路径输入输出（Multipathing Input/Output，MPIO）软件提供的复杂输入 / 输出（I/O）负载平衡，但是能够出色地维护对基础架构使用的共享存储的访问。

在 ESX 4.0 之前的版本中，vmkernel 中负责多路径和故障切换的部分被称为传统多路径（Legacy Multipathing）。这是内建于 vmkernel 中的整块代码，对这些代码进行任何修改或者更新都需要安装新版本的 vmkernel。对于可用性来说，安装新版本之后就需要重启主机，这显然是不切实际的。俗话说，"需求是发明之母。"因此，对虚拟环境中更好的可靠性和更大的灵活性的需求导致了第 5 章介绍的可热插拔存储架构（PSA）的诞生。在第 5 章中介绍了底层架构和配置的细节。本章将更详细地介绍多路径和故障切换的工作方式，如何确定导致故障切换事件的各种条件以及故障切换事件造成的结果。

7.1　什么是路径

vSphere 5 主机向分配的逻辑单元号（Logical Unit Number，LUN）发送的 I/O 通过以 HBA 为起点，LUN 为终点的特定途径传输。这条途径被称为路径（Path）。处于正常基础架构中的每台主机到每个 LUN 都应该有多条路径。

图 7.1 描述了第 5 章中讨论过的没有单故障点的高可用设计。

在这个例子中，从主机 A 到 LUN1 的一条路径由虚线表示，而从主机 B 到 LUN1 的路径由带点的虚线表示。这条路径通过 HBA0 到达 SPA 的端口 1。

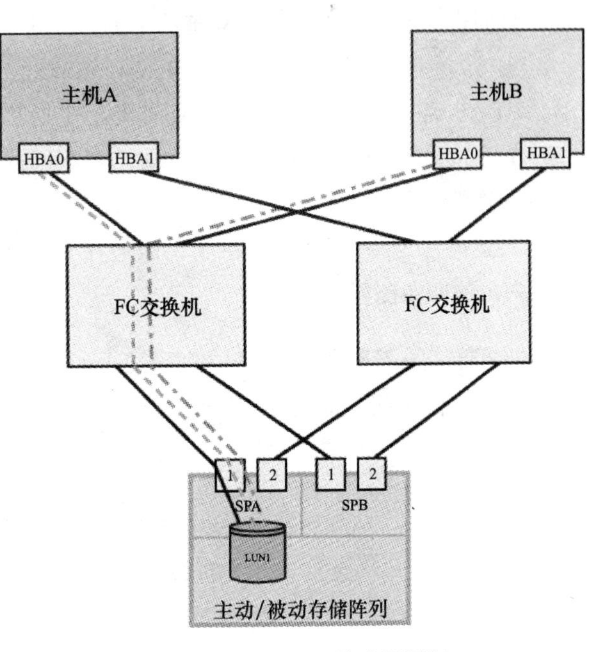

图 7.1　通向 LUN 的路径图解

这样的路径在 UI 和 CLI 输出中由运行时名命名惯例表示。运行时名以前被称为规范名称（Canonical Name），格式为 HBAx:Cn:Ty:Lz，例如 vmhba0:C0:T0:L1，意为：

vmhba0，Channel 0，Target 0，LUN 1

这代表着一条通往 LUN1 的路径可以分解为：

- **HBA0**——主机上的第一个 HBA。vmhba 编号可能因为主机上安装的存储适配器数量而不同。例如，如果主机已经安装了两个 RAID 控制器，分别命名为 vmhba0 和 vmhba1，则添加到主机的第一个光纤通道（FC）HBA 就命名为 vmhba2。
- **Channel 0**——通道号对于连接 FC 和互联网小型计算机系统接口（iSCSI）的设备来说一般为 0。如果 HBA 是一个有两个通道的 SCSI 适配器（例如，内部连接和用于直接连接设备的外部连接），通道号将是 0 和 1。
- **Target 0**——目标的定义在第 2 章和第 4 章介绍过。目标号根据 PSA 发现 SP 端口的顺序而定。在这个例子中，SPA- 端口 1 在 SPA- 端口 2 和 SPB 上的其他端口之前被发现。所以，该端口被编号为 target 0，作为运行时名的一部分。

注意 顾名思义，运行时名在两次主机重启之间不会持续，在共享同一个 LUN 的主机之间也各不相同。这是因为组成名称的各个部分有可能由于硬件或者连接性的变化而变化。例如，主机可能添加一个额外的 HBA 或者拔除一个 HBA，这都会改变 HBA 名称。

我们扩展一下这个例子，枚举从主机 A 到 LUN1 的其余路径，这也适用于主机 B。

主机 A 有两个 HBA:vmhba0 和 vmhba1，在图 7.1 中分别以 HBA0 和 HBA1 表示。HBA0 连接到一个网络架构交换机，交换机又依次与 SPA 和 SPB 上的端口 1 连接。HBA1 连接到另一台网络架构交换机（在不同的网络架构上），依次与 SPA 和 SPB 上的端口 2 连接。

上述设计为每个 HBA 提供了两条通往 LUN 的路径，一共四条。运行如下命令，通过 CLI 列出这四条路径：

```
esxcli storage nmp path list --device <LUN's NAA ID>
```

也可以使用简写选项 `-d` 代替 `--device`：

```
esxcli storage nmp path list -d <LUN's NAA ID>
```

图 7.2 的输出从配备两个 FC HBA（名为 vmhba2 和 vmhba3）的主机上收集。

vmhba3 有两条通向 LUN1 的路径：

```
vmhba3:C0:T1:L1
vmhba3:C0:T0:L1
```

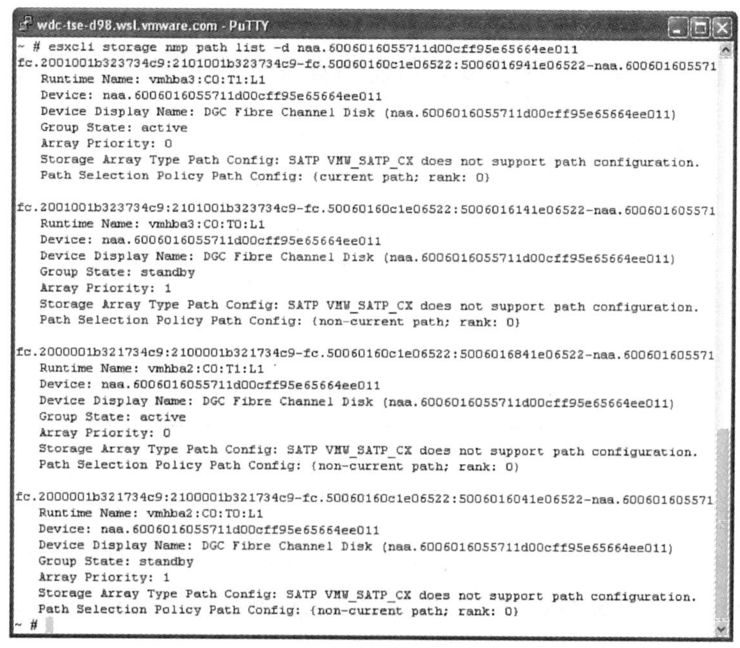

图 7.2 用 NAA ID 列出通往 LUN 的路径

vmhba2 有两条通向 LUN1 的路径：

```
vmhba2:C0:T1:L1
vmhba2:C0:T0:L1
```

路径可以读作 vmhba2，通道 0，目标 1，LUN1 等。

尽管每个 HBA 使用的目标号相同，这些目标实际上仍然不同。原因是每个 HBA 连接到两个不同的网络架构。正如图 7.1 所示，每个网络架构连接到 SPA 和 SPB 的不同端口。

这些目标实际上有何不同？

回忆一下第 2、4、5 章，是不是曾经解释过目标 ID 对 FC 使用 WWPN（全球端口名称），对 iSCSI 使用 iqn（iSCSI 限定名）？这个例子来自 FC 配置，我们来看看输出，找出这些目标。

表 7.1 显示了运行时名（见第 2 章）与目标的 WWPN 之间的关系。

表 7.1 找出目标

运行时名	目标 WWPN	SP/ 端口
Vmhba3:C0:T1:L1	5006016941e06522	SPB/ 端口 1
vmhba3:C0:T0:L1	5006016141e06522	SPA/ 端口 1
vmhba2:C0:T1:L1	5006016841e06522	SPB/ 端口 0
vmhba2:C0:T0:L1	5006016041e06522	SPA/ 端口 0

加阴影的地方显示的是 WWPN 中的独特部分，有助于识别 EMC CLARiiON 或者 VNX SP 端口。（其他已知阵列端口的标识符参见第 2 章 FC 目标的介绍。）

图 7.3 展示了一个 iSCSI 配置的类似示例，路径为 2 条而不是 4 条。

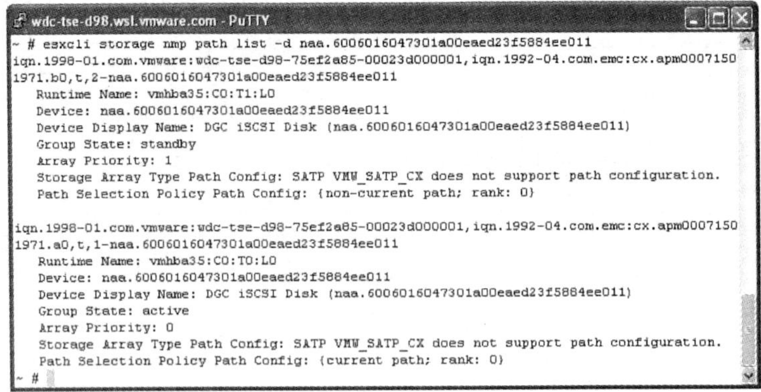

图 7.3 用 NAA ID 列出通往一个 iSCSI LUN 的路径

图 7.3 显示了通往 NAA ID 为 naa.6006016047301a00eaed23f5884ee011 的 LUN 的两条路径。在这种配置中，单一的软件 iSCSI 发起方（vmhba35）连接到两个 iSCSI 目标——名为 iqn.1992-04.com.emc:cx.apm00071501971.b0,t,2 和 iqn.1992-04.com.emc:cx.apm00071501971.a0,t,1。

根据设备显示名称和声明该 LUN 的存储阵列类型插件（SATP，这里是 VMW_SATP_CX），这个 LUN 在一个 EMC CLARiiON CX 家族阵列上。根据两个目标的 iSCSI 别名，LUN 可以通过 SPA0 和 SPB0 访问，两者分别分配为目标 2 和 1。

图 7.4 显示了可以通过 vmhba3 在两个目标上访问的一个 SAS（串行连接 SCSI）LUN，其 NAA ID 为 naa.600c0ff000dae2e73763b04d02000000。根据设备显示名，这个 LUN 在一个 HP 存储阵列上。

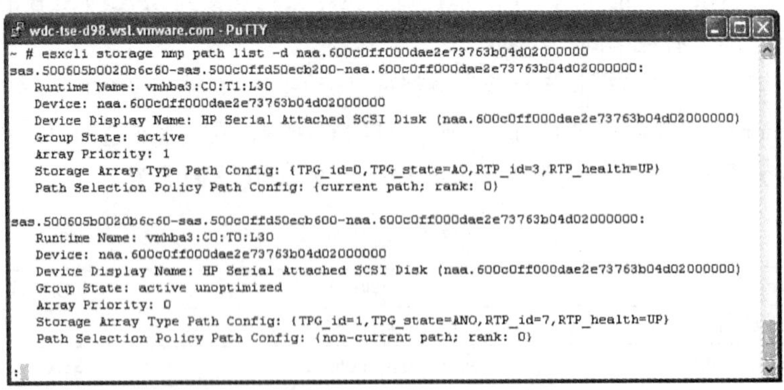

图 7.4 用 NAA ID 列出通往一个 SAS LUN 的路径

可使用如下命令确定阵列型号：

```
esxcli storage core device list --device naa.600c0ff000dae2e73763b04d02000000
```

也可以使用简写选项 `-d` 代替 `--device`：

```
esxcli storage core device list -d naa.600c0ff000dae2e73763b04d02000000
```

这个命令的输出如图 7.5 所示。

```
wdc-tse-d98.wsl.vmware.com - PuTTY
naa.600c0ff000dae2e73763b04d02000000:
   Display Name: HP Serial Attached SCSI Disk (naa.600c0ff000dae2e73763b04d02000000)
   Has Settable Display Name: true
   Size: 2861
   Device Type: Direct-Access
   Multipath Plugin: NMP
   Devfs Path: /vmfs/devices/disks/naa.600c0ff000dae2e73763b04d02000000
   Vendor: HP
   Model: P2000 G3 SAS
   Revision: T200
   SCSI Level: 5
   Is Pseudo: false
   Status: on
   Is RDM Capable: true
   Is Local: false
   Is Removable: false
   Is SSD: false
   Is Offline: false
   Is Perennially Reserved: false
   Thin Provisioning Status: unknown
   Attached Filters:
   VAAI Status: unknown
   Other UIDs: vml.02001e0000600c0ff000dae2e73763b04d020000005032303030 20
:
```

图 7.5　列出 SAS LUN 的属性

这个输出显示 Vendor（供应商）字符串为 HP，Model（型号）字符串为 `P2000 G3 SAS`。这意味着 LUN 在一个 HP MSA P2000 G3 SAS 阵列上。

7.2　活动路径在哪里

在 ESX/ESXi 4.0 以前的版本中，命令行接口（CLI）和用户界面（UI）中都列出了活动路径——ESX 主机向 LUN 发送 I/O 的路径。从 ESX/ESXi 4.0 开始，“活动”路径指的是主动 / 被动阵列配置中通往拥有 LUN 的 SP 的路径，也指主动 / 主动阵列中通往某个 LUN 的所有路径。这条路径在命令输出中被标识为工作路径（Working Path），我们将在本节稍后对其加以介绍。在 ESXi 5 中继续进行这种修改。

下面将介绍如何用 CLI 和 UI 找出过去叫做“主动路径”的路径。简言之，这条路径在 CLI 中列出时叫做当前路径（Current Path），在 UI 中这条路径表示为 IO。

7.2.1　用 CLI 找出当前路径

查看前面用图 7.2、图 7.3 和图 7.4 分别说明 FC、iSCSI 和 SAS LUN 的例子。Path Selection Policy Path Config（路径选择策略路径配置）字段显示了一条当前路径，其余路径显示为非当前路径。前者是主机向 LUN 发送 I/O 的路径，而后者在当前路径不可用时，或者使用 Round Robin PSP，I/O 在这些活动路径中循环的时候才可用。

7.2.2 用 UI 找出 IO（当前）路径

按照如下过程确定 I/O 发送的当前路径：

1）以具有管理员特权的用户直接登录到 vSphere 5.0 主机，或者使用 VMware vSphere 5.0 Client 登录到管理主机的 vCenter Server。

2）在 Inventory-Hosts and Clusters（库存 - 主机与群集）视图中，找到库存树上的 vSphere 5.0 主机并选中。

3）导航到 Configuration（配置）选项卡。

4）在 Hardware（硬件）部分，选择 Storage（存储）选项。

5）在 View（视图）字段下，单击 Devices（设备）按钮。

6）在 Devices（设备）窗格下，选择一个 SAN LUN（见图 7.6）。在这个例子中，它的名称以 DGC Fibre Channel Disk 开始。

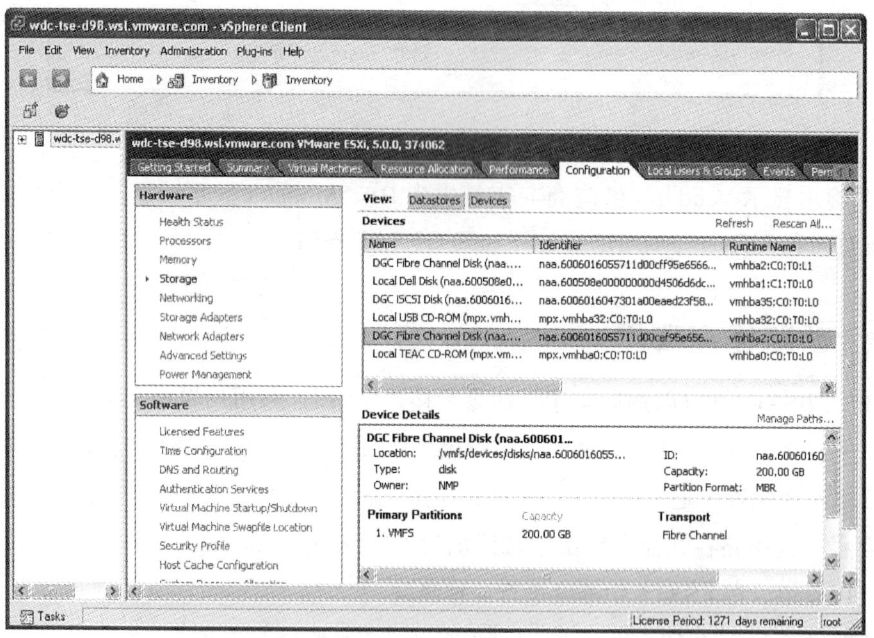

图 7.6　列出设备

7）在 Device Details（设备详情）窗格中选择 Manage Paths（管理路径）。

8）图 7.7 显示了 LUN 的细节。在这个例子中，按照 Runtime Name（运行时名）字段的降序排列。Paths（路径）部分以如下格式显示通向该 LUN 的路径：

- Runtime Name（运行时名）——vmhbaX:C0:Ty:Lz，其中 X 是 HBA 编号，y 是目标编号，z 是 LUN 编号。
- Status（状态）——显示路径状态，在这个例子中是 Active（活动）或者 Standby（备用）。I/O 发送所用的路径以（I/O）表示。

DGC Fibre Channel Disk (naa.6006016055711d00cef95e65664ee011) Manage Paths

Policy

Path Selection: Most Recently Used (VMware)　Change

Storage Array Type: VMW_SATP_CX

Paths

Runtime Name	Target	LUN	Status	Preferred
vmhba2:C0:T0:L0	50:06:01:60:c1:e0:65:22 50:06:01:60:41:e0:65:22	0	Active (I/O)	
vmhba2:C0:T1:L0	50:06:01:60:c1:e0:65:22 50:06:01:68:41:e0:65:22	0	Stand by	
vmhba3:C0:T0:L0	50:06:01:60:c1:e0:65:22 50:06:01:61:41:e0:65:22	0	Active	
vmhba3:C0:T1:L0	50:06:01:60:c1:e0:65:22 50:06:01:69:41:e0:65:22	0	Stand by	

Refresh

Name: fc.2000001b321734c9:2100001b321734c9-fc.50060160c1e06522:5006016041e06522-naa.6006016055711d00cef9...

Runtime Name: vmhba2:C0:T0:L0

Fibre Channel

Adapter: 20:00:00:1b:32:17:34:c9 21:00:00:1b:32:17:34:c9

Target: 50:06:01:60:c1:e0:65:22 50:06:01:60:41:e0:65:22

Close　Help

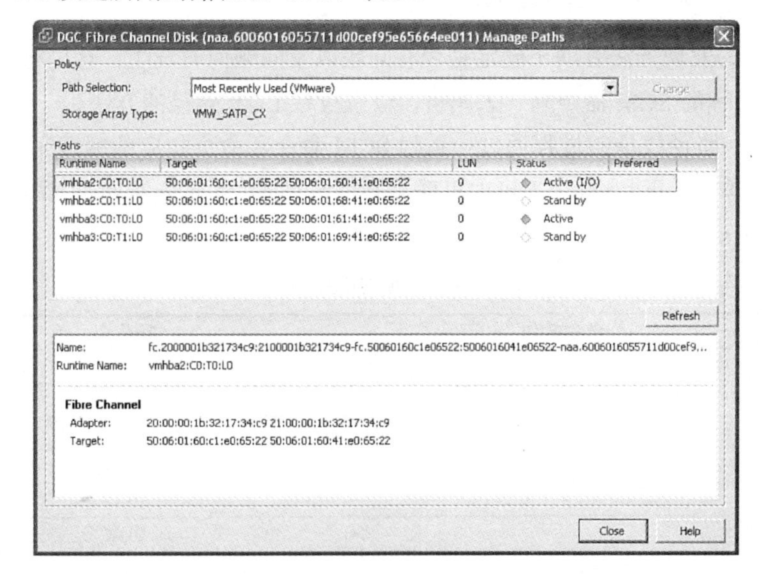

图 7.7　通过 UI 列出通向 FC LUN 的路径

注意　Preferred 字段为空，因为 Path Selection（PSP）表明采用的是“最近使用”（Most Recently Used，MRU）策略，这种策略忽略首选路径选项。这个选项只在“固定”（FIXED）PSP 中有效。

列出通向 iSCSI LUN 的路径的方法类似于刚刚讨论的过程。不同的是，UI 如图 7.8 所示。

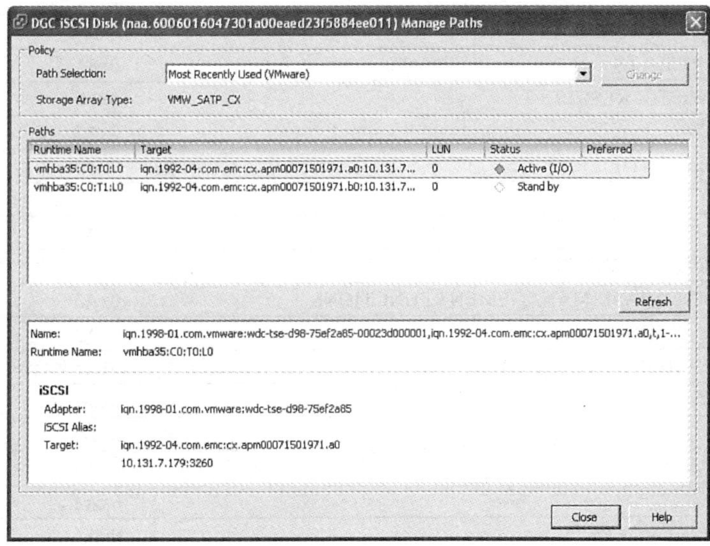

图 7.8　通过 UI 列出通向 iSCSI LUN 的路径

7.3 LUN 发现和路径枚举

理解 LUN 的发现方法有助于确定是否有问题以及问题何时发生。这里将简单介绍一些能够说明这一过程的 SCSI 命令和日志条目，以及枚举 LUN 路径的方法。

LUN 发现和路径枚举的过程通过一系列 SCSI 命令和命令相应的解读完成（SCSI 检测代码）。表 7.2 展示了在 ESXi 5 主机上可能遇到的常见 SCSI 命令列表（大部分命令也适用于更早的版本）。

表 7.2 常见 SCSI 命令

命令名称	操作码	服务动作
ACCESS CONTROL IN	0x86	
ACCESS CONTROL OUT	0x87	
CHANGE ALIASES	0xA4	0x0B
EXTENDED COPY	0x83	
INQUIRY	0x12	
LOG SELECT	0x4C	
LOG SENSE	0x4D	
MODE SELECT(6)	0x15	
MODE SELECT(10)	0x55	
MODE SENSE(6)	0x1A	
MODE SENSE(10)	0x5A	
PERSISTENT RESERVE IN 5	0xE	
PERSISTENT RESERVE OUT	0x5F	
PREVENT ALLOW MEDIUM REMOVAL	0x1E	
READ ATTRIBUTE	0x8C	
READ BUFFER	0x3C	
READ MEDIA SERIAL NUMBER	0xAB	0x01
RECEIVE COPY RESULTS	0x84	
RECEIVE DIAGNOSTIC RESULTS	0x1C	
REPORT ALIASES	0xA3	0x0B
REPORT DEVICE IDENTIFIER	0xA3	0x05
REPORT LUNS	0xA0	
REPORT PRIORITY	0xA3	0x0E
REPORT SUPPORTED OPERATION CODES	0xA3	0x0C
REPORT SUPPORTED TASK MANAGEMENT FUNCTIONS	0xA3	0x0D
REPORT TARGET PORT GROUPS	0xA3	0x0A
REPORT TIMESTAMP	0xA3	0x0F
REQUEST SENSE	0x03	
SEND DIAGNOSTIC	0x1D	
SET DEVICE IDENTIFIER	0xA4	0x06
SET PRIORITY	0xA4	0x0E
SET TARGET PORT GROUPS	0xA4	0x0A
SET TIMESTAMP	0xA4	0x0F

在表 7.2 中，有些命令需要结合操作码和服务动作。这些命令的操作码和服务动作栏中都显示了数值。

SCSI 检测代码在表 7.2 中列出的 SCSI 命令的响应中返回。常见的检测代码参见后面 7.6 节中的表 7.4、表 7.5、表 7.6 和表 7.7 。

LUN 发现按照如下顺序完成：

1）主机向存储阵列发送 `REPORT LUNS` 命令（0xA0）。

2）阵列响应对该主机发起方掩蔽（存在）的 LUN 数量。

3）主机向每个报告的 LUN 发送页面 0 上的 INQUIRY 命令（0x12）。这条命令应该会返回支持的 VPD（重要产品数据）页面的列表。VPD 根据设备支持的 VPD 页面提供设备的具体信息。

4）如果设备支持 VPD 第 83 页，查询命令将在这个页面上发出，返回设备唯一 ID（NAA ID）。

5）如果设备不支持第 83 页，主机发送查询 VPD 第 80 页的命令。这一页提供设备序列号代替不受支持的 NAA ID。

VPD 页面提供一个或者多个如下标识描述符：

- 逻辑单元名
- SCSI 目标端口标识符
- SCSI 目标端口名
- SCSI 目标设备名
- 相对目标端口号标识符
- SCSI 目标端口组号
- 逻辑单元组号

7.4　LUN 发现和路径枚举日志条目示例

ESXi 5 的主日志是 /var/log/vmkernel.log 文件。然而，在系统启动时发生的一些事件记录在 /var/log/boot.gz。这个文件是一个压缩的自举日志，可以用 `zcat boot.gz|less-S` 命令阅读。这是因为该文件经过了压缩，以节约 visorfs 空间（visor FS 实际是内存的文件系统，ESXi 在这里加载压缩的自举映像）。如果你想用 `gunzip` 命令解压它，不要在 /var/log 目录中进行，将文件复制到一个 VMFS 卷或者用 `scp` 和类似命令将它传送到管理工作站上，在那里进行解压。

图 7.9 展示了 /var/log/boot.gz 的一个片断（解压后）。为了容易阅读，这里对输出进行了裁剪。

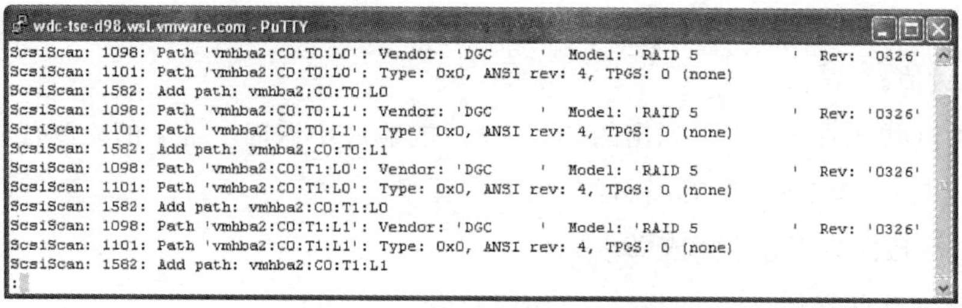

```
wdc-tse-d98.wsl.vmware.com - PuTTY
ScsiScan: 1098: Path 'vmhba2:C0:T0:L0': Vendor: 'DGC      '  Model: 'RAID 5          '  Rev: '0326'
ScsiScan: 1101: Path 'vmhba2:C0:T0:L0': Type: 0x0, ANSI rev: 4, TPGS: 0 (none)
ScsiScan: 1582: Add path: vmhba2:C0:T0:L0
ScsiScan: 1098: Path 'vmhba2:C0:T0:L1': Vendor: 'DGC      '  Model: 'RAID 5          '  Rev: '0326'
ScsiScan: 1101: Path 'vmhba2:C0:T0:L1': Type: 0x0, ANSI rev: 4, TPGS: 0 (none)
ScsiScan: 1582: Add path: vmhba2:C0:T0:L1
ScsiScan: 1098: Path 'vmhba2:C0:T1:L0': Vendor: 'DGC      '  Model: 'RAID 5          '  Rev: '0326'
ScsiScan: 1101: Path 'vmhba2:C0:T1:L0': Type: 0x0, ANSI rev: 4, TPGS: 0 (none)
ScsiScan: 1582: Add path: vmhba2:C0:T1:L0
ScsiScan: 1098: Path 'vmhba2:C0:T1:L1': Vendor: 'DGC      '  Model: 'RAID 5          '  Rev: '0326'
ScsiScan: 1101: Path 'vmhba2:C0:T1:L1': Type: 0x0, ANSI rev: 4, TPGS: 0 (none)
ScsiScan: 1582: Add path: vmhba2:C0:T1:L1
:
```

图 7.9　显示新添加路径的日志条目

这里你可以看到 LUN0 通过 vmkernel 的 ScsiScan 函数发现。LUN 属性显示 Vendor（供应商）、Model（型号）和 Rev（版本）字段（输出的第一行）。在这个例子中，供应商为 DGC（Data General Corporation，通用数据公司），表示 EMC CLARiiON CX 阵列家族。例中的型号为支持 LUN 的 RAID 类型。最后，版本字段显示了存储阵列的固件版本。在这个例子中是 0326，对于 CX 家族意味着 FLARE code 26。

接着，在日志输出的第 2 行中，设备类型的标识为 Type:0x0，这表示 Direct Access Block Device（直接访问块设备）。表 7.3 展示了在 vSphere 5 环境中可能遇到的常见设备类型。

表 7.3　常见设备类型

设备类型	描　述
0x0	直接访问块设备
0x1	顺序访问设备（例如磁带机）
0x3	处理器设备
0x4	一次性写入设备
0x5	CD/DVD 设备
0x8	磁带库

下一个列出的字段是 ANSI 版本，这是设备支持的 SCSI 标准。在这个例子中取值为 4，意味着较新的 SCSI-3 版本（例如，SAM-2——详见第 2 章）。最后一个字段是 TPGS，例中的 0 说明设备不支持非对称逻辑单元存取（ALUA——参见第 6 章）。

日志的第 3 行显示 `Add path:vmhba2:C0:T0:L0`，这意味着添加了通过 vmhba2 前往目标 0 上的 LUN0 路径。

这三行在通过 vmhba2 前往目标 1 上的 LUN0 路径以及通过相同 HBA 前往两个目标上的 LUN1 路径上重复出现。

通过主机上第二个 HBA 前往上述两个 LUN 的日志条目（如图 7.10 所示）与图 7.9 类似，不同之处是 HBA 为 vmhba3。

最后，所有发现的路径均被 NMP 声明，如图 7.11 所示。

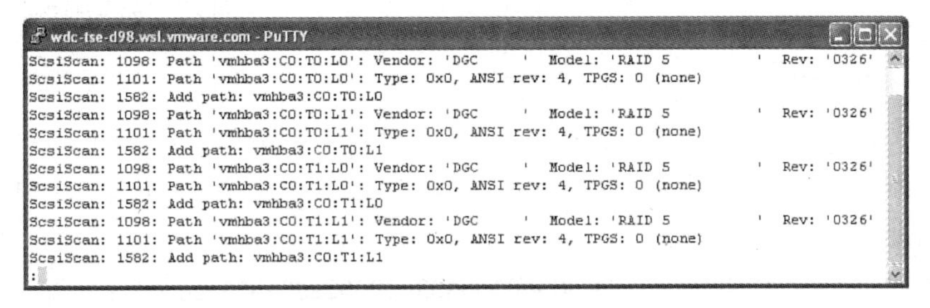

```
wdc-tse-d98.wsl.vmware.com - PuTTY
ScsiScan: 1098: Path 'vmhba3:C0:T0:L0': Vendor: 'DGC     '  Model: 'RAID 5          '  Rev: '0326'
ScsiScan: 1101: Path 'vmhba3:C0:T0:L0': Type: 0x0, ANSI rev: 4, TPGS: 0 (none)
ScsiScan: 1582: Add path: vmhba3:C0:T0:L0
ScsiScan: 1098: Path 'vmhba3:C0:T0:L1': Vendor: 'DGC     '  Model: 'RAID 5          '  Rev: '0326'
ScsiScan: 1101: Path 'vmhba3:C0:T0:L1': Type: 0x0, ANSI rev: 4, TPGS: 0 (none)
ScsiScan: 1582: Add path: vmhba3:C0:T0:L1
ScsiScan: 1098: Path 'vmhba3:C0:T1:L0': Vendor: 'DGC     '  Model: 'RAID 5          '  Rev: '0326'
ScsiScan: 1101: Path 'vmhba3:C0:T1:L0': Type: 0x0, ANSI rev: 4, TPGS: 0 (none)
ScsiScan: 1582: Add path: vmhba3:C0:T1:L0
ScsiScan: 1098: Path 'vmhba3:C0:T1:L1': Vendor: 'DGC     '  Model: 'RAID 5          '  Rev: '0326'
ScsiScan: 1101: Path 'vmhba3:C0:T1:L1': Type: 0x0, ANSI rev: 4, TPGS: 0 (none)
ScsiScan: 1582: Add path: vmhba3:C0:T1:L1
:
```

图 7.10　显示持续的新路径和附加事件的日志条目

```
wdc-tse-d98.wsl.vmware.com - PuTTY
2011-07-10T16:05:18.830Z cpu3:2617)ScsiPath: 4541: Plugin 'NMP' claimed path 'vmhba3:C0:T1:L0'
2011-07-10T16:05:18.830Z cpu3:2617)ScsiPath: 4541: Plugin 'NMP' claimed path 'vmhba3:C0:T1:L1'
2011-07-10T16:05:18.830Z cpu3:2617)ScsiPath: 4541: Plugin 'NMP' claimed path 'vmhba0:C0:T0:L0'
2011-07-10T16:05:18.830Z cpu3:2617)ScsiPath: 4541: Plugin 'NMP' claimed path 'vmhba3:C0:T0:L0'
2011-07-10T16:05:18.830Z cpu3:2617)ScsiPath: 4541: Plugin 'NMP' claimed path 'vmhba3:C0:T0:L1'
2011-07-10T16:05:18.830Z cpu3:2617)ScsiPath: 4541: Plugin 'NMP' claimed path 'vmhba2:C0:T1:L0'
2011-07-10T16:05:18.830Z cpu3:2617)ScsiPath: 4541: Plugin 'NMP' claimed path 'vmhba2:C0:T1:L1'
2011-07-10T16:05:18.830Z cpu3:2617)ScsiPath: 4541: Plugin 'NMP' claimed path 'vmhba2:C0:T0:L0'
2011-07-10T16:05:18.831Z cpu3:2617)ScsiPath: 4541: Plugin 'NMP' claimed path 'vmhba2:C0:T0:L1'
2011-07-10T16:05:18.831Z cpu3:2617)ScsiPath: 4541: Plugin 'NMP' claimed path 'vmhba1:C1:T0:L0'
:
```

图 7.11　NMP 声明发现的路径

注意　图 7.11 中的日志条目还包括了 VMW_SATP_Local 声明的本地连接 LUN，它们是：

vmhba0:C0:T0:L0——CD-ROM 驱动器

vmhba1:C1:T0:L0——本地磁盘

在枚举给定设备的所有路径之后，PSA 收起通往该设备的所有路径，使主机将它标识为具有多条路径的单个设备。为了成功地完成这一步，该设备必须符合如下条件：

- 所有路径上的设备 ID（例如，NAA ID、EUI 等）必须相同。
- 所有路径上的 LUN 编号必须相同。

设备 ID 和 LUN 编号的唯一性是由多个因素促成的，例如 Symmetrix FA Director Bits 配置和 VMware HCL 上多种存储阵列中的主机类选择。

枚举设备 ID 的日志条目示例如图 7.12 所示。

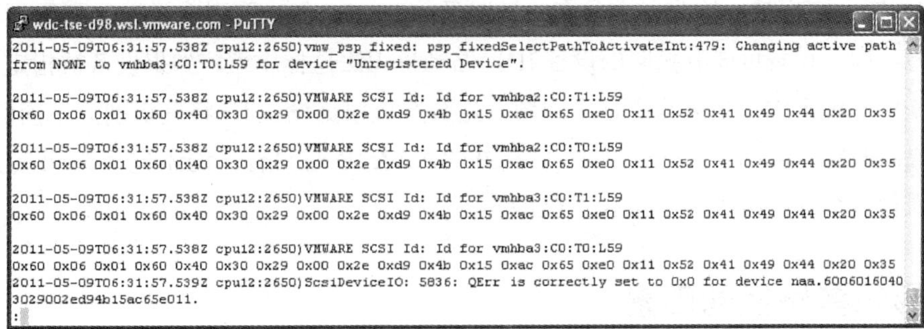

wdc-tse-d98.wsl.vmware.com - PuTTY
2011-05-09T06:31:57.538Z cpu12:2650)vmw_psp_fixed: psp_fixedSelectPathToActivateInt:479: Changing active path
from NONE to vmhba3:C0:T0:L59 for device "Unregistered Device".
2011-05-09T06:31:57.538Z cpu12:2650)VMWARE SCSI Id: Id for vmhba2:C0:T1:L59
0x60 0x06 0x01 0x60 0x40 0x30 0x29 0x00 0x2e 0xd9 0x4b 0x15 0xac 0x65 0xe0 0x11 0x52 0x41 0x49 0x44 0x20 0x35
2011-05-09T06:31:57.538Z cpu12:2650)VMWARE SCSI Id: Id for vmhba2:C0:T0:L59
0x60 0x06 0x01 0x60 0x40 0x30 0x29 0x00 0x2e 0xd9 0x4b 0x15 0xac 0x65 0xe0 0x11 0x52 0x41 0x49 0x44 0x20 0x35
2011-05-09T06:31:57.538Z cpu12:2650)VMWARE SCSI Id: Id for vmhba3:C0:T1:L59
0x60 0x06 0x01 0x60 0x40 0x30 0x29 0x00 0x2e 0xd9 0x4b 0x15 0xac 0x65 0xe0 0x11 0x52 0x41 0x49 0x44 0x20 0x35
2011-05-09T06:31:57.538Z cpu12:2650)VMWARE SCSI Id: Id for vmhba3:C0:T0:L59
0x60 0x06 0x01 0x60 0x40 0x30 0x29 0x00 0x2e 0xd9 0x4b 0x15 0xac 0x65 0xe0 0x11 0x52 0x41 0x49 0x44 0x20 0x35
2011-05-09T06:31:57.539Z cpu12:2650)ScsiDeviceIO: 5836: QErr is correctly set to 0x0 for device naa.6006016040
3029002ed94b15ac65e011.
:

图 7.12　枚举设备 ID 的日志条目

在这个例子中，声明该设备的 PSP（VMW_PSP_FIXED）激活通往设备的第一条路径（将活动路径从 NONE 改为 vmhba3:C0:T0:L59）。

路径激活条目后面的 4 行用于通往该设备的所有 4 条路径（`ID for vmhba…`）。ID 的各个字节以十六进制值列出。在这个例子中，ID 是前 16 个字节（清单 7.1 中加重显示的 16 个十六进制值）。

上述 ID 值转化为 NAA ID naa.60060160403029002ed94b15ac65e011。剩下的 6 个字节映射为 ASCII 字符“RAID 5”。图 7.12 中的最后一行显示设备 ID 为 naa.60060160403029002ed94b15ac65e011，这和清单 7.1 中突出显示的 16 个字节相符。

清单 7.1　在查询响应中找出 NAA ID

```
0x60 0x06 0x01 0x60 0x40 0x30 0x29 0x00 0x2e 0xd9 0x4b 0x15 0xac 0x65 0xe0 0x11
0x52 0x41 0x49 0x44 0x20 0x35
```

可以运行如下命令列出通往给定设备的所有路径：

```
esxcfg-mpath --list-paths
```

也可以使用简写选项 `-b` 代替 `--list-paths`：

```
esxcfg-mpath -b
```

图 7.13 是输出的一个示例。

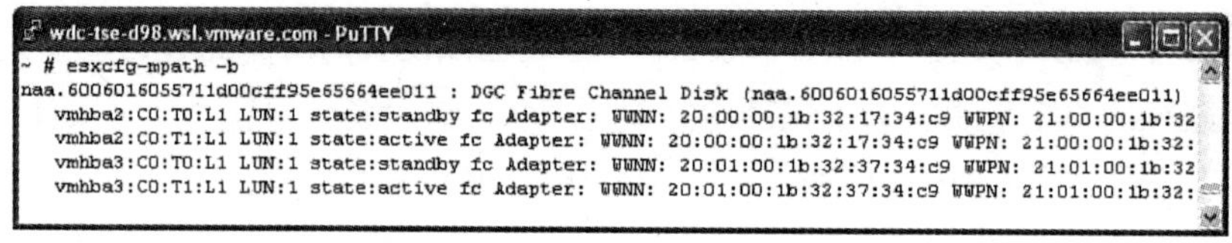

图 7.13　列出通往 LUN 的路径

图 7.13 显示了图 7.10 中使用的 4 条通往 LUN1 的路径。在这里你可以看到发现的路径按照 LUN 的设备 ID（本例中是 NAA ID）分组。因为 LUN 在所有 4 条路径上的编号和 NAA ID 相同，它们被压缩为一个具有 4 条路径的 LUN。如果阵列上错误地配置了不同的 LUN 编号，即使设备可能有相同的设备 ID，路径也无法这样压缩。如果设备被指定为不同目标上的不同设备 ID，也同样有这个问题，这会造成根据设备 ID 将其识别为不同的设备。换句话说，假定 vmhba2 和 vmhba3 上目标 0 的 NAA ID 与目标 1 的不同，结果就是这个 LUN 被看作两个各有两条路径的不同 LUN。

7.5 影响多路径的因素

许多因素在多路径功能中起重要的作用。其中有如下 VMkernel 高级设置。

- **Disk.MaxLUN**——默认值为 256，不能大于这个值。发起重新扫描时，这是每个目标上扫描的最大 LUN 数。所以，从 LUN0 开始，最大的 LUN 编号为 LUN255。因此，编号大于 255 的 LUN 不会被 vSphere 5.0 主机发现。

注意　任何 vSphere 5.0 主机可用的最大路径数为 1024（这也适用于更早的版本）。所以，如果主机配备两个 HBA，每个分区为一个存储阵列上的两个目标，每个 LUN 在该阵列中存在的路径总数为 4。如果阵列向主机提供 256 个 LUN，路径总数为 1024（4 条路径 ×256 LUN）。

根据设计要求，在确定为 vSphere 5.0 主机提供的 LUN 数量时必须考虑这个因素。换句话说，如果你打算在主机上使用更多的发起方或者更多目标，LUN 的最大数量就会减少。还要考虑主机上本地设备的路径。即使这些设备不支持多路径，通向它们的路径也会减少 SAN 连接设备的可用路径数量。

- **Disk.SupportSparseLUN**——这是从 ESX 1.5 开始的旧版本中遗留下来的设置。参数在下面列出，启用时不管参数值为何，都没有必要使用。稀疏（Sparse）LUN 指的是发现的 LUN 序列中编号之间有空隙的情况。例如，你有一个阵列向主机提供 LUN 编号 0 ～ 10，然后跳过接下来的 9 个 LUN，下一组 LUN 编号为 LUN20 ～ 255。这个选项设置为 0 时，主机在 LUN 超过 LUN10 时停止 LUN 扫描，因为 LUN11 丢失，它不继续扫描更高的 LUN 编号。这个选项默认被启用（设置为 1），这时主机继续扫描下一个 LUN 编号直到扫描完 256 个 LUN 编号。想象一下，如果你必须在主机自举的时候等待所有 LUN 编号和 HBA 编号扫描完毕，是什么样的情况。这就是 VMware 推出下一个参数的原因（Disk.UseReportLUN）。
- **Disk.UseReportLUN**——这个参数默认启用（设置为 1）。它启用 ReportLUN 命令，该命令发送到所有目标，存储阵列应该响应向该主机发起方提供的 LUN 编号列表。这意味着主机不再需要单独扫描每个 LUN 编号，同时改进了启动时间和扫描时间。这是客户 SCSI 命令传递给映射 LUN 时（在第 13 章中将详细讨论）唯一被过滤的命令。

如何访问高级选项

按照如下过程访问 VMKernel 高级选项：

1）要查看或者修改上述的高级选项以及本书讨论的其他选项，可以使用 vSphere 5.0 Client。直接登录 vSphere 主机或者通过 vCenter Server 登录，然后导航到 Configuration（配置）选项卡，如图 7.14 所示。

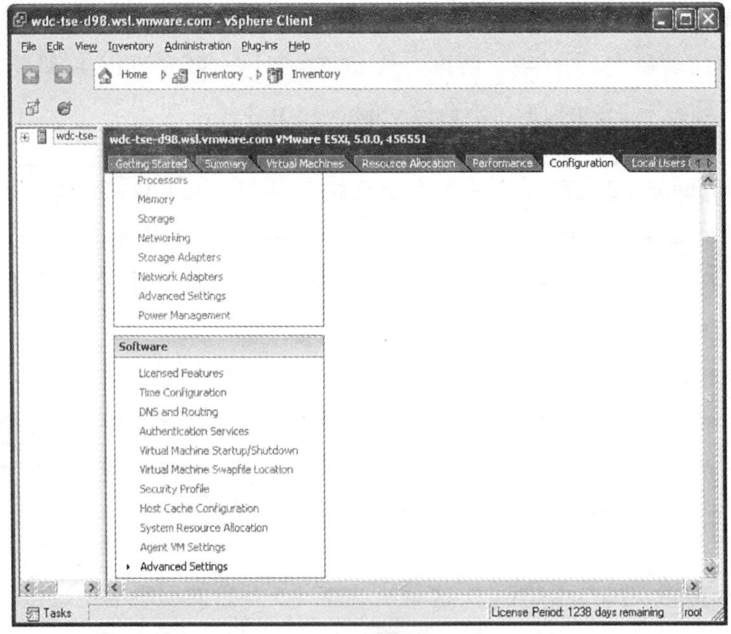

图 7.14　访问高级设置

2）在 Software（软件）部分的底部，单击 Advanced Settings（高级设置）链接。显示如图 7.15 所示的屏幕。

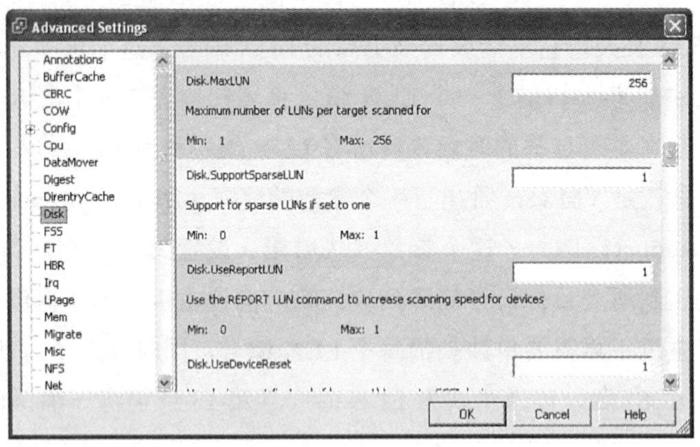

图 7.15　高级设置

3）在左侧的窗格中，选择 Disk（磁盘）。

4）在右侧的窗格中向下滚动，直到看到 Disk.MaxLUN 字段。前面讨论的三个设置在这里列出。查看这些设置之后，单击 Cancel（取消）按钮关闭对话框。

注意　修改这些选项不要求重新启动即可生效。

7.6　故障切换触发器

在常规条件下，I/O 在当前路径上发送，直到某个触发路径故障切换的 SCSI 事件发生。这些触发器根据存储阵列是主动 / 主动还是主动 / 被动而有所不同。

7.6.1　SCSI 检测代码

在列出触发器之前，先介绍一些 SCSI 检测代码的基础知识。设备通过发送特定的十六进制值与 SAN 上的节点通信，这些十六进制串可能是对命令或者硬件事件的响应。

检测代码的结构如下（正如在 vmkernel 日志条目中所见）：

```
H:<数值> D:<数值>有效检测数据<一组3个十六进制数值>
```

- **H**——来自主机（发起方），提供主机状态（参见表 7.4）。

表 7.4 给出了筛查 vSphere 主机日志时可能遇到的常见检测代码。

表 7.4　主机状态码

代　码	意　义
0x0	SCSI_HOST_OK
0x1	SCSI_HOST_NO_CONNECT
0x2	SCSI_HOST_BUS_BUSY
0x3	SCSI_HOST_TIMEOUT
0x4	SCSI_HOST_BAD_TARGET
0x5	SCSI_HOST_ABORT
0x6	SCSI_HOST_PARITY
0x7	SCSI_HOST_ERROR
0x8	SCSI_HOST_RESET
0x9	SCSI_HOST_BAD_INTR
0XA	SCSI_HOST_PASSTHROUGH
0xB	SCSI_HOST_SOFT_ERROR

- **D**——来自设备，提供设备状态（见表 7.5）。

表 7.5　设备状态代码

代　码	意　义
0x0	没有错误
0x2	检查条件
0x8	设备忙
0x18	设备被另一台主机保留

- **P**——来自 PSA 插件，提供插件状态。
- 一组 3 个十六进制值，分解如下：

■ SCSI 检测键值（见表 7.6）。

表 7.6 SCSI 检测键值

代　码	意　义
0x0	没有检测信息
0x1	最后一条命令成功完成，但是正在修正以前的错误
0x2	指定的 LUN 尚未准备好接受访问
0x3	目标检测到媒体上的数据错误
0x4	目标检测在命令或者自检期间发现的硬件错误
0x5	ILLEGAL_REQUEST。命令或者参数列表包含错误
0x6	LUN 已经被复位（媒体变化引起的总线复位）
0x7	数据访问被屏蔽
0x8	进入媒体意外写入或者不能写入的区域
0xA	COPY、COMPARE 或者 COPY AND VERIFY 命令被终止
0XB	目标中止了命令
0xC	SEARCH DATA 比较不成功
0xD	媒体满
0xE	源和媒体上的数据不相符

■ 附加检测代码（Additional Sense Code，ASC）和附加检测代码限定符（Additional Sense Code Qualifier，ASCQ）总是成对报告。有时候，这些代码和检测键值之前是“可能的检测数据”而不是“有效检测数据”（见表 7.7）。

表 7.7 附加检测代码和附加检测代码限定符

ASC	ASCQ	意　义
0x4	0x2	逻辑单元未准备好——需要初始化命令
0x5	0x3	逻辑单元未准备好——需要人工干预
0x29	0x0	电源开启、复位或者总线设备复位
0x29	0x2	发生总线复位
0x29	0x3	发生设备复位
供应商特殊代码（以 IBM FAStT/DS4000 为例）		
0x8B	0x2	进入休眠状态
0x94	0x1	因为当前逻辑单元所有权引起的无效请求

检测键值、ASC 和 ASCQ 的组合以及主机、设备及插件状态应该翻译为特定的 SCSI 事件代码。这些代码在不同供应商中大部分是标准的，你也可能看到一些供应商专用代码。

检测代码的一个例子如下：

```
H:0x0 D:0x2 P:0x0 Valid sense data: 0x5 0x20 0x0
```

上述代码在 T10.org 名为《SCSI Primary Commands-3（SPC-3）》的文档中列出。供应

商专用代码可以从对应供应商那里得到。

注意　0x80 ～ 0xFF 的 ASC 和 ASCQ 是供应商专用的。

现在，我们来看看真正的故障切换触发器！

7.6.2　多路径故障切换触发器

表 7.8 列出触发 I/O 路径故障切换到备用路径的 SCSI 检测代码。A/P 和 A/A 列表示代码与主动 / 主动或者主动 / 被动阵列相关。

表 7.8　路径故障切换触发器

主机	设备	键值	ASC	ASCQ	A/P	A/A	意义
0x1	0x0	0x0	0x0	0x0	是	是	没有连接
0x0	0x2	0x2	0x4	0x3	是	否	逻辑单元未准备好——媒体错误
0x0	0x2	0x2	0x4	0xA	是	否	逻辑单元未准备好——AAS 迁移
0x0	0x2	0x5	0x4	0x3	是	否	非法请求——逻辑单元未准备好
0x0	0x2	0x5	0x94	0x1	是	否	非法请求——因为当前逻辑单元所有权
0x7	0x0	0x0	0x0	0x0	是	否	错误（DID-ERROR，CLARiiON SP 挂起）

表 7.8 显示了所有触发路径故障切换的 SCSI 事件。下面将分别解释各个事件。因为所有组合中列出的插件状态均为 0x0，所以没有列出。

- **无连接（DID_NO_CONNECT）**——发起方失去到 SAN 的连接（例如，电缆断开、交换机端口禁用、电缆坏、GBIC 坏等），HBA 驱动程序报告这个错误。在 /var/log/vmkernel.log 文件中看上去是这样：

```
vmhba2:C0:T1:L0" H:0x1 D:0x0 P:0x0 Possible sense data 0x0 0x0 0x0
```

  这意味着主机状态是 0x1，匹配表 7.8 中的第一行。

- **逻辑单元未准备好（LOGICAL_UNIT NOT READY）**——声明设备的 SATP 监控通向设备的物理路径硬件状态。对于主动 / 被动阵列，这个过程的一部分是向所有路径上的设备发送 SCSI 命令 Check_Unit_Ready。在正常情况下，阵列将对活动 SP 上的所有目标响应 READY（就绪）。被动 SP 将响应 LOGICAL_UNIT_NOTREADY（逻辑单元未准备好）。SATP 将这些响应解读为 LUN 可以通过响应 READY 的目标访问。如果因为某种原因，原来某些目标状态为 READY，而现在返回 NOTREADY，I/O 就不能发送到那里，必须进行路径故障切换，切换到对 Check_Unit_Ready 命令（简写为 CUR）响应 UNIT_READY 的目标上。

这类检测代码可能有两种：MEDIUM_ERROR 或者 AAS TRANSITION

MEDIUM_ERROR 检测代码看上去是这样的：

```
vmhba2:C0:T1:L0" H:0x0 D:0x2 P:0x0 Valid Sense Data 0x2 0x4 0x3
```

这与表 7.8 的第二行相符，意味着 LUN 需要人工干预。

AAS TRANSITION（非对称访问状态迁移）——在第 6 章已经讨论过——是目标端口组从活动优化（AO）迁移到活动无优化（ANO）或者相反的过程。检测代码看上去是这样的：

```
vmhba2:C0:T1:L0" H:0x0 D:0x2 P:0x0 Valid sense data 0x2 0x4 0xA
```

SATP 将此解释为 I/O 无法从这里发送，必须进行路径故障切换。

这与表 7.8 中的第 3 行相符。

- **非法请求—逻辑单元未准备好（ILLEGAL REQUEST-LOGICAL UNIT NOT READY）**——这个检测代码看上去是这样的：

```
vmhba2:C0:T1:L0" H:0x0 D:0x2 P:0x0 Valid Sense Data 0x5 0x4 0x3
```

这看上去很像前面列出的 MEDIUM_ERROR，不同之处在于检测键值为 0x5 而不是 0x2，代表 LUN 未准备好，需要人工干预。在这一切完成之前，路径应该故障切换到对 CUR 命令返回 UNIT_READY 的另一个目标。

这与表 7.8 的第 4 行相符。

- **非法请求—由于当前逻辑单元所有权（ILLEGAL REQUEST-DUE TO CURRENT LU OWNERSHIP）**——这不同于上一个检测代码中的非法请求。它的含义是通过一个不拥有 LUN 的目标（也就是通过被动 SP）向一个 LUN 发送命令或者 I/O。这个检测代码看上去是这样的：

```
vmhba2:C0:T1:L0" H:0x0 D:0x2 P:0x0 Valid Sense Data 0x5 0x94 0x1
```

这个代码专用于 LSI（最近被 NetApp 收购）制造，IBM OEM 的 FAStT 和 DS4000 系列阵列以及 SUN OEM 的 Storage Tek 系列。这些阵列有一个自动卷转移（Auto Volume Transfer，AVT）功能，启用的时候，某个存储处理器拥有的 LUN 可以自动转移到被动 SP，允许 I/O 通过它处理，从而模拟了主动 / 主动配置。但是，在 vSphere 中这不是建议的配置，因为它可能导致路径失效（参见第 6 章中关于 ALUA Followover 场景 2 的介绍）。所以，由于 AVT 一般建议禁用，I/O 只能通过主动 SP 处理。当 I/O 发送到被动 SP，会向发起方返回这个检测代码。

提示 确定哪个阵列属于该组（LSI 的 OEM 产品）的简单方法之一是，检查 VMW_SATP_LSI 所声明设备的 SATP 声明规则。可以用如下命令检查这些声明规则：

```
esxcli storage nmp satp rule list --satp VMW_SATP_LSI
```

也可以使用简写选项 -s 代替 --satp：

```
esxcli storage nmp satp rule list -s VMW_SATP_LSI
```

- **错误（DID_ERROR）**——这是最后一个检测代码，在日志中是这样的：

```
vmhba2:C0:T1:L0" H:0x7 D:0x0 P:0x0 Possible Sense Data 0x0 0x0 0x0
```

这个检测代码用于处理一种特殊情况——EMC CLARiiON 阵列的存储处理器挂起。报告这个检测代码时，SATP 向对端 SP 发出附加命令，检查问题 SP 的状态。

如果对端 SP 无法从问题 SP 得到响应，SATP 将后者标志为挂起 / 死亡，并继续路径故障切换过程。

注意 在 CLARiiON 系列之外的存储阵列配置中也可能看到这个检测代码。然而，不要将它解释成这里列出的情况。你应该进一步调查。

7.7 路径状态

到存储设备的路径由声明它们的 SATP 插件连续监控。SATP 插件向 NMP 报告它们的变化，后者相应做出反应。

路径可能处于如下状态之一：

- **活动（Active，也称为 On）**——路径连接到存储网络且工作正常。这是通往主动 SP 上目标的所有路径的常规状态。对于主动 / 主动阵列配置来说，到阵列的所有路径都应该为这种状态。相比之下，如果按照 VMware 最佳实践进行配置，主动 / 被动阵列配置有一半路径处于这个状态。
- **备用（Standby，在版本 3.5 之前称为 On）**——路径连接到存储阵列且工作正常。这是通往被动 SP 上目标的所有路径的常规状态。在上一条中已经提到，在主动 / 被动阵列配置有一半路径处于这个状态。
- **死亡（Dead）**——HBA 失去与存储网络的连接，或者分区的目标无法到达。这可能是如下几个因素造成的：
    - **电缆从 HBA 端口上拔出**——这在日志中显示为“回路断开”（loop down），检测代码为 DID_NO_CONNECT。
    - **电缆从 SP 端口上拔出**——这种情况下你不会看到“回路断开”错误，因为 HBA 和存储网络仍然有效连接。
    - **连接故障（GBIC、光纤或者以太网电缆故障）**——连接丢失时，这种情况类似

“电缆从 HBA 端口上拔出”。

- **交换机端口故障**——当连接丢失时，这种情况类似“电缆从 HBA 端口上拔出”。

影响路径状态的因素

本节将介绍几个影响路径状态的因素。

1. Disk.PathEvalTime

光纤通道路径状态在固定的时间间隔内或者出现 I/O 错误时检查。路径检查时间间隔通过高级配置选项 Disk.PathEvalTime 定义。默认值为 300 秒。这意味着路径状态每过 5 分钟评估一次，除非路径上更早报告错误，在错误出现时，路径状态根据报告的错误更改。

图 7.16 显示了高级设置对话框，你可以在左侧窗格中选择 Disk（磁盘），在右上角的窗格中显示选项。

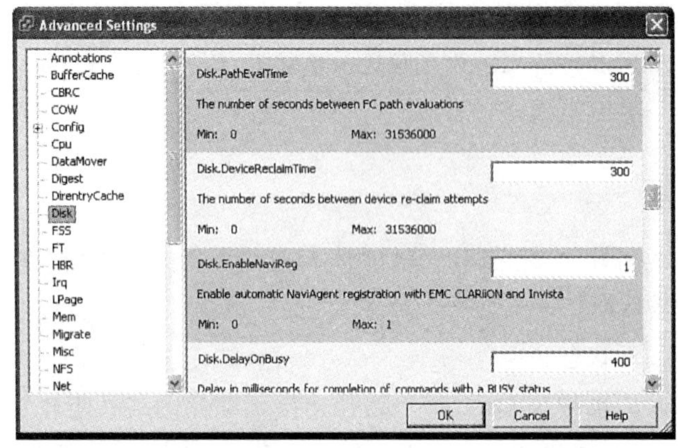

图 7.16 Disk.PathEvalTime 高级设置

降低这个值可得到更快的路径状态检测。不建议在存储区域网络（SAN）上频繁修改这个数值。你需要给网络架构足够的收敛时间，以避免短暂的事件造成不必要的路径故障切换。

2. QLogic HBA 驱动程序选项

QLogic FC HBA 驱动程序提供两个控制驱动程序向 VMkernel 报告 DID_NO_CONNECT 错误速度的选项。

这些选项可以在 QLogic 处理节点中看到——通常在 /proc/scsi/<qlogic 驱动程序 >/<n>，其中 n 是处理节点中列出的设备号。

用如下命令可以列出这些选项和当前值：

```
fgrep down /proc/scsi/qla2xxx/*
/proc/scsi/qla2xxx/7:Link down Timeout = 030
/proc/scsi/qla2xxx/7:Port down retry = 005
```

```
/proc/scsi/qla2xxx/8:Link down Timeout = 030
/proc/scsi/qla2xxx/8:Port down retry = 005
```

这个例子用于驱动程序名为 qla2xxx 的 QLogic HBA。输出显示两个 HBA（编号为 7 和 8）的选项为：

- **链接断开超时（Link down timeout）**——默认值为 30 秒。这个设置指定 vmkernel 等待链接断开的秒数。这不会影响 vSphere 5 的故障切换时间。
- **端口断开重试（Port down retry）**——默认值为 5 秒。该设置指定 vmkernel 重试返回“端口断开”状态的端口上的命令之前的等待时间。

VMkernel 在接收到 DID_NO_CONNECT 之后切换到备用路径的故障切换时间用如下公式计算：

```
"端口断开重试"值 +5
```

根据默认值，故障切换时间为 10 秒。在老版本的 vSphere 中，该公式有所不同，默认值为 30 秒，故障切换时间为 60 秒。

注意　Emulex 驱动程序的等价选项是 devloss_tmo，默认值为 10 秒。总故障切换时间也为 10 秒。

没有必要修改这个设置，在大部分情况下，Qlogic 驱动程序设置的 10 秒故障切换时间已经足够。

7.8　路径选择插件

路径选择插件（PSP）在故障切换中起着重要的作用，因为它们的主要任务是选择用于向设备发送 I/O 的路径。不同的 PSP，故障切换的活动也不同。

7.8.1　VMW_PSP_FIXED

这个 PSP 尊重首选路径设置。I/O 发送到标记为首选的路径上，直到它们不可用为止。此时，PSP 选择另一个路径。当首选路径可用时，I/O 又切换回该路径。vSphere 4.1 提供一个附加插件——VMW_PSP_FIXED_AP，这个插件允许主动 / 被动阵列配置首选路径选项，而在用于 ALUA 存储阵列的时候又没有路径失效的危险。该插件的功能在 vSphere 5 中合并到 VMW_PSP_FIXED 中。这也就可以解释，为什么现在 vSphere 5 上多种 ALUA 阵列默认使用 VMW_PSP_FIXED。

7.8.2　VMW_PSP_MRU

这个 PSP 忽略首选路径设置。I/O 被发送到已知正常工作的最近使用路径。如果该路径不可用，PSP 选择另一条通往主动 SP 的路径。I/O 持续使用新选择的路径，直到它不可用为止。

7.8.3 VMW_PSP_RR

Round Robin（循环）PSP 将 I/O 轮流发往通向处于 AO（活动优化）状态的主动 SP 或者 SP 端口组的路径。轮换根据两个配置进行，这两个配置分别控制切换到另一个路径之前，发送到设备的 I/O 数量和大小。

7.9 何时、如何改变默认 PSP

第 5 章讨论了默认 PSP，说明了列出每个 SATP 默认 PSP 的方法（见 5.12 节中的图 5.28）。

复习一下，每个 SATP 都配置一个默认 PSP，通过如下命令的输出可以找到它：

```
esxcli storage nmp satp list
```

在大部分情况下，默认配置就足够了。但是，有些存储供应商开发了自己的 SATP 和 PSP，这需要修改 ESXi 主机的默认规则，才能利用这些插件提供的功能。合作伙伴们相应地提供了自己的文档，介绍如何在这个环境中配置他的插件。

在这一节中，将说明如何进行这些修改，在什么时候进行这样的修改。

7.9.1 什么时候应该修改默认 PSP

修改默认 PSP 的最常见用例是在你想要利用循环故障切换策略的时候（VMW_PSP_RR）。尽管 VMware 在 HCL 中列出的所有阵列中支持这个策略，但是你必须在做出更改之前询问存储供应商。这些供应商也有具体配置的文档，下面会重点介绍这个内容。

注意 VMware 在配置了 MSCS（微软群集服务，也称为微软 Windows 故障切换群集）的虚拟机上不支持循环 PSP。

更多信息参见第 5 章。

7.9.2 如何修改默认 PSP

在第 5 章中，介绍了通过 UI 修改给定 LUN 的 PSP 的方法。这里将说明如何修改一个阵列家族的默认 PSP。正如第 5 章中所述，默认 PSP 与特定的 SATP 相关。SATP 声明规则确定哪个 SATP 声明哪个阵列，依次确定使用的默认 PSP。所以，修改默认 PSP 的前提是创建一条 PSA 声明规则，将一个特定的 PSP 与某个 SATP 关联。

下面的例子将 SATP VMW_SATP_CX 声明的存储阵列的默认 PSP 修改为 VMW_PSP_RR。

```
esxcli storage nmp satp set --default-psp VMW_PSP_RR --satp VMW_SATP_CX

Default PSP for VMW_SATP_CX is now VMW_SATP_RR
```

运行如下命令列出默认 PSP，验证上述命令完成了任务：

```
esxcli storage np satp list
```

命令的输出如图 7.17 所示。

```
wdc-tse-d98.wsl.vmware.com - PuTTY
~ # esxcli storage nmp satp list
Name                 Default PSP    Description
-------------------  -------------  --------------------------------------------------
VMW_SATP_CX          VMW_PSP_RR     Supports EMC CX that do not use the ALUA protocol
VMW_SATP_MSA         VMW_PSP_MRU    Placeholder (plugin not loaded)
VMW_SATP_ALUA        VMW_PSP_MRU    Placeholder (plugin not loaded)
VMW_SATP_DEFAULT_AP  VMW_PSP_MRU    Placeholder (plugin not loaded)
VMW_SATP_SVC         VMW_PSP_FIXED  Placeholder (plugin not loaded)
VMW_SATP_EQL         VMW_PSP_FIXED  Placeholder (plugin not loaded)
VMW_SATP_INV         VMW_PSP_FIXED  Placeholder (plugin not loaded)
VMW_SATP_EVA         VMW_PSP_FIXED  Placeholder (plugin not loaded)
VMW_SATP_ALUA_CX     VMW_PSP_FIXED  Placeholder (plugin not loaded)
VMW_SATP_SYMM        VMW_PSP_FIXED  Placeholder (plugin not loaded)
VMW_SATP_LSI         VMW_PSP_MRU    Placeholder (plugin not loaded)
VMW_SATP_DEFAULT_AA  VMW_PSP_FIXED  Supports non-specific active/active arrays
VMW_SATP_LOCAL       VMW_PSP_FIXED  Supports direct attached devices
~ #
```

图 7.17　列出默认 PSP

修改默认 PSP 不适用于已经被其他 PSP 发现和声明的 PSP。你需要重启主机使之生效。

为了验证某个设备上这一更改是否生效，运行如下命令：

```
esxcli storage nmp device list --device <设备 ID>
```

也可以使用简写选项 `-d` 代替 `--device`：

```
esxcli storage nmp device list-d <设备 ID>
```

上述命令的输出如图 7.18 所示。

```
wdc-tse-d98.wsl.vmware.com - PuTTY
~ # esxcli storage nmp device list -d naa.6006016055711d00cff95e65664ee011
naa.6006016055711d00cff95e65664ee011
   Device Display Name: DGC Fibre Channel Disk (naa.6006016055711d00cff95e65664ee011)
   Storage Array Type: VMW_SATP_CX
   Storage Array Type Device Config: {navireg ipfilter }
   Path Selection Policy: VMW_PSP_RR
   Path Selection Policy Device Config: {policy=rr,iops=1000,bytes=10485760,useANO=0;
lastPathIndex=2: NumIOsPending=0,numBytesPending=0}
   Path Selection Policy Device Custom Config:
   Working Paths: vmhba3:C0:T1:L1, vmhba2:C0:T1:L1
~ #
```

图 7.18　RR PSP 更改在重启后生效

图 7.18 中的部分输出显示了路径选择策略设备配置选项。表 7.9 列出了这些选项和对应的值。

表 7.9 PSP 设备配置选项

选　　项	取　　值	说　　明
Policy（策略）	rr	当前策略是 RR，因为使用的是 VMW_PSP_RR
Iops	1000	这是默认设置。I/O 保持在一条工作路径上（参见本章前面的 7.2 节）直到发送 1 000 个 IOPS，然后切换到下一条工作路径
Bytes（字节数）	10 485 760	这是默认设置。I/O 保持在一条工作路径上直到发送 10 485 760 个字节，然后切换到下一条工作路径
useANO	0	默认值。在 ALUA 配置中，I/O 不发送到活动无优化状态的目标端口组
lastPathIndex	可变	这里列出的值是 I/O 最后发送的路径编号。所以，如果有两条活动路径（1 和 2），根据图 7.20 中的输出，当前在用路径是 2；下一条使用路径是 1
NumIOsPending	可变	该值是采集输出时尚未完成的 I/O 数量
numBytesPending	可变	该值是输出采集时尚未完成的 I/O 字节数

这个例子中的 LUN1 实际上有 4 条路径。但是，因为其中两条是活动路径，另外两条是备用路径，所以只有两条活动路径被循环（Round Robin）策略使用（参见图 7.19）。

如果在 ALUA 阵列上配置这个 LUN，两条活动路径通往 AO 状态的目标端口组，而两条备用路径将通往 ANO 状态的目标端口组。因为 useANO 设置为 0，最终结果相同。

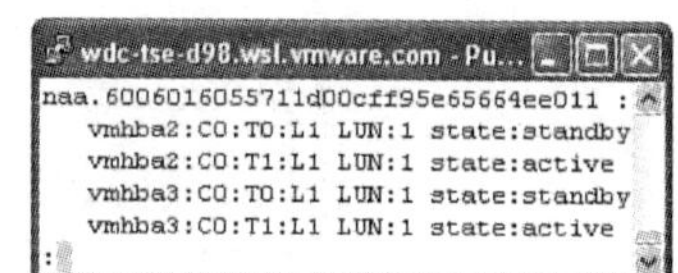

图 7.19 列出通往 LUN1 的路径

7.10 PDL 和 APD

提供存储可用性部件（参见第 2 章和第 4 章）的审慎设计应该能防止共享存储连接性的丧失。然而，可能发生一些不常见的状况（例如，意外的分区更改造成原来可用的存储目标无法访问，或者存储阵列处理器同时被重启）。在重新扫描中，这些情况会造成所谓的所有路径失效（All Paths Down，APD）状态。结果是，无法访问受影响的 LUN，副作用是其他 LUN 可能在有限的时期内或者永久性地失去反应。vSphere 5 和更早的版本不支持这一状态。但是，从 vSphere 4.0 Update 3 和 4.1 Update 1 开始，VMware 做出了一些更改，旨在帮助合理地处理这样的状态。vSphere 5 在这些更改的基础上做了改进，未来的版本计划进一步改进。

在大部分情况下，导致 APD 状态的事件很短暂。但是，如果它们不是短期的，就会造成所谓的永久性设备丢失（Permanent Device Loss，PDL）状态。这类事件最常见的例子是在存储阵列上删除 LUN 或者解除映射（解除掩蔽）。发生这种情况时，存储阵列将向 ESXi 主机返回通往删除 LUN 的每个路径上的一个特定 PDL 错误。这样的错误以 SCSI 检测代码的形式报告（见 7.6.1 节）。

注意 vSphere 5 是第一个完全支持 PDL 状态的版本。

PDL 检测码的一个例子是 0x5 0x25 0x00 Logical Unit Not Supported（逻辑单元不受支持）。

在理想状态下，vSPhere 管理员将从存储管理员那里得到设备从向给定 ESXi5 主机提供的 LUN 集中删除的预先警告。如果是这样，你应该按照如下步骤，为 PDL 做好准备：

1）卸载 VMFS 卷。

2）断开设备（LUN）。

7.10.1　卸载 VMFS 卷

如果你已经使用 Storage VMotion 或者人工将要卸载的 VMFS 数据存储上的文件移到新的 VMFS 数据存储，就可以卸载拟退役设备上的数据存储。

可以通过 UI 和 CLI 完成卸载操作。

1. 通过 UI 卸载 VMFS 数据存储

首先需要验证想要卸载的数据存储在计划删除的 LUN 上。

1）直接以根用户登录到 vSphere 5.0 或者用 VMware vSphere 5.0 Client 以管理员特权的用户登录到管理该主机的 vCenter 服务器上。

2）在 Inventory-Hosts and Clusters（库存——主机和群集）视图中，找到库存树中的 vSphere 5.0 主机并选中。

3）导航到 Configuration（配置）选项卡。

4）在 Hardware（硬件）部分，选择 Storage（存储）选项。

5）在 View（视图）字段下，单击 Datastores（数据存储）按钮。

6）在数据存储窗格中找到 VMFS 数据存储。要验证它在将要退役的 LUN 上，可以单击数据存储详情窗格右上角 Properties（属性）链接，如图 7.20 所示。

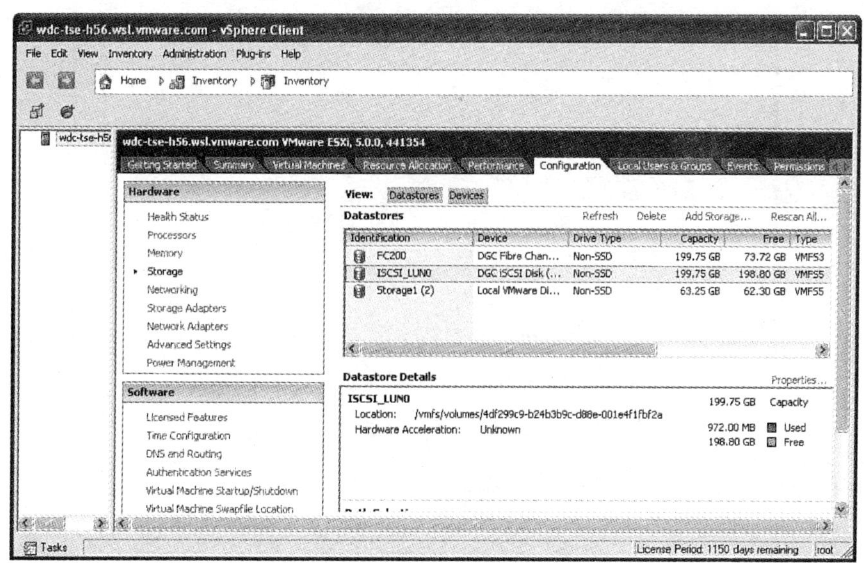

图 7.20　列出要被卸载的数据存储

7）单击 Manage Paths（管理路径）按钮（参见图 7.21）。

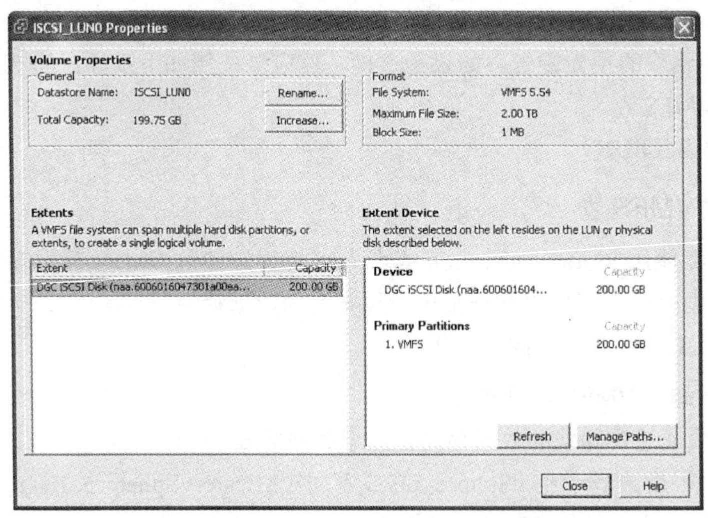

图 7.21　列出要被卸载的数据存储的属性

8）LUN 号在运行时名（如图 7.22 所示）vmhba34:C0:T0:0 下列出，前缀为 L。在这个例子中，L0 代表 LUN0。

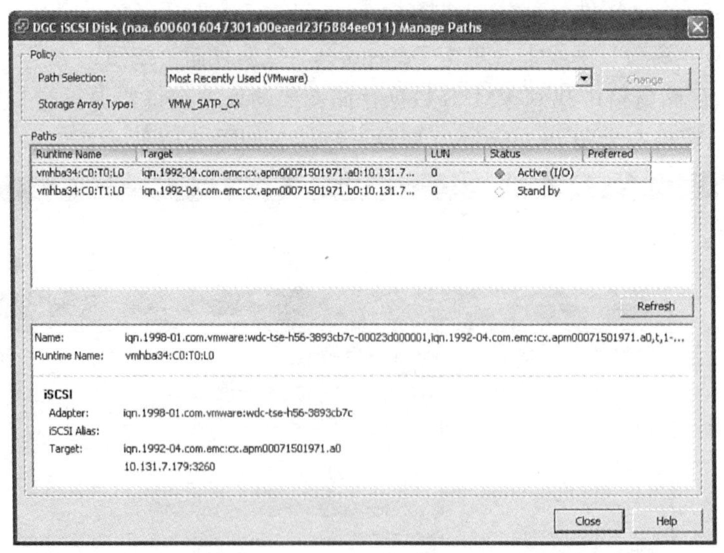

图 7.22　列出通往某个 iSCSI LUN 的路径

现在已经验证处理的是正确的数据存储，继续进行卸载操作。

单击前两个对话框的 Close（关闭）按钮。右击数据存储并选择 Unmount（卸载）选项。这可以在 VMFS3 和 VMFS5 卷上完成（见图 7.23）。

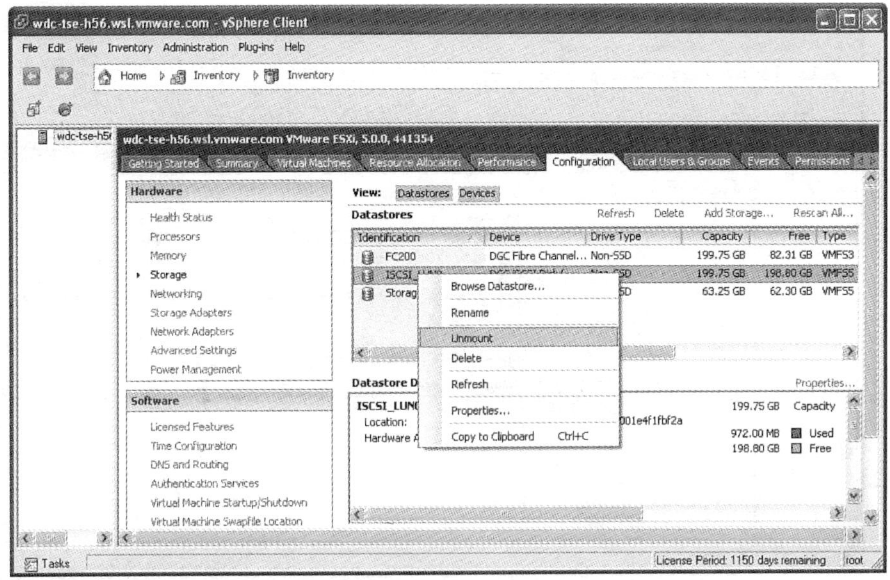

图 7.23　通过 UI 卸载数据存储

9）如果看到如图 7.24 所示的对话框，这意味着 VM 文件仍在这个数据存储上。将这些文件移到另一个数据存储或者取消相关 VM 的注册，重试卸载操作。单击 Next（下一步）按钮，然后单击 OK（确定）按钮确认操作。

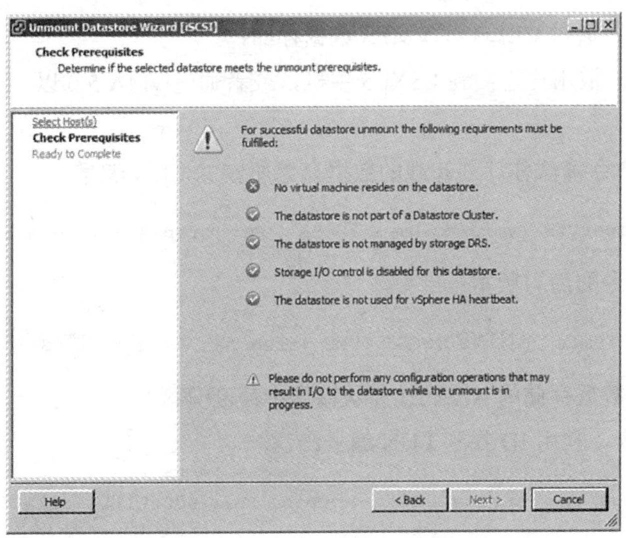

图 7.24　数据存储仍然有 VM 文件，所以无法继续

成功卸载操作导致数据存储用灰色斜体列出（见图 7.25）。

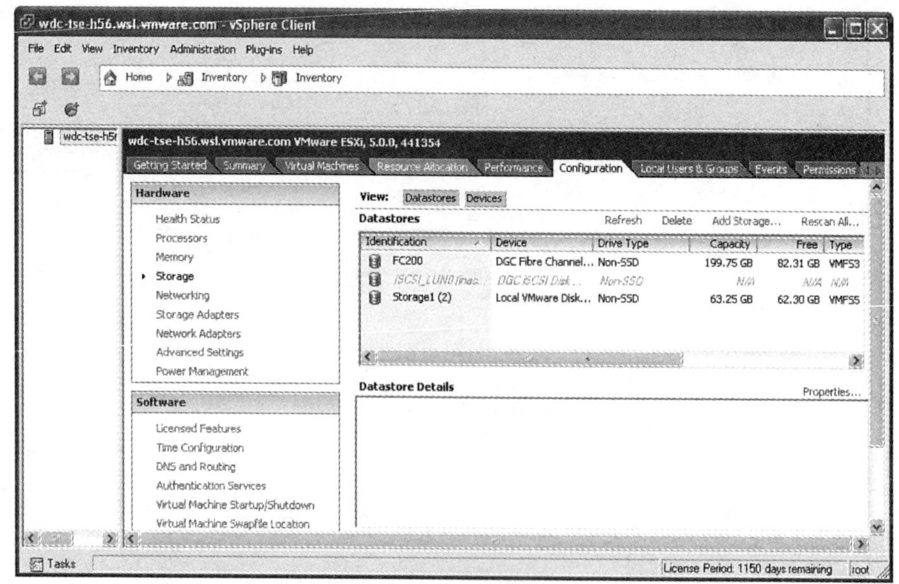

图 7.25 数据存储被卸载

这就结束了卸载操作。下一步是断开设备（LUN）。

提示 要重新安装数据存储，右击灰色的数据存储，然后选择 mount（安装）选项。

---

2. 通过 CLI 卸载 VMFS 数据存储

按照如下过程，通过 CLI 卸载 VMFS 数据存储：

1）通过 SSH 以根用户连接到 ESXi 5 主机，或者通过 vMA 5.0 以 vi-admin 登录（详见第 2 章）。

2）运行如下命令确认你计划卸载的数据存储所在的 LUN 编号：

```
~ # vmkfstools --queryfs /vmfs/volumes/ISCSI_LUN0 |grep naa |sed's/:.*$//'
```

也可以使用命令的简写版本：

```
~ # vmkfstools -P /vmfs/volumes/ISCSI_LUN0 |grep naa |sed 's/:.*$//'
```

上述命令返回数据存储的 NAA ID 并从输出中截断分区号。

3）用如下命令，利用 ID 找到 LUN 编号：

```
~ # esxcli storage nmp device list --device naa.6006016047301a00eaed23f5884ee011
|grep Working
```

也可以使用命令的简写版本：

```
~ # esxcli storage nmp device list -d naa.6006016047301a00eaed23f5884ee011 |gre
```

```
Working
```

这两条命令的输出如图 7.26 所示。

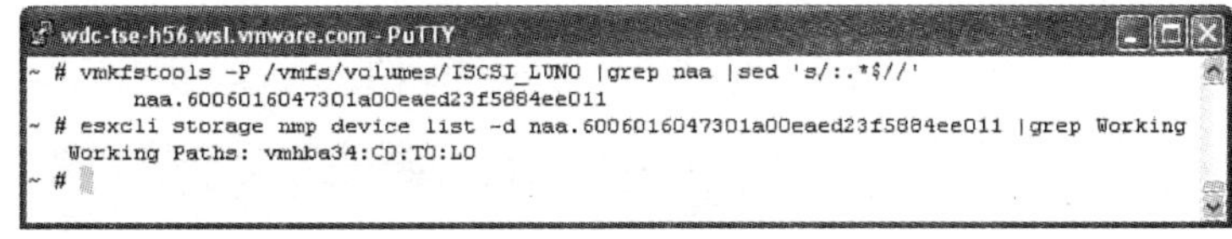

图 7.26 列出数据存储的 LUN

在这个例子中，LUN 编号为 0。

4）继续用如下命令卸载数据存储：

```
esxcli storage filesystem unmount --volume-lable <数据存储名称>
```

也可以使用简写选项 `-l` 代替 `--volume-lable`：

```
esxcli storage filesystem unmount -l <数据存储名称>
```

输出如图 7.27 所示。注意，如果命令成功，不返回任何状态或者反馈。

5）运行如下命令验证数据存储已经被卸载：

```
esxcli storage flresystem list
```

输出如图 7.27 所示。

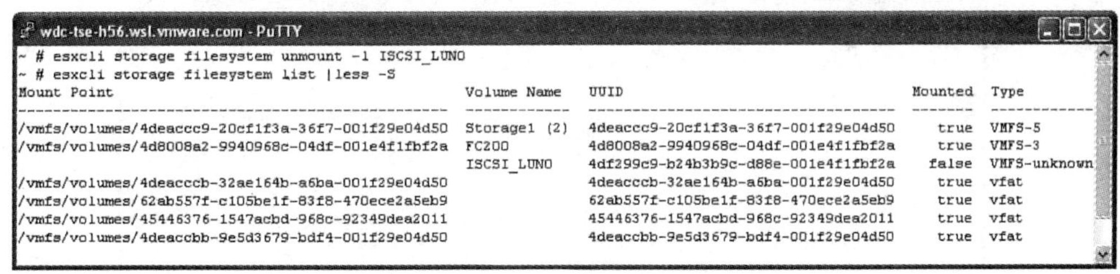

图 7.27 通过 CLI 卸载数据库

输出显示，Mounted（已安装）状态为 false，安装点为空白。注意，Type 列显示 VMFS-unknown，因为该卷未安装。

使用 CLI 卸载数据存储操作完成。

提示 重复第 4 步的命令，用 mount 代替 unmount，可以重新安装数据存储。

7.10.2 断开数据存储被卸载的设备

在前一过程中，通过 UI 或者 CLI 卸载了数据存储。现在可以断开设备，准备由存储管理员将其从存储阵列中拔除。可以通过 vSphere 5 Client 或者 CLI 完成这项工作。

1. 使用 vSphere 5 Client 断开设备

继续使用卸载数据存储所用的例子，现在按照如下过程断开 vmhba34 上的 LUN0：

1）使用 vSphere 5 客户端导航到 Configuration（配置）选项卡；然后选择 Hardware（硬件）部分中的 Storage（存储）链接，在 View（视图）部分单击 Devices（设备）按钮（见图 7.28）。

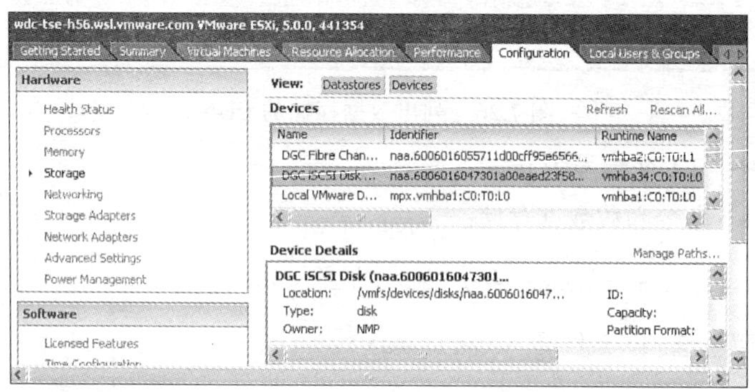

图 7.28　通过 UI 定位断开的 LUN

2）右键单击设备（vmhba34:C0:T0:L0）然后选择 Detach（断开）选项，如图 7.29 所示。

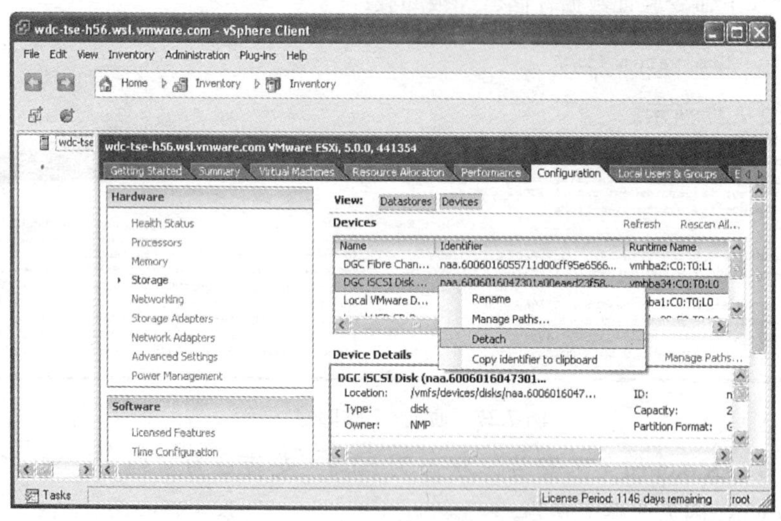

图 7.29　通过 UI 断开 LUN

3）可以看到图 7.30 所示的对话框，单击 OK 按钮继续。

4）如果还没有卸载数据存储，会看到图 7.31 所示的对话框，在卸载数据存储之前无法继续。

主机继续对断开的设备保持“了解”，直到它被真正从 SAN 中删除且完成重新扫描。从技术角度讲，PSA 没有解除对设备的声明，但是设备状态为关闭。设备继续在 UI 中的设备列表里以灰色斜体列出，如图 7.32 所示。

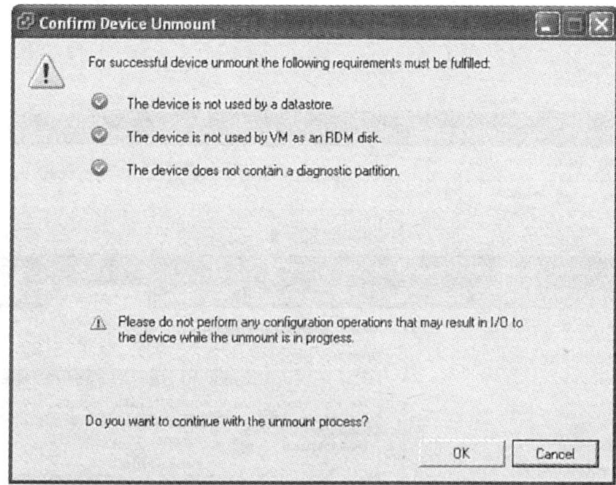

图 7.30　确认断开设备

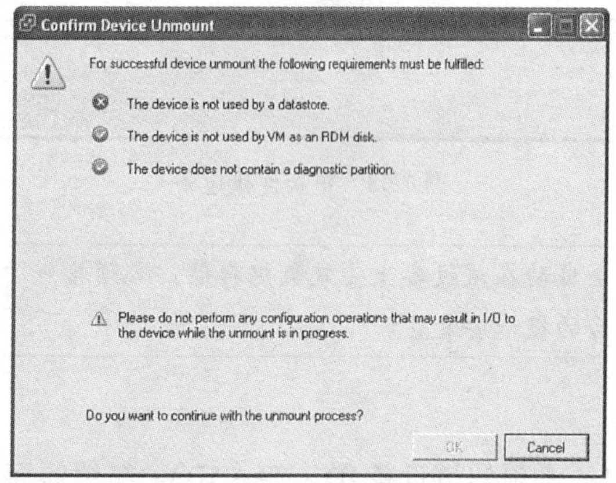

图 7.31　设备仍然安装了数据存储，无法继续断开

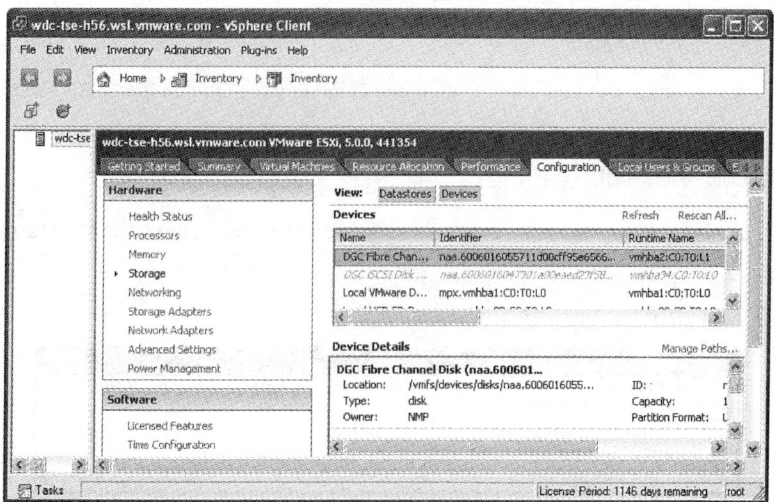

图 7.32　设备断开

如果需要重新连接设备，只要右键单击列表中的备，选择 Attach(连接) 选项，如图 7.33 所示。

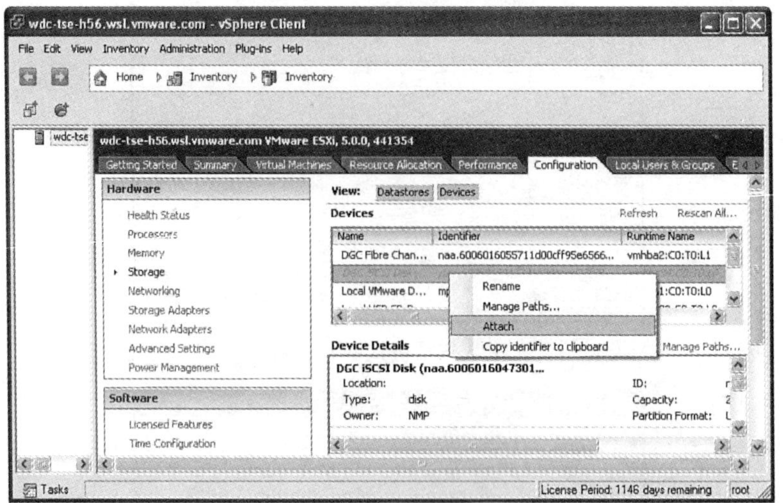

图 7.33　重新连接设备

注意　重新连接设备不会自动在该设备上安装数据存储。必须按照“通过 UI 卸载 VMFS 数据存储”一节最后的提示安装它。

2. 用 CLI 断开设备

要用 CLI 断开设备，必须知道设备 ID（NAA ID）。继续前面的例子，设备 ID 可在 7.10.1 节中的第 2）步中找到。

1）运行如下命令断开设备：

```
~ # esxcli storage core device set --state=off --device naa.6006016047301a00eaed23f58
84ee011
```

上述命令的简写版本如下：

```
~ # esxcli storage core device set --state=off -d naa.6006016047301a00eaed23f5884
ee011
```

输出如图 7.34 所示。

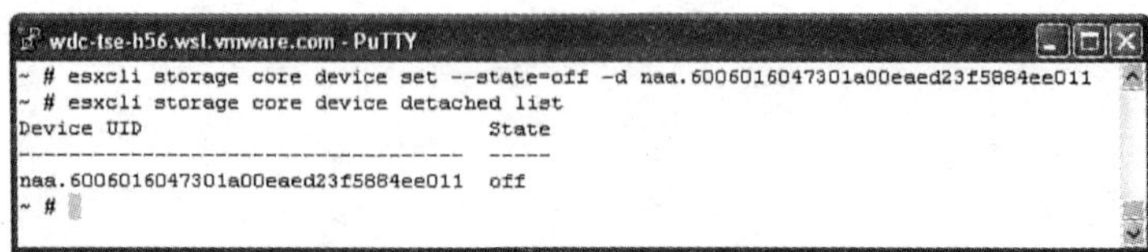

图 7.34　通过 CLI 断开设备

2）运行如下命令（在图 7.34 中也可以看到）验证操作是否成功：

```
~ # esxcli storage core device detached list
```

要通过命令行重新连接设备，重复第 1 步，使用 --state=on，如：

```
~ # esxcli storage core device set --state=on --device naa.6006016047301a00eaed23f588
4ee011
```

简写版本如下：

```
~ # esxcli storage core device set --state=on -d naa.6006016047301a00eaed23f5884ee011
```

注意　如果数据存储在运行第 1 步和第 2 步之前没有卸载，你不会通过命令行看到任何警告或者错误，数据存储会自动卸载。如果你在这样做之后重新连接设备，数据存储会自动安装。

但是，如果数据存储在断开设备之前卸载，则重新连接不会自动安装数据存储。

7.11　路径排名

vSphere 4.1 和 5.0 提供了一个功能，可以排定路径需要故障切换时可用路径的顺序。这个功能被称为路径排名（Path Ranking）。5.0 和 4.1 的实现方法不同，在 ALUA 阵列中与在非 ALUA 阵列中的工作方式也不同。

7.11.1　ALUA 和非 ALUA 存储的路径排名

在使用 ALUA 存储阵列的存储配置（见第 6 章）中，路径选择根据如下的某个目标端口组 AAS（非对称访问状态）进行：

- AO
- ANO
- Transitioning
- Standby

复习一下第 6 章中介绍的知识，I/O 可以发送到 AO 状态的端口，如果没有可用的端口，I/O 就发送到 ANO 状态的端口。如果两种端口组 AAS 都不存在，最后的手段是将 I/O 发送到 AAS 为 Standby（备用）的端口。所以，只要有处于 AO 状态的端口，I/O 就会发送到这些端口上。然而，当 AO 端口组有超过一个端口时，没有首选的 I/O 端口。如果使用 VMW_PSP_FIXED 策略并设置首选路径，I/O 将会发送到首选路径。如果 ALUA 支持并启用 PREF 位，并在阵列配置中设置了首选 LUN 所有者，I/O 将被发送到设置为首选所有者的 SP 上的目标。

另一方面，对于非 ALUA 主动 / 被动存储阵列，当其用于配置了 VMW_PSP_MRU 策略的主机时，端口处于两种状态之一：Active（活动）或者 Standby（备用）。使用这种策略，不能配置“首选路径”，也不建议使用 VMW_PSP_FIXED，因为阵列不支持 ALUA。作为替代，为了便于给这些路径排名，VMware 在 vSPhere 4.1 中推出了新的 PSP，VMW_PSP_MRU_RANKED，在 vSphere 5 中并入 VMW_PSP_MRU。

7.11.2 路径排名在 ALUA 阵列中如何工作

路径排名允许 vSphere 管理员为单条路径指定排名。VMW_PSP_MRU 插件按照前一节提到的顺序（AO-ANO）检查活动路径组状态，然后检查备用状态端口，选择排名最高的路径发送 I/O。

值得注意的是，只要有通往 AO 状态端口的路径，即使 ANO 或者备份 AAS 状态的路径排名更高，I/O 也通过 AO 状态端口发送。

换句话说，路径选择按照如下顺序进行：

1）根据每条路径的排名，选择通往 AO AAS 端口的路径。

2）如果没有处于 AO 状态的端口，则根据每条路径的排名选择通往 ANO AAS 状态端口的路径。

3）最后，如果没有可用端口，根据每条路径的排名选择通往备份 AAS 状态端口的路径。

在图 7.35 所示的输出中，注意每条路径的属性中的 Group State（组状态）字段。因为链接的阵列配置为支持 ALUA，其中一条路径的组状态为 active（活动），其他为 active unoptimized（活动无优化）。

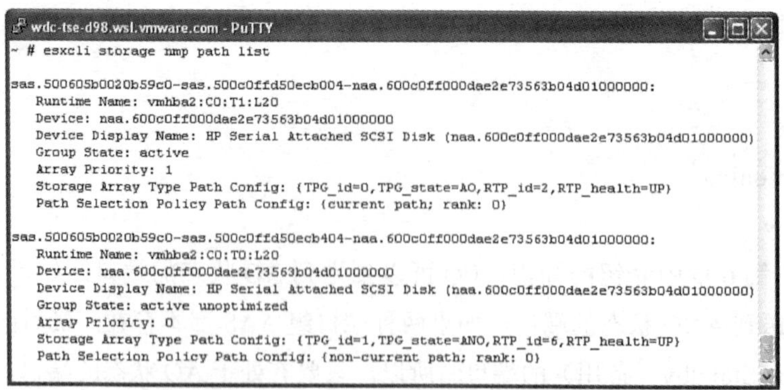

图 7.35 列出某个通往 ALUA LUN 的路径

与此相对，AAS 在 Storage Array Type Path Config（存储阵列类型路径配置）字段下列出，分别为 `TPG_state=AO` 和 `TPG_state=ANO`，这也和对应的组状态相符。

1. 在 ALUA 配置下故障切换到排名路径

在最高排名的 AO 路径不可用时，I/O 故障切换到 AO 状态中排名次高的端口，如果没有 AO 状态的端口，则切换到下一个 ANO 状态的最高排名路径，以此类推直到备份端口。

如果所有路径的排名相同，VMW_PSP_MRU 表现得像未配置排名的情况，故障切换到下一条通往 AO 状态端口的可用路径，如果没有 AO 状态端口，则切换到通往 ANO 状态端口的路径，然后是备份状态端口，详见本章前面的内容和第 5 和 6 章。

2. 在 ALUA 配置下自动恢复到排名路径

VMW_PSP_MRU 在排名更高的路径或者状态更好的路径可用时自动恢复。

注意　因为 VMW_PSP_MRU 从不自动恢复到需要激活的路径（例如，从 AO 切换到 STANDBY 或者 ANO），所以不会造成路径失效。

7.11.3　路径排名在非 ALUA 阵列中如何工作

VMW_PSP_MRU 插件检查组状态为活动的路径，如果没有可用的路径，则检查状态为备用的路径。默认情况下，所有路径排名为 0，这导致 I/O 通过常规的 MRU 路径选择算法决定路径。当路径排名值被设置为更高时，只根据排名顺序使用组状态为活动的路径。路径排名用于备用路径组状态的唯一情况是没有可用的活组状态路径时。图 7.36 是一个不同路径组状态的例子。

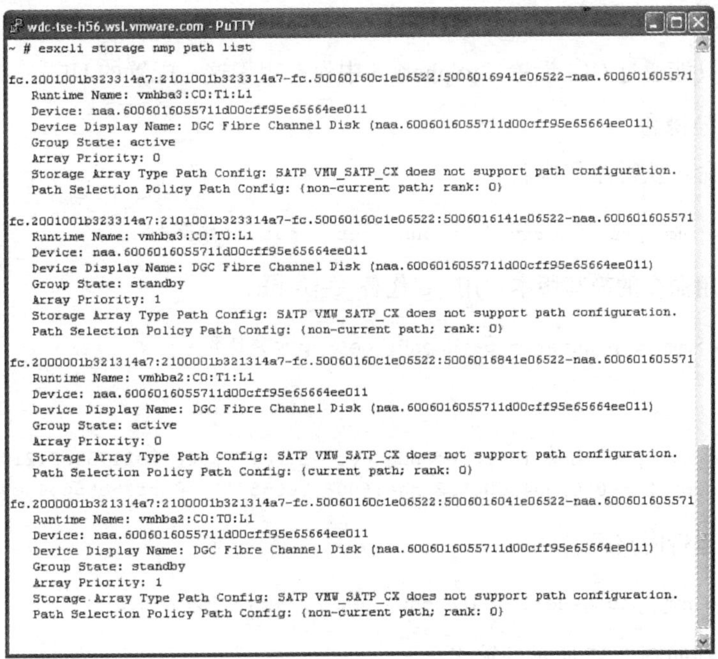

图 7.36　列出通往非 ALUA LUN 的路径

在图 7.36 中，注意每条路径中的 Group State（组状态）字段。因为连接的阵列是主动 / 被动阵列，没有配置支持 ALUA，所有路径的组状态为 Active（活动）或者 Standby（备用）。

注意，Storage Array Type Path Config（存储阵列类型路径配置）中没有值，这是因为 SATP 不是 ALUA 类型，这也是显示 `SATP VMW_SATP_CX does not support path configuration`（不支持路径配置）信息的原因。

1. 在非 ALUA 配置下故障切换到排名路径

当最高排名、路径组状态为 Active（活动）的路径不可用时，I/O 故障切换到处于活动组状态的下一条最高排名路径。如果没有活动状态的路径，则切换到路径组状态为 Standby（备用）的最高排名路径。这会触发一条 trespass（在 CLARiiON 上）或者 START_UNIT（在其他主动 / 被动阵列上）命令，这实际上将 LUN 所有权转移到原来为被动状态的 SP 上，将路径组状态更改为活动。

2. 在非 ALUA 配置下自动恢复到排名路径

VMW_PSP_MRU 在排名更高的路径或者状态更好的路径可用时自动恢复。这意味着如果故障切换到路径组状态为活动的路径上，则自动恢复到路径组状态为活动的最高排名路径。

7.11.4 配置排名路径

路径排名只能通过 CLI 设置。vSphere 5 中没有用于这一配置的 UI。

1. 获得路径排名

运行如下命令获得路径排名：

```
esxcli storage nmp psp generic pathconfig get --path <路径名>
```

也可以使用命令的简写版本，用 `-p` 代替 `--path`：

```
esxcli storage nmp psp generic pathconfig get -p <路径名>
```

例如：

```
esxcli storage nmp psp generic pathconfig get -p fc.2000001b321734c9:2100001b321734c9-
fc.50060160c1e06522:5006016041e06522-naa.6006016055711d00cff95e65664ee011
```

或者使用运行时路径名：

```
esxcli storage nmp psp generic pathconfig get -p vmhba2C0:T0:L1
```

这可以得到如图 7.37 所示的输出。

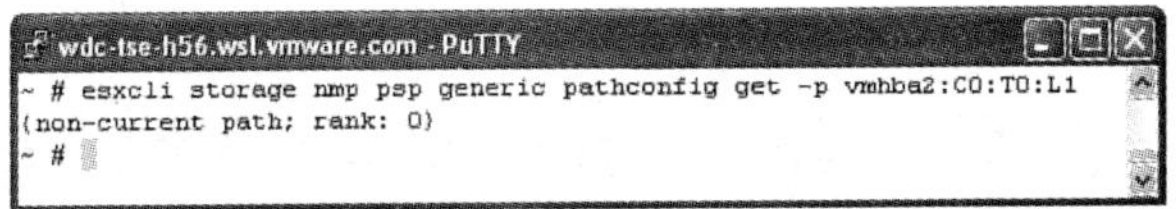
```
~ # esxcli storage nmp psp generic pathconfig get -p vmhba2:C0:T0:L1
(non-current path; rank: 0)
~ #
```

图 7.37　列出路径排名

2. 设置路径排名

使用如下命令设置给定路径排名：

```
esxcli storage nmp psp generic pathconfig set --config "rank=<值>"--path <路径名>
```

也可以使用命令的简写版本，用 -c 和 -p 分别代替 --config 和 --path：

```
esxcli storage nmp psp generic pathconfig set -c "rank=<值>" -p <路径名>
```

使用物理路径名的例子如下：

```
esxcli storage nmp psp generic pathconfig set -c "rank=1" -p fc.2000001b321734c9:21000
01b321734c9-fc.50060160c1e06522:5006016041e06522-naa.6006016055711d00cff95e65664ee011
```

使用运行时路径名的例子如下：

```
esxcli storage nmp psp generic pathconfig set -c "rank=1" -pvmhba2:C0:T0:L1
```

上述命令将列出的路径排名设置为 1。该值越高，排名就越高。设置排名之后，运行上一节中列出的 get 命令，验证排名是否成功设置（见图 7.38）。

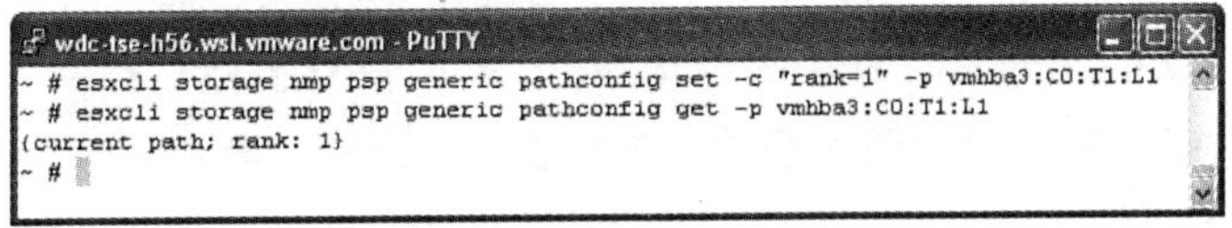
```
~ # esxcli storage nmp psp generic pathconfig set -c "rank=1" -p vmhba3:C0:T1:L1
~ # esxcli storage nmp psp generic pathconfig get -p vmhba3:C0:T1:L1
(current path; rank: 1)
~ #
```

图 7.38　设置路径排名值

提示　使用 VMW_PSP_MRU 处理 ALUA 或者非 ALUA 主动 / 被动阵列中的排名路径，使你能够设置与首选路径类似的功能，而又不需要使用 VMW_PSP_FIXED。可以将这看做不同权重的多重首选路径。

7.12　小结

本章介绍了多路径和故障切换算法，并讨论了故障切换触发器和影响多路径及故障切换的各种因素的详细情况。还介绍了 vSphere 5 中引入的更好地处理 APD 状态的改进。最后介绍了鲜为人知的路径排名功能，包括其工作原理和配置方法。

第 8 章　第三方多路径 I/O 插件

VMware 可热插拔存储架构（Pluggable Storage Architecture，PSA）是模块化设计，是 VMware 存储合作伙伴将其 MPIO（多路径及 I/O）软件移植到 ESXi 上运行的基础。在本章中，将介绍 vSphere 5 在本书写作期间认证的 MPIO 插件的一些细节。我将提供 vSphere 5 支持的每个软件包的概要情况和安装及配置这些软件之后，ESXi 上的一些深入的幕后情况。但我的意图并不是要代替来自相应供应商的软件包文档。

8.1　MPIO 在 vSphere 5 上的实现

VMware 存储合作伙伴可以选择如下某个格式的 MPIO 软件：

- **MPP（多路径插件）**——这些插件在 PSA 框架上和 NMP（VMware 原生多路径）一起运行。不同的合作伙伴可能包含不同的其他组件。MPP 的一个例子是 EMC PowerPath/VE。
- **PSP（路径选择插件）**——这些插件与 vSPhere 5 已经包含的其他 PSP 一起运行于 NMP 上。不同合作伙伴的这类插件也可能包含不同的其他组件。PSP MPIO 的一个例子是 Dell Equallogic 的 DELL_EQL_PSP_ROUTED 插件。
- **PSP 和 SATP（存储阵列类型插件）的组合**——这种组合的一个例子是日立的 HTI_PSP_HDLM_EXLBK、HTI_PSP_HDLM_EXLIO、HTI_PSP_HDLM_EXRR 和 HTI_SATP_HDLM 插件。

8.2　EMC PowerPath/VE 5.7

PowerPath/VE 已经更新，可在 ESXi 5 上运行。本书写作时认证的版本是 5.7.0.00.00-b173。

如前所述，PowerPath/VE 在 ESXi 上作为一个 MPP（也称作 MEM 或者管理扩展模块，Management Extension Module）实现。关于 PSA、NMP 和 MPP，以及如何组合它们的细节参见第 5 章。

8.2.1　下载 PowerPath/VE

PowerPath/VE 可以从 PowerLink（http://powerlink.emc.com）下载，你可以按照如下说明找到文件：

1）登录 PowerLink，如图 8.1 所示。

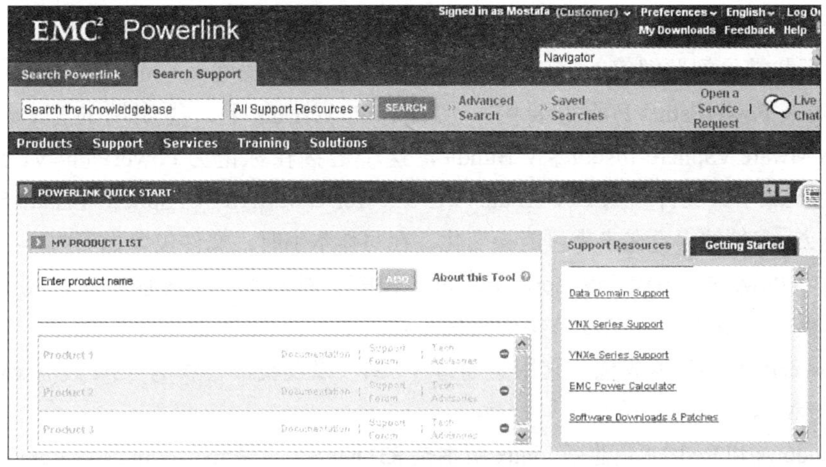

图 8.1　EMC PowerLink 首页

2）在 POWERLINK QUICK START 下，如果你以客户（Customer）登录，找到 Support Resources（支持资源）选项卡。单击 Software Downloads & Patches（软件下载与补丁）链接。

3）在左侧的边栏上单击 Downloads P-R 链接将其展开，然后单击 PowerPath for VMware 链接。

4）如果以合作伙伴（Partner）登录（和客户工作方式一样），选择 Support → Software Downloads and Licensing（软件下载与授权）→ Downloads P-R → PwerPath for VMware（见图 8.2）。

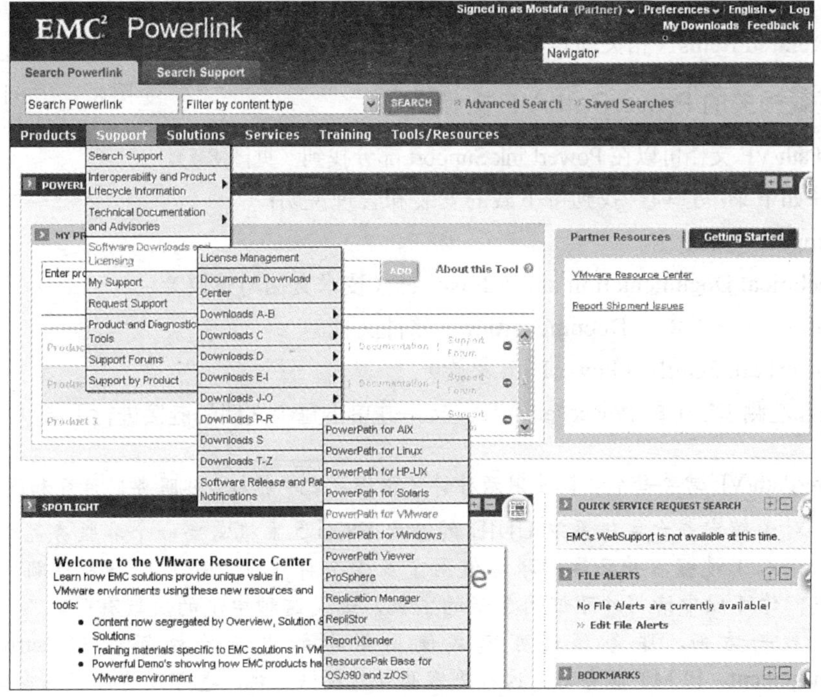

图 8.2　访问 PowerPath for VMware 下载页面

5）强烈建议你先下载并阅读“PowerPath/VE Software Download FAQ”（PowerPath /VE 软件下载常见问题解答）。它回答了我的所有问题，我确信它也有你想要的答案。

6）安装 PowerPath/VE 所需要的一切都在 PowerLink 上。我使用的是 PowerPath/ VE 5.7.0 for VMware vSphere-Install SW Bundle，这个链接在标记为 PowerPath/ VE for VMware vSPhere 的区域下。文件名为 PowerPath_VE_5_7_for_VMWARE_VSphere_Install_SW_Bundle.zip。这个 zip 文件的内容在未来可能会变化。在写作本书时，文件包含如下内容：

a. 三个 PowerPath/ VE vSphere 安装包（VIB），缩写为 LIB（程序库）、CIM（常见信息模型）和 PLUGIN。在 8.2.3 节中会列出全名。

b. PowerPath/ VE 离线包。它用于通过 VUM（以及我最喜欢的 SSH 或者 vMA5）安装 PowerPath/ VE。

c. Windows 和 RedHat 企业版 Linux 版本是 RTOOLS。它是 rpowermt 或者 Remote PowerPath Management Tool，本章后面讨论它。

d. Windows 和 RedHat Enterprise Linux 版的许可证服务器。这在未来的下载 zip 文件中不一定包含。

7）在下载页面中，建议你下载配置检查器（PowerPath Configuration Checker，PPCC），这个程序能够帮助你确定安装 PowerPath/VE 前需要对 ESXi 主机进行的修改，但是本书中不介绍这一工具。

PPCC 需要来自 EMCGrab 或者 EMCReport 工具的输出，后者可以通过 Related Items（相关项目）部分下载（见图 8.3）。

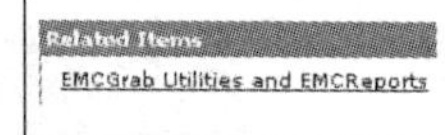

图 8.3 访问 EMCGrab 工具页面

8.2.2 下载相关的 PowerPath/VE 文档

PowerPath/VE 文档可以在 PowerLink Support 部分找到（见图 8.4）。

请选择如下菜单选项，找到可下载的安装和管理说明：

1）Support（支持）

2）Technical Documentation and Advisories（技术文档与建议）

3）Software ~ P-R ~ Documentation（软件文档）

4）PowerPath Family（PowerPath 家族）

5）展开左侧边栏上的 PowerPath/VE 链接，并单击每个文档的链接进行下载（见图 8.5）。

注意 PowerPath/VE 需要每个主机使用两种许可证模式之一授权：非服务器许可和服务器许可。

对于锁定每台主机系统 UUID 的每台 ESXi 5 主机需要一个非服务器许可证。这是一个人工过程，并且难以跟踪使用了多少个许可证。而且，当主机顺序打乱或者退役，你可以申请将许可证用于新的主机，但是这种申请的次数有限。

另一方面，服务器许可模式使用集中的电子授权管理（Electronic License Management，ELM）服务器，这样更容易计算授权主机，也可以将许可证重新分配给需要的其他主机（这就是它又被作流动或者计数模式原因）。这种模式更为灵活实用。

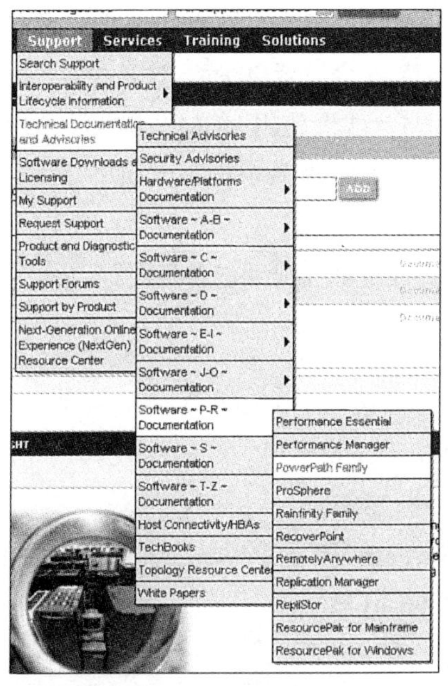

图 8.4　访问文档页面

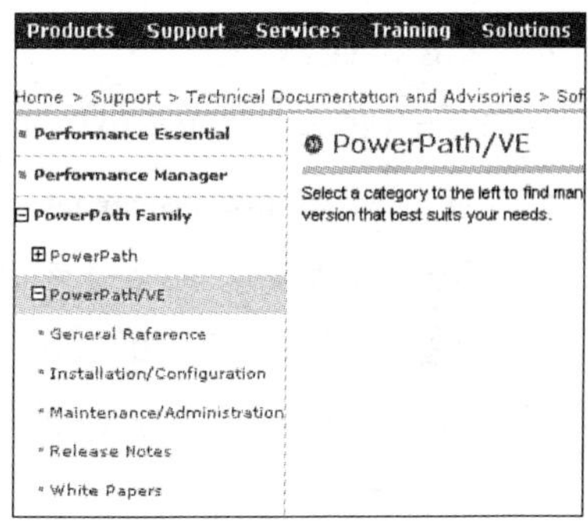

图 8.5　下载 PowerPath/VE 文档

8.2.3　PowerPath/VE 安装概述

1）从 EMC 获得许可证文件。如果使用非服务器许可，需要从授权的每台 ESXi 主机获得系统 UUID，运行如下命令：

```
esxcli system uuid get
```

2）安装 RTOOLS 软件包。注意，Linux 版本无法安装在 vMA5 上，因为后者基于 SuSE Linux，而 RTOOLS 是为 RedHat Linux 构建的。如果你计划安装 Linux 版本的 RTOOLS，必须在单独的 RedHat Linux 系统或者 VM 上安装。

3）如果使用服务器许可，安装许可证服务器。

4）安装 PowerPath/VE 5.7。可以通过如下三个工具安装：

a. **VUM（vSphere 更新管理器）**——如果你的环境中有 VUM，这是首选的方法。这里不介绍这个工具，因为它与安装任何离线包的方法相同。

b. **Auto-Deploy（自动部署）**——这个工具可以通过 PXE（预启动执行环境），从共享映像启动 ESXi，在 vSphere5 中有这个功能。

c. **vCLI（VMware vSphere CLI）**——包括 vMA5。如果你启用了本地 CLI 或者 SSH，也可以通过它们完成。

注意，ESXCLI 不管通过 vCLI、vMA5.0 远程运行还是通过本地 CLI 运行，效果都一样。

我将在下面进一步说明。

我个人最喜欢使用 vMA 5，因为我可以用几次击键或者脚本在多台主机上安装任何 VIB（vSphere 安装包）或者 VIB 组。如果你有多台主机（5 台或者更少），这是很容易做到的。如果你的主机数量不只 5 台并且环境中安装了 VUM，建议使用 VUM 安装 PowerPath/VE。使用 VUM 安装 PowerPath/VE 与安装其他 VIB 类似。因为命令行不太明了，所以本书只分享 vMA 和本地 CLI 的过程。

5）最后，使用 RTOOLS 安装 rpowermt 命令，检查许可证注册和设备情况。

8.2.4 安装了什么

不管采用何种 PowerPath/VE 安装机制，都要按顺序安装如下 VIB：

1）EMC_bookbank_powerpath.lib.esx_5.7.0.00.00-b173.vib

2）EMC_bookbank_powerpath.cim.esx_5.7.0.00.00-b173.vib

这是用于通过前面提到的 rpowermt 远程管理 PowerPath/VE 的 PowerPath CIM 提供者。

3）EMC_bookbank_powerpath.plugin.esx_5.7.0.00.00-b173.vib

这是插入 PSA 框架的 MPP 插件。

在安装 VIB 之前，ESXi 主机必须置于维护模式，在安装结束需要重启。如果你有重启所有主机的停机时间窗口，必须关闭电源或者挂起所有运行中的 VM。否则，你也可以滚动停机，每次安装一台主机。如果你规划的 HA/DRS 群集为 N+1 或者 N+2 容量，这种方法就很方便。在上述群集中，可以承受一台或者两台主机出现故障，也就是说，存活的主机有足够的预备容量运行所有维护模式主机上的虚拟机。

注意 尽管 VMware 和 EMC 支持滚动升级方法，在一台主机上安装 PowerPath/VE，而群集中剩下的主机仍然运行 NMP，但是这种混合模式配置应该仅作为临时使用。你应该在合理的情况下，尽早在群集中的所有主机上安装 PowerPath/VE。

如果你的存储是 Symmetrix 家族阵列，确保启用 SPC-2 FA Director 标志位。如果没有启用该标志而进行必要的修改，要注意一个非常重要的事实：你的所有 VMFS 卷可能必须重新签名，因为这一更改使得设备 ID 从“mpx.<ID>”变为“NAA.<ID>”，其中的 <ID> 更长而且有部分不同。这将在第 15 章进一步讨论。

8.2.5 用本地 CLI 安装

1）将离线安装包（文件名为 EMCPower.VMWARE.5.7.b173.zip）复制到共享的 VMFS 卷。你可以使用 vSphere Client Browser Datastore（vSphere 客户浏览器数据存储）功能或者 Windows 上的 WinSCP 工具或者 Linux 上的 SCP 功能，安全地将文件传送到可以访问

VMFS 卷的 ESXi 主机上。

2）从本地登录或者通过 SSH 客户端（例如，Windows 上的 Putty 或者 Linux 上的 ssh），以根用户或者具有根权限的用户登录。

3）将主机置于维护模式（如果你还没有这么做）。你可以通过 vSphere Client 进行。

4）验证主机上设置的软件接受度级别：

```
esxcli software acceptance get
PartnerSupported
```

这一输出意味着软件接受度级别设置为 PartnerSupported。

如果返回值为 VMwareCertified 或者 VMwareAccepted，你必须将其修改为 PartnerSupported，可以用如下命令完成：

```
esxcli software acceptance set --level=PartnerSupported
Host acceptance level changed to 'PartnerSupported'.
```

因为 PowerPath/VE VIB 被 EMC 数字签署为 PartnetCertified 接受度级别，所以这是必要的。接受度级别实施的方式使你无法安装任何低于当前主机接受度级别的 VIB。这些级别的顺序是：

VMwareCertified——最高级

VMwareAccepted——次高级

PartnerSupported——下一级

CommunitySupported——最低级

所以，如果主机设置在某个给定级别，你可以安装该级别或者更高级别的软件包，也就是说在设置为 PartnerSupported 接受度级别的主机上，你可以安装签署为 PartnerSupported、VMwareAccepted 和 VMwareCertified 的 VIB。

5）进行一次安装的预演，确保不会有任何错误。运行如下命令：

```
esxcli software vib install -d /<离线包路径>/EMCPower.
VMWARE.5.7.b173.zip --dry-run
```

清单 8.1 是一个例子。

清单 8.1　安装 PowerPath/VE 离线包的预演

```
esxcli software vib install --depot=/vmfs/volumes/FC200/PP57/EMCPower.
VMWARE.5.7.b173.zip --dry-run

Installation Result
   Message: Dryrun only, host not changed. The following installers will be
applied: [BootBankInstaller]
   Reboot Required: true
```

```
   VIBs Installed: EMC_bootbank_powerpath.cim.esx_5.7.0.00.00-b173, EMC_
bootbank_powerpath.lib.esx_5.7.0.00.00-b173, EMC_bootbank_powerpath.plugin.
esx_5.7.0.00.00-b173
   VIBs Removed:
   VIBs Skipped:
```

在清单 8.1 中，可以看到安装没有造成任何错误，安装了 3 个 VIB，并需要重启。

6）重复清单 8.1 中的命令，不使用 `--dry-run` 选项。输出见清单 8.2。

清单 8.2 安装 PowerPath/VE 离线包

```
esxcli software vib install -d /vmfs/volumes/FC200/PP57/EMCPower.
VMWARE.5.7.b173.zip

Installation Result
   Message: The update completed successfully, but the system needs to be
rebooted for the changes to be effective.
   Reboot Required: true
   VIBs Installed: EMC_bootbank_powerpath.cim.esx_5.7.0.00.00-b173, EMC_
bootbank_powerpath.lib.esx_5.7.0.00.00-b173, EMC_bootbank_powerpath.plugin.
esx_5.7.0.00.00-b173
   VIBs Removed:
   VIBs Skipped:
```

7）重新启动主机，在验证安装之前不要退出维护模式。参见本章后面的 8.2.7 节。

8.2.6 用 vMA 5.0 安装

使用 vMA 5，安装步骤与前面使用 CLI 的相同。

唯一的不同是在你运行影响 ESXi 主机的第一条命令之前，必须将托管目标主机修改为该 ESXi 主机（见图 8.6）。

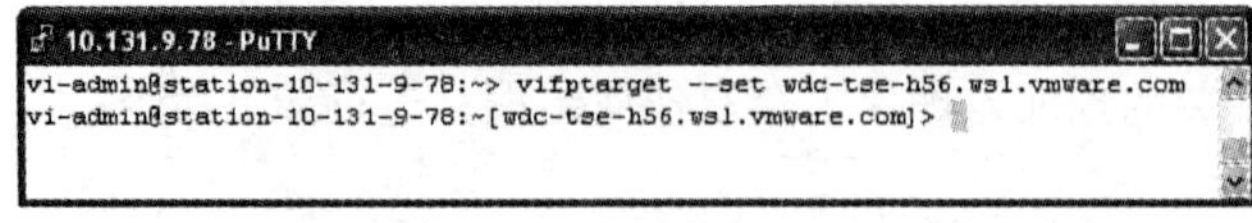
10.131.9.78 - PuTTY
vi-admin@station-10-131-9-78:~> vifptarget --set wdc-tse-h56.wsl.vmware.com
vi-admin@station-10-131-9-78:~[wdc-tse-h56.wsl.vmware.com]>

图 8.6 设置 vMA 托管主机

修改托管主机和登录 vMA 用具及添加托管目标主机的过程详见第 2 章。

使用 vMA 的好处之一是可以用 CLI 的 esxcfg-hostops 工具主机进入或者离开维护模式，如图 8.7 和图 8.8 所示。

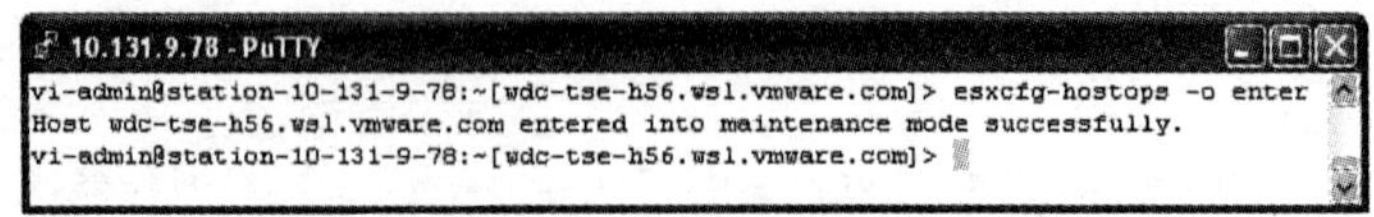
10.131.9.78 - PuTTY
vi-admin@station-10-131-9-78:~[wdc-tse-h56.wsl.vmware.com]> esxcfg-hostops -o enter
Host wdc-tse-h56.wsl.vmware.com entered into maintenance mode successfully.
vi-admin@station-10-131-9-78:~[wdc-tse-h56.wsl.vmware.com]>

图 8.7 用 vMA 使 ESXi 主机进入维护模式

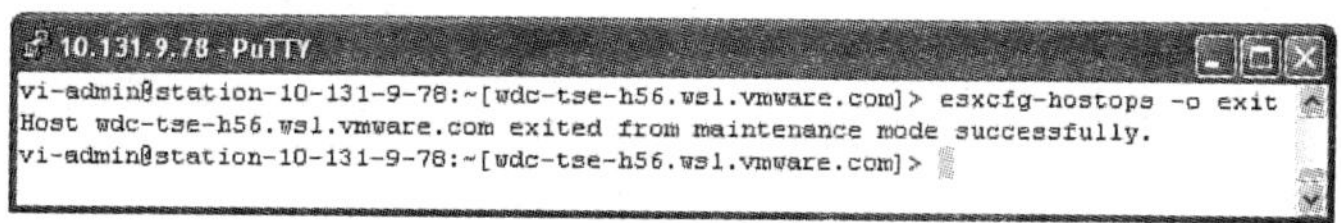

图 8.8　用 vMA 使 ESXi 主机离开维护模式

上述命令的语法如下：

esxcfg-hostops -o enter 或者 esxcfg-hostops -o exit（见图 8.7 和 8.8）.

你还可以用同一条命令，以 reboot 选项代替 enter 或者 exit，远程重启主机。

当你在一台主机上完成安装时，只要将托管目标主机改为另一台 ESXi 主机，并使用上箭头键调出从进入维护模式到退出维护模式的所有命令。你可以更有创意，编写自己的脚本，用变量传递离线包文件名（如果需要的话还可以加上路径）以及主机名。

提示　你知道 VMware 在 vMA 用具中提供的样板脚本吗？

这些样板脚本在 /opt/vmware/vma/samples/perl 和 /opt/vmware/vma/samples/java 目录下。你可以将它们作为出发点，构建自己的脚本。

8.2.7　验证安装

安装做出如下更改。

1）安装前面列出的 3 个 VIB。

你可以运行如下命令列出安装的 VIB：

```
esxcli software vi list |grep EMC
```

输出如图 8.9 所示。

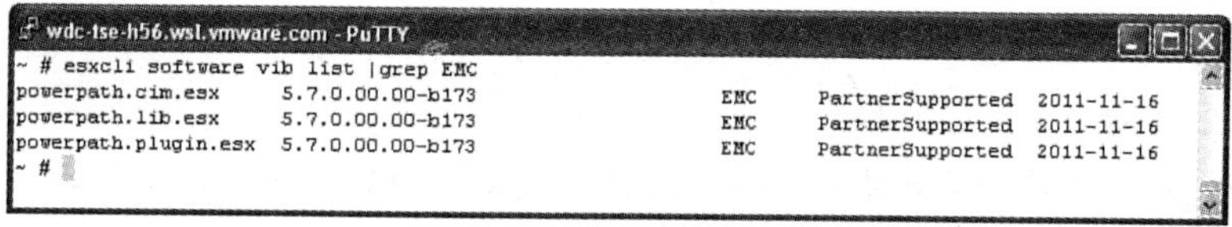

图 8.9　列出安装的 PowerPath VIB

你还可以使用如下命令检查 3 个 VIB 的软件配置信息：

```
esxcli software profile get
```

注意，安装的 VIB 名称不包含 EMC_Bootbank_ 前缀或者版本和构建号码后缀。后者作为每个 VIB 的属性的一部分列出。

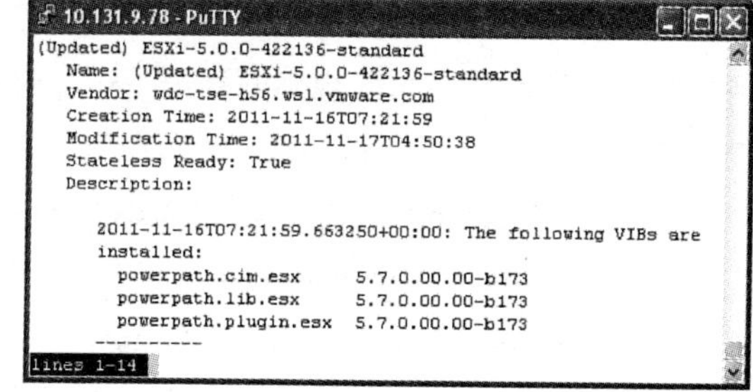

图 8.10　列出 PowerPath 软件配置信息

2）向 PSA 注册 PowerPath 插件。这由 emc-powerpath.json 启动脚本完成，详见第 4 条。

你可以运行如下命令列出注册脚本（见图 8.11）：

```
esxcli storage core plugin registration list |gre "PowerPath \|Module\|---"
```

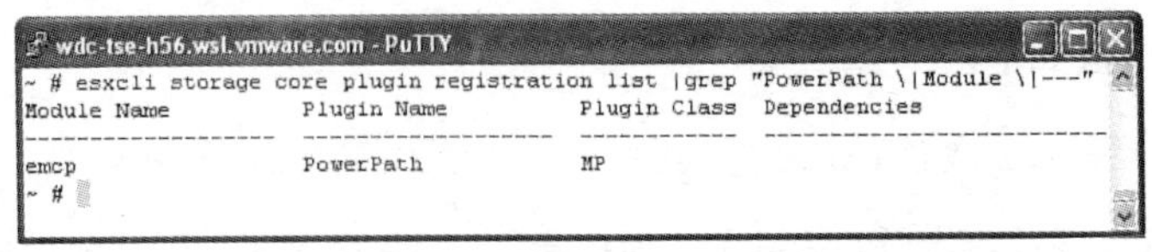

图 8.11　列出 PowerPath PSA 模块注册情况

在图 8.11 中，为了易于辨认，去掉了名为 Full Path 的空白列。

你可以运行如下命令验证 PowerPath vmkernel 模块（emcp）是否成功加载（见图 8.12）：

```
esxcli system module list |grep -I 'emcp\|enabled\|---'
```

图 8.12 中的输出显示 emcp 内核模块加载并启用。

你也可以运行如下命令检查 PowerPath MPP（多路径插件）是否成功添加（见图 8.13）：

```
esxci storage core plugin list
```

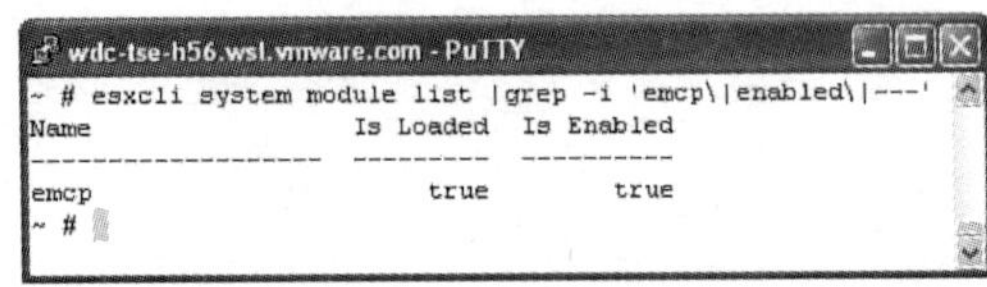

图 8.12　列出 PowerPath vmkernel 模块

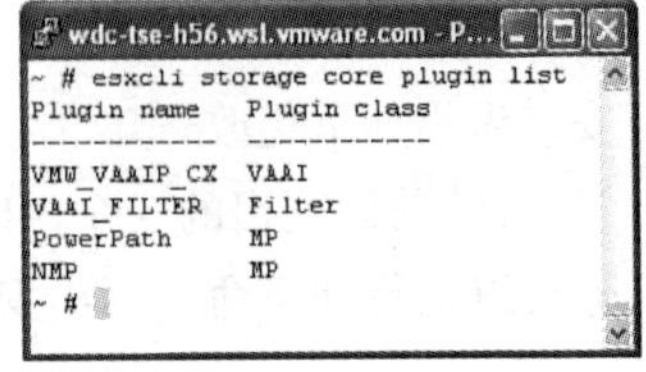

图 8.13　列出 PowerPath MP 插件

这里你会看到一个 MP 级插件，名为 PowerPath，与 NMP 一起列出。

3）添加 PowerPath PSA 声明规则。这由 psa-powerpath-pre-claim-config.json 启动脚本完成，详见第 4 条。

你可以运行如下命令列出添加的声明规则（见图 8.14）：

```
esxcli storage core claimrule list
```

图 8.14 中的输出显示添加了规则 250 ～ 320。参见第 4 条，将这个列表与添加这些规则的命令列表比较，每条规则都列出了运行时和文件级。这意味着这些规则已经被写入配置文件（文件级），已经被加载（运行时级）。

4）将如下 Jumpstart 脚本添加到 /usr/libexec/jumpstart/plugins 目录：

a. register-emc-powerpath.json

b. psa-powerpath-claim-load-order.json

c. psa-powepath-pre-claim-config.json

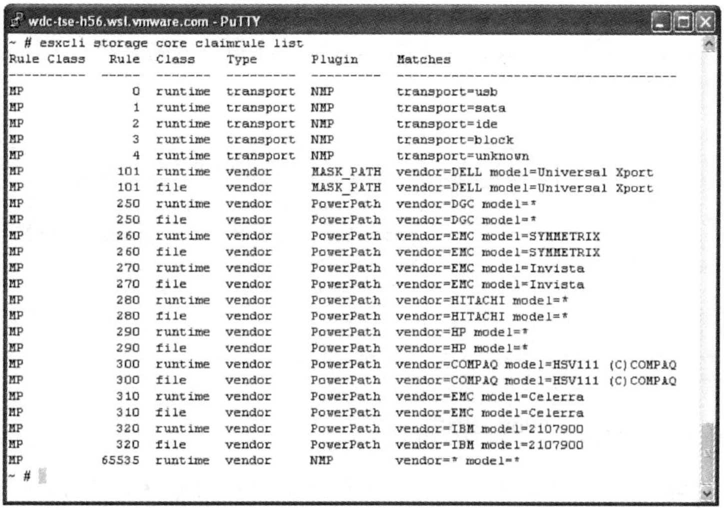

```
wdc-tse-h56.wsl.vmware.com - PuTTY
~ # esxcli storage core claimrule list
Rule Class   Rule  Class    Type       Plugin     Matches
----------  -----  -------  ---------  ---------  ------------------------------------
MP              0  runtime  transport  NMP        transport=usb
MP              1  runtime  transport  NMP        transport=sata
MP              2  runtime  transport  NMP        transport=ide
MP              3  runtime  transport  NMP        transport=block
MP              4  runtime  transport  NMP        transport=unknown
MP            101  runtime  vendor     MASK_PATH  vendor=DELL model=Universal Xport
MP            101  file     vendor     MASK_PATH  vendor=DELL model=Universal Xport
MP            250  runtime  vendor     PowerPath  vendor=DGC model=*
MP            250  file     vendor     PowerPath  vendor=DGC model=*
MP            260  runtime  vendor     PowerPath  vendor=EMC model=SYMMETRIX
MP            260  file     vendor     PowerPath  vendor=EMC model=SYMMETRIX
MP            270  runtime  vendor     PowerPath  vendor=EMC model=Invista
MP            270  file     vendor     PowerPath  vendor=EMC model=Invista
MP            280  runtime  vendor     PowerPath  vendor=HITACHI model=*
MP            280  file     vendor     PowerPath  vendor=HITACHI model=*
MP            290  runtime  vendor     PowerPath  vendor=HP model=*
MP            290  file     vendor     PowerPath  vendor=HP model=*
MP            300  runtime  vendor     PowerPath  vendor=COMPAQ model=HSV111 (C)COMPAQ
MP            300  file     vendor     PowerPath  vendor=COMPAQ model=HSV111 (C)COMPAQ
MP            310  runtime  vendor     PowerPath  vendor=EMC model=Celerra
MP            310  file     vendor     PowerPath  vendor=EMC model=Celerra
MP            320  runtime  vendor     PowerPath  vendor=IBM model=2107900
MP            320  file     vendor     PowerPath  vendor=IBM model=2107900
MP          65535  runtime  vendor     NMP        vendor=* model=*
~ #
```

图 8.14　列出 PowerPath PSA 声明规则

第一个脚本运行一条命令，等价于：

```
esxcli storage core plugin registration add -m emcp -N MP -P PowerPath
```

这条命令的长版本为

```
esxcli storage core plugin registration add --module-name=emcp--plugin-class=MP
--plugin-name=PowerPath
```

这条命令向 PSA 注册一个名为 emcp 的模块，作为 MP 级插件 PowerPath。

- 第二个脚本（b）从旧的 PowerPath/VE 版本延续而来，实际上是空的。
- 第三个脚本（c）加载 emcp vmkernel 模块，然后为 PowerPath/VE 支持的存储阵列家族添加 PSA 声明规则。它运行的命令与清单 8.3 等价。

清单 8.3　psa-powerpath-pre-claim-config.json 脚本运行的命令

```
esxcli system module load --module emcp

esxcli storage core claimrule add --claimrule-class MP --rule 250 --plugin
PowerPath --type vendor --vendor DGC --model *

esxcli storage core claimrule add --claimrule-class MP --rule 260 --plugin
PowerPath --type vendor --vendor EMC --model SYMMETRIX

esxcli storage core claimrule add --claimrule-class MP --rule 270 --plugin
PowerPath --type vendor --vendor EMC --model Invista

esxcli storage core claimrule add --claimrule-class MP --rule 280 --plugin
PowerPath --type vendor --vendor HITACHI --model *
```

```
esxcli storage core claimrule add --claimrule-class MP --rule 290 --plugin
PowerPath --type vendor --vendor HP --model *

esxcli storage core claimrule add --claimrule-class MP --rule 300 --plugin
PowerPath --type vendor --vendor COMPAQ --model \"HSV111 (C)COMPAQ\"

esxcli storage core claimrule add --claimrule-class MP --rule 310 --plugin
PowerPath --type vendor --vendor EMC --model Celerra

esxcli storage core claimrule add --claimrule-class MP --rule 320 --plugin
PowerPath --type vendor --vendor IBM --model 2107900
```

8.2.8 列出 PowerPath/VE 声明的设备

为了验证支持的设备已经被 PowerPath MPP 声明（见图 8.15），可以运行如下命令：

```
esxcli storag core device list |less -S
```

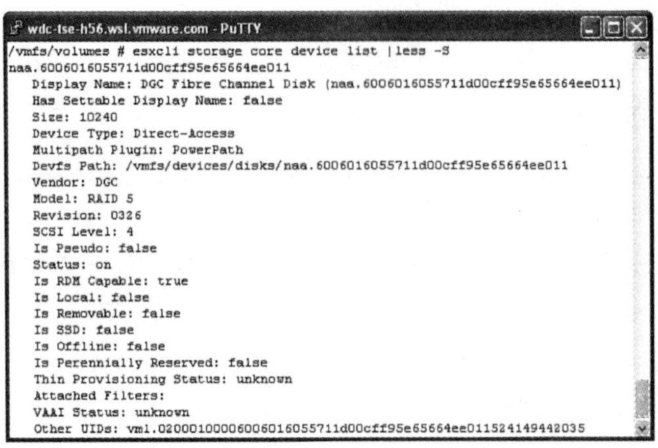

图 8.15　列出 PowerPath 托管的 FC 设备属性

图 8.15 中所示的输出是来自 CLARiiON 存储阵列上一个光纤通道 LUN 的例子。注意，Multipath Plugin（多路径插件）是 PowerPath。

图 8.16 展示了另一个 PowerPath 声明设备的例子，这是 CLARiiON 存储阵列上的一个 iSCSI 设备。

8.2.9 管理 PowerPath/VE

可以使用安装 RTOOLS 软件包的 Windows 或者 RedHat Linux 上的 rpowermt 远程管理 PowerPath/VE。使用 rpowermt 的细节参见 PowerLink 的维护 / 配置文档，这一点在 8.2.2 节中已经介绍过。

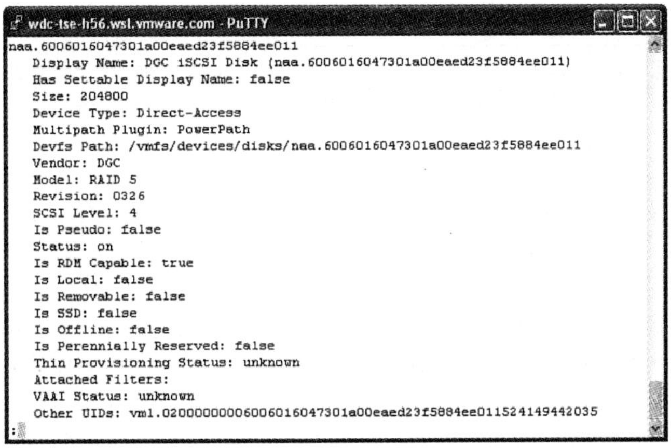

```
wdc-tse-h56.wsl.vmware.com - PuTTY
naa.6006016047301a00eaed23f5884ee011
   Display Name: DGC iSCSI Disk (naa.6006016047301a00eaed23f5884ee011)
   Has Settable Display Name: false
   Size: 204800
   Device Type: Direct-Access
   Multipath Plugin: PowerPath
   Devfs Path: /vmfs/devices/disks/naa.6006016047301a00eaed23f5884ee011
   Vendor: DGC
   Model: RAID 5
   Revision: 0326
   SCSI Level: 4
   Is Pseudo: false
   Status: on
   Is RDM Capable: true
   Is Local: false
   Is Removable: false
   Is SSD: false
   Is Offline: false
   Is Perennially Reserved: false
   Thin Provisioning Status: unknown
   Attached Filters:
   VAAI Status: unknown
   Other UIDs: vml.02000000006006016047301a00eaed23f5884ee011524149442035
:
```

图 8.16　列出 PowerPath 托管的 iSCSI 设备属性

安装 PowerPath/VE 时还在每台 ESXi 服务器上安装了一个本地 powermt 工具。该工具位于 /opt/emc/powerpath/bin。

它使你能够运行 rpowermt 命令的一个子集。

8.2.10　如何卸载 PowerPath/VE

如果你打算体验 PowerPath/VE，可能需要在完成之后卸载它。可以用如下命令代替安装步骤，以同样的步骤卸载它：

```
esxcli software vib remove -n <安装 1>  -n <安装 2> -n <安装 3>
```

这条命令的长版本如下：

```
esxcli software vib remove --vibname=<安装 1>  --vibname=<安装 2>--vibname=<安装 3>
```

清单 8.4 ～清单 8.7 显示了从开始到重启主机的命令集，它们全部在 vMA 5.0 中完成。

清单 8.4　进入维护模式

```
vi-admin@station-1:~[wdc-tse-h56]> esxcfg-hostops --operation enter

Host wdc-tse-h56.wsl.vmware.com entered into maintenance mode successfully.
```

清单 8.5　列出 PowerPath VIB 配置信息

```
vi-admin@station-1:~[wdc-tse-h56]> esxcli software vib list |grep powerpath

powerpath.cim.esx     5.7.0.00.00-b173   EMC PartnerSupported  2011-11-16

powerpath.lib.esx      5.7.0.00.00-b173  EMC PartnerSupported  2011-11-16

powerpath.plugin.esx  5.7.0.00.00-b173   EMC PartnerSupported  2011-11-16
```

清单 8.6 卸载 PowerPath

```
vi-admin@station-1:~[wdc-tse-h56]> esxcli software vib remove --vibname
powerpath.cim.esx --vibname powerpath.lib.esx --vibname powerpath.plugin.
esx

Removal Result
   Message: The update completed successfully, but the system needs to be
rebooted for the changes to be effective.
   Reboot Required: true
   VIBs Installed:
   VIBs Removed: EMC_bootbank_powerpath.cim.esx_5.7.0.00.00-b173, EMC_
bootbank_powerpath.lib.esx_5.7.0.00.00-b173, EMC_bootbank_powerpath.plugin.
esx_5.7.0.00.00-b173
   VIBs Skipped:
```

清单 8.7 重启主机

```
vi-admin@station-1:~[wdc-tse-h56]> esxcfg-hostops --operation reboot

Host wdc-tse-h56.wsl.vmware.com rebooted successfully.
```

主机重启之后，在 vMA 5.0 中运行如下命令验证 VIB 成功删除。（vMA 的优势是你不需要在主机启动之后登录。因为它是最近的托管目标，vMA 在主机启动之后你运行第一条命令时，用 FastPass 配置文件中缓存的凭据重新连接。）

```
esxcli software vib list |grep powerpath
```

你不会看到任何返回的 VIB，这就确认它们没有安装。

接着用一条命令列出声明规则，验证安装程序添加的所有声明规则都已经被删除。这些声明规则的编号在 250 ～ 320 之间，如图 8.14 所示。

```
esxcli storage core claimule list
```

两条命令的输出在图 8.17 中列出。

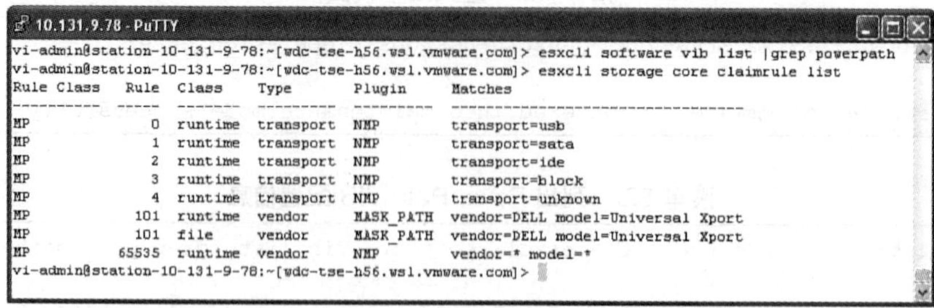
10.131.9.78 - PuTTY
vi-admin@station-10-131-9-78:~[wdc-tse-h56.wsl.vmware.com]> esxcli software vib list |grep powerpath
vi-admin@station-10-131-9-78:~[wdc-tse-h56.wsl.vmware.com]> esxcli storage core claimrule list
Rule Class Rule Class Type Plugin Matches
MP 0 runtime transport NMP transport=usb
MP 1 runtime transport NMP transport=sata
MP 2 runtime transport NMP transport=ide
MP 3 runtime transport NMP transport=block
MP 4 runtime transport NMP transport=unknown
MP 101 runtime vendor MASK_PATH vendor=DELL model=Universal Xport
MP 101 file vendor MASK_PATH vendor=DELL model=Universal Xport
MP 65535 runtime vendor NMP vendor=* model=*
vi-admin@station-10-131-9-78:~[wdc-tse-h56.wsl.vmware.com]>

图 8.17 卸载 PowerPath

现在，确认 PowerPath/VE 已经被卸载，可以用如下命令退出主机维护模式：

```
vi-admin@station-1:~[wdc-tse-h56]> esxcfg-hostops --operation exit
```

```
Host wdc-tse-h56.wsl.vmware.com exited from maintenance mode successfully.
```

8.3 HDLM

日立动态链接管理器（Hitachi Dynamic Link Manager，HDLM）MPIO 解决方案可用于多种操作系统。它最近以一个 SATP、3 个 PSP 和一个 ESXCLI 扩展模块的形式移植到 vSphere 5：

- hti_satp_hdlm
- hti_psp_hdlm_exlio（扩展最少 I/O）
- hti_psp_hdlm_ex rr（扩展循环）
- hti_psp_hdlm_exlbk（扩展最少块数）
- hex-hdlm-dlnkmgr

注意　本节的产品信息以写作本书时的最新信息为基础。

8.3.1 获得安装文件

要获得 HDLM for VMware 安装文件，可以联系日立数据系统公司或者日立公司。你将收到带有软件和相关文件及文档的 CD/DVD。安装文件在标签为“Hitachi Dynamic Link Manager Software v7.2 Advanced（with Hitachi Global Link Manager software）的 DVD 上。

在一个系统或者一个 VM（运行 HDLM 支持的 Windows 版本）上按照以下步骤解压必需的安装文件：

1）安装 vCLI。你可以从 http://communities.vmware.com/community/vmtn/server/vsphere/automationtools/vsphere_cli 上下载，然后单击 VMware vSphere CLI 下的 Download（下载）按钮。运行下载的文件并根据提示安装。

2）在驱动器中插入 HDLM 安装 DVD（如果在 VM 上安装，将 DVD 驱动器连接到 VM）。

3）如果你的系统 /VM 上禁用了自动运行，浏览 DVD，找到 index.html 文件并运行。

4）你的浏览器应该显示如图 8.18 所示的屏幕。单击 Hitachi Dynamic Link Manager Software（日立动态链接管理器软件）部分下的 Install（安装）按钮。

5）按照安装提示进行。查看从日立收到的 Hitachi Command Suite v7.2 Software Document Library（日立控制套装 7.2 软件文档库）DVD 的 index.html 文件中列出的 Hitachi Command Suite Dynamic Link Manager UserGuide（日立控制套装动态链接管理器用户指南）。

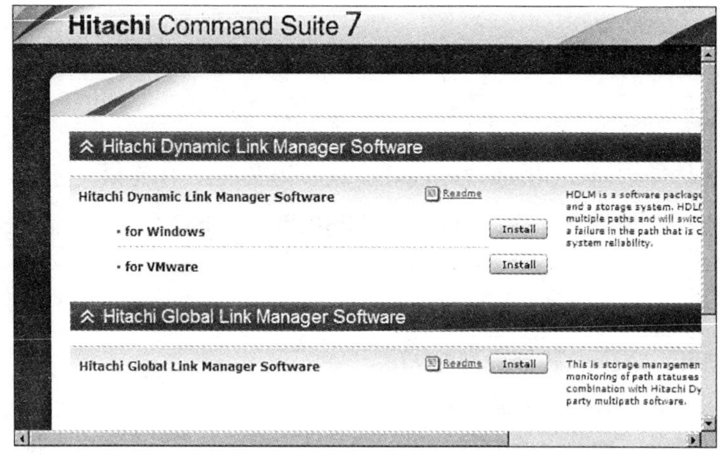

图 8.18　访问 HDLM 安装文件

6）这一过程安装 HDLM 远程管理客户端，并将 HDLM for VMware 离线安装包程序放在 <HDLM 安装文件夹 >\plugin 目录中。

例如：

```
c:\Program files(x86)\HITACHI\DynamicLinkManagerForVMware\plugin
```

在写作本书期间文件名为 hdlm-0720000002.zip。

8.3.2　安装 HDLM

安装通过上一节提到的离线安装包文件进行：hdlm-0720000002.zip。该文件包含前面列出的 5 个插件：4 个 PSA 插件和一个 HDLM ESXCLI 扩展。

安装过程概述如下：

1）将离线包 zip 文件传递到你想要安装 HDLM 的所有主机共享的一个 VMFS 卷上。

你可以用如下工具传输该文件：

a. vSphere Client：

找到你要传递文件的目标数据存储；右键选择；选择 Browse Datastore（浏览数据存储）；然后单击 Upload Files to This Datastore（将文件上传到这个数据存储）图标，该图标的外观像一个带有绿色向上箭头的圆柱（见图 8.19）。

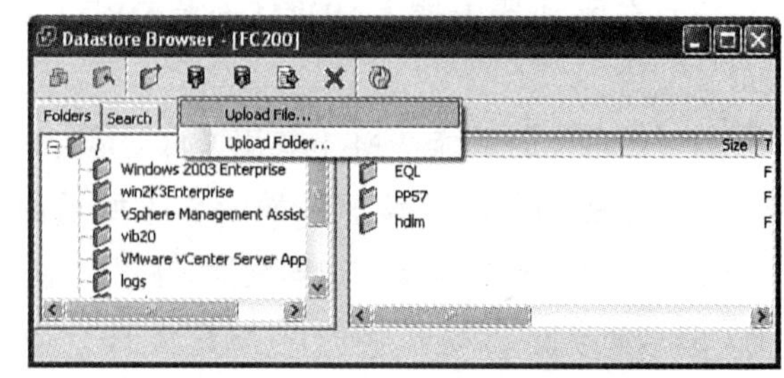

图 8.19　通过 vSphere Client 上传文件到数据存储

最后，单击 Upload File（上传文件）菜单并按照提示进行。

b. WinSCP 等文件传输工具。

2）通过 SSH 或者 vMA5.0，以根用户登录到主机。你还可以使用安装 HDLM 远程管理客户端的系统上的 vCLI，因为前面你已经安装了 vCLI。后者使用的命令与这里列出的相同，但是你需要在运行的每条命令中添加 vCLI 连接选项，如 `--server`、`--usename` 和 `--password`。

3）你可以先进行安装预演，验证是否有造成故障的问题，如图 8.20 所示。

```
esxcli software vib install -d /vmfs/volumes/FC200/mpio/hdlm/hdlm-0720000002.zip
--dry-run
```

上述命令的长版本为：

```
esxcli software vib install --depot /vmfs/volumes/FC200/mpio/hdlm/hdm-0720000002.zip
--dry-run
```

```
wdc-tse-h56.wsl.vmware.com - PuTTY
~ # esxcli software vib install -d /vmfs/volumes/FC200/mpio/hdlm/hdlm-0720000002.zip
--dry-run
Installation Result
   Message: Dryrun only, host not changed. The following installers will be applied:
[LiveImageInstaller, BootBankInstaller]
   Reboot Required: false
   VIBs Installed: Hitachi_bootbank_hex-hdlm-dlnkmgr_07.2.0-00, Hitachi_bootbank_psp-
hdlm-exlbk_07.2.0-00, Hitachi_bootbank_psp-hdlm-exlio_07.2.0-00, Hitachi_bootbank_psp
-hdlm-exrr_07.2.0-00, Hitachi_bootbank_satp-hdlm_07.2.0-00
   VIBs Removed:
   VIBs Skipped:
~ #
```

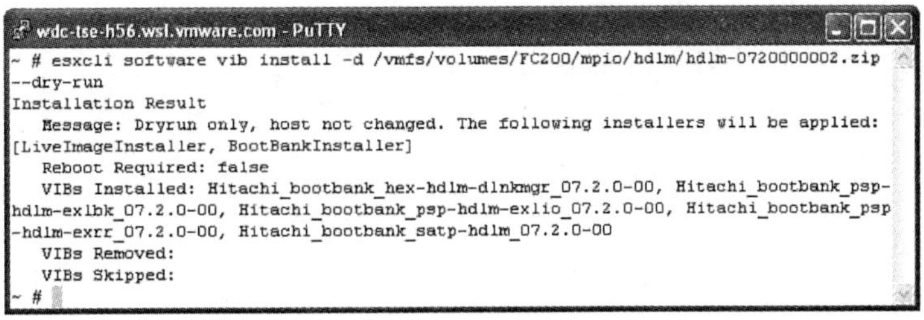

图 8.20　ESXi 5 上的 HDLM 安装预演

注意，安装结果显示将应用 Live Image Installer 和 Boot Book Installer。

注意　即使安装预演输出显示 Reboot Required:false——也就是安装后不需要重启 ESXi 主机，你可能还是需要重启主机，以便重启某些服务。否则，你也可以运行 /sbin/services/sh restart 重启这些服务。这只能通过 SSH 运行 ESXi Shell 或者在 ESXi 主机本地完成。

4）用如下的 esxcli 命令安装离线包：

```
esxcli software vib install -d /vmfs/volumes/FC200/mpio/hdlm/hdlm-0720000002.zip
```

上述命令的长版本为：

```
esxcli software vib install --depot /vmfs/volumes/FC200/mpio/hdlm/hdlm-0720000002.zip
```

安装命令及其输出如图 8.21 所示。

5）重启主机。

安装将 HTI_SATP_HDLM 使用的默认 PSP 配置为 HTI_PSP_HDLM_EXLIO。但是，可以通过修改默认 PSP 或者按照设备修改 PSP 使用其他两个 PSP。

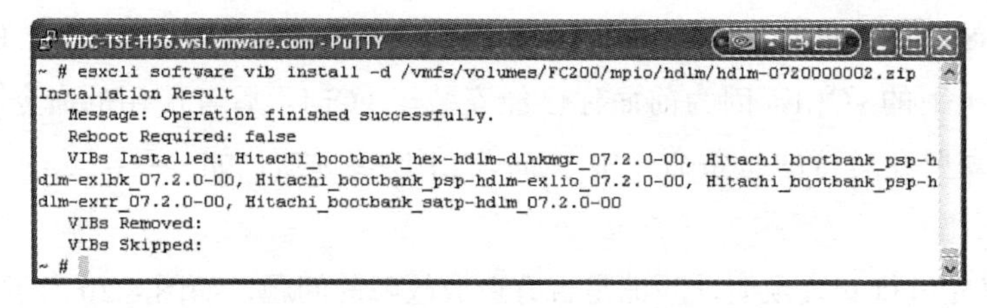

```
WDC-TSE-H56.wsl.vmware.com - PuTTY
~ # esxcli software vib install -d /vmfs/volumes/FC200/mpio/hdlm/hdlm-0720000002.zip
Installation Result
   Message: Operation finished successfully.
   Reboot Required: false
   VIBs Installed: Hitachi_bootbank_hex-hdlm-dlnkmgr_07.2.0-00, Hitachi_bootbank_psp-h
dlm-exlbk_07.2.0-00, Hitachi_bootbank_psp-hdlm-exlio_07.2.0-00, Hitachi_bootbank_psp-h
dlm-exrr_07.2.0-00, Hitachi_bootbank_satp-hdlm_07.2.0-00
   VIBs Removed:
   VIBs Skipped:
~ #
```

图 8.21 在 ESXi 5 上安装 HDLM

1. HDLM 安装对 ESXi 主机配置的修改

安装进行了如下修改：

1）在 /usr/libexec/jumpstart/plugins 目录中添加如下的启动脚本：

a. nmp-hti_psp_hdlm_exlbk-rules.json

b. nmp-hti_psp_hdlm_exlbk.json

c. nmp-hti_psp_hdlm_exlio-rules.json

d. nmp-hti_psp_hdlm_exlio.json

e. nmp-hti_psp_hdlm_exrr-rules.json

f. nmp-hti_psp_hdlm_exlrr.json

g. nmp-hti_satp_hdlm_rules.json

h. nmp-hti_satp_hdlm.json

这些启动插件进行如下操作：

- 后缀为 -rules 的脚本在启动时加载 PSP/SATP 核心模块。
- 没有 -rules 后缀的脚本向 PSA 框架注册插件。

2）将表 8.1 中列出的模块注册为插件。

表 8.1 HDLM 插件列表

模　　块	插　　件	插件类别
hti_satp_hdlm	HTI_SATP_HDLM	SATP
hti_psp_hdlm_exlbk	HTI_PSP_HDLM_EXLBK	PSP
hti_psp_hdlm_exlio	HTI_PSP_HDLM_EXLIO	PSP
hti_psp_hdlm_exrr	HTI_PSP_HDLM_EXRR	PSP

图 8.22 显示了列出注册插件的命令。

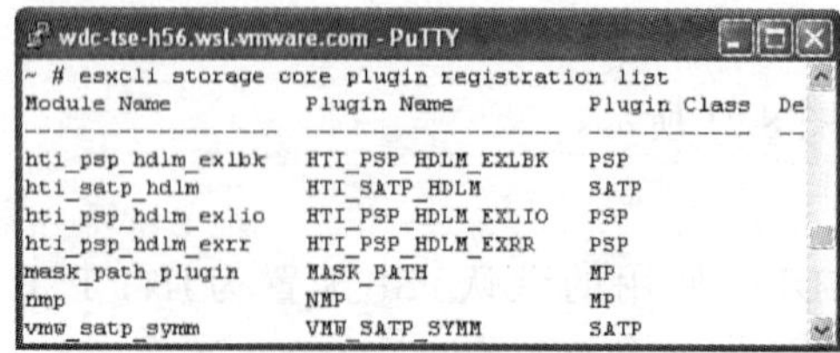

```
wdc-tse-h56.wsl.vmware.com - PuTTY
~ # esxcli storage core plugin registration list
Module Name          Plugin Name          Plugin Class  De
-------------------  -------------------  ------------  --
hti_psp_hdlm_exlbk   HTI_PSP_HDLM_EXLBK   PSP
hti_satp_hdlm        HTI_SATP_HDLM        SATP
hti_psp_hdlm_exlio   HTI_PSP_HDLM_EXLIO   PSP
hti_psp_hdlm_exrr    HTI_PSP_HDLM_EXRR    PSP
mask_path_plugin     MASK_PATH            MP
nmp                  NMP                  MP
vmw_satp_symm        VMW_SATP_SYMM        SATP
```

图 8.22 列出 HDLM PSA 插件注册情况

以上工作也在重启时由没有 -rules 后缀的启动脚本完成，它们运行的命令和清单 8.8 中的等效。

清单 8.8　PowerPath Jumpstart 脚本运行的命令

```
esxcli storage core plugin registration add --module-name=hti_satp_hdlm
--plugin-class=SATP - --plugin-name=HTI_SATP_HDLM

esxcli storage core plugin registration add --module-name=hti_psp_hdlm_
exlbk --plugin-class=PSP --plugin-name=HTI_PSP_HDLM_EXLBK

esxcli storage core plugin registration add --module-name=hti_psp_hdlm_
exlio --plugin-class=PSP --plugin-name=HTI_PSP_HDLM_EXLIO

esxcli storage core plugin registration add --module-name=hti_psp_hdlm_exrr
--plugin-class=PSP --plugin-name=HTI_PSP_HDLM_EXRR
```

3）将 HTI_PSP_HDLM_EXLIO 配置为 SATP HTI_SATP_HDL 的默认 PSP。

图 8.23 说明了如何验证默认 PSP。

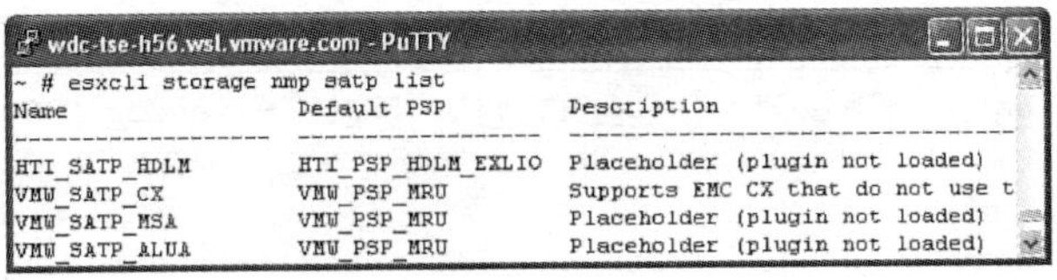

```
wdc-tse-h56.wsl.vmware.com - PuTTY
~ # esxcli storage nmp satp list
Name                 Default PSP          Description
-------------------  -------------------  ----------------------------------
HTI_SATP_HDLM        HTI_PSP_HDLM_EXLIO   Placeholder (plugin not loaded)
VMW_SATP_CX          VMW_PSP_MRU          Supports EMC CX that do not use t
VMW_SATP_MSA         VMW_PSP_MRU          Placeholder (plugin not loaded)
VMW_SATP_ALUA        VMW_PSP_MRU          Placeholder (plugin not loaded)
```

图 8.23　HDLM SATP 默认配置

以上工作也在重启时由 nmp-hti_satp_hdlm-rules.json jumpstart 脚本完成，该脚本运行的命令与如下命令等价：

```
esxcli storage nmp satp set --satp HTI_SATP_HDLM --default-pspHTI_PSP_HDLM_EXLIO
```

4）添加三条 SATP 规则，关联 HTI_SATP_HDLM 和表 8.2 中列出的供应商及型号字符串，验证如图 8.24 所示。

表 8.2　HDLM 声明规则使用的供应商和型号字符串

供应商字符串	型号字符串
HITACHI	DF600F
HITACHI	^OPEN-*
HP	^OPEN-*

表中的型号字符串分别代表日立 AMS、VSP 和 HP P9000 家族。支持的阵列列表参见 VMware HCL。

图 8.2 展示了 HTI_SATP_HDLM 的 SATP 声明规则。

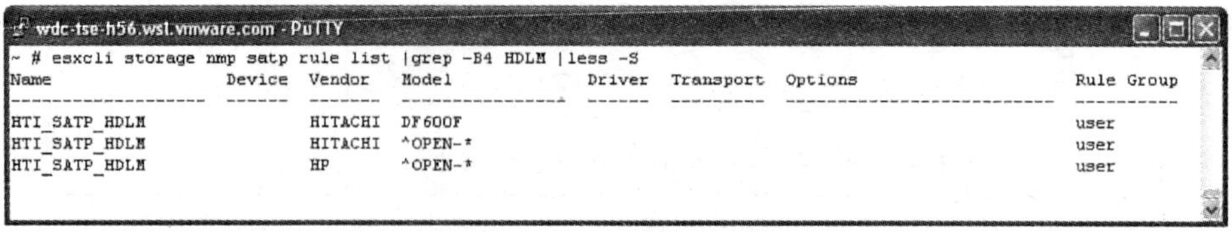

```
wdc-tse-h56.wsl.vmware.com - PuTTY
~ # esxcli storage nmp satp rule list |grep -B4 HDLM |less -S
Name                 Device  Vendor   Model             Driver  Transport  Options                      Rule Group
-------------------- ------  -------  ----------------  ------  ---------  ---------------------------  ----------
HTI_SATP_HDLM                HITACHI  DF600F                                                            user
HTI_SATP_HDLM                HITACHI  ^OPEN-*                                                           user
HTI_SATP_HDLM                HP       ^OPEN-*                                                           user
```

图 8.24　HDLM SATP 规则

这意味着，返回供应商字符串 HITACHI 和型号字符串 DF600F 或者 ^OPEN-* 的存储阵列由 HTI_SATP_HDLM 存储阵列类型插件（SATP）声明。

表中的第三行和输出表明返回 HP 的供应商字符串和型号字符串 ^OPEN-* 的存储阵列也由同一个 SATP 声明。

型号字符串 ^OPEN-* 中的通配符覆盖了以 OPEN 和连字号后的任何值结束的所有型号字符串（例如 OPEN-V）。

上述工作也由 nmp-hti_satp_hdlm-rules.json jumpstart 脚本在重启时完成，运行的命令等价于清单 8.9 中的命令。

清单 8.9　nmp-hti_satp_hdlm-rules.json jumpstart 脚本运行的命令

```
esxcli storage nmp satp rule add --satp HTI_SATP_HDLM --vendor HITACHI
--model DF600F

esxcli storage nmp satp rule add --satp HTI_SATP_HDLM --vendor HITACHI
--model ^OPEN-*

esxcli storage nmp satp rule add --satp HTI_SATP_HDLM --vendor HP
--model ^OPEN-*
```

8.3.3　修改 HDLM PSP 分配

因为每个 SATP 只能有一个默认 PSP，所以你可以按照设备分配不同的 PSP。例如，你在供一组 ESXi 主机使用的日立可调整模块化存储（Adaptable Modular Storage，AMS）阵列上有 3 个不同的 LUN。这些主机配置了 HDLM 插件。3 个 LUN 有符合 3 个已安装 HDLM PSP 的不同 I/O 需求。你可以将各个 LUN 配置为符合 I/O 条件的 PSP 声明。这可以通过 vSphere Client、CLI 或者 HDLM 远程管理客户端（见 8.3.1 节）完成。HDLM 远程管理客户端有自己的 CLI，用于远程管理 HDLM for VMware。可以将其看作和用 vMA 或者 vCLI 远程管理 ESXi 5 类似。

1. 通过 UI 修改 PSP 分配

可以按照如下过程通过 UI 修改 PSP 分配：

1）按照 5.8.1 节中过程的第 1 ～ 7 步进行。

2）从 Path Selection（路径选择）下拉式菜单中，选择列表中想要的 PSP（见图 8.25）

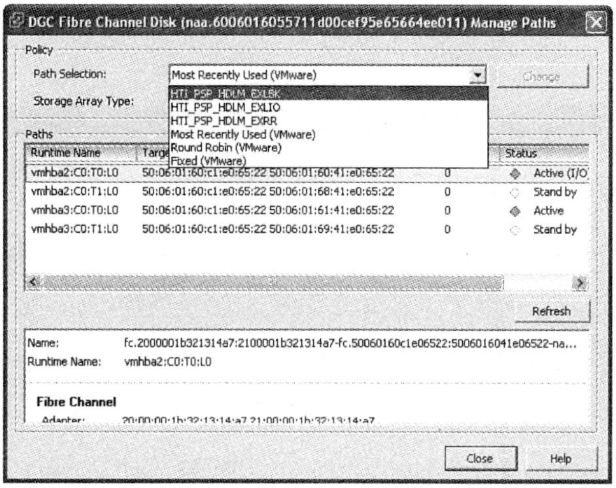

图 8.25　使用 vSphere Client 修改 HDLM PSP 分配

3）单击 Change（修改）按钮，然后单击 Close（关闭）按钮。

4）在设备属性对话框中，单击 Close 按钮返回到 vSphere Client 存储管理 UI。

5）对每个 LUN 重复上述过程，指定匹配 I/O 特性的 PSP。

6）在所有共享这一组 LUN 的 ESXi 5 主机上重复这一过程，确保对所有主机上的某个给定 LUN 使用相同 PSP。

2. 通过 CLI 修改 PSP 分配

可以按照如下过程通过 UI 修改 PSP 分配：

1）在本地或者通过 SSH，以根用户登录 ESXi 5 主机，或者使用 vMA 5.0 以 vi-admin 登录。

2）找到你想要重新配置的每个 LUN 的设备 ID：

```
esxcfg-mpath -b |grep -B1 "fc Adapter"| grep -v -e "--" |sed 's/Adapter.*//'
```

也可以使用命令的长版本：

```
esxcfg-mpath --list-paths |grep -B1 "fc Adapter"| grep -v -e "--" |sed's/Adapter.*//'
```

命令的输出如图 8.26 所示。

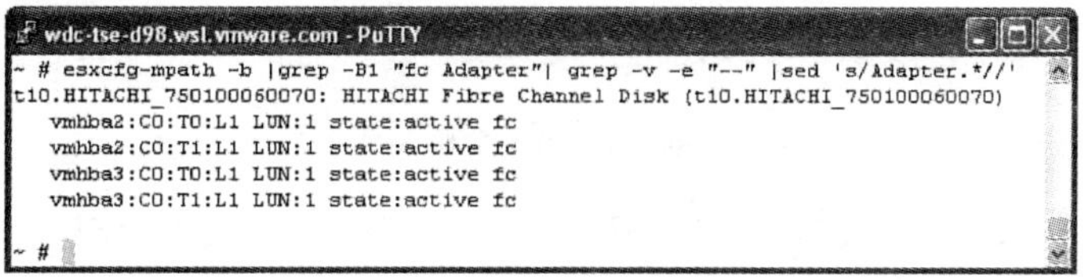

图 8.26　列出 AMS 阵列上的设备 ID

由此，你可以找出设备 ID（例子中是 t10 ID）。注意，这个输出使用 AMS 阵列采集。通用存储平台 5（USP V）、USP VM 或者虚拟存储台（VSP）将显示 NAA ID（参见图 8.27）。

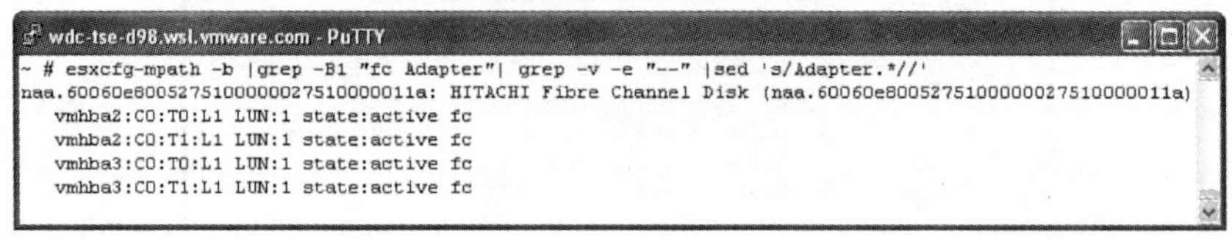

图 8.27 列出 USP 阵列上的设备 ID

3）使用第 2 步找到的设备 ID，运行如下命令：

```
esxcli storage nmp device set --device=< 设备 ID> --psp=<PSP 名称 >
```

AMS LUN 例子如下：

```
esxcli storage nmp device set --device=t10.HITACHI_750100060070--psp=HTI_PSP_HDLM_
EXLIO
```

VSP LUN 例子如下：

```
esxcli storage nmp device set --device=naa.60060e80052751000000275100000011a --psp=HTI_
PSP_HDLM_EXLIO
```

4）对每个设备重复第 2 步和第 3 步。

注意 HTI_SATP_HDLM 经过测试、认证，也支持与 VMW_PSP_MRU 一同使用。参见 8.3.4 节。

---

3. 修改默认 PSP

如果大部分 HDLM 管理的 LUN 的 I/O 特性适合于使用某个 HDLM PSP 而不是默认的 PSP，建议修改默认 PSP，然后将例外的 LUN 修改为使用适合的 PSP。

例如，如果你有 100 个 LUN 的 I/O 使用 HTI_PSP_HELM_EXLBK 更有利，另有 5 个 LUN 更适合使用 HTI_PSP_HELM_EXLIO（当前默认值），你可以选择将默认 PSP 改为前者，然后将 5 个 LUN 改为使用后者。

可以使用如下命令修改默认 PSP：

```
esxcli storage nmp satp set --satp HTI_SATP_HDLM --default-psp HTI_PSP_HDLM_EXLBK
```

如果你想将默认 PSP 设置为 HTI_PSP_HELM_EXRR，只要用 PSP 名称替代上述命令的最后一个参数就行了。

注意　如果你前面人工设置了某些 LUN 使用特定 PSP，则上述命令不会影响那些设置。

要复位这样的 LUN 使之使用默认 PSP，使用如下命令：

```
esxcli storage nmp device set --device=<设备 ID> --default
```

例如：

```
esxcli storage nmp device set --device=naa.6006016055711d00cef95e65664ee011
--default
```

8.3.4　在 VMware HCL 查找认证过的存储

按照如下过程在 VMware HCL 中查找认证过的存储：

1）前往 http://www.vmware.com/go/hcl。

2）在 What Are You Looking For（你在找什么）字段中，选择下拉菜单中的 Storage/SAN。

3）在 Product Release Version（产品发行版本）中，选择 ESXi 5.0。

4）在 PartnerName（合作伙伴名称）字段中，选择存储供应商名称，例如 Hitachi、Hitachi Data Systems（HDS）等。

5）在 SATP Plugin（SATP 插件）字段中，选择 HTI_ SATP_HDLM v7.2.0-00。

第 1 步到第 5 步如图 8.28 所示。

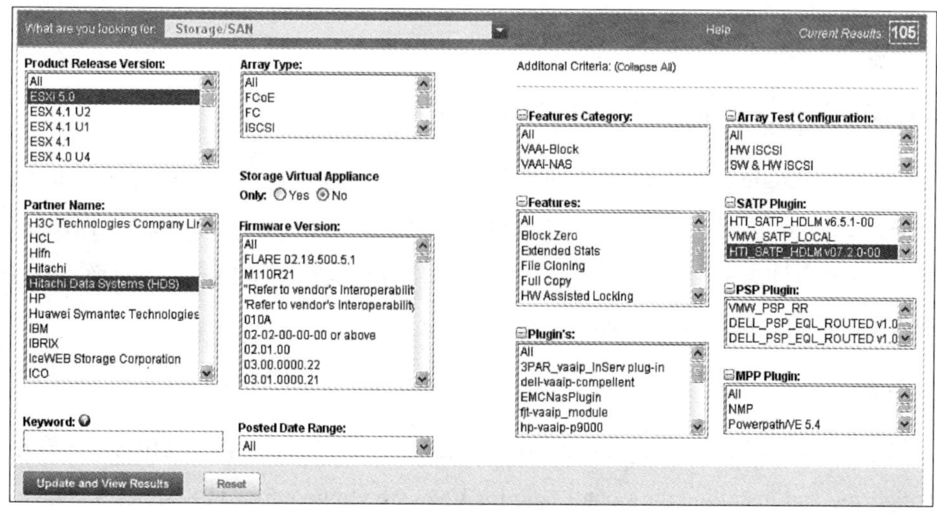

图 8.28　HDLM 的 HCL 搜索条件

6）单击 Update and View Results（更新并查看结果）按钮。

7）向下滚动查看图 8.29 中所示的已认证阵列列表。

Bookmark | Print | Export to CSV

Search Results: Your search for "Storage/SAN" returned 5 results

Display: 10

Partner Name	Model	Array Type	Supported Releases					
Hitachi Data Systems (HDS)	AMS 2100	FC	ESXi	5.0				
			ESX	4.1 U2	4.1 U1	4.1	4.0 U4	...
Hitachi Data Systems (HDS)	AMS 2300	FC	ESXi	5.0				
			ESX	4.1 U2	4.1 U1	4.1	4.0 U4	...
Hitachi Data Systems (HDS)	AMS 2500	FC	ESXi	5.0				
			ESX	4.1 U2	4.1 U1	4.1	4.0 U4	...
Hitachi Data Systems (HDS)	Hitachi Virtual Storage Platform	FC	ESXi	5.0				
			ESX	4.1 U2	4.1 U1	4.1	4.0 U4	...
Hitachi Data Systems (HDS)	SMS100	FC	ESXi	5.0				
			ESX	4.1 U2	4.1 U1	4.1	4.0 U4	...

图 8.29　HDLM 的 HCL 搜索结果

8）单击 Model（型号）栏目下列出的存储阵列型号超链接，查看详情，例如 Hitachi Virtual Storage Platform（日立虚拟存储平台）。

9）找到 SATP Plugin 栏目列出 HTI_ SATP_ HDLM v07.2.0-00 的行。

10）查看 PSP Plugin 栏目找出已认证 PSP 插件。例子中（见图 8.30），全部 3 个 HDLM PSP 插件与 VMW_PSP_MRU 一起列出。这意味着你可以使用 HTI_SATP_HDLM 和列出的任何一个 PSP 的组合。

HTI_SATP_HDLM v07.2.0-00	HTI_PSP_HDLM_EXLBK v07.2.0-00, HTI_PSP_HDLM_EXLIO v07.2.0-00, HTI_PSP_HDLM_EXRR v07.2.0-00, VMW_PSP_MRU

图 8.30　HDLM 列表项的 HCL 产品详情

8.4　Dell EqualLogic PSP Routed

Dell 的 EqualLogic MPIO 以 PSP 的形式实现。它还包含一个运行于用户空间的额外组件——EqualLogic 主机连接管理器（EqualLogic Host Connection Manager，EHCM）。这个组件实际上被设计为一个 CIM 提供者，它的主要功能是管理与 EqualLogic 阵列的 iSCSI（互联网小型计算机系统接口）会话。

8.4.1　下载文档

你可以从 http://www.equallogic.com/WorkArea/DownloadAsset.aspx?id=10798 下载参考文档《Configuring and Installing the EqualLogic for VMware vSphere 5 and PS Series SANs》。

在这个网页上，单击 Download（下载）按钮获得名为 TR1074-Configuring-MEM-1.1-with-vSphere-5.pdf 的文件。

我在此与你分享的大部分内容基于上述 Dell 文档和我自己的经验。

8.4.2　下载安装文件和安装脚本

要下载 zip 文件中的安装文件和安装脚本，必须在 EQL 支持网站上有一个有效登录账户。下载区域在 https://support.equallogic.com/support/download.aspx?id=1484。

8.4.3　Dell PSP 的工作原理

Dell PSP 了解 PS 系列卷在 PS 组成员上的分布方式。它拥有一个卷上数据物理位置图，并利用它提供 I/O 负载均衡。

EHCM 根据 SAN 拓扑和 PSP 设置（在每台 ESXi 主机上进行）建立和 EqualLogic 卷的会话。它为每个 Volume Slice（卷在 PS 系列组单个成员上的部分）创建两个会话，每个卷的最大会话数量（所有 Volume Slice 的会话总数）为 6。这可以通过 EqualLogic 主机连接管理器（EHCM）配置文件配置。

图 8.1 展示了 Dell EqualLogic PSP 架构。

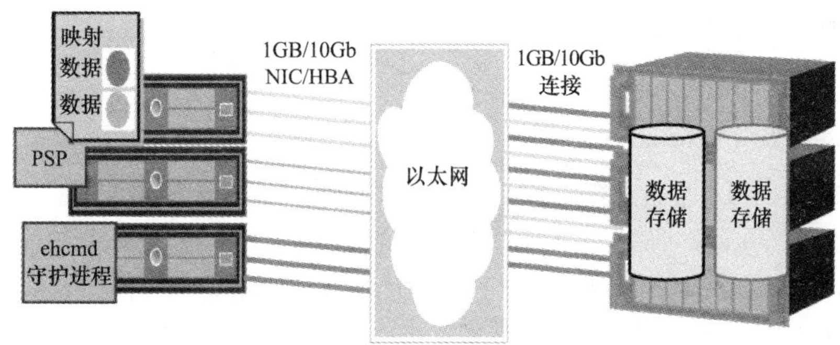

图 8.31　Dell EqualLogic PSP 架构

8.4.4　在 vSphere 5 上安装 EQL MEM

从 EqualLogic 支持网站上下载的 zip 文件包含如下内容：

- **setup.pl**——用于在 ESXi 5 主机上配置 iSCSI 网络的 PERL 脚本，包括超长帧的配置。
- **dell-eql-mem-version-offline_bundle-<build_number>.zip**——用于通过本地 CLI 或者 vMA 5.0 安装。
- **dell-eql-mem-<version>.zip**——用于通过 VUM 安装。

下面介绍通过本地 CLI 安装的过程，将托管目标主机切换到安装 VIB 的 ESXi 5 主机之后，使用 vMA 5.0 的安装过程与此相同。

1）将下载的 zip 文件复制到你计划安装这个 VIB 的所有主机共享的一个 VMFS 卷上。你可以使用 WinSCP 等工具传输这个文件。

2）直接或者通过 SSH，以根目录登录到 ESXi 5 主机。

3）展开 zip 文件，获得 setup.pl 脚本和离线包。

```
cd /vmfs/volume/<数据存储名称>
unzip <下载文件>.zip
```

运行安装命令（参见图 8.32）：

```
~ # esxcli software vib install --depot=/vmfs/volumes/FC200/EQL/DELL-eql-mem-1.0.9.201133-offline_bundle-515614.zip
```

```
wdc-tse-h56.wsl.vmware.com - PuTTY
~ # esxcli software vib install -d /vmfs/volumes/FC200/EQL/DELL-eql-mem-1.0.9.201133-offline_bundle-515614.zip
Installation Result
   Message: Operation finished successfully.
   Reboot Required: false
   VIBs Installed: Dell_bootbank_dell-eql-routed-psp_1.0.9-201133
   VIBs Removed:
   VIBs Skipped:
~ #
```

图 8.32　安装 Dell EQL PSP

在这个例子中使用的样板文件基于利用这个 MEM 认证 PS 系列所用的文件。EQL 上可以下载的文件名可能不同（版本和构建号）。

注意，输出显示 Reboot Required（需要重启）为 false。

MEM 安装对 ESXi 主机配置的更改

安装进行如下更改：

- 在 /usr/libexec/jumpstart/plugins 目录中添加 psp-eql-oad.json 和 psp-eql.json 启动脚本。

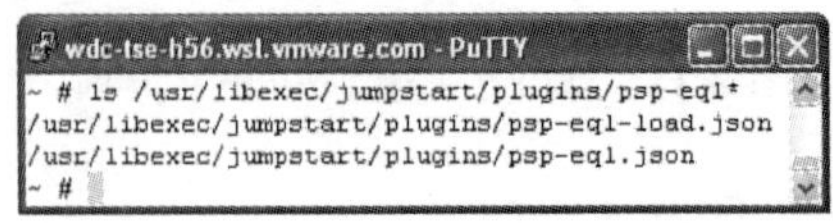
wdc-tse-h56.wsl.vmware.com - PuTTY
~ # ls /usr/libexec/jumpstart/plugins/psp-eql*
/usr/libexec/jumpstart/plugins/psp-eql-load.json
/usr/libexec/jumpstart/plugins/psp-eql.json
~ #

图 8.33　Dell EQL PSP 安装添加的启动脚本

- 将 dell-psp-eql-routed 注册为 PSP 件类别的 DELL_PSP_EQL_ROUTED 插件。

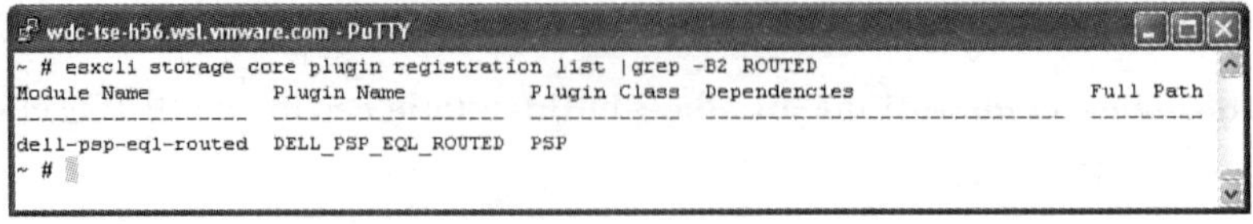
wdc-tse-h56.wsl.vmware.com - PuTTY
~ # esxcli storage core plugin registration list |grep -B2 ROUTED
Module Name Plugin Name Plugin Class Dependencies Full Path
dell-psp-eql-routed DELL_PSP_EQL_ROUTED PSP
~ #

图 8.34　Dell EQL PSP 注册

以上工作也由 psp-eql.json 启动脚本在重启时完成，脚本运行的命令等价于：

```
esxcli storage core plugin registration add --module-name= dell-psp-eql-routed
--plugin-class=PSP --plugin-name=DELL_PSP_EQL_ROUTED
```

- 将 DELL_PSP_EQL_ROUTED 置为 SATP VMW_SATP_EQL 的默认 PSP。

```
wdc-tse-h56.wsl.vmware.com - PuTTY
~ # esxcli storage nmp satp list
Name                 Default PSP          Description
-------------------  -------------------  ----------------------------------------------
VMW_SATP_CX          VMW_PSP_MRU          Supports EMC CX that do not use the ALUA protocol
VMW_SATP_MSA         VMW_PSP_MRU          Placeholder (plugin not loaded)
VMW_SATP_ALUA        VMW_PSP_MRU          Placeholder (plugin not loaded)
VMW_SATP_DEFAULT_AP  VMW_PSP_MRU          Placeholder (plugin not loaded)
VMW_SATP_SVC         VMW_PSP_FIXED        Placeholder (plugin not loaded)
VMW_SATP_EQL         DELL_PSP_EQL_ROUTED  Placeholder (plugin not loaded)
```

图 8.35　EQL SATP 的默认 Dell EQL PSP

以上工作也由 psp-eql-load.json 启动脚本在重启时完成，脚本运行的命令等价于：

```
esxcli storage nmp satp set --satp=VMW_SATP_EQL --default-psp=DELL_PSP_EQL_ROUTED
```

8.4.5　卸载 Dell PSP EQL ROUTED MEM

按照如下步骤卸载 VIB：

1）首先从已安装 VIB 列表中得到 VIB 名称（见图 8.36）：

```
esxcli software vib list |grep eql
```

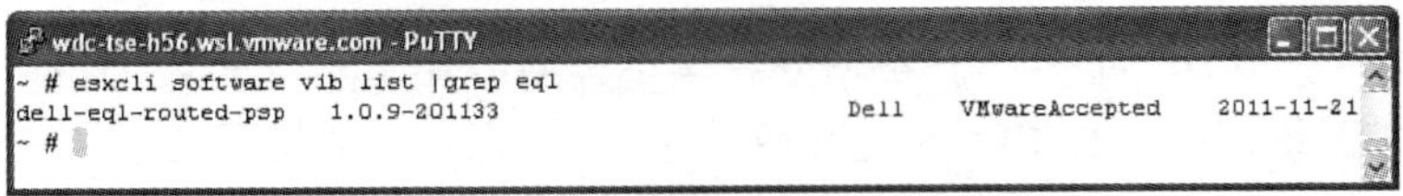

图 8.36　列出已安装的 Dell EQL PSP VIB

2）用如下命令删除 VIB（参见图 8.37）：

```
esxcli software vib remove --vibname=dell-eql-routed-psp
```

3）使用如下命令验证 VIB 删除（见图 8.38）：

```
esxcli software vib list |grep eql
```

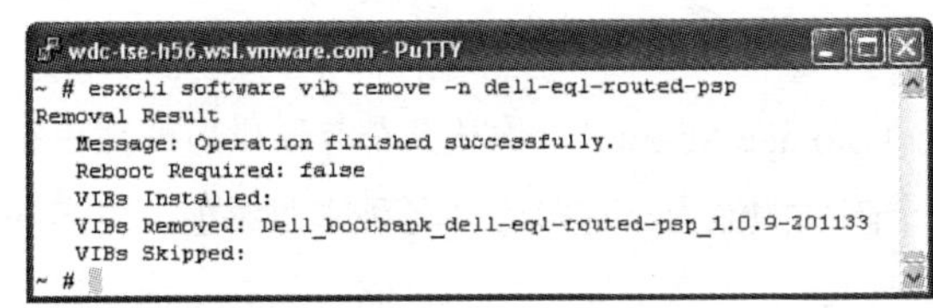

图 8.37　删除 Dell EQL PSP VIB

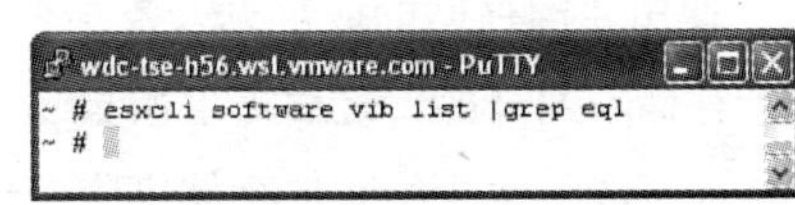

图 8.38　验证 Dell EQL PSP VIB 删除

8.5　小结

VMware 合作伙伴开发 MPIO 软件用于 ESXi 5。在本书编著时有来自 EMC、日立数据系统和 Dell 的三种产品。在本章中，提供了安装这些 MPIO 软件包和安装对 ESXi 主机修改的细节。

第 9 章　使用异构存储配置

我最常被问的一个问题是：“你能在 vSphere 环境中混合不同的存储阵列吗？”

最简单的回答是：“可以！”本章将介绍原因和做法。

vSPhere 5 和以前的版本支持最多 1 024 条存储路径（参见 7.5 节）。这个路径数量是通往所有存储阵列为 ESXi 5 主机提供的所有设备的总路径数，包括本地存储和直接连接存储。

9.1 “异构”存储环境

“异构”一词表明在环境中使用了不同的阵列。这里的“不同”适用于供应商、型号和协议。你可以混合使用来自相同供应商和多家供应商的存储阵列型号。你还可以混合互联网小型计算机系统接口（iSCSI）和光纤通道（FC），但是不能用于同一台主机上相同阵列的相同设备。换句话说，你不能通过同一台主机上的相同阵列，以不同协议访问给定设备（逻辑单元号或者 LUN）。

注意　网络连接存储（NAS）也是可以用于异构存储环境的一类存储。然而，它对于现有块设备所需资源的影响很小。本章只介绍块设备。

9.2 异构存储方案

使用异构存储的最常见方案是存储蔓延（Storage Sprawl）。你从某个存储供应商那里得到一个存储阵列开始，之后需求增长超出了这个阵列的能力，这时你从各种来源添加了更多的存储。你可能无法拒绝其他存储供应商提供的更快、更大和更现代化的存储。你有 4 种选择：

- 安装新的存储阵列并从旧的阵列迁移数据。如果旧的阵列仍然有活力且你和旧的阵列供应商仍然有维护协议，这种做法就是对资源的浪费。
- 保持旧数据，只是添加新的阵列。这听起来好像是鱼与熊掌兼得的措施！也许真是如此，这取决于旧阵列的存储级别、寿命和存储连接性的类型和速度与新阵列的对比。你的旧阵列是否仍然执行和符合当前的应用 SLA（服务水平协议）？
- 如果阵列提供存储虚拟化功能，将旧阵列的 LUN 当作新阵列的虚拟 LUN 提供给 ESXi 主机，并在新阵列添加新的物理 LUN，用于主机需要的附加存储。在第 11 章将介绍这个主题。总结起来，这个功能允许新阵列作为与提供 LUN 的旧阵列通信的发起方。然后存储虚拟化设备（SVD）将来自旧阵列的物理 LUN 作为虚拟 LUN 提供给 ESXi 主机。这种配置利用了新阵列的所有其他功能，就像虚拟 LUN 在物理上位于存储虚拟化设备上一样。

- 有些存储供应商可能不提供直接从虚拟 LUN 导入数据的能力——例如，SVD 以网络文件系统（NFS）的形式提供后端块设备，这需要在虚拟化的 LUN 上创建 NFS。主机不会看到这些 LUN，只会看到 SVD 在 LUN 上创建的 NFS 数据存储。

另一种方案是设计一个存储环境，作为层次化存储，特别是现在 vSphere 5 推出了 Storage DRS，自动化了从一组共享类似能力的数据存储中的某个数据存储向另一个迁移虚拟机文件的过程。

在这种情况下，你可以整合不同存储级别的存储阵列或者同样型号、不同存储级别的阵列。vSphere 5 推出了新的存储 API——VASA（vSphere API for Storage Awareness）。这个 API 使存储阵列供应商可以向 vCenter 报告某些物理设备能力——包括 RAID 类型和向 vSphere 主机提供 LUN 的磁盘类型。这种方案可以包含来自相同供应商或者多家供应商的各种存储级别和存储容量的存储阵列。例如，你可以混合 EMC VMAX/Symmetrix 阵列、EMC CLARiiON/VNX 阵列和 IBM DS4000 阵列。这些阵列可以使用如下类型的物理磁盘：

- SSD
- FC SCSI
- FC SAS
- 铜缆 SCSI
- 铜缆 SAS
- 铜缆 SATA

每个类型都被归为一个存储层次，你可以在相关的应用 SLA 下向 ESXi 主机提供各个层次支持的 LUN。

9.3 ESXi 5 异构存储视图

在第 7 章中介绍了多路径，在更早的章节中介绍了发起方和目标。现在我们应用这些概念来了解 ESXi 5 如何看待异构环境中不同的存储阵列。

9.3.1 使用异构存储的基本规则

设计异构存储环境时需要遵循一组基本规则。这些规则可以分为 3 组：公共规则、FC/FCoE 规则和 iSCSI 规则。

公共规则如下：

- 每个存储阵列可以有多个存储处理器。
- 每个存储阵列可以有多个端口。
- 每个 LUN 有唯一的设备 ID。
- 路径总数限制在每台主机 1 024 条，包括本地连接设备的路径。

FC/FCoE 基本规则如下：

- 每个发起方（ESXi 主机上的 HBA 端口）被分区到环境中所有相关存储阵列上的某些 SP 端口。
- VMkernel 为每个发起方看到的每个 SP 端口分配一个唯一的目标编号。

iSCSI 基本规则如下：

- 有些 iSCSI 存储阵列在单一目标上提供所有 LUN，这意味着阵列上的目标数等于该阵列提供的 LUN 数量，Dell EqualLogic PS 系列就是这样的例子。
- iSCSI 软件发起方可以绑定到 vSPhere 5 虚拟交换机的物理上联端口（vmnics）。这在 vSphere 4.x 上也能做到，但必须手工进行。现在，vSphere 5 上有一个配置端口绑定的 UI。一台 ESXi 5 主机可能拥有多个硬件 iSCSI 发起方或者单一软件 iSCSI 发起方。后者可以绑定到某个上联端口。

9.3.2 命名惯例

正如第 7 章所述，给定 LUN 的每条路径由其运行时名或者全路径名标识。运行时名是 vmhba 编号、通道号、目标号和 LUN 号的组合——例如 vmhba0:C0:T1:L5。全路径名是同样元素物理 ID 的组合（不包含通道号），fc.20000000c971bc62:10000000c971bc62-fc.50060160c6e00304:5006016046e00304-naa.60060160403029005a59381bc161e011 可以翻译为

- fc.20000000c971bc62:10000000c971bc62 → HBA 的 WWNN:WWPN 用运行时名表示为 vmhba0。
- fc.50060160c6e00304:5006016046e00304 → 目标 WWNN:WWPN 这是运行时名为目标号 T1 的 SP 端口。
- naa.60060160403029005a59381bc161e011 → LUN 设备 ID 用运行时名表示为 LUN5。

iSCSI 设备以类似的方式寻址，但是使用 iSCSI 限定名（iqns）代替 FC WWNN（全球节点名）和 WWPN（全球端口名）。iSCSI LUN 的 LUN（设备）ID 与 FC LUN 类似。

9.3.3 标识符如何匹配

同一个存储区域网络（SAN）中所有物理标识符都是唯一的。当两个不同的存储阵列用相同的 LUN 编号向 ESXi 主机提供一个 LUN 时，每个 LUN 都有唯一的设备 ID。因此，ESXi 5 不会混淆两个 LUN。目标端口 ID 也是如此。

所以，我们首先使用运行时名元素，然后用物理路径名元素从某个给定发起方与各个

阵列上的 LUN5 通信。

FC LUN 的例子如下：

运行时名：`vmhba2:C0:T1:L5`

在这个例子中，第一跳是主机上的 HBA——其名称为 vmhba2。

下一跳是交换机，最后是目标（因为内部 RAID 控制器之外的 HBA 上，通道号始终为 0，所以可以忽略）。在这个例子中，分配的目标号为 1。该值在两次启动之间不持续，因为分配是根据主机枚举目标的顺序进行的。该顺序基于启动时和重新扫描时发现目标的顺序。目标连接到 FC 网络架构的交换机端口 ID 会影响发现的顺序。

为了更好地说明这一概念，我们给出 FC 连接框图，从简单的连接（见图 9.1）开始，逐步构建更加复杂的环境。

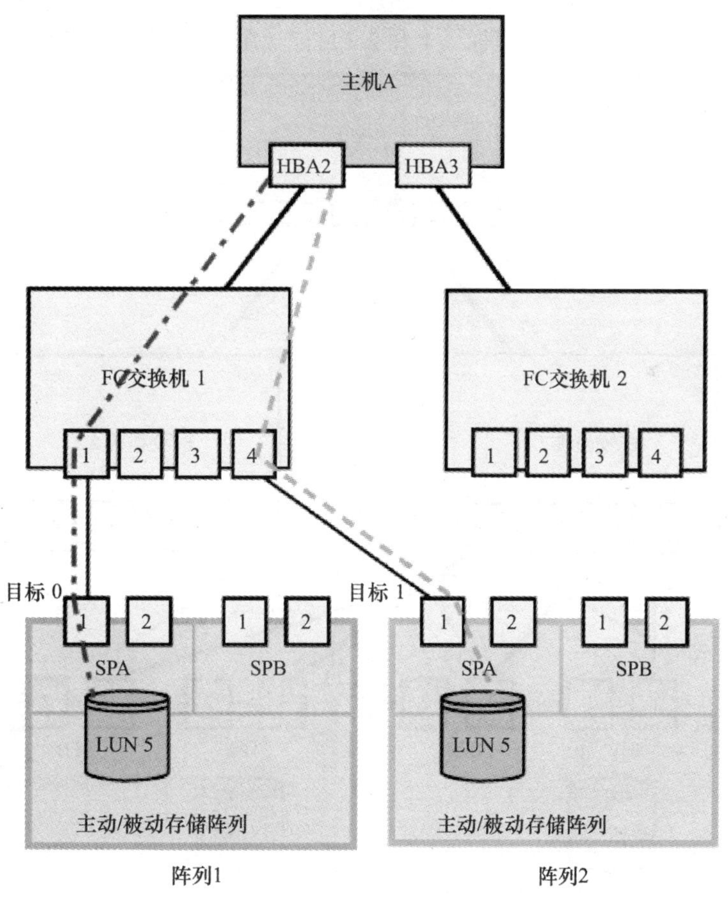

图 9.1　简单配置中的目标号

图 9.1 显示，主机 A 上的 hba2 和阵列 1 的 LUN5 以及阵列 2 的 LUN5 之间通过 FC 交换机 1 连接。阵列 1 连接到交换机 1 上的端口 1，阵列 2 连接到交换机 2 上的端口 4。结果

是，因为主机 A 只能发现这两个端口，阵列 1 上的端口被指定为目标 0，阵列 2 上的端口被指定为目标 1。

注意 图 9.1 对于说明要点来说太过简单了。在这个例子中，交换机 2 没有连接到任何一个存储阵列。

当你意识到 SAN 连接性对存储处理器端口故障很有价值时，请求 SAN 管理员在每个存储阵列上的第 2 个 SP 添加冗余连接。最终结果如图 9.2 所示。

SAN 管理员实际上做的就是将交换机 1 的端口 2 和端口 3 连接到阵列 1 的 SPB 端口 1 和阵列 2 的 SPB 端口 1。

现在主机 A 启动时目标发现的顺序使前面已知的目标 1 变成目标 3，这是因为连接到交换机 1 的端口 2 和 3 分别指定了目标号 1 和 2（目标号在图 9.2 中的黑色虚线椭圆中列出）。

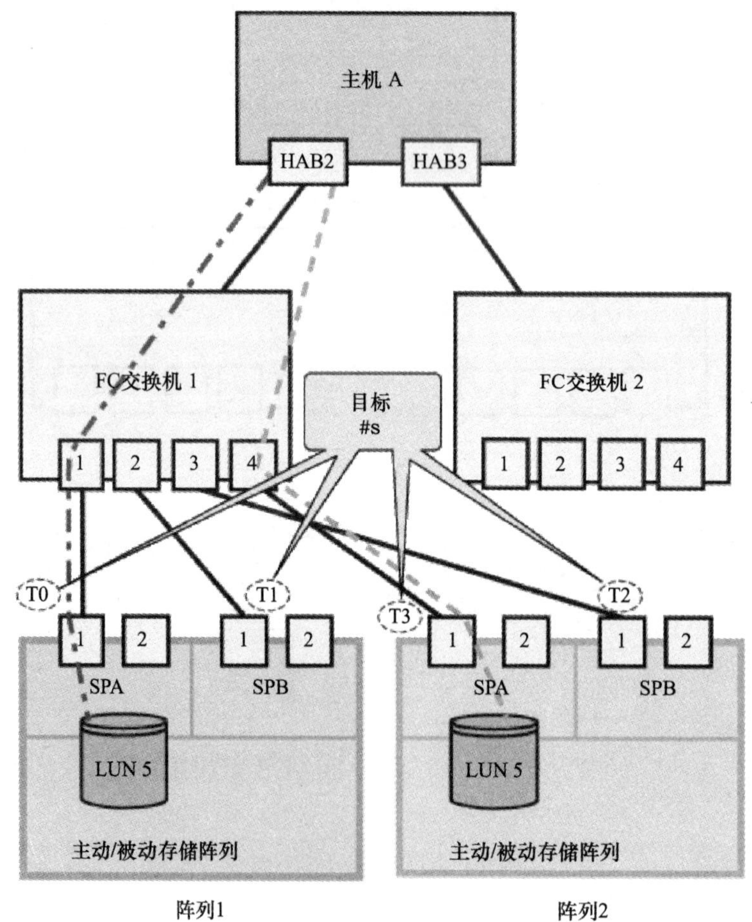

图 9.2 添加一个交换机的路径后的目标号

检查主机 A 的配置时，你会注意到 HBA3 连接到网络架构，但是看不到任何目标。你询问 SAN 管理员，他告诉你这台交换机刚刚连接到主机，但是还没有完成与存储阵列的连接。你请求 FC 交换机 2 连接到两个存储阵列，在每个阵列的两个 SP 上添加冗余连接。最后结果如图 9.3 所示。

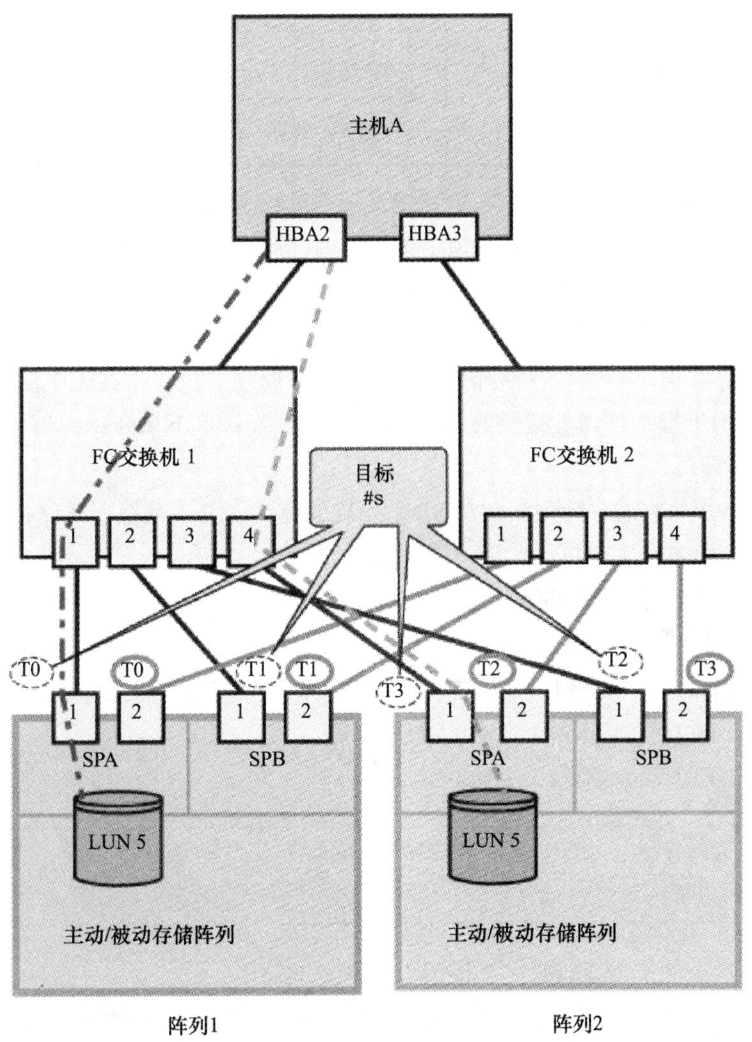

图 9.3 添加第 2 台交换机的路径之后的目标号

主机怎样看待新添加的目标？

从 HBA3 的角度，它们实际上按照类似的顺序编号，从目标 0 到目标 3（为了与 HBA2 的目标区分，目标编号在图 9.3 中用实线椭圆显示）

表 9.1 总结了目标枚举顺序。

表 9.1 目标枚举顺序

HBA 号	交换机号	交换机端口	存储阵列	目标端口	活动 SP?	目标号
2	1	1	1	SPA-1	是	0
		2	1	SPB-1	否	1
		3	2	SPB-1	否	2
		4	2	SPA-1	是	3
3	2	1	1	SPA-2	是	0
		2	1	SPB-2	否	1
		3	2	SPA-2	是	2
		4	2	SPB-2	否	3

我对每个 SP 的连接作了颜色编码，为你提供了目标顺序的视觉表现。最佳的做法是用符号表示为 A ～ B/A ～ B。这意味着连接的顺序是在每个存储阵列上先连接到 SPA，然后连接到 SPB。

记住这一点，从表中可以明显地看出，FC 交换机 1 端口 3 和 4 与存储阵列 2 的连接与其余连接相反。

目标的顺序如何影响每个存储阵列 LUN5 的运行时名？注意，在表中没有包含 LUN 编号，因为这适用于每个阵列上提供的所有 LUN。你只要像接下来介绍的那样，在路径最后添加 LUN 编号即可。

我们用表 9.1 来查看在阵列 1 活动 SP 上发现的前往 LUN5 的第一条路径：

HBA2 → 目标 0 → LUN5

同样，阵列 2 活动 SP 上前往 LUN5 的路径是：

HBA2 → 目标 3 → LUN5

根据上述路径，每个阵列（重启主机 A 之后）的 LUN5 运行时名为：

vmhb2:C0:T0:L5　　阵列 1 上的 LUN5

vmhb2:C0:T3:L5　　阵列 2 上的 LUN5

注意 运行时名基于其上 LUN 返回 READY（就绪）状态的第一个目标，也就是发起方到活动 SP 的第一条可用路径。

为什么在这个例子中运行时名不使用 HBA3 上的路径？

原因是，在启动的时候，由于 HBA2 是 HBA 驱动程序首先初始化的 HBA，所以它上面的 LUN 先被发现。

阵列 1 上 LUN5 的完整路径列表为：

```
vmhba2:C0:T0:L5 Active ← 当前路径
vmhba2:C0:T1:L5 Standby
vmhba3:C0:T0:L5 Active
vmhba3:C0:T1:L5 Standby
```

阵列 2 上 LUN5 的完整路径列表为：

```
vmhba2:C0:T2:L5 Standby
vmhba2:C0:T3:L5 Active ← 当前路径
vmhba3:C0:T2:L5 Active
vmhba3:C0:T3:L5 Standby
```

可以看到，在阵列 2 上 LUN5 的有序列表中，通向活动 SP 的当前路径是第二条路径。这与表 9.1 中看到的相符。

根据观察，你请求 SAN 管理员切换 FC 交换机上的端口 3 和 4 以符合最佳实践。下一次你重启这台主机时，目标被重新编号，如图 9.4 所示。

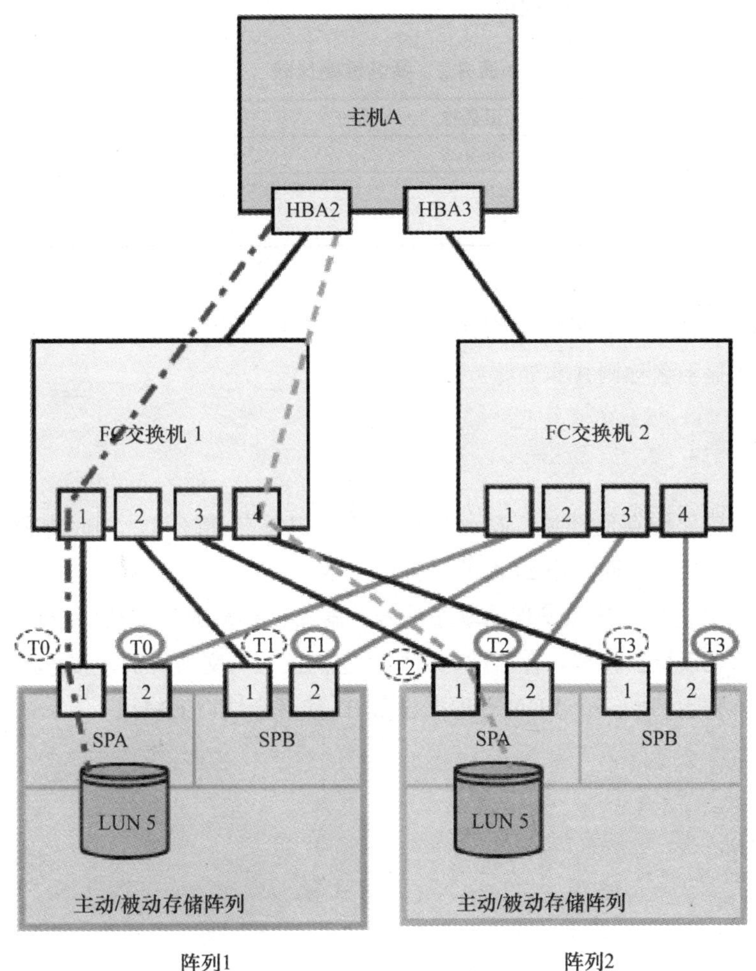

图 9.4　连接性最佳实践

命名问题

在 vSphere 4.x 之前的版本中，目标编号对于某些功能来说至关重要，因为 LUN 和路径的权威名称（现称运行时名）通过组合 HBA、目标和 LUN 编号完成。vSphere 4.x 推出了新的命名惯例，利用这三个部件（HBA、目标和 LUN）的物理 ID。在 vSphere 5 中持续了这种命名方法。

为了讲解新的命名，我们来看看阵列 1 中的 LUN5（在 EMC CLARiiON 上）：

```
fc.20000000c971bc62:10000000c971bc62-
fc.50060160c6e00304:5006016046e00304-
naa.6006016040302900595938 1bc161e011
```

上述例子用连字号折行。

元素的替代名称在表 9.2 中列出。

表 9.2 命名惯例比较

元素	旧名称	新名称
HBA 编号	vmhba2	fc.20000000c971bc62:10000000c971bc62
目标名称	T0	fc.50060160c6e00304:5006016046e00304
LUN 编号	L5	naa.60060160403029005959381bc161e011

说明参见本章的 9.3.2 节。

现在，你已经理解了新的命名惯例，应该很清楚目标发现的顺序不会影响目标名称和路径名称。对于显示名称则并非如此。

9.4 小结

VMware 支持异构存储环境，这种环境有助于扩展存储环境，同时保留现有的投资。你还可以将其用于建立不同应用 SLA 的层次化存储。

使用运行时名，目标按照发现的顺序编号。添加目标造成它们按照新目标添加的顺序以及与交换机的连接重新枚举。在启动的时候，它们按照与交换机的连接重新枚举。

不同存储阵列上的同一个 LUN 号根据设备 ID 和目标端口 ID 标识。

第 10 章　使用 VMDirectPath I/O

vSphere 4.x 推出的最不为人知的功能之一 VMDirectPath I/O 在 vSphere 5 中继续使用。在本章中，我们将解释它的概念、工作原理和一些实用的设计实施方案。

10.1　VMDirectPath

你是否曾经想要从虚拟机中直接访问某个存储设备，但是该设备不具备原始设备映射（Raw Device Mapping，RDM）功能？

你是否希望在一个 VM 中使用一个光纤连接的磁带库，并提供多路径？

你是否有要求从 VM 中直接访问特定外设组件互连（Peripheral Component Interconnect，PCI）设备的应用程序？

这些问题的回答绝对是“是！”

vSphere 4.x 和 5.0 上的 VMDirectPath 使用了 IOMMU（I/O Memory Management Unit，I/O 内存管理单元）的硬件实现。这一实现在 Intel 平台上被称为 VT-d（Virtual Technology for Directed I/O，用于定向 I/O 的虚拟技术），在 AMD 平台上被称为 AMD IOMMU。后者在 vSphere 4.x 上是试验性的，在 vSphere 5 上继续试验。这种技术允许将输入 / 输出（I/O）直接传递给独占某个支持的 PCI I/O 设备（例如 10 Gb/s 以太网卡或者 8 Gb FC HBA）的 VM。

10.2　VMDirectPath 支持哪些 I/O 设备

目前受到支持的设备有限，也没有官方的 HCL（硬件兼容性列表）。目前这些设备的支持模式是 PVSP（Partner Verified and Supported Products，合作伙伴认证和支持产品）计划。这种支持模式意味着 VMware 合作伙伴测试和验证特定配置中的具体 I/O 设备的实现和互操作性。这一配置在 VMware 知识库（KB）文章中可以找到。符合这一配置要求是合作伙伴设备支持 VMDirectPath 的首要条件。在本书付印的时候，这一计划可能已经包含在 RPQ（Request for Product Qualifications，产品资格申请）计划中。在 VMware 支持网站上可以看到当前的支持状态。

提示　分配给 VM 的 I/O 设备是专用的，不能与 ESXi 主机共享。某些具有多种 PCI 物理功能的设备可以与同一主机上的其他 VM 共享（每个 VM 使用一种功能）。

查看 /etc/vmware/passthru.map 文件，可以识别设备是否能够共享。表 10.1 是 vSphere 5 上的当前版本内容。

表 10.1 Passthru.map 文件清单

供应商 ID	设备 ID	复位方法	fptShareable
Intel 82598（Oplin）10Gig 卡可以用 d3d0 复位			
8086	10b6	D3d0	default
8086	10c6	D3d0	default
8086	10c7	D3d0	default
8086	10c8	D3d0	default
8086	10dd	D3d0	default
Brodcom 57710/57711/57712 10Gig 卡不能共享			
14e4	164e	default	false
14e4	164f	default	false
14e4	1650	default	false
14e4	1662	link	false
Qlogic 8GB FC 卡不能共享			
1077	2532	default	false
LSILogic 1068 SAS 控制器			
1000	0056	D3d0	default
1000	0058	D3d0	default

基本原则是，如果设备可以通过 d3d0 复位方法进行复位，它就可以在同一台 ESXi 主机的 VM 之间共享。复位方法栏目中的可能取值为 flr、d3d0、link、bridge 和 default。

默认的方法是，如果设备支持功能级复位（Function Level Reset，FLR）则使用该方法。否则，ESXi 默认采用 Link（链接）复位，然后是 Bus（总线）复位。后两种方法可能阻止设备共享。表 10.2 总结了这些方法。

表 10.2 复位方法比较

复位方法	说 明	设备是否共享
功能级复位	VM 使用直通设备请求 PCI 复位时，只有该设备上的 PCI 功能被复位。例如，如果 NIC 上有两个以太网端口，只有 VM 使用的端口被复位	是
链接复位	需要复位时，物理功能（Physical Function，PF）链接被复位而不是复位 PCI 功能本身	否
总线复位	需要复位时，PCI 总线复位，而不是 PCI 功能本身。这会影响 PCI 设备上的所有功能	否

表 10.1 中的最后一列 fptShareable 表示 Full Pass Through Shareable（全直通可共享）。可能值为 Default、True 和 False。 默认值为 True。

在 HCL 上查找支持 VMDirect IO 的主机

vSphere 4.x 验证的设备列表在 vSphere5 上仍然可用。

尽管没有专用于 I/O 设备的 HCL，但是支持 IOMMU 并得到 vSphere 5 认证的系统在 VMware HCL 上列出，你可以按照如下过程搜索已认证的系统：

1）前往 http://www.vmware.com/go/hcl。

2）从 What are you looking for（你想找什么）选择列表中选择 Systems（系统）/ Servers（服务器）（见图 10.1）。

3）在 Product Release Version（产品发行版本）中选择 ESXi 5.0。

4）在 Features（特性）字段中选择 VM Direct Path IO。

5）单击 Update and View Results（更新并查看结果）按钮（见图 10.2）。

6）向下滚动查看 HCL 搜索结果（见图 10.3）。

当前列表中显示了几种来自 Dell 和 Unisys 的系统，但是没在列表上的其他设备也可能正常工作，不过，如果这些系统上报告 VMDirectPath 相关的问题，你很有可能无法获得 VMware 或者 I/O 设备合作伙伴的支持。

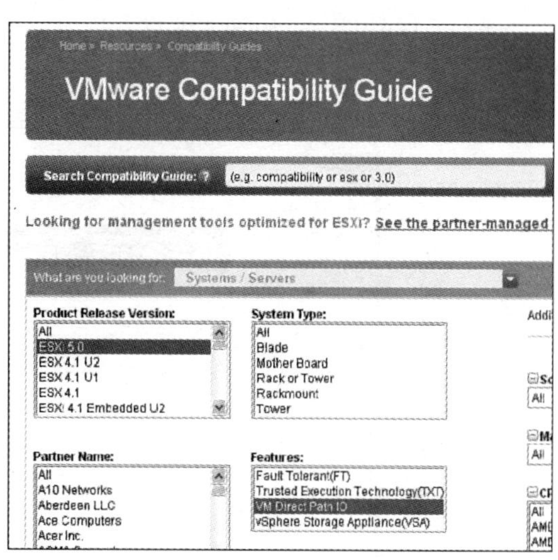

图 10.1　VMDirectPath IO HCL 搜索条件

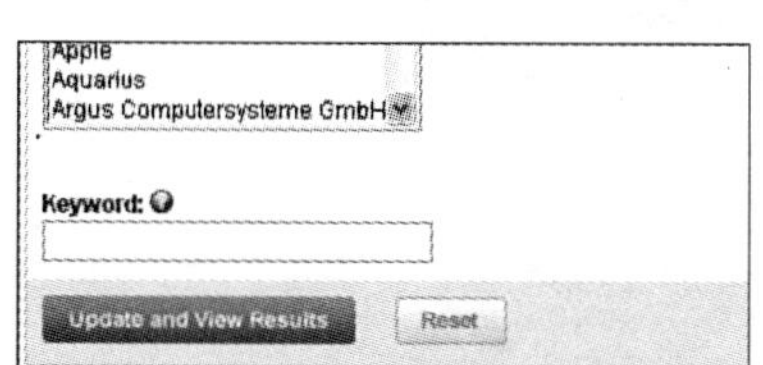

图 10.2　准备查看 HCL 搜索结果

Click here to Read important Support Information.

Server Device and Model Information

The detailed lists show actual vendor devices that are either physically tested or are similar to the devices tested by VMware or VMw
only for the devices that are listed in this document
Click on the 'Model' for details.
Click on the 'CPU Series' for details including EVC and Fault Tolerant modes.

Search Results: Your search for " Systems / Servers" returned 8 results

Partner Name	Model	CPU Series	Supported Releases	
DELL	PowerEdge 1955	Intel Xeon 50xx Series	ESXi	5.0
DELL	PowerEdge R810	Intel Xeon E7-2800 Series	ESXi	5.0
DELL	PowerEdge R810	Intel Xeon E7-4800 Series	ESXi	5.0
DELL	PowerEdge R910	Intel Xeon E7-8800 Series	ESXi	5.0
DELL	PowerEdge T710	Intel Xeon 55xx Series	ESXi	5.0
Unisys Corporation	ES3000 Model 3590R G2	Intel Xeon E7-2800 Series	ESXi	5.0
Unisys Corporation	ES3000 Model 3590R G2	Intel Xeon E7-4800 Series	ESXi	5.0
Unisys Corporation	ES3000 Model 3590R G2	Intel Xeon E7-8800 Series	ESXi	5.0

图 10.3　查看 HCL 搜索结果

10.3　VMDirectPath I/O 配置

如果你验证系统在支持 VM Direct Path IO 功能的 HCL 上，或者你敢于冒险，在非生产环境中使用基于 Intel XEON 55xx 家族中央处理器（CPU）的设备，你就可以开始配置 VMDirectPath I/O 了。

1）登录到管理 ESXi 主机的 vCenter，或者使用 vSphere 5 Client 以管理员 / 根用户直接登录到 ESXi 主机。

2）在库存树上找到主机并选中。

3）选择 Configuration（配置）选项卡（见图 10.4）。

4）选择 Hardware（硬件）部分下的 Advanced Settings（高级设置）（见图 10.4）。

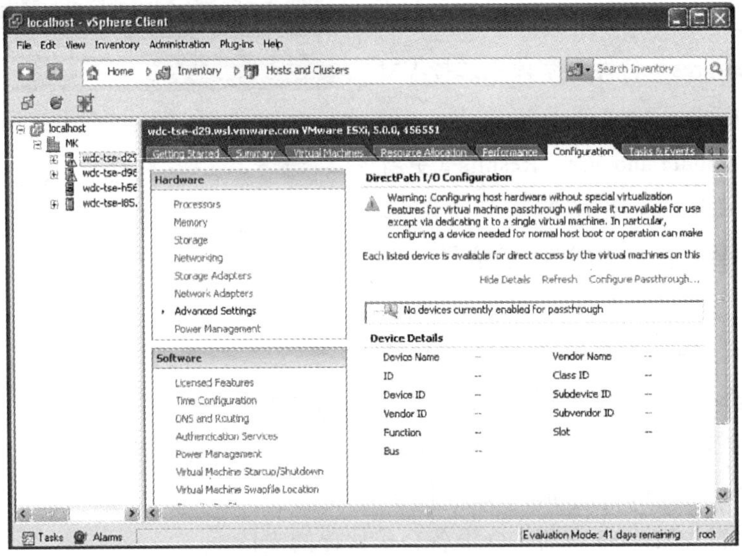

图 10.4 访问 Configure Passthrough（配置直通）菜单

如果系统无法使用这一功能，你会看到 Host does not support passthrough configuration（主机不支持直通配置）信息，如图 10.5 所示。注意，Configure Passthrough（配置直通）链接不会启用，因为该功能不受支持。

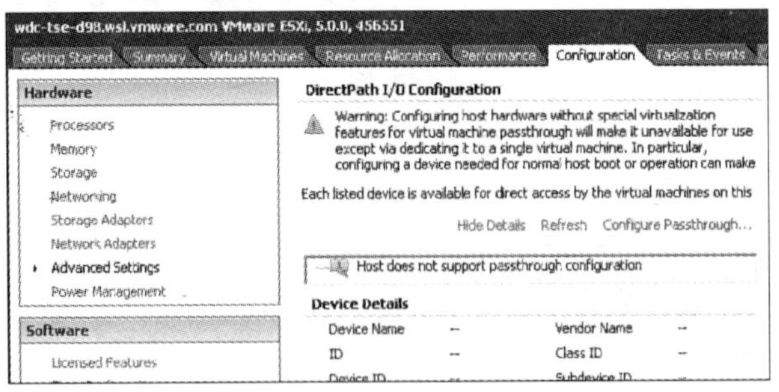

图 10.5 主机不支持直通配置

如果你的系统可以进行直通配置，你会看到类似于图 10.4 所示的 “No devices currently enabled for Passthrough”（当前没有启用直通的设备）信息。

为了开始配置进程，可以从图 10.4 的视图开始，按照如下过程进行：

1）单击 Configure Passthrough（配置直通）链接。

会看到图 10.6 所示的对话框。选中一个设备，在对话框下半部分显示其 PCI 信息。

2）选择设备旁边的复选框启用它。

3）如果选择的设备有依赖设备，你会看到图 10.7 中所示的信息。这种设备的例子之一是双端口的网络接口卡（NIC），每个端口会作为单独的 PCI 功能显示。这是因为双端口卡上缺少 PCI-PCI 桥。在这个例子中，会看到 PCI ID 2.00.0 和 2.00.1。如果 NIC 有一个 PCI-PCI 桥，每个端口将显示为一个独立设备或者槽号——例如，2.00.0 和 2.01.0。单击 OK 按钮启用两个端口。参见本章 10.2 节中的提示。

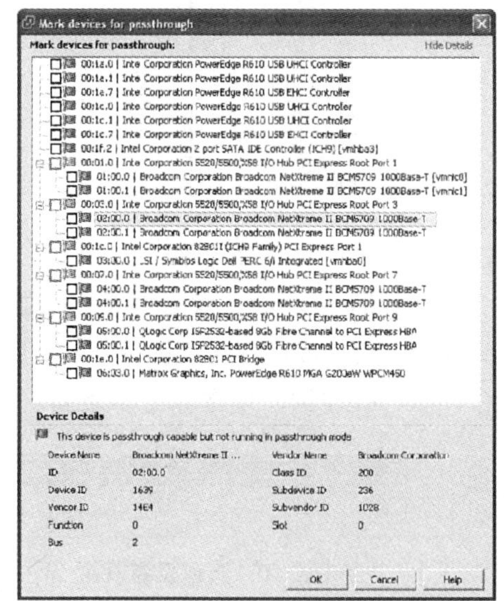

图 10.6 直通设备列表

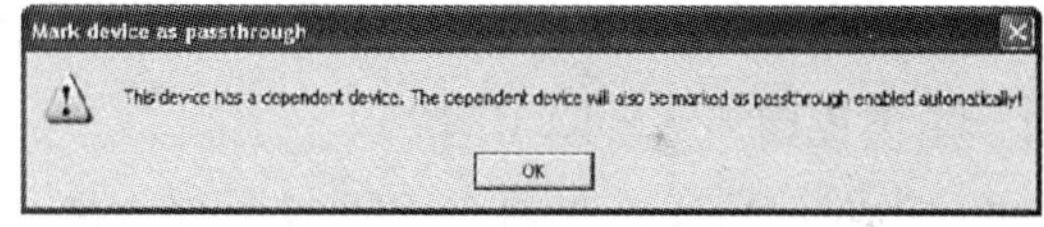

图 10.7 依赖设备信息

4）单击 OK 按钮完成配置，如图 10.8 所示。

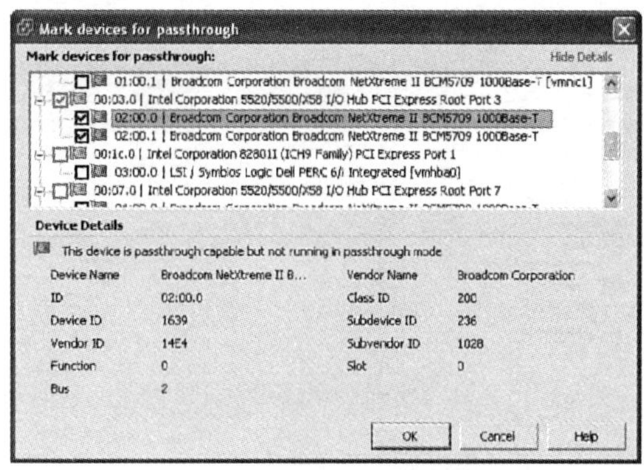

图 10.8 依赖设备选择

5）必须单击 Refresh（刷新）链接使选中的设备出现在列表中（见图 10.9）。未来，如果你需要选择更多设备，可以选择 Edit（编辑）链接，它将显示如图 10.6 所示的设备选择对话框。

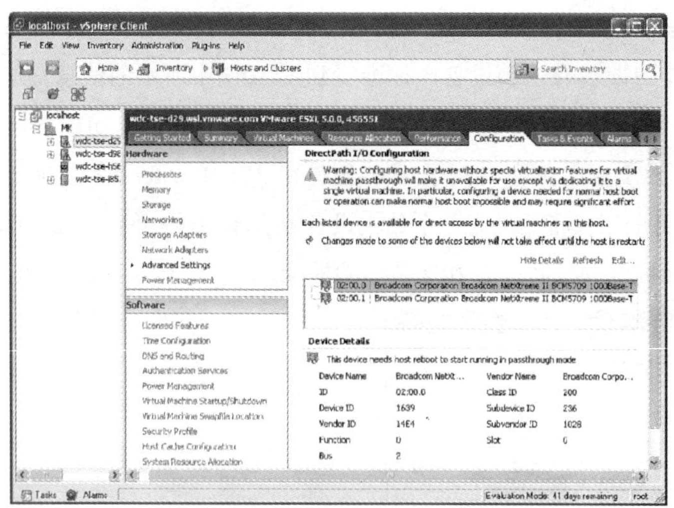

图 10.9 配置的设备需要重启

6）注意，选择图 10.9 中的某个配置设备，会在 Device Details（设备详情）中显示“This Device needs host reboot to start running in passthrough mode”（这个设备需要重启主机才能开始在直通模式下运行）。这是因为设备由 vmkernel 控制，现在你需要重新启动，以便直接连接到下面几步配置的虚拟机上。

7）主机重启之后，设备应该显示在列表上，带有一个绿色图标（见图 10.10）。

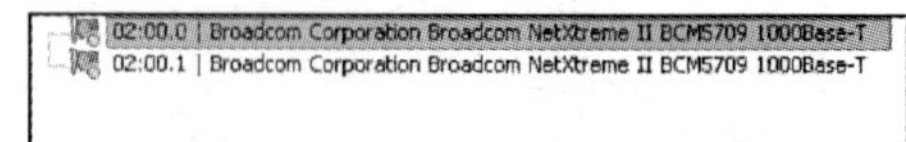

图 10.10 直通设备就绪

8）找到计划要添加直通 PCI 设备的 VM，右键单击，然后选择 Edit Settings（编辑设置）选项（参见图 10.11）。

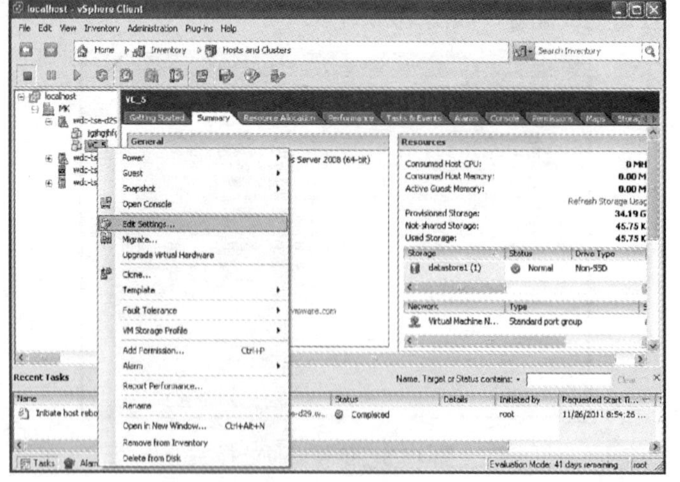

图 10.11 编辑 VM

9) 在 Hardware（硬件）选项卡下，单击 Add（添加）按钮（见图 10.12）。

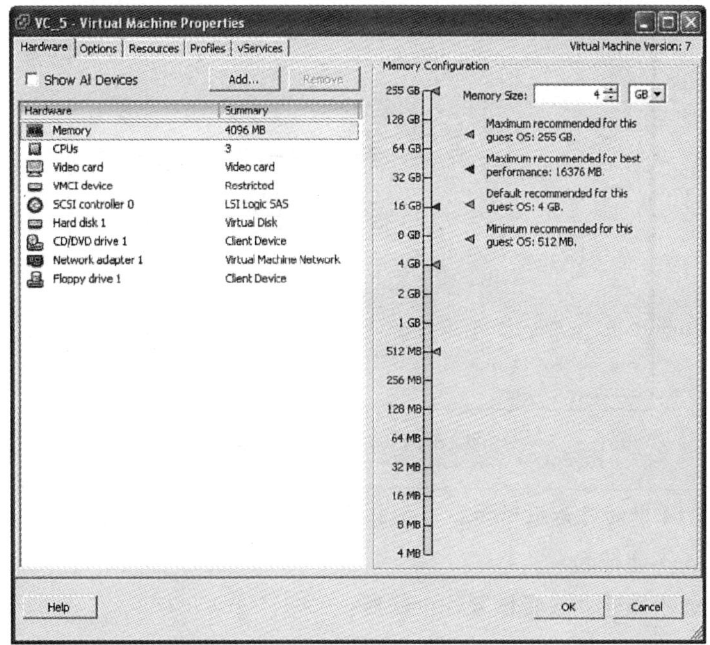

图 10.12　虚拟机属性

10）选择 PCI Devices（PCI 设备）类型，然后单击 Next（下一步）按钮（见图 10.13）。

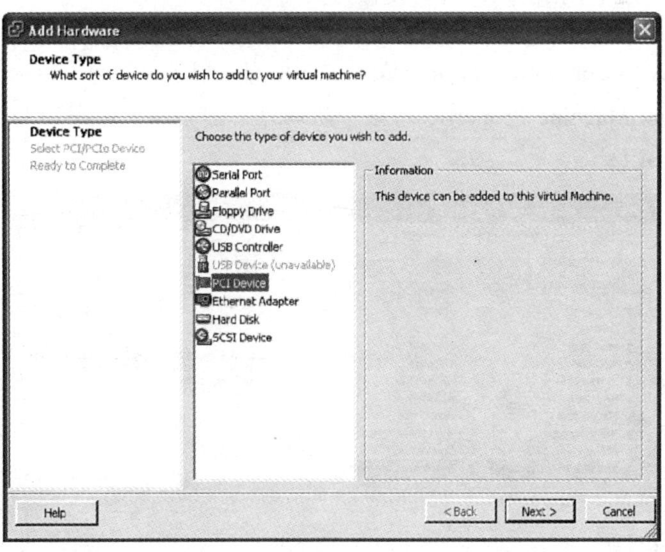

图 10.13　添加硬件对话框

11）从 Connection（连接）部分下的下拉式菜单选择设备，然后单击 Next（下一步）按钮，如图 10.14 所示。

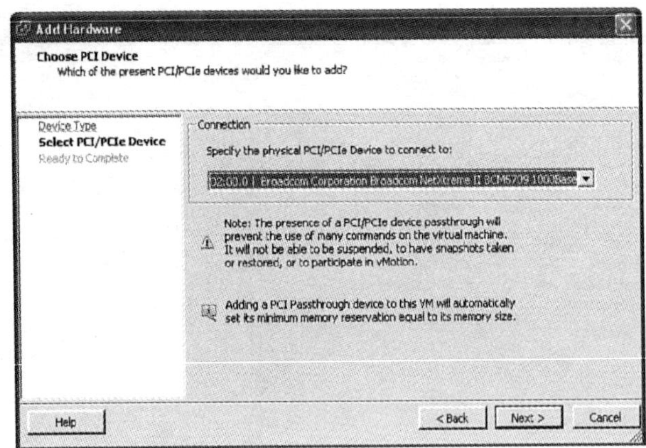

图 10.14 添加 PCI 设备

注意 正如图 10.14 中的对话框所示，虚拟机设计中有一些限制：

- VM 不能挂起
- VM 不能建立或者恢复一个快照
- VM 不能使用 vMotion，这意味着作为 DRS 群集一部分时，它的可用性有限
- VM 不受 HA（高可用性）保护
- VM 不受 FT（容错）保护
- VM 的最小预留内存自动设置为其内存的大小

12）在 Ready to Complete（准备完成）对话框中，单击 Finish（结束）按钮。

13）在 Virtual Machine Properties（虚拟机属性）对话框中，单击 OK（确认）按钮保存修改（参见图 10.15）。

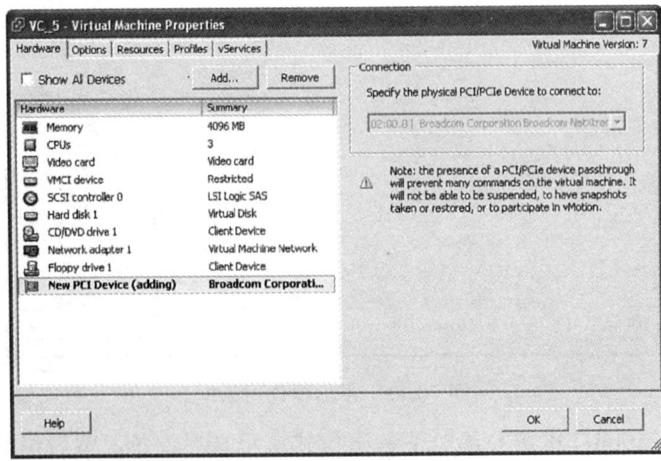

图 10.15 保存 VM 配置更改

14）启动 VM。客户 OS 检测新添加的设备，并提示安装其驱动程序（见图 10.16）。选择相关选项继续驱动程序安装。

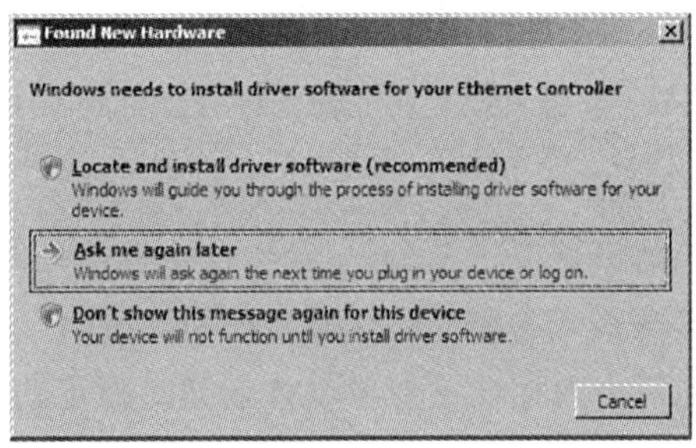

图 10.16　客户操作系统检测到新设备

15）图 10.17 显示安装 NIC 驱动程序之后的客户 OS 设备管理器。注意，设备在 Network Adapters（网络适配器）和 System Devices（系统设备）中都列出。如果设备是 SCSI、SAS 或者 FC HBA，它会显示在 Storage Controllers（存储控制器）节点下。

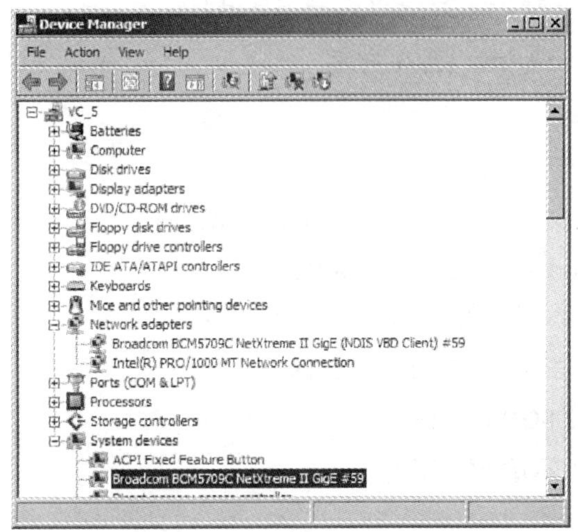

图 10.17　客户 OS 显示配置设备

VM 配置文件中添加了什么

执行上述过程，产生了具有清单 10.1 中条目的虚拟机配置文件（vmx）。

清单 10.1　vmx 文件中的 PCI Passthru 条目

```
pciPassthru0.present = "TRUE"
pciPassthru0.deviceId = "1639"
pciPassthru0.vendorId = "14e4"
pciPassthru0.systemId = "4ea55642-5e38-0525-7664-00219b99ddd8"
pciPassthru0.id = "02:00.0"
sched.mem.min = "1072"
```

第一个条目启用编号为 0 的 PCI 直通设备。

第二个条目根据物理设备 PCI 属性设置直通设备 ID。在图 10.8 中你可以看到改值为 1639。

第三个条目设置用图 10.8 中的信息设置供应商 ID。

第四个条目设置系统 ID，这是 ESXi 主机的 UUID。你可以用如下命令得到这个 ID：

```
esxcli system uuid get
4ea55642-5e38-0525-7664-00219b99ddd8
```

第五个条目设置 PCI ID（格式为槽号：设备号：功能号）。

最后一个条目将 VM 的最小内存设置为与 VM 创建时指定的限值相同。

10.4 利用 VMDirectPath I/O 的 VM 设计方案实例

在 vSphere 4.1 下 VMware 的合作伙伴认证了一些配置，在编写本书的时候，它们还没有为 vSphere 5 更新。然而，因为这个功能从 4.1 到 5.0 没有变化，我们可以安全地假设 vSphere 4.1 上认证的配置在 vSphere 5.0 上也是合格的。

10.4.1 HP Command View EVA 方案

HP 认证了如下配置。

得到认证的 HBA：

- Emulex LPe 1205-HP 8Gb FC HBA（456972-B21）
- Emulex LPe 12000 8Gb FC HBA（AJ762A/81E）
- Emulex LPe 12002 8Gb FC HBA（AJ763A/82E）
- QLogic QMH2562 8GB FC HBA（451871-B21）
- QLogic QLE2562 8GB FC HBA
- QLogic QLE2560 8GB FC HBA

得到认证的软件：

- 最低支持版本 Command View EVA（企业虚拟阵列）版本 9.3
    - SSSU v9.3
    - EVAPerf v9.3
- SMI-S v9.3
    - 分层应用支持
    - 所有分层应用程序当前受到已支持的 CVEVA（Command View EVA）版本和 VMDirectPath 的支持

得到认证的 HP 存储阵列：

- EVA4100/6100（HSV200-A）

- EVA8100（HSV210-A）
- EVA4400（HSV300）
- EVA4400（HSV300-S）
- EVA6400（HSV400）
- EVA8400（HSV450）

得到认证的客户 OS：

- Microsoft Windows 2008 R2 标准版
- Microsoft Windows 2008 R2 企业版
- Microsoft Windows 2008 R2 数据中心版
- Microsoft Windows 2008 R2 Web 服务器版

如何使用

这种配置将某个受过认证的光纤通道（FC）HBA（主机总线适配器）直通到 Command View EVA 安装的 VM，从 VM 中管理得到认证的 EVA 存储。这有效地替代了完成相同功能的物理设施。

10.4.2 直通物理磁带设备

配置一个具有直通 HBA 的 VM 使客户 OS 能够驱动连接到 HBA 的磁带设备。所以，如果 HBA 是一个 FC 发起方，VM 能够直接访问 FC 连接的磁带库，以及分区到该 HBA 的驱动器。这与 NPIV（N_ 端口 ID 虚拟化）不同，后者创建分配给 VM 的虚拟 N- 端口以及当作 RDM 访问的设备。

上述方法也适用于 SAS 和 SCSI HBA 的直连磁带驱动器和媒体库，即使这些设备不直接工作于 ESXi 主机上或者配置为"一般直通"。

如果你配置了超过一个 FC HBA，可以使用基于客户 OS 的多路径软件来利用多路径功能。

使用 VMDirectPath I/O 不要求 N- 端口虚拟化，也不需要配置 RDM。主机无法访问连接的设备，因为它不能访问分配给 VM 的 HBA。

重要说明 上述配置不受 VMware 支持。如果你的存储合作伙伴愿意支持，确定它们对该配置进行了认证，并且在 PVSP 或者 RPQ（产品资格申请）下将结果提交给 VMware。

VMware 接到了少数问题报告，某些 I/O 设备无法工作或者 VM 无法使用分配的设备。强烈建议你在 VMware 知识库中搜索已经报告的问题。我也很乐意通过我的博客 http://vSphereStorage.com 或者 Twitter @mostafavmw 听到你的经历。

10.5 vMDirectPath Gen. 2

通过 vSphere Client 的用户界面进行浏览时，你可能在一个称为 DirectPath Gen.2 的字段上出错，这个字段是什么意思？如何使用？

可以在主机的 Summary（摘要）选项卡上找到这个字段（见图 10.18）。如果字段的值得到支持，则意味着主机平台同时支持 IOMMU 和 SR-IOV（Single Root I/O Virtualization，单根 I/O 虚拟化）。这也意味着，如果你在这台主机上安装了支持 SR-IOV 的 PCIe 网卡，这些网卡可以用于将网络 I/O 直通到 VM（下一节说明 SR-IOV）。这和第一代 VMDirect PathI/O 的区别在于，第二代（Gen. 2）是以网络设备 I/O 为中心的，必须配置分布式的虚拟交换机，VM 的虚拟 NIC 使用 VMXNET3 模拟，而不是将物理 NIC 的属性输出到客户 OS。另一个重大差别是 I/O 卡不专用于一个 VM。

10.5.1 SR-IOV 工作原理

支持 SR-IOV 的 PCIe 设备有多个虚拟功能（VF），通过单个 PCI 根与一个物理功能（PF）相关，这类似于 10.3 节中第 10 步里介绍的，但是规模更大。这里不是由两个物理功能共享 PCI 根，而是由多个 VF 与单个 PCI 根上的一个 PF 关联。

为了说明 VMDirectPath I/O 与第二代的差别，图 10.19 展示了每个 I/O 设备分配到某个 VM 的 VMDirectPath I/O。

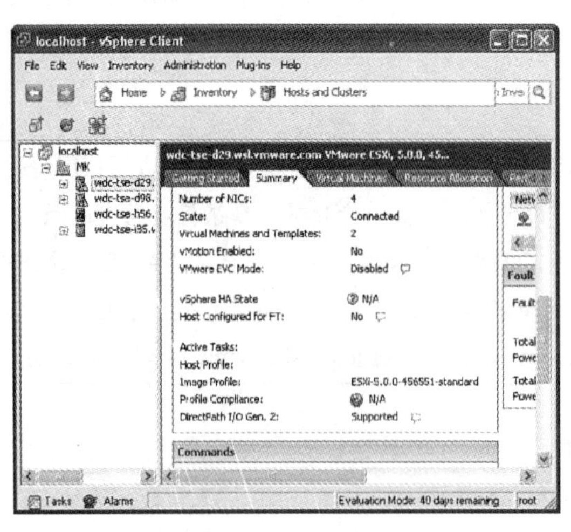

图 10.18 系统支持 DirectPath Gen. 2

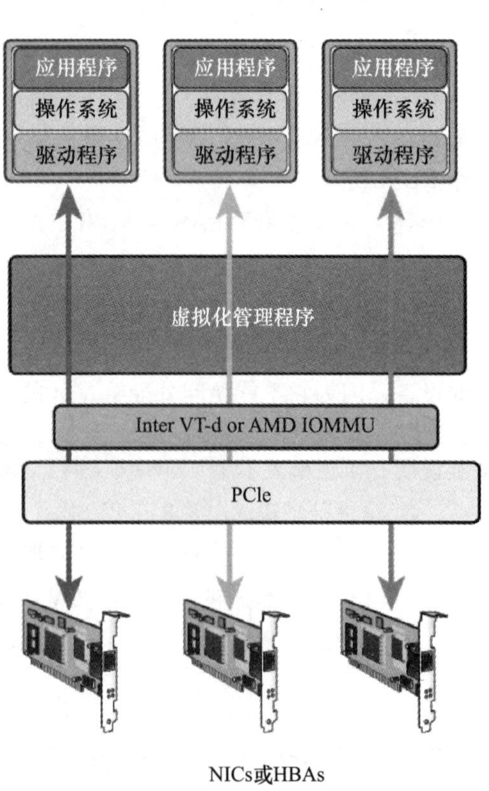

图 10.19 VMDirectPath I/O 直接分配

图 10.20 展示了第 2 代 VF，它们与 PF 的关联，以及在 VM 中的分配。

图 10.20 显示了一个 PCIe I/O 卡——可能是提供 VF 的 NIC 或者 HBA，每个 VF 分配给一个单独的 VM。后者为直通设备使用 VF 驱动程序。例如，直通 NIC 使用 VMXNET3 驱动程序。

虚拟功能可以从一个设备迁移到另一个设备，从而消除了第一代 VMDirectPath I/O 对 vMotion 的限制。

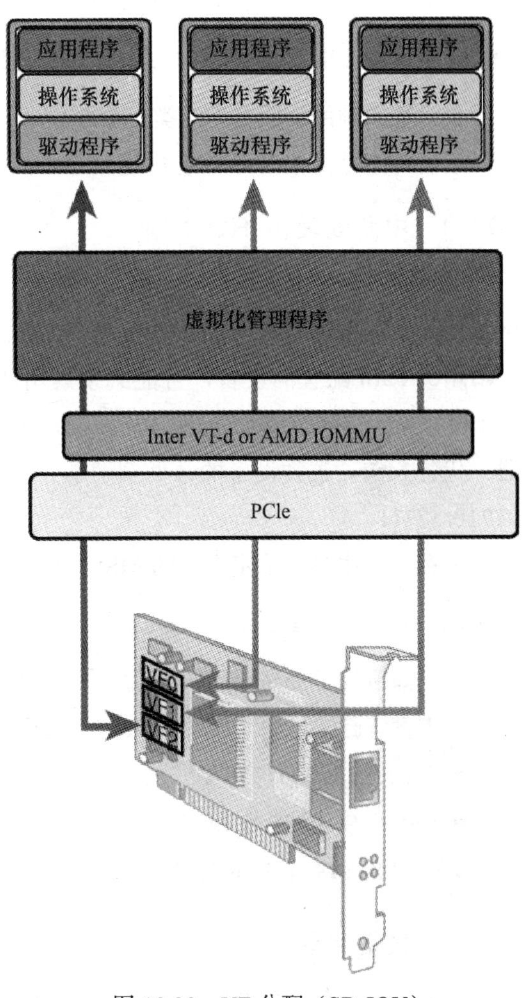

图 10.20 VF 分配（SR-IOV）

10.5.2 受到支持的 VMDirectPath I/O 设备

没有用于 VMDirectPath I/O 设备的 HCL、设备和合格配置计划在 PVSP 页面上列出：http://www.vmware.com/resources/compatibility/vcl/partnersupport.php。

该页面列出了两代设备。在本书编著时，尚未列出任何认证设备或者配置。到本书付印的时候，这一策略可能已经改变，用 RPQ 取代 PVSP。请查看 VMware 支持网站了解当前支持状态。

10.5.3 DirectPath Gen. 2 示例

考虑配备 Cisco 虚拟机网络架构扩展器（Virtual Machine Fabric Extender，VM-FEX）分布式交换机的 Cisco 统一计算系统（Unified Computing System，UCS）上，一台 ESXi 5 主机运行 VM 的情况，VMDirectPath Gen.2 配置有如下特征（VM-FEX 必须处于高性能模式）：

- VM 可以挂起和恢复。
- VM 可以获取快照或者恢复。
- VM 可以使用 vMotion，这意味着可以成为 DRS 群集的一部分。
- VM 可以受到 HA（高可用性）的保护。

支持 vMotion 的关键在于 vmkernel 静默以及 Cisco 虚拟接口卡（Virtual Interface Card，VIC）提供的 Cisco 动态以太网接口检查点。

检查点进程创建的状态以 vMotion 所用内存检查点类似的方法传递给目标主机。

10.6 VMDirectPath I/O 故障检修

你可能遇到的问题分为 3 类：中断处理、设备共享和 IRQ（中断请求）共享。

后者可能是虚拟 IRQ 或者物理 IRQ。

10.6.1 中断处理和 IRQ 共享

vSphere 5 上 PCI 直通所用的默认中断处理是 MSI/MSI-x（Message Signaled Interrupt，消息信号中断），这在默认情况下适用于大部分设备。如果你遇到无法用 VMDirectPath 配置的设备，可能必须禁用使用该设备的 VM 上的 MSI。实际上，这允许 VM 使用 IO-APIC（Advanced Programmable Interrupt Controller，高级可编程中断控制器）代替 MSI。这种设备的常见例子是分配给 Windows 2003 或者 2008 VM 的 Broadcom 57710/57711。

要在 VM 中禁用给定设备的 MSI，编辑 VM 的 vmx 文件添加如下代码行：

```
pciPassthru0.msiEnabled = "FALSE"
```

如果虚拟设备号高于 0（也就是说直通设备超过 1 个），用相关的值代替 0。

以下设备已知可用于启用 MSI 选项的配置：

- Qlogic 2500 FC HBA
- LSI SAS 1068E HBA
- Intel 82598 10Gbps NIC

10.6.2 设备共享

当 I/O 设备有多个 PCI 功能（例如，双端口或者 4 端口 NIC）且卡上没有 PCI-PCI 桥时，很有可能它不是全直通可共享的（fptShareable）。详见前面的表 10.1。如果你使用没有在表中列出的设备，而且你知道它能够使用 D3-D0 复位方法（表 10.1 中的 D3D0 值）正常复位，可能需要在 /etc/vmware/pcipassthru.map 文件中添加一个条目。下面是一个样板格式：

```
<供应商 ID>  <设备 ID>  d3d0  default
```

可以在 ESXi Shell 上本地、通过 SSH 或者 vMA 5 运行如下命令，确定设备的 PCI ID 信息：

```
esxcli hardware pci list
```

清单 10.2 展示了一个设备的输出示例。

清单 10.2　PCI 设备 ID 信息列表示例

```
000:001:00.1
   Address: 000:001:00.1
   Segment: 0x0000
   Bus: 0x01
   Slot: 0x00
   Function: 0x01
   VMkernel Name: vmnic1
   Vendor Name: Broadcom Corporation
   Device Name: Broadcom NetXtreme II BCM5709 1000Base-T
   Configured Owner: Unknown
   Current Owner: VMkernel
   Vendor ID: 0x14e4
   Device ID: 0x1639
   SubVendor ID: 0x1028
   SubDevice ID: 0x0236
   Device Class: 0x0200
   Device Class Name: Host bridge
   Programming Interface: 0x00
   Revision ID: 0x20
   Interrupt Line: 0x0e
   IRQ: 14
   Interrupt Vector: 0x88
   PCI Pin: 0x66
   Spawned Bus: 0x00
   Flags: 0x0201
   Module ID: 27
   Module Name: bnx2
   Chassis: 0
   Physical Slot: 0
   Slot Description: Embedded NIC 2
   Passthru Capable: true
   Parent Device: PCI 0:0:1:0
   Dependent Device: PCI 0:0:1:0
   Reset Method: Link reset
   FPT Sharable: true
```

需要的数值使用突出显示。

对于例子中的设备，文件中的条目如下：

```
14e4 1639 d3d0 default
```

注意　根据清单 10.2 中的样板设备，Reset Method（复位方法）是 Link reset。清单中还显示，Passthru Capable 值以及 FPT Shareable 设置为 true。

这些数值意味着在 pcipassthru.map 文件中没有添加条目的情况下，清单 10.2 中显示的 PCI 报告的是默认值，该设备可以共享并且支持全直通共享。在文件中添加条目只会覆盖复位方法值，因为我们保留 fptShareable 的默认值。

10.7 小结

VMDirectPath I/O 从 vSphere 4.x 就出现了，在 vSphere 5 中继续存在。可以用它直通物理存储或者网络设备，这会将物理 I/O 卡暴露给客户 OS。后者安装物理卡的驱动程序。设计方案包括 FC 连接和直接连接的磁带驱动器和媒体库，以及通过 vmkernel 无法看到的其他设备。

vSphere 5 中推出了利用 SR-IOV 的第二代 VMDirectPath I/O。这一功能还没有完全实现，可以借助网络 I/O 直通了解它。在本书编著的时候，还没有看到 HBA 实现。

SR-IOV 规范可以从 PCI-SIG 网站上找到：http://www.pcisig.com/specificaitons/iov/single_root/。

Intel 网站上有一篇介绍文章：http://www.intel.com/content/dam/doc/application-note/pci-sig-sr-iov-primer-sr-iov-technology-paper.pdf。

第 11 章　SVD

争夺企业市场的存储供应商提出了首先并存，然后再从竞争对手存储中迁移的多种方法。这是作为本章主题的一种存储特性：存储虚拟化设备（Storage Virtualization Device，SVD）。听上去似乎很简单，但是这是一个复杂的概念，而且每个供应商各有不同。本章从 vSphere 5 的角度介绍这个主题，但是本章并不是要对 SVD 配置细节作深入的讨论。

11.1　SVD 概念

SVD 概念可以简化为：

将现有的第三方块存储提供给发起方，就像它是 SVD 自己的存储一样。然后，SVD 将虚拟化存储当作块设备或者网络文件系统提供。

11.1.1　工作原理

虚拟化存储可以通过如下任何一种（或者几种）方法实现。

- **地址空间重映射**——SVD 抽象数据的物理位置，向发起方提供数据的逻辑表现。例如，后端阵列（被虚拟化的阵列）上的超过一个 LUN（逻辑单元号）可以集中作为一个大的 LUN。前端阵列（SVD 本身）存储一个虚拟 LUN（提供给发起方的）上的数据块到后端 LUN 数据块的映射表。
- **元数据**——向发起方提供全局情况的“关于数据的数据”。简言之，元数据保存提供给发起方的数据“结构”，可能还包含上一点提到的映射表。设备细节——LUN 大小、边界、RAID 类型等，由 SVD 的元数据表示。这类似于 VMFS 以原始设备映射（RDM）形式提供给 VM 的物理设备。设备的属性存储于虚拟机文件系统（VMFS）元数据，但是物理数据块位置从物理 LUN 所在存储阵列获得。
- **I/O 重定向**——当 I/O 从发起方发往虚拟设备上的具体数据块，它被重定向到后端设备的映射物理数据块，这有些类似 VMkernel 对 VM 发往 RDM 的 I/O 进行重定向的方式。这个功能基于三种机制中的一种或者多种（见图 11.1）。

例如，当 I/O 发送到虚拟设备（LUN1 上的逻辑块地址 0（LBA0））时，根据地址空间重映射定义的映射表，它被重定向到物理设备（例如 LUN4 上的 LBA6）上的逻辑块地址。元数据有指向虚拟 LUN 上数据的指针，发起方能够知道数据所在的位置。

SVD 架构

SVD 大部分以具有特殊固件的硬件配置形式出现，也有一些以软件形式出现的变种。然而，后者在 vSphere 中，与某些硬件配置或者仅软件配置关联认证。例如，IBM SVC、

HDS USPv 和 NetApp V- 系列被认证为硬件解决方案，而 Falcon Store NSS Gateway 等被认证为存储虚拟用具。

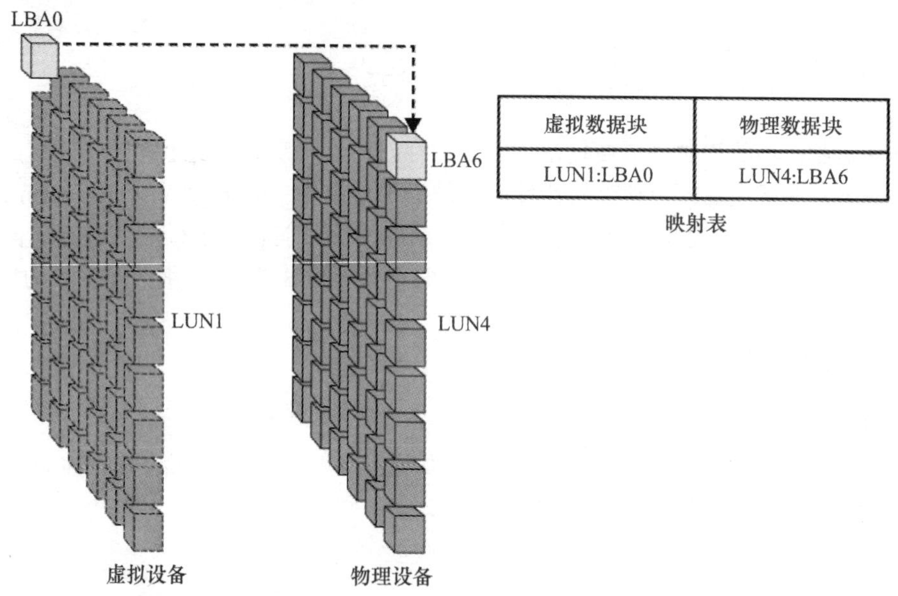

图 11.1 I/O 重定向与地址空间映射

图 11.2 展示了描绘 SVD 架构的框图。

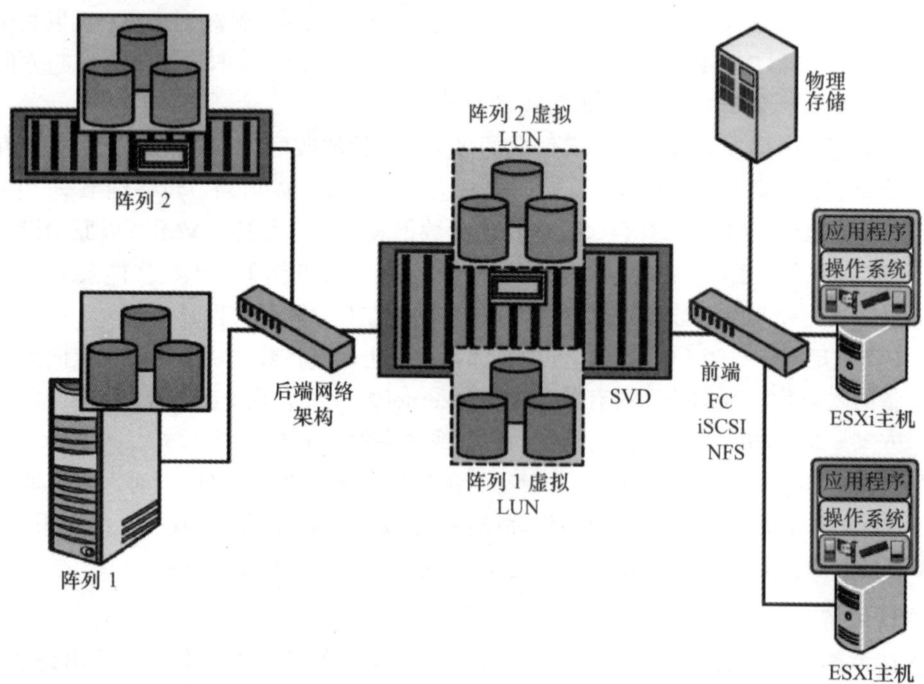

图 11.2 SVD 架构

SVD 存储连接到两组不同的网络架构：前端和后端网络架构，前端网络架构连接主机和 SVD，后端网络架构连接 SVD 和后端存储阵列。前端网络架构在某些 iSCSI 或者 NFS 前端认证配置中可以用 iSCSI 或者 NFS 协议代替。不管使用何种前端协议，后端只能支持 SVD 和后端存储的光纤通道（FC）连接。

在这种配置中，SVD 与后端存储阵列通信时作为发起方，与 ESXi 主机通信时作为目标。

注意 在 FC 前端和后端的情况下，可以采用物理或者逻辑网络架构隔离。FC 后端可以通过分区完成，主机和前端阵列端口在一组分区中，而前端阵列和后端阵列端口在另一组分区中。

11.1.2 约束

vSphere 5 认证的 SVD 配置将后端存储阵列的连接性限制为仅能使用 FC。其他协议不受后端存储的支持。ESXi 主机不能访问分区到 SVD 的后端阵列。这是为了避免主机将物理 LUN 和虚拟 LUN 当作不同设备而引起数据破坏。后端 LUN 绝不能提供给主机。

如果后端存储上的物理 LUN 上有 VMFS3 或者 VMFS5 卷，代表它们的虚拟 LUN 被 ESXi 主机看作快照 LUN 和不能自动安装的 VMFS 卷。第 15 章将介绍 VMFS 数据存储（卷）上快照技术的表现。

ESXi 主机能够采用以下两种方法之一，通过虚拟 LUN 访问 VMFS 卷：

- **重新签名 VMFS 卷**——这是重新生成新 VMFS 卷签名并写入元数据的过程。结果是用前缀 snap 改名卷。
- **强制安装 VMFS 卷**——这是 vSphere 5 的新功能，允许 vSphere 管理员安装位于快照 LUN 上的 VMFS 卷，而无需重新签名 VMFS 卷。

在第 15 章中也将讨论这些方法。

1. 将后端存储迁移到 SVD

如果你采用 SVD 的最终目标是将数据迁移到新的存储阵列，然后废弃旧存储，你可以使用 SVD 提供的功能，进一步地采用本章讨论的配置之外的方法，将数据从物理 LUN 迁移到支持虚拟 LUN 的 SVD 上的物理阵列。这一过程对于前端发起者（ESXi 主机）来说是透明的，通常不会对 I/O 性能造成负面的影响。数据完全迁移之后，虚拟 LUN 在内部由 SVD 切换为物理 LUN。这时，SVD 和其他物理存储阵列一样，通过前端网络架构连接到发起方。

2. SVD 设计决策

在 SVD 设计中有几个选择需要考虑。这里，将它们分为两组：前端和后端选择。

11.1.3 前端设计选择

本节将介绍前端的几种设计选择。

1. 采用哪一种 SVD

SVD 的选择根据可用功能、支持的存储层次、支持的协议和容量等决定。

前端阵列必须是 VMware HCL（硬件兼容性列表）上经过 ESXi 5 认证的 SVD。后端阵列必须通过 ESXi 5 认证（使用 FC 连接性）。可以按照如下步骤验证：

1）前往 http://www.vmware.com/go/hcl 网站。

2）从下拉式菜单中选择 Storage/SAN，如图 11.3 所示。

3）在 Product Release Version（产品发行版本）框中选择 ESXi 5.0（参见图 11.4）。

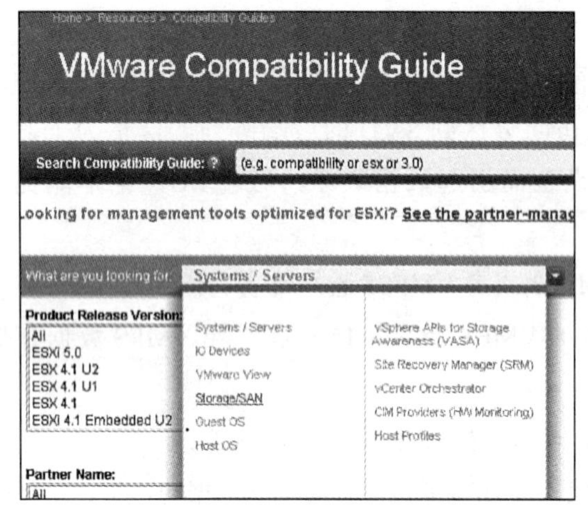

图 11.3 访问存储 /SAN HCL 网页

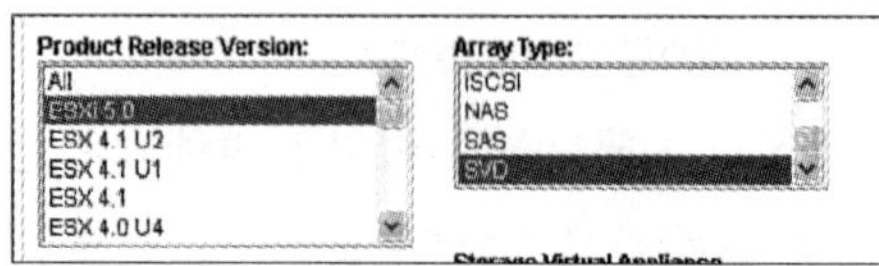

图 11.4 选择发行版本和阵列类型

4）在 Array Type（阵列类型）框中选择 SVD。

5）单击 Partner Name（合作伙伴名称）框下的存储供应商名称。可以按下 Ctrl 并单击选择多个供应商名称。

6）单击 Update and View Results（更新并查看结果）按钮。

7）向下滚动查看结果。

2. 采用哪一种协议

前端的下一个设计选择是支持的协议。正如前面所提到的，SVD 支持 FC、以太网光纤通道（FCoE）、互联网小型计算机系统接口（iSCSI）和网络文件系统（NFS）。如果你计划使用 SVD 作为到 SVD 物理存储的迁移工具，可能应该考虑额外的存储容量，用于迁移完成之后。例如，你可能应该在阵列中添加更多磁盘，以容纳从后端存储迁移来的数据。

3. 采用何种带宽

关于连接速度，你的选择限于 HCL 中列出的 SVD。为了确认支持的速度，按照如下步骤继续前面提到的 HCL 搜索过程：

1）在搜索结果中，找到计划使用的存储阵列，并选择 Model 栏目下的超链接（如图 11.5 所示）。

2）显示阵列详情（见图 11.6）。

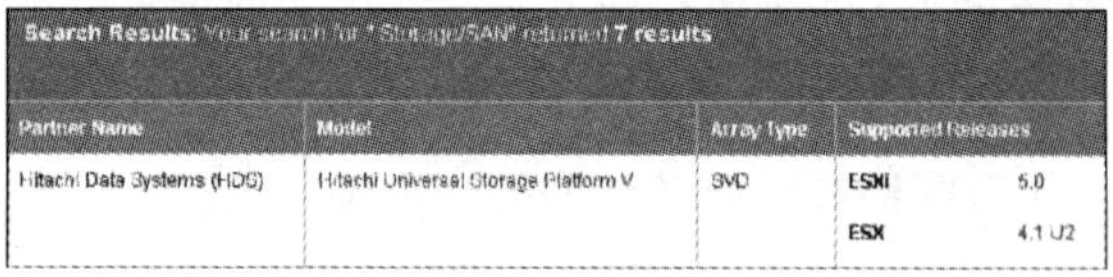

图 11.5 搜索结果

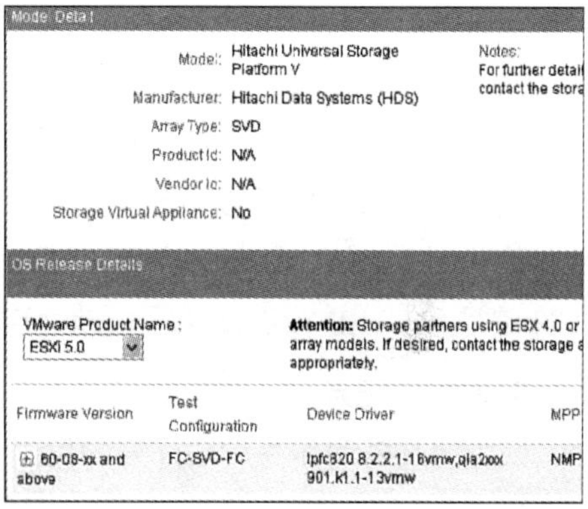

图 11.6 阵列详情

连接速度根据 Test Configuration（测试配置）栏目上的值而定，如表 11.1 所示。

表 11.1 测试配置和连接速度

测试配置	前端连接速度	后端连接速度
FC-SVD-FC	FC 4Gb 或 2Gb	FC 4Gb 或 2Gb
8G FC-SVD-FC	FC 8Gb	FC 4Gb 或 2Gb
iSCSI-SVD-FC	iSCSI 1Gb 或 10Gb	FC 4Gb 或 2Gb
NAS-SVD-FC	以太网 1Gb 或 10Gb	FC 4Gb 或 2Gb

为了将你的搜索结果范围缩小到其中一个测试配置，在第 6 步前从 Array Test Configuration（阵列测试配置）中选择想要的测试配置即可（见图 11.7）。

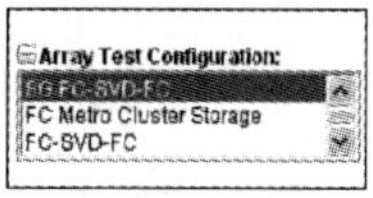

图 11.7 选择测试配置

4. 关于前端阵列上的发起方记录

前端阵列必须根据存储供应商的建议配置发起方记录、FA 控制器位、主机记录等，类似于它们在你配置使用物理 LUN 的阵列时提供的建议。

11.1.4 后端设计选择

后端阵列选择实际上受到设计的约束，因为它们是现有的配置，你必须考虑这些约束造成的风险，并减轻这些风险。

1. 采用哪一种带宽

常见的方案是，后端连接速度可能等于或者低于前端连接，因为前者是较老的产品，端口也较慢。配置的实际速度是前端和后端连接速度的最小公分母。在大部分情况下，将 SVD 用于从后端向 SVD 迁移数据，现有主机可能配备速度与后端连接速度匹配的 FC HBA。这是设计带来的另一个约束。你可以在存储迁移完成且断开后端之后，向 ESXi 添加更快的 FC HBA，缓解这一问题。

2. 采用哪一种协议

如果前端阵列支持其他协议，例如 FCoE 或者 iSCSI，你可以规划在 ESXi 主机中添加匹配的发起方。例如，你选择的存储阵列提供 10 Gbps iSCSI SP 端口，网络设计提供这种带宽。你可以一次迁移一台主机（使用 vMotion 让主机离线），然后用 10 Gbps iSCSI 发起方替代 FC HBA。以后，你可以通过 iSCSI 协议向主机提供 SVD 上的相同 LUN。确保 LUN 编号和 UUID 没有变化。启动之后，升级的 ESXi 主机就能开始享受增加的带宽了。

3. 发起方记录

因为前端阵列作为后端阵列的发起方，你需要检查对应的前端阵列配置需求。

11.1.5 LUN 提供的考虑

这个主题在前面的 11.1.2 节中作了简短的介绍。

根据存储阵列供应商和型号，后端 LUN 在提供等价的 SVD 虚拟 LUN 时可能不会被保留。这些属性是：

- LUN 编号
- 设备 ID（例如 NAAID）

这将在第 15 章中更详细地讨论，这里简要介绍一下。

VMFS 数据存储签名部分依据 LUN 编号和设备 ID。如果其中一个值变化（特别是设备 ID），ESXi 主机将数据存储当作快照 LUN 上的存储。这是一个重要的约束，可以在这种环境中通过 VMFS 数据存储重签名来解决。第 15 章中会介绍其他替代方法。

11.1.6 RDM（原始设备映射）的考虑

如果你的 ESXi 主机将后端阵列上的 LUN 当作 RDM 使用，你必须重新在“重新签名”的 VMFS 卷上创建 RDM 条目，因为原始的条目使用原始 LUN 属性（LUN 编号和设备 ID）创建。第 13 章中会提供更多细节和过程。

提示 如果设计的主要业务需求是将数据从旧阵列迁移到新阵列，强烈建议使用分阶段的方法，开始时将新阵列作为附加的物理存储添加到 SAN 建立异构存储配置，然后利用 Storage vMotion 将 VM 从旧的数据存储移到新的数据存储。这对你的设计有影

响，因为你需要考虑目标 LUN 的大小、I/O SLA 以及可用性。

Storage vMotion 将 RDM 条目移到目标数据存储。然而，你需要规划一个停机时间，以迁移映射的物理 LUN 到新的存储阵列，并重新创建 RDM 条目。

在数据迁移完成之后，可以继续下一阶段，断开和退役旧的存储阵列。

---

1. 使用 SVD 的优缺点

与藏在 SVD 背后的旧存储阵列相比，SVD 有许多好处可供利用：

- 用较少的停机时间迁移旧数据（我不能说“无停机时间”，因为你需要重新签名 VMFS 数据存储）。

Storage vMotion 也能做到（也就是数据迁移），而且没有停机时间（除非你有 RDM，参见第 13 章）。

- 从过度使用的存储阵列迁移当前数据。

我在以前听说过！是的 !vSphere 5 使用 Storage DRS（动态资源调度器）自动完成这项工作。

- 数据复制、镜像、快照等，如果你的旧阵列不提供，SVD 可以帮你做到。
- SVD 可能有更大的缓存、更快的处理器、更快的端口和更大的命令队列。必须考虑添加 SVD 与升级存储阵列相关成本的比较。

另一方面，使用 SVD 也有一些缺点：

- VMFS 数据存储很可能需要重新签名，也需要注册数据存储上所有的 VM。使用 Storage vMotion 避开了这一缺点，因为你将把 VM 移到新的数据存储，而不是使用 SVD 上的虚拟 LUN。
- 迁移 RDM 需要重新创建 VMFS 条目。
- 你无法循环停机以迁移数据，因为你永远无法在其他主机通过 SVD 虚拟 LUN 访问的同时向一些主机提供后端 LUN。这意味着，在切换完成时群集中的所有主机必须停机。你可以选择按照下一节中概述的方法进行。

2. 迁移过程

接着我要带领大家经历一次从旧阵列到新阵列的旅程，在此期间要在一个过渡区域停留——我指的是 SVD。

1）将 SVD 连接到前端网络架构。

2）将 SVD 连接到后端网络架构。

3）分区 SVD SP 端口，指明后端存储连接性和后端存储上的 SP 端口。

4）关闭后端存储上运行的所有 VM。

5）对于所有 ESXi 主机，按照 7.10.1 节中的过程卸下基于后端的 VMFS 卷。

6）对于所有 ESXi 主机，按照 7.10.2 节中的过程断开与第 5 步中写下的 VMFS 卷相关的 LUN。

7）从后端网络架构上的旧存储阵列所在分区删除所有主机。

8）将所有主机添加到前端网络架构上的 SVD 分区中。

9）在 SVD 上创建虚拟 LUN，映射到旧存储阵列上的物理 LUN。

10）将虚拟 LUN 提供给一台 ESXi 主机，使用与旧 LUN 相同的 LUN 编号（这是为了易于管理，而不是为了功能）。

11）使用第 10）步中提到的 ESXi 主机（通过 vCenter Server），安装虚拟 LUN 提供的 VMFS 虚拟存储。这为你提供了重新签名数据存储的选择。详细的过程和其他替代方法参见第 15 章。

12）将虚拟 LUN 提供给剩余的 ESXi 主机并重新扫描以发现虚拟 LUN，安装 VMFS 数据存储。

13）使用 vCenter，从库存中删除孤虚拟机，浏览数据存储在对应 ESXi 主机上注册 VM。

14）确保将 VM 放在本过程之前所属的资源池中。

15）启动 VM，它们应该全部回到正常状态（我希望是更好的正常状态）。

如果你的目标是退役旧的存储阵列，开始将数据迁移到 SVD 的过程，更好的做法是将这项工作规划在非高峰时段进行。在这一过程完成之后，按照 SVD 的特定规程（更多细节参见 SVD 的文档）将虚拟 LUN 切换到物理模式。最后，在后端数据全都迁移到 SVD 后，将 SVD 从后端网络架构断开。

11.2 小结

SVD 将旧的后端阵列上的 LUN 提供给发起方，就像它们物理上位于 SVD 本身一样。后端连接性限于 FC 协议，而前端根据 SVD 而有所不同，跨越了 FC、iSCSI 和 NFS。数据迁移是大部分 SVD 的主要特性。后端阵列上的 VMFS 通过 SVD 提供给主机时被检测处于快照 LUN 上。不管将 RAW LUN 保留在后端阵列还是迁移到 SVD，RDM 条目都需要重新创建。

第 12 章　VMFS 架构

vSphere 5 及其最近的前期版本天生是高可伸缩性集群环境。从 ESX 刚出现时开始，VMware 虚拟机文件系统（VMFS）就是整合这个环境的核心元素。

VMFS 是 vSphere 存储虚拟化的核心组件，因为它抽象了底层存储，将其以不同的格式提供给虚拟机：虚拟磁盘、直通 RDM、非直通 RDM、快照等。以后还有更多！

12.1　VMFS 的历史

VMFS 经历 4 代，从一个扁平的文件系统发展为高度专用的群集文件系统。

1. VMFS1

VMFS 的第一个版本（ESX 1.x 自带）是一个扁平的文件系统（不提供目录），提供三种模式：私有、公共和共享。

私有模式 VMFS 用于存储 VM 的虚拟磁盘，不能在主机之间共享。这种 VMFS 大部分位于主机内部或者直接连接到主机的本地存储。

公共模式 VMFS 用于存储可以在一台以上 ESXi 主机上运行的 VM 的虚拟磁盘，使用文件锁机制避免同一个虚拟磁盘被多个主机同时打开。

共享模式 VMFS 专用于 MSCS 群集 VM。这种模式不采用文件级加锁，该功能留给客户 OS 中的群集软件。共享模式 VMFS 创建于本地或者共享存储上，支持单服务器群集（Cluster in a box，CIB）和多服务器群集（Cluster across boxes，CAB）。

由于文件系统是扁平的，VM 配置文件必须存储在本地 EXT2 文件系统上的目录层次中（早期，VM 配置文件扩展名为 cfg，后来的版本中改为 vmx）。这种目录结构用于在用户主目录中定位，其提供了基于本地用户 Linux 风格账户的 ACL（访问控制列表）。

我在家庭办公室中有一台运行了 5 年的 ESX 1.5.2 主机，它在 5 年之中的大部分时间里都开着（除了两次持续停电使我的 UPS 电池放空之外）。很多次我都因为物理 Linux 主机核物理 Windows 桌面上的蓝屏死机（Blue Screen Of Death，BSOD）而恐慌，几乎忘记了我仍然在运行 ESX 1.5.2 主机。

2. VMFS2

随着 ESX2 的发行，VMware 将文件系统升级为版本 2，这也是一种扁平的文件系统。然而，这时私有模式被废弃。

提示 你可以在 ESXi 5 上看到私有模式的文件系统，但是不是在 VMFS 文件系统上，而是在 ESXi 5 启动分区中，该分区使用 VFAT 文件系统。

VMFS2 增加了多盘区（Multi-extent）功能，将数据存储扩展到其他逻辑单元号（LUN）上，最多支持 32 个盘区（Extent）。

ESX 2.5 推出了 vMotion，它需要使用公共模式的 VMFS2 数据存储，在数据中心的主机里共享。

3. VMFS3

虚拟基础架构（VI3）引入了首个层次化的 VMFS 版本，并添加了文件系统日志，改进了弹性和可恢复性。而且，在这一版本中，共享模式也被废弃，公共模式成为唯一可用的 VMFS 模式。现在，你知道了从 VMFS3 和 5 文件系统属性中观察到的模式的起源（见图 12.1）。

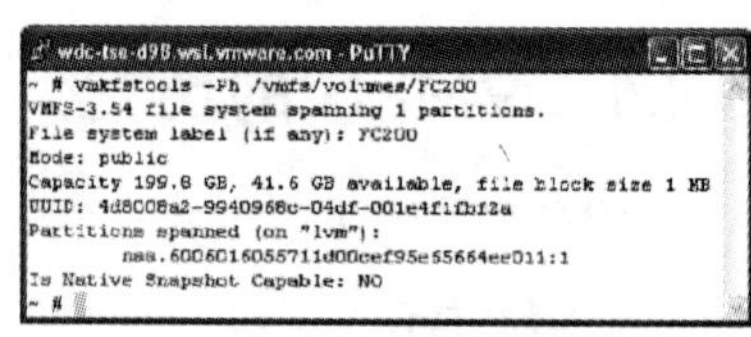

图 12.1 VMFS3 属性

VI3 还推出了 Logical Volume Manager（LVM，逻辑卷管理器）for VMFS3，改进了 VMFS 跨越多个 LUN 组成超过 2 TB 的数据存储的能力。这一功能简单地连接多个较小的 LUN，组成为最多达 32 个盘区的大 VMFS3 卷。VMFS3 和 VMFS2 之间的主要差异在于任何盘区的损坏（除了首盘区）不会使 VMFS3 的其余部分无效（更多的内容参见 12.1.7 节）。

LVM 还处理被检测为快照 LUN 上的 VMFS3 或者 VMFS5 数据存储的重签名（更多细节参见第 15 章）。

VI3 支持 VMFS2，不过是在只读模式下，仅用于将 VM 从旧的 VMFS2 数据存储迁移到 VMFS3 数据存储。这用早期版本的 Storage vMotion 完成，该版本在第 1 版本的 VI3 中是基于命令行的，通过远程命令行接口（RCLI）或者 VIMA（Virtual Infrastucture Management Assistant，虚拟基础架构管理助手）使用。

Storage vMotion 进程将 VM 组织为目标 VMFS3 数据存储上的目录。

4. VMFS5

vSphere 5 继续支持 VMFS3，此外还推出了 VMFS5。后者提供了改进的伸缩性和架构更改，支持如下的可伸缩性：

- GUID 分区表（GPT），支持更大的数据存储盘区（超过 2 TB）。
- 支持所有文件大小的单一数据块尺寸（1 MB）。VMFS 最大文件尺寸与不同的块尺寸（1 ～ 8 MB）相关。
- 比 VMFS3（64 KB）更小的子数据块尺寸（8 KB）。
- 数据存储可以在存储阵列、支持的 LUN 被检测出支持 ATS VAAI 原语（Atomic Test

and Set，原子测试和设置）后标记为 ATS-only 卷。这将在第 16 章中介绍。

12.1.1　VMFS 3 磁盘布局

我无法与你分享精确的 VMFS 布局，因为这是 VMware 的知识产权。但是，我可以与你分享一些在 VMworld 和合作伙伴交流演示中公开的框图。

图 12.2 描述了 VMFS3 布局。

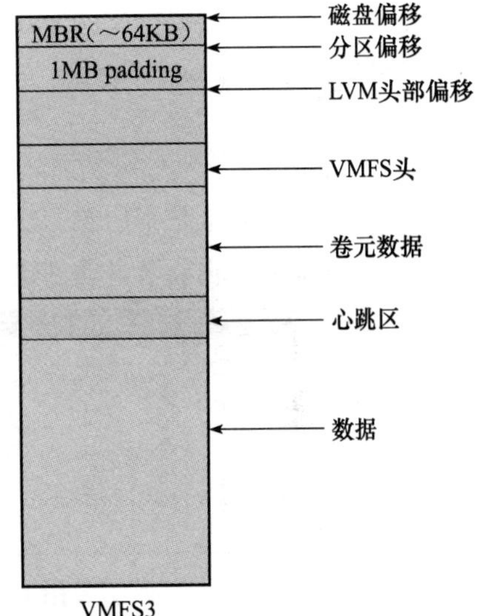

图 12.2　VMFS3 磁盘布局

图 12.2 中的各区域解释如下。

- **VMFS3 分区偏移**——与磁盘偏移相关的某个相对位置。在本章后面的 12.1.4 节中将说明如何找到这个位置。
- **LVM**——文件系统的下一个区域是逻辑卷管理器（LVM）头。它从分区偏移后 1 MB 处开始（在我告诉你如何恢复分区表时记住这一事实）。它存在于卷所跨越的所有设备之上，存储如下内容：
  - 盘区（Extent）数量。盘区是文件系统的逻辑组成部分。
  - 卷跨越的设备数量。这通常被称作盘区或者物理盘区，不应该与前一个项目混淆。
  - 卷的大小。
  - 是不是快照？这是 VMFS 识别到 LUN 保存的数据存储与元数据中的设备 ID 不同时开启的属性。第 15 章说明快照卷。
- **元数据**——下一个区域是卷元数据。它存在于卷跨越的所有设备之上。下面是组成元数据的区域，它们由 5 个系统文件表示（见图 12.3）。这些文件是隐含的（开始有一个句点，后缀为 .sf)，它们是卷头和 4 个资源系统文件。

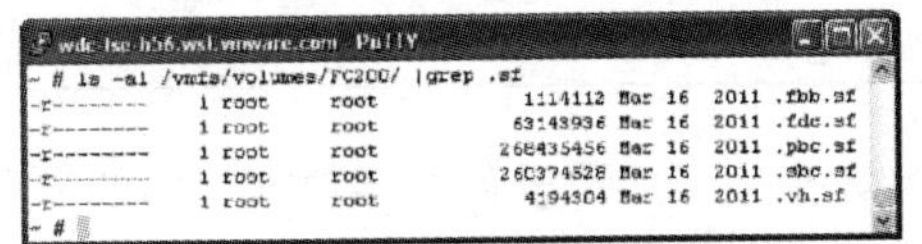

图 12.3　VMFS3 系统文件

- **卷头**（VH）定义卷的结构，包括：
  - 卷名——LVM 头中找到的“卷名”是个错误的概念，它实际上在数据存储元数据的卷头中。

- VMFS3 UUID——这是卷的唯一标识符，其中一部分由最先创建或者重新签名该卷的 ESXi 主机上的管理端口上连链路 MAC 地址组成。这也被称为卷的“签名”，将在第 15 章中讨论。
- 从 ESXi Shell 或者 SSH 访问数据存储通过如下目录结构：

```
/vmfs/volumes/<卷的 -UUID>
```

或者

```
/vmfs/volumes/<卷标>
```

- 卷标实际上是指向卷 UUID 的一个符号链接。这样的链接由 vmkernel 在安装数据存储时根据卷名自动创建。使用 ls-al 命令可以看到这个链接，如图 12.4 所示。

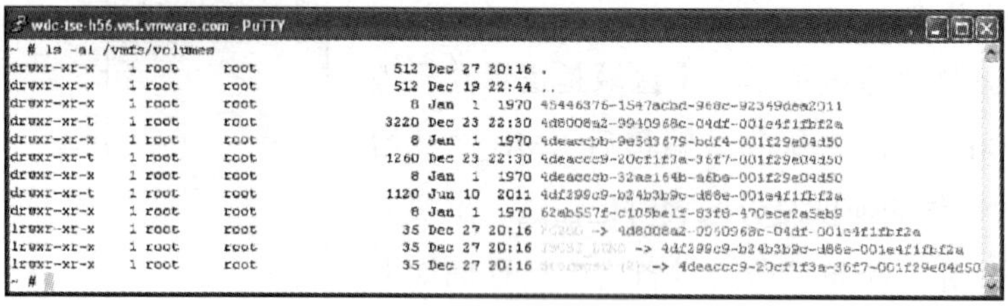

```
wdc-tse-h56.wsl.vmware.com - PuTTY
~ # ls -al /vmfs/volumes
drwxr-xr-x    1 root     root          512 Dec 27 20:16 .
drwxr-xr-x    1 root     root          512 Dec 19 22:44 ..
drwxr-xr-x    1 root     root            8 Jan  1  1970 45446376-1547acbd-968c-92349dea2011
drwxr-xr-t    1 root     root         3220 Dec 23 22:30 4d8008a2-9940968c-04df-001e4f1fbf2a
drwxr-xr-x    1 root     root            8 Jan  1  1970 4deaccbb-9e3d3679-bdf4-001f29e04d50
drwxr-xr-t    1 root     root         1260 Dec 23 22:30 4deaccc9-20cf1f3a-36f7-001f29e04d50
drwxr-xr-x    1 root     root            8 Jan  1  1970 4deacccb-32ae164b-a6ba-001f29e04d50
drwxr-xr-t    1 root     root         1120 Jun 10  2011 4df299c9-b24b3b9c-d86e-001e4f1fbf2a
drwxr-xr-x    1 root     root            8 Jan  1  1970 62ab557f-c105be1f-83f8-470ece2a5eb9
lrwxr-xr-x    1 root     root           35 Dec 27 20:16  -> 4d8008a2-9940968c-04df-001e4f1fbf2a
lrwxr-xr-x    1 root     root           35 Dec 27 20:16  -> 4df299c9-b24b3b9c-d86e-001e4f1fbf2a
lrwxr-xr-x    1 root     root           35 Dec 27 20:16  -> 4deaccc9-20cf1f3a-36f7-001f29e04d50
~ #
```

图 12.4 VMFS 卷标是符号链接

- 输出的第一列显示文件系统模式，这是可以使用 chmod 修改的 Unix/Linux 风格节点。这个例子中的第一个模式是 d 或者 l。前者表示是一个目录，或者表示一个链接。剩下的模式是组、用户和其他人的权限，形式为 rwx，表示读、写和执行。最后一个模式用于其他人，有时候为 t，代表 Sticky（黏性），这一位表示目录或者链接只能由根用户或者所有者修改。
- 第二列显示这个目录项使用的 inode（也称为文件描述符）数量。
- 第三列和第四列显示文件所有者的组和用户名，这是用于创建该条目的账户。
- 第五列显示用字节表示的大小。这是文件或者目录的大小（不是目录内容的大小）。
- 第六列是文件或者目录最后修改的日期和时间戳。
- 最后一列显示文件或者目录名，如果条目是符号链接，它将显示链接的条目。

注意 图 12.4 中所示的输出显示一些没有符号链接的 UUID。这些与 visorFS 相关。

- **盘区 ID**——这是 LVM 头用于标识设备保存数据存储的哪些物理盘区的 ID。
- **磁盘块大小**——不要与文件块大小混淆。

下面的文件系统资源组织为集群（Cluster）。集群中的每个资源都有关联的元数据和锁（见图 12.5）。

集群组合为集群组。后者重复组成文件系统（参见图 12.6）。

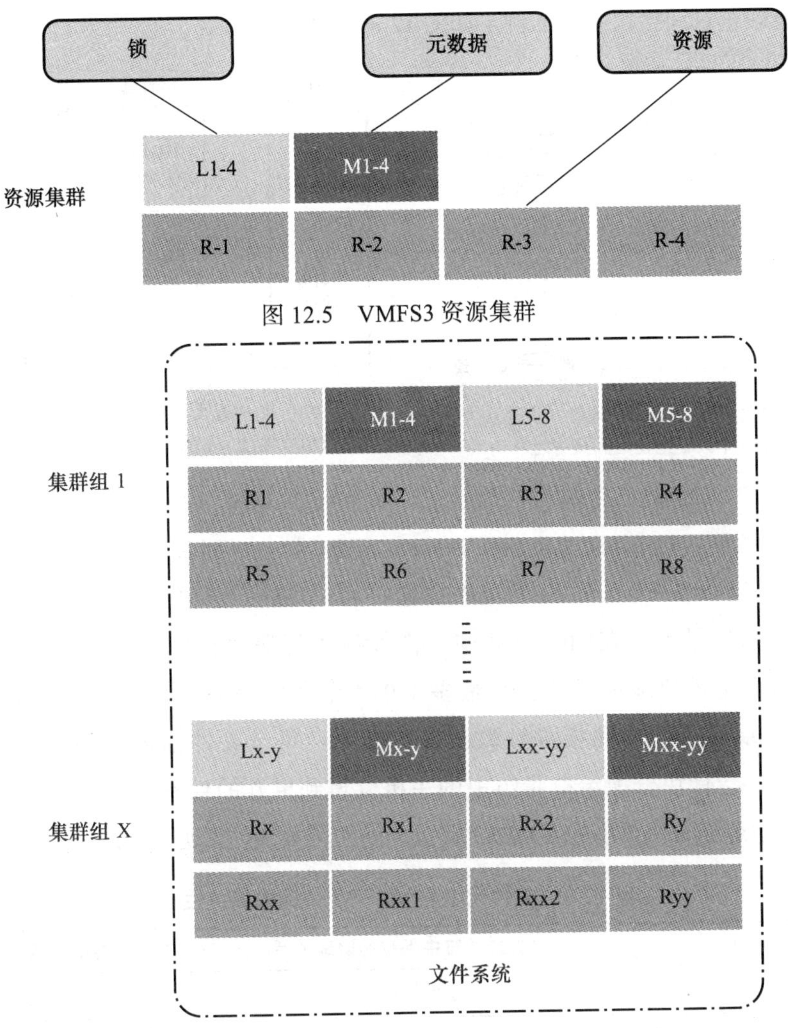

图 12.5　VMFS3 资源集群

图 12.6　集群组组成文件系统

- **文件描述符集群（File Descriptor Cluster，FDC）**——文件描述符（inode）用每个 inode 中存储的固定地址编号（256）记录文件数据位置。这些地址可以是子数据块、文件块（见图 12.7）或者指针块（见图 12.8）。当文件大小为 64 KB 或者更小时，它们是子数据块，文件大于 1 MB 但小于 256* 文件块大小时，它们是文件块。当文件大于 256* 文件块大小时，它们是指针块。
- **子数据块集群（Sub-Block Cluster，SBC）**——等于或者小于 VMFS3 子数据块大小的文件占据一个子数据块（64 KB）。如果文件扩展到大于一个 VMFS3 子数据块大小，就不再进行子分配。这有助于减少小文件浪费的空间。VMFS5 提供较小的子数据块（8 KB），后面对此有详细介绍。

文件块直接寻址的一个例子如图 12.7 所示。

使用指针块进行间接块寻址的例子如图 12.8 所示。

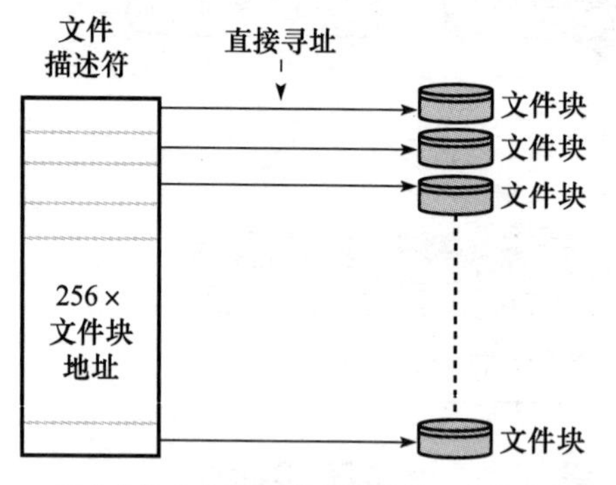

图 12.7 VMFS3 直接数据块寻址

最大文件大小为
256数据块地址×1 024指针数据块×文件块大小

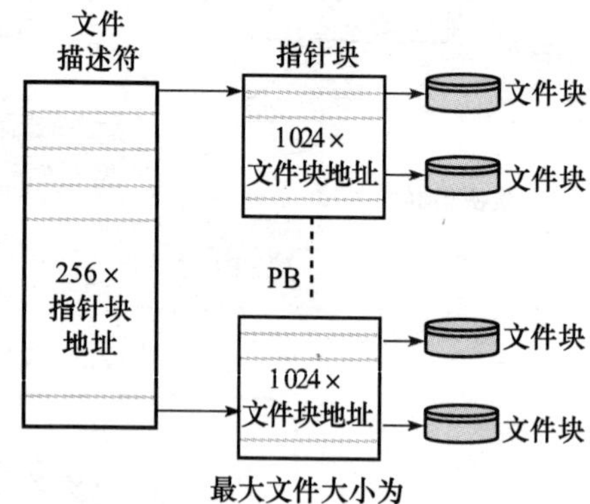

图 12.8 VMFS3 间接块寻址

- **指针块集群（Pointer Block Cluster，PBC）**——当文件大于直接块寻址的限制（参见图 12.7）——每个文件描述符容纳 256 个数据块地址 × 文件块大小，则使用间接寻址。在间接寻址中，文件描述符保存指针块地址而不是文件块地址。每个指针块地址可以保存最多 1 024 个文件块地址。指针块用于间接寻址。图 12.8 展示了一个间接寻址数据块的框图。每个文件描述符保存 1 024 个文件块地址。指针块分配给群集组中的主机以得到更好的效率。

为了更好地理解文件大小和 VMFS3 资源之间的相关性，参见表 12.1。

表 12.1 文件大小与 VMFS3 资源的相关性

文件大小	文件描述符中保存的地址类型	存储数据的资源文件类型
<1 MB	子数据块	子数据块
≥ 1 MB，≤ 256 × x MB	文件块	文件块
>256 × x MB	指针块	文件块

- **文件块位图（File Block Bitmap，FBB）**——这是磁盘上文件块数据的位图。文件块本身是 VMFS 文件系统上的固定尺寸基本存储单元。VMFS3 提供 4 种不同的文件块大小，支持不同的最大文件大小，见表 12.2。

表 12.2 VMFS3 文件块大小

文件块大小	最大文件大小	文件块大小	最大文件大小
1 MB	256 GB（减去 512 个字节）	4 MB	1 TB（减去 512 个字节）
2 MB	512 GB（减去 512 个字节）	8 MB	2 TB（减去 512 个字节）

最大文件大小的公式为（每个文件描述符 256 个指针块地址 × 每个指针块 ×1 024 个文件块地址 × 文件块大小）

例如 1 MB 文件块：256×1024×1 MB=256 GB

注意　最大文件尺寸总是要减去 512 个字节。

提示　你可以用如下命令，列出 VMFS3 上的指针块和子数据块数量：

```
vmkfstools -Ph -v10 /vmfs/volumes/FC200/

VMFS-3.54 file system spanning 1 partitions.
File system label (if any): FC200
Mode: public
Capacity 199.8 GB, 39.1 GB available, file block size 1 MB
Volume Creation Time: Wed Mar 16 00:47:30 2011
Files (max/free): 30720/4792
 Ptr Blocks (max/free): 64512/64285
 Sub Blocks (max/free): 3968/0
UUID: 4d8008a2-9940968c-04df-001e4f1fbf2a
Partitions spanned (on "lvm"):
        naa.6006016055711d00cef95e65664ee011:1
DISKLIB-LIB   : Getting VAAI support status for /vmfs/volumes/FC200/
Is Native Snapshot Capable: NO
```

- **心跳区域**——将在第 14 章中解释加锁机制和 VMFS 共享数据存储并发访问的时候介绍这一区域的功能。

12.1.2　VMFS 5 布局

图 12.9 描述了 VMFS5 的磁盘布局。

VMFS5 布局与 VMFS3 有些类似，但是有如下重大差别：

- 分区基于 GUID 分区表（GPT）（参见本章后面的 12.1.5 节）。采用这种格式造成的变化是摆脱了 MBR（主引导记录）32 位地址空间的限制。
  - GPT 地址空间允许 vSphere 利用大于 2 TB 作为 VMFS5 盘区和 PassthruRDM（参见本节后面的内容。GPT 的更多相关信息参见维基百科：http://en.wikipedia.orgwikiGUID_Partition_Table。

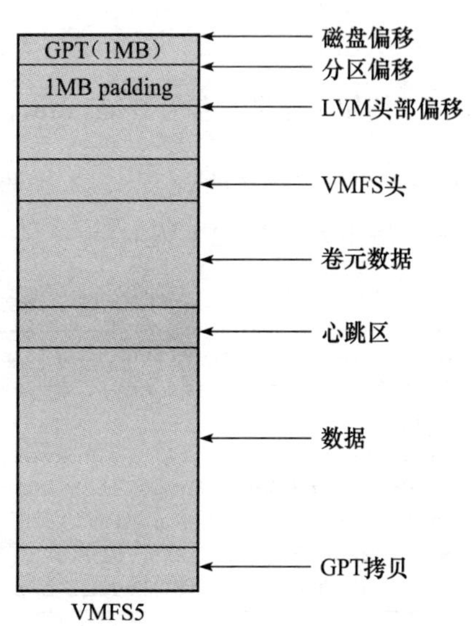

图 12.9　VMFS5 磁盘布局

- GPT 允许的理论最大磁盘和分区大小为 8 Zetta 字节（1024 Exa 字节）！然而，vSphere 5 将最大支持 LUN 尺寸限制为 64 TB。
- 和 MBR 不同，GPT 支持 4 个以上的主分区。

注意 当 VMFS3 升级到 VMFS5 时，保留 MBR 分区表。

在数据存储增长到超过 2 TB 时，MRB 分区表切换到 GPT。

- 在设备的最后有一个辅助 GPT。但是，vSPhere 5 不提供利用它进行分区表恢复的工具（至少目前还没有）！
- 在前两点中讨论的两个区域之间是 VMFS5 分区布局。后者与 VMFS3 类似，但是这里对此进行了简化，因为没有得到授权透露实际的细节。但是，我可以与你分享一些旨在改进 VMFS 伸缩性和性能的架构变化。

这些变化在下面的小节中列出。

1. 跨越设备表

VMFS3 和 VMFS5 的卷能够跨越多个 LUN（参见 12.1.7 节）。VMFS5 推出一个新的属性——跨越设备表（Spanned Device Table），存储设备 ID（例如 NAA ID），便于找出盘区。这张表存储在跨区 VMFS 数据存储的第一个设备（也称为设备 0 或者首盘区）上的跨越设备描述符（Spanned Device Descriptor）。

你可以按照如下的步骤列出跨越设备表的内容。

1）用如下命令找出首盘区的设备 ID：

```
vmkfstools -Ph /vmfs/volumes/<数据存储名称>
```

例如，如果卷名为 Datastore1，命令为：

```
vmkfstools -Ph /vmfs/volumes/Datastore1
```

输出如清单 12.1 所示。

清单 12.1 列出盘区的设备 ID

```
VMFS-5.54 file system spanning 2 partitions.
File system label (if any): Storage1
Mode: public
Capacity 414.5 GB, 277.1 GB available, file block size 1 MB
UUID: 4bd783e0-1916b9ae-9fe6-0015176afd6e
Partitions spanned (on "lvm"):
    naa.6006016012d021002a49e23fa349e011:1
    naa.6006016012d021002b49e23fa349e011:1
```

这意味着数据存储跨越两个设备，第一个设备是首盘区。

2）使用找到的首盘区设备 ID（包括分区号）列出跨越设备表，如图 12.10 所示。

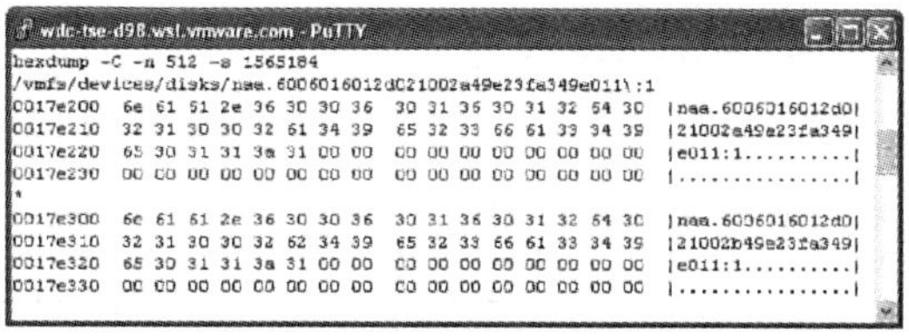

```
wdc-tse-d98.wsl.vmware.com - PuTTY
hexdump -C -n 512 -s 1565184
/vmfs/devices/disks/naa.6006016012d021002a49e23fa349e011\:1
0017e200  6e 61 61 2e 36 30 30 36  30 31 36 30 31 32 64 30  |naa.6006016012d0|
0017e210  32 31 30 30 32 61 34 39  65 32 33 66 61 33 34 39  |21002a49e23fa349|
0017e220  65 30 31 31 3a 31 00 00  00 00 00 00 00 00 00 00  |e011:1..........|
0017e230  00 00 00 00 00 00 00 00  00 00 00 00 00 00 00 00  |................|
*
0017e300  6e 61 61 2e 36 30 30 36  30 31 36 30 31 32 64 30  |naa.6006016012d0|
0017e310  32 31 30 30 32 62 34 39  65 32 33 66 61 33 34 39  |21002b49e23fa349|
0017e320  65 30 31 31 3a 31 00 00  00 00 00 00 00 00 00 00  |e011:1..........|
0017e330  00 00 00 00 00 00 00 00  00 00 00 00 00 00 00 00  |................|
```

图 12.10　列出跨越设备表

输出右栏显示的文本是与前面的 vmkfstools 输出相匹配的设备列表。

注意　只要首盘区可以访问，就能获得上述第 1、2 条列出的信息。跨区数据存储可以在首盘区之外的任何盘区离线的情况下存续。如果数据存储中丢失了这些盘区，则对盘区上数据块的任何输入输出都会造成 I/O 错误，而对其余部分的 I/O 是成功的。

为了找出丢失的设备，可以运行 vmkfstools 命令；清单 12.2 中的输出清晰地指出了离线的设备。

清单 12.2　列出卷盘区的设备 ID

```
VMFS-5.54 file system spanning 2 partitions.
File system label (if any): Storage1
Mode: public
Capacity 414.5 GB, 277.1 GB available, file block size 1 MB
UUID: 4bd783e0-1916b9ae-9fe6-0015176afd6e
Partitions spanned (on "lvm"):
     naa.6006016012d021002a49e23fa349e011:1
    (device naa.6006016012d021002b49e23fa349e011:1 might be offline)
    (One or more partitions spanned by this volume may be offline)
```

2. 文件分配改进

为了说明下面的要点，我们首先运行清单 12.3 中的命令获取一些详细的 VMFS5 属性。

清单 12.3　列出 VMFS5 属性

```
vmkfstools -Ph -v10 /vmfs/volumes/Storage1/

VMFS-5.54 file system spanning 1 partitions.
File system label (if any): Storage1 (2)
Mode: public
Capacity 63.2 GB, 62.3 GB available, file block size 1 MB
Volume Creation Time: Sun Jun  5 00:24:41 2011
Files (max/free): 130000/129990
Ptr Blocks (max/free): 64512/64496
Sub Blocks (max/free): 32000/32000
Secondary Ptr Blocks (max/free): 256/256
File Blocks (overcommit/used/overcommit %): 0/971/0
```

```
Ptr Blocks  (overcommit/used/overcommit %): 0/16/0
Sub Blocks  (overcommit/used/overcommit %): 0/0/0
UUID: 4deaccc9-20cf1f3a-36f7-001f29e04d50
Partitions spanned (on "lvm"):
        mpx.vmhba1:C0:T0:L0:3
DISKLIB-LIB   : Getting VAAI support status for /vmfs/volumes/Storage1/
Is Native Snapshot Capable: NO
```

下面是 VMFS5 对文件分配的改进：

1）块的大小现在只有 1 MB，支持所有文件尺寸。不再需要指定更大的块尺寸以支持更大的文件尺寸。

清单 12.3 显示从刚刚创建的 VMFS5 数据存储取得的输出，列出的块尺寸为 1 MB；相比之下，VMFS3 提供 1 MB、2 MB、4 MB、8 MB 等块尺寸，支持不同的最大文件尺寸。

2）最大文件数从 VMFS3 的 30 720 个增加到 13 万个。

3）最大文件尺寸增大到 64 TB。然而，目前这只限于直通 RDM。这意味着，虚拟磁盘文件尺寸仍然被限制在 2 TB。

4）最大数据存储尺寸仍然为 64 TB。然而，盘区尺寸可以超过 2 TB，最大为 64 TB。

5）子数据块分配现在是 8 KB，而不是 VMFS3 的 64 KB，这有效地增加了子数据块的数量。

6）小文件打包（Small File Packing，也被称作 0 级寻址或者 ZLA）——当文件尺寸小于 1 KB 时，它被保存在自己的文件描述符（inode）中。当文件超出这个大小之后，如果不大于 8 KB，它的数据被复制到子数据块。超出子数据块大小之后，文件保存在文件块中。

7）改进了处理指针块集群（pbc）缓冲的效率。

8）增加 .pb2.sf 系统文件，支持未来版本中 pbc 的扩张。目前，pbc 总数的高限为 64 512。图 12.11 显示了 VMFS5 系统文件。除了 .pb2.sf 之外，其他系统文件与 VMFS3 相同（参见图 12.3）。

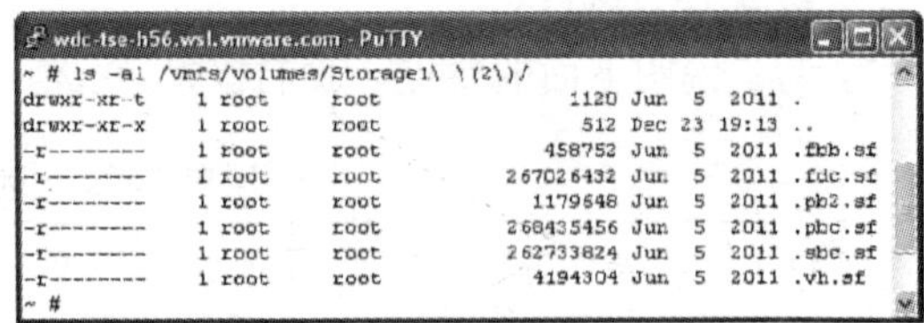

图 12.11　VMFS5 系统文件

3. 二次间接寻址

新创建的 VMFS5 数据存储仅提供 1 MB 文件块。为了支持超过 256 GB 的不同文件尺寸，它使用了二次间接寻址。如果你关注 VMFS3 间接寻址的实现就会注意到，文件块的最大数量是固定的，最大文件尺寸取决于文件块大小。另一方面，VMFS5 的文件块尺寸是固定的（1 MB），为了寻址超过 256 GB 的文件尺寸，每个二级指针块指向 1 024 个一级指针块。因为后者能够存储 1 024 个文件块地址，实际上将可寻址的文件块增加到原来的 1 024 倍。

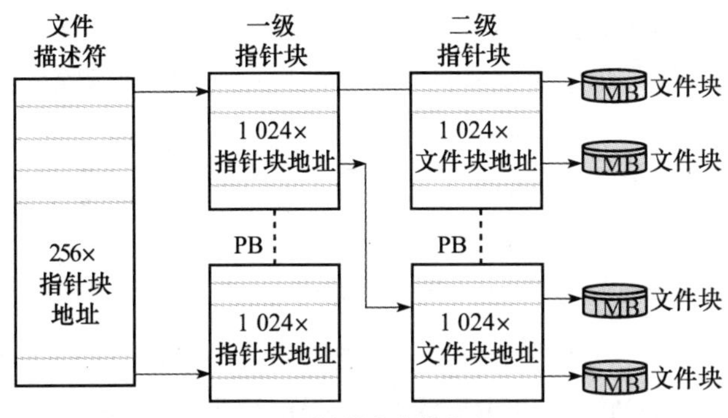

图 12.12　VMFS5 二次间接块寻址

根据如下公式，这一架构提供 256 TB 的理论最大文件大小。

每个文件描述符 256 个数据块地址 × 每个二级指针块 1 024 个地址 × 每个一级指针块 1 024 个地址 × 每个文件块 1 MB

（256×1024×1024×1 MB=256 TB）

然而，vSPhere 5 将最大虚拟磁盘大小限制在 2 TB，不过直通 RDM 和 LVM（最大数据存储尺寸）都被限制在 64 TB。

vSphere 5 中部分使用了二级指针块资源，它们被限制为使用 256 个地址，这能够解释 64 TB 的限值，根据公式，就是 256×256×1024×1 MB。

我们回顾表 12.1，VMFS5 的修订表格为表 12.3。

表 12.3　文件尺寸与 VMFS5 资源的相关性

文件大小	文件描述符中保存的地址类型	是否使用二级指针块	存储数据的资源文件类型
<1MB	子数据块	否	子数据块
≥ 1MB，≤ 256 MB	文件块	否	文件块
>256 MB，≤ 256×1024×1MB	指针块	否	文件块
>256GB，≤ 256×256×1024×1MB（64TB）	指针块	是	文件块

12.1.3　分区表问题的常见根源

我曾经看到多种 VMFS3 分区表损坏或者丢失的案例。最常见的根源是向非 ESXi 主机提供 VMFS3 LUN，特别是运行 Windows 的主机。你可能很熟悉当可以运行 Windows 操作系统上的磁盘管理工具时看到的“初始化磁盘”提示。即使你没有用这个工具分区或者格式化，磁盘初始化都会造成对分区表的改写。通过转储保存 VMFS 卷的 LUN 的前几个扇区可以得到确切的证据，在这里我常常找到 Windows 的特征码。

Linux 或者 Solaris 主机访问 VMFS3 LUN 使用不同的机制，但是也可能发生同样的情况。

其他常见的原因是用户的错误。

VMware 引入了一些机制来避免这类损坏（硬件 / 固件的问题除外），防止分区表被破坏或者删除。

最近已经不常见到这种问题，但是，旧的日志显示如下信息：

```
in-use partition modification is not supported
Can't clobber active portable for LUN <设备 ID>
```

强烈建议你利用存储阵列上的发起方记录逻辑分组，例如，主机分组，并仅将 LUN 分配给该组，这能够防止偶然将 ESXi 主机的 LUN 提供给非 ESXi 主机。

另一种原因较不常见：存储阵列在丢失一个支持磁盘之后重建 RAID 集合。有时候因为缓存或者固件故障，有些数据块无法写入磁盘，你在这些数据块上所能看到的是类似于磁盘制造商测试媒体用的固定模式。这种问题后来已经被与 VMware 合作的存储供应商更正。根据所影响的数据块，分区表也可能损坏。

12.1.4 为 VMFS3 数据存储重建丢失的分区表

在某些情况下（这种情况越来越少见），你可能会面对分区表丢失或者损坏的情况，因此这里要与你分享重建分区表的过程。只要损坏的程度没有扩大到元数据，这一过程在大部分的时候都有效。

1. 正常分区表

在开始这一过程之前，首先要回顾一下正常的分区表是什么样的！

你可以使用 fdisk 工具列出分区表。这个工具基于 Linux，经过修改支持 VMFS3 文件系统。ESXi 5 上的命令为：

```
fdisk -lu /vmfs/devices/disks/<设备 ID>
```

或者

```
fdisk -lu /dev/disks/<设备 ID>
```

注意 /vmfs/device 是指向 ESXi 5 上 /dev 的符号链接。

健康的分区表输出如图 12.13 所示。

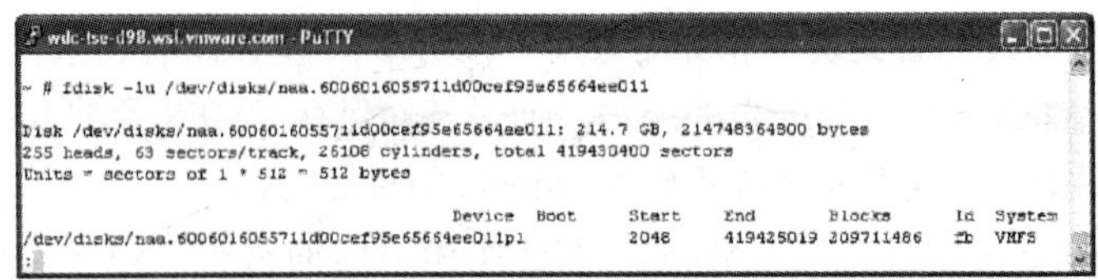

```
~ # fdisk -lu /dev/disks/naa.6006016055711d00cef95e65664ee011

Disk /dev/disks/naa.6006016055711d00cef95e65664ee011: 214.7 GB, 214748364800 bytes
255 heads, 63 sectors/track, 26108 cylinders, total 419430400 sectors
Units = sectors of 1 * 512 = 512 bytes

                                                Device Boot      Start         End      Blocks  Id System
/dev/disks/naa.6006016055711d00cef95e65664ee011p1             2048   419425019   209711486  fb  VMFS
```

图 12.13 列出一个健康的 VMFS3 分区表

在这个例子中，使用 `-lu` 选项获得扇区（Sector，物理磁盘数据块，大小为 512 个字节）数量。当介绍重建分区表的过程时，你就会知道使用这一单位的原因。

如果你使用 `-l` 选项代替，就会看到如下的输出：

```
fdisk -l /dev/disks/naa.6006016055711d00cef95e65664ee011

Disk /dev/disks/naa.6006016055711d00cef95e65664ee011: 214.7 GB,
214748364800 bytes
255 heads, 63 sectors/track, 26108 cylinders
Units = cylinders of 16065 * 512 = 8225280 bytes

                                      Device Boot  Start End    Blocks    Id
System
/dev/disks/naa.6006016055711d00cef95e65664ee011p1  1    26108  209711486 fb
VMFS
```

注意，这一输出以柱面（Cylinder）作为单位，这一单位的大小为 16 065×512 字节，难以计算过程中的数据块。

现在，我们从第一个输出继续下去。它显示 ID 为 fb 的 VMFS 分区从第 2 048 个扇区开始，这意味着，从磁盘偏移开始的 1 MB。该分区结束于 419 425 019 扇区。注意，fb 是 VMFS 的系统 ID。这是 VMware 首次扩展 fdisk 用于 ESX 时的一个可用 ID。VMware 使用的另一个 ID 是 f，这个 ID 用于 vmkcore 或者 vmkernel 核心转储分区。你通常会在 ESXi 启动设备中遇到后一种类型。

2. 维修损坏或者丢失的分区表

现在进入维修分区表的真正过程。

这一过程概述如下：

1）找出代表受影响 LUN 的设备名。

2）寻找 LVM 头偏移。

3）计算分区偏移。

4）使用 fdisk 重建分区表。

5）安装数据存储。

（1）找出设备名

1）用 esxcli 列出 VMFS 数据存储及相关的设备名。图 12.14 显示了命令的输出：

```
esxcli storage vmfs extent list
```

这个命令列出所有 VMFS 数据存储盘区以及相关的设备名和分区名。

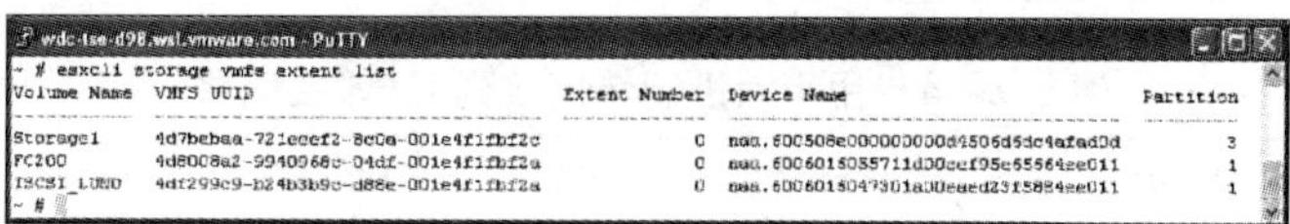

图 12.14　列出 VMFS 盘区（设备）

2）用 esxcfg-scsidevs 命令列出主机上的所有设备。在这个例子中，使用了 `-c` 选项获得设备和相关控制台设备名的紧凑列表（图 12.15 经过裁剪，仅显示相关的列）。

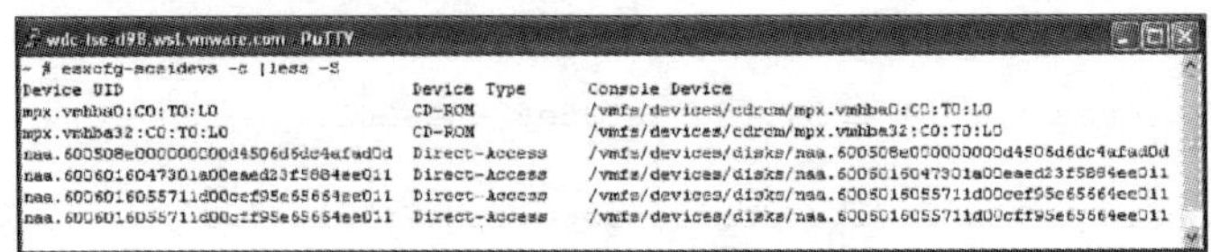

图 12.15 列出所有存储设备

3）注意，有 4 个 Direct-Access（直接访问）设备，但是前一个输出显示 3 个 VMFS 数据存储。比较两个输出，可以找出部分受到影响的 LUN 设备 ID 和控制台设备名——naa.6006016055711d00cff95e65664ee011。

从第 1 步和第 2 步得出用于这一过程的设备名为 /dev/disks/ naa.6006016055711d00cff95e65664ee011。

注意，将 /vmfs/devices 修改为 /dev，因为前者链接到后者，而且可以使命令行更简短。

可以运行 fdisk-lu 列出分区表，验证你找到了受影响的设备。

```
fdisk -lu /dev/disks/naa.6006016055711d00cff95e65664ee011

Disk /dev/disks/naa.6006016055711d00cff95e65664ee011: 10.7 GB, 10737418240
bytes
255 heads, 63 sectors/track, 1305 cylinders, total 20971520 sectors
Units = sectors of 1 * 512 = 512 bytes

Disk /dev/disks/naa.6006016055711d00cff95e65664ee011 doesn't contain a
valid partition table
```

（2）如果数据存储有盘区怎么办

如果数据存储有多个盘区，其中一个或者多个分区表损坏或者丢失，但是首盘区完好，找到受影响设备的最佳方法是运行如下命令：

```
vmkfstools -P /vmfs/volume/<卷名>
```

上述命令列出盘区及其设备名。使用状态为离线的设备名，剩下的过程完全一样。

如果首盘区也受到影响，尝试在所有受影响的设备上重建分区表，如果成功，所有盘区就能集合到一起，然后安装卷。

（3）找到 LVM 头偏移

可以使用清单 12.4 所示的 hexdum（十六进制转储）找到 LVM 头偏移。

清单 12.4 用十六进制转储找到 LVM 头偏移

```
hexdump /dev/disks/naa.6006016055711d00cff95e65664ee011

00001f0 0000 0000 0000 0000 0000 0000 0000 aa55
```

```
0000200 0000 0000 0000 0000 0000 0000 0000 0000
*
0200000 d00d c001 0003 0000 0015 0000 1602 0000
0200010 0000 0000 0000 0000 0000 0000 0000 0000
```

用 ESXi 5 包含的 hexdump 实用工具，可以列出设备的十六进制内容。

LVM 偏移的前 4 个字节为 d00d c001。接下来的 2 个字节显示 VMFS 主版本。在例子中为 0003，表示卷的版本为 VMFS3。VMFS5 卷的值为 0005。

提示 不要使用 hexdump 的 -C 选项，因为它会以相反的字节顺序输出。例如，d00d c001 将会显示为 0d d0 01 c0，这可能令你感到困惑。

根据清单 12.4 中的转储，LVM 头偏移为地址 020000。

（4）计算分区偏移

现在，我们使用 LVM 头偏移回退 1 MB——这是它与分区偏移的距离：

1）将 LVM 偏移值从十六进制转换为十进制：

十六进制的 0200000= 十进制的 2097152

2）将字节计数转换为扇区数（除以扇区字节数 512）：

2097152/512=4096 个扇区

3）减去 1 MB 代表的扇区数（2048 个扇区，每个 512 字节）：

4096–2048=2048

这意味着，分区从第 2048 个扇区开始。

（5）使用 fdisk 重建分区表

重建分区表的过程相当简单，使用如下的步骤：

```
fdisk -u /dev/disks/naa.6006016055711d00cff95e65664ee011
```

上述命令用 fdisk 指定扇区数而不是柱面数。

现在使用如下的选项和值：

- n（创建新分区）
- p（指定分区为主分区）
- 1（指定分区为第一个分区）
- 2048（设置分区偏移）
- [enter]（接受最后一个扇区的默认值）
- t（修改系统类型）
- fb（指定系统类型为 VMFS）
- w（写入更改并退出 fdisk）

（6）安装恢复之后的数据存储

运行如下命令重新扫描 VMFS 数据存储设备，安装 VMFS 数据存储：

```
vmkfstool -V
```

这是一个隐含选项，探测文件系统并安装重建分区表上找到的数据存储。用如下命令检查 /vmfs/volumes 目录，验证数据存储成功安装：

```
ls /vmfs/volume
```

12.1.5 为 VMFS5 数据存储重建丢失的分区表

VMFS5 数据存储有类似的分区表结构，使用 GPT 代替 MBR。

找出分区偏移的过程与上一节所述的 VMFS3 过程相同。唯一的区别是十六进制转储中的 VMFS 主版本为 5 而不是 3。

重建分区表的过程使用 partedUtil 而不是 fdisk。

1. GPT 磁盘布局

在详细研究分区表重建过程之前，我们首先研究 GPT 磁盘布局。

图 12.16 说明了 GUID 分区表架构。

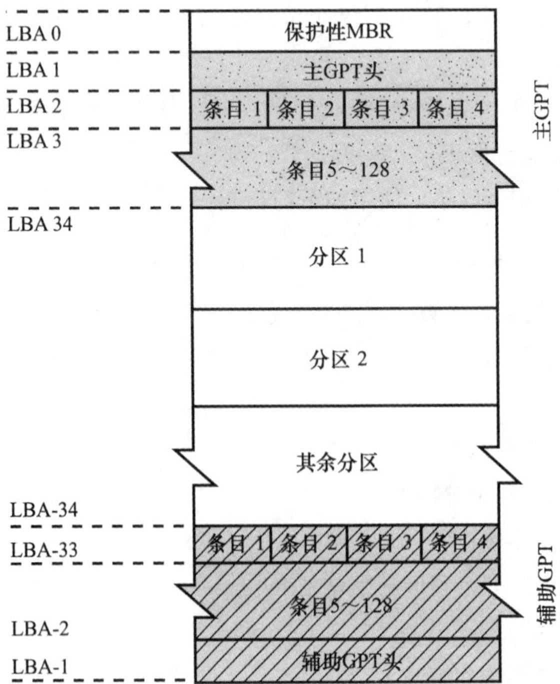

图 12.16 GPT 布局（图片的使用经过维基百科的 CC-By-SA-2.5 授权）

图 12.16 中的布局说明如下。

- 第一个 LBA（扇区）被保护性 MBR 占据。
- 主 GPT 头位于 LBA1（第 2 个磁盘扇区）。
- LBA2 有 4 个条目，后面是第 5 ～ 128 个条目，结束于 LBA33。VMFS 分区可以位于 LBA34（第 35 个磁盘扇区）开始的任何位置。
- 辅助 GPT 头在磁盘的最后一个 LBA 上。所以，它开始于 LBA-1，这意味着如果设备有 1 024 000 个扇区，最后一个 LBA 为 1 024 000-1=1 023 999。
- 辅助 GPT 头的前 31 个扇区（LBA-2 到 LBA-32）是第 5 ～ 128 个条目的备份。
- 前一个扇区是剩余的 1 ～ 4 条目（LBA-33）。

这意味着，设备上可用的删除始于 LBA34，结束于 LBA-34。

为了说明这一结构，我们来看看如下的输出：

```
partedUtil getptbl /dev/disks/naa.6006016055711d00cff95e65664ee011

gpt
1305 255 63 20971520
1 2048 20971486 AA31E02A400F11DB9590000C2911D1B8 vmfs 0
```

这条命令列出了用作恢复示例的设备中健康的 gpt 分区表。输出是分区表被删除之前的情况。

输出中显示如下内容。

- 分区类型——在这个例子中是 gpt，你可能看到的另一个值是 msdos，这是 partedUtil 用于 ESXi 5 之前的主机创建的 VMFS3 分区时看到的显示。
- 第二行说明磁盘结构为（C、H、S、Sectors），即柱面、磁头、每磁道扇区和总扇区数量。
- 最后一行以（分区号、偏移（第一个扇区）、最后一个扇区、GUID、分区类型和属性）的格式显示 VMFS 分区详情。

输出中的 GUID 是 VMFS 特有的。你可以从如下输出得到该值：

```
partedUtil showGuids

Partition Type       GUID
 vmfs                 AA31E02A400F11DB9590000C2911D1B8
 vmkDiagnostic        9D27538040AD11DBBF97000C2911D1B8
 VMware Reserved      9198EFFC31C011DB8F78000C2911D1B8
 Basic Data           EBD0A0A2B9E5443387C068B6B72699C7
 Linux Swap           0657FD6DA4AB43C484E50933C84B4F4F
 Linux Lvm            E6D6D379F50744C2A23C238F2A3DF928
 Linux Raid           A19D880F05FC4D3BA006743F0F84911E
 Efi System          C12A7328F81F11D2BA4B00A0C93EC93B
```

```
Microsoft Reserved    E3C9E3160B5C4DB8817DF92DF00215AE
Unused Entry          00000000000000000000000000000000
```

分区类型为 vmfs，属性对于 VMFS 分区来说总是为 0。

```
partedUtil getUsableSectors /dev/disks/naa.6006016055711d00cff95e65664ee011
```

```
34 20971486
```

上面这条命令列出设备的第一个和最后一个可用扇区。根据 getptbl 命令所提供的 gpt 磁盘布局详情，最后一个可用扇区是 LBA–34。这个例子说明设备上的总扇区数为 20 971 520。如果你减去 34 得到最后一个可用扇区（20971520–34=20971486），该值与 getplbl 命令输出相匹配。

2. 重建分区表

重建分区表的语法为

```
partedUtil setptbl "/dev/disks/<DeviceName>" DiskLabel "partNum startSector endSector type/guid attribute"
```

所需的参数为：

- **DeviceName**——使用受影响的设备的 NAA ID，包括路径——例如，/dev/disks/ naa.6006016055711d00cff95e65664ee011。
- **DiskLable**——这是分区类型，对于我们的目的来说，可以是 msdos 或者 gpt。前者创建一个 fdisk 风格的分区（MBR），而后者创建一个用于 ESXi 5 数据存储的分区。要重建 VMFS5 分区表，该参数必须为 gpt。
- **partNum**——这是分区号。因为任何 VMFS5 数据存储都保存在单一分区上（和用于启动 ESXi 的本地存储或者从 SAN 启动的 LUN 不同），分区号始终为 1。
- **startSector**——这是你从“找到 LVM 头偏移”小节中的十六进制转储分析里计算得出的分区偏移。在我们的例子中是 2048。
- **endSector**——这是在“GPT 磁盘布局”小节中讨论过的最后可用扇区。为了得到最后可用扇区编号，从受影响的设备总扇区数减去 34。

回忆一下，运行如下命令获得以扇区表示的设备尺寸：

```
partedUtil get /dev/disks/<设备 ID>
```

如果这条命令无效，可能是因为主 gpt 也已经损坏或者被删除，可以使用 fdsik 代替：

```
fdisk -lu /dev/disks/<设备 ID>
```

例如：

```
fdisk -lu /dev/disks/naa.6006016055711d00cff95e65664ee011

Disk /dev/sdd: 10.7 GB, 10737418240 bytes
255 heads, 63 sectors/track, 1305 cylinders, total 20971520 sectors
```

在上述例子中，设备上的扇区总数为 20971520。为了获得最后一个可用扇区，从这个数字上减去 34，得到 20971486。

- GUID 是 AA31E02A400F11DB9590000C2911D1B8，这在前面的 partedUtil showGuids 命令输出中列出。

```
partedUtil showGuids
```

- 分区属性，对于 VMFS 分区来说总是为 0。

运用上述原则，本例中重建分区表的命令为：

```
partedUtil setptbl "/dev/disks/naa.6006016055711d00cff95e65664ee011" gpt "1
2048 20971486 AA31E02A400F11DB9590000C2911D1B8 0"
```

分区表重建之后，可以运行如下命令自动安装数据存储：

```
vmkfstools -V
```

如果操作成功，应该看到数据存储在 /vmfs/volumes 目录中列出。

提示　检查 /var/log/vmkernel.log 是否有如下错误：

LVM:2907: [naa.6006016055711d00cff95e65664ee011:1] Device expanded（actual size 20969439 blocks，stored size 20964092blocks）

上述信息意味着，用于重建分区表的最后一个扇区与原来的值不匹配。你可以简单地计算差值并将其添加到用于重建分区表的 partedUtil 命令中。在这个例子中，我故意使用了比正确的可用扇区少 5347 的“最后扇区”数值。

另一个提示　如果你在 /var/log/vmkernel.log 看到如下信息：

WARNING:Partition:434:No Prot MBR for “naa.6006016055711d00cff95e65664ee011”。GPT entries will be skipped

这意味着第一个扇区中的“保护性 MBR”被删除或者损坏。

只要损坏限于设备的前 34 个扇区，按照本小节的概述重建分区表应该能够从这种情况中恢复。

再一个提示　在很少的情况下，主 GPT 损坏而保护性 MBR 完好，在运行“partedUtil getptbl”命令时会看到如下输出：

```
partedUtil getptbl /dev/disks/naa.6006016055711d00cff95e65664ee011
Error: The primary GPT table is corrupt, but the backup appears OK,
so that will be used.
Gpt
1305 255 63 20971520
```

如果是这种情况，可以使用 partedUtil fix <设备名> 恢复主 GPT，它会复制辅助 GPT 并放入主 GPT 数据块中。

12.1.6 为最糟糕的情况做准备！你能够从文件系统损坏中恢复吗

前面讨论的过程假设损坏的盘区限于某些扇区，它们的结构可以用通用的工具（如 fdisk 和 partedUtil）修复。但是，超出包含元数据的 VMFS 分区偏移如果没有 Kroll-Ontrack 或者 Seagate 的数据恢复服务，就很难修复（参见 VMware KB 1015413 http://kb.vmware.com/kb1015413）。

为了增加恢复 VMFS 文件系统的机会，你应该准备 BC/DR（Business Continuity/Disaster Recovery，业务持续性 / 灾难恢复）计划，为数据提供备份、存储复制 / 镜像 / 快照等，恢复网站以及基础设施 / 网络架构的冗余。下面将和你分享一些技巧，它们可以使你简单地恢复文件系统而不需要花费太多时间。

1. 维护 VMFS 分区表列表

收集分区表的最简单方法是从主机上本地收集 vm 支持转储，或者采用更好的方法——通过连接到 vCenter Server 的 vSpherre Client 5。

（1）收集诊断数据

按照如下过程，收集 vm 支持转储。

1）用 vSpherre Client 5 登录到 vCenter Server。

2）选择 Administration（管理）→ Export System Logs（导出系统日志）（见图 12.17）。

3）在 Source（来源）对话框（见图 12.18）中，展开库存树选择想要收集转储的 ESXi 主机。如果你想要收集数据中心或者群集中的所有主机，选中它们旁边的复选框。如果想要收集 vCenter Server 日志和 vSphere Client 日志，选择对话框底部的复选框，然后单击 Next（下一步）按钮。注意，手工反选没有反应的主机旁边的复选框。

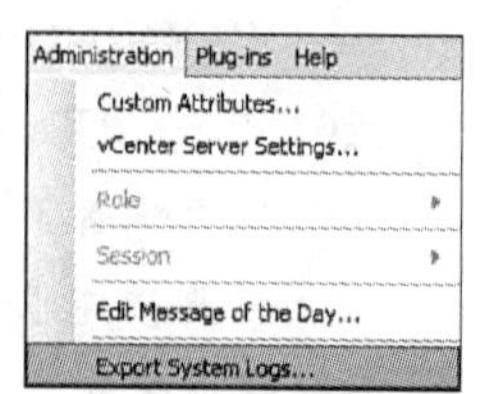

图 12.17 访问“导出系统日志”菜单

4）在 Select System Logs（选择系统日志）对话框中，可以接受默认值并单击 Next（下一步）按钮继续。如果想要减小转储的尺寸，可以反选所有复选框，只留下想要收集的日志类型。要了解每个选择收集的内容，阅读 ESXi 5 主机的 /etc/vmware/vm-support 目录中的清单。

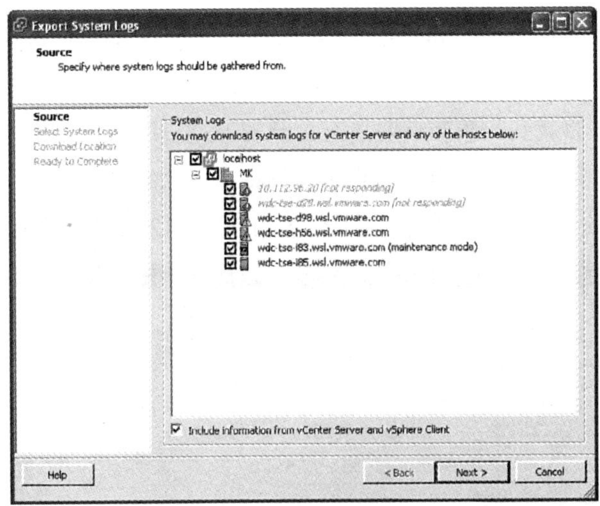

图 12.18　选择导出系统日志的主机

5）在 Download Location（下载位置）对话框中，指定 vSphere 5 Client 桌面上的一个可访问文件夹，并单击 Next（下一步）按钮。

6）审核摘要，如果与你的选择相符，单击 Finish（结束）按钮开始收集过程。

7）最后一个对话框显示日志收集任务的进度。任务完成时，日志位于你在第 5）步中指定的文件夹下，按照如下模式命名：

```
VMware-vCenter-support-YYYY-MM-DD@HH-MM-SS
```

vm 支持转储按照如下模式命名：

```
ESXiHostName-vmsupport-YYYY-MM-DD@HH-MM-SS.tgz
```

8）需要使用收集的数据时，可以进行如下工作：

a）将转储传送到一台 ESXi 主机或者一台 Linux 主机。

b）用如下命令解压转储：

```
tar zxvf <转储文件名>
```

c）解压后的文件在以如下模式命名的目录下：

```
esx-ESXiHostname-YYYY-MM-DD--HH.MM
```

d）继续利用解压的转储内容之前，必须首先重新构造成批收集的一些输出。可以运行如下命令：

```
cd <解压后的转储路径>
./reconstruct.sh
```

（2）转储的哪一个部分提供分区表详情

在按照步骤 8b ～ 8d 展开 vm 支持转储之后，可以在 /commands 命令中找到 esxcfg-info-a 的输出。

在这个输出中，将找到收集转储时所有公开的 ESXi 主机属性和配置，以基于文本的树状结构组织。分支被称为 VSI 节点，包含了容纳特定属性的对象。

每个 VMFS 卷的信息，包括盘区和分区表，位于图 12.19 所示的节点中。

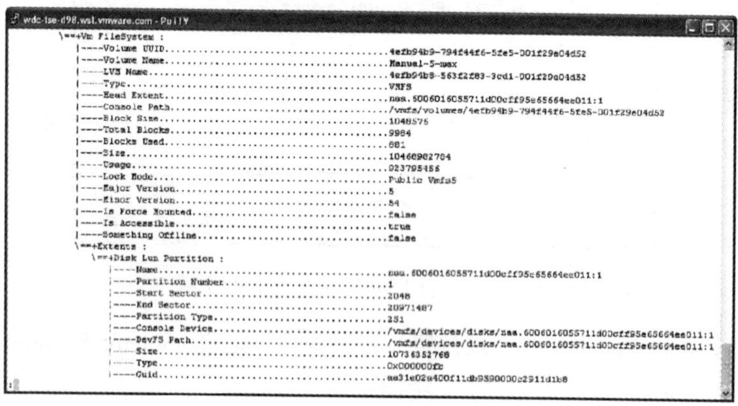

图 12.19　VMFS5 VSI 节点

这里你看到的 VMFS 卷的所有属性，能够帮助你找到如下信息：

- 卷的 UUID（特征码）。
- VMFS 版本（在本例中，主版本号为 5，次版本号为 54）。
- 设备 ID（NAA ID），在 Extents 下面的 Name 字段中列出，还包含了冒号后面的分区号。
- 开始扇区（这个例子中是 2048）。
- 结束扇区（在这个例子中是 20971487）。注意，该值总是比 partedUtil 输出大 1。在编写本书时，我正在研究这一差异。

2. 手工收集分区信息摘要

如果你的主机数量较小，或者有充足的时间，你可以用如下命令从每台主机收集分区列表：

```
esxcli storage core device partition list
```

命令给出类似于图 12.20 的输出。

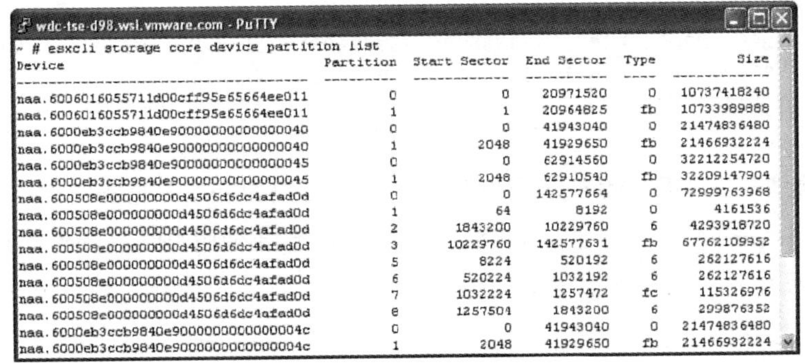

```
wdc-tse-d98.wsl.vmware.com - PuTTY
~ # esxcli storage core device partition list
Device                                Partition  Start Sector  End Sector  Type          Size
------------------------------------  ---------  ------------  ----------  ----  ------------
naa.60060160557111d00cff95e65664ee011         0             0    20971520     0   10737418240
naa.60060160557111d00cff95e65664ee011         1             1    20964825    fb   10733989888
naa.6000eb3ccb9840e90000000000000040          0             0    41943040     0   21474836480
naa.6000eb3ccb9840e90000000000000040          1          2048    41929650    fb   21466932224
naa.6000eb3ccb9840e90000000000000045          0             0    62914560     0   32212254720
naa.6000eb3ccb9840e90000000000000045          1          2048    62910540    fb   32209147904
naa.600508e000000000d4506d6dc4afad0d          0             0   142577664     0   72999763968
naa.600508e000000000d4506d6dc4afad0d          1            64        8192     0       4161536
naa.600508e000000000d4506d6dc4afad0d          2       1843200    10229760     6    4293918720
naa.600508e000000000d4506d6dc4afad0d          3      10229760   142577631    fb   67762109952
naa.600508e000000000d4506d6dc4afad0d          5          8224      520192     6     262127616
naa.600508e000000000d4506d6dc4afad0d          6        520224     1032192     6     262127616
naa.600508e000000000d4506d6dc4afad0d          7       1032224     1257472    fc     115326976
naa.600508e000000000d4506d6dc4afad0d          8       1257504     1843200     6     299876352
naa.6000eb3ccb9840e9000000000000004c          0             0    41943040     0   21474836480
naa.6000eb3ccb9840e9000000000000004c          1          2048    41929650    fb   21466932224
```

图 12.20　列出所有设备上的分区

该列表包括如下内容。

1）**设备 ID**——这是 VMFS 数据存储所在 LUN 的 NAA ID。

2）**分区号**——列出的分区号为 0 时表示列表项代表的是整个 LUN，这也就是开始扇区为 0 的原因。相反，这种情况下结束扇区为 LUN 的最后一个 LBA（逻辑块地址）。

图 12.20 中显示的输出从一台有着典型配置的 ESXi 5 主机上收集而来，该主机从本地磁盘启动，因为其中一个设备有 8 个分区（1 ~ 8）。

3）**开始扇区**——这是分区中的第一个 LBA。如果该值为 0，分区号也为 0，因为该列表项用于整个设备。高于 0 表示分区偏移所在的真正 LBA 号。

4）**结束扇区**——这是分区中的最后一个 LBA。对于只有一个分区的设备，该值应该等于“GPT 磁盘布局”小节中 `partedUtil getUsableSectors` 命令获得的最后一个可用扇区。

对于表示整个设备的列表项，该值代表 LUN 上的最后一个 LBA。

注意　上述输出从图 12.19 相关的 VSI 节点继承而来。你要注意一个事实，这一输出中的结束扇区总是比从 partedUtil 输出中得到的多 1。所以，在你为了重建分区表计算分区最后一个分区时，要记得这一点。

例如，如果你获取具有 8 个分区的启动设备（设备 ID 为 naa.600508e000000000d4506d6dc4afad0d）的分区表列表项，也会观察到这一差异。比较下面输出的第 3 列（为了容易阅读，这里对输出进行了编排）。所以，如果你收集到这一输出，就得到了更可靠的计算结果。

```
partedUtil getptbl /dev/disks/naa.600508e000000000d4506d6dc4afad0d
gpt
8875 255 63 142577664
1 64       8191     C12A7328F81F11D2BA4B00A0C93EC93B systemPartition 128
5 8224     520191   EBD0A0A2B9E5443387C068B6B72699C7 linuxNative     0
6 520224   1032191  EBD0A0A2B9E5443387C068B6B72699C7 linuxNative     0
```

```
7 1032224   1257471  9D27538040AD11DBBF97000C2911D1B8 vmkDiagnostic   0
8 1257504   1843199  EBD0A0A2B9E5443387C068B6B72699C7 linuxNative     0
2 1843200   10229759 EBD0A0A2B9E5443387C068B6B72699C7 linuxNative     0
    3 10229760 142577630 AA31E02A400F11DB9590000C2911D1B8 vmfs           0
```

5）**分区类型**——对于 VMFS 分区，输出中的类型始终为 fb，即使是 GUID 分区表也一样，这意味着类型应该是 VMFS。不管分区表格式如何，这一输出使用类似于 fdisk 的分区类型。

6）**分区尺寸**——以扇区数表示的尺寸。注意，分区号为 0 的列表项中该尺寸代表 LUN 上的扇区总数。

3. 维护一组元数据二进制转储

改进数据恢复几率的另一项措施是经常使用 dd 收集 VMFS3 或者 VMFS5 数据存储及其盘区所在设备前 32 MB 的元数据二进制转储。

收集这种转储的命令语法为 :

```
dd if=/dev/disks/<设备名> of=/<有足够空间的路径>/<Vol-x>-dump.bin
count=1200 bs=1M
```

只要填写保存转储的路径，并用收集的 VMFS 卷名命名就可以了。

这条命令从设备偏移开始收集 32 MB 数据，包括保护性 MBR/ 主 GPT 和 VMFS 元数据二进制转储。这足以进行大部分的文件系统和分区表恢复。

为了收集可能受到损坏影响的其他资源的备份，将转储的尺寸增加到每个设备的前 1200 MB 是个好主意。这是 VMware 支持部分在你报告 VMFS 损坏时要求收集的内容。

收集的语法与前面列出的 dd 命令相同，只是用 1200 代替了 32，如：

```
dd if=/dev/disks/<设备名> of=/<有足够空间的路径>/<Vol-x>-dump.bin
count=1200 bs=1M
```

将收集到的转储保存到安全的地方 !

12.1.7 跨越还是增长

考虑到期望的工作负载以及容量需求的精心设计通常配备了满足这些需求的存储。但是，总是有可能出现新的业务需求，从而引起设计的更改。

VMFS3 或者 VMFS5 数据存储可以跨越其他 LUN 或者在现有设备上添加更多空闲空间。但是，做出这个决策之前，还应该考虑使用存储 DRS（动态资源调度器），它能有效地提供符合 I/O 和可用性 SLA（服务水平协议）的附加空间。

为了完整性起见，下面将讨论 VMFS3 和 VMFS5 的扩展和增长。

1. 跨区 VMFS 数据存储

在现有的 VMFS3 或者 VMFS5 数据存储上添加物理 LUN 使文件系统跨越这些 LUN。

第一个用于创建数据存储的 LUN 被称为首 LUN，因为它包含元数据，没有这些数据 VMFS 数据存储就无法安装。添加的 LUN 被称为扩展盘区（Extent）。VMFS3 和更高的版本可以承受首盘区之外的任何盘区的失效。如果非首盘区无法使用，VMFS3 或者 5 数据存储仍然可以访问。对丢失的盘区上数据块的存取造成 I/O 错误。

（1）如何让一个 VMFS 数据存储跨越到新盘区

按照如下过程将 VMFS 数据存储跨越到新盘区。

1）用 vSphere 5 Client 以管理员 / 根用户权限登录到 vCenter Server。

2）导航到库存树中群集 / 数据中心里的某台主机。

3）选择 Configuration（配置）选项卡，然后选择 Hardware（硬件）部分下面的存储。

4）在 Datastores（数据存储）窗格中，选择你想要跨区的 VMFS 卷，单击数据存储窗格中的 Properties（属性）链接（见图 12.21）。

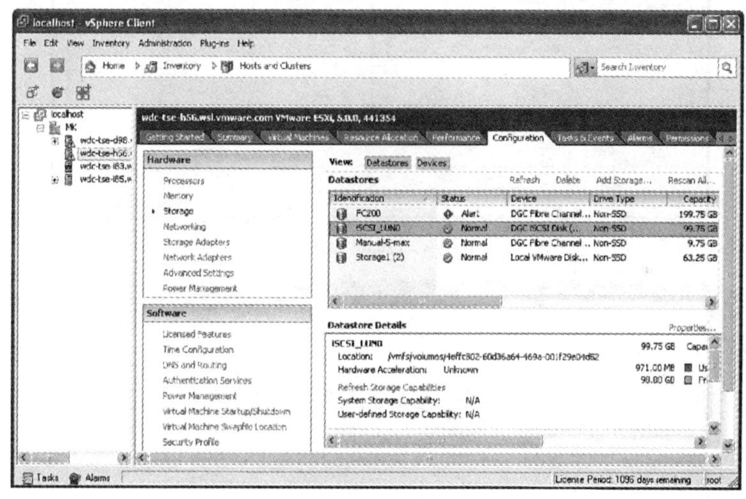

图 12.21　选择要跨区的数据存储

5）在 Volume Properties（卷属性）对话框（参见图 12.22）中，观察 Extent Device（盘区设备）区域，可以看到设备容量（在这个例子中是 200 GB）和主分区容量，这表明后者使用了整个设备的容量，意味着你无法扩大这个卷并增加其尺寸，需要附加的空间。你可以向这台主机添加新的 LUN 或者在阵列上改变现有 LUN 的大小。后者可以扩大卷，后面会介绍如何扩大 VMFS 数据存储。

6）单击 Increase（增加）按钮（参见图 12.22）。

7）在 Increase Datastore Capacity（增加数据存储容量）对话框中，可以看到不是 VMFS 卷一部分或者通过 RDM 映射的所有设备（参见图 12.23）。vCenter Server 隐藏这些设备阻止其使用。否则，会造成这些设备上现有文件系统的损坏。选择要添加的设备。在这个例子中，使用 VMFS3 数据存储，但是这个过程也适用于 VMFS5。注意，对话框的底部说明“This Datastore uses VMFS3。In order to use extents larger then 2TB，you must upgrade this datastore to VMFS5。”（这个数据存储使用 VMFS3，为了使用大于 2 TB 的盘区，你必须将这个数据存储升级到 VMFS5。）只要每个作为盘区添加的设备容量小于或等于 2 TB，就可以继续。更大的设备容量只能供 VMFS5 使用。

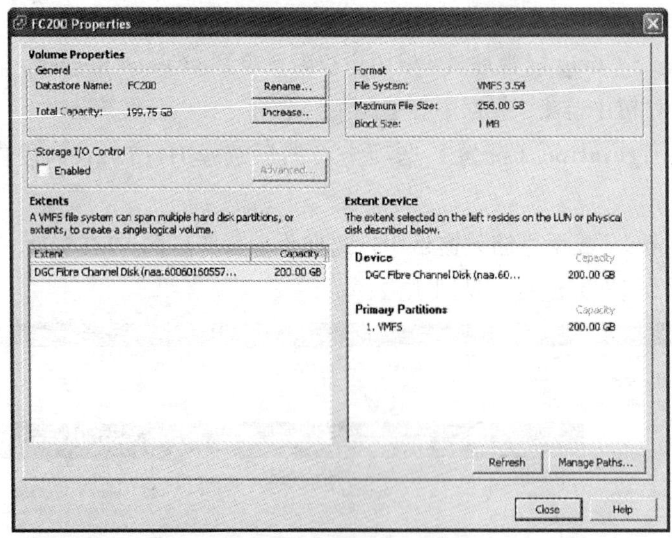

图 12.22　数据存储属性

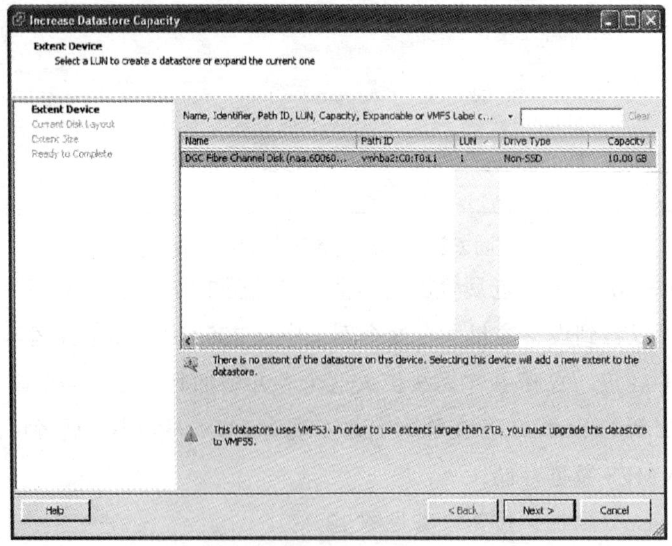

图 12.23　选择添加到 VMFS3 的设备

如果这个数据存储为 VMFS5，将会看到图 12.24 所示的对话框。单击 Next（下一步）按钮继续。

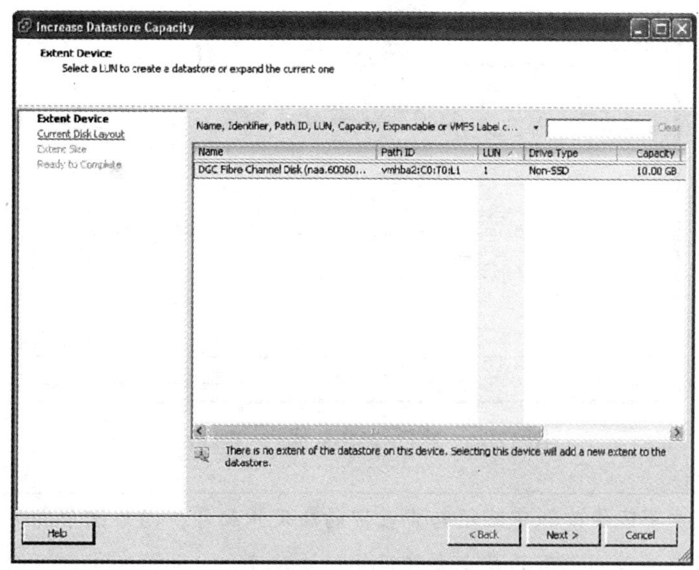

图 12.24　选择添加到 VMFS5 数据存储的设备

注意，图 12.24 中的对话框没有关于设备尺寸的警告。

8）Current Disk Layout（当前磁盘布局）对话框（见图 12.25）显示了首盘区的磁盘布局，新盘区为空白，单击 Next（下一步）按钮继续。

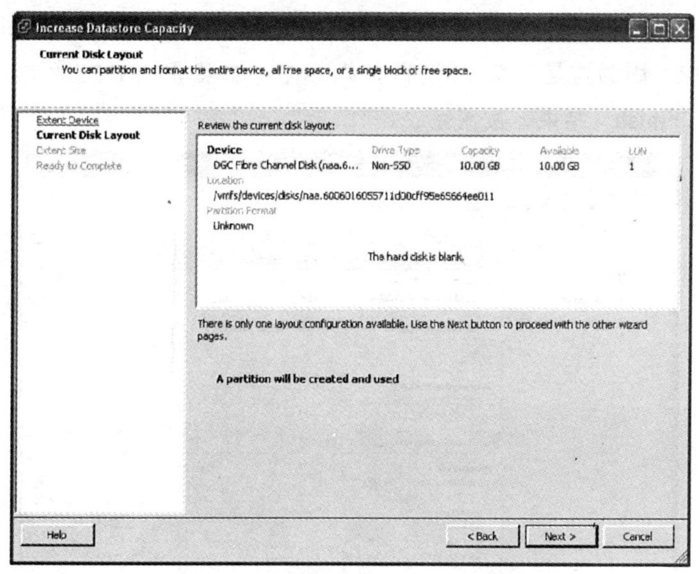

图 12.25　跨区 VMFS 卷——磁盘布局

9）在显示的对话框（见图 12.26）中，你可以使用设备上最大可用空间，或者选择 Custom Space Setting（自定义空间设置）单选按钮指定较小的空间。在这个例子中，使用整个设备，单击 Next（下一步）按钮继续。

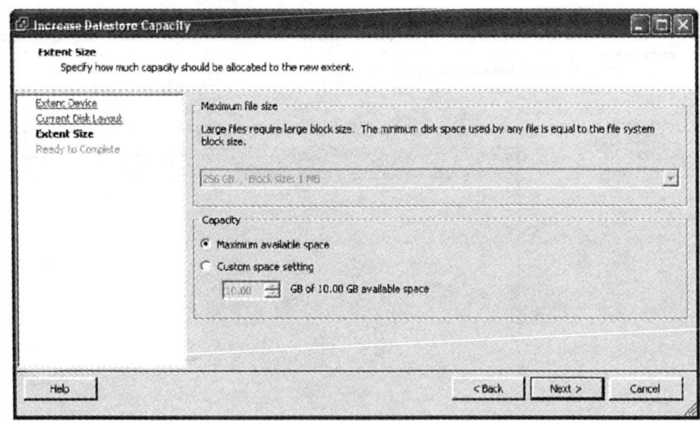

图 12.26 跨区 VMFS 卷——盘区尺寸

注意 数据块尺寸不能修改，它必须与首盘区的块尺寸相符。因为这个文件系统为 VMFS3，必须使用支持计划使用的最大文件尺寸的块尺寸。

如果计划使用比首盘区块尺寸所支持的最大文件更大的文件，最好的方法是在跨越到新设备之前升级首盘区。如前所述，将其升级到 VMFS5 使用单一块尺寸（1 MB），可以支持过去需要更大块尺寸的文件大小。

10）最后一个对话框显示新的跨区卷尺寸以及盘区的磁盘布局（见图 12.27）。注意，分区格式为 MBR，因为这是一个 VMFS3 数据存储。如果是 VMFS5 数据存储，分区格式将为 GPT。单击 Finish（结束）按钮完成。

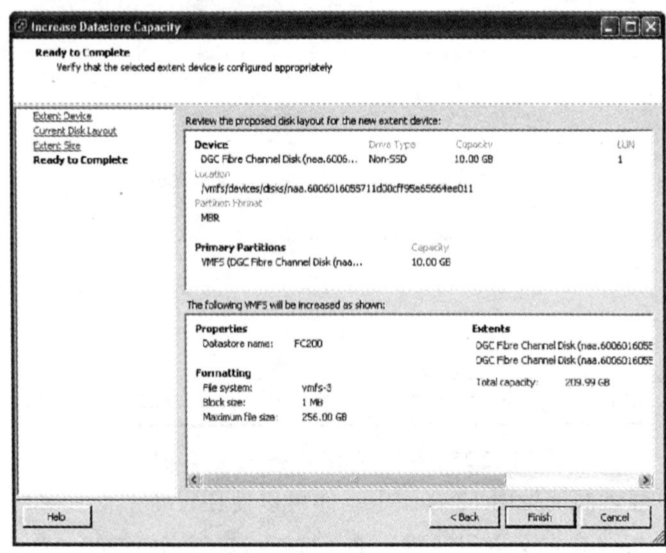

图 12.27 跨区 VMFS 卷——准备完成

11）vCenter Server 在所有共享该卷的主机上触发重新扫描，以便它们能够发现新添加的容量。

提示　尽管 vCenter Server 没有强制，但是不建议将 VMFS 数据存储跨越到不同属性（RAID 类型、物理磁盘类型、磁盘接口类型、磁盘最大转速、存储处理器端口速度和协议）的盘区上。

特别是，LUN 在除了容量之外的其他属性上应该相同，容量可以根据你的需求和可用性决定。使用 vStorage API for Storage Awareness（VASA）有助于在 vCenter Server 中识别这些属性。

（2）LVM 如何知晓数据存储成员

VMFS3 卷头包含了一个盘区 ID 和卷的 UUID。在 VMFS 数据存储加载或者重新扫描时，LVM 读取每个设备的元数据，如果它发现多个设备共享同一个 VMFS 卷 UUID，就会用从首盘区开始的盘区 ID 装配卷，首盘区拥有第一个盘区 ID。

VMFS5 LVM 头有一个列出卷所有盘区的设备 ID 的跨越设备表。这使跨区卷成员的识别更加容易。

（3）数据在盘区上如何分布

数据存储拥有盘区时，数据按照同时使用所有盘区的方式写入，而不采用顺序写入。有一种错误的概念：数据是在第一个盘区上顺序写入，然后在写满之后使用下一个盘区。事实并非如此。内建于文件系统核心模块中的 VMFS Resource Manager（资源管理器）在主机需要分配新的卷空间时使用组成跨区 VMFS 卷的所有盘区。资源管理器根据各种因素（这里不能透露）作出块分配决策。结果是，任何时候都可能使用跨区 VMFS 卷的任何一个 LUN 中的数据块。具体使用顺序因为容量、连接性和事件顺序以及其他因素而有所不同。所有可用盘区上的 VMFS 资源分配给各个资源组中的每台主机。主机所创建的文件物理位置远离其他主机写入的文件。但是，它们试图将所管理的对象保持在较近的距离内。

2. 跨区 VMFS 的优缺点

在医学上，每种药物都有多重效果。对于某些疾病的治疗，其中一种或者多种是治疗效果，而其他的是副作用。不同疗效的药物，作用也各不相同。

计算机行业也适用相同的概念，我们通常称之为优点和缺点（Pros & Cons）。

（1）优点

跨区 VMFS 卷能够提供如下的好处：

- 显然，它为空间有限的 VMFS 数据存储增加了更多空间。
- 因为 SCSI 保留仅在首盘区上进行，跨区 VMFS 卷从整体上减少了 SCSI 保留。但是，使用 VMFS5 和支持 ATS 原语的 VAAI 能使阵列更好地做到这一点。VAAI 对

VMFS3 也有好处，但是 VMFS5 具有“仅 ATS”属性，改进了 ATS 的使用，不需要检查阵列是否支持。第 16 章会对此作详细的介绍。

- 跨区 VMFS 卷可能减少阵列上的“热区”，因为数据分布到不同磁盘组的多个盘区上。
- 如果盘区在不同存储阵列上的设备上，或者在相同阵列同一控制器或者不同控制器的设备上，跨区卷有助于减少高 I/O 利用率下的设备队列消耗。这种好处仅适用于阵列端。发起方仍然受限于 HBA 驱动程序提供的队列深度。
- 在 VMFS5 上使用跨区数据存储不再造成文件块尺寸的限制。所以，你可以跨越数据存储，使用较少的大文件。但是，如果这些文件属于少数几个 VM，使用 VMFS5 的好处——只要阵列支持 ATS 原语，就增加仅 ATS 模式的使用以及有效消除 SCSI-2 保留，最终会导致完全不需要使用这么少的文件。另一方面，必须注意所定义的 RTO；你是否能够以足够快的速度恢复这样的大文件，符合 SLA ?

（2）缺点

跨区 VMFS 卷有如下的弊端：

- 没有简单的方法能够确定哪个文件处于哪一个盘区。所以，如果丢失了一个盘区，你只会丢失该盘区上的数据，而其他的部分仍然得以幸存（你可能会说，这本身是一个优点）。你发现受影响部分的唯一方法是观察哪些 VM 有写入丢失数据块的 I/O 错误。如何缓解这种风险？备份 !!!! 在硬件级别和文件级别上都要进行备份。与建立一个同样大小的基于单盘区的数据存储相比，对关键业务 VM/ 数据存储 / 盘区创建硬件快照或者建立复制应该有助于帮助你更快地恢复。恢复巨大的数据存储所需要的时间可能超过你的 RTO（恢复时间目标）。降低这一风险的另一种方法是使用具备 Storage DRS 的数据存储群集。
- 丢失首盘区可能导致整个数据存储失效。但是，如果使用和组成跨区数据存储的盘区总尺寸相同的大型 LUN，后果也一样。

3. VMFS 数据存储增长

许多存储阵列提供 LUN 容量的增长功能。过去，利用这些空间需要手工修改分区表，在增添的空间中添加一个新分区，然后在分区上以跨区 VMFS 卷的类似方式创建一个 VMFS 盘区。从 vSphere 4.0 开始，VMware 推出了一个新功能，可以将 VMFS 数据存储增长到所在物理 LUN 的可用空间上。这实际上改变了分区的大小，并修改元数据将新空间添加为可用资源。

从架构上说，最终结果类似于在设备上新创建 VMFS 卷。在 VMFS3 和 VMFS5 上使用这一功能的主要不同点是后者可以增长到大于 2 TB 的 LUN。

4. 如何增长一个 VMFS 卷

可以使用 vSphere 5 客户端或者通过 CLI 的 vmkfstools 增长 VMFS 卷。

（1）使用 vSphere 5 Client 的过程

1）用 vSphere 5 Client，以管理员 / 根用户特权登录到 vCenter Server 上。

2）在库存树中导航到群集 / 数据中心中的一台主机。

3）选择 Configuration（配置）选项卡；然后选择 Hardware（硬件）部分下的 Storage（存储）。

4）在数据存储窗格中，选择你想要增长的 VMFS 卷；然后单击数据存储窗格中的 Properties（属性）链接（见图 12.28）。

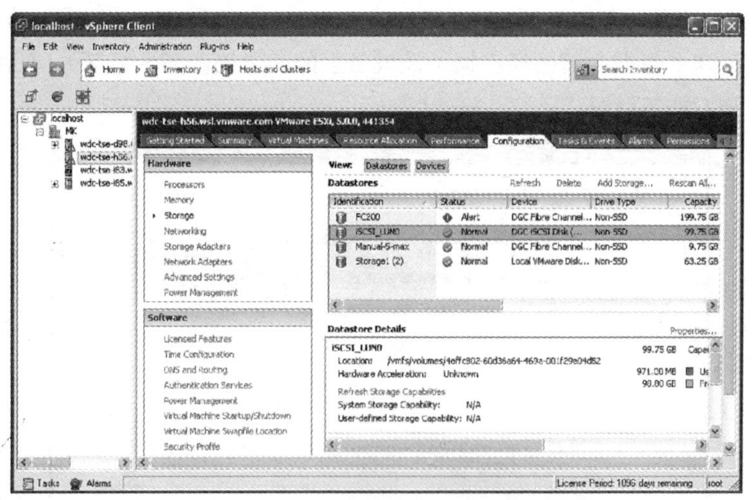

图 12.28　选择要增长的数据存储

5）在 Volume Properties（卷属性）对话框中，观察 Extent Device（盘区设备）区域，可以看到设备容量（在这个例子中是 200 GB）和主分区容量，这表明后者使用了整个设备容量的一半（见图 12.29），意味着我们可以使用剩余的可用空间将卷空间增长一倍。还有，在这个例子中，使用 VMFS5 数据存储，但是只要设备容量小于或者等于 2 TB，这一过程也适用于 VMFS3。更大的设备容量只能供 VMFS5 使用。

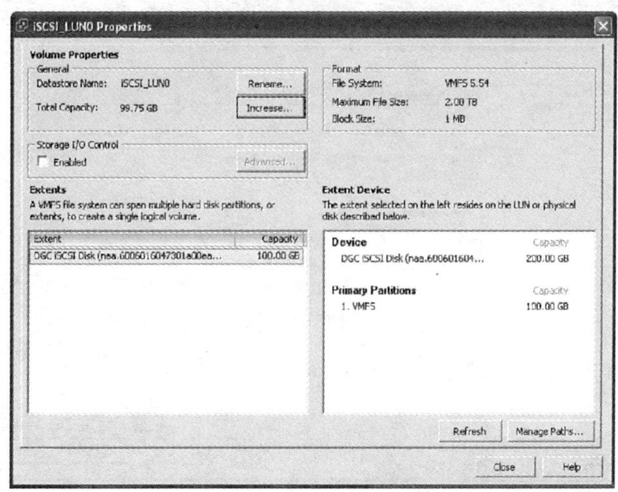

图 12.29　卷属性

6）记下 Extents（盘区）部分的设备 ID（例子中是 NAA ID）；然后在 General（常规）区域单击 Increase（增加）按钮。

7）在 Increase Datastore Capacity（增加数据存储容量）对话框中，选择和你前一步中记下的 ID 相同的设备。注意，Expandable（可扩展）栏目中显示 Yes。这意味着你可以继续。注意对话框底部列出的信息，它通知你，“the datastore already occupies one or more extents on this device”（这个数据存储已经占据了该设备上的一个或者多个盘区）（见图 12.30）。单击 Next（下一步）按钮继续。

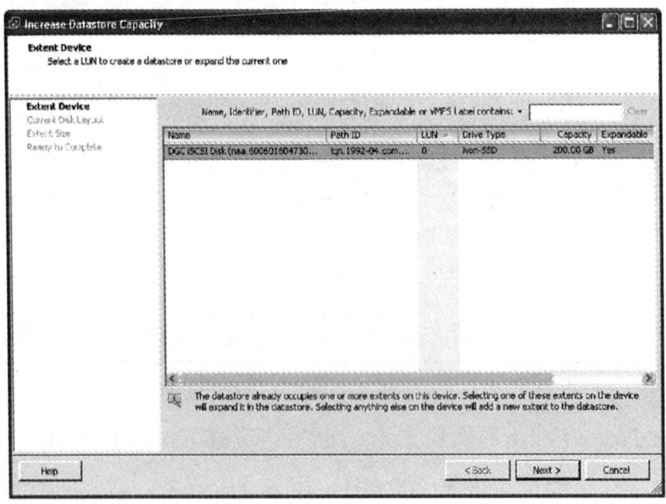

图 12.30 选择要增长卷的设备

8）磁盘布局对话框（见图 12.31）显示有一个主分区，空闲空间将被用于扩展 VMFS 卷，单击 Next（下一步）按钮继续。

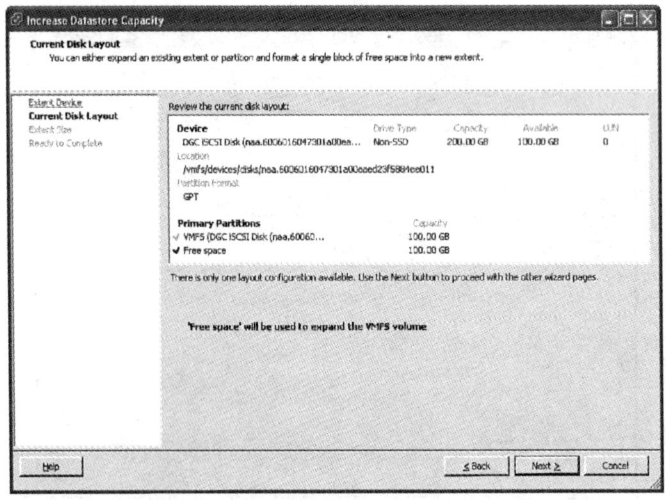

图 12.31 当前磁盘布局

9）你几乎已经完成任务了 !Extent Size（盘区尺寸）对话框（参见图 12.32）允许你使用最大可用空间或者使用 Custom Space（自定义空间）设置，后者允许你使用部分可用空间。在这个例子中，使用所有可用空间。单击 Next（下一步）按钮继续。

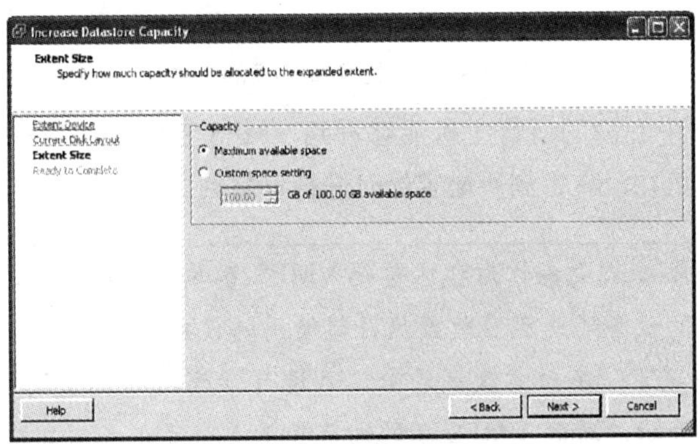

图 12.32 指定分配的容量

10）Ready to Complete（准备完成）对话框（参见图 12.33）显示将要应用到该卷的最终设置。注意，主分区的大小将要改变为利用整个设备的容量，而不是添加第二个利用前一步指定的可用空间的第二个主分区。单击 Finish（完成）按钮结束操作。

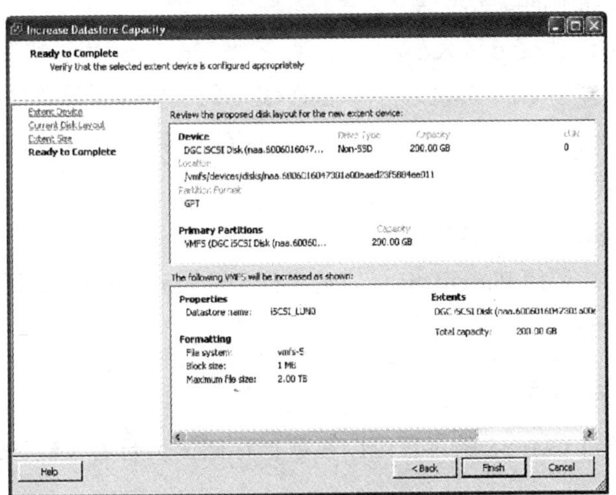

图 12.33 准备完成“增长卷”过程

11）观察 Recent Tasks（最近任务）窗格（见图 12.34），应该会注意到如下顺序的操作：

a. 计算磁盘分区信息。

b. 计算磁盘分区大小变动信息。

c. 扩展 VMFS 数据存储。

d. 最后，重新扫描数据中心里的所有 ESXi 主机上的 VMFS。

Name	Target	Status	Details	Initiated by	Requested Start Ti...	Start Time
Rescan VMFS	wdc-tse-i83.ws...	Completed		System	12/31/2011 7:07:09 ...	12/31/2011
Rescan VMFS	wdc-tse-i85.ws...	Completed		System	12/31/2011 7:07:09 ...	12/31/2011
Rescan VMFS	wdc-tse-d98.w...	Completed		System	12/31/2011 7:07:09 ...	12/31/2011
Expand VMFS datastore	wdc-tse-h56.w...	Completed		root	12/31/2011 7:06:57 ...	12/31/2011
Compute disk partition information for resize	wdc-tse-h56.w...	Completed		root	12/31/2011 7:06:56 ...	12/31/2011
Compute disk partition information	wdc-tse-h56.w...	Completed		root	12/31/2011 7:06:56 ...	12/31/2011

图 12.34 增长卷所完成的工作

步骤 d 确保数据中心内的所有主机能够看到 VMFS 卷中增加的容量。这能防止集群 / 数据中心内的其他主机在没有看到所增容量时进行重复的操作。

注意 将这个过程与添加新设备作为盘区跨越 VMFS 卷的过程作比较，唯一的不同是第 7) 步你选择不同的设备还是已经被数据存储使用的设备。

在这种情况下，不对首盘区的分区表进行修改，而是修改 VMFS 元数据反映添加的盘区及其资源。跨越 VMFS 卷的细节参见上一节。

这就完成了增长卷的过程。

（2）使用 vmkfstools 的过程

在新添加的设备容量上增长数据存储不像在 vSphere 5 Client 上那么简单，很容易出错，这是因为它需要如下的高级步骤：

1）使用 PartedUtil 改变分区大小。

这一过程实际上复写 GPT 分区表并将辅助 GPT 的位置移到设备最后的扇区里。VMFS 分区大小也被改变。为了找出改变大小以后分区的最后一个扇区，可以使用 PartedUtil getUsableSectors 选项。

2）使用 vmkfstools–G 选项增长卷。

正如你所看到的，使用 PartedUtil 可能造成打字错误或者错误地计算最后一个扇区的编号。使用 UI 更安全和快捷。

12.1.8 升级到 VMFS 5

从 VMFS3 升级到 VMFS5 的过程可以在数据存储上运行着 VM 时进行。通过 VI 或者 CLI 都很容易完成。

开始之前，必须确保所有共享计划升级的数据存储的主机已经升级到 ESXi 5。一旦数据存储升级，这一过程就不能逆转，所有运行 5.0 之前版本的主机将无法访问升级后的数据存储。

1. 使用 CLI 的升级过程

按照如下过程，用 CLI 从 VMFS3 升级到 VMFS5 数据存储：

1）通过 SSH 或者 vMA 5.0 直接登录 ESXi 主机。

2）用如下语法运行升级命令：

```
vmkfstools -T /vmfs/volumes/<卷名>
```

3）你将会看到一个有关共享数据存储的主机上有旧版本 ESX 的提示。提示要求你选择 0（是）或者 1（否），分别代表继续或者中断过程。选择 0，然后按 Enter 键继续。（参见图 12.35）。

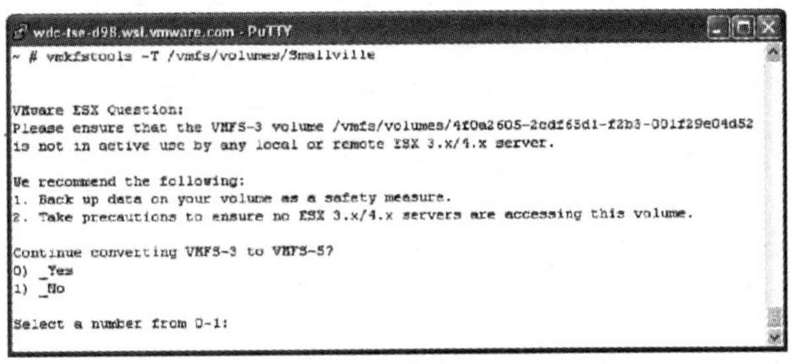

图 12.35 通过 CLI 升级 VMFS

升级过程继续，显示如下文本：

```
Checking if remote hosts are using this device as a valid file system. This
may take a few seconds...
Upgrading file system /vmfs/volumes/Smallville...
done.
```

4）重新扫描所有共享升级数据存储的 ESXi 5 主机。这是使用 CLI 升级数据存储的主要缺点。相比之下，下面列出的 UI 过程在完成升级之后自动触发重新扫描。

运行如下命令验证结果：

```
vmkfstools -Ph /vmfs/volumes/Smallville/
VMFS-5.54 file system spanning 1 partitions.
File system label (if any): Smallville
Mode: public
Capacity 9.8 GB, 9.2 GB available, file block size 2 MB
UUID: 4f0a2605-2cdf65d1-f2b3-001f29e04d52
Partitions spanned (on "lvm"):
        naa.6006016055711d00cff95e65664ee011:1
Is Native Snapshot Capable: NO
```

输出中将新版本列为 VMFS-5.54。这里突出显示了相关的文本。注意，文件块尺寸仍然为 2 MB，因为 VMFS3 数据存储原来采用这种块尺寸。

表 12.4 比较了升级和新建的 VMFS5 数据存储。

表 12.4 比较升级和新建的 VMFS5 数据存储

特 性	升级的 VMFS5	格式化的 VMFS5
文件块尺寸	1、2、4 和 8 MB	1 MB
子块尺寸	64 KB	8 KB
分区类型	MBR（增长时会变成 GPT）	GPT
子块、文件描述符和指针块数量	继承自 VMFS3	与文件系统尺寸成正比
仅 ATS 支持（参见第 16 章）	否	是

2. 升级相关的日志条目

与升级过程有关的事件被写入 /var/log.vmkernel.log 文件。下面列出了前一个例子中的条目。为了容易阅读，裁剪了日期和时间戳。

```
cpu0:6155853)FS3: 199: <START pb2>
cpu0:6155853)256 resources, each of size 4096
cpu0:6155853)Organized as 1 CGs, 64 C/CG and 16 R/C
cpu0:6155853)CGsize 4259840. 0th CG at 65536
cpu0:6155853)FS3: 201: <END pb2>
cpu0:6155853)Vol3: 3347: Successfully upgraded file system 4f0a28e3-
4ea353b6-08b6-001e4f1fbf2a to 5.54 from 3.54
```

你是否还记得本章前面的 12.1.2 节中讨论过的 pb2？

日志的前 5 行显示了新系统文件的创建，它还显示了如下属性：

- 资源：256
- 资源尺寸：4096
- 资源集群（R/C）数量：16
- 每个集群组的集群数量（C/CG）：64
- 集群组数量（CG）：1
- 集群组大小（CGsize）：4259840
- 0 号集群组偏移：65536

3. 使用 UI 的升级过程

按照如下过程，用 UI 将 VMFS3 升级到 VMFS5：

1）以根用户、管理员或者等价用户登录到 vCenter。

2）在库存中找到一台共享升级卷的 ESXi 主机，选择 Configuration（配置）选项卡，然后选择 Hardware（硬件）部分下的 Storage（存储）。

3）单击计划升级的 VMFS3 数据存储。

4）单击 Upgrade to VMFS-5（升级到 VMFS-5）链接（参见图 12.36）。

5）如果你仍然拥有早于 5.0 的 ESXi 主机，会看到图 12.37 中所示的对话框。为了补救，单击 View Incompatible Hosts（查看不兼容主机）链接，显示继续前必须升级的主机列表。单击 Cancel（取消）按钮关闭对话框。

6）如果在升级了识别的所有主机之后，你看不到 Upgrade toVMFS-5（升级到 VMFS-5）链接，单击 Datastores（数据存储）窗格右上的 Rescan All（重新扫描所有）链接。

7）现在，你应该能够单击 Upgrade toVMFS-5（升级到 VMFS-5）链接，显示如图 12.38 所示的对话框。单击 OK 按钮继续升级。

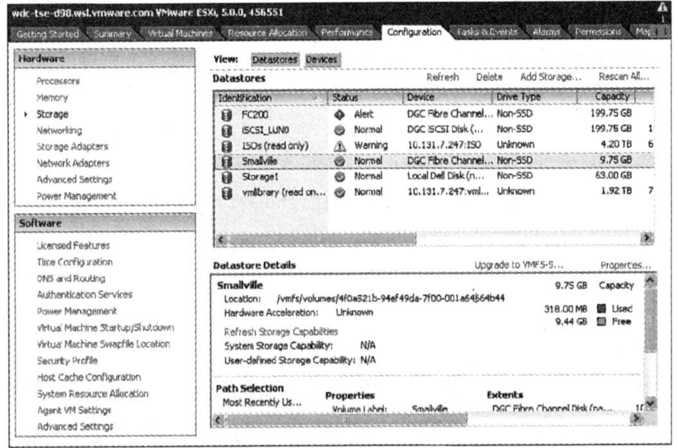

图 12.36　UI——升级到 VMFS-5 选项

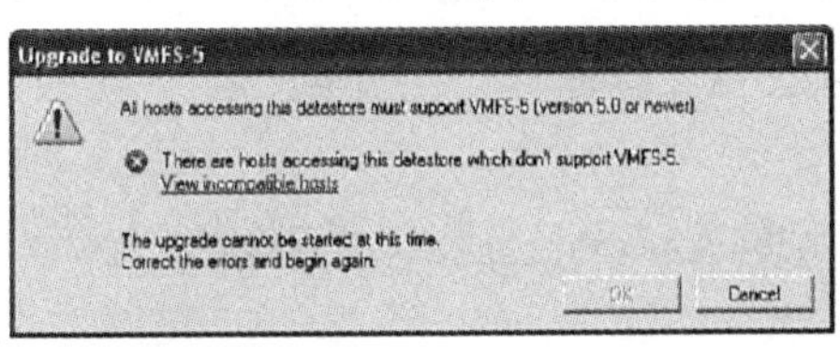

图 12.37　如果仍有旧的主机访问旧卷，则看到图中的错误

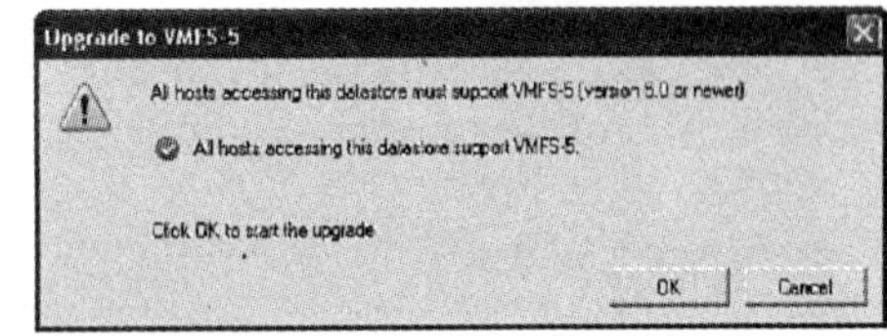

图 12.38　单击 OK 按钮继续

8）升级过程完成后，vCenter 触发所有共享该数据存储的所有 ESXi 5 主机上的重扫描。

9）检查 Datastore Details（数据存储详情）部分中 Formatting（格式）部分下的 File System（文件系统）字段中显示的值，校验升级结果。在例子中显示的是 VMFS5.54。还要注意，块尺寸仍为 2 MB，这是原始卷的文件块尺寸。

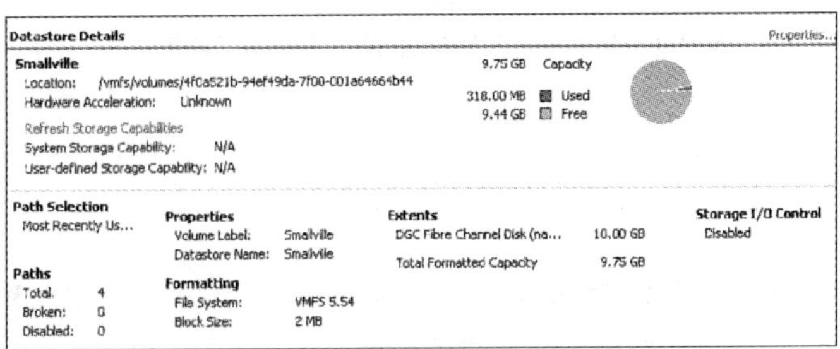

图 12.39　在 UI 中找到升级卷的版本

如果你检查 /var/log/vmkernel.log 文件中的升级事件，会注意到它们与通过 CLI 升级时列出的事件相符。但是，这次用的是原先用 ESXi 4.1 格式化的 VMFS3 数据存储。这就能够解释日志条目中最后的一条：

```
Successfully upgraded file system 4f0a521b-94ef49da-7f00-001a64664b44 to
5.54 from 3.46
```

注意，上述日志中的版本为3.46而不是前面CLI过程中列出的3.54。原因是，用ESXi 5.0创建的文件系统有更高的“次版本号”。此版本号的不同不影响ESXi 5.0上VMFS3的特性。

4. 如果VMFS5数据存储提供给ESXi 4.x会发生什么

假定你的SAN管理员不小心提供了VMFS5卷所在的设备，会发生什么情况？

答案是，“什么也不会发生！”因为，旧版本的vmkernel只有用于VMFS3的模块。后者识别出主版本号为5，无法安装VMFS5数据存储。

这一情况还有其他的变化吗？

在使用CLI升级的小节中，升级过程依靠你验证所有访问该数据存储的主机都已经升级到ESXi 5。假定你忽略了一两台主机。过程仍然继续，数据存储被升级到版本5.54。

在旧的主机上会发生什么情况？你应该会在4.x主机的/var/log.vmkernel上看到如下信息：

```
WARNING: LVM: 2265: [naa.6006016047301a00eaed23f5884ee011:1] LVM major
version mismatch (device 5, current 3)

FSS: 3647: No FS driver claimed device 'naa.6006016047301a00eaed23f5884
ee011:1': Not supported

FSS: 3647: No FS driver claimed device '48866acd-d8ef78ec-5942-
001a6436c322': Not supported
```

为了容易辨认，在两条信息之间添加一个空行。第一条信息说明数据存储上的LVM更新。磁盘上的是版本5；主机内存中的是版本3。这意味着主机无法重新扫描存储区域网络（SAN），因为数据存储已经更新。

第二行和第三行相同，但是一个指的是设备ID（NAA ID），另一个是卷特征码（UUID）。它们表示VMFS内核模块不支持该版本。因此，没有一个文件系统驱动程序会声明该设备。

12.2 小结

VMFS5是VMware集群文件系统的最新版本，引入了许多可伸缩性和性能改进。本章中与你分享了文件系统历史、架构和恢复技巧。

第 13 章　虚拟磁盘和 RDM

VMware vSphere 5 和更早的版本抽象存储，并将其以多种形式（虚拟磁盘、原始设备映射（RDM）和一般直通 SCSI 设备）提供给虚拟机。本章介绍虚拟磁盘和 RDM。

13.1　概述

为了更好地理解虚拟磁盘和 RDM 的抽象方式，我们给出了图 13.1 所示的概要框图。

在图 13.1 中，虚拟机文件系统（VMFS）数据存储在存储区域网络（SAN）的 LUN1 上创建。虚拟磁盘是 VMFS 数据存储上的一个文件。当虚拟磁盘连接到虚拟机时，它看起来像是一个 VMware SCSI 磁盘。相反，RDM 在 VMFS 数据存储上创建，它只是一个作为指针的文件，指向 LUN2。当 RDM 被连接到虚拟机时，它有两种可能的模式：一个 VMware SCSI 磁盘或者一个原生物理 LUN（例如，CLARiiON RAID 5 LUN）。本章后面会解释两者的不同。

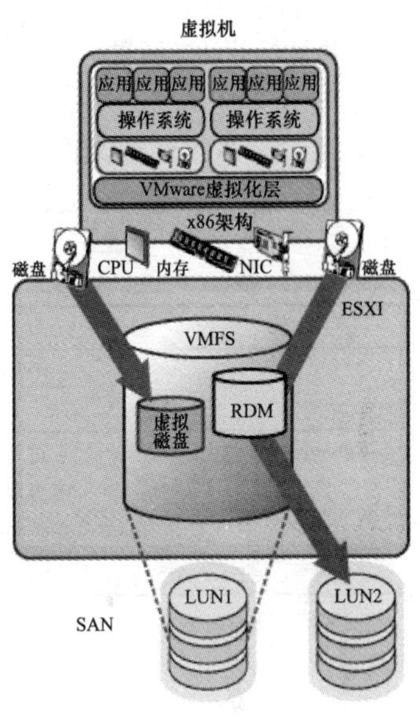

图 13.1　虚拟磁盘和 RDM

13.2　虚拟磁盘

虚拟磁盘是在 VMFS 或者 NFS（网络文件系统）上创建的文件。这些文件使用 .vmdk 扩展名，根据它们所代表的虚拟磁盘类型，它们可能由多于一个文件组成。

主文件称为虚拟磁盘描述符文件，这是一个 ASCII（实际上使用 UTF-8 编码）文本文件，其定义了虚拟磁盘的结构，清单 13.1 是这种文件的一个例子。

清单 13.1　虚拟磁盘描述符文件示例

```
# Disk DescriptorFile
version=1
encoding="UTF-8"
CID=fffffffe
parentCID=ffffffff
isNativeSnapshot="no"
```

```
createType="vmfs"

# Extent description
RW 33554432 VMFS "vSphere Management Assistant 5.0_1-flat.vmdk"

# The Disk Data Base
#DDB

ddb.virtualHWVersion = "4"
ddb.longContentID = "0481be4e314537249f0f1ca6fffffffe"
ddb.uuid= "60 00 C2 93 7f fb 16 2a-1a 66 1f 50 ed 10 51 ee"
ddb.geometry.cylinders = "2088"
ddb.geometry.heads = "255"
ddb.geometry.sectors = "63"
ddb.adapterType = "lsilogic"
```

虚拟磁盘描述符文件由如下部分组成：

- Disk DescriptorFile——这一部分的字段在表 13.1 中列出。

表 13.1 虚拟 Disk DescriptorFile 部分字段

字段	可能取值	说明
CID	fffffffe 或者更小的十六进制值	磁盘层次结构的唯一内容 ID。更多细节参见 13.11 节
ParentCID	对于顶级虚拟盘是 ffffffff，快照或者链接克隆中的子女则更低	通过上级虚拟磁盘内容 ID 识别上级虚拟磁盘的快照文件或者链接克隆文件。参见 13.11 节
isNativeSnapshot	No 或者 Yes	用于未来的 vSphere 版本
createType	Vmfs	虚拟磁盘
	vmfsRawDeviceMap	虚拟模式 RDM
	vmfsPassthroughRawDeviceMap	物理模式 RDM
	twoGBMaxExtentSparse	2 GB 稀疏磁盘
	vmfsSparse	虚拟磁盘快照

- Extent description——列出虚拟磁盘盘区文件，由表 13.2 列出的 4 个部分组成。实际字段名不在 vmdk 文件中指出。所有值在 vmdk 文件中 Extent description 下的一行内列出。

表 13.2 Extent description 字段

字段	可能取值	说明
Access	RW	从旧版本继承而来。在 ESXi 5 中总是 RW（读 – 写）
Size	设备块计数	以 512 字节的磁盘数据块为单位的盘区文件大小
Type	VMFS	虚拟磁盘盘区。每个虚拟磁盘有一个盘区
	VMFSRDM	RDM 盘区（虚拟和物理）。每个 RDM 一个盘区
	SPARSE	通过 vmkfstools，用 2gbsparse 选项创建的虚拟磁盘盘区（更多细节参见 13.4 节）
	VMFSSPARESE	VM 快照的虚拟磁盘盘区

（续）

字　段	可能取值	说　明
Extent Files	*-flat.vmdk	虚拟磁盘数据写入的位置
	*-rdm.vmdk	这是指向原始设备（虚拟模式）的 VMFS 指针
	*-rdmp.vmdk	这是指向原始设备（物理模式）的 VMFS 指针
	*.s00（n）.vmdk	表示稀疏虚拟磁盘的 2 GB 分段。尺寸可能小于 2 GB。（n）表示从 1 开始计算的盘区编号

- The Disk Database——这个部分列出 VM 看到的虚拟磁盘属性。包括表 13.3 中列出的 7 个字段（以及一个用于精简配置虚拟磁盘的附加字段）

表 13.3　Disk Database 字段

字　段	可能取值	说　明
ddb.virtualHWversion	4 或 8	虚拟硬件版本
ddb.longContentID	十六进制值	长内容 ID 用于解决 CID 冲突。例如，如果有多个相同 CID 的描述符文件，使用 CID 作为唯一 ID
ddb.uuid	十六进制值	随机的文本。对于虚拟磁盘来说是唯一的，通过主机 ID、时间戳和一个随机数的 SHA1 散列值生成
ddb.geometry.cylinders	十进制值	提供给客户 OS 的磁盘柱面数
ddb.geometry.heads	十进制值	提供给客户 OS 的磁盘磁头数
ddb.geometry.sectors	十进制值	提供给客户 OS 的磁盘扇区数
ddb.adapterType	lsilogic、buslogic 或者 ide	与 VM 使用的虚拟存储适配器相符
ddb.thinProvisioned	1	表示虚拟磁盘创建为精简配置。这个字段的值只能为 1。如果虚拟磁盘不是精简配置的，在描述符文件中就不存在该属性

13.2.1　虚拟磁盘类型

基于 ESXi 5 的 VMFS3 或者 VMFS5 数据存储上的虚拟磁盘根据磁盘配置分为如下几类：

- **延迟置零厚盘**——在 UI 中被称为扁平磁盘（Flat Disk）。磁盘数据块在创建的时候预先分配，但是数据块在第一次写入的时候才被置零（在数据块上写入 0）。该文件创建速度更快，因为只需要创建元数据文件条目，并指定占据的文件块数，但是没有进行置零。
- **置零厚盘**——在创建的时候，磁盘数据块被预先分配并置零。这是最安全的虚拟磁盘类型。因为过去在分配磁盘数据块上的任何数据都用 0 进行复写。在非 VAAI（VMware vStorage API for Array Integration）存储阵列（参见第 16 章）上的 VMFS3 或者 5 数据存储中，创建过程比起延迟置零厚盘类型花费的时间更长，与虚拟磁盘的尺寸成正比。如果存储阵列支持 WRITE_SAME（也被称为块置零）原语，块置零的负载由存储阵列承担，这会明显地降低文件创建时间。
- **薄盘**——这类虚拟磁盘是对精简配置的物理 LUN（逻辑单元号）的模拟。虚拟磁盘文件尺寸是预先定义的，但是在创建文件时没有分配磁盘数据块。

表 13.4 比较了这三种类型。

表 13.4 虚拟磁盘类型对比

特性	延迟置零厚盘	置零厚盘	薄盘
磁盘分配	完全预先分配	完全预先分配	按需
文件系统上的数据块安置	很可能是用连续的文件数据块	同左	根据文件增长时数据存储的活跃程度，分配的文件数据块可能不连续
块置零	按需，在第一次写入时进行	在创建文件的时候进行	在文件增长的时候
读取过去未写入的块	数据块没有从磁盘读出，而使用 0 填写内存缓冲。这非常快，因为内存置零远远快于磁盘置零	向磁盘发送读请求。这可能从磁盘返回过时的数据，比延迟置零慢，因为它从磁盘读取而非内存	和延迟置零相同
写入过去未写入的块	数据块在写请求发送到磁盘之前置零。这造成了原始写操作（从客户 OS）的高延迟，比置零厚盘慢得多	向磁盘发送写请求。因为数据块在创建文件时已经置零	现在磁盘上分配数据块并置零。这稍慢于延迟置零厚盘，原始写操作（从客户 OS）有较高的延迟。分配数据块造成一些分布式加锁流量，除非支持 VAAI ATS 和 Write_Same 原语
读取过去写入过的块	向磁盘发送请求。如果发生时第一次写入仍在进行，读取操作进入队列，直到写入完成	请求被转发给磁盘，没有其他开销	与延迟置零厚盘相同
写入过去写入过的块	和读取过去写入过的块一样	和读取过去写入过的块一样	与延迟置零厚盘相同
物理磁盘空间使用	在 VM 运行时不需要更多的空间，因为文件数据块预先分配	与延迟置零厚盘相同	因为文件数据块按需分配，如果 VMFS 卷空间用尽或者厚配置 LUN 达到最大容量，客户可能被暂停。更多细节参见本章的 13.2.2 节
vSphere UI 上的显示	厚配置延迟置零	厚配置置零	精简配置
数据存储兼容性	VMFS3 VMFS5 NFS*	VMFS3 VMFS5 NFS*	VMFS3 VMFS5 NFS（默认类型）

* 存储阵列上的 NFS 必须支持 VAAI NAS（网络连接存储）原语。VAAI 的更多相关细节参见第 16 章。对于精简配置的虚拟磁盘不要求 VAAI 支持，因为这是 NFS 数据存储的默认格式。

13.2.2 精简配置上的薄盘

在精简配置 LUN 上使用精简配置虚拟磁盘（薄盘）有 LUN 在虚拟磁盘达到最大配置容量之前就耗尽空间的风险。为了降低这种风险，VMware 引入了警告和 VOB（vSphere Observations，vSPhere 观测），在两种可能的状态下警告 vSphere 管理员：

- **空间耗尽警告**——存储阵列供应商可以在阵列上提供可用空间软阈值限制。设置该值时，试图写入数据块并造成达到该阈值时，向 ESXi 主机发送一个警告。这个警告可以从带内或者带外发送。这意味着，可以直接当作 SCSI 错误发送给主机（检测代码 0x6 ASC 0x38 ASCQ 0x7 的检查条件），或者作为 vSphere 环境中安装的 VASA 提供者轮询的 VASA（VMware vStorage API for Storage Awareness）事件。存储供应商选择使用其中一种方式，但是不能两者同时使用。如果使用 Storage DRS 功能，vSphere 环境可以配置为将虚拟磁盘转移到其他数据存储。
- **空间耗尽错误**——这是存储阵列上配置的类似设置，这种硬阈值产生一个空间耗尽错误（直接作为检测代码 0x6 ASC 0x27 ASCQ 0x7 的检查条件发送给主机）。这会使造成达到可用空间硬阈值的 I/O（输入 / 输出）失败。在 vSphere 5 中它和 Storage DRS 的集成与上一点类似。

13.2.3 虚拟磁盘模式

虚拟磁盘模式描述了 VM 快照对虚拟磁盘的影响（参见本章后面的 13.8 节）：

- **非独立**——这是默认的模式，意味着对 VM 创建快照时，虚拟磁盘创建一个快照。
- **独立**——虚拟磁盘独立于 VM 快照活动。因此，创建 VM 快照时，虚拟磁盘不创建快照。在这种模式下，虚拟磁盘可以设置为持续或者非持续。
  - **持续**——写入虚拟磁盘的数据在 VM 关机重启后持续。
  - **非持续**——写入虚拟磁盘的数据被重定向到一个增量文件（也称为 REDO 文件），该文件在 VM 关机时被抛弃。注意，重新启动客户操作系统不会造成抛弃增量文件，只有关闭 VM 才会抛弃。

13.3 用 UI 创建虚拟磁盘

虚拟磁盘可以在创建 VM 过程中创建，或者编辑现有 VM 添加新的虚拟磁盘。

13.3.1 在 VM 创建期间创建虚拟磁盘

选择自定义 VM 创建路径可以指定在这个过程中定义的虚拟磁盘的类型、模式和位置。

1）通过 vSphere Client 5，以具有管理员特权的用户登录到 vCenter Server 5。

2）浏览并选择创建的新 VM 所在的数据中心或者群集。

3）使用 Ctrl+N 组合键或者右键单击库存树中的数据中心或者群集对象，然后选择 New Virtual Machine（新建虚拟机）命令（见图 13.2）。

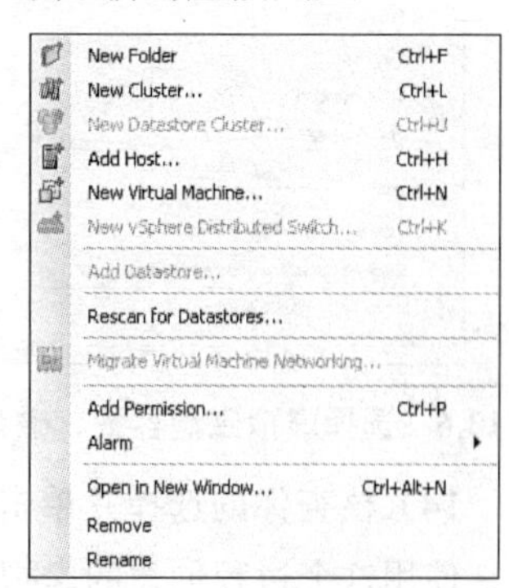

图 13.2 New Virtual Machine（新建虚拟机）命令

4）选择 Custom（自定义）单选按钮，然后单击 Next（下一步）按钮（见图 13.3）。

5）输入 VM 名称，并选择存储 VM 的库存位置，单击 Next（下一步）按钮。

6）选择运行 VM 的主机，然后单击 Next（下一步）按钮。

7）选择存储 VM 文件的存储设备。

8）如果你想与早于 ESXi 5 的主机共享 VM，在 Virtual Machine Version（虚拟机版本）对话框中选择版本 7，如果计划在 ESXi 5 或者更高版本中运行，则选择版本 8（见图 13.4）。

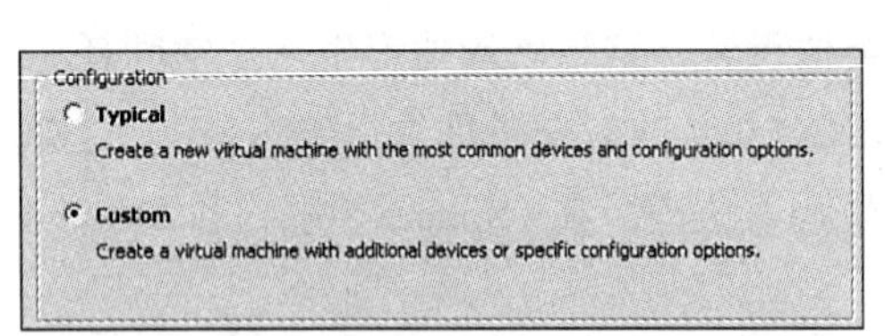

图 13.3 选择自定义 VM 选项

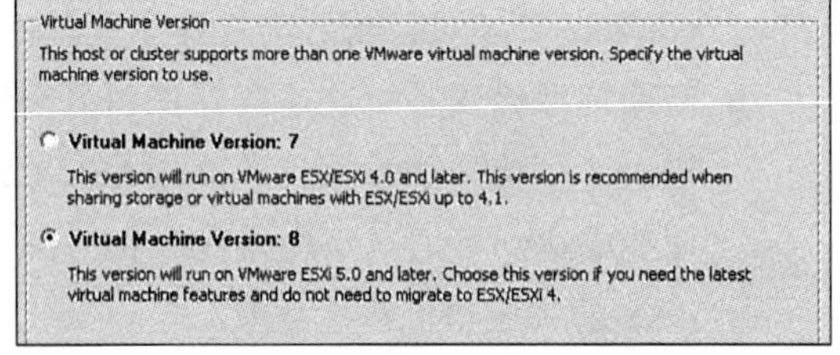

图 13.4 选择 VM 版本

这个选择描述 VM 使用的虚拟硬件版本，分别是版本 7 或者版本 8。

9）在后续的对话框中，分别选择客户 OS 类型、虚拟插槽数量和每个虚拟插槽的核心数量、VM 内存大小和虚拟 NIC 数量及类型。

10）选择虚拟 SCSI 控制器（见图 13.5）。默认选择取决于第 9 步中选择的客户 OS。更多细节参见 13.7 节。

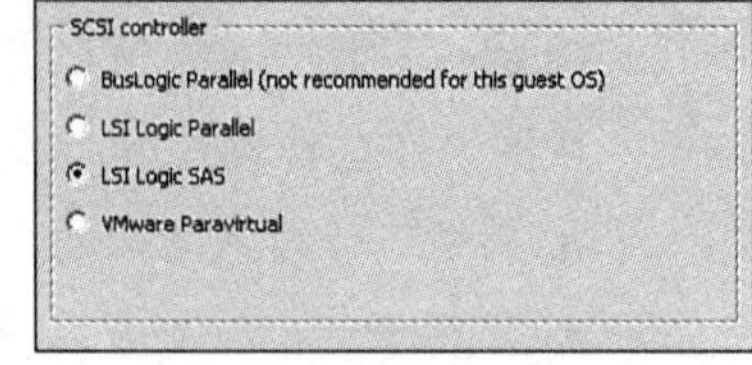

图 13.5 选择虚拟 SCSI 控制器

11）选择 Creat a New Virtual Disk（创建新虚拟磁盘）单选按钮并单击 Next（下一步）按钮。

12）指定虚拟磁盘的容量、磁盘配置和位置（参见图 13.6）。

13）选择虚拟设备节点和虚拟磁盘模式。单击 Next（下一步）按钮（见图 13.7）。

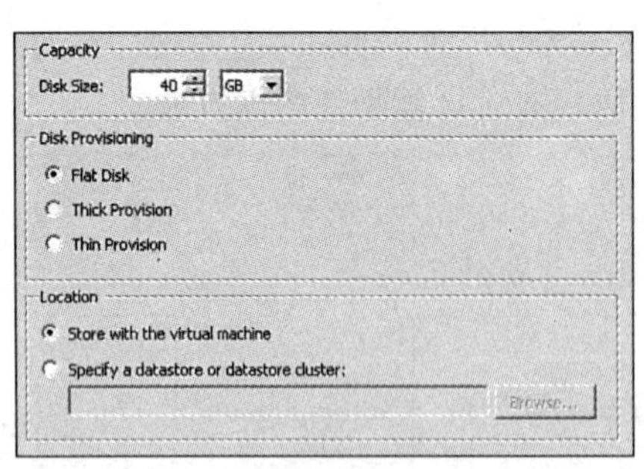

图 13.6 选择虚拟磁盘容量、磁盘配置和 VM 位置

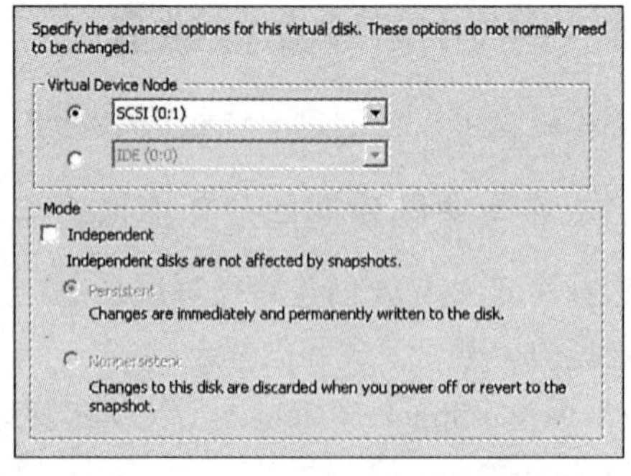

图 13.7 选择虚拟设备节点等

14）核查你的选择并单击 Finish（结束）按钮创建 VM。

使用这个过程创建的虚拟磁盘存储在第 12）步中选择的位置，根据第 3）步中指定的名称命名。

13.3.2　在 VM 创建之后创建虚拟磁盘

如果客户 OS 支持热添加，你可以在现有 VM 开启的时候添加虚拟磁盘；否则 VM 必须关闭。不管电源状态如何，过程都一样。

1）以具有管理员权限的用户登录 vCenter Server 或者直接登录到 ESXi 主机。

2）在库存中找到想要添加虚拟磁盘的 VM。右键单击，然后选择 Edit Settings（编辑设置）命令（参见图 13.8）。

3）在显示的对话框中，单击 Add（添加）按钮。

4）从设备列表中选择 Hard Disk（硬盘），然后单击 Next（下一步）按钮。

5）按照前一小节中的第 11）～ 13）步进行。

6）单击 Finish（结束）按钮完成虚拟磁盘创建。

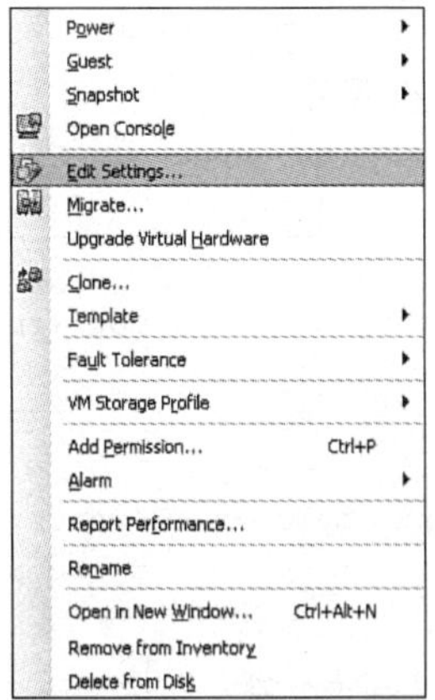

图 13.8　编辑 VM 设置

新的虚拟磁盘在设备列表中显示为 New Hard Disk（adding）（新硬盘（添加中））（参见图 13.9）。

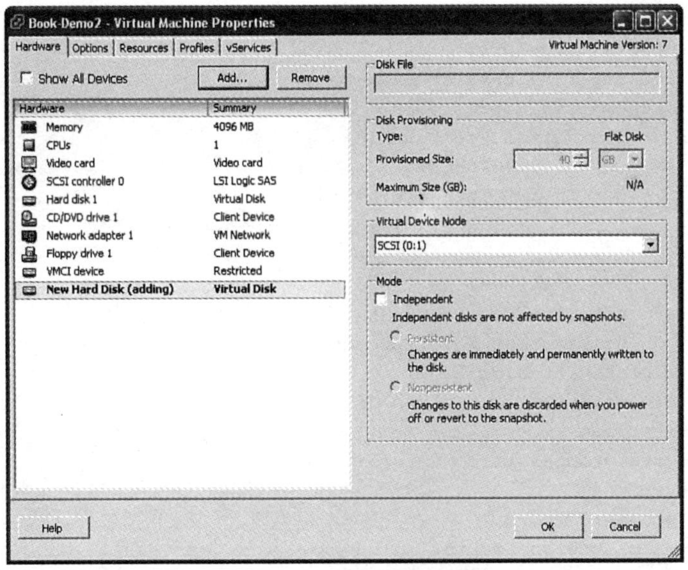

图 13.9　添加新虚拟磁盘

7）单击 OK（确认）按钮保存 VM 的更改。

注意　在过程的第 6 步中，如果你在前面的步骤中忘记选择，则可以修改虚拟磁盘节点和虚拟磁盘模式。

13.7 节会讨论虚拟设备节点的设计选择。

13.4 用 vmkfstools 创建虚拟磁盘

vmkfstools 是用于管理 VMFS 数据存储和虚拟磁盘的 ESXi 工具，在 ESXi 5 主机和 vMA 5.0 和 vCLI 5 上都可以使用。如果运行不带参数的 vmkfstools 命令，则显示清单 13.2 中的可用选项。

清单 13.2 vmkfstools 选项

```
~# vmkfstools
vmkfstools: unrecognized option

OPTIONS FOR VIRTUAL DISKS:

vmkfstools -c --createvirtualdisk #[gGmMkK]
               -d --diskformat [zeroedthick|
                                thin|
                                eagerzeroedthick]
               -a --adaptertype [buslogic|lsilogic|ide]
           -w --writezeros
           -j --inflatedisk
           -k --eagerzero
           -K --punchzero
           -U --deletevirtualdisk
           -E --renamevirtualdisk srcDisk
           -i --clonevirtualdisk srcDisk
               -d --diskformat [zeroedthick|
                                thin|
                                eagerzeroedthick|
                                rdm:<device>|rdmp:<device>|
                                2gbsparse]
               -N --avoidnativeclone
           -X --extendvirtualdisk #[gGmMkK]
               [-d --diskformat eagerzeroedthick]
           -M --migratevirtualdisk
           -r --createrdm /vmfs/devices/disks/...
           -q --queryrdm
           -z --createrdmpassthru /vmfs/devices/disks/...
           -v --verbose #
           -g --geometry
           -I --snapshotdisk srcDisk
           -x --fix [check|repair]
           -e --chainConsistent
   vmfsPath
```

与本章相关的选项在 OPTIONS FOR VIRTUAL DISKS（虚拟磁盘选项）部分中列出。这里从输出中删除了其他选项。

在清单 13.2 的输出中，在虚拟磁盘选项上下文中对 vmfsPath 的引用代表虚拟磁盘文件名，包括 VMFS 数据存储的路径。值得一提的还有一组适用于操纵 NFS 数据存储上虚拟磁盘文件的虚拟磁盘相关的选项。我在合适的地方会指出这些选项。

13.4.1　使用 vmkfstools 创建延迟置零厚配置虚拟磁盘

延迟置零厚配置虚拟磁盘在数据存储上有预先分配的数据块（参见本章前面的表 13.4），但是创建的时候没有进行数据块的置零。这是 VMFS3 或者 VMFS5 数据存储上创建的默认虚拟磁盘类型。你可以用如下的 vmkfstools 命令创建这类虚拟磁盘：

```
vmkfstools --createvirtualdisk <尺寸> --diskformat zeroedthick --adapter-type <类型> /<vm 所在目录的 vmfs 路径>/<虚拟磁盘文件名>
```

该命令的简写版本是：

```
vmkfstools -c <尺寸> -d zeroedthick -a <类型> /<vm 所在目录的 vmfs 路径>/<虚拟磁盘文件名>
```

例如：

```
vmkfstools --createvirtualdisk 40G --diskformat zeroedthick --adaptertype lsilogic /vmfs/volumes/datastore1/Book-Demo/bookdemo-disk2.vmdk
```

上述命令创建一个 40 GB 的延迟置零厚配置虚拟磁盘，名为 bookdemo-disk2.vmdk，保存在数据存储 datastore1 中的 VM 目录 Book-Demo 中。

磁盘尺寸选项可以接受大写或者小写的单字母 g、m 或者 k，分别代表 GB、MB 和 KB 单位，字母前面的数字是用特定单位表示的虚拟磁盘尺寸。

13.4.2　使用 vmkfstools 创建置零厚配置虚拟磁盘

置零厚配置虚拟磁盘在数据存储上预先分配数据块，所有数据块写入 0。这能够确保分配的数据块上过去的任何数据都被 0 覆盖。

要用 vmkfstools 创建这样的文件，可以用前一节的同一条命令，用 `eagerzeroedtick` 代替 `zeroedthick`，如：

```
vmkfstools --createvirtualdisk <尺寸> --diskformat eagerzeroedthick--adaptertype <类型> /<vm 所在目录的 vmfs 路径>/<虚拟磁盘文件名>
```

命令的简写版本为：

```
vmkfstools -c <尺寸> -d eagerzeroedthick -a <类型> /<vm 所在目录的 vmfs 路径>/<虚拟磁盘文件名>
```

例如：

```
vmkfstools --createvirtualdisk 40G --diskformat eagerzeroedthick --adapter-type lsilogic /vmfs/volumes/datastore1/Book-Demo2/bookdemo-disk3.vmdk
```

清单 13.3 显示了样板输出。

清单 13.3 创建置零厚配置虚拟磁盘的输出

```
Creating disk '/vmfs/volumes/datastore1/Book-Demo2/bookdemo-disk3.vmdk' and zeroing
it out...
Create: 74% done.
```

随着文件创建的进展，Create 那一行中的完成百分比增加，直到 100%。

可以运行清单 13.4 中的命令测量文件创建完成所花费的时间。

清单 13.4 测量创建置零厚配置虚拟磁盘的时间

```
time vmkfstools -c 40G --diskformat eagerzeroedthick --adaptertype lsilogic/vmfs/
volumes/iSCSI_LUN0/Book-Demo2/bookdemo-disk4.vmdk
Creating disk '/vmfs/volumes/iSCSI_LUN0/Book-Demo2/bookdemo-disk4.vmdk' and zeroing
it out...
Create: 100% done.
real     3m 16.99s
user     0m 1.68s
sys      0m 0.00s
```

time 命令跟踪任务完成的时间。需要跟踪的值显示在 real 字段中，在这个例子中，在 iSCSI-LUN0 数据存储上创建 40 GB 的置零厚配置虚拟磁盘花费 3 分钟 16 秒又 99 毫秒。

运行同样的命令在具有 VAAI 功能的存储阵列上的数据存储创建同样的虚拟磁盘几乎立刻完成，这是因为写入 0 的过程由存储阵列承担。第 16 章将讨论这种阵列。

13.4.3 使用 vmkfstools 创建精简配置虚拟磁盘

精简配置虚拟磁盘数据块在数据被写入虚拟磁盘且文件尺寸增长的时候按需分配。这是在 NFS 数据存储上创建的虚拟磁盘默认类型。

使用如下的 vmkfstools 命令创建精简配置虚拟磁盘：

```
vmkfstools --createvirtualdisk <尺寸> --diskformat thin --adaptertype<类型> /<vm所在
目录的vmfs路径>/<虚拟磁盘文件名>
```

上述命令的简写版本为：

```
vmkfstools -c <尺寸> -d thin -a <类型> /<vm所在目录的vmfs路径>/<虚拟磁盘文件名>
```

例如：

```
vmkfstools --createvirtualdisk 40G --diskformat thin --adaptertype lsilogic/vmfs/
volumes/datastore1/Book-Demo2/bookdemo-disk5.vmdk
```

这条命令在 datastore1 数据存储上创建一个 40 GB 的精简配置虚拟磁盘，文件名为 book-demo-disk5.vmdk。

1. 列出精简配置虚拟磁盘的文件系统使用情况

对于 VM 来说，精简配置的虚拟磁盘似乎是预先分配的，但是实际上它们只占据写入虚拟磁盘的数据所用的块。为了说明这一情况，我们来运行几个命令。

下面的命令列出当前目录中文件名为 book-demo-thin-flat.vmdk 的虚拟磁盘。为了演示的目的将其命名为 thin。一般来说，虚拟磁盘由你命名，配置类型不会包含在文件名中。这个文件是描述符文件为 book-demo-thin.vmdk 的虚拟磁盘盘区。

```
ls -al book-demo-thin*
-rw-------    1 root     root        4294967296 Mar 25 02:39 book-demo-
thin-flat.vmdk
-rw-------    1 root     root               499 Mar 25 02:39 book-demo-
thin.vmdk
```

盘区文件的尺寸为 4 294 967 296 字节，也就是 4 GB（4×1 024×1 024×1 024 字节）。这是文件系统向虚拟机报告的虚拟磁盘尺寸。

现在，我们来看看该文件在文件系统上占据的真正磁盘数据块数量（见清单 13.5）。

清单 13.5　精简配置虚拟磁盘使用的数据块计数

```
stat book-demo-thin-flat.vmdk
  File: "book-demo-thin-flat.vmdk"
  Size: 4294967296      Blocks: 0          IO Block: 131072 regular file
Device: d03aaeed4049851bh/15004497442547270939d Inode: 88096004     Links: 1
Access: (0600/-rw-------)  Uid: (    0/     root)   Gid: (    0/     root)
Access: 2012-03-25 02:39:10.000000000
Modify: 2012-03-25 02:39:10.000000000
Change: 2012-03-25 02:39:10.000000000
```

`stat` 命令列出文件名、尺寸和占据的磁盘块数。在这个例子中，文件尺寸与目录列表中看到的一样。但是，块计数为 0! 为什么？第 12 章中的“文件分配改进”小节中讨论的小文件压缩和 0 级寻址就是答案。

如果占据 0 个数据块，那么文件实际上保存在哪里呢？它被塞入 VMFS 文件描述符块中（inode）。在这个例子中，inode 编号为 88096004。当 VM 向该文件写入数据，使其增长到超过 1 KB 时，它会被放在一个 VMFS 子数据块中（VMFS 为 64 KB，VMFS 为 8 KB）直到它超过子数据块的尺寸，这时它会占据完整的文件系统数据块（新创建的 VMFS5 为 1 MB，VMFS3 采用多种块尺寸）。参见第 12 章的文件分配改进的介绍。

作为对比，看看清单 13.6 中的厚盘数据块分配情况。

清单 13.6　厚配置虚拟磁盘使用的数据块计数

```
stat book-demo-thick-flat.vmdk
  File: "book-demo-thick-flat.vmdk"
  Size: 4294967296      Blocks: 8388608    IO Block: 131072 regular file
Device: d03aaeed4049851bh/15004497442547270939d Inode: 71318788     Links: 1
Access: (0600/-rw-------)  Uid: (    0/     root)   Gid: (    0/     root)
Access: 2012-03-25 02:36:33.000000000
Modify: 2012-03-25 02:36:33.000000000
Change: 2012-03-25 02:36:33.000000000
```

在这个例子中，创建了一个大小与前面的精简配置虚拟磁盘相同的厚配置虚拟磁盘，为了演示的目的，在文件名中使用了 thick（厚）一词。stat 命令的输出说明，文件尺寸为 4 294 967 296（4 GB），磁盘数据块数量为 8 388 608。如果将这个数字乘以磁盘数据块尺寸（512 个字节），就会得到总的文件尺寸——4 294 967 296 字节。

13.4.4 用 vmkfstools 克隆虚拟磁盘

通过 vmkfstools 创建虚拟磁盘拷贝的过程称为克隆（Cloning）。它被当作一种导入（Importing）手段，但是因为输出可以是任何支持的虚拟磁盘类型，可以不同于原始虚拟磁盘，所以克隆一词更为合适。不要将这个过程与 vCenter Server 中克隆整个 VM 的过程混淆。后者克隆 VM 配置和虚拟磁盘。这一过程也被 View Composer 用来创建完整克隆或者链接克隆。在第 15 章中对此有进一步说明。

要克隆一个虚拟磁盘，必须确定如下事项：

- 源虚拟磁盘名称
- 目标虚拟磁盘名称
- 目标虚拟磁盘格式

前两个项目不言自明。第三个项目可以使用如下任何一种磁盘格式：

- zeroedthick（延迟置零厚盘）
- thin（薄盘）
- eagerzeroedthick（置零厚盘）
- rdm（虚拟模式 RDM）
- rdmp（物理模式 RDM）
- 2gbsparse（2 GB 稀疏磁盘）

介绍了前面三种类型。稍后在 12.5 节中将讨论 RDM。

2 GB 稀疏磁盘格式是默认的 VMware Workstation 和 VMware Fusion 虚拟磁盘格式。可以使用如下命令克隆这种格式的虚拟磁盘：

```
vmkfstools --clonevirtualdisk <源虚拟磁盘> --diskformat 2gbsparse<目标虚拟磁盘>
```

简写的版本为：

```
vmkfstools -i <源虚拟磁盘> -d 2gbsparse <目标虚拟磁盘>
```

例如：

```
vmkfstools -i book-demo-thin.vmdk -d 2gbsparse book-demo-thin-clone.vmdk
```

克隆的结果是创建清单 13.7 所示的文件。

清单 13.7　克隆选项创建的稀疏文件

```
ls -al book-demo-thin-clone*
-rw-------   1 root root   327680 Mar 25 20:40 book-demo-thin-clone-s001.vmdk
-rw-------   1 root root   327680 Mar 25 20:40 book-demo-thin-clone-s002.vmdk
-rw-------   1 root root    65536 Mar 25 20:40 book-demo-thin-clone-s003.vmdk
-rw-------   1 root root      619 Mar 25 20:40 book-demo-thin-clone.vmdk
```

最小的文件是虚拟磁盘描述符文件：book-demo-thin-clode.vmdk。

剩下的文件是虚拟磁盘的盘区，后缀为 s00x，其中的 x 是从 1 开始的顺序编号。

清单 13.8 展示了描述符文件相关内容的一个例子。

清单 13.8　稀疏磁盘描述符文件的内容

```
# Disk DescriptorFile
version=1
encoding="UTF-8"
CID=fffffffe
parentCID=ffffffff
isNativeSnapshot="no"
createType="twoGbMaxExtentSparse"

# Extent description
RW 4192256 SPARSE "book-demo-thin-clone-s001.vmdk"
RW 4192256 SPARSE "book-demo-thin-clone-s002.vmdk"
RW 4096 SPARSE "book-demo-thin-clone-s003.vmdk"

# The Disk Data Base
#DDB

ddb.deletable = "true"
```

在这个例子中，createType 属性是 `twoGbMaxExtentSparse`，这意味着虚拟磁盘被划分为 2 GB 或者更小的盘区。盘区在描述符文件的 `Extent description` 部分中指定。

例子中的盘区为：

- book-demo-thin-clode-s001.vmdk
- book-demo-thin-clode-s002.vmdk
- book-demo-thin-clode-s003.vmdk

前两个盘区小于 2 GB（4192256 个 512 字节的磁盘数据块）。最后一个盘区容量为 4 GB 的余下部分。所有 3 个盘区类型均为 SPARSE。这从清单 13.7 中的目录列表中可以明显地看出，磁盘上的盘区大小小于配置的尺寸。注意克隆的源虚拟磁盘：这是新创建的磁盘，在克隆的时候还没有写入任何数据。如果源虚拟磁盘写入了数据，则目标虚拟磁盘盘区也会大于这个例子中的尺寸。它们等于从源虚拟磁盘克隆而来的非 0 数据块。

为了求得这些盘区在数据存储上占据的 VMFS 数据块数，运行清单 13.9 中所示的 stat 命令。

清单 13.9 稀疏磁盘所用的数据块计数

```
stat book-demo-thin-clone* |grep 'vmdk\|Blocks'
  File: "book-demo-thin-clone-s001.vmdk"
  Size: 327680          Blocks: 2048        IO Block: 131072 regular file
  File: "book-demo-thin-clone-s002.vmdk"
  Size: 327680          Blocks: 2048        IO Block: 131072 regular file
  File: "book-demo-thin-clone-s003.vmdk"
  Size: 65536           Blocks: 2048        IO Block: 131072 regular file
  File: "book-demo-thin-clone.vmdk"
  Size: 619             Blocks: 0           IO Block: 131072 regular file
```

在这个输出中，抓取了包含 vmdk 和 Blocks（块数）的文本，过滤掉其余输出，列出文件和相关的尺寸信息。这里，应该注意每个盘区使用的块数为 2 048 个磁盘数据块——等于 1 MB。它们只使用 1 MB 的原因是文件尺寸小于 1 MB 而大于 8 KB。换句话说，它们小于 VMFS5 文件数据块尺寸，大于 VMFS5 子数据块尺寸。如果数据存储是 VMFS3 卷或者从 VMFS3 升级而来，最后两个文件将各占据一个 64 KB 的子数据块。这也是列表中最后的描述符文件占据 0 个数据块的原因，它小于 1 KB。

注意 不能用 vmkfstools 的 `2gbsparse` 选项创建新的虚拟磁盘，这个选项还能用在 vmkfstools `--clonevirtualdisk` 选项中。

13.5 原始设备映射

某些虚拟化应用，例如，Microsoft 群集服务（MSCS）或者存储分层应用（Storage Layered Application），要求直接访问原始存储设备。vSPhere 通过原始设备映射（Raw Device Mappings，RDM）启用这些应用。这些映射是指向物理 LUN 的指针，存储在 VMFS 数据存储上。这些 RDM 可以虚拟磁盘的同样方式连接到虚拟机。代表 RDM 指针的 VMFS 元数据条目在文件系统上不占据任何数据块。稍后介绍它们的工作原理。

RDM 以两种模式存在：

- **虚拟模式 RDM（也称作非直通 RDM）**——隐藏映射设备的物理属性，使用它们的 VM 将它们看作 VMware SCSI 磁盘，这类似于虚拟磁盘的处理方式。
- **物理模式 RDM（也称作直通 RDM）**——输出映射 LUN 的物理属性，虚拟主机将 RDM 当作直接从存储阵列提供的物理 LUN 使用。客户 OS 向映射的 LUN 发出的所有 SCSI 命令直通存储阵列而无需修改。唯一不能直通的 SCSI 命令是 `REPORT_LUN`，因为 VM 无法发现不通过 RDM 提供的目标。

用 UI 创建虚拟模式 RDM

创建虚拟模式 RDM 的过程与创建虚拟磁盘的过程很类似：

1）以管理员或者根权限登录到 vCenter Server。

2）在库存中找到想要添加 RDM 的 VM。右键单击并选择 Edit Settings（编辑设置）命令。

3）单击 Add（添加）按钮，然后选择 Hard Disk（硬盘）。单击 Next（下一步）按钮。

4）选择 Raw Device Mappings（原始设备映射）单选按钮，然后单击 Next（下一步）按钮（参见图 13.10）。

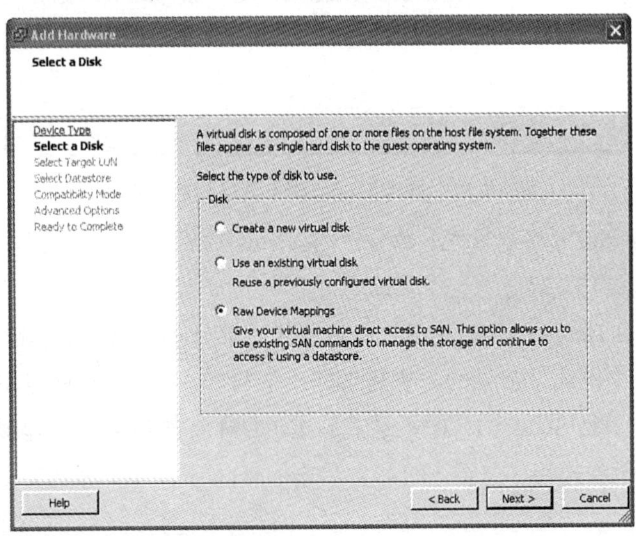

图 13.10　创建一个 RDM

5）选择你想要映射的 LUN，然后单击 Next（下一步）按钮（参见图 13.11）。

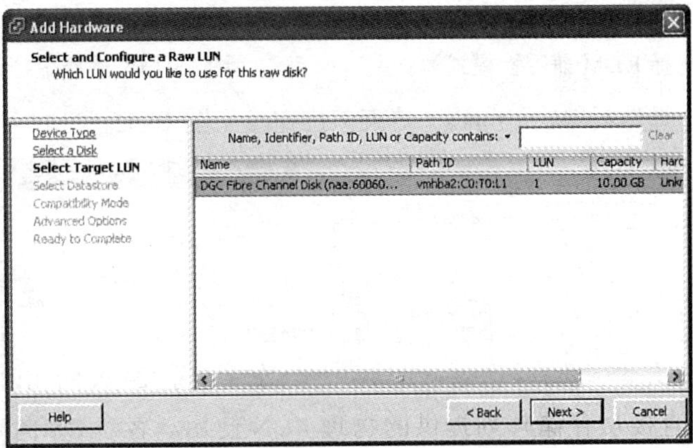

图 13.11　选择要映射的 LUN

6）选择保存 LUN 映射的位置。可以将它与 VM 一起保存，或者指定一个数据存储。选择对应的单选按钮。如果在数据存储上保存 LUN 映射，从列表中选择该数据存储，然后单击 Next（下一步）按钮（参见图 13.12）。

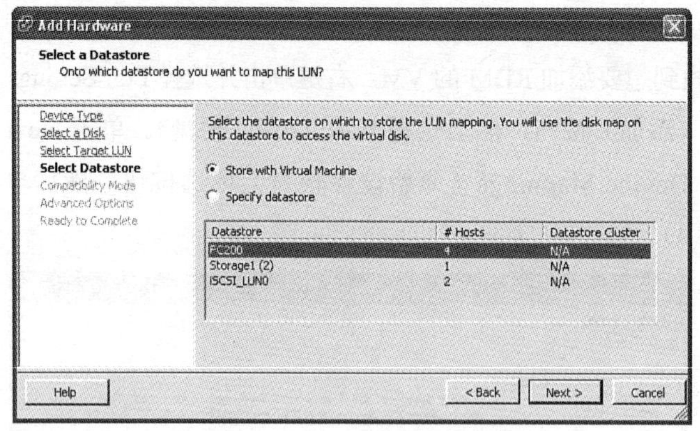

图 13.12　选择保存 RDM 条目的数据存储

7）选择 Compatibility（兼容性）部分中的 Virtual（虚拟）单选按钮，然后单击 Next（下一步）按钮（参见图 13.13）。

8）选择 Virtual Device Mode（虚拟设备模式）部分下的第一个单选按钮，然后从下拉选择列表中选择一个模式。常见的方法是选择一个与客户 OS 系统磁盘不同的虚拟 SCSI 适配器。在这个例子中是 SCSI（1∶0），这意味着 RDM 将作为第二个虚拟 SCSI 适配器——SCSI1 上的第一个设备连接（见图 13.14）。单击 Next（下一步）按钮。

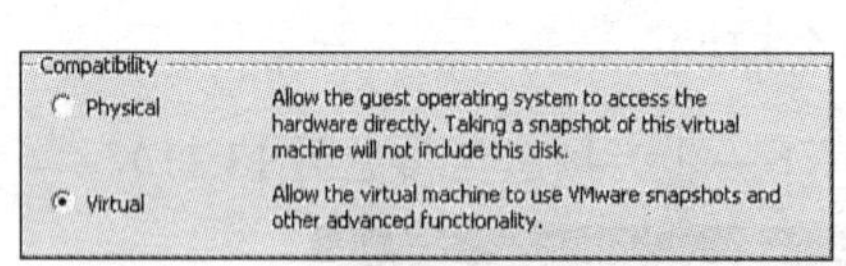

图 13.13　选择 RDM 兼容性模式

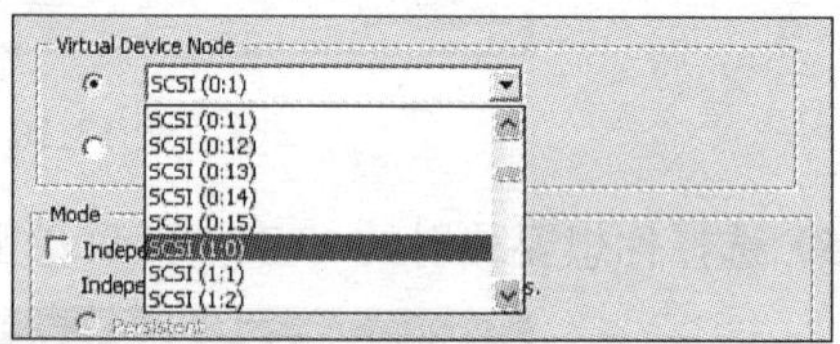

图 13.14　选择虚拟设备模式

9）复核你的选择然后单击 Finish（结束）按钮（见图 13.15）。

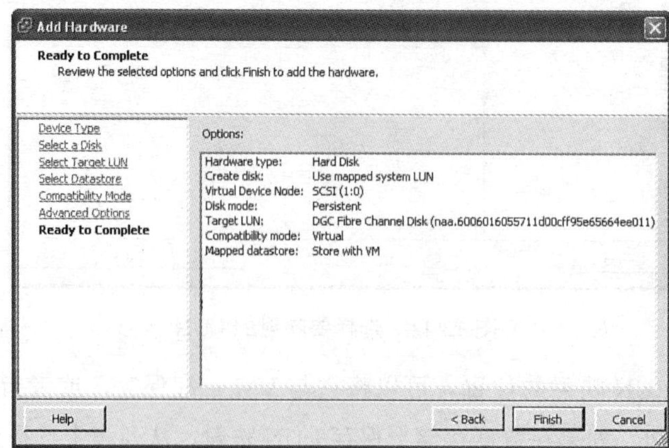

图 13.15　复核并完成选择

添加的 RDM 在 VM 设备列表中显示为 New Hard Disk（Adding）（新硬盘（添加中）），如图 13.16 所示。在这个对话框中，你还应该看到映射的设备——LUN 的 NAA ID（A），虚拟设备节点（B）和 RDM 兼容性模式（C）。

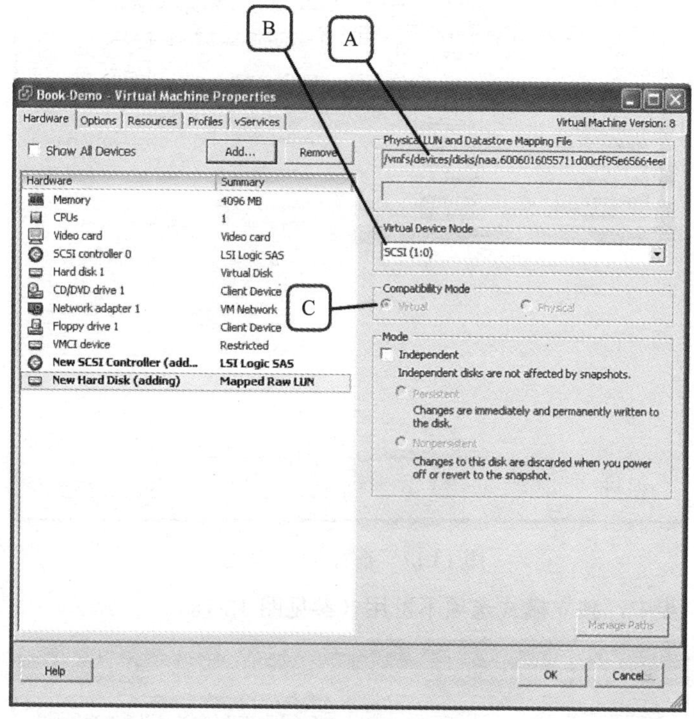

图 13.16　准备添加的 RDM

10）单击 OK（确认）按钮保存 VM 配置更改。

注意　因为在这一过程中创建的 RDM 是虚拟模式，标签为 Mode 的选择项显示可用设置，Independent（独立）模式。这是因为虚拟模式 RDM 从 VM 的角度当作虚拟磁盘。这个选项在物理模式 RDM 中不可用。

11）为了查看代表 RDM 的实际数据存储映射文件，再次编辑虚拟机器设置，查看 Physical LUN（物理 LUN）和 Datastore Mapping File（数据存储映射文件）部分下的第二个字段（参见图 13.17，A）。在这个例子中，映射文件是 Book-Demp_1.vmdk。注意，物理 LUN 现在显示为 vml 文件而不是 NAA ID。这只是一个指向设备的符号链接，本章后面的“用 vmfkstools 列出 RDM 属性”小节中对其进行了描述。完成时单击 Cancel（取消）按钮。

1. 用 UI 创建物理模式 RDM

按照上一节的过程创建物理模式 RDM，有如下例外：

■ 在第 7）步中，选择 Physical（物理）单选按钮代替 Virtual（虚拟）。

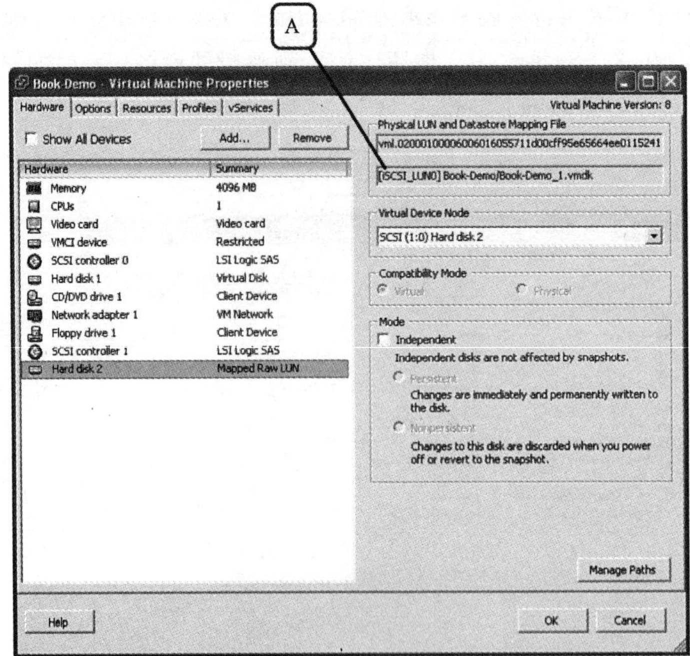

图 13.17　查看 RDM 属性

- 在第 10）步中，独立模式选项不可用（参见图 13.18）。

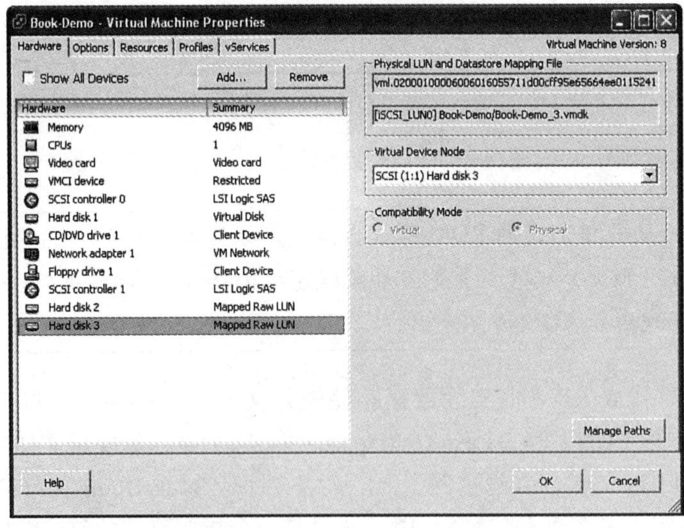

图 13.18　添加物理模式 RDM

2. 用命令行接口创建 RDM

可以用 `vmkfstools-r` 和 `-z` 命令分别创建虚拟和物理模式 RDM。清单 13.10 和清单 13.11 是命令行的示例。

清单 13.10　创建虚拟模式 RDM 的 vmkfstools 命令

```
vmkfstools --createrdm /vmfs/devices/disks/<naa ID> /vmfs/volumes/<数据存储>/<vm-目录>/<rdm
文件名>.vmdk
```

简写版本为：

```
vmkfstools -r /vmfs/devices/disks/<naa ID> /vmfs/volumes/<数据存储>/<vm-目录>/<rdm 文件
名>.vmdk
```

例如：

```
vmkfstools -r /vmfs/devices/disks/naa.6006016055711d00cff95e65664ee011 /vmfs/volumes/
iSCSI_LUN0/Book-Demo/Book-Demo_2.vmdk
```

清单 13.11　创建物理模式 RDM 的 vmkfstools 命令

```
vmkfstools --createrdmpassthru /vmfs/devices/disks/<naa ID> /vmfs/volumes/<数据存储>/<vm-
目录>/<rdm 文件名>.vmdk
```

简写版本为：

```
vmkfstools -z /vmfs/devices/disks/<naa ID> /vmfs/volumes/<数据存储>/<vm-目录>/<rdm 文件
名>.vmdk
```

例如：

```
vmkfstools -z /vmfs/devices/disks/naa.6006016055711d00cff95e65664ee011 /vmfs/volumes/
iSCSI_LUN0/Book-Demo/Book-Demo_3.vmdk
```

13.6　列出 RDM 属性

创建 RDM 之后，可能还需要确定它的属性。前面的图 13.18 中的用户界面（UI）只能显示映射设备的 vml 名称。指定 RDM 的 VMFS 条目类似于虚拟磁盘。每个 RDM 在创建它的数据存储上有两个 vmdk 文件。这些文件是虚拟机描述符文件和 RDM 指针文件。

可以运行如下命令列出 VM 目录中的这些文件：

```
ls -al /vmfs/volumes/<数据存储>/<vm 目录> |sed 's/.*root //'
```

这里假定文件所有者为根用户。上述命令截断输出，删除 root 一词和前面的所有文字，只留下尺寸、日期和时间戳以及文件名。清单 13.12 是输出的一个例子。

清单 13.12　列出 VM 文件

```
ls -al /vmfs/volumes/iSCSI/Book-Demo/ |sed 's/.*root //'
      4294967296 Feb 14 04:44 Book-Demo-flat.vmdk
             468 Feb 14 04:44 Book-Demo.vmdk
               0 Feb 14 04:44 Book-Demo.vmsd
            1844 Apr  9 19:47 Book-Demo.vmx
```

```
        264 Apr  9 19:47 Book-Demo.vmxf
10737418240 Apr  9 17:51 Book-Demo_1-rdm.vmdk
        486 Apr  9 17:51 Book-Demo_1.vmdk
10737418240 Apr  9 19:01 Book-Demo_2-rdm.vmdk ← Pointer
        486 Apr  9 19:01 Book-Demo_2.vmdk ← Descriptor
10737418240 Apr  9 19:14 Book-Demo_3-rdmp.vmdk
        498 Apr  9 19:14 Book-Demo_3.vmdk
```

在这个例子中，有 3 个 RDM 描述符文件（用← descriptor 标记其中一个），名为 Book-Demo_1.vmdk 到 Book-Demo_3.vmdk。RDM 指针文件（用← pointer 标记其中一个）与虚拟磁盘盘区文件等价，使用 rdm 或者 rdmp 后缀。带有 rdm 后缀的文件是虚拟模式 RDM 的指针。相反，带有 rdmp 后缀的文件是物理模式 RDM 的指针，这种 RDM 也被称为直通 RDM。

根据每个 RDM 指针文件的大小，它们的尺寸似乎为 10 GB。这与映射的 LUN 尺寸相符。但是，因为这些不是数据存储上的实际文件数据块，它们的大小为 0。你可以运行如下命令找出文件的实际大小：

```
cd /vmfs/volumes/<数据存储>/<vm 目录>
stat *-rdm* |awk '/File/||/Block/{print}'
```

清单 13.13 是一个输出的例子。

清单 13.13 列出 RDM 指针数据块计数的命令输出示例

```
stat *-rdm* |awk '/File/||/Block/{print}'
  File: "Book-Demo_1-rdm.vmdk"
  Size: 10737418240      Blocks: 0          IO Block: 131072 regular file
  File: "Book-Demo_2-rdm.vmdk"
  Size: 10737418240      Blocks: 0          IO Block: 131072 regular file
  File: "Book-Demo_3-rdmp.vmdk"
  Size: 10737418240      Blocks: 0          IO Block: 131072 regular file
```

上述输出清晰地说明，尽管尺寸为 10 GB（以字节为单位列出），所有 3 个文件的实际数据块数为 0。这很容易用实际文件块映射到每个 RDM 代表的物理 LUN 上的数据块这一事实来解释。

清单 13.14 显示了虚拟模式 RDM 描述符文件的内容。

清单 13.14 虚拟模式 RDM 描述符文件内容

```
# Disk DescriptorFile
version=1
encoding="UTF-8"
CID=fffffffe
parentCID=ffffffff
isNativeSnapshot="no"
createType="vmfsRawDeviceMap"

# Extent description
```

```
RW 20971520 VMFSRDM "Book-Demo_1-rdm.vmdk"

# The Disk Data Base
#DDB

ddb.virtualHWVersion = "8"
ddb.longContentID = "2d86dba01ca8954da334a0e4fffffffe"
ddb.uuid= "60 00 C2 9c 0e da f3 3f-60 7a f7 fe bc 34 7d 0f"
ddb.geometry.cylinders = "1305"
ddb.geometry.heads = "255"
ddb.geometry.sectors = "63"
ddb.adapterType = "lsilogic"
```

清单中突出显示的行专用于虚拟模式 RDM：

- createType 字段值为 vmfsRawDeviceMap，说明是虚拟模式 RDM。
- Extent description 部分显示 RDM 扇区计数，以 512 字节的磁盘数据块表示。它还显示了盘区类型——VMFSRDM。物理模式 RDM 也使用这一类型，在清单 13.15 中说明了这一点。

清单 13.15 展示了物理模式 RDM 描述符文件的内容。

清单 13.15　物理模式 RDM 描述符文件的内容

```
# Disk DescriptorFile
version=1
encoding="UTF-8"
CID=fffffffe
parentCID=ffffffff
isNativeSnapshot="no"
createType="vmfsPassthroughRawDeviceMap"

# Extent description
RW 20971520 VMFSRDM "Book-Demo_3-rdmp.vmdk"

# The Disk Data Base
#DDB

ddb.virtualHWVersion = "8"
ddb.longContentID = "307b5c6b4c696020ffb7a8c7fffffffe"
ddb.uuid= "60 00 C2 93 34 90 2c ca-c9 96 f2 a6 7f a6 65 e1"
ddb.geometry.cylinders = "1305"
ddb.geometry.heads = "255"
ddb.geometry.sectors = "63"
ddb.adapterType = "buslogic"
```

同样，突出显示了输出中专用于物理模式 RDM 的行：

- createType 字段值为 vmfsPassthroughRawDeviceMap，说明是物理模式 RDM。
- Extent description 部分显示 RDM 扇区计数，以 512 字节的磁盘数据块表示。它还显示了盘区类型——VMFSRDM。我们在虚拟模式 RDM 中已经提到，这种盘区类型是两种 RDM 共同使用的。

现在，我们已经说明了 RDM 的文件格式，你可以从 RDM 属性中找出映射的设备了，这可以通过 vmkfstools 或者 UI 完成。

1. 用 vmkfstools 列出 RDM 属性

可以按照如下步骤，用 vmkfstools 列出 RDM 属性：

使用 `vmkfstools-queryrdm` 或者简写版本 `vmkfstools-q`，找出映射 LUN 的 vml ID（见清单 13.16）。

这个选项列出 RDM 属性，包括 RDM 类型——例如，直通 RDM 或者非直通 RDM。

清单 13.16 使用 vmkfstools 列出 RDM 属性

```
vmkfstools -q /vmfs/volumes/FC200/win2K3Enterprise/win2K3Enterprise.vmdk

Disk /vmfs/volumes/FC200/win2K3Enterprise/win2K3Enterprise.vmdk is a Passthrough Raw
Device Mapping
Maps to: vml.02000100006006016055711d00cff95e65664ee011524149442035
```

这里突出显示了输出中的 vml id。

使用 `esxcli storage core device` 命令，用上述 vml ID 找到映射 LUN 的设备 ID（见清单 13.17）。

语法为：

```
esxcli storage core device list --device=<vml ID>
```

或者简写版本：

```
esxcli storage core device list -d <vml ID>
```

清单 13.17 用 vml ID 确定设备 ID

```
esxcli storage core device list --device=vml.02000100006006016055711d00cff95e65664
ee011524149442035 |grep naa
naa.6006016055711d00cff95e65664ee011
   Display Name: DGC Fibre Channel Disk (naa.6006016055711d00cff95e65664ee011)
   Devfs Path: /vmfs/devices/disks/naa.6006016055711d00cff95e65664ee011
```

这里突出显示了输出中的设备 ID。NAA ID 通常足以识别 LUN。但是，如果你需要确定 LUN 号，可以应用刚刚找到的 NAA ID 运行如下命令：

```
esxcli storage nmp device list --device=<NAA ID> |grep Current
```

或短命令：

```
esxcli storage nmp device list -d <NAA ID> |grep Current
```

清单 13.18 展示了命令的输出。

清单 13.18　根据设备确定 LUN 编号

```
esxcli storage nmp device list --device=naa.6006016055711d00cff95e65664ee011 |grep
Current
   Path Selection Policy Device Config: Current Path=vmhba3:C0:T1:L1
```

输出显示，这个 LUN 的运行时名为 vmhba3：C0：T1：L1，这说明 LUN 编号为目标 1 上的存储阵列端口的 LUN1。详见 2.1.2 节。

2. 用 UI 列出 RDM 属性

按照如下步骤，用 UI 列出 RDM 属性：

1）用 vSphere 5 Client 以管理员身份登录到 vCenter Server，在库存树中找到 VM。

2）右键单击 VM 列表项，然后选择 Edit Settings（编辑设置）命令。

你应该看到如图 13.19 所示的对话框。

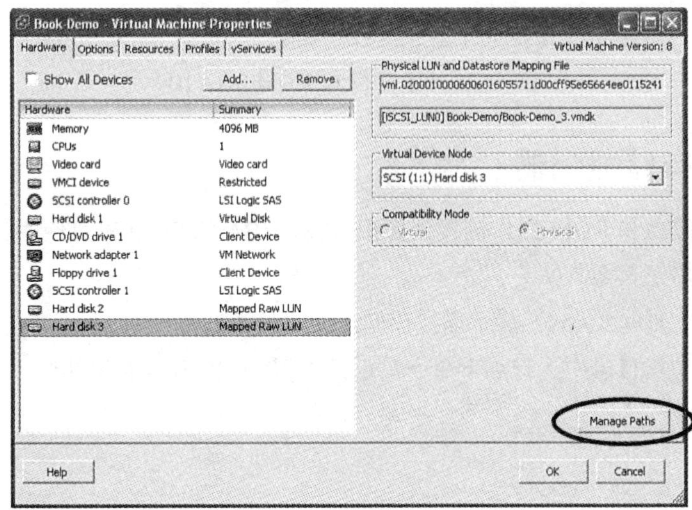

图 13.19　用 UI 列出 RDM 属性

3）找出摘要栏中显示 Mapped Raw LUN 的设备并选中。

4）单击对话框右下角的 Manage Paths（管理路径）按钮。

5）设备 ID 在显示的对话框下方窗格中列出。ID 是 Name（名称）字段最后一个破折号之后的部分（见图 13.20）。

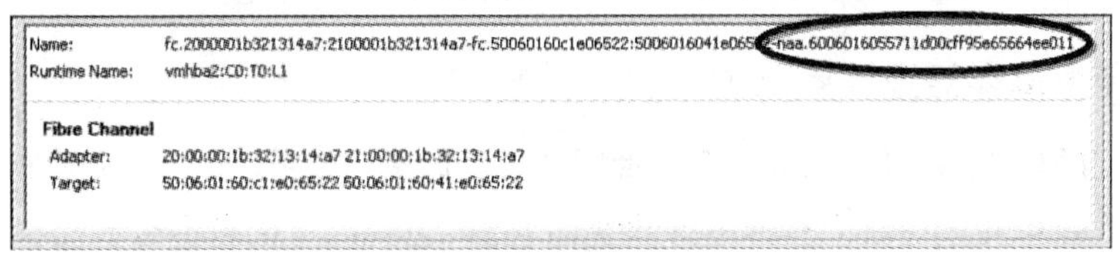

图 13.20　列出 RDM 的 NAA ID

在这个例子中，设备 ID 为 naa.6006016055711d00cff95e65664ee011。

提示 如果更仔细地查看这个例子中的 NAA ID，就会注意到 NAA ID 实际上是 VML ID 的一部分，换句话说，vml ID 基于设备的 NAA ID。

vml.02000100006006016055711d00cff95e65664ee011

naa.6006016055711d00cff95e65664ee011

例如，上面突出显示了相同的字节。

如果映射的 LUN 是一个 iSCSI 设备，过程与 FC 的例子一样，但是最后一步的对话框如图 13.21 所示。

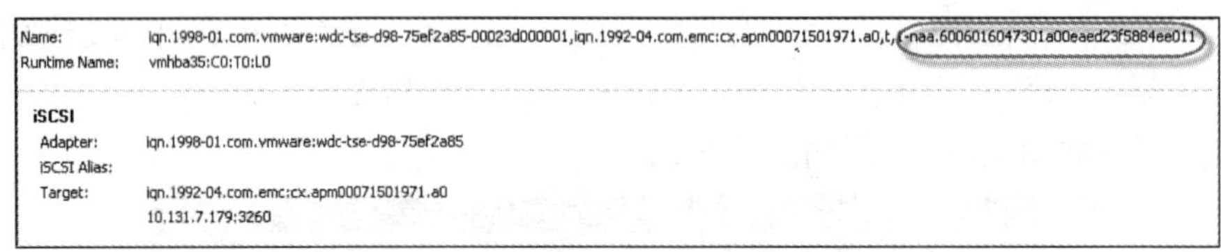

图 13.21 列出 iSCSI RDM NAA ID

13.7 虚拟存储适配器

VM 将虚拟磁盘和 RDM 当作链接到虚拟 SCSI HBA 的 SCSI 磁盘使用。有些虚拟磁盘也可以连接到 IDE 适配器。

虚拟机配置文件（*.vmx）显示虚拟存储适配器的类型。

例如，在虚拟机目录中运行如下命令，返回虚拟 SCSI HBA 的列表：

```
fgrep -i virtualdev *.vmx |grep scsi

scsi0.virtualDev = "lsisas1068"
scsi1.virtualDev = "lsilogic"
scsi3.virtualDev = "buslogic"
```

例子中的 VM 有 3 个不同的虚拟 SCSI HBA：

- 0 号虚拟 SCSI HBA 是 `lsisas1068`——LSI Logic SAS 类型
- 1 号虚拟 SCSI HBA 是 `lsilogic`——LSI Logic 并行类型
- 3 号虚拟 SCSI HBA 是 `buslogic`——BusLogic 并行类型

13.7.1 选择虚拟存储适配器类型

按照如下过程，用 vSphere Client 5 以管理员或者根用户登录，选择虚拟存储适配器类型：

1）在库存树中找到 VM，右键单击并选择 Edit Settings（编辑设置）命令。

2）单击你想要修改的 SCSI 控制器，然后单击 Change Type（修改类型）按钮（见图 13.22）。

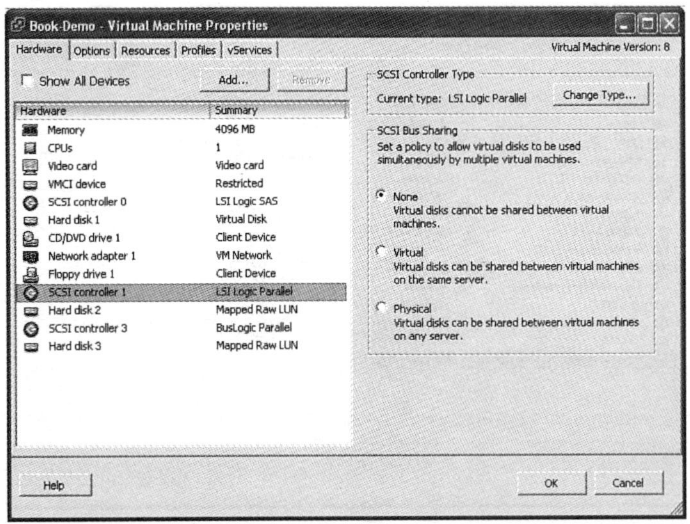

图 13.22　修改虚拟 SCSI 控制器类型

3）单击你想要选择的类型旁边的单选按钮，选择 SCSI 控制器类型。

图 13.24 显示的设备列表中原来的 `SCSI Controller1` 标记为 `replacing`（正在替换），列表中最后一个新项目标记为 `replacement`（替换），类型为选择的新类型。

4）单击 OK（确认）按钮应用更改。

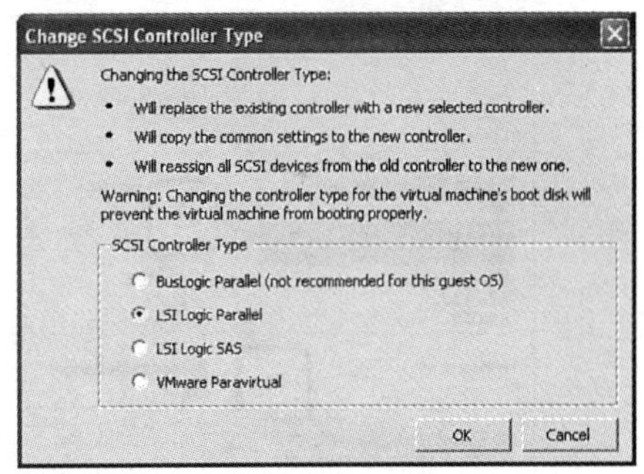

图 13.23　选择虚拟 SCSI 控制器类型

13.7.2　VMware 半虚拟化 SCSI 控制器

半虚拟化（Paravirtualizaiton）是允许 ESXi 向客户 OS 提供高性能虚拟 SCSI 控制器的一种技术，这种控制器几乎和底层的物理 SCSI 控制器有相同的性能。

这种高性能虚拟 SCSI 控制器被称作 VMware 半虚拟化 SCSI 控制器（Paravirtual SCSI Controller，PVSCSI）。它利用了支持半虚拟化的专用 GOS 内核。这样的组合提供了更好的 I/O 吞吐率并降低了 CPU 占用率。按照下面的过程检查 VMware HCL（硬件兼容性列表），了解 GOS 是否支持半虚拟化。

1）在浏览器中，进入 http://www.vmware.com/go/hcl。

2）选择图 13.25 中的文件：

a）所寻找的客户 OS（A）

b）虚拟硬件：半虚拟化（VMI）（B）

c）产品发行版本：ESXi 5.0 和 ESXi 5.0 U1（C）

3）单击 Update and View Results（更新并查看结果）按钮（D），向下滚动查看结果。

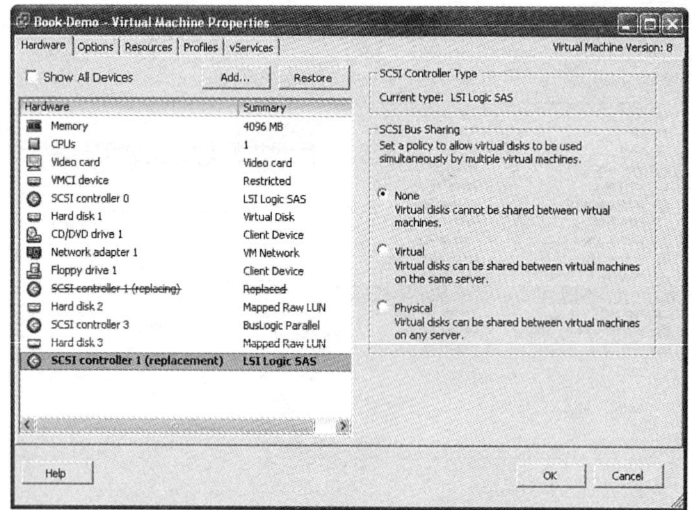

图 13.24 准备应用虚拟 HBA 类型更改

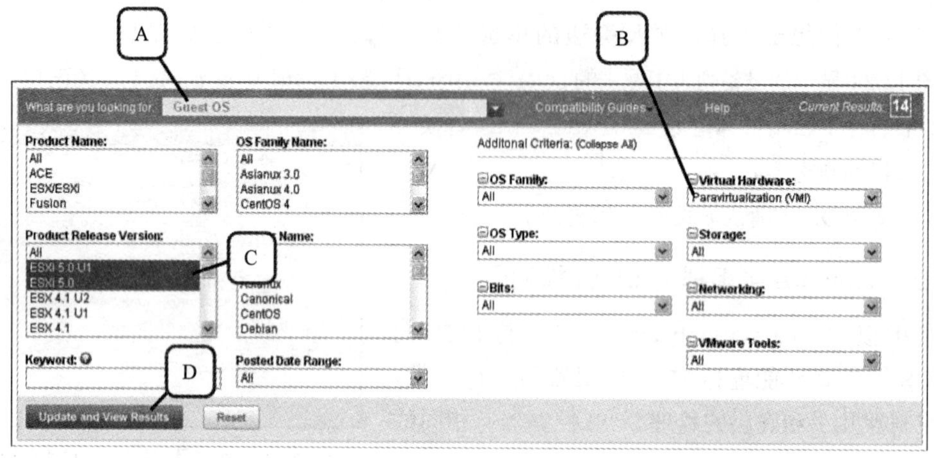

图 13.25 搜索 VMware HCL 中支持 PVSCSI 的客户 OS

1. 配置 VM 以使用 PVSCSI

按照 13.7.1 节中的第 1）～ 4）步，配置 VM 使用 PVSCSI。但是，在第 3）步中，需要选择 VMware `Paravirtual` 适配器类型。

警告 *不要将虚拟 SCSI 控制器的类型修改为 GOS 系统磁盘连接的类型。这样可能导致 GOS 无法启动。*

（1）PVSCSI 的局限

PVSCSI 控制器有如下局限性：

- 如果你在连接到 PVSCSI 控制器的 VM 上热添加或者热拔除虚拟磁盘，必须在 GOS

中重新扫描 SCSI 总线。

- 如果连接到 PVSCSI 控制器的虚拟磁盘有快照，它们无法从性能改进中得到好处。
- 如果 ESXi 主机内存过度配置，VM 无法从 PVSCSI 性能改进中得益。
- 不支持 PVSCSI 控制器作为 GOS 启动设备（参见上面的警告）。
- MSCS 阵列不支持 PVSCSI。

（2）PVSCSI 的已知问题

尽管 Windows Server 2008 和 Windows Server 2008R2 在 HCL 上没有被列为支持 PVSCSI，许多客户已经使用并且没有碰到问题。但是，VMware 接到了多份报告，称在高磁盘 I/O 条件下，在这些操作系统上使用 PVSCSI 会导致性能下降。在客户 OS 的事件日志中可以看到如下信息：

```
Operating system returned error 1117 (The request could not be performed because of
an I/O device error.)
```

根据 vSphere 5.0 Update 1 的发行说明，该版本解决了这一问题。

2. 虚拟 SCSI 总线共享

你可能注意到，图 13.24 中有一个名为 SCSI Bus Sharing（SCSI 总线共享）的部分。这一功能主要是设计用于支持 MSCS 群集 VM。

总线共享有两种策略：虚拟和物理。不要将它们与同名的 RDM 兼容性模式混为一谈。SCSI 总线共享的功能是允许多个 VM 并发打开同一个共享的虚拟磁盘或者 RDM。

你可以通过关闭连接到虚拟 SCSI 控制器的虚拟磁盘的文件锁，并启用总线共享来实现上述功能。为了避免并发写入共享虚拟磁盘，GOS 必须提供选择允许哪一个节点写入共享磁盘的功能。这一功能由 MSCS 和仲裁磁盘（Quorum Disk）提供。

表 13.5 比较了虚拟和物理总线共享策略。

表 13.5　虚拟和物理总线共享对比

功　能	虚　拟	物　理	不 共 享
虚拟磁盘并发访问	是	否	否
虚拟模式 RDM 并发访问	是	是	否
物理模式 RDM 并发访问	否	是	否
支持 VM 快照（参见下一节）	否	否	是
支持多写入锁（参见脚注）	否	否	是

注：多写入锁在第 14 章中讨论。

13.8　虚拟机快照

你是否碰到过这种情况：在安装操作系统补丁或者更新时系统无法启动或者总是崩溃？

你可能希望能够返回到安装有问题的补丁之前的正确状态。

我曾经得到过一件 VMware 的 T 恤，背后印有“Undo Your Whole Day”（撤销整天的工作）的标语。这是我们在 VMware 首次推出允许你恢复到前期状态的概念时使用的口号。

这一功能被称作 REDO（重做）日志。它们使你可以抛弃 REDO 日志创建之后对 VM 所作的更改。

现在，VM 已经成长起来，功能也得到了改进。REDO 日志的概念发展为虚拟机快照，你可以记录虚拟机状态的快照——包括虚拟磁盘，如果 VM 此时开机，你还可以选择 VM 内存的快照。

这些状态保存在 VM 目录中的一组文件里。在创建第一个快照前，我们先看看 VM 目录中文件的基本集合（参见清单 13.19）。

清单 13.19 创建快照之前的虚拟机文件

```
ls -Al |sed 's/.*root//'
       8589934592 Apr 13 04:13 Book-Demo3-flat.vmdk
              497 Apr 13 04:13 Book-Demo3.vmdk
                0 Apr 13 04:13 Book-Demo3.vmsd
             1506 Apr 13 04:13 Book-Demo3.vmx
              265 Apr 13 04:13 Book-Demo3.vmxf
```

表 13.6 列出了这些文件的扩展名及其功能。

表 13.6 VM 文件

文件扩展名	功 能	注 释
vmdk	虚拟磁盘	每个虚拟磁盘有两个这种扩展名的文件。没有 -flat 后缀的文件是 13.2 节中讨论过的描述符。其他文件有 -flat 后缀，是盘区文件，我在同一节中也作了介绍
vmsd	虚拟磁盘快照字典	定义快照层次结构。本节中将介绍更多的相关知识。该文件在创建快照之前为空
vmx	虚拟机配置文件	定义虚拟机结构和虚拟硬件
vmxf	虚拟机其他配置文件	保存 vSphere Client 用于直接连接 ESXi 主机的信息，是 vCenter Server 数据库中保存的信息的子集

13.8.1 在 VM 关闭时创建第一张快照

按照如下步骤，使用 vSphere Client 5 创建一张快照。

1）以管理员或者根用户身份登录 vCenter Server。

2）在库存树中找到 VM 并右击，依次选择 Snapshot（快照）→ Take Snapshot（创建快照）→ Take Snapshot（创建快照）命令（见图 13.26）。

3）看到提示时，分别在 Name（名称）和 Description（描述）字段中填写快照显示名称及其说明，然后单击 OK（确认）按钮（见图 13.27）。注意两个显示为灰色的复选框。这是因为 VM 在快照创建时没有开启。稍后讨论这些复选框。

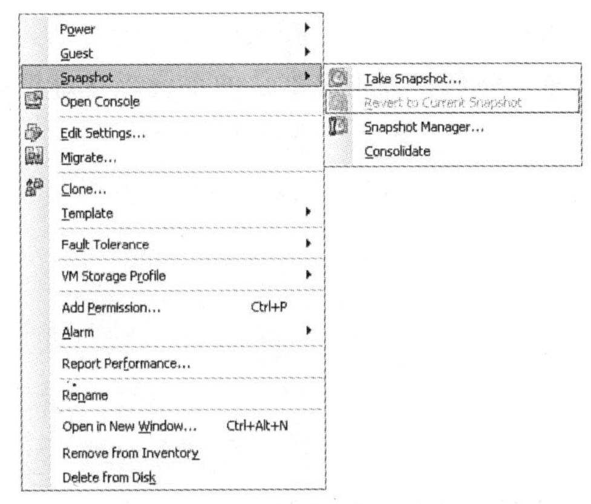

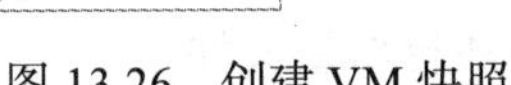
图 13.26　创建 VM 快照

图 13.27　输入快照名和描述

你应该看到 Recent Tasks（最近任务）窗格中显示的 Create Virtual Machine Snapshot（创建虚拟机快照）的状态为 in progress（进行中）。完成后这一状态变为 completed（已完成）。

我们来看看快照创建时添加或者修改了哪些文件。

清单 13.20 显示，创建了 3 个新文件，修改了 2 个文件。

清单 13.20　第 1 个快照创建之后的 VM 目录列表

```
ls -Al |sed 's/.*root//'
           20480 Apr 13 05:03 Book-Demo3-000001-delta.vmdk
             323 Apr 13 05:03 Book-Demo3-000001.vmdk
           18317 Apr 13 05:03 Book-Demo3-Snapshot1.vmsn
      8589934592 Apr 13 04:13 Book-Demo3-flat.vmdk
             497 Apr 13 04:13 Book-Demo3.vmdk
             464 Apr 13 05:03 Book-Demo3.vmsd
            1513 Apr 13 05:03 Book-Demo3.vmx
             265 Apr 13 04:13 Book-Demo3.vmxf
```

表 13.7 列出了增加和修改的文件以及解释。

表 13.7　快照创建添加和修改的文件

文　件　名	描　　述	注　　释
Book-Demo3-000001-delta.vmdk	磁盘盘区增量	快照创建之后写入的新文件被重定位到这个盘区文件，类型为 vmfsSparse
Book-Demo3-000001.vmdk	磁盘描述符文件增量	定义快照虚拟磁盘的描述符文件，内容参见清单 13.20
Book-Demo3-Snapshot1.vmsn	VM 快照文件	这是真正的快照文件，是 VM 配置的状态。它实际上合并了 vmx 和 vmxf 文件中未作修改的原始内容。如果 VM 在创建快照时电源开启，选择创建 VM 内存快照，该文件还将包含 CPU 的状态。
Book-Demo3.vmsd	VM 快照字典	在快照创建之前为空白。现在它包含了快照的层次结构，内容见清单 13.21
Book-Demo3.vmx	VM 配置文件	scsi0：0.fileName 的值被修改为磁盘描述符增量文件的名称

为了更好地理解这些文件之间的关系，我们来看看每个文件的相关内容。按照相关性的顺序进行，注意，所有添加的文件都按照 VM 名称命名，这也是默认的系统磁盘虚拟磁盘名。在这个例子中是 Book-Demo3。

1）VM 配置文件（vmx）作了如下修改。

在快照之前：

```
scsi0:0.fileName = "Book-Demo3.vmdk"
```

快照之后：

```
scsi0:0.fileName = "Book-Demo3-000001.vmdk"
```

这意味着，连接到 scsi0：0 的磁盘现在是磁盘文件描述符增量文件。

2）磁盘描述符增量文件的内容如清单 13.21 所示。它说明增量磁盘是一个类型为 vmfsSparse 的稀疏文件。

清单 13.21　磁盘描述符增量文件内容

```
# Disk DescriptorFile
version=1
encoding="UTF-8"
CID=fffffffe
parentCID=fffffffe
isNativeSnapshot="no"
createType="vmfsSparse"
parentFileNameHint="Book-Demo3.vmdk"
# Extent description
RW 16777216 VMFSSPARSE "Book-Demo3-000001-delta.vmdk"

# The Disk Data Base
#DDB

ddb.longContentID = "a051b9fb9b43b7ae0b351f1dfffffffe"
```

清单中突出显示的行在表 13.8 中说明。

表 13.8　磁盘描述符增量属性

属　性	虚　拟	注　释
ParentCID	fffffffe	父磁盘内容 ID
isNativeSnapshot	no	用于允许存储阵列直接处理快照创建的未来版本
createType	vmfsSparse	不管父磁盘的类型为何，所有增量磁盘都是稀疏文件
parentFileNameHint	Book-Demo3.vmdk	父磁盘名称。该磁盘保持不被修改
Extent Description	多个值	相关的是类型值，仍然为 VMFSSPARSE，以及盘区文件名——带有 -delta 后缀的文件

父磁盘保持不变。当 VM 启动时，该文件用只读锁打开。这是 VADP API（vStorage APIs for Data Protection）在 VM 运行的同时备份虚拟磁盘时采用的功能。这允许备份软件

复制父磁盘，因为只读锁允许多个读取方访问并打开父虚拟磁盘供读取。

注意 许多存储阵列实现了快照备份功能。这些技术通常以两种方法实现：Copy-On-Write（EMC）或者 Pointer-Based（NetApp 和 ZFS 阵列）。这些技术为阵列提供了创建 LUN 和文件系统快照的方法。利用 VMware，NetApp 等存储合作伙伴能够提供基于文件的快照。因为 VMDK 文件能够利用这种技术，它们能够提供更细粒度的功能。

3）虚拟机快照字典文件（vmsd）存储定义快照层次结构的属性，这是快照文件和所属快照之间的关系。清单 13.22 展示了该文件的内容。

清单 13.22 虚拟机快照字典文件内容

```
.encoding = "UTF-8"
snapshot.lastUID = "1"
snapshot.current = "1"
snapshot0.uid= "1"
snapshot0.filename = "Book-Demo3-Snapshot1.vmsn"
snapshot0.displayName = "Before installing patch xyz"
snapshot0.description = "Snapshot taken before installing patch xyz"
snapshot0.createTimeHigh = "310664"
snapshot0.createTimeLow = "1673441029"
snapshot0.numDisks = "1"
snapshot0.disk0.fileName = "Book-Demo3.vmdk"
snapshot0.disk0.node = "scsi0:0"
snapshot.numSnapshots = "1"
```

因为这是 VM 创建的第一个快照，所以只列出了一个快照定义，ID 为 1。该文件中的所有属性都有一个前缀：`snapshot0`。表 13.9 描述了这些没有这个前缀的属性。

表 13.9 虚拟机快照字典文件中的属性

属性	值	注释
lastUID	1	最近创建的快照 ID
current	1	当前在用快照 ID
uid	1	快照 ID
filename	“Book-Demo3-Snapshot1.vmsn”	快照文件名
displayName	“Before installing patch xyz”	图 13.29 中所示的对话框中输入的快照名称
description	“Snapshot taken befor installing patch xyz”	图 13.29 中所示的对话框中输入的快照描述
numDisks	1	未配置为独立的虚拟磁盘数量。这是具有增量文件的虚拟磁盘数量
disk0.filename	“Book-Demo3.vmdk”	第一个父虚拟磁盘名称
disk0.node	Scsi0 : 0	父虚拟磁盘节点
numSnapshots	1	本 VM 创建的快照数量

这些属性描述了快照管理器的用户界面中快照当前层次结构的显示方式。图 13.26 展示了这个 VM 第一个快照的层次结构。要显示快照管理器，在库存中右键单击 VM，然后选择 Snapshot（快照）菜单，选择 Snapshot Manager（快照管理器）子菜单，打开图 13.28 中所示的对话框。

在图 13.28 中，你很容易找出父磁盘、快照显示名称和描述。“You Are Here”（你在这里）标志指向快照的当前状态。本章稍后介绍 Go To 和 Delete 按钮。

13.8.2 在 VM 开机的时候创建第二张快照

现在，我们创建第二张快照。这次，VM 电源开启。按照第一张快照的同样步骤做：

1）以管理员或者根用户身份登录 vCenter Server。

2）在库存树中找到 VM 并右击，依次选择 Snapshot（快照）→ Take Snapshot（创建快照）→ Take Snapshot（创建快照）命令。

3）看到提示时，分别在 Name（名称）和 Description（描述）字段中填写快照显示名称及其说明，然后单击 OK（确认）按钮（见图 13.29）。注意，两个复选框现在可用，这是因为 VM 在快照创建时开启。Snapshot the Virtual Machine’s Memory（创建虚拟机内存快照）复选框默认被选中，它的含义不言自明。第二个复选框使用 VADP 在备份虚拟磁盘之前用于创建快照的相同功能。正如该选项所指出的，必须在 VM 中安装 VMware Tools 才有效。原因是，VMware Tools 安装时包含了一组使用该功能时需要的脚本。

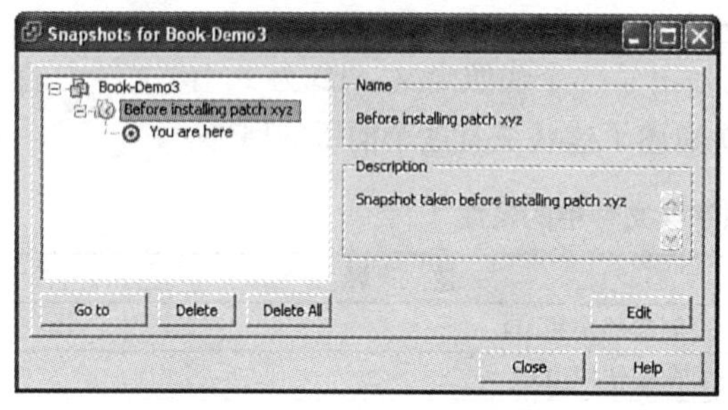

图 13.28 显示快照管理器

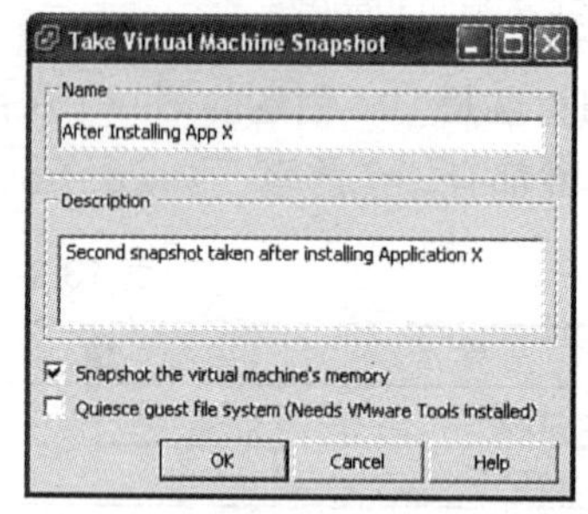

图 13.29 在 VM 电源开启时输入快照名称和描述

我们来看看 VM 目录中添加或者修改了哪些文件。清单 13.23 展示了第二个快照创建之后的 VM 目录。

清单 13.23 创建第二个快照（开启电源）之后的 VM 目录内容

```
ls -Al |sed 's/.*root//'
            20480 Apr 13 05:03 Book-Demo3-000001-delta.vmdk
              323 Apr 13 05:03 Book-Demo3-000001.vmdk
            20480 Apr 13 08:27 Book-Demo3-000002-delta.vmdk
              330 Apr 13 08:27 Book-Demo3-000002.vmdk
            18317 Apr 13 05:03 Book-Demo3-Snapshot1.vmsn
       1074980997 Apr 13 08:29 Book-Demo3-Snapshot2.vmsn
```

```
1073741824 Apr 13 08:02 Book-Demo3-f1994119.vswp
8589934592 Apr 13 04:13 Book-Demo3-flat.vmdk
       497 Apr 13 04:13 Book-Demo3.vmdk
       890 Apr 13 08:27 Book-Demo3.vmsd
      2585 Apr 13 08:27 Book-Demo3.vmx
       265 Apr 13 04:13 Book-Demo3.vmxf
```

突出显示的是添加或者修改的文件。注意，Book-Demo3-Snapshot2.vmsn 文件比 Snapshot1 文件大得多。这是因为 VM 的电源开启，而且选择了 VM 内存快照。CPU 状态和内存状态都保存在相应的快照文件中。

Book-Demo3-000002.vmdk 和 Book-Demo3-000002-delta.vmdk 是新快照的虚拟磁盘快照文件。然而，它的父磁盘与第一个快照不同。我是怎么知道的？清单 13.24 展示了描述符文件。

清单 13.24　第二个快照的描述符增量文件

```
# Disk DescriptorFile
version=1
encoding="UTF-8"
CID=fffffffe
parentCID=fffffffe
isNativeSnapshot="no"
createType="vmfsSparse"
parentFileNameHint="Book-Demo3-000001.vmdk"
# Extent description
RW 16777216 VMFSSPARSE "Book-Demo3-000002-delta.vmdk"

# The Disk Data Base
#DDB

ddb.longContentID = "a051b9fb9b43b7ae0b351f1dfffffffe"
```

这里突出显示了列表中相关的属性：`parentFileNameHint` 清楚地说明父磁盘是 Book-Demo3-000001.vmdk——第一个快照的增量磁盘。这意味着，所有新数据重定向到 Book-Demo3-000002-delta.vmdk。

还要注意，vmx 文件也被修改了，以反映当前连接到 scsi0：0 的虚拟磁盘是新的增量文件。

第一个快照之后是：

```
scsi0:0.fileName = "Book-Demo3-000001.vmdk"
```

第二个快照之后是：

```
scsi0:0.fileName = "Book-Demo3-000002.vmdk"
```

除此之外，vmsd 文件现在显示另外一个属性带有 snapshot1 后缀的快照（见清单 13.25）。

清单 13.25　vmsd 文件内容

```
.encoding = "UTF-8"
snapshot.lastUID = "2"
snapshot.current = "2"
snapshot0.uid= "1"
snapshot0.filename = "Book-Demo3-Snapshot1.vmsn"
snapshot0.displayName = "Before installing patch xyz"
snapshot0.description = "Snapshot taken before installing patch xyz"
snapshot0.createTimeHigh = "310664"
snapshot0.createTimeLow = "1673441029"
snapshot0.numDisks = "1"
snapshot0.disk0.fileName = "Book-Demo3.vmdk"
snapshot0.disk0.node = "scsi0:0"
snapshot1.uid= "2"
snapshot1.filename = "Book-Demo3-Snapshot2.vmsn"
snapshot1.parent = "1"
snapshot1.displayName = "After Installing App X"
snapshot1.description = "Second snapshot taken after installing Application X"
snapshot1.type = "1"
snapshot1.createTimeHigh = "310667"
snapshot1.createTimeLow = "1030355829"
snapshot1.numDisks = "1"
snapshot1.disk0.fileName = "Book-Demo3-000001.vmdk"
snapshot1.disk0.node = "scsi0:0"
snapshot.numSnapshots = "2"
```

以上突出显示了添加或者修改的行。

所有前缀为 snapshot1 的行都是新添加的快照的属性。它们看上去和第一个快照文件中相同，但是取值不同。添加了一个新的属性：snapshot1.parent，它说明快照的父磁盘是 ID 为 1 的快照，也就是我们前面介绍的第一个快照。还要注意，numSnapshots 的值现在变为 2，这说明 VM 的快照总数目前为 2。

snapshot1.uid 为 2。为什么它不使用更高的数字？原因是该数是前一个版本的 snapshot.lastUID 字段值的下一个数字。看一下表 13.9，你就会注意到该字段值为 1。如果前一个值更高，那么第二个快照的 UID 就会高于 2。

图 13.30 给出了快照管理器 UI 中这些属性的显示方式。

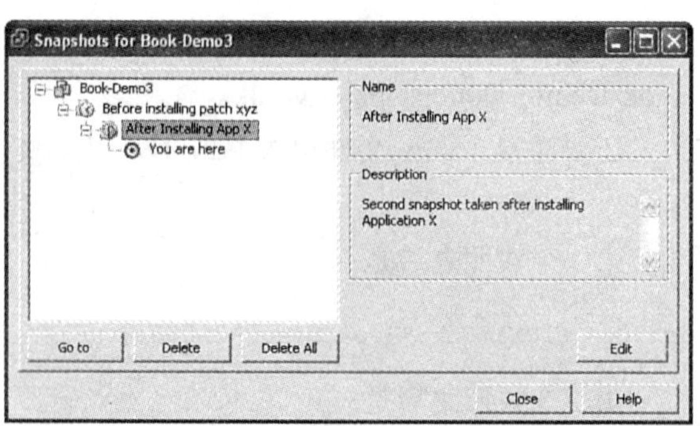

图 13.30　列出第二个快照

注意，现在 You are here 标志指向第二个快照。

13.9 快照操作

可用的快照操作有：

- 转向某个快照
- 删除某个快照
- 恢复到某个快照
- 合并某个快照（vSphere 5 中的新功能）。下面将分别说明每一种操作。

13.9.1 转向快照操作

考虑如下的场景：我正在测试一个处于 beta 阶段的应用，不希望它损坏我的 VM。所以，我在安装应用之前创建一个快照。在图 13.29 中，快照被标记为 Before Installing APP x（安装 X 应用之前）（代替前一节中的 after installing the app）。果不其然，VM 在安装应用以后崩溃。我不确定能否重现这种崩溃的情况。所以，我创建一个快照保存出现问题的 VM。因为应用处于 beta 阶段，对此没有真正的支持。我决定排除安装应用之前安装的补丁 xyz 导致这一问题的可能性。所以，我计划回到安装 xyz 补丁之前的 VM 状态，然后创建另一个快照，再安装应用。

图 13.31 显示了当前状态下的快照管理器（经过裁剪）。

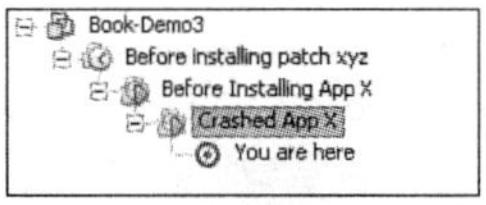

1）单击标记为 Before Installing Patch xyz 的快照，然后单击 Go To（转向）按钮。

图 13.31 快照管理器显示崩溃的 VM 快照

打开图 13.32 所示的对话框。注意，Before Installing Patch xyz 的图标没有下面两个快照所具有的启动符号（向右的三角形）。这意味着在它创建的时候，VM 是关闭的。所以，当单击 Go To 按钮时，VM 是关闭的，这就是当时的状态。

2）在对话框中单击 Yes 按钮（见图 13.32）。

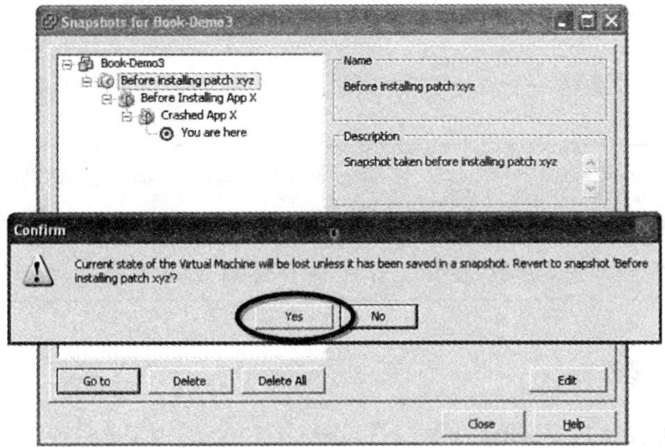

图 13.32 确认转向操作

3）在处理完成之后，快照管理器看起来应该如图 13.33 所示，VM 电源关闭。

4）现在，我们创建另一个快照之后再安装应用 X。如果快照管理器仍然打开，单击 Close（关闭）按钮。确保库存树中的 VM 仍然选中（A），然后单击 Take a Snapshot of this Virtual Machine（创建这个虚拟机的快照）（B）按钮（见图 13.34）。

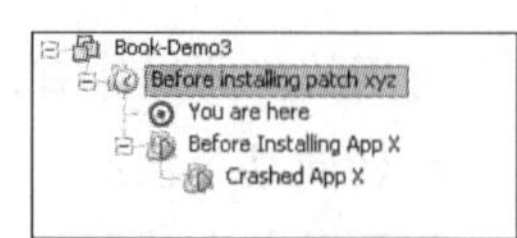

图 13.33　转向操作完成

5）输入快照名称和描述（例如，Side Branch Before Installing App X），然后单击 OK（确认）按钮。

6）开启 VM 电源，安装应用 X。不错！应用看上去很稳定。

7）为安全起见，我们创建一个该状态的快照。单击 Take a Snapshot of this Virtual Machine（创建这个虚拟机的快照）按钮，输入快照名称和描述（例如 After Installing App X），并单击 OK（确认）按钮。

8）单击 Snapshot Manager Toolbar（快照管理器工具栏）（A）按钮，显示当前快照层次结构（B）（见图 13.35）。

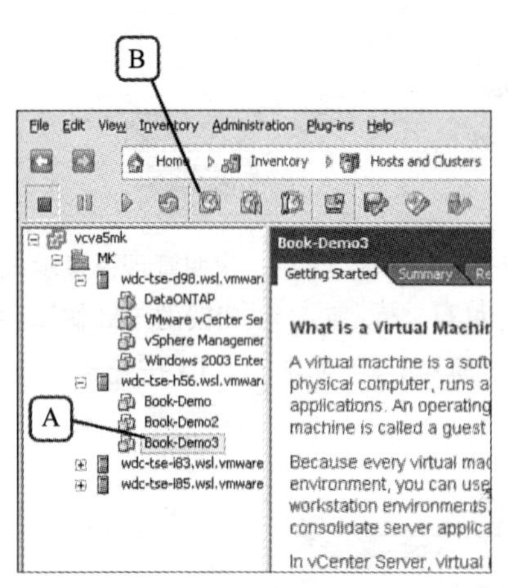

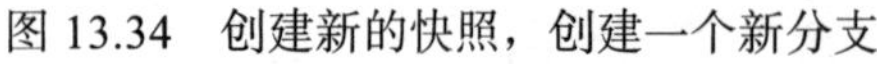
图 13.34　创建新的快照，创建一个新分支

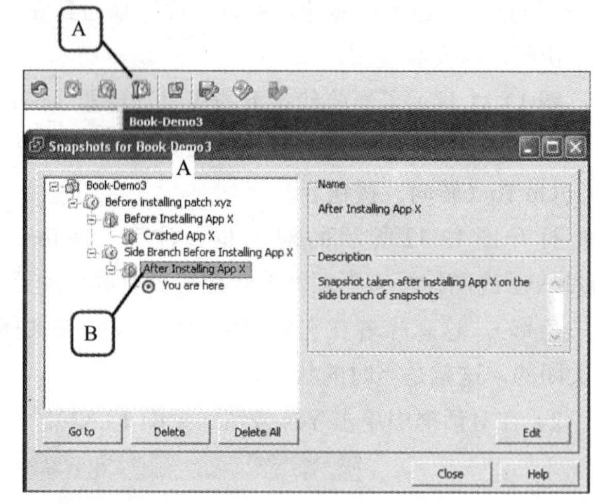

图 13.35　在快照管理器中列出第二个快照分支

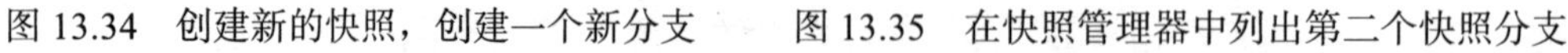

提示　盯紧目标！也就是 You Are Here 标志。它代表创建最后一个快照后的 VM 当前状态。假定 VM 在这时关闭。如果你想要抛弃创建这个快照以来所做的工作，选择目标指向的快照，然后单击 Go To 按钮，你应该会看到 VM 开启，处于快照创建时的状态。

13.9.2　删除快照操作

在创建 VM 快照之后，VM CPU 和内存的状态（可选）都保存在 VM 快照文件（vmsn）中，未作修改的原始数据保存在父虚拟磁盘中。对 CPU 和内存状态的修改都保存在运行的 VM 内存中，在你创建另一个快照之前不会写入快照文件。继续前一节的例子，假定安装在没有补丁的操作系统上的应用 X 被证明是稳定的，你可以安全地删除快照，因为你不再需要将 VM 恢复到这个“应用 X”状态。我希望删除 Side Branch Before Installing App X 快照并保留最新的快照。下面的过程从上一节中的过程结束处继续。VM 目前运行于 After Installing App X 的状态下：

1）参见图 13.35，单击 Side Branch Before Installing App X 快照，然后单击 Go To 按钮。单击 Yes 按钮继续。快照管理器如图 13.36 所示，VM 电源关闭。

2）单击 Delete（删除）按钮，显示 Confirm Delete（确认删除）对话框。单击 Yes（是）按钮继续删除快照。

快照管理器如图 13.37 所示，VM 仍然关闭。

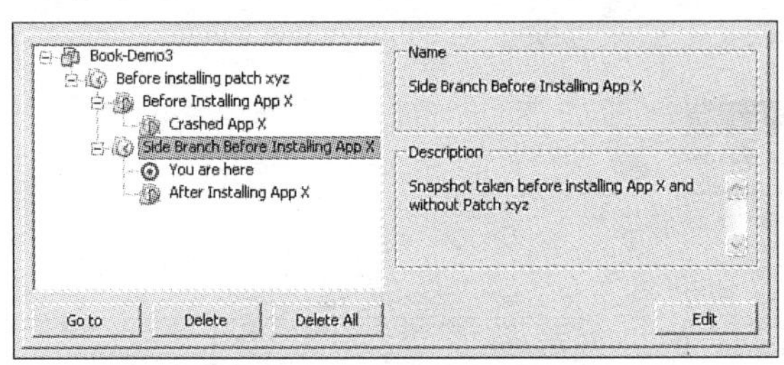

图 13.36　在删除前转向父快照

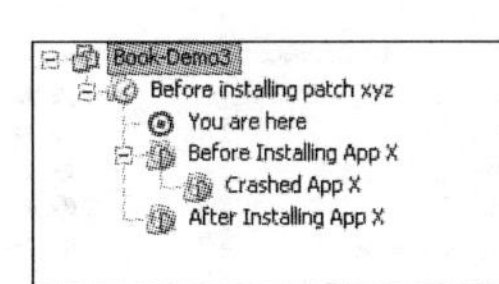

图 13.37　旁支快照被删除

这里真正发生的是，所有写入 Side Branch Before Installing App X 快照增量文件的更改被写入其父虚拟磁盘。这意味着，这些修改不会再被抛弃。

3）为了切换到安装 App X 之后的状态，选择 After Installing App X 快照并单击 Go To 按钮。

4）单击 Yes 按钮确认操作。快照管理器应该如图 13.38 所示。

5）单击 Close（关闭）按钮。

13.9.3　合并快照操作

快照合并搜索快照的层次结构或者增量磁盘，在不破坏数据依赖的情况下进行合并。合并的结果是删除多余的磁盘。这一操作能够改进虚拟机的性能，节约存储空间。

1. 找出合并的候选者

按照如下过程找出需要合并快照的 VM：

1）以管理员或者根用户身份登录 vCenter Server。

2）导航到 Home → Inventory（库存）→ VMs and Template（VM 和模板）（见图 13.39）。

3）选择 Virtual Machine（虚拟机）选项卡（A）。

4）右键单击任何列标题（B），选择 Needs Consolidation（需要合并）（C）（见图 13.40）。

5）该列被添加到视图的最右端，你可以单击并拖动列标题，将该列移动到视图中的任何位置。如果 VM 需要合并，该列的值为 Yes，否则为 No。

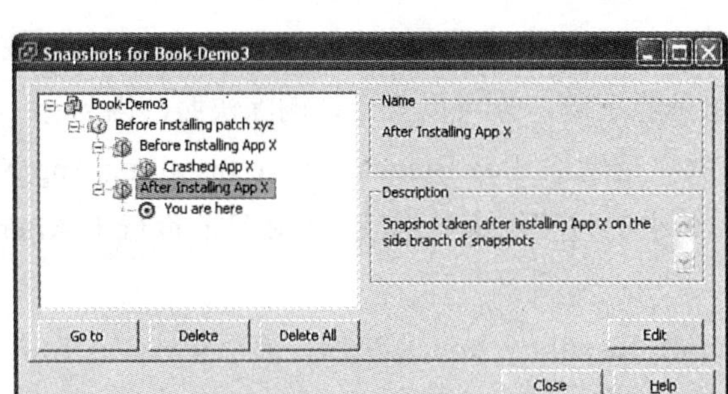

图 13.38 转向子快照

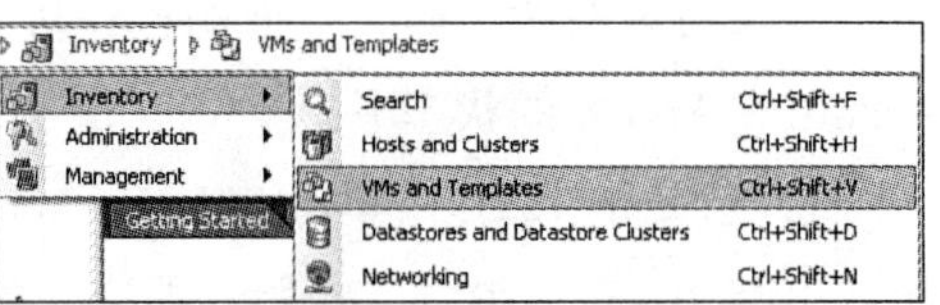

图 13.39 切换到 VM 和模板视图

6）右击需要合并的某个 VM，然后单击 Snapshot（快照），再单击 Consolidate（合并）命令（见图 13.41）。

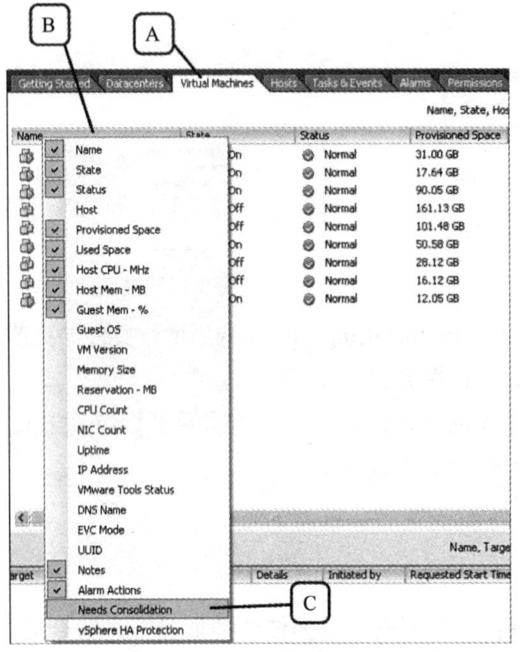

图 13.40 添加需要合并栏目

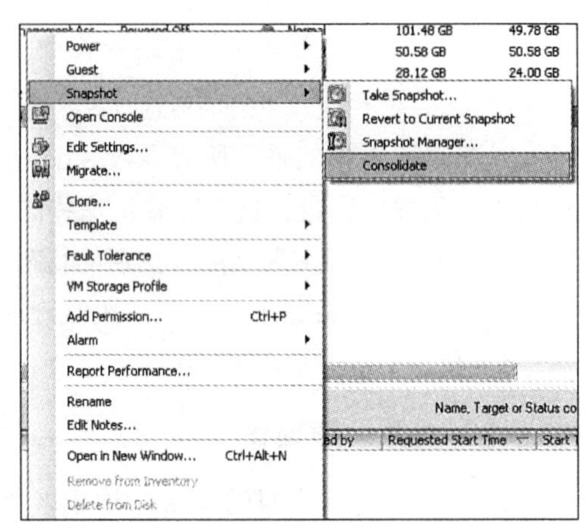

图 13.41 合并快照

7）看到提示时，单击 Yes 按钮确认操作。

2. 快照合并时实际发生了什么

继续上一节的例子，删除操作丢弃了磁盘增量文件。为了找出丢弃的文件，我们收集了合并过程前后的输出。清单 13.26 ～清单 13.29 显示了这些输出。

清单 13.26 合并前的虚拟磁盘描述符

```
323 Apr 14 20:26 Book-Demo3-000001.vmdk
330 Apr 14 20:29 Book-Demo3-000002.vmdk
330 Apr 15 00:57 Book-Demo3-000003.vmdk
```

```
346 Apr 15 03:27 Book-Demo3-000004.vmdk
330 Apr 15 04:10 Book-Demo3-000005.vmdk
520 Apr 15 03:27 Book-Demo3.vmdk
```

清单 13.27　合并后的虚拟磁盘描述符

```
323 Apr 14 20:26 Book-Demo3-000001.vmdk
330 Apr 14 20:29 Book-Demo3-000002.vmdk
346 Apr 15 04:47 Book-Demo3-000004.vmdk
330 Apr 15 04:47 Book-Demo3-000005.vmdk
520 Apr 15 03:27 Book-Demo3.vmdk
```

比较两个清单，很明显删除了一个增量磁盘（清单 13.26 中突出显示的那一个）。这是前面删除的快照所用的虚拟磁盘描述符。因为它的数据块与其父磁盘合并，因此不再需要。运行如下命令找出它的父磁盘：

```
fgrep vmdk Book-Demo3-00000?.vmdk |grep parent
```

合并过程前后的输出如清单 13.28 和清单 13.29 所示。

清单 13.28　合并前的快照父磁盘

```
fgrep vmdk Book-Demo3-00000?.vmdk |grep parent
Book-Demo3-000001.vmdk:parentFileNameHint="Book-Demo3.vmdk"
Book-Demo3-000002.vmdk:parentFileNameHint="Book-Demo3-000001.vmdk"
Book-Demo3-000003.vmdk:parentFileNameHint="Book-Demo3-000004.vmdk"
Book-Demo3-000004.vmdk:parentFileNameHint="Book-Demo3.vmdk"
Book-Demo3-000005.vmdk:parentFileNameHint="Book-Demo3-000003.vmdk"
```

清单 13.29　合并后的快照父磁盘

```
fgrep vmdk Book-Demo3-00000?.vmdk |grep parent
Book-Demo3-000001.vmdk:parentFileNameHint="Book-Demo3.vmdk"
Book-Demo3-000002.vmdk:parentFileNameHint="Book-Demo3-000001.vmdk"
Book-Demo3-000004.vmdk:parentFileNameHint="Book-Demo3.vmdk"
Book-Demo3-000005.vmdk:parentFileNameHint="Book-Demo3-000004.vmdk"
```

清单 13.28 显示（从下往上），增量磁盘 Book-Demo3-000005.vmdk 的父磁盘为 Book-Demo3-000003.vmdk。它还显示，增量磁盘 Book-Demo3-000003.vmdk 的父磁盘为 Book-Demo3-000004.vmdk。所以，在使用 Book-Demo3-000003.vmdk 作为增量磁盘的快照被删除时，该磁盘的内容将与其父磁盘 Book-Demo3-000004.vmdk 合并。使用 Book-Demo3-000005.vmdk 作为增量磁盘的快照仍然指向增量磁盘 Book-Demo3-000003.vmdk。

合并过程修改 Book-Demo3-000005.vmdk，指向其新的父磁盘 Book-Demo3-000004.vmdk，从而更正了这种不一致的现象，如清单 13.29 所示。

那么 VM 快照字典有什么变化呢？它也应该更正。清单 13.30 和清单 13.31 列出了合并前后如下命令的输出：

```
fgrep vmdk Book-Demo3.vmdk
```

上述命令列出了字典文件中对虚拟磁盘的所有引用，说明了它们与对应快照的关联。

清单 13.30 合并前虚拟磁盘与快照的关联

```
fgrep vmdk Book-Demo3.vmsd
snapshot0.disk0.fileName = "Book-Demo3.vmdk"
snapshot1.disk0.fileName = "Book-Demo3-000001.vmdk"
snapshot2.disk0.fileName = "Book-Demo3-000003.vmdk"
snapshot3.disk0.fileName = "Book-Demo3-000002.vmdk"
```

清单 13.31 合并后虚拟磁盘与快照的关联

```
fgrep vmdk Book-Demo3.vmsd
snapshot0.disk0.fileName = "Book-Demo3.vmdk"
snapshot1.disk0.fileName = "Book-Demo3-000001.vmdk"
snapshot2.disk0.fileName = "Book-Demo3-000004.vmdk"
snapshot3.disk0.fileName = "Book-Demo3-000002.vmdk"
```

清单 13.30 和清单 13.31 中突出显示的行说明，snapshot2 从使用 Book-Demo3-000003.vmdk 改为使用 Book-Demo3-000004.vmdk，这与清单 13.28 和清单 13.29 中所示的修改一致。

图 13.42 中所示的框图说明了来自最近 6 个合并前后清单的组合关系。

注意 如果你的存储阵列不支持 VAAI 块设备或者 NAS 原语（参见第 16 章），删除或者合并快照的过程可能对性能有负面影响。

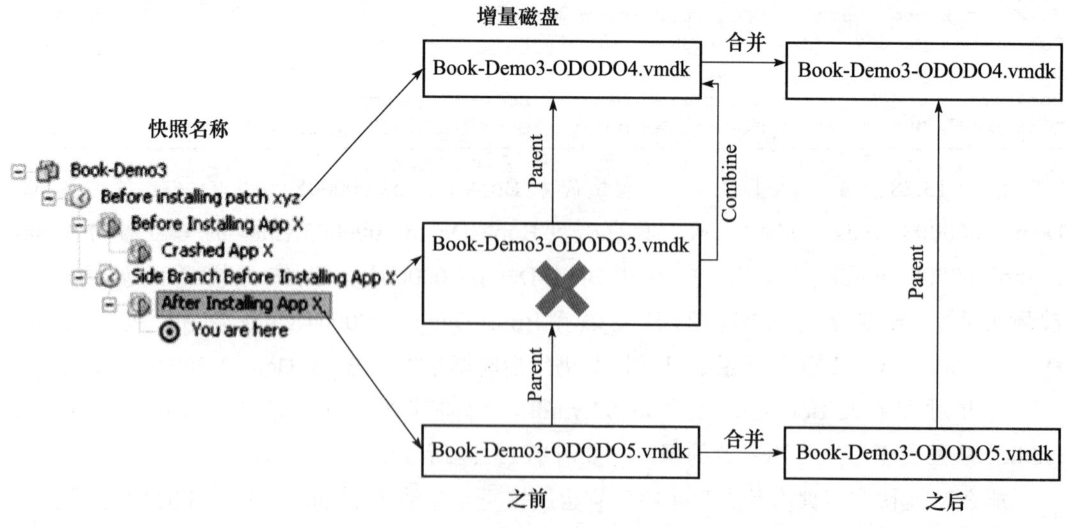

图 13.42 快照合并处理流程

13.10 恢复快照

我们继续前面的例子。现在，有一个应用程序是稳定的，但是 VM 受到某些病毒的感染，必须重新安装 GOS 才能清除。不得不关闭 VM，防止它传染其他 VM。因为创建 After Installing APP X 快照之后，VM 的所有修改写入由 You are Here 状态表示的磁盘中，这里所需要做的就是丢弃当前状态，返回快照本身（见图 13.43）。丢弃当前状态的过程称作“恢复当前快照”。

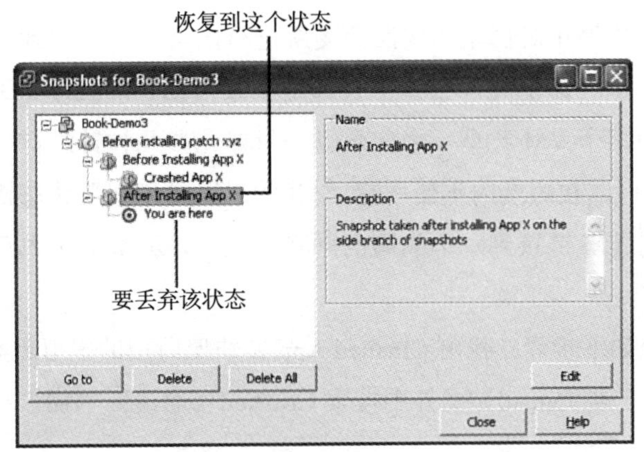

图 13.43 当前快照状态的快照层次结构

按照如下过程恢复到某一个快照：

1）单击 Revert to Current Snapshot（恢复当前快照）按钮（A）或者右键单击库存树中的 VM（B），然后选择 Snapshot（快照）→ Revert to Current Snapshot（恢复当前快照）（C）菜单命令（参见图 13.44）。

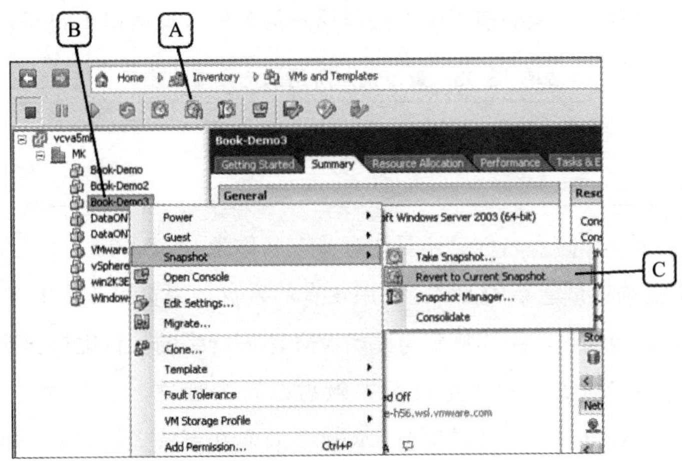

图 13.44 恢复到当前快照命令

2）单击 Yes（确认）按钮确认操作。

注意，尽管恢复到当前快照之前关闭了 VM 的电源，但是现在 VM 的电源是开启的。原因是原来创建该快照的时候 VM 是开启的，而且选择了创建内存快照。

13.11 链接克隆

回顾目前使用的例子，我们知道有两个快照分支，为什么不同时使用这两个分支呢？

例如，应用 X 的技术支持最终回复了应用在带有补丁 xyz 的操作系统上崩溃时我提交的问题。但是，我无法停止对稳定的快照分支所进行的操作。我回到画着快照层次结构草图的白纸板上，观察全局的情况。它看上去像是刚才借助 VMware VDI（虚拟桌面基础架构）所看到的，其中多个 VM 共享一个父磁盘，只要花费几秒钟进行少量自定义工作就可以部署。我想道："可以在短期内不使用它。" 我的思路是用崩溃状态快照创建 VM 的临时性链接克隆，将临时 VM 链接到一个隔离的网络。这样，就节约了大量浪费在重现崩溃状态上的时间。

首先，必须按照如下步骤，找出 Crashed App X 快照所用的虚拟磁盘：

1）在 VM 快照字典（vmsd）文件中搜索 Crashed（崩溃）一词，找出该文件中的快照前缀（见清单 13.32）。

清单 13.32　找出 Crashed App X 快照的前缀

```
fgrep Crash Book-Demo3.vmsd
snapshot3.displayName = "Crashed App X"
```

这里突出显示了快照前缀 snapshot3。

2）搜索 vmsd，找到与快照前缀相关的虚拟磁盘名称（见清单 13.13）。

清单 13.33　查找快照所用的增量虚拟磁盘

```
fgrep snapshot3.disk Book-Demo3.vmsd
snapshot3.disk0.fileName = "Book-Demo3-000002.vmdk"
snapshot3.disk0.node = "scsi0:0"
```

这里突出显示了虚拟磁盘名称。还要注意节点名称为 scsi0：0。

3）使用自定义选项创建新的 VM，使用现有的磁盘。浏览第 2 步中找出的文件名并选中。一定要修改虚拟网络，使用连接到与原始 VM 不同网络的一台虚拟交换机上的端口组。

4）为了维持崩溃状态，我决定将虚拟磁盘设置为独立、非持续。这样会创建一个 REDO 日志，存储 VM 开机时所作的更改。REDO 日志在 VM 关闭之后丢弃。

5）进行崩溃 VM 所需的调试。如果你需要重新开始，只要关闭 VM 再重新启动即可。

6）完成调试之后，删除 VM，但是一定不要删除虚拟磁盘。

注意 VMware 只在 VDI 和 Lab Manager/VMware vCloud Director 环境中支持链接克隆的使用。如果你决定在 vSphere 环境中使用链接克隆，一定不要在生产环境中永久性使用。

13.12 小结

本章介绍了虚拟磁盘和 RDM 结构、设计和类型的基础知识，包括置零厚盘、延迟置零厚盘和薄盘（精简配置）。还解释了从文件系统角度看到的不同虚拟磁盘类型，也就是 SPARSE、VMFSSPARSE 和 VMFSRDM。

本章详细讨论了 RDM（虚拟和物理模式）。

本章还介绍了虚拟机快照及其对虚拟磁盘的影响。此外，介绍了快照的删除、转向、恢复和合并操作，并简单介绍了链接克隆及其与特定快照层次结构的关联。

第14章 分布式锁

默认情况下，逻辑单元号（LUN）不是设计用来由多个主机同时访问的。VMware开发了自己的集群文件系统——虚拟机文件系统（VMFS），允许ESXi主机并行访问共享数据存储。为了防止超过一台主机写入同一个文件或者元数据区域造成的损坏，使用了磁盘上的分布式加锁机制。简单地说，VMFS“告诉”每台主机可以更新元数据和磁盘的哪些区域。它通过记录在元数据中的磁盘锁跟踪。在每台ESXi主机第一次安装和配置的时候，它被分配唯一的ID，称作主机UUID（Universally Unique Identifier，全局唯一标识符）。你可以在每台主机上运行如下命令找到这个ID：

```
esxcli system uuid get
4d7ab650-e269-3374-ef05-001e4f1fbf2c
```

在ESXi主机第一次安装VMFS3或者VMFS5卷时，在主机写入自己的心跳记录的VMFS心跳区域中分配一个插槽（slot）。这个记录与主机UUID相关。这台主机后续在文件系统上进行的所有需要元数据更新的操作都与这个心跳记录关联。但是，为了让主机创建自己的心跳记录，必须首先得到心跳区域中要写入的插槽上的锁。这和对元数据的其他更新一样，如果阵列不支持vStorage API for Array Integration（VAAI）“原子测试和设置”（ATS）原语，就需要在VMFS LUN或者首盘区（如果是跨区卷）上的SCSI-2保留。我们将在第16章中详细讨论ATS。

注意 SCSI-2保留是非持续的，一次只能由一台主机获取。

14.1 基本锁

ESXi 3.5之前版本上的分布式加锁操作的典型顺序是保留→读→修改→写→释放。这可以翻译为如下的过程：

1）ESXi从LUN上的存储阵列请求一个SCSI-2保留。

2）ESXi主机将磁盘上的锁记录读入内存。

图14.1展示了代表VMFS基础构件——资源集群的框图（见12.1.1节）。

磁盘锁靠近它们所保护的元数据记录。

3）ESXi主机获得一个空闲的磁盘数据块，将其写入磁盘，然后释放SCSI保留。

4）ESXi主机在内存中修改锁保护下的元数据，但是尚未写入磁盘。

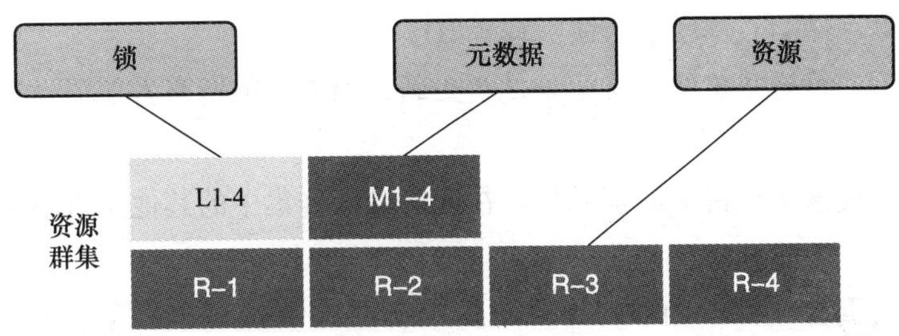

图 14.1　VMFS 资源群集

5）如果主机 ID 在心跳区中未设置，主机还要更新可用心跳插槽中的如下内容：

- **主机 ID**——这是系统 UUID，你可以用 esxcli system uuid get 命令获得。
- **代编号**——这个数字在主机第一次创建心跳记录时设置。从此以后，它更新活跃度（见下一点）。如果主机失去对数据存储的访问，或者崩溃导致心跳记录过期，它会在自己的心跳周期上打破锁机制，设置一个新的代编号。
- **活跃度**——也被称作时间戳，由主机定期修改。如果无法更新这个时间戳，其他主机认为该主机死亡或者失去对数据存储的访问。
- **日志偏移**——这是心跳日志在磁盘上的位置。其他主机依靠重现心跳日志来打破死亡主机拥有的锁（参见下一节）。

6）如果主机需要额外的磁盘锁，它重复第 1）～ 4）步，但是尚未将更改写入磁盘。每个周期要求一次单独的 SCSI-2 保留。

7）主机将更新后的元数据写入日志。

8）日志提交到文件系统。

9）主机释放磁盘锁。

如果请求的锁是修改某个 VMFS 资源或者元数据——创建或者扩增文件，相关的文件描述符群集（FDC）以群集组的形式分配给主机。如果文件除了文件块之外还需要指针块和二级指针块，主机更新这些资源，并将其与自己的心跳记录关联。ESXi 4 和更高的版本增大了 VMFS 资源群集的尺寸，使其更容易缓存。

注意　VMFS 资源在磁盘上靠近它们的元数据，这提供了更好的性能。

14.1.1　主机崩溃时会发生什么事情

在主机遭遇崩溃的情况下，它可能在 VMFS 数据存储上留下失效的数据块。如果你配置了 HA（高可用性）功能，它会在群集中幸存的某个主机上启动受到保护的虚拟机（VM）。然而，由于失效的数据块，这种重启可能无法进行。为了继续这一操作，试图启动 VM 的主机会进行如下操作。

1）检查数据存储的心跳区中的锁所有者 ID。

2）几秒之后，检查主机的心跳记录是否更新。因为锁的所有者崩溃，它不可能更新心跳记录。

3）恢复主机使该主机留下的锁老化。在此之后，群集中的其他主机不会试图打破同一个锁。

4）恢复主机重现心跳区中的 VMFS 日志，清除锁，然后重新获取。

5）当崩溃主机重新启动时，它清除自己的心跳记录，获取新的记录（使用新的代编号）。它不试图锁住原来的文件，因为它不再是锁的所有者。

14.1.2 乐观锁

乐观锁（Optimistic Locking）在 ESXi 3.5 中推出，它使主机可以修改自由锁保护的所有元数据，然后在做好准备将更改写入磁盘时请求一个 SCSI-2 保护。

下面是改版后的过程。

1）ESXi 主机将磁盘锁读入内存。

2）主机在内存中修改所有被自由锁保护的元数据（换句话说，这时没有被其他主机锁定）而不是每次修改一个记录。

3）在主机能将这些元数据更新写入日志之前，用一个 SCSI-2 保留获得所有必要的磁盘锁。

4）所有元数据更新被写入日志。

5）日志提交到磁盘。

6）主机释放所有磁盘锁。

乐观锁需要的 SCSI-2 保留少得多，减少了 SCSI（小型计算机系统接口）保留冲突的可能性。

如果在主机试图获得磁盘锁（第 3）步）时，另一台主机已经窃据了锁，ESXi 主机回退到标准的锁机制，获得它试图取得的整批锁。

14.1.3 动态资源分配

随着磁盘锁争用和占有的增加，乐观锁也随之减少。所以，在极端忙碌的环境中，这种机制仍然会造成保留冲突。为了减少这些操作所需的锁数量，增加每个群集（例如 FDC 和 PBC）的资源数量，这会增加跨主机争用的可能性。为了解决这一问题，每个群集组的群集数量也得到增加，但是这可能加剧争用和增加数据与元数据之间的距离。

乐观锁和动态资源规划（Dynamic Resource Sizing）的结合有助于如下操作：

- 文件创建
- 文件删除

- 文件扩展

然而，它们无助于文件打开操作，如：

- 开启 VM 电源
- 恢复 VM
- 用 vMotion 迁移 VM

这些操作需要 SCSI 保留来锁住 VM 独占访问的文件。

14.1.4　SAN 感知重试

从上面的内容可以看出，SCSI 保留冲突在占用率过高或者资源规模不够（例如，对于多台 ESXi 主机运行的 VM 数量来说，数据存储太少，导致 SCSI 保留的争用）的忙碌环境中更容易发生。为了减少这种情况对运行中的 VM 的影响，VMware 在 vSphere 4 中推出了 SAN 感知重试（SAN Aware Retry）机制。

为了更好地解释其原理，我们来看看图 14.2 所示的框图。

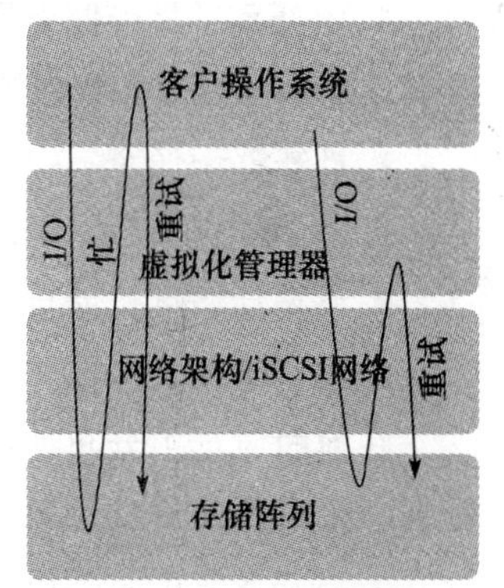

图 14.2　SAN 感知重试

图 14.2 显示了 I/O 路径以及 SCSI 保留冲突发生时的相关错误。左侧的箭头显示 I/O 从 VM 穿越虚拟化管理器和 SAN 前往存储阵列。

如果没有 SAN 感知重试，I/O 的路径如下：

1）VM 发送 I/O。

2）如果虚拟化管理器遇到 SCSI 保留冲突，向客户 OS 返回一个设备忙错误。

3）客户 OS 重试 I/O，直到达到主机冲突重试次数，这时 I/O 失败，向客户 OS 报告故障。

在 SAN 感知重试条件下，I/O 路径是图 14.2 右侧较短的箭头所表示的：

1）VM 发送 I/O。

2）如果虚拟化管理器遇到 SCSI 保留冲突，它重试 I/O（不是保留）。

3）客户 OS 不像没有 SAN 感知重试时那样频繁地接收到设备忙错误。如果虚拟化管理器冲突重试次数耗尽，客户接收到 I/O 故障错误。

4）客户 OS 重试 I/O。

结果是，客户 OS 接收的设备忙错误明显减少。

14.1.5　乐观 I/O

乐观锁和动态资源分配不能解决 VM 电源开启时文件打开操作引起的 SCSI 保留，这些操作的特性如下：

- 大部分文件打开操作是读取或者重新读取 *.vmx（虚拟机配置文件）、*.vmdk（虚拟磁盘）等 VM 文件。VM 文件的细节参见第 13 章。

- 大部分这类文件在读取之后几乎都立刻关闭。
- 随着应用程序复杂度的增加，文件打开操作的数量也增加。

vSphere 4.x 推出了乐观 I/O 以解决这个问题。它对读取、重新读取、文件内容校验和作废采用了乐观锁，而不使用 SCSI 保留。

乐观 I/O 的工作原理是请求乐观锁，然后假定锁取得成功而继续读 I/O。这种方法显著减少了 VM 启动期间的 SCSI 保留（称作启动风暴）。

14.1.6 需要 SCSI 保留的操作列表

有两组操作需要 SCSI-2 保留：VMFS 数据存储专用操作和磁盘锁相关操作。

1. VMFS 数据存储专用操作

这些操作造成元数据修改，如：

- 创建数据存储
- 跨越或者增长数据存储
- 数据存储重新签名

2. 磁盘锁相关操作

在前面讨论了分布加锁机制，以及请求磁盘锁的方法。从那些讨论中应该可以清楚地看到，在缺乏 ATS 的情况下，完成那些操作需要 SCSI 保留。这些操作的例子包括：

- 启动 VM（乐观 I/O 缓解了保留的需求）
- 获得某个文件上的锁
- 创建或者删除文件
- 创建一个虚拟及模板（前两点也适用于此）
- 从模板中部署一个 VM
- 创建新 VM
- 用 vMotion 迁移 VM（这涉及共享存储上的源主机和目标主机）
- 扩大一个文件——例如，快照文件或者精简配置虚拟磁盘（见第 13 章）

14.1.7 与 MSCS 相关的 SCSI 保留

我最常收到的问题之一是关于 Microsoft Windows 故障切换群集服务（MSCS）（也称作 MSCS 或者 Microsoft 群集服务）、主机故障切换群集的组成以及与群集节点共享的存储交互的方法等问题。

在这里不打算讨论 MSCS 本身，而只是讨论其对共享存储的影响，以及所用的 SCSI 保留类型。

1. MSCS SCSI-2 保留

Windows 2003 和更早的 MSCS 在仲裁和共享数据磁盘上采用 SCSI-2 风格的保留。后者大多是 RDM（原始设备映射），在第 13 章中已经作过介绍。如果两个群集节点在同一台 ESXi 主机上，而且在未来不被迁移到不同的主机上（称作 CIB——Cluster-in-a-Box，单服务器群集），它们也可能是虚拟磁盘。MSCS 的活动节点在共享磁盘上获得保留且不释放。如果活动节点无法通过网络或者仲裁磁盘发送心跳信号，这个保留会被备用节点复位。释放保留的处理由备用节点向共享存储发送 Device Reset 命令来完成。这将造成存储阵列释放保留。然后，备用节点发送一个 SCSI 保留请求，该请求在活动节点离线，或者在网络上可达的情况下接收到备用节点的“毒丸”时获得授权。

根据 MSCS 群集中 VM 的配置——CAB（Cluster across Boxes，多服务器群集）还是 CIB 而采用不同的处理方法。

注意 *群集节点用于共享存储的虚拟 SCSI HBA（主机总线适配器）必须为 LSI logic Parallel——支持 SCSI-2 标准的并行 SCSI HBA。*

（1）单服务器群集共享存储

在这种配置下，两个节点都位于同一台 ESXi 主机，这为每个节点提供了共享存储的 vmkernel 可见性。因此，没有必要以 SCSI 保留事件的形式通过共享存储进行通信。这意味着，共享存储可以为虚拟磁盘或者虚拟模式 RDM（非直通 RDM）的形式。这种共享存储配置的并发访问通过文件级数据块进行仲裁。换句话说，活动节点获得文件上的读 - 写锁，直到备用节点接管活动任务，这时它向共享存储发送 Device Reset 命令。VMkernel 翻译这条命令，释放活动节点获得的锁。完成之后，文件上的锁被授予新的活动节点。注意，我指的是共享存储“文件”，不管它是虚拟磁盘还是虚拟模式 RDM，因为后者从加锁处理的角度被当作虚拟磁盘看待。如果另一台主机上的 VM 试图访问这个 RDM 映射的 LUN 就会失败，因为其他主机（CIB 节点所在的）根据授予 MSCS 活动节点的锁而在该 LUN 上有一个保留。

（2）多服务器群集共享存储

在这种配置下，群集中的每个节点在不同的主机上。这意味着每台主机不了解替代主机上的 VM 对共享存储做了什么，唯一的了解手段就是通过 SCSI 保留。为了使这种配置正常工作，共享存储必须是物理模式的 RDM（也称作直通 RDM）。在这种 RDM 模式中，SCSI 保留请求直接传递给存储阵列。换句话说，MSCS 群集的活动节点获得共享存储（仲裁盘和数据磁盘）上的 SCSI-2 保留。如果备用节点试图写入共享存储，就会因为存储被活动节点保留而接收到错误。

当活动节点无法交换其心跳信号时，备用节点向存储阵列发送一个 Device Reset 命令。这造成保留被释放，备用节点发出的保留请求受到阵列的许可。

2. MSCS SCSI-3 保留

Windows 2008 上的 MSCS 使用 PGR（Persistent Group Reservation，持久组保留），这

是 SCSI-3 功能。这也是 Windows Server 2008 VM 的共享存储必须配置为 LSI Logic SAS（串行链接 SCSI）虚拟 SCSI HBA 的原因，因为这个虚拟适配器支持 PGR 必需的 SCSI-3 标准。

注意 不管你使用的 MSCS 是哪个 Windows 版本，虚拟磁盘和虚拟模式 RDM 都只在 CIB 配置中支持。物理模式 RDM 是 CAB 配置唯一支持的共享存储。

如果你的群集节点不使用共享存储，例如，Exchange CCR（Cluster Continuous Replication，群集连续复制）或者 DAG（Database Availability Group，数据库可用性组），除了非群集 VM 使用的之外，对 SCSI 保留没有影响。

14.1.8 持久保留

将 MSCS 群集节点分布到多台 ESXi 主机上必须使用直通 RDM，它在相关群集节点运行的所有主机之间共享。因此，每台主机都保留某些 RDM，而其余 RDM 被其他的主机保留。在启动的时候，LUN 发现和设备声明过程需要来自每个 LUN 的响应。对于其他主机保留的 LUN，这样的响应需要很长的时间。这会造成该配置的所有主机的启动时间很长。同样的问题也会影响重新扫描操作的时间。

vSphere 5 引入了持久保留（Perennial Reservation）的概念，这个设备属性使 ESXi 5 主机更容易发现给定 LUN 是否被另一台主机长期保留。在启动或者重新扫描时，主机不等待这种状态的 LUN 的响应，这缩短了共享 MSCS 共享 LUN 的 ESXi 5 主机上的启动和重新扫描时间。

运行如下命令确定 LUN 是否持久保留：

```
esxcli storage core device list -d <设备 ID>
```

也可以使用该命令的长版本：

```
esxcli storage core device list --device <设备 ID>
```

清单 14.1 是没有标记为保留的 LUN 的输出样例（该属性在清单 14.1 中突出显示）。

清单 14.1 未被保留的 LUN 的输出示例

```
esxcli storage core device list -d naa.6006016055711d00cff95e65664ee011

naa.6006016055711d00cff95e65664ee011
   Display Name: DGC Fibre Channel Disk (naa.6006016055711d00cff95e65664ee011)
   Has Settable Display Name: true
   Size: 10240
   Device Type: Direct-Access
   Multipath Plugin: NMP
   Devfs Path: /vmfs/devices/disks/naa.6006016055711d00cff95e65664ee011
   Vendor: DGC
```

```
   Model: RAID 5
   Revision: 0326
   SCSI Level: 4
   Is Pseudo: false
   Status: on
   Is RDM Capable: true
   Is Local: false
   Is Removable: false
   Is SSD: false
   Is Offline: false
   Is Perennially Reserved: false
   Thin Provisioning Status: unknown
   Attached Filters:
   VAAI Status: unknown
   Other UIDs: vml.0200010000600601605571ld00cff95e65664ee011524149442035
```

你需要在所有共享 ESXi 5 主机上，为所有映射为 RDM MSCS 共享存储的 LUN 手工设置这一选项。这个设置存储在主机的配置中（/etc/vmware/esx.conf 文件中）。可以用如下命令启用该选项：

```
esxcli storage core device setconfig -d <ID> --perennially-reserved=true
```

清单 14.2 展示了设置持久保留选项的一个例子。

清单 14.2 设置持久保留选项

```
esxcli storage core device setconfig -d naa.6006016055711d00cff95e65664ee011
--perennially-reserved=true

esxcli storage core device list -d naa.6006016055711d00cff95e65664ee011naa.6006016055
711d00cff95e65664ee011
   Display Name: DGC Fibre Channel Disk (naa.6006016055711d00cff95e65664ee011)
   Has Settable Display Name: true
   Size: 10240
   Device Type: Direct-Access
   Multipath Plugin: NMP
   Devfs Path: /vmfs/devices/disks/naa.6006016055711d00cff95e65664ee011
   Vendor: DGC
   Model: RAID 5
   Revision: 0326
   SCSI Level: 4
   Is Pseudo: false
   Status: on
   Is RDM Capable: true
   Is Local: false
   Is Removable: false
   Is SSD: false
   Is Offline: false
   Is Perennially Reserved: true
```

```
   Thin Provisioning Status: unknown
   Attached Filters:
   VAAI Status: unknown
   Other UIDs: vml.02000100006006016055711d00cff95e65664ee011524149442035
```

清单 14.2 中的第一条命令将该选项设置为真，第二条命令列出刚刚配置的 LUN 的设备属性。注意，Is Perennially Reserved 的值现在为真。

注意 该属性在当前版本中不能通过主机配置文件设置。因此，这个配置在自动部署的 ESXi 主机重新启动之后不会持续。

如何找出映射 LUN 的设备 ID

这个主题在第 13 章中已经详细讨论过，但是为了方便起见，在这里简要介绍一下。

（1）使用 CLI 的过程

使用 CLI 直接、通过 SSH 或者 vMA 5.0 登录到 ESXi Shell，按照如下过程进行：

1）使用 `vmkfstools-q` 确定映射 LUN 的 vml ID。

这条命令的输出如清单 14.3 所示。

清单 14.3 确定映射 LUN 的 vml ID

```
vmkfstools -q /vmfs/volumes/FC200/win2K3Enterprise/win2K3Enterprise.vmdk

Disk /vmfs/volumes/FC200/win2K3Enterprise/win2K3Enterprise.vmdk is a Passthrough Raw
Device Mapping
Maps to: vml.02000100006006016055711d00cff95e65664ee011524149442035
```

这里突出显示了输出中的 vml ID。

2）在 `esxcfg-scsidevs` 命令中用 vml ID 找出映射 LUN 的设备 ID。

这条命令的输出如清单 14.4 所示。

清单 14.4 用 vml ID 找出 RDM 设备 ID

```
esxcfg-scsidevs -l -d vml.02000100006006016055711d00cff95e65664ee011524149442035

naa.6006016055711d00cff95e65664ee011
   Device Type: Direct-Access
   Size: 10240 MB
   Display Name: DGC Fibre Channel Disk (naa.6006016055711d00cff95e65664ee011)
   Multipath Plugin: NMP
   Console Device: /vmfs/devices/disks/naa.6006016055711d00cff95e65664ee011
   Devfs Path: /vmfs/devices/disks/naa.6006016055711d00cff95e65664ee011
   Vendor: DGC       Model: RAID 5            Revis: 0326
   SCSI Level: 4  Is Pseudo: false Status: on
```

```
Is RDM Capable: true  Is Removable: false
Is Local: false Is SSD: false
Other Names:
   vml.0200010000600601605571 1d00cff95e65664ee011524149442035
VAAI Status: unknown
```

这里突出显示了输出中的设备 ID。

（2）使用 UI 的过程

按照如下过程，用 UI 找到映射 LUN 的设备 ID：

1）用 vSphere 5 客户端，以管理员身份登录到 vCenter Server，在库存树中找到 MSCS 群集节点 VM。

2）右键单击 VM 列表项，然后选择 Edit Settings（编辑设置）命令。

你应该看到如图 14.3 所示的对话框。

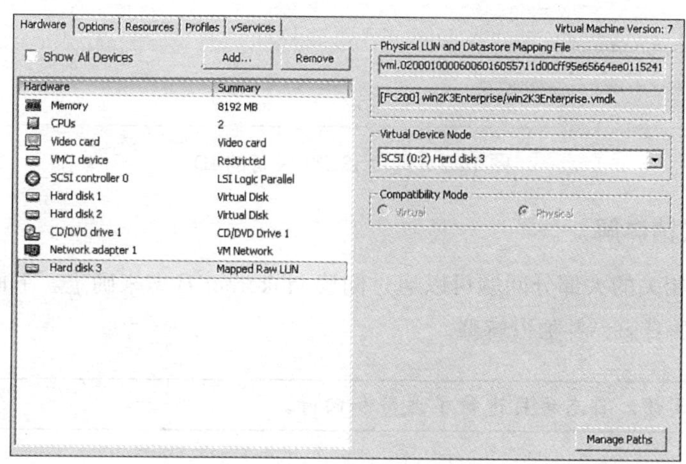

图 14.3 虚拟机属性对话框

3）找到摘要栏中显示 Mapped Raw LUN（映射的原始 LUN）的设备。

4）单击对话框右下角的 Manage Paths（管理路径）按钮。

5）设备 ID 在对话框的下方窗格中列出。ID 是 Name 字段中最后一个破折号之后的部分（见图 14.4）。

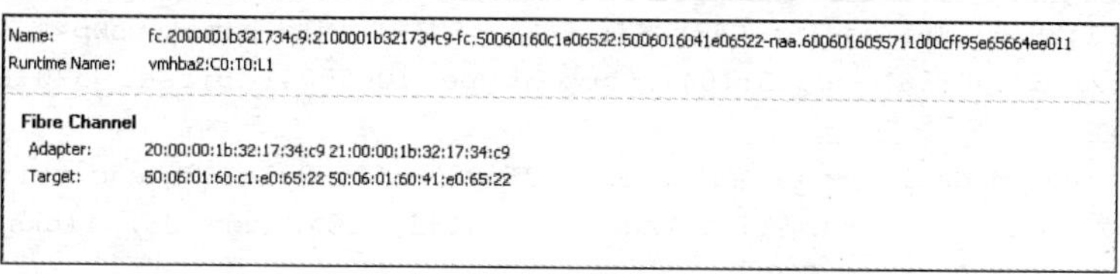

图 14.4 列出 FC 设备的 ID

在这个例子中，设备 ID 为

```
naa.6006016055711d00cff95e65664ee011
```

提示 如果你更仔细地观察上述例子中的vml和NAA ID，就会注意到NAA ID实际上是VML ID的一部分，或者可以说，vml ID基于设备的NAA ID。

```
vml.02000100006006016055711d00cff95e65664ee011524149442035

naa.6006016055711d00cff95e65664ee011
```

例如，上面突出显示的就是匹配的字节。

如果映射的 LUN 是一个 iSCSI 设备，过程与前一个例子相同，但是最后一步的对话框如图 14.5 所示。

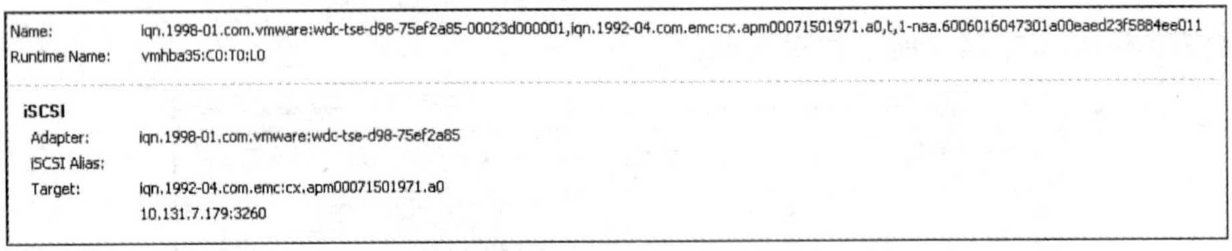

```
Name:            iqn.1998-01.com.vmware:wdc-tse-d98-75ef2a85-00023d000001,iqn.1992-04.com.emc:cx.apm00071501971.a0,t,1-naa.6006016047301a00eaed23f5884ee011
Runtime Name:    vmhba35:C0:T0:L0

iSCSI
  Adapter:       iqn.1998-01.com.vmware:wdc-tse-d98-75ef2a85
  iSCSI Alias:
  Target:        iqn.1992-04.com.emc:cx.apm00071501971.a0
                 10.131.7.179:3260
```

图 14.5 列出 iSCSI 设备的 ID

14.1.9 分布式锁详解

与分布式锁相关的大部分问题可以通过阅读 vmkernel 日志来确定。下面将与你分享一些正常和有问题的日志，并加以解释。

注意 为了容易阅读，日志条目进行了裁剪和回行。

---

1. 心跳信号损坏

曾经有一些主机心跳记录损坏的报告。结果是，无法清除心跳记录，也无法获取正常操作所需的锁。

在这种情况下，vmkernel 日志显示的错误类似清单 14.5 所示。

清单 14.5 心跳记录损坏的日志条目示例

```
vmkernel: 25:21:39:57.861 cpu15:1047)FS3: 130: <START [file-name].vswp>
vmkernel: 25:21:39:57.861 cpu15:1047)Lock [type 10c00001 offset 52076544 v69, hb
offset 4017152
vmkernel: gen 109, mode 1, owner 4a15b3a2-fd2f4020-3625-001a64353e5c mtime 3420]
vmkernel: 25:21:39:57.861 cpu15:1047)Addr <4, 1011, 10>, gen 36, links 1,type reg,
flags 0x0, uid 0, gid 0, mode 600
vmkernel: 25:21:39:57.861 cpu15:1047)len 3221225472, nb 3072 tbz 0, zla 3,bs 1048576
vmkernel: 25:21:39:57.861 cpu15:1047)FS3: 132: <END [file-name].vswp>
```

清单 14.6 展示了另一个心跳记录损坏的例子。

清单 14.6 另一个心跳记录损坏的例子

```
vmkernel: 0:00:20:51.964 cpu3:1085)WARNING: Swap: vm 1086: 2268: Failed to open swap file '/volumes/<vol-UUID>/<vm-directory>/<file-name.vswp':Invalid metadata

vmkernel: 0:00:20:51.964 cpu3:1085)WARNING: Swap: vm 1086: 3586: Failed to initialize swap file '/volumes/4730e995-faa64138-6e6f-001a640a8998/mule/mule-560e1410.vswp': Invalid metadata
```

你可能需要联系 VMware 技术支持，寻求帮助。准备 VMFS 卷所在设备的前 30 MB 或者 1 200 MB 的转储。技术支持将会尝试维修受影响主机的心跳记录。

2. 文件系统损坏

在 ESXi 5 进行 Beta 测试时，内部用户曾经报告一个文件系统损坏。

在重新签名 VMFS 数据存储期间，另一台主机试图进行同一过程。下面是这种情况的相关日志信息。

清单 14.7 显示了 VMFS 损坏的日志条目。

清单 14.7 VMFS 损坏的日志条目示例

```
cpu7:2128)FS3: ReportCorruption:379: VMFS volume snap-6787757b-datastore-X/4cfed840-657ae77f-9555-0026b95121da on naa.6006016019322800835 28fe3c402e011:1 has been detected corrupted

cpu7:2128)FS3: ReportCorruption:381: While filing a PR, please report the names of all hosts that attach to this LUN, tests that were running on them,

cpu7:2128)FS3: ReportCorruption:383: and upload the dump by `dd if=/vmfs/devices/disks/naa.600601601932280083528fe3c402e011:1 of=X bs=1M count=1200 conv=notrunc`,

cpu7:2128)FS3: ReportCorruption:384: where X is the dump file name on a different volume

cpu15:2128)FS3: DescriptorVerify:323: Volume Descriptor mismatch

cpu15:2128)FS3: DescriptorVerify:325: (Check if volume is involved in a Format/Upgrade/dd from other hosts)

cpu15:2128)FS3: DescriptorVerify:326: In Memory Descriptor:magic 0x2fabf15e, majorVer 12, minorVer 51 uuid 4cfed840-657ae77f-9555-0026b95121da, label <snap-6787757b-datastore-X>creationTime 1291049806config 6, diskBlockSize 512, fileBlockSize 1048576

cpu15:2128)FS3: DescriptorVerify:328: On Disk Descriptor:magic 0x2fabf15e,majorVer
```

```
12, minorVer 51 uuid 4cfed79c-94250e53-64b8-0026b9511d8d, label<snap-2042dfa8-
datastore-X>creationTime 1291049806config 6, diskBlockSize 512, fileBlockSize 1048576
```

上例中的最后两行显示，内存中的文件系统 UUID 与磁盘上的不同。为了找出导致这一问题的主机，磁盘上的 UUID 的最后一段是主机管理端口的 MAC 地址。在这个例子中是 00：26：b9：51：1d：8d。我相信最后发行版本中这一问题已经修复，因为我们在 Beta 测试之后没有看到这个问题的报告。注意，文件系统版本标识为 majorVer 12 和 minorVer 51。这个版本是预发行版本。发行版本为 majorVer 14 和 minorVer 54，即 5.54 版。

注意日志信息中的新增强，它标识出损坏的位置，并提供一个命令行，你可以用它收集维修所需的文件系统二进制转储。

3. 标记心跳和重现日志

在这个例子中，ESXi 主机试图清除或者标记心跳，并重现日志。

清单 14.8 显示了重现心跳日志的一个例子。

清单 14.8 重现心跳日志

```
HBX: FS3_MarkOrClearHB:4752: Marking HB [HB state abcdef02 offset 3158016 gen 5
stampUS 3345493920478 uuid 4cc0d786-d2f90077-9479-0026b9516a0d jrnl<FB 1800> drv
12.51] on vol 'snap-6787757b-datastore-X'

HBX: FS3_MarkOrClearHB:4829: Marked HB [HB state abcdef04 offset 3158016 gen 5
stampUS 4064734308197 uuid 4cc0d786-d2f90077-9479-0026b9516a0d jrnl<FB 1800> drv
12.51] on vol 'snap-6787757b-datastore-X'

J3: ReplayJournal:2970: Replaying journal at <FB 1800>, gen 5

HBX: FS3PostReplayClearHB:3985: Cleared pulse on vol 'snap-6787757b-datastore-X' for
[HB state abcdef01 offset 3158016 gen 6 stampUS 4064734365500 uuid 00000000-00000000-
0000-000000000000 jrnl <FB 0> drv 12.51]
```

信息的前缀为 HBX（Heartbeat，心跳）。前两条信息试图先用 HB 状态 abcdef02 标记心跳记录，然后使用 HB 状态 abcdef04。完成这一步之后，它重现日志，在这个例子中该日志处于文件数据块 1800 中，信息前缀为 J3（Journal，日志）。

例子中最后一条信息的前缀为 HBX，代码为 FS3PostReplay-ClearHB，这段代码在日志重现之后清除心跳。注意，心跳 UUID 全为 0。

4. 检查锁是否释放

下面的信息说明主机检查指定锁是否释放的活动。

清单 14.9 显示检查锁是否被释放的日志条目。

清单 14.9 检查锁是否释放

```
cpu2:176604)DLX: FS3RecheckLock:3349: vol 'datastore-X', lock at 4327424:Lock changed from:

cpu2:176604)[type 10c00001 offset 4327424 v 20, hb offset 3407872gen 29,mode 1, owner 4c693687-57255600-7546-001ec933841c mtime 2568963num 0 gblnum 0 gblgen 0 gblbrk 0]

cpu2:176604)DLX: FS3RecheckLock:3350: vol 'datastore-X', lock at 4327424:To:

cpu2:176604)[type 10c00001 offset 4327424 v 22, hb offset 3407872gen 29,mode 1, owner 4e693687-57255600-7546-001ec933841c mtime 2662975num 0 gblnum 0 gblgen 0 gblbrk 0]

cpu2:176604)DLX: FS3LeaseWaitAndLock:4109: vol 'datastore-X': [Retry 0]Lock at 4327424 is not free after change

cpu2:176604)DLX: FS3LeaseWaitOnLock:3565: vol 'datastore-X', lock at 4327424: [Req mode 1] Checking liveness:

cpu2:176604)[type 10c00001 offset 4327424 v 22, hb offset 3407872gen 29,mode 1, owner 4e693687-57255600-7546-001ec933841c mtime 2662975num 0 gblnum 0 gblgen 0 gblbrk 0]

cpu2:176604)DLX: FS3CheckForDeadOwners:3279: HB on vol 'datastore-X'changed from [HB state abcdef02 offset 3407872 gen 29 stampUS 337574575701 uuid 4e693687-57255600-7546-001ec933841c jrnl <FB 22186800> drv 14.56]

cpu2:176604)DLX: FS3CheckForDeadOwners:3280: To [HB state abcdef02 offset 3407872 gen 29 stampUS 337580579826 uuid 4e693687-57255600-7546-001ec933841c jrnl <FB 22186800> drv 14.56]

cpu2:176604)DLX: FS3LeaseWaitAndLock:4089: vol 'datastore-X', lock at 4327424: [Req mode: 1] Not free:
```

1）清单 14.9 的第一行显示，磁盘锁代码（DLX）正在检查名为 datastore-X 的数据存储上文件系统的一个锁。该锁的位置在偏移量 4327424。代码报告该锁已经改变。

2）第二行显示锁改变之前的信息，内容如下：

- 锁类型
- 锁偏移
- 锁版本
- 心跳偏移
- 心跳代编号
- 锁模式，取值为 0 ～ 3。表 14.1 描述了各种锁模式。

表 14.1 VMFS 锁模式

锁模式	含 义	注 释
0	未加锁	锁已经释放
1	独占锁	常用于为一台主机频繁修改的文件加锁——例如，虚拟磁盘和 VM 交换文件
2	只读锁	这最常用于 VM 启动时，允许主机读取虚拟机配置文件（*.vmx），以及在链接克隆配置下的虚拟磁盘文件（*.vmdk）。这是乐观 I/O 使用的锁类型，乐观 I/O 使用乐观锁。使用 ATS 机制可以在没有保留的情况下获取这些锁
3	多写入锁	允许多台主机并行写入共享的虚拟磁盘。写入这些文件的仲裁由客户 OS 中运行的群集软件完成

下面是一些锁模式用法的使用示例。

多写入锁是最危险的锁类型，除非它们使用合格的群集解决方案，例如，Oracle RAC，否则可能导致这种模式锁定的文件损坏。日志条目中显示多个锁所有者的 UUID。这些所有者是共享这一模式文件的主机。如果你熟悉 VMware Workstation，这种锁模式类似于使用 vmx 选项 `Disk.Locking=FALSE` 实现的功能：

- **锁所有者 UUID**——ID 的最后一段是拥有这个锁的主机上的管理端口 MAC 地址。
- **Num**——这是持有该锁的主机数量。对于只读锁和多写入锁，该值可能大于 1。

3）第 3 和第 4 行显示修改之后的锁记录。突出显示了改变的值。

4）第 5 行由 VMFS `wait on lock` 代码生成，因为它确定锁没有释放。

5）第 6 行是锁所有者活跃度检查过程的开始。它通过检查锁所有者的心跳插槽，了解心跳区域的变化。如果有变化，说明锁所有者保持活跃，可以写入心跳。这通过 `check for dead owners` 代码完成。

5. 锁的接管

清单 14.10 与打破锁相关。

清单 14.10 打破一个锁

```
cpu3:228427)DLX: FS3CheckForWrongOwners:3302: Clearing wrong owner for lock at
184719360 with [HB state abcdef01 offset 3313664 gen 1076 stampUS 938008735 uuid
00000000-00000000-0000-000000000000 jrnl <FB 0> drv 14.58]

cpu2:228427)Resv: UndoRefCount:1386: Long reservation time on naa.6006016055711d00c
ff95e65664ee011 for 1 reserve/release pairs (reservation held for 3965 msecs, total
time from issue to release 4256 msecs).

cpu2:228427)Resv: UndoRefCount:1396: Performed 5 I/Os / 7 sectors in (8t 0q 0l 8i)
msecs while under reservation

cpu2:228427)Resv: UndoRefCount:1404: (4 RSIOs/ 7 sectors),(0 FailedIOs / 0 sectors)

cpu2:228427)FS3Misc: FS3_ReleaseDevice:1465: Long VMFS rsv time on'datastore-X' (held
for 4297 msecs). # R: 3, # W: 1 bytesXfer: 7 sectors

cpu3:228427)DLX: FS3LeaseWaitOnLock:3686: vol 'datastore-X', lock at 66318336: [Req
```

```
mode 1] Checking liveness:

cpu3:228427)[type 10c00001 offset 66318336 v 2887, hb offset 3469312 gen 2763, mode 1,
owner 4efb041c-235d1b95-f0cb-001e4f43718e mtime 27954 num 0 gblnum 0 gblgen 0 gblbrk
0]
```

1）第 1 行有如下元素：

DLX——处理磁盘锁的 vmkernel 代码。

FS3CheckForWrongOwners——这是检查磁盘锁所有者错误的磁盘锁代码。它首先列出当前锁信息，启动清除锁的过程。这些信息包括：

- 锁位置
- 心跳状态
- 心跳偏移
- 心跳代编号
- 时间戳；这里列出的是 stampUS
- 拥有锁的主机 UUID；这里列出的全为 0
- 日志位置

2）第 2 行是一对 SCSI 保留和释放，显示了两个事件之间经过的时间。在这个例子中保留保持了超过 3 秒，而正常的情况下应该不超过几毫秒。注意，这条信息以 Resv 开始，这是处理 SCSI 保留的代码。发生这个保留的设备 ID 以粗斜体显示。

3）第 3 行显示设备处于保留期间，在多少个扇区上发生了多少个 I/O。

4）第 4 行显示在多少个扇区上发生了多少个保留 I/O（在 7 个扇区上，4 个 I/O），没有失败的 I/O。

5）第 5 行显示了设备释放动作。

6）第 6 行显示主机请求 datastore-X 卷上的第 66318336 扇区。

7）最后一行显示，扇区 66318336 上的独占锁（模式 1）现在由 UUID 为 4efb041c-235d1b95-f0cb-001e4f43718e 的主机拥有。这个独占锁仅针对该扇区。日志没有显示的是，这个锁保护占据特定资源的文件描述符群集。日志条目看上去类似于 <FD c1 r21>，翻译为文件描述群集 1、资源 21。

14.2 小结

5.0 之前的 vSphere 版本引入了分布式锁处理上的改进。在缺乏 VAAI 存储阵列的情况下，vSphere 5 仍然使用这些机制。vSphere 5 中新推出了一种设备属性——持久设备保留，它有助于改进对其他主机上 MSCS 节点保留 RDM 时的启动和重新扫描时间。第 16 章将讨论 VAAI。

第15章 快照处理

在 vSphere5 这样的动态环境中，数据频繁写入存储设备。由于任何原因丢失几个小时的数据，都可能意味着大量的数据损失。存储阵列提供各种不同的业务持续性 / 灾难恢复（BC/DR）能力，帮助你缓解这种风险。这类功能的例子包括：

- 快照
- 复制
- 镜像

本章介绍影响 VMFS（虚拟机文件系统）数据存储的细节。

15.1 什么是快照

存储快照（Storage Snapshot）是某一时点数据的静态视图，常常是指向创建快照时主 LUN 上未修改数据块的指针。如果此时有任何数据块将要被修改，未修改的数据块将被写入快照 LUN（逻辑单元号），然后修改写入主 LUN 的数据块。最终结果是两个 LUN：保持当前状态的主 LUN，和组合了修改前复制的数据块以及指向主 LUN 上未修改数据块的指针的快照 LUN。快照 LUN 和主 LUN 在同一个存储阵列上，它是只读的，但是可以为读写操作进行配置，并作为单独 LUN 提供。

15.2 什么是复制

正如其名，复制（Replica）是存储设备（LUN）的一个逐块拷贝。根据复制类型和频率，也就是同步或者异步，复制（拷贝）LUN（R2）和主 LUN（R1）在任何时候（同步）内容都相同，也可能丢失上次复制以来修改的 R1 LUN 数据块。

寄存一对复制（R1 和 R2）的存储阵列之间的连接距离和延时影响选择同步和异步复制的设计决策。在目前的话题中，只重点介绍 VMFS 数据存储上复制效果的相关细节。所以，现在同步复制具备相同的内容，而异步的 LUN（R2）最多落后 R1 内容一个复制周期。VMFS 数据存储签名在 R1 和 R2 LUN 上相同。

15.3 什么是镜像

RAID 1 是 RAID 类型之一，在这种类型中，两个设备连接到相同的存储适配器，所有写入 I/O（输入 / 输出）同时发往两个设备，产生相同的内容。这种操作被称作镜像（Mirroring）。RAID 适配器具有 ECC RAM 或者更好的缓存。缓存可以读、写或者双向操作。根据 RAID 上是否有电池备份，写入缓存可能是写回缓存（具有电池备份）或者写通缓存（没有电池备份）。

大部分存储阵列使用类似的概念，它们使用更大的缓存以及来自不同供应商的各种缓冲算法，最根本的是，它们能够使用更多 RAID 类型。但是，在存储阵列的情况下，RAID 在更低的级别完成，在该级别上，一组磁盘组合为磁盘池。每个磁盘池可以创建一种或者多种 RAID。例如，一个磁盘池可以同时使用 RAID1 和 RAID 5，也可以在一个磁盘池上使用 RAID 1，另一个磁盘池上使用 RAID5。无论如何，RAID 集以后可以划分为多个受到底层 RAID 集保护的 LUN。

这样的 LUN 可以进行镜像，使在一个 LUN 上完成的写操作同时在镜像 LUN 上完成。我们将主 LUN 命名为 M1，镜像 LUN 命名为 M2。M1 和 M2 可以在同一个存储阵列上，或者在同步距离之内的不同存储阵列上——例如，校园内的两座大楼，或者跨越曼哈顿和布鲁克林区之间的河流。后一种情况常常被称作城域网（MAN）。

镜像配对中，M1 是可读写的，而 M2 是只读或者写保护的。当 M1 不可用，需要使用 M2 时，镜像被破坏，M2 变为可写入的。当 M1 可用时，你可以改变镜像中的角色，使 M2 与 M1 同步，然后在 M1 上线之后将 M2 改为写保护。M1 和 M2 之间的 VMFS 数据存储完全相同。而且，对于某些阵列，如果存储阵列固件提供相应选项，两个 LUN 可以有相同的设备 ID。

15.4 VMFS 签名

创建新的 VMFS3 或者 VMFS5 数据存储时，它被分配一个唯一标识符，称作卷的 UUID（全局唯一标识符）。这个标识符和设备 ID（如 NAA ID）一起被保存在逻辑卷管理器（LVM）头中。

下面是卷 UUID 的一个例子：

```
4d7bebaa-721eeef2-8c0a-001e4f1fbf2c
```

卷的 UUID 由 4 个部分组成：

1）**系统时间**——卷创建时的系统时间

2）**TSC 时间**——CPU 保存的内部时间戳计数

3）**Random**——一个随机数

4）**MAC**——用于创建或者重签名数据存储的主机的管理端口上连链路（VMNIC）MAC 地址

如果 VMFS5 存储跨越多个 LUN，LVM 头还保存跨区设备表（见第 12 章的内容），该表列出了所有卷的盘区设备 ID。

通过命令行接口列出数据存储 UUID

可以运行如下命令，通过命令行接口（CLI）列出数据存储的 UUID：

```
esxcli storage filesystem list
```

输出如图 15.1 所示。

```
wdc-tse-d98.wsl.vmware.com - PuTTY
~ # esxcli storage filesystem list |less -S
Mount Point                                        Volume Name  UUID                                 Mounted  Type
-------------------------------------------------  -----------  -----------------------------------  -------  ------
/vmfs/volumes/d830969e-4c2be117                    ntap-nfs     d830969e-4c2be117                       true  NFS
/vmfs/volumes/778182bb-b8af42bf                    vmlibrary    778182bb-b8af42bf                       true  NFS
/vmfs/volumes/4faeba13-6bf41bdd-6dd0-001f29e04d52  LHN-LUN      4faeba13-6bf41bdd-6dd0-001f29e04d52     true  VMFS-5
/vmfs/volumes/4fac7d27-a991a1b8-a6be-001e4f1fbf2a  Smallville   4fac7d27-a991a1b8-a6be-001e4f1fbf2a     true  VMFS-5
/vmfs/volumes/4d8008a2-9940968c-04df-001e4f1fbf2a  FC200        4d8008a2-9940968c-04df-001e4f1fbf2a     true  VMFS-3
/vmfs/volumes/4d7bebaa-721eeef2-8c0a-001e4f1fbf2c  Storage1     4d7bebaa-721eeef2-8c0a-001e4f1fbf2c     true  VMFS-5
/vmfs/volumes/4effc802-60d36a64-469a-001f29e04d52  iSCSI_LUN0   4effc802-60d36a64-469a-001f29e04d52     true  VMFS-5
/vmfs/volumes/4faeb43c-055f577c-a071-001e4f1fbf2a  ntap-iscsi   4faeb43c-055f577c-a071-001e4f1fbf2a     true  VMFS-5
/vmfs/volumes/4d7bebaf-ec9688d0-ec65-001e4f1fbf2c               4d7bebaf-ec9688d0-ec65-001e4f1fbf2c     true  vfat
/vmfs/volumes/154ac970-f904eab4-3ea6-06981e5ddab7               154ac970-f904eab4-3ea6-06981e5ddab7     true  vfat
/vmfs/volumes/b64ea873-f33dc2d2-d512-54bede6714bf               b64ea873-f33dc2d2-d512-54bede6714bf     true  vfat
/vmfs/volumes/4d7beb9b-be160782-39fc-001e4f1fbf2c               4d7beb9b-be160782-39fc-001e4f1fbf2c     true  vfat
```

图 15.1　列出数据存储的 UUID

这里对输出做了裁剪以适应页面宽度，截断的文本是 size（大小）和 free（可用空间）栏目。显示的内容包括 Volume Name（卷名）栏目下的数据存储列表，其余栏目不言自明。

15.5　快照对 VMFS 签名的影响

如果 VMFS3 或者 VMFS5 所在卷的设备 ID 被修改，会产生如下操作：

1）当主机重新扫描新设备时，发现提供的 LUN。

2）当主机重新扫描数据存储时，vmkernel 比较物理设备 ID 和 VMFS 数据存储 LVM 中存储的设备 ID。它会发现两者不匹配，不会自动安装发现的数据存储。

3）如果快照 LUN 是跨区 VMFS 存储的一个盘区，而剩下的盘区不是快照并且已经提供给主机，ESXi 主机拒绝重新签名或者强制安装该卷。

可以使用如下命令检查这种情况：

```
esxcli storage vmfs snapshot list
```

清单 15.1 显示了这条命令的输出。

清单 15.1　列出跨区数据存储的 VMFS 快照

```
esxcli storage vmfs snapshot list
4faeba13-6bf41bdd-6dd0-001f29e04d52
   Volume Name: LHN-LUN
   VMFS UUID: 4faeba13-6bf41bdd-6dd0-001f29e04d52
```

```
Can mount: false
Reason for un-mountability: some extents missing
Can resignature: false
Reason for non-resignaturability: some extents missing
Unresolved Extent Count: 1
```

注意，不能安装和重新注册的原因都是某些盘区丢失。

这样就避免了跨区 VMFS 卷的任何盘区被意外重新签名。

15.6 如何处理快照 LUN 上的 VMFS 数据存储

对于要在 ESXi 5 主机上安装的基于快照 LUN VMFS 的数据存储，它需要写入一个新的卷 UUID（重签名）或者强制在未修改签名的情况下安装。这两种选项的选择根据创建快照的主 LUN 是否提供给同一台主机来决定。如果主 LUN 和快照 LUN 不提供给同一台主机，在未来任何时候也不会提供给同一台主机，则强制安装这个数据存储就是安全的。否则，必须在与主 LUN 一同安装之前重新签名快照数据存储，否则，同一台主机并行访问主 LUN 和快照 LUN 会损坏上面的数据存储。

如果你有多台 ESXi 5 主机共享一组数据存储，它们都必须统一地访问这些数据存储，也就是说，不能在群集中的一台主机上强制安装一个快照，而在另一台主机上访问主 LUN。vCenter Server 进行一些验证检查，只要你不直接登录到群集中的主机进行管理，就能防止这种情况的发生。

在 ESX 3.5 以及更高的版本中有 LVM 高级 VMkernel 选项，可以批量地重签名快照数据存储，或者允许它们在未作修改的情况下安装。这些选项分别是 LVM.EnableResignature 和 LVM.DisallowSnapshotLun。第一个选项启用快照存储的自动重签名。第二个选项允许快照存储安装而不需要重签名。这些选项在 vSphere 5 和 4.x 的 UI 和 ESXCLI 中被隐藏，它们已经被按数据存储操作所替代，这些新的操作提供了更好的控制，减少了可能造成损坏数据的意外操作。

15.7 重新签名

VMFS 数据存储重新签名的过程对于 VMFS3 和 VMFS5 来说都一样，可以通过用户界面或者 ESXCLI 完成。

15.7.1 用 UI 重新签名 VMFS 数据存储

可以按照如下过程，用 UI 重新签名 VMFS 数据存储：

1）以管理员或者根用户登录到 vCenter Server。

2）在库存树中，选择你要安装数据存储的 ESXi 主机。

3）单击 Configuration（配置）选项卡；然后选择 Hardware（硬件）部分下的 Storage（存储）。

4）单击 View（视图）窗格中的 Datastores（数据存储）按钮，并单击 Add Storage（添加存储）链接。

5）在 Select Storage Type（选择存储类型）对话框中选择 Disk/LUN 单选按钮，然后单击 Next（下一步）按钮。

6）选择代表快照的 LUN，然后单击 Next（下一步）按钮（参见图 15.2）。

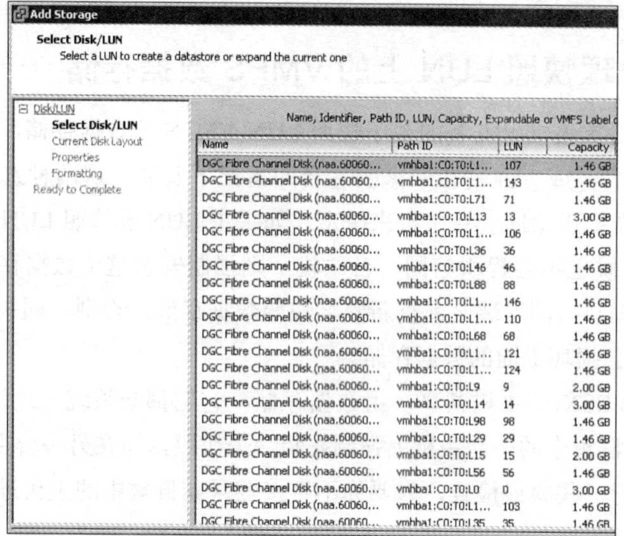

图 15.2 选择快照 LUN

7）在 Add Storage（添加存储）对话框中，选择 Assign a New Signature（分配一个新签名）单选钮，然后单击 Next（下一步）按钮（参见图 15.3）。

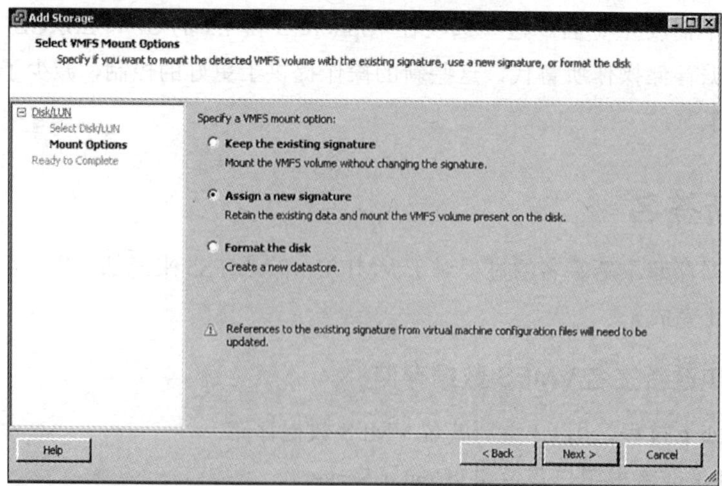

图 15.3 选择重签名选项

8）复核摘要，并单击 Finish（结束）按钮（参见图 15.4）。

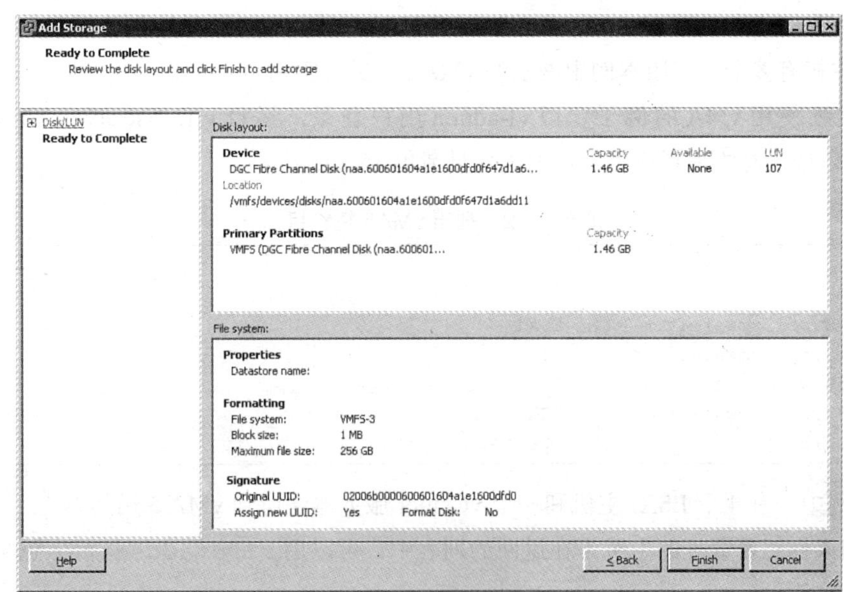

图 15.4 复核选择

现在安装 VMFS 数据存储并根据如下惯例命名：snap-< 随机数 >-< 原始卷名 >，例如 snap-1ba3c456-Smallville（见图 15.5）。

要使用这个数据存储上的 VM，右键单击数据存储，选择 Browse Datastore（浏览数据存储）菜单，导航到每个 VM 目录，找到 vmx 文件，右键单击，然后选择 Add to Inventory（添加到库存）命令。

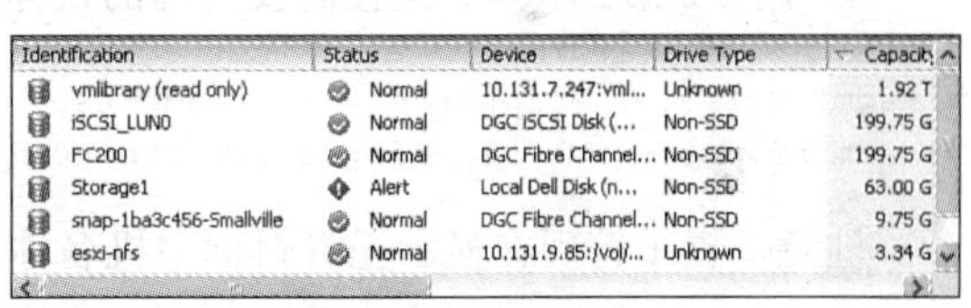

Identification	Status	Device	Drive Type	Capacity
vmlibrary (read only)	Normal	10.131.7.247:vml...	Unknown	1.92 T
iSCSI_LUN0	Normal	DGC iSCSI Disk (...	Non-SSD	199.75 G
FC200	Normal	DGC Fibre Channel...	Non-SSD	199.75 G
Storage1	Alert	Local Dell Disk (n...	Non-SSD	63.00 G
snap-1ba3c456-Smallville	Normal	DGC Fibre Channel...	Non-SSD	9.75 G
esxi-nfs	Normal	10.131.9.85:/vol/...	Unknown	3.34 G

图 15.5 快照数据存储已安装

15.7.2 使用 ESXCLI 重新签名 VMFS 数据存储

使用 ESXCLI 重新签名 VMFS 数据存储，是在主机可访问的所有基于快照 LUN 数据存储上完成的一个过程。它使用了未来版本中将会废弃的一个隐含选项。这一过程在每个数据存储上花费的时间比通过 UI 重新签名然后安装更多。但是这是 VMware 支持的操作，如果你的恢复时间目标短于该操作花费的时间，不建议在大量数据存储上进行。

注意 和使用 ESXCLI 相比，VMware Site Recovery Manager（站点恢复管理器）可以在恢复站点上编程完成这一过程，花费的时间要短得多。ESXCLI 花费时间较长的原因是 ESXCLI 使用的一些 API 序列化某些操作，并等待每个操作的确认，这能保证数据的完整性，避免竞争的情况。

用如下步骤，通过 ESXCLI 重新签名和安装数据存储。

1）通过 SSH 本地登录 ESXi 或者使用 vMA 5.0 用具。如果安装重新签名的 VMFS 数据存储的主机有多个，使用本例中展示的 vMA 5.0 更为实用。

2）继续使用 vMA 的例子，以 vi-admin 用户登录，运行 vifp listservers 命令，验证 ESXi 主机以前已经添加到托管目标列表（见清单 15.2）。

清单 15.2 列出 vMA5 托管目标

```
vifp listservers

wdc-tse-d98.wsl.vmware.com      ESXi
prme-iox215.eng.vmware.com      ESXi
wdc-tse-h56.wsl.vmware.com      ESXi
wdc-tse-i83.wsl.vmware.com      ESX
10.131.11.215                   vCenter
```

在本例中，有 4 个 ESXi 主机和一个 vCenter 服务器注册到 vMA 5 用具上。

3）如果你想要管理的主机不在返回的列表中，可以用 `vifp addserver` 选项添加：

```
vifp addserver wdc-tse-i85.wsl.vmware.com --username root
```

也可以添加 `--password` 参数。否则，你会看到密码的提示。如果操作成功，不提供任何信息。

4）用 `vifptarget` 设置需要管理的目标服务器：

```
vi-admin@vma5:~> vifptarget --set wdc-tse-h56.wsl.vmware.com
vi-admin@vma5:~[wdc-tse-h56.wsl.vmware.com]>
```

注意，提示符现在显示托管目标主机名称。

从这时起，过程与通过 SSH 或者本地登录到主机的过程类似。

5）列出 /LVM/EnableResignature VSI 节点的当前设置（见清单 15.3）。

清单 15.3 列出当前 EnableResignature 高级系统设置

```
esxcli system settings advanced list --option /LVM/EnableResignature
   Path: /LVM/EnableResignature
   Type: integer
   Int Value: 0
   Default Int Value: 0
   Min Value: 0
   Max Value: 1
   String Value:
   Default String Value:
   Valid Characters:
   Description: Enable Volume Resignaturing. This option will be deprecated in future
releases.
```

突出显示了当前值 0。这意味着默认的 ESXi 主机行为是不自动重新签名快照卷。

注意，这个参数的类型是整数。如果你通过 SSH 或者本地登录到 ESXi 主机，并且想要查看对应的 VSI 节点，可以运行清单 15.4 中的命令。

清单 15.4　列出 EnableResignature VSI 节点内容

```
vsish -e cat /config/LVM/intOpts/EnableResignature
Vmkernel Config Option {
   Default value:0
   Min value:0
   Max value:1
   Current value:0
   hidden config option:1
   Description:Enable Volume Resignaturing. This option will be deprecated in future
releases.
}
```

注意，因为这是一个配置参数，节点的根是 /config。类似地，因为参数类型是整数，VSI 节点为 /config/LVM/intOpts/EnableResignature。

突出显示的文本表示 Integer Options（整数选项）。如果节点类型是 string，节点就是 /config/LVM/stropts/< 参数 >。LVM 没有字符串类型参数。从清单 15.2 中还可以注意到，String Value 和 Default String Value 字段为空，因为参数类型是整数。

6）将参数值从 0 改为 1。这使主机可以自动重新签名快照数据存储。可以运行如下命令开启 /LVM/EnableResignature 高级设置：

```
esxcli system settings advanced set -o /LVM/EnableResignature -i 1
```

也可以使用长命令选项：

```
esxcli system settings advanced set --option /LVM/EnableResignature
--int-value 1
```

7）如果成功，上述命令不返回任何值。为了验证修改生效，你可以运行：

```
esxcli system settings advanced list -o /LVM/EnableResignature
```

输出见清单 15.5。

清单 15.5　验证修改 EnableResignature 设置的结果

```
esxcli system settings advanced list -o /LVM/EnableResignature
   Path: /LVM/EnableResignature
   Type: integer
   Int Value: 1
   Default Int Value: 0
   Min Value: 0
   Max Value: 1
   String Value:
```

```
   Default String Value:
   Valid Characters:
   Description: Enable Volume Resignaturing. This option will be deprecated in future
releases.
```

8）重新扫描数据存储，这会自动重新签名发现的快照数据存储（见清单 15.6）。

清单 15.6　重新扫描数据存储

```
vmkfstools -V

Rescanning for new Vmfs on host

Successfully Rescanned for new Vmfs on host
```

9）重新签名的数据存储现在应该安装，运行如下命令验证：

```
esxcli storage filesystem list |grep 'UUID\|---\|snap' |less -S
```

上述命令的输出参见图 15.6。

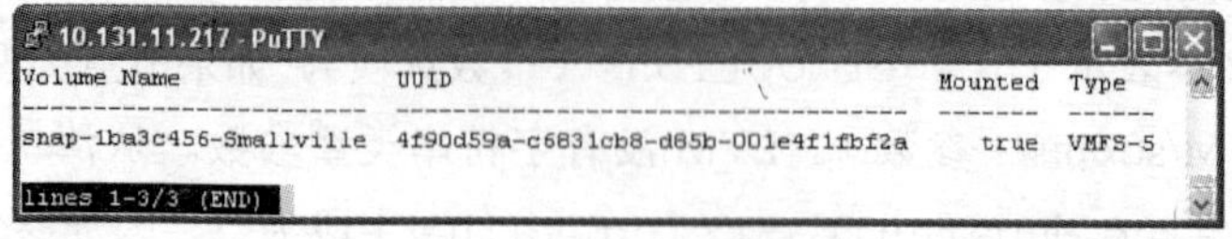

图 15.6　列出安装的快照

为了方便阅读，对输出进行了截断。去掉的列是 Mount Point（安装点）、Size（尺寸）和 Free（可用空间）。如果你比较原始 VMFS 卷的 UUID，就会注意到这里列出的是新的 UUID。

要在其他主机上安装快照 LUN，如果其他主机共享你刚刚重新签名的同一个数据存储，只需重复第 4 ~ 8 步。

15.8　强制安装

强制安装快照数据存储是在不修改其签名的情况下简单地安装。这里重申一下，你绝对不能在安装原始数据存储的同一主机上进行这种操作。

强制安装数据存储快照的过程类似于 15.7.1 节中的过程，有如下不同点：

1）在第 7）步中，选择 Keep the Existing Signature（保持现有签名）单选按钮（见图 15.7）。

2）VMFS 数据存储签名和名称被保留。

15.8.1　用 ESXCLI 强制安装 VMFS 快照

用 ESXCLI 强制安装 VMFS 快照的过程可以总结为：获得标识为快照的数据存储（也称为未决卷），然后用名称安装每个数据存储。

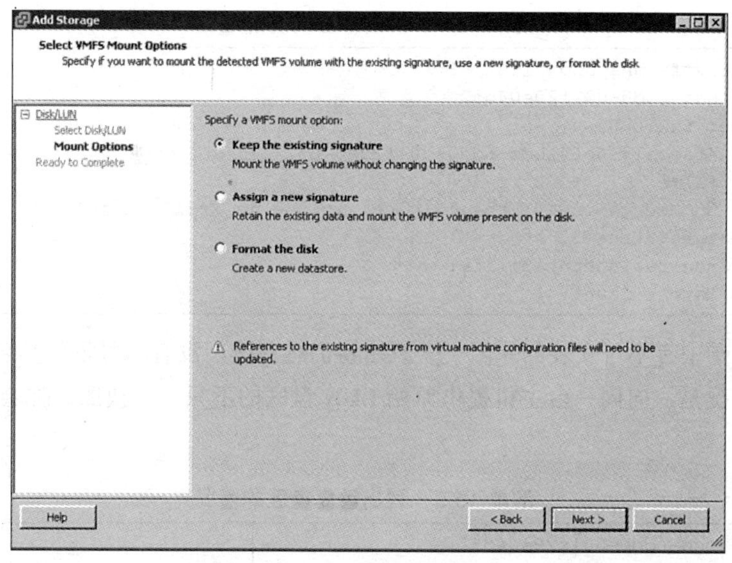

图 15.7 强制安装快照

按照下面的过程进行。你可以用下一小节列出的脚本自动化这一过程。

1）按照本章前面的 15.7.2 节中的第 1 ～ 4 步进行。

2）运行如下命令得到快照数据存储列表：

```
esxcli storage vmfs snapshot list
```

这条命令返回快照数据存储的一个列表（见清单 15.7）。

清单 15.7 用 ESXCLI 列出快照数据存储

```
esxcli storage vmfs snapshot list
4faeba13-6bf41bdd-6dd0-001f29e04d52
   Volume Name: LHN-LUN
   VMFS UUID: 4faeba13-6bf41bdd-6dd0-001f29e04d52
   Can mount: true
   Reason for un-mountability:
   Can resignature: true
   Reason for non-resignaturability:
   Unresolved Extent Count: 1
```

上述输出显示原来的 VMFS 卷名和原来的 UUID（签名）。它还显示该卷可以安装，因为没有列出不能安装的理由。它还以同样的方式显示该卷可以重新签名，因为也没有显示任何重新签名的理由。输出的最后一行是该卷将被重新签名的盘区数量。

如果原始卷仍然在线，该卷在重新签名之前不能被安装。同样，这是一个安全措施，可以保护安装的数据存储免遭快照和原始数据存储同时安装引起的损坏。

为了确定这种情况，可以运行前面的命令。清单 15.8 展示了这种情况下的命令输出。

清单 15.8 列出不可安装的理由

```
esxcli storage vmfs snapshot list
4faeba13-6bf41bdd-6dd0-001f29e04d52
   Volume Name: LHN-LUN
   VMFS UUID: 4faeba13-6bf41bdd-6dd0-001f29e04d52
   Can mount: false
   Reason for un-mountability: the original volume is still online
   Can resignature: true
   Reason for non-resignaturability:
   Unresolved Extent Count: 1
```

在上述例子中有不可安装的原因——原始卷仍然在线，没有不可重新签名的理由。

另一种情况是，向同一台主机提供原始 LUN 盘区的不只一个快照。你会看到清单 15.9 中的输出。

清单 15.9 列出重复盘区的情况

```
4faeba13-6bf41bdd-6dd0-001f29e04d52
   Volume Name: LHN-LUN
   VMFS UUID: 4faeba13-6bf41bdd-6dd0-001f29e04d52
   Can mount: false
   Reason for un-mountability: duplicate extents found
   Can resignature: false
   Reason for non-resignaturability: duplicate extents found
   Unresolved Extent Count: 2
```

3）用如下命令安装第 2 步中找到的每个数据存储：

```
esxcli storage vmfs snapshot mount --volume-label=< 卷标签 >
```

也可以使用简写版本：

```
esxcli storage vmfs snapshot mount -l < 卷标签 >
```

也可以使用数据存储的 UUID：

```
esxcli storage vmfs snapshot mount --volume-uuid=< 卷 UUID>
```

或者简写版本：

```
esxcli storage vmfs snapshot mount -u < 卷 UUID>
```

4）运行如下命令验证已经安装的数据存储：

```
esxcli storage filesystem list |less -S
```

15.8.2 强制安装群集中主机上所有快照的样板脚本

下面的脚本（清单 15.10）是一个 Perl 脚本样板，可以用于在你的环境中强制安装特定群集成员主机上的所有快照。它根据 vMA 5 用具自带的例子建立，该例子位于 /opt/vma/

samples/perl 目录。这个脚本仅能用于 vMA 5.0。在运行该脚本之前，必须将托管主机修改为 vCenter Server。

脚本完成如下工作：

1）取群集名称作为参数。

2）从 vCenter Server 获得这个群集中的主机列表。

3）在第 2）步获得列表中的每台主机上，运行 `vmkfstools-V` 扫描 VMFS 数据存储。

4）在第 2）步获得的每台主机上，用 `esxcli storage vmfs snapshot list` 获得各个卷的快照列表。

5）在第 2）步获得的每台主机上，持续安装第 4 步中的列表里的数据存储。

使用脚本的语法为：

```
mountAllsnapshots.pl --cluster <群集名称>
```

例如：

```
mountAllsnapshots.pl --cluster BookCluster
```

清单 15.10 安装群集主机列表上所有快照卷的 Perl 脚本样板

```
#!/usr/bin/perl -w

# mountAllsnapshots script
# Copyright© VMware, Inc. All rights reserved.
# You may modify this script as long as you maintain this
# copyright notice.
# This sample demonstrates how to get a list of all VMFS
# snapshots # on a set of hosts that are members of a vCenter
# cluster using "esxcli storage vmfs snapshot -l" command then
# mount them using "esxcli storage vmfs snapshot mount -l"
# command.
# Use at your own risk! Test it first and often.
# Make sure to not mount any VMFS volume and its snapshot on
# the same host.

use strict;
use warnings;
use VMware::VIRuntime;
use VMware::VILib;

my %opts = (
   cluster => {
      type => "=s",
      help => "Cluster name (case sensitive)",
      required => 1,
   },
);
```

```
Opts::add_options(%opts);

Opts::parse();
Opts::validate();
Util::connect();

# Obtain all inventory objects of the specified type
my @lines;
my $cluster = Opts::get_option('cluster');
my $clusters_view = Vim::find_entity_views(view_type => "ComputeResource");
my $found = 0;

foreach my $cluster_view (@$clusters_view) {
   # Process the findings and output to the console .
   if ($cluster_view->name eq $cluster) {
      print "Cluster $cluster found!\n";
      my $hosts = Vim::find_entity_views(view_type => "HostSystem",
                                         begin_entity => $cluster_view);

      foreach my $host_view  (@$hosts) {
         my $host_name = $host_view->name;
         push(@lines, $host_name);
      }
      $found = 1;
   }
}

if ($found eq 0) {
   print STDERR "Cluster $cluster not found!\n";
   exit 1;
}

# Disconnect from the server
Util::disconnect();

if ((!defined $ENV{'LD_PRELOAD'}) ||
    ($ENV{'LD_PRELOAD'} !~ /\/opt\/vmware\/vma\/lib64\/libvircli.so/ )) {
   print STDERR "Error: Required libraries not loaded. \n";
   print STDERR "       Try mountAllsnapshots command after running ";
   print STDERR "\"vifptarget -s | --set <server>\"  command.\n";

   exit 1;
}

my $command;
my $err_out = "";
my @out;
my $TERM_MSG = "\nERROR:   Terminating\n\n";

foreach my $line (@lines){
   if($err_out eq $TERM_MSG) {
      print STDERR $err_out;
      last;
   }
```

```
    if($line) {
       print "Mounting all snapshot volumes on ". $line ."\n";

       #step1:  perform rescan
       $command = "vmkfstools";
       $command = $command . " --server " . $line . " " . "-V";
       $err_out = `$command 2>&1`;

       #step2:  list all snapshots
       $command = "esxcli";
       $command = $command . " --server " . $line . " " . "storage vmfs snapshot -l";
       @out = `$command`;

       #step3: mount all listed snapshots.
       foreach my $ol (@out) {
          if ($ol =~ /([0-9a-f]{8}-[0-9a-f]{8}-[0-9a-f]{4}-[0-9a-f]{12})/) {
             $command = "esxcli";
               $command = $command . " --server " . $line . " " . "storage vmfs
snapshot mount -l $1";
             $err_out = `$command 2>&1`;
          }
       }

       if ($?) {
          if ( $! ) {
             print STDERR ": ".$!;
             $err_out = $TERM_MSG;
          } else {
             print STDERR $err_out."\n";
             if ($err_out =~ /Common VI options:/) {
                $err_out = $TERM_MSG;
             }
          }
       } else {
          print STDOUT $err_out."\n";
       }
       print "\n";
    }
}

exit 0;
```

15.9 小结

本章概要介绍了存储快照、复制和镜像。说明了这些存储功能对数据存储签名的影响，以及 vSPhere 处理它们的方式。同时还加入了一个 Perl 脚本样板，它可以在同一个群集的成员主机上安装所有快照数据存储。

第 16 章　VAAI

随着 vSphere 5 的环境变得越来越大，它所处理的数据总量也变得更大。这对输入 / 输出（I/O）吞吐率和带宽有负面的影响，因为 ESXi 服务器经常进行的多种操作需要处理周期，占用宝贵的带宽。VMware 设计了一组应用程序编程接口，以将大部分存储处理和带宽的负担转移到存储阵列上，这能够空出中央处理单元（CPU）的周期和存储区域网络（SAN）/ 数据局域网（LAN）的带宽，将其分配给需要的应用。

这组 API 被称作 VMware vStorage APIs for Array Integration（VAAI）。它们采用 SCSI 块命令第 3 版（SBC-3）中定义的 T10 标准命令集。

16.1　什么是 VAAI

VAAI 是一组 VMware vStorage API 核心的小型计算机系统接口（SCSI）命令，设计用于提供 ESXi 主机和存储阵列之间的有效协议，采用特定的 T10 标准命令。这是对 ESXi 用来加速 I/O 操作的一组基本存储操作（也称做原语）的补充，这些 I/O 操作由存储硬件完成更加有效。ESXi 主机利用这些原语，通过 VMkernel 内建的 T10 VAAI 功能以及安装在 ESXi 主机的 VAAI 插件中的某些原语，增强了数据传送（也称作数据移动）的性能。存储阵列必须在其固件中采用 VAAI T10 标准命令，以便支持所有 VAAI 原语。

相比之下，在 ESX 和 ESXi 4.1 上，VAAI 主要通过 VMware 和一些在该版本上经过 VAAI 认证的存储供应商构建的 VAAI 插件实现。没有开发插件的阵列可以使用 VMware 提供的标准 T10 插件 VMW_VAAIP_T10，这个插件只支持块置零原语。

16.2　VAAI 原语

vSphere 5 支持两组 API：硬件加速 API 和阵列精简配置 API。

16.2.1　硬件加速 API

硬件加速 API 使 ESXi 主机可以将下列原语的工作卸载到存储硬件上：

- 支持如下原语的块存储设备：
    - 全拷贝（Full Copy，也称作 XCOPY）
    - 块置零（Block Zeroing，也称作 WRITE_SAME）
    - 使用原子测试和设置（ATS）的硬件辅助加锁

- 支持如下原语的 NAS 设备：
  - 全文件克隆（Full file clone）
  - 惰性文件克隆（Lazy file clone）
  - 保留空间（Reserve Space）
  - 扩展文件统计（Extended File statistics）

本章后面将提供更多细节。

16.2.2 精简配置 API

块设备在虚拟机文件系统（VMFS）结构或者文件分配中没有可见性。对于保存在精简配置逻辑单元号（LUN）上的 VMFS 卷来说，ESXi 5 无法确定 LUN 何时因为缺乏磁盘空间而无法在存储阵列上增长。相反，ESXi 主机也无法通知存储阵列 VMFS 卷上删除的块。这意味着，因为存储阵列不知道精简配置 LUN 上释放的块，它无法回收这些空闲块用于其他 LUN 的增长。

vSphere 5 引入精简配置 API，填平了 ESXi 主机和基于块的存储阵列之间的鸿沟。

这些 API 提供如下原语。

1）死空间回收（也称作 UNMAP）

2）已用空间的监控，避免 LUN 增长空间耗尽

本章后面将提供更多的细节。

16.3 全拷贝原语

VMFS 数据存储上最为繁重的操作是克隆或者复制虚拟磁盘，这也被称作全克隆，包括读取虚拟磁盘的数据块，然后通过网络（光纤通道网络架构、互联网小型计算机系统接口（iSCSI）或者以太网上的光纤通道（FCoE）网络）发送复制的数据块。接着，阵列分配所需的数据块，写入拷贝。这一过程使用 DataMover 软件，并需要主机上的计算资源、网络带宽以及存储阵列端口和 LUN 队列。DataMover 是在缺乏 VAAI 硬件加速的情况下，处理块拷贝过程的 VMkernel 组件。

全拷贝原语（XCOPY）完成如下任务，它消除了上述的大部分操作。

1）主机标识复制的数据块范围，并将块地址作为 XCOPY 命令的一部分发送给阵列。

2）阵列在本端启动复制过程。

3）完成时，阵列通知主机操作完成。

上述过程将处理卸载到存储阵列，这减少了主机的开销和网络流量。

图 16.1 展示了 EMC CLARiiON 阵列上使用 VAAI 和不使用 VAAI 的处理器和总带宽占用。

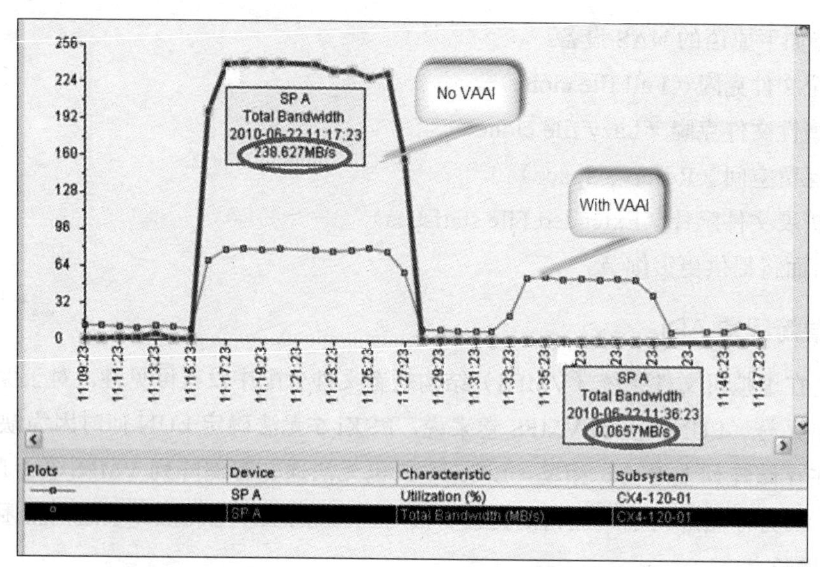

图 16.1 使用 VAAI 和不使用 VAAI 的存储阵列性能对比

从图 16.1 中可以很清楚地看到，使用 VAAI 时总带宽占用明显下降（接近于 0）。存储处理器利用率也略有下降。主机 CPU 开销在该图中没有显示，在使用 VAAI 时几乎为 0。

16.4 块置零原语

延迟置零厚盘是默认的虚拟磁盘格式，这种格式下所有虚拟磁盘数据块预先分配，但是在创建的时候不做指令操作。在虚拟机写入这些数据块时，先写入零再写入数据。没有 VAAI 时，这一处理会占用主机的 CPU、存储处理器和带宽。

当你创建置零厚盘避免这种情况时，如果没有 VAAI，文件的创建需要很长的时间才能完成。这是因为主机向所有数据块写入 0。文件越大，完成创建过程所花的时间越长。关于虚拟磁盘类型的更多细节参见第 13 章。

另一个例子是克隆虚拟磁盘并使用置零厚盘作为目标格式的过程。这一操作组合了全克隆和块置零。如果没有 VAAI，开销就是两个操作的总和。

有了 VAAI，主机向阵列发送块置零原语 WRITE_SAME SCSI 命令以及置零的数据块范围，阵列向所有指定数据块写入同样的模式（0）。一些存储阵列有进一步加速这一操作的原生功能。无论如何，将块置零操作卸载到存储阵列明显减少这些操作的主机 CPU、内存和网络负载。

16.5 硬件加速的加锁原语

硬件加速的加锁原语——ATS 消除了获取磁盘锁期间 SCSI-2 保留的需求（参见第 14 章）。ATS 的工作原理如下：

1）ESXi 主机需要取得特定 VMFS 资源上的磁盘锁。

2）主机读取需要在阵列上写入锁记录的数据块地址。

3）如果锁已经释放，写入锁记录。

4）如果主机接收到错误，因为另一台主机可能已经抢占了锁，则重试操作。

5）如果阵列返回错误，则主机回退到使用标准的 VMFS 锁机制——使用 SCSI-2 保留。

VMFS5 上 ATS 的改进

在支持 ATS 原语的存储阵列上的 LUN 创建 VMFS5 卷时，在 ATS 操作成功之后，ATS Only 属性被写入该卷。从这以后，任何共享该卷的主机都总是使用 ATS。

如果因为任何原因，存储阵列不再支持 ATS，例如，固件降级，那么所有尚未安装、配置了 ATS Only 的 VMFS5 卷将不会被安装。安装这种卷的唯一方法是将存储阵列的固件升级到支持 VAAI 的版本，或者禁用卷上的 ATS Only 属性。可以使用 vmkfstools 的隐藏选项 `--configATSOnly` 完成后一种操作：

```
vmkfstools --configATSOnly 0 /vmfs/devices/disks/<设备 ID>:<分区>
```

例如：

```
vmkfstools --configATSOnly 0 /vmfs/devices/disks/naa.6006016055711d00cff95e65664
ee011:1
```

可以重复上述命令，用 1 代替 0，重新起用这个选项。如果你试图在升级的 VMFS5 卷上启用，会看到如下的错误信息：

```
只有新格式化的 VMFS-5 可以配置为仅 ATS
错误：操作不支持
```

16.6 精简配置 API

为了更好地利用精简配置块设备，vSphere 5 引入了专用于这些设备的 vStorage API。这些 API 是 UNMAP 和 Used Space Monitoring（已用空间监控）原语。

- **UNMAP**——删除数据块回收原语使 ESXi 5 主机可以向存储阵列报告 VMFS 数据存储上删除的数据块列表。后者可以从精简配置的 LUN 中回收这些数据块，这有效地将精简配置 LUN 占据的空间减少到实际使用的数据块。
- **已用空间监控**——这个原语使用存储阵列固件上的 SCSI 附加检测代码（Additional Sense Code，ASC）和附加检测代码限定符（Additional Sense Code Qulifier，ASCQ），并在达到软阈值和硬阈值时将它们发送给主机。例如，存储阵列将可用于增长精简配置 LUN 的可用空间软阈值设置为 20%，将可用空间的硬阈值设置为 10%。达到软阈值时，主机接收到检测代码键值为 0x6、ASC 为 0x38、ASCQ 为 0x7 的检查条件。然后，主机可以用存储 DRS（Distributed Resource Scheduler，分布式资源调度器）将虚拟磁盘移到另一个有足够空间的数据存储上。否则，主机被允许继续写入 LUN，直到达到硬阈值。这时报告给主机的是检测键值为 0x7、ASC 为 0x27、ASCQ 为 0x7 的检查条件。发生这种情况时，写入最后一个数据块触发报警的 VM 被暂停，直到添加了可用空间或者文件移出数据存储。

- 已用空间监控使 ESXi 主机能够监控精简配置 LUN 增长的可用空间，这通过 VAAI 原语接收状态来完成。主机可以在精简配置 LUN 耗尽了存储阵列上可用的数据块之前，提示管理员规划申请在 LUN 上添加空间，或者将文件移动到另一个数据存储。大部分存储供应商都选择不使用这个原语，而采用基于 VASA 的报告。

16.7 NAS VAAI 原语

vSphere 5 引入的另一组 VAAI 增强是网络连接存储（NAS）原语。这些原语试图为 NFS 数据存储带来与块设备上的 VMFS 同等的 VAAI 能力。

NAS VAAI 原语有全文件克隆和保留空间：

- **全文件克隆**——与块设备的克隆原语（XCOPY）等价。这使得离线的虚拟磁盘可以由 NFS 服务器克隆。
- **保留空间**——这等价于在 NFS 数据存储上创建一个厚配置虚拟盘（预先分配的）。一般来说，当你在 NFS 数据存储上创建虚拟磁盘时，NAS 服务器确定分配策略。大部分 NAS 服务器上的默认分配策略不能确保支持文件的存储。然而，保留空间操作可以命令 NAS 设备使用供应商专有机制，为逻辑尺寸不为 0 的虚拟磁盘预留空间。

如果这两个原语失败，主机回退到使用 DataMover 软件，就像 VAAI 不得到支持时一样。NFS 数据存储没有等价于 ATS 的原语。

- **扩展文件统计原语**——这个原语允许 NAS 文件管理器向主机报告文件的精确统计数字，这有助于在精简配置虚拟磁盘增长时准确地报告。

表 16.1 是 NAS 和块设备原语之间的对比。

表 16.1 NAS 和块设备原语对比

用　例	NAS 原语	块设备原语
创建厚（预先分配）虚拟盘	保留空间	不需要原语，文件系统的原生功能
硬件辅助虚拟磁盘克隆（对于 NAS 是离线的）（例如，冷迁移、从模板克隆）	全文件克隆	XCOPY 和 WRITE_SAME（全拷贝和块置零）
硬件加速加锁	无	ATS

16.8 启用和禁用原语

块设备的 VAAI 原语默认启用，但是，你可能需要禁用一个或者多个支持的原语，比如 UNMAP 原语的情况。有报告称，这个原语在某些支持的存储阵列上使用时有性能问题。因此，VMware 在安装 ESXi 5 Patch 1 和 Update1 时自动禁用了 UNMAP 原语。

NAS VAAI 原语通过安装供应商专有的 NAS 插件启用。它们以 vSphere 安装包（VIB）的形式存在，你可以用更新管理器或者在 ESXi 主机上用后面的命令安装。要获取 VIB，检查 VMware HCL 列表，表中包含了指向存储供应商下载和安装指南的链接，HCL（硬件兼容性列表）的详情参见 16.9.2 节。

要安装 VIB，首先用如下命令进行预演：

```
esxcli software vib install -d /<vib 文件路径 >/<VIB-file-name> --dry-run
```

例如：

```
esxcli software vib install -d /vmfs/volumes/LHN-LUN/VMW-ESX-5.0.0-NetAppNasPlugin-
1.0-offline_bundle-710073.zip --dry-run
```

也可以使用长选项 `--depot` 代替 `-d`。

这条命令会经历一个 VIB 的安装过程，但实际上没有安装它。我总是喜欢这样做，以了解是否会碰到任何错误，并确定主机是否需要重新启动。预演命令的输出如清单 16.1 所示。

清单 16.1 VIB 安装预演

```
esxcli software vib install -d /vmfs/volumes/LHN-LUN/VMW-ESX-5.0.0-NetAppNasPlugin-
1.0-offline_bundle-710073.zip --dry-run Installation Result
   Message: Dryrun only, host not changed. The following installers will be applied:
[BootBankInstaller]
   Reboot Required: true
   VIBs Installed: NetApp_bootbank_NetAppNasPlugin_1.0-018
   VIBs Removed:
   VIBs Skipped:
```

从输出中可以得出结论，没有错误，需要重新启动主机。所以，必须规划安装的停机时间。

准备就绪后，运行不带 `--dry-run` 选项的同一条命令安装 VIB（见清单 16.2）。

清单 16.2 安装 NAS VAAI 插件 VIB

```
esxcli software vib install -d /vmfs/volumes/LHN-LUN/VMW-ESX-5.0.0-NetAppNasPlugin-
1.0-offline_bundle-710073.zip
Installation Result
   Message: The update completed successfully, but the system needs to be rebooted
for the changes to be effective.
   Reboot Required: true
```

```
VIBs Installed: NetApp_bootbank_NetAppNasPlugin_1.0-018
VIBs Removed:
VIBs Skipped:
```

可以使用用户界面（UI）或者命令行界面（CLI）禁用块设备原语。

16.8.1 用 UI 禁用块设备原语

可以通过高级 VMkernel 配置选项配置 VAAI 块设备原语，步骤如下：

1）以管理员或者根用户登录到 vCenter Server。

2）在库存树中，选择安装数据存储的 ESXi 主机。

3）单击 Configuration（配置）选项卡。

4）选择 Software（软件）部分下的 Advanced Settings（高级设置）项。

5）单击左边窗格中的 VMFS3 节点，应该会看到图 16.2 所示的对话框。

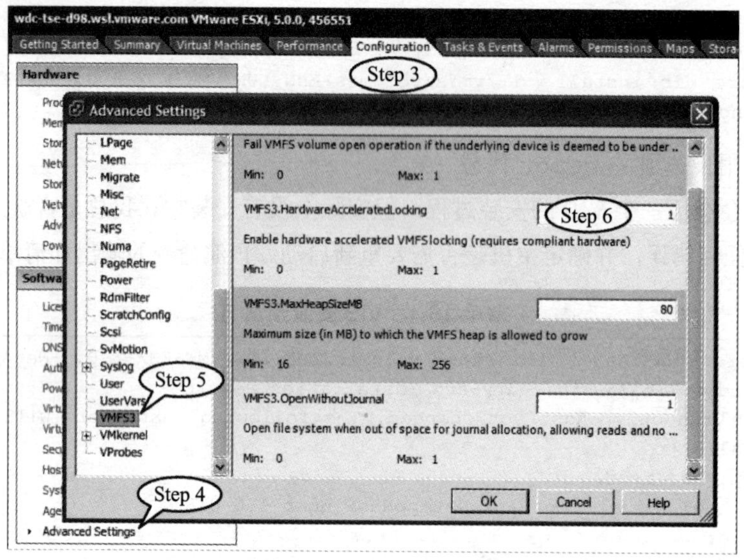

图 16.2 修改 ATS VAAI 原语

6）将 VMFS3.HardwareAcceleratedLocking 字段值从 1 改为 0。

7）单击左边窗格中的 DataMover 节点。

8）将列出的两个字段的值从 1 改为 0，然后单击 OK（确认）按钮（见图 16.3）。

16.8.2 用 CLI 禁用块设备原语

如果你想重新配置大量主机，禁用一个或者多个 VAAI 块设备原语，可以采用如下的过程：

1）以 vi-admin 登录到 vMA 用具。

2）运行 vifp listservers 命令，验证你想要修改的 ESXi 主机过去已经添加到托管目标列表中（见清单 16.3）。

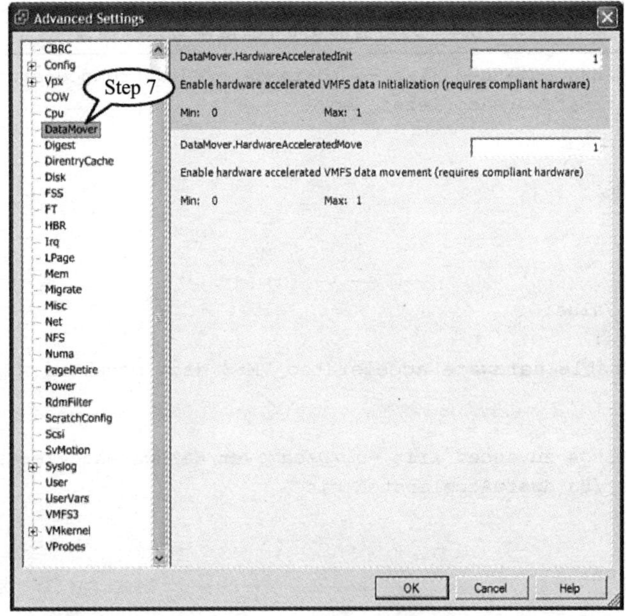

图 16.3 修改 XCOPY 和 WRITE_SAME 块设备原语

清单 16.3 列出 vMA 5 托管目标

```
vifp listservers

wdc-tse-d98.wsl.vmware.com      ESXi
prme-iox215.wsl.vmware.com      ESXi
wdc-tse-h56.wsl.vmware.com      ESXi
wdc-tse-i83.wsl.vmware.com      ESX
10.131.11.215                   vCenter
```

在这个例子中，有 4 台 ESXi 主机和一台 vCenter 服务器注册到这个 VMA 5 用具上。

3）如果你想要管理的主机不在返回的列表上，则可以用 `vifp addserver` 选项添加它：

```
vifp addserver wdc-tse-i85.wsl.vmware.com --username root
```

你还可以添加 `--password` 参数。否则，会看到输入密码的提示。如果操作成功，不提供任何信息。

4）用 `vifptarget` 设置要管理的目标服务器：

```
vi-admin@vma5:~> vifptarget --set wdc-tse-h56.wsl.vmware.com
vi-admin@vma5:~[wdc-tse-h56.wsl.vmware.com]>
```

注意，提示符现在显示托管目标主机的名称。

从这时起，过程与通过 SSH 或者本地登录到主机上类似。

5）列出 VAAI 原语的当前配置（见清单 16.4）。

清单 16.4 列出当前 VAAI 原语高级系统设置

```
esxcli system settings advanced list -o /DataMover/HardwareAcceleratedMove
   Path: /DataMover/HardwareAcceleratedMove
   Type: integer
   Int Value: 1
   Default Int Value: 1
   Min Value: 0
   Max Value: 1
   String Value:
   Default String Value:
   Valid Characters:
   Description: Enable hardware accelerated VMFS data movement (requires compliant
hardware)

esxcli system settings advanced list -o /DataMover/HardwareAcceleratedInit
   Path: /DataMover/HardwareAcceleratedInit
   Type: integer
   Int Value: 1
   Default Int Value: 1
   Min Value: 0
   Max Value: 1
   String Value:
   Default String Value:
   Valid Characters:
   Description: Enable hardware accelerated VMFS data initialization(requires
compliant hardware)

esxcli system settings advanced list -o /VMFS3/HardwareAcceleratedLocking
   Path: /VMFS3/HardwareAcceleratedLocking
   Type: integer
   Int Value: 1
   Default Int Value: 1
   Min Value: 0
   Max Value: 1
   String Value:
   Default String Value:
   Valid Characters:
   Description: Enable hardware accelerated VMFS locking (requires compliant
hardware)
```

突出显示了三个原语的当前值，它们都为 1。

注意，这个参数类型是整数（int 表明了这一点）。

6）用如下命令，将每个参数从 1 改为 0：

```
esxcli system settings advanced set -o /<节点>/<参数> -i 0
```

例如：

```
esxcli system settings advanced set -o /DataMover/HardwareAcceleratedMove -i 0

esxcli system settings advanced set -o /DataMover/HardwareAcceleratedinit -i 0

esxcli system settings advanced set -o /VMFS3/HardwareAcceleratedLocking -i 0
```

以上命令禁用对应的原语。

7）上述命令如果成功则不返回任何信息。为了验证修改生效，重复第 5）步，每个原语返回值应该为 0。

8）对每台 ESXi 主机重复第 4）～ 7）步。

16.8.3 用 CLI 禁用 UNMAP 原语

为了用 CLI 禁用 UNMAP 原语，可以按照前一个过程，在第 5）步中使用如下命令：

```
esxcli system settings advanced list -o /VMFS3/EnableBlockDelete
```

输出见清单 16.5。

清单 16.5 验证修改 EnableResignature 设置的结果

```
esxcli system settings advanced list -o /VMFS3/EnableBlockDelete
   Path: /VMFS3/EnableBlockDelete
   Type: integer
   Int Value: 1
   Default Int Value: 1
   Min Value: 0
   Max Value: 1
   String Value:
   Default String Value:
   Valid Characters:
   Description: Enable VMFS block delete
```

用如下命令代替第 6）步：

```
esxcli system settings advanced set -o /VMFS3/EnableBlockDelete -i 0
```

也可以使用这个命令的长版本：

```
esxcli system settings advanced set --option /VMFS3/EnableBlockDelete--int-value 0
```

16.8.4 禁用 NAS VAAI 原语

NAS VAAI 原语不能用和块设备原语类似的特定配置参数禁用。禁用它们的唯一方法是卸载存储阵列供应商为 NAS 原语支持提供的 VIB。需要重启主机完成删除过程，所以要规划停机时间。

按照如下过程卸载 VIB：

用如下命令列出接受度级别为 VMwareAccepted 的 VIB：

```
esxcli software vib list |grep 'Name\|---\|Accepted'
```

图 16.4 展示了一个输出的例子。

```
wdc-tse-d98.wsl.vmware.com - PuTTY
~ # esxcli software vib list |grep 'Name\|---\|Accepted'
Name                 Version                            Vendor  Acceptance Level  Install Date
-------------------- ---------------------------------- ------  ----------------  ------------
NetAppNasPlugin      1.0-018                            NetApp  VMwareAccepted    2012-05-12
~ #
```

图 16.4　列出安装的合作伙伴 VIB

如果输出中列出多个 VIB，确定和 NAS 设备相关的一个（在这个例子中是 `NetAppNasPlugin`），并用如下命令删除：

```
esxcli software vib remove -n <VIB名称>
```

例如：

```
esxcli software vib remove -n NetAppNasPlugin
```

先尝试使用 `--dry-run` 选项确定删除结果是个好主意。

这些命令的输出如清单 16.6 所示。

清单 16.6　删除 NASS VAAI 插件 VIB

```
esxcli software vib remove -n NetAppNasPlugin --dry-run
Removal Result
   Message: Dryrun only, host not changed. The following installers will be applied:
[BootBankInstaller]
   Reboot Required: true
   VIBs Installed:
   VIBs Removed: NetApp_bootbank_NetAppNasPlugin_1.0-018
   VIBs Skipped:

~ # esxcli software vib remove -n NetAppNasPlugin
Removal Result
   Message: The update completed successfully, but the system needs to be rebooted
for the changes to be effective.
   Reboot Required: true
   VIBs Installed:
   VIBs Removed: NetApp_bootbank_NetAppNasPlugin_1.0-018
   VIBs Skipped:
```

完成时重启主机。

也可以使用冗余选项 `--vibname` 代替 `-n`。

16.9　VAAI 插件和 VAAI 过滤器

VAAI 在主机端由如下的 PSA 核心插件处理：

- **VAAI 过滤器**——VAAI 过滤器是 ESXi 5 主机上默认安装的一个插件，它插入可插拔存储架构（PSA）框架，与原生多路径插件（NMP）和多路径插件（MPP）并列（参见图 16.5）。所有支持 VAAI 的设备首先被 VAAI 过滤器声明，然后才被 VMkernel T10 声明。

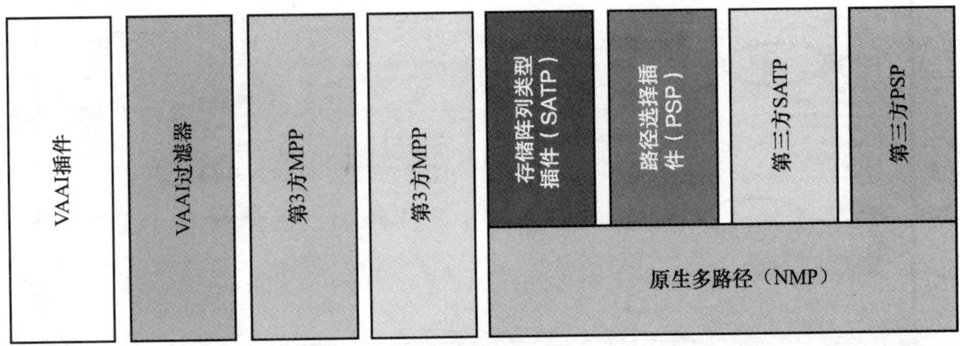

图 16.5　显示 VAAI 插件和过滤器的 PSA

- **VAAI 插件**——没有完全实现 T10 标准命令的存储阵列可以在存储供应商创建并认证存储专用的 VAAI 插件时支持 VAAI。其他支持 T10 的存储阵列不需要这个插件，因为 ESXi 5 中的 vmkernel 集成了 ESXi 4.1 中的 T10 插件。

这些 VAAI 插件和 VAAI 过滤器一起处于 PSA 框架的顶部（参见图 16.5）。

你可能会问，我怎么知道自己的存储阵列是否需要 VAAI 插件呢？

这个问题很容易通过在 VMware HCL（亦称 VMware 兼容性指南或者 VCG）上查找存储阵列来得到回答，设备详情中列出了 VAAI 支持状态以及是否需要插件。

16.9.1　查找得到支持的 VAAI 块设备

可以按照如下过程查阅 HCL：

1）前往 http://www.vmware.com/go/hcl。

2）从 What are you looking for（你要寻找什么）字段中的下拉菜单中选择 Storage/SAN。

3）在 Product Release Version（产品发行版本）字段中选择 ESXi 5.0 或者 ESXi 5.0 U1。

4）在 Features Category（功能分类）字段中选择 VAAI-Block。

5）在 Partner Name（合作伙伴名称）中选择合作伙伴名称。

6）单击 Update and View Results（更新并查看结果）按钮（见图 16.6）。

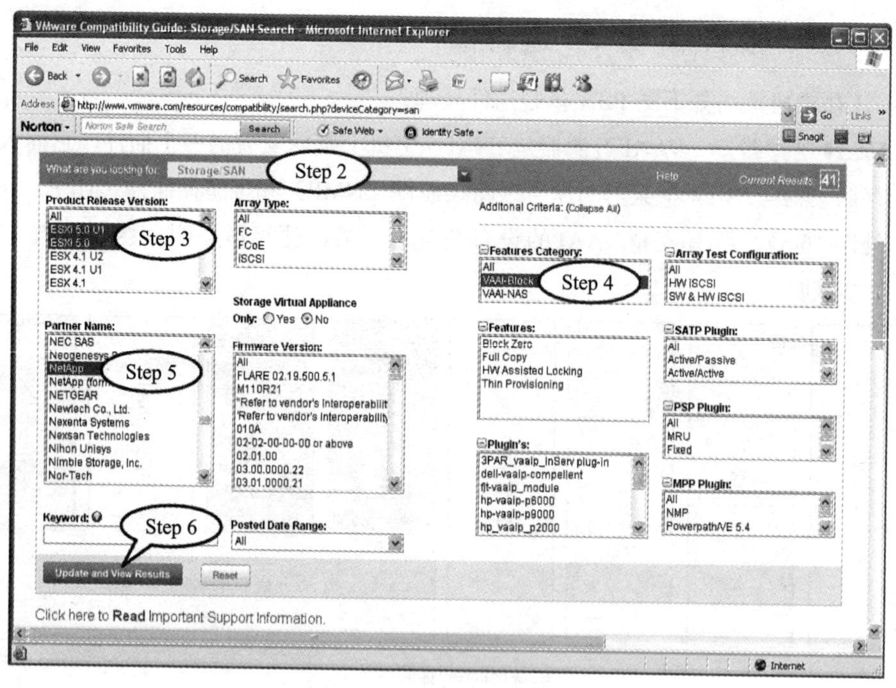

图 16.6 VAAI 块设备 HCL 搜索条件

7）向下滚动，查看搜索结果。在结果中找到你的存储阵列，并单击 ESXi 版本的链接，例如 5.0 或者 5.0 U1（见图 16.7）。

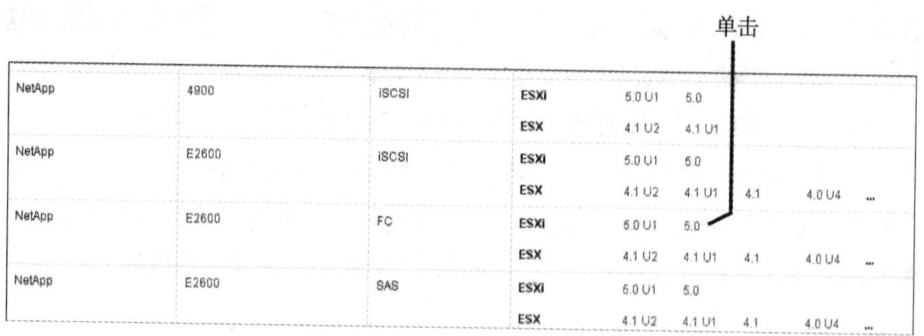

NetApp	4900	iSCSI	ESXi	5.0 U1	5.0			
			ESX	4.1 U2	4.1 U1			
NetApp	E2600	iSCSI	ESXi	5.0 U1	5.0			
			ESX	4.1 U2	4.1 U1	4.1	4.0 U4	...
NetApp	E2600	FC	ESXi	5.0 U1	5.0			
			ESX	4.1 U2	4.1 U1	4.1	4.0 U4	...
NetApp	E2600	SAS	ESXi	5.0 U1	5.0			
			ESX	4.1 U2	4.1 U1	4.1	4.0 U4	...

图 16.7 在 HCL 上找到一个已认证的 VAAI 设备

8）显示阵列详情。首先单击 Features（功能）栏目下的 View（查看）。这会展开阵列详情，显示功能列表，包括 VAAI。图 16.8 展示了一个支持块置零、全拷贝和硬件辅助加锁的设备示例。这意味着，阵列实现了 T10 标准命令，不需要特殊的 VAAI 插件。

9）如果需要一个 VAAI 插件，检查列出的插件名称前缀。如果是 VMW，插件在 ESXi 5 上已经预装，不需要进一步的配置（见图 16.9）。否则，你可以从阵列供应商获得插件，在供应商的指导下安装。在这个例子中，3PAR（现在是 HP）存储阵列中固件为 2.3.1 MU2 或者更高的版本得到了 vSphere 5.0 上的 VAAI 认证，使用 3PAR_vaaip_inServ VAAI 插件。指向 HP 下载门户的链接在脚注中列出。但是，固件版本 3.1 的同一阵列不需要特殊的插件。这意味着它支持 T10 标准命令。

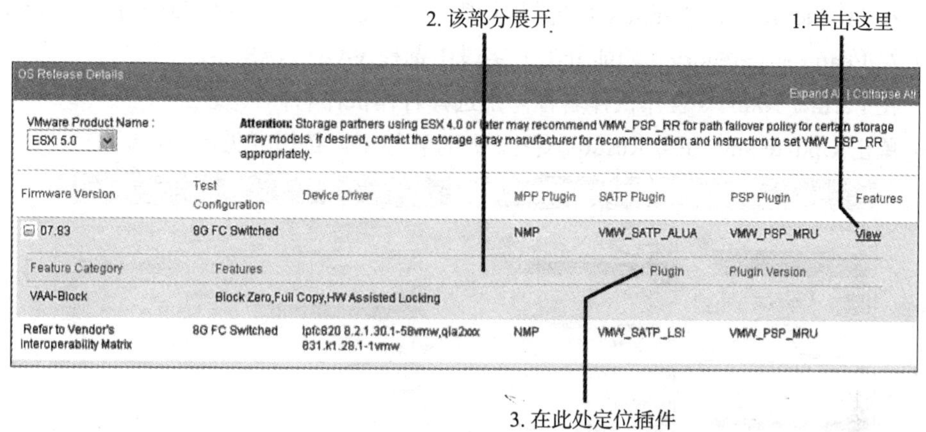

图 16.8　显示设备详情，以找出 VAAI 插件

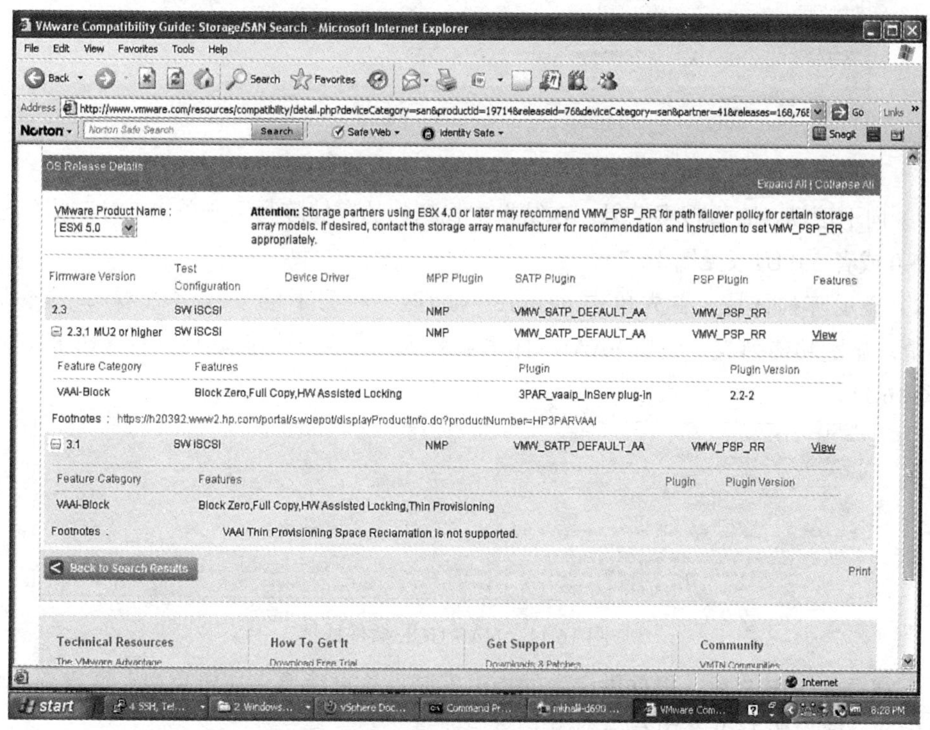

图 16.9　列出的设备详情说明不需要插件

16.9.2　查找得到支持的 VAAI NAS 设备

可以按照如下过程，找到支持 NAS VAAI 原语的 NAS 设备列表。

1）前往 http://www.vmware.com/go/hcl。

2）从 What are you looking for（你要寻找什么）字段中的下拉菜单中选择 Storage/SAN。

3）在 Product Release Version（产品发行版本）字段中选择 ESXi 5.0 或者 ESXi 5.0 U1。

4）在 Features Category（功能分类）字段中选择 VAAI-NAS。

5）在 Partner Name（合作伙伴名称）中选择合作伙伴名称。

6）单击 Update and View Results（更新并查看结果）按钮（见图 16.10）。

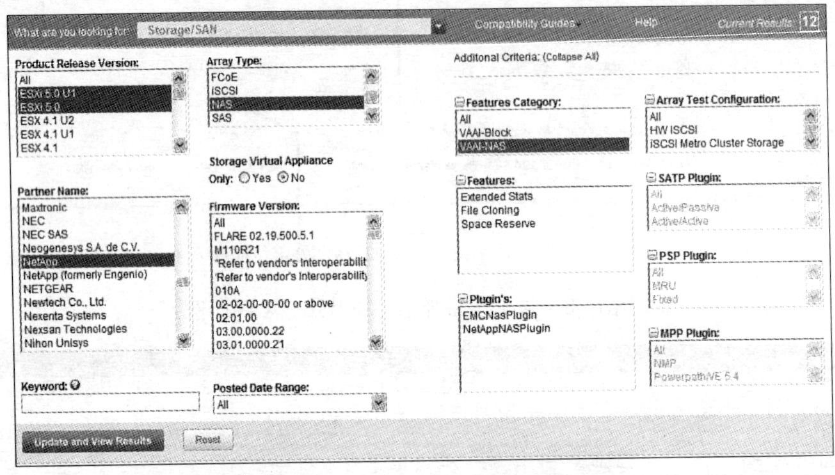

图 16.10 NAS VAAI HCL 搜索条件

7）向下滚动，查看搜索结果。在结果中找到你的存储阵列，并单击 ESXi 版本的链接，例如 5.0 或者 5.0 U1（见图 16.7）。

8）显示阵列详情。首先单击 Features（功能）栏目下的 View（查看）。这会展开阵列详情，显示功能列表，包括 VAAI。你也会看到一个关于如何获得插件 VIB 的说明脚注（见图 16.11）。

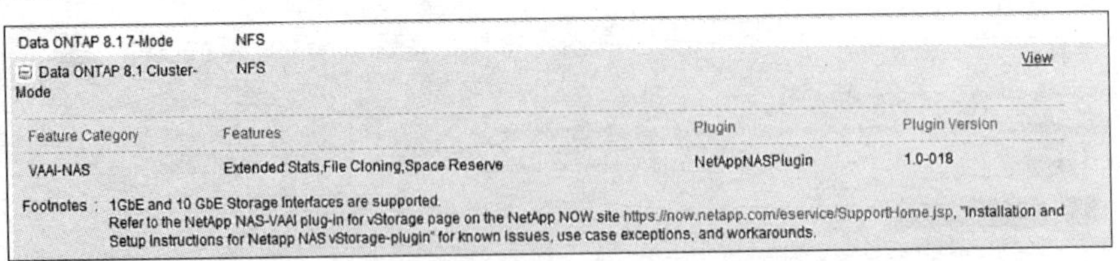

图 16.11 NAS HCL 插件详情

下载插件 VIB 之后，根据供应商的指引安装。这可能要求主机重启，所以要规划一个停机时间。前面的 16.8 节中有一个例子。

16.10 列出注册的过滤器和 VAAI 插件

预装和新装的 VAAI 过滤器和 VAAI 插件实际上是注册到 PSA 框架的 vmkernel 模块。

可以用如下命令列出已经注册的插件：

```
esxcli storage core plugin registration list |grep 'Module\|---\|VAAI'
```

图 16.12 显示了输出。

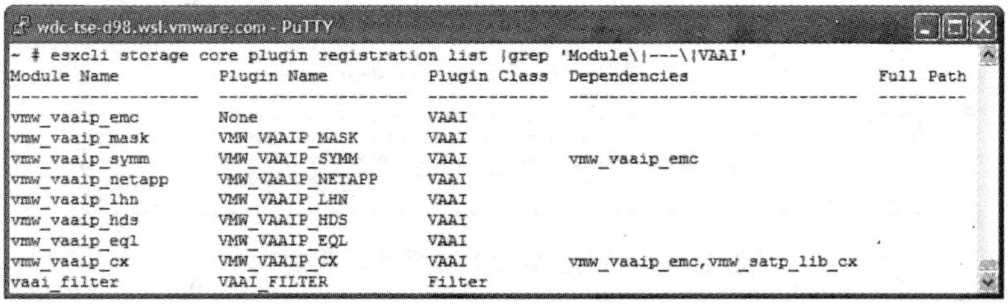

```
~ # esxcli storage core plugin registration list |grep 'Module\|---\|VAAI'
Module Name          Plugin Name          Plugin Class  Dependencies                  Full Path
-------------------  -------------------  ------------  ----------------------------  ---------
vmw_vaaip_emc        None                 VAAI
vmw_vaaip_mask       VMW_VAAIP_MASK       VAAI
vmw_vaaip_symm       VMW_VAAIP_SYMM       VAAI          vmw_vaaip_emc
vmw_vaaip_netapp     VMW_VAAIP_NETAPP     VAAI
vmw_vaaip_lhn        VMW_VAAIP_LHN        VAAI
vmw_vaaip_hds        VMW_VAAIP_HDS        VAAI
vmw_vaaip_eql        VMW_VAAIP_EQL        VAAI
vmw_vaaip_cx         VMW_VAAIP_CX         VAAI          vmw_vaaip_emc,vmw_satp_lib_cx
vaai_filter          VAAI_FILTER          Filter
```

图 16.12　列出 VAAI 插件注册

在这个例子中，为 symm、netapp、lhn、hds、eql 和 cx 注册了 VAAI 过滤器和插件。它们分别是用于 EMC Symmetrix、NetApp、LeftHand Network（现属 HP）、HDS、EQL（现属 DELL）和 CLARiiON CX 家族的插件。这些插件用于掩蔽 VAAI 声明的设备。下一节讨论这些插件。

注意　如果你观察 Plugin Name（插件名称）栏，就应该注意到，vmw_vaaip_emc 模块的这一列是空白的。Dependencies（依赖）栏中的值显示，vmw_vaaip_symm 模块依赖于 vmw_vaaip_emc。vmw_vaaip_cx 也一样，它依赖于 vmw_satp_lib_cx 程序库模块。

在这个例子中，EMC 存储专用的 VAAI 插件依赖于一个公用程序库，这些类型的程序库由 VAAI 插件安装程序安装，或者已经由 ESXi 标准映像中包含的 VAAI 插件安装。

16.11　列出 VAAI 过滤器和插件配置

对于 VAAI 插件声明的设备，它必须首先由 VAAI 过滤器插件声明，这些插件在如下命令的输出中显示：

```
esxcli storage core claimrule list --claimrule-class=Filter
```

或者使用简写版本：

```
esxcli storage core claimrule list -c Filter
```

参数 `Filter` 必须使用大写的 F。图 16.13 展示了这条命令的输出。

为了验证 VAAI 插件是否已经被安装，可以用如下命令列出 VAAI 声明规则：

```
esxcli storage core claimrule list --claimrule-class=VAAI
```

```
wdc-tse-h56.wsl.vmware.com - PuTTY
~ # esxcli storage core claimrule list -c Filter
Rule Class   Rule  Class    Type    Plugin        Matches
----------  -----  -------  ------  -----------   ----------------------------
Filter      65429  runtime  vendor  VAAI_FILTER   vendor=MSFT model=Virtual HD
Filter      65429  file     vendor  VAAI_FILTER   vendor=MSFT model=Virtual HD
Filter      65430  runtime  vendor  VAAI_FILTER   vendor=EMC model=SYMMETRIX
Filter      65430  file     vendor  VAAI_FILTER   vendor=EMC model=SYMMETRIX
Filter      65431  runtime  vendor  VAAI_FILTER   vendor=DGC model=*
Filter      65431  file     vendor  VAAI_FILTER   vendor=DGC model=*
Filter      65432  runtime  vendor  VAAI_FILTER   vendor=EQLOGIC model=*
Filter      65432  file     vendor  VAAI_FILTER   vendor=EQLOGIC model=*
Filter      65433  runtime  vendor  VAAI_FILTER   vendor=NETAPP model=*
Filter      65433  file     vendor  VAAI_FILTER   vendor=NETAPP model=*
Filter      65434  runtime  vendor  VAAI_FILTER   vendor=HITACHI model=*
Filter      65434  file     vendor  VAAI_FILTER   vendor=HITACHI model=*
Filter      65435  runtime  vendor  VAAI_FILTER   vendor=LEFTHAND model=*
Filter      65435  file     vendor  VAAI_FILTER   vendor=LEFTHAND model=*
~ #
```

图 16.13 列出 VAAI 过滤器声明规则

或者简写版本：

```
esxcli storage core claimrule list -c VAAI
```

注意，参数 VAAI 必须全大写。而且，长版本中的 `--claimrule-clss` 可以使用或者不使用等号。vSphere 4.1 要求等号。简写版本在文档中不使用等号。然而，如果使用等号也可以接受。换句话说，长版本和简写版本都可以使用或者不使用等号。

图 16.14 展示了这条命令的输出。

```
wdc-tse-h56.wsl.vmware.com - PuTTY
~ # esxcli storage core claimrule list -c VAAI
Rule Class   Rule  Class    Type    Plugin              Matches
----------  -----  -------  ------  ----------------    --------------------------
VAAI        65429  runtime  vendor  VMW_VAAIP_MASK      vendor=MSFT model=Virtual
VAAI        65429  file     vendor  VMW_VAAIP_MASK      vendor=MSFT model=Virtual
VAAI        65430  runtime  vendor  VMW_VAAIP_SYMM      vendor=EMC model=SYMMETRIX
VAAI        65430  file     vendor  VMW_VAAIP_SYMM      vendor=EMC model=SYMMETRIX
VAAI        65431  runtime  vendor  VMW_VAAIP_CX        vendor=DGC model=*
VAAI        65431  file     vendor  VMW_VAAIP_CX        vendor=DGC model=*
VAAI        65432  runtime  vendor  VMW_VAAIP_EQL       vendor=EQLOGIC model=*
VAAI        65432  file     vendor  VMW_VAAIP_EQL       vendor=EQLOGIC model=*
VAAI        65433  runtime  vendor  VMW_VAAIP_NETAPP    vendor=NETAPP model=*
VAAI        65433  file     vendor  VMW_VAAIP_NETAPP    vendor=NETAPP model=*
VAAI        65434  runtime  vendor  VMW_VAAIP_HDS       vendor=HITACHI model=*
VAAI        65434  file     vendor  VMW_VAAIP_HDS       vendor=HITACHI model=*
VAAI        65435  runtime  vendor  VMW_VAAIP_LHN       vendor=LEFTHAND model=*
VAAI        65435  file     vendor  VMW_VAAIP_LHN       vendor=LEFTHAND model=*
~ #
```

图 16.14 列出 VAAI 插件声明规则

在这个例子中，主机上只预装了输出中所列的插件。声明规则和 5.10 节中讨论的 NMP 声明规则结构类似。复习一下，当 PSA 框架发现一个设备时，该规则按照 INQUIRY 命令响应中确定的供应商和型号字符串匹配对应的 VAAI 插件。

例如，在这个输出中，返回供应商字符串 LEFTHAND 和任何型号的 LeftHand Network HP P4000 存储阵列将由 VMW_VAAIP_LHN 插件声明。

提示 图 16.14 中列出的插件之一是 VMW_VAAIP_MASK。如果你有共享同一供应商和型号字符串的存储阵列家族，想要阻止 ESXi 主机使用 VAAI，可以添加编号小于 65429 的 VMW_VAAIP_MASK 声明规则。

下面是添加 VAAI MASK 声明规则的一个例子：

```
esxcli storage core claimrule add --rule=65428 --type=vendor --plugin VMW_VAAIP_MASK
--vendor=EMC --claimrule-class=VAAI
```

或者简写版本：

```
esxcli storage core claimrule add -r 65428 -t vendor -P VMW_VAAIP_MASK -VEMC -c
VAAI
```

上述命令为 VMW_VAAIP_MASK 插件添加声明规则，声明所有供应商字符串为 EMC 的设备。因为该设备已经有过滤器声明规则，你只需要添加 VAAI 声明规则。

除非出现错误，否则上述命令不会返回任何反馈信息。运行如下命令验证规则成功添加：

```
esxcli storage core claimrule list -c VAAI
```

输出如图 16.15 所示。

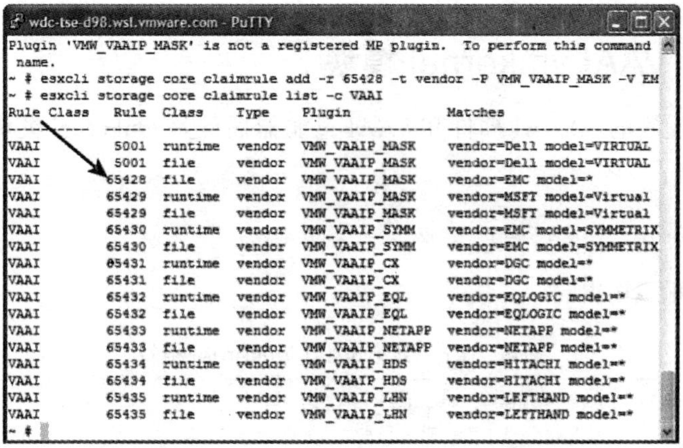

```
wdc-tse-d98.wsl.vmware.com - PuTTY
Plugin 'VMW_VAAIP_MASK' is not a registered MP plugin.  To perform this command
 name.
~ # esxcli storage core claimrule add -r 65428 -t vendor -P VMW_VAAIP_MASK -V EM
~ # esxcli storage core claimrule list -c VAAI
Rule Class   Rule  Class    Type    Plugin            Matches
----------  -----  -------  ------  ----------------  -------------------------
VAAI         5001  runtime  vendor  VMW_VAAIP_MASK    vendor=Dell model=VIRTUAL
VAAI         5001  file     vendor  VMW_VAAIP_MASK    vendor=Dell model=VIRTUAL
VAAI        65428  file     vendor  VMW_VAAIP_MASK    vendor=EMC model=*
VAAI        65429  runtime  vendor  VMW_VAAIP_MASK    vendor=MSFT model=Virtual
VAAI        65429  file     vendor  VMW_VAAIP_MASK    vendor=MSFT model=Virtual
VAAI        65430  runtime  vendor  VMW_VAAIP_SYMM    vendor=EMC model=SYMMETRIX
VAAI        65430  file     vendor  VMW_VAAIP_SYMM    vendor=EMC model=SYMMETRIX
VAAI        65431  runtime  vendor  VMW_VAAIP_CX      vendor=DGC model=*
VAAI        65431  file     vendor  VMW_VAAIP_CX      vendor=DGC model=*
VAAI        65432  runtime  vendor  VMW_VAAIP_EQL     vendor=EQLOGIC model=*
VAAI        65432  file     vendor  VMW_VAAIP_EQL     vendor=EQLOGIC model=*
VAAI        65433  runtime  vendor  VMW_VAAIP_NETAPP  vendor=NETAPP model=*
VAAI        65433  file     vendor  VMW_VAAIP_NETAPP  vendor=NETAPP model=*
VAAI        65434  runtime  vendor  VMW_VAAIP_HDS     vendor=HITACHI model=*
VAAI        65434  file     vendor  VMW_VAAIP_HDS     vendor=HITACHI model=*
VAAI        65435  runtime  vendor  VMW_VAAIP_LHN     vendor=LEFTHAND model=*
VAAI        65435  file     vendor  VMW_VAAIP_LHN     vendor=LEFTHAND model=*
~ #
```

图 16.15 添加 VAAIP_MASK 声明规则的结果

因为规则编号 65428 小于 EMC 设备现有的 VAAI 声明规则（65430），MASK 声明规则代替 VMW_VAAIP_SYMM 声明对应的设备。

剩下的唯一步骤是加载声明规则使其生效。为此，运行如下命令：

```
esxcli storage core claimrule load --claimrule-class=VAAI
```

也可以使用简写版本：

```
esxcli storage core claimrule load -c VAAI
```

除非出现错误，这条命令不会返回任何反馈。

运行如下命令验证结果：

```
esxcli storage core claimrule list -c VAAI
```

输出如图 16.16 所示。

```
wdc-tse-d98.wsl.vmware.com - PuTTY
~ # esxcli storage core claimrule list -c VAAI
Rule Class   Rule  Class    Type    Plugin              Matches
----------  -----  -------  ------  ------------------  ------------------------------
VAAI         5001  runtime  vendor  VMW_VAAIP_MASK      vendor=Dell model=VIRTUAL DISK
VAAI         5001  file     vendor  VMW_VAAIP_MASK      vendor=Dell model=VIRTUAL DISK
VAAI        65428  runtime  vendor  VMW_VAAIP_MASK      vendor=EMC model=*
VAAI        65428  file     vendor  VMW_VAAIP_MASK      vendor=EMC model=*
VAAI        65429  runtime  vendor  VMW_VAAIP_MASK      vendor=MSFT model=Virtual HD
VAAI        65429  file     vendor  VMW_VAAIP_MASK      vendor=MSFT model=Virtual HD
VAAI        65430  runtime  vendor  VMW_VAAIP_SYMM      vendor=EMC model=SYMMETRIX
VAAI        65430  file     vendor  VMW_VAAIP_SYMM      vendor=EMC model=SYMMETRIX
VAAI        65431  runtime  vendor  VMW_VAAIP_CX        vendor=DGC model=*
VAAI        65431  file     vendor  VMW_VAAIP_CX        vendor=DGC model=*
VAAI        65432  runtime  vendor  VMW_VAAIP_EQL       vendor=EQLOGIC model=*
VAAI        65432  file     vendor  VMW_VAAIP_EQL       vendor=EQLOGIC model=*
VAAI        65433  runtime  vendor  VMW_VAAIP_NETAPP    vendor=NETAPP model=*
VAAI        65433  file     vendor  VMW_VAAIP_NETAPP    vendor=NETAPP model=*
VAAI        65434  runtime  vendor  VMW_VAAIP_HDS       vendor=HITACHI model=*
VAAI        65434  file     vendor  VMW_VAAIP_HDS       vendor=HITACHI model=*
VAAI        65435  runtime  vendor  VMW_VAAIP_LHN       vendor=LEFTHAND model=*
VAAI        65435  file     vendor  VMW_VAAIP_LHN       vendor=LEFTHAND model=*
~ #
```

图 16.16　VAAI MASK 声明规则已加载

和 MP 声明规则类似，加载的 VAAI 声明规则输出的 class 栏显示 runtime 和 file。

16.12　列出 VAAI vmkernel 模块

正如前面所提到的，VAAI 插件和 VAAI 过滤器插件是 vmkernel 模块。可以运行如下命令列出这些模块：

```
esxcli system module list |grep 'Name\|---\|vaaip'
```

清单 16.7 显示了输出。

清单 16.7　列出 VAAI vmkernel 模块

```
esxcli system module list |grep 'Name\|---\|vaai'
Name`                 Is Loaded  Is Enabled
--------------------  ---------  ----------
vaai_filter                true        true
vmw_vaaip_mask             true        true
vmw_vaaip_emc              true        true
vmw_vaaip_cx               true        true
vmw_vaaip_netapp           true        true
vmw_vaaip_lhn              true        true
```

注意　清单 16.7 中的输出只显示与连接到这个 ESXi 的设备相关的模块和掩蔽及过滤器插件。换句话说，VAAI 插件模块按需加载。

16.13　确定设备支持的 VAAI 原语

当设备第一次被发现时，它对 VAAI 原语的支持是未知的。ESXi 主机定期检查设备对每条 VAAI 原语的支持。如果设备支持给定的原语，它被标识为 supported（支持）。否则，标识为 Not Supported（不支持）。

可以用 CLI 和 UI 列出一个或者多个设备的 VAAI 支持状态。

16.13.1　使用 CLI 列出块设备 VAAI 支持

VAAI 是 ESXCLI 的一个命名空间：

```
esxcli storage core device vaai
```

这条命令的唯一可用选项是 `status`，它有一个子选项 `get`。

所以，完整的命令是

```
esxcli storage core device vaai status get
```

清单 16.8 显示了这条命令的输出。

清单 16.8　列出 VAAI 支持状态

```
esxcli storage core device vaai status get

naa.60a98000572d54724a346a643979466f
   VAAI Plugin Name: VMW_VAAIP_NETAPP
   ATS Status: supported
   Clone Status: supported
   Zero Status: supported
   Delete Status: supported

mpx.vmhba1:C0:T0:L0
   VAAI Plugin Name:
   ATS Status: unsupported
   Clone Status: unsupported
   Zero Status: unsupported
   Delete Status: unsupported

naa.6001405497cd5c9b43f416e93da4a632
   VAAI Plugin Name:
   ATS Status: unsupported
   Clone Status: unsupported
   Zero Status: supported
   Delete Status: unsupported
```

如果你想要将输出限制为单个设备，可以使用 `--device` 或者 `-d` 选项加上设备 ID。清单 16.9 中展示了一个例子。

清单 16.9　列出单个设备的 VAAI 支持

```
esxcli storage core device vaai status get -d naa.60a98000572d54724a34695755335033
naa.60a98000572d54724a34695755335033
   VAAI Plugin Name: VMW_VAAIP_NETAPP
```

```
   ATS Status: supported
   Clone Status: supported
   Zero Status: supported
   Delete Status: supported
```

清单 16.9 显示了 3 个设备。

1）设备 ID naa.60a98000572d54724a34695755335033 由 VMW_VAAIP_NETAPP 插件声明，该设备支持 ATS、Clone、Zero 和 Delete 4 个原语，分别对应硬件辅助加锁、全拷贝、块置零和死空间回收。

2）设备 ID mpx.vmhba1：C0：T0：L0 没有被特定的 VAAI 插件声明，不支持任何 VAAI 原语。这个设备是连接到主机的本地设备，因此其 ID 前缀是 mpx，表示通用（X）多路径（MP）。

3）设备 ID naa.6001405497cd5c9b43f416e93da4a632 没有被特定的 VAAI 插件声明。但是，它只支持 ATS 原语。这说明该设备支持硬件辅助加锁，但是没有在主机上安装特定的 VAAI 插件。为什么会出现 ATS 支持？原因是在 ESXi 5 上，vmkernel 已经包含了对 VAAI 标准命令的支持。这一支持以前通过 ESXi 4.1 上的 VMW_VAAIP_T10 插件提供。尝试所有原语的时候，只有 ATS 取得成功。

可以列出单独的设备属性，包括 VAAI 相关信息。清单 16.10 展示了一个例子。

清单 16.10　列出设备属性

```
esxcli storage core device list -d naa.60a9800042574b6a372441582d6b5937

naa.60a9800042574b6a372441582d6b5937
   Display Name: NETAPP iSCSI Disk (naa.60a9800042574b6a372441582d6b5937)
   Has Settable Display Name: true
   Size: 10240
   Device Type: Direct-Access
   Multipath Plugin: NMP
   Devfs Path: /vmfs/devices/disks/naa.60a9800042574b6a372441582d6b5937
   Vendor: NETAPP
   Model: LUN
   Revision: 810a
   SCSI Level: 4
   Is Pseudo: false
   Status: degraded
   Is RDM Capable: true
   Is Local: false
   Is Removable: false
   Is SSD: false
   Is Offline: false
   Is Perennially Reserved: false
   Thin Provisioning Status: yes
```

```
   Attached Filters: VAAI_FILTER
   VAAI Status: supported
   Other UIDs: vml.020001000060a9800042574b6a372441582d6b59374c554e202020
```

突出显示的 3 行分别说明 LUN 是精简配置的，VAAI 过滤器已经声明了该设备，该设备支持 VAAI。但是没有说明支持哪些原语。

16.13.2 列出 NAS 设备 VAAI 支持状态

使用以下命令列出 NAS 设备 VAAI 支持状态：

```
esxcli storage nfs list
```

图 16.17 显示了该命令的示例输出。

```
wdc-tse-d98.wsl.vmware.com - PuTTY
~ # esxcli storage nfs list
Volume Name  Host          Share      Accessible  Mounted  Hardware Acceleration
-----------  ------------  ---------  ----------  -------  ---------------------
ntap-nfs     10.131.7.145  /vol/vol1        true     true  Not Supported
vmlibrary    10.131.7.247  vmlibrary        true     true  Not Supported
~ #
```

图 16.17 列出 NAS 设备 VAAI 支持

在输出中，在 Hardware Acceleration 列中列出了支持状态。

使用如下过程，通过 UI 列出设备及支持状态。

1）以管理员用户（例如 Administrator 或者 root）登录 vCenter Server。

2）浏览库存树，选中 ESXi 主机。

3）选择 Configuration（配置）选项卡，然后选择 Hardware（硬件）窗格下的 Storage（存储）。

4）如果还没有选择，单击 Datastores（数据中心）按钮（见图 16.18）。

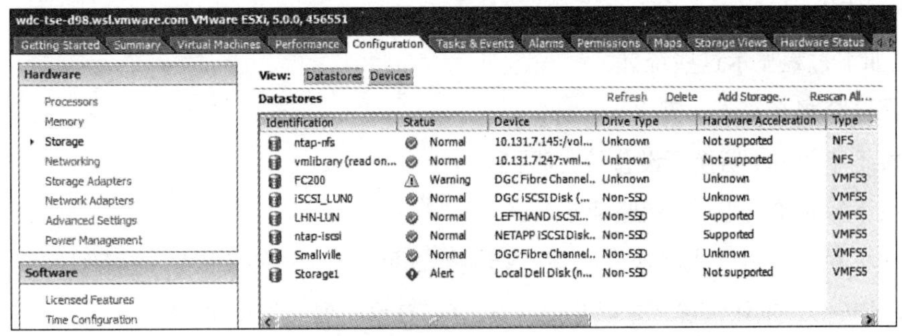

图 16.18 列出块设备和 NAS 设备、VAAI 支持

图 16.18 显示 NFS 和 VMFS 数据存储的组合列表。VAAI 支持状态在 Hardware Acceleration（硬件加速）栏目下列出。在这个例子中，有些设备显示状态为 Unknown（未知），其他显示 Not Supported（不支持）或者 Supported（支持）。如果 VMFS 数据存储所在的块设备支持

所有 3 条块设备 VAAI 原语，状态就会是 Supported。否则，如果支持的块设备原语少于 3 条，则显示 Unknown。如果不支持任何原语，则列出 Not Supported。表 16.2 显示了支持结果的表格。

如果 NAS 设备输出支持 VAAI 的 NFS 数据存储，并在 ESXi 主机上安装了对应的插件，Hardware Acceleration 栏目将显示 Supported，否则显示 Not Supported。

注意 Hardware Acceleration 栏目是列表中的最后一个栏目，在图 16.18 中应显示在视窗之外。这里通过单击列标题并拖动，将其移到了想要的位置。

表 16.2 VAAI 支持状态结果

支持状态	ATS	Clone	Zero
支持	支持	支持	支持
未知	不支持	支持	支持
未知	不支持	不支持	支持
未知	支持	不支持	支持
不支持	不支持	不支持	不支持

注意 我没有见过支持 ATS 或者 Clone，但不支持块置零的阵列，因此除了所有原语都不支持的最后一行之外，没有列出其他不支持块置零的情况。

16.14 用 ESXTOP 显示块设备 VAAI I/O 统计

为了显示 I/O 统计，可以在 ESXi 主机上直接或者通过 SSH 使用 esxtop，也可以在 vMA 5.0 上使用 esxtop。

按照如下过程显示这些统计。

1）在命令提示符下，键入 esxtop。

2）按下字母 u，切换到设备统计视图。

3）按下字母 f，显示列标题清单。

4）按下对应字母（大写或者小写）切换列选择，在选中一列时，在该列的字母旁边显示一个星号（*）。默认情况下，选中 A、B、F、G 和 I 列（见清单 16.11）。

清单 16.11 选择 ESXTOP 中显示的设备 I/O 统计列

```
Current Field order: ABcdeFGhIjklmnop

* A:  DEVICE = Device Name
* B:  ID = Path/World/Partition Id
```

```
  C:  NUM = Num of Objects
  D:  SHARES = Shares
  E:  BLKSZ = Block Size (bytes)
* F:  QSTATS = Queue Stats
* G:  IOSTATS = I/O Stats
  H:  RESVSTATS = Reserve Stats
* I:  LATSTATS/cmd = Overall Latency Stats (ms)
  J:  LATSTATS/rd = Read Latency Stats (ms)
  K:  LATSTATS/wr = Write Latency Stats (ms)
  L:  ERRSTATS/s = Error Stats
  M:  PAESTATS/s = PAE Stats
  N:  SPLTSTATS/s = SPLIT Stats
  O:  VAAISTATS= VAAI Stats
  P:  VAAILATSTATS/cmd = VAAI Latency Stats (ms)

Toggle fields with a-p, any other key to return:
```

5）按下字母 B、F、G 和 I，清除对应列的选择（节约显示空间）。

6）按下字母 O 选择 VAAI Stats 列。如果你想要显示延时统计，按下字母 P。但是，如果你的显示器宽度不足以显示与这两个选择相关的所有列，建议一次选择一个。所以，现在只选择 O。

7）按下 Enter 键返回统计显示。图 16.19 展示了结果。

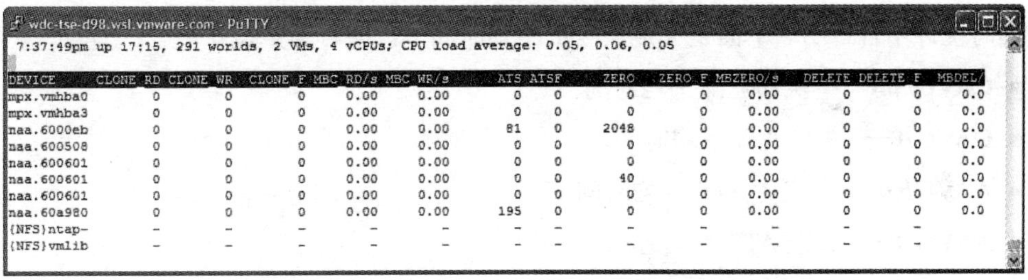

```
wdc-tse-d98.wsl.vmware.com - PuTTY
 7:37:49pm up 17:15, 291 worlds, 2 VMs, 4 vCPUs; CPU load average: 0.05, 0.06, 0.05

DEVICE        CLONE_RD CLONE_WR  CLONE_F MBC_RD/s MBC_WR/s      ATS ATSF      ZERO   ZERO_F MBZERO/s   DELETE DELETE_F  MBDEL/
mpx.vmhba0           0        0        0     0.00     0.00        0    0         0        0     0.00        0        0     0.0
mpx.vmhba3           0        0        0     0.00     0.00        0    0         0        0     0.00        0        0     0.0
naa.6000eb           0        0        0     0.00     0.00       81    0      2048        0     0.00        0        0     0.0
naa.600508           0        0        0     0.00     0.00        0    0         0        0     0.00        0        0     0.0
naa.600601           0        0        0     0.00     0.00        0    0         0        0     0.00        0        0     0.0
naa.600601           0        0        0     0.00     0.00        0    0        40        0     0.00        0        0     0.0
naa.600601           0        0        0     0.00     0.00        0    0         0        0     0.00        0        0     0.0
naa.60a980           0        0        0     0.00     0.00      195    0         0        0     0.00        0        0     0.0
{NFS}ntap-           -        -        -        -        -        -    -         -        -        -        -        -
{NFS}vmlib           -        -        -        -        -        -    -         -        -        -        -        -
```

图 16.19　在 ESXTOP 中列出 VAAI 块设备原语统计

注意　这里不得不缩小设备名列的尺寸，以便在截图中显示所有统计。输入 L 和字段尺寸可以完成这一操作。在例子中，将列宽度设置为 10 个字符。重复相同过程，使用 0 尺寸可以复位设置。

上述视图中显示的列为：

- **CLONE_RD**——块克隆（XCOPY）读次数
- **CLONE_WR**——块克隆写次数
- **CLONE_F**——失败的 XCOPY 命令数
- **MBC_RD/s**——每秒读取的克隆数据（兆字节）
- **MBC_WR/s**——每秒写入的克隆数据（兆字节）

- **ATS**——成功 ATS 命令数
- **ATSF**——失败 ATS 命令数
- **ZERO**——成功的块置零（WRITE_SAME）命令数
- **ZERO_F**——失败的块置零命令数
- **MBZERO/s**——每秒置零兆字节数
- **DELETE**——成功的已删除块回收命令数
- **DELETE_F**——失败的已删除块回收命令数
- **MBDEL/S**——每秒已删除块回收兆字节数

如果在第 6）步中选择 P 显示 VAAI 延时统计，结果类似于图 16.20 所示。

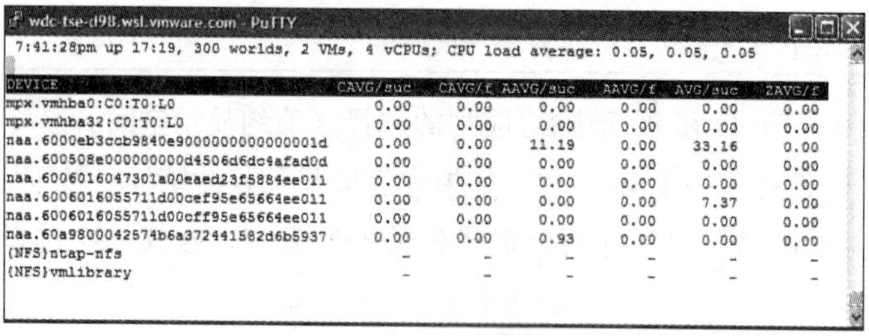

```
wdc-tse-d98.wsl.vmware.com - PuTTY
 7:41:28pm up 17:19, 300 worlds, 2 VMs, 4 vCPUs; CPU load average: 0.05, 0.05, 0.05

DEVICE                               CAVG/suc  CAVG/f AAVG/suc  AAVG/f  AVG/suc  ZAVG/f
mpx.vmhba0:C0:T0:L0                      0.00    0.00     0.00    0.00     0.00    0.00
mpx.vmhba32:C0:T0:L0                     0.00    0.00     0.00    0.00     0.00    0.00
naa.6000eb3ccb9840e900000000000001d      0.00    0.00    11.19    0.00    33.16    0.00
naa.600508e000000000d4506d6dc4afad0d     0.00    0.00     0.00    0.00     0.00    0.00
naa.6006016047301a00eaed23f5884ee011     0.00    0.00     0.00    0.00     0.00    0.00
naa.6006016055711d00cef95e65664ee011     0.00    0.00     0.00    0.00     7.37    0.00
naa.6006016055711d00cff95e65664ee011     0.00    0.00     0.00    0.00     0.00    0.00
naa.60a98000425 74b6a372441582d6b5937    0.00    0.00     0.93    0.00     0.00    0.00
(NFS)ntap-nfs                               -       -        -       -        -       -
(NFS)vmlibrary                              -       -        -       -        -       -
```

图 16.20　在 ESXTOP 中列出块设备 VAAI 延时

延时统计不言自明。下面是完成命令的平均时间，以毫秒为单位。

- **CAVG/suc**——成功克隆平均时间
- **CAVG/f**——失败克隆平均时间
- **AAVG/suc**——成功 ATS 平均时间
- **AAVG/f**——失败 ATS 平均时间
- **AVG/suc**——实际上是 ZAVG/suc，成功置零命令延时
- **ZAVG/f**——失败置零命令平均时间

一般来说，我们希望成功命令的平均时间较短（延迟较小），成功命令的数量较高。理想的情况下，应该没有失败的命令，除非大量的主机争用导致回退到软件 DataMover。如果你看到这种情况，必须优化环境，将负载分布到更多数据存储上——例如，对数据存储群集使用存储 DRS。

16.15　VAAI T10 标准命令

本章中引用了 VAAI T10 标准 SCSI 命令。如果你想要寻找 T10 文档，可以使用如下链接：

ATS 命令（原子比较和写入）：

http://www.t10.org/cgi-bin/ac.pl?t=d&f=09-100r5.pdf

标准 VAAI 命令在 T10 网站上的 SCSI Primary Commands-4（SPC-4）文档中说明：

http://www.t10.org/cgi-bin/ac.pl?t=f&f=spc4r35c.pdf

其余的命令是 OP-Codes（SCSI 操作码），在同一个 SPC-4 文档的 857 页表 E.2 中。

WRITE_SAME 的操作码是 41h（0x41）。

UNMAP 的操作码是 42h（0x42）。

下面是显示这些命令的一个 vmkernel 日志样板：

```
cpu40:8232)ScsiDeviceIO: 2305: Cmd(0x41248092e240) 0x42, CmdSN 0x13bb23 to
dev "naa.600009700002926024275330303045 36" failed H:0x0 D:0x2
```

突出显示的值代表操作码，说明失败的命令是 UNMAP。

精简配置检测代码出现在 SPC4 文档的表 56 上（第 15 部分）。

空间耗尽（Out of Space，OOS）警告和空间耗尽错误的检测代码分别是：

- ASC 38h ASCQ 07h
- ASC 27h ASCQ 07h

下面将介绍一些例子。

上述检测代码说明达到精简配置软阈值。这是 VMFS 数据存储所在的精简配置 LUN 在阵列上的 LUN 可用扩展空间达到预设软阈值时的情况。LUN 可能很快耗尽空间，vSphere 管理员必须采取措施释放数据存储上的一些空间并回收删除数据块，或者将一些文件移到另一个数据存储上。这可以通过存储 DRS 或者手工通过 Storage vMotion 完成。

16.16 VAAI 原语故障检修

VMware 支持团队已经发现的问题之一是低下的 UNMAP 性能。

VMware 得到报告，在使用 UNMAP 原语回收已删除数据块时性能很差。VMware 发现需要在大部分存储阵列供应商固件上实施一些更改，并在 ESXi 端进行一些修改。VMware 已经发行了 ESXi 5 Update 1 以及 Patch1，这两个版本在安装的时候禁用 UNMAP 原语。要手工回收已删除数据块，必须计划一个停机时间，将主机置于维护模式，然后运行如下命令：

```
cd/ vmfs/volume/<要回收的卷名>
vmkfstools -y 70
```

上述命令将当前目录改成要回收已删除数据块的 VMFS 数据存储。然后，vmkfstools-y 命令使用想要回收的已删除数据块比例作为参数运行。在这个例子中，将回收 70% 的已删除数据块。所以，如果有 100 GB 的已删除数据块供回收，用这个例子可以回收其中的 70 GB。

回收命令将在数据存储上创建临时文件，并通知存储阵列回收数据块。操作完成之后，临时文件被删除。

与 VAAI 相关的日志条目示例

在本章前面的 16.6 节中提到了 OOS 警告。

清单 16.12 中列出了 OOS 警告在 /var/log/vmkernel.log 中信息的例子。

清单 16.12　空间耗尽警告的日志条目信息示例

```
cpu4:2052)NMP: nmp_ThrottleLogForDevice:2318: Cmd 0x2a (0x41240079e0c0)to dev "naa.60
06016055711d00cff95e65664ee011" on path "vmhba35:C0:T24:L0"Failed: H:0x0 D:0x2 P:0x0
Valid sense data: 0x6 0x38 0x7.Act:NONE
cpu4:2052)WARNING: ScsiDeviceIO: 2114: Space utilization on thin-provisioned device
naa.6006016055711d00cff95e65664ee011 exceeded configured threshold
cpu4:2052)ScsiDeviceIO: 2304: Cmd(0x41240079e0c0) 0x2a, CmdSN 0x3724 to dev "naa.6006
016055711d00cff95e65664ee011" failed H:0x0 D:0x2 P:0x7 Possible sense data: 0x6 0x38
0x7.
```

突出显示了如下的相关条目。

- **NMP 报告的第一行**——一条 SCSI WRITE 命令（0x2a）失败，出现检查条件（D:0x2），检测键值 /ASC/ASCQ 的组合说明是空间耗尽警告。
- **SCSI 设备 I/O vmkernel 组件报告的第二行**——这一行提供了事件的解释，设备上的空间占用率超过了配置的阈值。
- **SCSI 设备 I/O 报告的第三行**——WRITE 命令（0x2a）失败，原因与第一行 NMP 所报告的相同。

清单 16.13 中列出了 OOS 错误在 /var/log/vmkernel.log 中信息的例子。

清单 16.13　空间耗尽错误的日志条目信息示例

```
cpu1:2049)NMP: nmp_ThrottleLogForDevice:2318: Cmd 0x2a (0x412400726c40)to dev "naa.60
06016055711d00cff95e65664ee011" on path "vmhba35:C0:T24:L0"Failed: H:0x0 D:0x2 P:0x0
Valid sense data: 0x7 0x27 0x7.Act:NONE

cpu1:2049)ScsiDeviceIO: 2315: Cmd(0x412400726c40) 0x2a, CmdSN 0x8f6d to dev "naa.6006
016055711d00cff95e65664ee011" failed H:0x0 D:0x2 P:0x8 Possible sense data: 0x7 0x27
0x7.

cpu7:37308)FS3DM: 1787: status No space left on device copying 1 extents between two
files, bytesTransferred = 0 extentsTransferred: 0
```

日志中的信息与 OOS 错误（而不是警告）相关。这些信息是在使用精简配置虚拟磁盘的 VM 试图写入超出阵列设置的硬阈值的精简配置 LUN 时报告的。

突出显示了如下的相关条目。

- **NMP 报告的第一行**——一条 SCSI WRITE 命令（0x2a）失败，检测键值 /ASC/ASCQ 的组合说明是空间耗尽错误。
- **SCSI 设备 I/O 报告的第二行**——WRITE 命令（0x2a）失败，检测键值 /ASC/ASCQ 的组合相同。
- **VMFS3 DataMover（FS3DM）报告的第三行**——两个文件之间的一个复制操作失败。

16.17 小结

本章提供了 VAAI 的有关细节，VAAI 提供了块设备原语、精简配置原语和 NAS 原语。后两者是 vSphere 5 上新推出的。还介绍了启用和禁用 VAAI 原语的细节，以及确定各种设备对每条原语支持的方法。

推荐阅读

VMware vSphere 5: Building a Virtual Datacenter
VMware vSphere 5
虚拟数据中心构建指南

VMware vSphere
部署的管理和优化

马博峰 著
VMware、Citrix和Microsoft
虚拟化技术详解与应用实践

Education
虚拟化技术丛书
迁移到一个动态、按需的数据交付平台
虚拟化技术指南
(美) Danielle Ruest Nelson Ruest 著
irtualization: A Beginner's Guide

云计算技术系列丛书
WILEY
云计算
原理与范式
Cloud Computing
Principles and Paradigms

云计算技术系列丛书
私有云计算
整合、虚拟化和面向服务的基础设施
Private Cloud Computing

云计算技术系列丛书
云计算安全
架构、战略、标准与运营
Securing the Cloud

推荐阅读

设计原本（精装本）

如果说《人月神话》是近40年来所有软件开发工程师和项目经理们必读的一本书，那么本书将会是未来数十年内从事软件行业的程序员、项目经理和架构师必读的一本书。它是《人月神话》作者、著名计算机科学家、软件工程教父、美国两院院士、图灵奖和IEEE计算机先驱奖得主Brooks在计算机软硬件架构与设计、建筑和组织机构的架构与设计等领域毕生经验的结晶，是计算机图书领域的又一史诗级著作。

领域特定语言

本书是DSL领域的丰碑之作，由世界级软件开发大师和软件开发“教父”Martin Fowler历时多年写作而成。全面详尽地讲解了各种DSL及其构造方式，揭示了与编程语言无关的通用原则和模式，阐释了如何通过DSL有效提高开发人员的生产力以及增进与领域专家的有效沟通，能为开发人员选择和使用DSL提供有效的决策依据和指导方法。